動物微生物学

明石博臣
木内明男
原澤　亮
本多英一
〔編〕

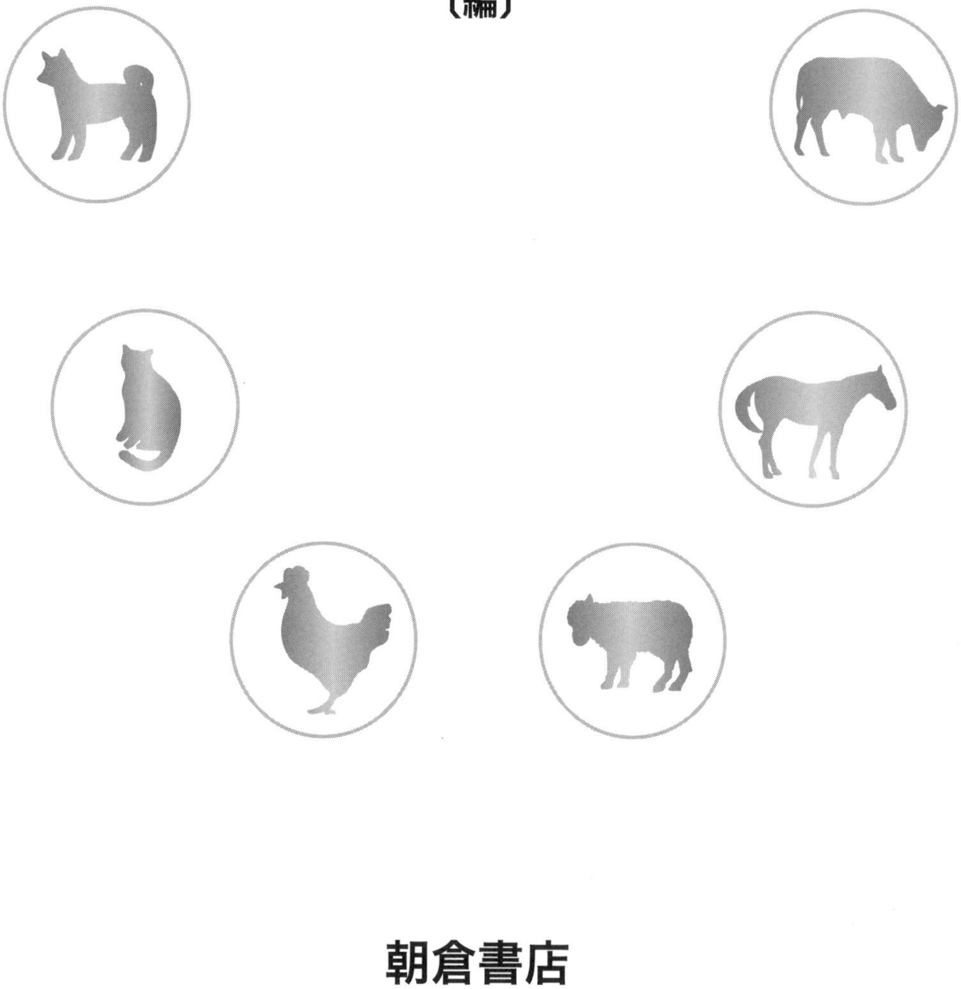

朝倉書店

編　　者（五十音順）

明石博臣　東京大学大学院農学生命科学研究科教授
木内明男　麻布大学獣医学部獣医学科准教授
原澤　亮　岩手大学農学部獣医学課程教授
本多英一　東京農工大学農学部獣医学科教授

執筆者（執筆順）

原澤　亮　岩手大学農学部獣医学課程教授
鎌田　寛　日本大学生物資源科学部獣医学科教授
佐藤久聡　北里大学獣医学部獣医学科教授
後藤義孝　宮崎大学農学部獣医学科教授
牧野壮一　帯広畜産大学理事・副学長
田村　豊　酪農学園大学獣医学部獣医学科教授
渡邊忠男　前東京農業大学農学部畜産学科教授
足立吉數　茨城大学農学部生物生産学科教授
木内明男　麻布大学獣医学部獣医学科准教授
加藤健太郎　東京大学大学院農学生命科学研究科助教
泉對　博　日本大学生物資源科学部獣医学科教授
本多英一　東京農工大学農学部獣医学科教授
前田　健　山口大学農学部獣医学科教授
遠矢幸伸　日本大学生物資源科学部獣医学科教授
明石博臣　東京大学大学院農学生命科学研究科教授
谷口隆秀　東京農工大学農学部獣医学科准教授
杉本千尋　北海道大学人獣共通感染症リサーチセンター教授
度会雅久　帯広畜産大学畜産学部獣医学科准教授

序

本書は，獣医学，畜産学をはじめ，アニマルサイエンスの関連領域において，動物に関わる微生物学を学ぼうとする初学者を対象に書かれた．

本書の前身である『家畜微生物学』（尾形 学・坂崎利一・柴田重孝編）は，1970年に初版が刊行され，以来，編者と執筆者を替えて改訂を重ね，獣医学，畜産学，応用動物学などを学ぶ多くの学生諸氏に教科書として読み継がれてきた．直近の『最新 家畜微生物学』（鹿江雅光・新城敏晴・高橋英司・田淵 清・原澤 亮編）が刊行されてから早くも10年を経て，最新の知見を補充する必要が生じたのを機に全面改訂することとし，書名を『動物微生物学』と一新したが，初版当時の編集理念は伝統的に継承されている．

本書の特徴は，初学者の理解を助けるために総論に重点を置き，各論では最新の知見を広く取り入れつつも簡潔にまとめることを心掛けた点にある．執筆には，国内で微生物学の研究・教育に第一線で活躍している専門家の方々にご協力をいただいた．

編集に当たっては，誤謬のないよう細心の注意を払ったつもりであるが，不適切な箇所については，読者諸賢のご指摘をお願いし，他日の改訂を期したい．

本書の刊行に当たり，多大のご尽力をいただいた朝倉書店編集部には心から御礼申し上げる．

2008年3月

編 者 一 同

目　　次

総　　論

各　論

総　論

1. 序　　　　論

1.1　微生物学の歴史

微生物学（microbiology）は，微生物そのものおよび微生物による感染症を研究することによって，生命現象の基本的原則を解明しようとする学問である．微生物が備えている比較的単純な構造と機能についての研究から，分子生物学をはじめ，生命科学分野における多くの重要な発見がなされてきた．また，微生物学には，微生物が原因となる疾病を制御したり，遺伝子操作技術に伴う安全性に関する問題を解決したりする使命なども託されている．このように微生物学は，基礎的な側面と応用的な広がりをもっており，両者が渾然一体となって発展してきた．

a．古代における悪疫

古代においては，ヒトや動物にみられた感染症は悪疫と見なされ，すべて神の祟りと信じられていた．ギリシアのCos島に生まれた医師Hippocrates（460～377 B.C.）は，悪疫の流行はミアスマ（*μιασμα*）と呼ばれる瘴気（地中から発する有毒な気体）によるものであるとし，ミアスマ説を唱えた．この考え方は，彼の没後も西欧社会に深く浸透し，中世に至るまで継承された．古代中国にもミアスマ説に類似した考え方があって，これは邪気と呼ばれていた．

b．ルネサンスから顕微鏡時代へ

中世になると，イタリアの医師Girolamo Fracastoro（1478～1553）が，1546年の著作“De contagione et contagiosis morbis, et eorum curatione”の中で「伝染病の胚種」（seminaria contagionum）という感染性因子の概念を初めて提唱して，ルネサンス医学史に名を遺した．16世紀には自然科学全般において胚種という考え方が広く受け入れられていて，当時の病因論に関しても，Fracastoroとは独立に，病気の胚種という概念を唱えていた医師が複数存在した．しかし，当時この胚種と呼ばれた感染性因子の実体は，杳として不明であった．

1590年ごろにオランダの眼鏡職人Zacharias Janssen（1580～1638）とその父Hans Janssenが複式顕微鏡を発明したが，これは微生物を観察できるほどの性能を備えていなかった．その後，17世紀に至ると同じオランダでAnton van Leeuwenhoek（1632～1723）が100倍以上に拡大できる単式顕微鏡を作製し，微生物を観察した（1676）．こうして，肉眼ではみえない生物の存在がしだいに認識されるようになった．さらに18世紀に入ると，オーストリアのMarcus Plenciz（1705～1786）が「コンタジウム（接触原）説」という感染理論を提唱した．これはFracastoroの胚種説に類似するが，感染の原因を，肉眼では確認されていないものの，微生物であるとする点が異なっていた．

こうして感染症の病原は微生物であるとする説が提案されたが，いずれも実験的に証明するには至らなかった．1796年にイギリスの医師Edward Jenner（1749～1823）によって，天然痘の予防法として牛痘接種法（種痘法）が考案され，その優れた予防効果は多くの人々を救済した．歴史上，これが最初の生ワクチンであり，免疫学の起源と見なせる．

c．近代微生物学の黎明期

19世紀になると，フランスにLouis Pasteur（1822～1895）が，続いてドイツにRobert Koch（1843～1910）が現れ，彼らにより微生物学の基礎が確立された．

1)　Pasteurの業績

化学者として出発したPasteurは，菌類（カビ）により汚染した酒石酸塩溶液の旋光性が変化する現象に遭遇したのを契機に，発酵の研究へと足を踏み入れ，微生物学の基礎となる多くの業績をあげた．さらに，1888年にはPasteur研究所を設立し，そこからEdmond Nocard（1850～1903），Charles Chamberland（1851～1908），Emile Roux（1853～1933），Albert Calmette（1863～1933），

Alexandre Yersin (1863～1943), Amédée Borrel (1867～1936), Jules Bordet (1870～1961), Camille Guérin (1872～1961) など, 多くの研究者を輩出した.

i) 自然発生説の否定 Pasteur は, さまざまな発酵現象を研究し, それらが固有の微生物の働きによって起こること, ならびに, 空気中の微生物が混入しないようにすればブイヨン (bouillon) 中では微生物の発育が起きないことを実験的に示し, 生物の自然発生説を否定した.

ii) 低温殺菌法の発見 Pasteur は, 微生物の汚染によりブドウ酒が酸敗するのを防ぐために, 50～60℃ の低温で加熱する方法を考案した. この方法はその後, パスツリゼーション (pasteurization) または低温殺菌法と呼ばれ, 牛乳などの乳製品の殺菌法として応用された.

iii) 生ワクチンの開発 Pasteur は, Jenner の種痘法の考えを取り入れて, 病原微生物を特殊な条件で培養したり, 本来の宿主以外の動物で継代することにより, 免疫原性を維持したまま本来の宿主動物に対する病原性を低下させることができることを, 家禽コレラにおいて発見した (1879). これを応用することにより, 炭疽 (1881), 狂犬病 (1885) などの予防に成功し, その接種材料を Jenner の牛痘接種法にちなんでワクチン (vaccine) と名づけた.

2) Koch の業績

Koch は, Pasteur によって示された微生物病因説をさらに厳密に証明し, 今日の病原微生物学の基礎を確立した. ベルリン大学の Koch 研究室には, 北里柴三郎 (1852～1931), Friedrich Löffler (1852～1915), Emil von Behring (1854～1917), Paul Ehrlich (1854～1915) などの優れた研究者が集まり, 1891 年にはベルリン感染症研究所 (後の Koch 研究所) が設立された.

i) 純培養法の確立 ブイヨンを用いた液体培養法では, 複数の微生物が混在して増殖するため, それらを分離することができなかった. Koch はゼラチンを用いて培地を固形化し, 炭疽菌の純培養に成功した (1876). さらに, 弟子の Richard Petri (1852～1921) によるペトリ皿の考案 (1887) と相まって, 今日広く用いられている寒天平板培地を作製し, 細菌 (bacteria) の分離培養および純培養の基礎を築いた.

ii) Koch の条件 Friedrich Jakob Henle (1809～1885) は, ある微生物が特定の感染症の原因であると認定するための条件を提唱した (1840). 後に Koch は, Henle の提唱を基礎にして炭疽の研究を行い, 炭疽に罹患した動物から炭疽菌を純培養として分離し, 分離した炭疽菌を健康な動物へ接種することにより実験的に病気を再現させ, さらにその感染動物から炭疽菌を回収した. こうして, Koch は炭疽の病原体を確定した. その後, 同様にして結核の原因をも明らかにした. このような経験に基づいて, ある微生物が特定の病気の病原体であるための条件を次のように体系化した.

① 特定の病気の病変部から, いつもある微生物が証明されなければならない.

② ある微生物は, 特定の病気にだけ証明されるものでなければならない.

③ 特定の病気から分離され, 純培養された微生物は, 感受性動物への接種によって実験的に病気を再現できるものでなければならない.

④ 実験的に再現された病気から, ある微生物が再分離されなければならない.

これらは Koch の条件と呼ばれ, 現在においても, 病原体を確定するための基本的要件とされている.

iii) 各種病原体の発見 Koch は, 結核 (1882) やコレラ (1883) の病原体を発見した. 特にコレラについては, その原因は特定の微生物によるのではなく, 不衛生な環境に起因するとする Max von Pettenkofer (1818～1901) らの説が当時広く受け入れられていたため, Koch との間で激しい論争が起きた. Pettenkofer はミュンヘン大学の衛生学者で, 緒方正規 (1853～1919), 森林太郎 (1862～1922) らの留学時代の恩師でもあり, 彼のドイツ式衛生学が日本の衛生学の基礎を築いた.

d. ウイルスの発見

動物ウイルスに関する研究は, Koch の弟子の Löffler と Paul Frosch (1860～1928) が, 珪藻土の素焼きでつくられた Berkefeld 濾過筒を通過させた口蹄疫罹患牛の水疱液を健康牛へ接種することにより, 病気の伝達が可能であることを証明したのが嚆矢とされている (1898). これに先立つ 1892 年には Dmitri Ivanowski (1864～1920) による，また，1898 年には Martinus Beijerinck (1851～1931) によるタバコモザイク病の濾過伝達実験がそれぞれ行われていたものの，当時の常識からすれば病原体が細菌濾過器を通過するというのはにわかには信じがたい実験成績であった．しかも，その病原体は人工培地で増殖せず，光学顕微鏡によっても確認できなかったのである．

しかし，この異端の学説が当時の科学的パラダイムを越えて学界に容認されるのに，さして長い歳月は要さなかった．ほぼ同時期に，細菌を宿主とするバクテリオファージも発見された．20 世紀初頭には均一な孔径をもつコロジオン膜が開発され，ウイルスの大きさを測定できるようになった．また，マウス脳内接種法(1930)，発育鶏卵接種法(1931)，組織培養法 (1949)，細胞培養法 (1952) などが確立し，これらを利用してウイルスの培養が可能になり，ウイルスの生物学的性状がしだいに明らかにされた．一方，真空技術の発展に支えられて出現した超遠心機 (1923) や電子顕微鏡 (1932)，そして電気泳動法 (1933) の応用により，ウイルスの理化学的性状や微細構造に関する膨大な知識が集積された．

ウイルス研究史の中で特筆すべきことは，Wendell Stanley (1904～1971) によるタバコモザイクウイルスの結晶化 (1935) であり，これはウイルスが生物か無生物かという問題を提起した．

その後，ジャガイモやせいも病の原因として約 300 ヌクレオチドからなる裸の環状 1 本鎖(single-stranded : ss) RNA 分子が知られるようになり (1971)，これはウイロイド (viroid) と呼ばれた．また，ヒツジのスクレイピーの病原体として，タンパク質性の感染性因子が想定され，Stanley Prusiner (1942～) によりプリオン (prion) と名づけられた (1982) が，その実態は未だに解明されていない．

e. 近代微生物学のわが国への影響

Jenner の種痘法については，択捉島からシベリアへ連行され，後に日本へ送還された中川五郎治 (1768～1848) が持ち帰ったロシア語の牛痘種痘書が 1820 年に翻訳されたことにより，日本でも知られるようになった．一方，長崎のオランダ商館の医師として 1823 年に渡日したドイツ人 Philipp von Siebold (1796～1866) が痘苗を持ってきたが，長い航海の間に変質してしまい，接種に成功しなかった．その後，ドイツ生まれのオランダ軍医 Otto Mohnike (1814～1887) がバタヴィア (現ジャカルタ) から長崎へ取り寄せた牛痘痂によって，1849 年 7 月，日本における最初の牛痘接種を行い，成功した．当時は中国伝来の人痘接種法(variolation)が行われていたが，発症する事故が起きることもあったため，この朗報は同年末には江戸へも届き，それまで東洋医学一辺倒であった幕府の医療政策を西洋医学へ転換させるきっかけとなった．同年 11 月には緒方洪庵 (1810～1863) が大阪で「除痘館」を開設した．その後，1858 年 5 月には江戸の蘭方医 82 名の醵出(きょしゅつ)金によって神田お玉ヶ池に「種痘所」が開設され，1861 年には「西洋医学所」と名前を変えて，後の東京大学医学部発祥の地となった．

19 世紀末～20 世紀初頭には，海外へ留学した日本人研究者が優れた業績を遺した．緒方正規から細菌学の手ほどきを受けてドイツへ渡った北里柴三郎は，留学中の 1889 年に破傷風菌の純培養に成功，さらに翌年には破傷風抗毒素を発見し，同僚の Behring とともに血清療法の理論を確立した．この間，緒方が 1885 年に「脚気菌」を発見と発表したため，留学先で北里がこれを激しく批判するところとなり，また，森林太郎が緒方の説を支持したため，大きな混乱が生じた．北里は帰国した年，福澤諭吉 (1835～1901)，長與專齋 (1838～1902) らの援助を受けて私立の伝染病研究所を設立した．1894 年には，香港で流行していたペストの調査のために，文部省からは東京帝国大学の青山胤通 (1859～1917) が，また，内務省からは伝染病研究所の北里が現地へ派遣された．青山はペストに罹患してしまい一時危篤に陥ったが，北里はほどなくペストの病原体を分離し，その成績をイギリスの医学雑誌 “*Lancet*” で発表した．時ほぼ同じくして，Pasteur 研究所から派遣されていた Yersin も同一の病原体を発見し，Pasteur 研究所の紀要へ報告した．また，1897 年には伝染病研究所の志賀 潔 (1870～1957) が赤痢菌を発見した．

このように伝染病研究所は大きな功績を上げたことから，1899 年には内務省へ移管されて国立の研究機関となり，さらに，1914 年に内務省から文部省へ移管され，青山胤通が森林太郎の協力を得て第 2 代所長に就いた．このとき，北里はじめ所員は総辞職し，新たに北里研究所を設立した．

1898 年に伝染病研究所に職を得ていた野口英世 (1876～1928) は，来日した Simon Flexner (1863～1946) を頼って，1900 年に渡米し，ペンシルバニア大学助手を経て，1904 年からは Rockfeller 医学研究所（現ロックフェラー大学）へ移って Flexner とともに蛇毒の研究を行った．その後，1911 年には梅毒の病原体を発見してその純培養に成功と報じられたが，黄熱研究中の 51 歳のときガーナで客死した．

秦佐八郎 (1873～1938) は，1898 年から 10 年間ほど伝染病研究所に在職後，1907 年にドイツへ留学し，Koch 研究所を経てフランクフルトの国立実験治療学研究所へ移り，そこで Ehrlich とともに梅毒の特効薬サルバルサン (Salvarsan) を開発した (1910)．

伝染病研究所は，1916 年に東京帝国大学の附置研究所となった．また，1947 年には東京大学伝染病研究所（現東京大学医科学研究所）内に感染症対策を目的に国立予防衛生研究所（国立感染症研究所の前身）が設置されたが，1955 年には組織を拡大して移転した．

f. 化学療法の進展

サルバルサンのように，宿主に害作用を示さず，病原体に対してのみ害作用を及ぼす化学物質の発見は，感染症治療において画期的なことであった．その後，Gerhard Domagk (1895～1964) は，赤色プロントジル (prontosil rubrum) により，マウスにおける溶血性レンサ球菌感染症の治療に成功した (1932)．この色素は試験管内では抗菌活性を示さないが，生体内で分解されて生じるスルファニルアミド (sulphanilamide) が菌体内における葉酸合成を阻害して抗菌作用を示すことが明らかになり，サルファ剤として応用されるようになった (1935)．また，Alexander Fleming (1881～1955) は，ブドウ球菌を培養した寒天培地に汚染していた青カビがブドウ球菌の発育を抑制していることから，青カビの培養液中に抗菌性物質を発見し，これをペニシリン (penicillin) と名づけた (1928)．

さらに，Selman Waksman (1888～1973) と Albert Schatz (1920～2005) は，放線菌から結核治療に有効なストレプトマイシンを発見し (1943)，抗生物質 (antibiotics) による化学療法が本格的に始まった．しかし，皮肉にも化学療法の普及に伴い，菌交代症の発生や薬剤耐性菌の出現をみるようになった．そして，薬剤耐性の機序についての研究から薬剤耐性プラスミド（R プラスミド）が発見され，微生物遺伝学の実験材料として広く使われるようになった．近年は抗生物質の家畜への使用が制限され始め，バクテリオファージを用いたファージ療法が再認識されるようになっている．また，ウイルス性疾患に対する化学療法剤の開発も進められているが，実用化に至ったものは少ない．

1.2 生物界における微生物の位置

生物の分類は，リボソーム RNA (rRNA) 遺伝子の塩基配列の比較に基づいて，図 1.1 に示すように，バクテリア (Bacteria)，アーキア (Archaea)，

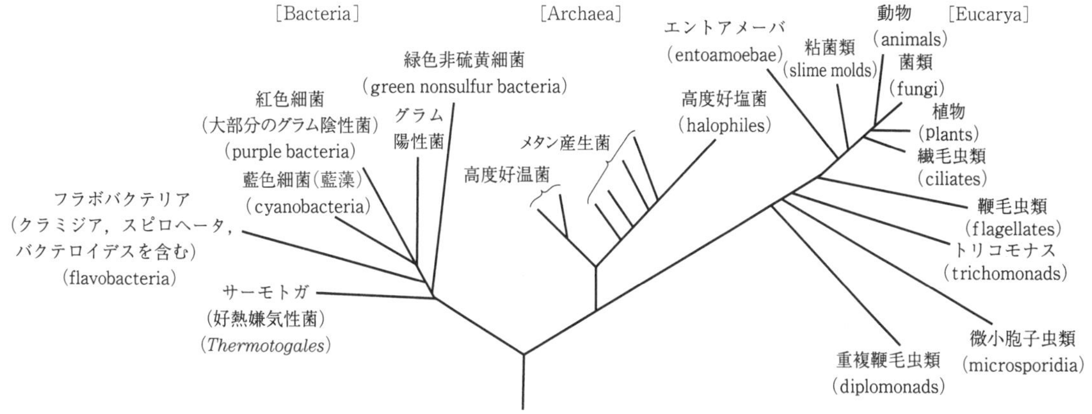

図 1.1　16S rRNA の塩基配列による生物の系統樹（Olsen and Woese, 1993 を一部改変）

ユーカリア（Eucarya）からなる3つのドメイン（domain）に分けて論じることが多い．

バクテリアとアーキアはこれまで原核生物（procaryotes）と呼ばれていたものに，また，ユーカリアは真核生物（eucaryotes）とされてきたものに相当する．

獣医学や医学に関係する細菌は domain Bacteria（バクテリア）に，また，真菌（fungi）や原生動物（protozoa）は domain Eucarya（ユーカリア）に含まれる．本書において「バクテリア」とカナ書きしたときは，domain Bacteria に属する微生物をさし，これは真正細菌（eubacteria）と同義である．

アーキアは温泉や深海などの極限環境に生息しているものが多い．獣医学や医学に関連するバクテリアは培養できるものがほとんどであるが，自然界には培養が成功しない微生物も多く存在し，それらは生きているが培養不能（viable but non-culturable：VBNC）と形容されている．また，微生物の多くは増殖するとバイオフィルム（biofilm）を形成し，クオラムセンシング（quorum sensing）を利用してあたかも多細胞生物のように集団で行動するようになる．

ウイルスは，これら3つのドメインに含まれるいずれかの生物に感染して発育するところから，生物分類学上の明確な位置が示されていない．微生物学の研究対象はバクテリア，真菌，原生動物，ウイルスなどであり，動物微生物学では動物の健康に関連する微生物や，ゾーノシス（zoonosis）の原因となる微生物を研究対象とする．ゾーノシスは「動物」を意味するゾーン（zoon）から派生した言葉で，動物とヒトの間を伝播する病原体による感染症であり，人獣共通感染症とも呼ばれる．したがって，動物微生物学は脊椎動物の感染症の原因となる病原微生物を中心に，動物からヒトへ伝播する病原体を含めて研究するものである．

2. 細　　　　　菌

2.1 細菌の形態と構造

a. 細菌細胞の顕微鏡観察

1) 可視光を用いる顕微鏡

二次元平面での明視野観察（light field microscopy）を目的とし，集光レンズ（condenser lens），対物レンズ（objective lens），接眼レンズ（ocular lens）で構成される．

対物レンズの性能は，試料との間にある媒体の屈折率と相関し，可視部最短波長（約 426 nm）での分解能は，約 150 nm である．油浸法（oil immersion）は，油が空気や水よりも高い屈折率をもつ性質を利用し，液浸油（immersion oil）内に細菌の染色試料などを置き，集光能の高い油浸対物レンズ（oil immersion lens）で観察する標準的鏡検方法で，その実用的分解能は 0.5 μm 程度とされる．

i） 染色の意義　光学顕微鏡視野での明暗差は，試料を通過する光量が，媒体（水など）を通過する光量より低いため生ずる．生きている細菌細胞の可視光吸収度は少なく，実際上ほぼ光の屈折のみしかなく，明暗差に乏しい．染色は，細菌を死滅させるが，可視光吸収度を大幅に増加させて明暗差を高め，細菌の光学観察を容易にする．

ii） 細菌染色の一般的機構　細菌はすべて塩基性色素によって染色される．これはリン酸基，カルボキシル基などの解離で通常負に帯電する細菌細胞の表面が，アルコール性染色溶液内の H^+ で中和され，酸性側で等電点に達するため，塩基性色素分子と会合しやすくなることによる．細胞の特殊な構造物（鞭毛，芽胞，莢膜など）や細胞内貯蔵物質（グリコーゲン，ポリリン酸，ポリ-β-ハイドロキシ酪酸など）の染色には，特定の染色法が必要となる．

墨汁染色法は，極端に屈折率の低い構造物（莢膜など）を，背景部分の染色で際立たせる手法である．免疫染色法は蛍光性色素（フルオロセイン，ローダミン，フィコエリスリンシアニン 5（PC 5）など）や酵素など（ペルオキシダーゼ，アルカリホスファターゼ，ジゴキシゲニンなど）で標識した抗体と細菌との免疫複合体をつくらせ，紫外線や対応した酵素発色系で可視化する手法で，細菌細胞の微細な特定部分や特異的抗原部位の検出などに用いられている．抗体標識に金コロイド（電子顕微鏡）や放射性同位元素を使う場合も，染色と呼ぶことがある．

iii） 細菌の固定処理　染色の主な目的は，細菌の内外構造や化学的性質に関して特定の情報を得ることにある．死滅後の細菌細胞の構造変化を最小とする化学的固定剤として，アルコール類，アセトン，オスミウム，酢酸ウラニル，グルタールアルデヒドなどがある．浸透後，周囲の構造と不可逆的に結合し，組織の状態を添加時点に保存する．一般的な染色法で最も簡便な火炎固定では，きわめて短時間（0.1～2 秒程度），スライドグラス裏面から高温加熱（ブンゼンバーナーなど）する．細菌の形態，配列，微細構造に熱変化の及ぶおそれもあるが常用される．

iv） 重要な 2 つの染色法　以下の 2 つの方法は，基本的な細菌の分別染色方法で，細胞壁成分の基礎的情報を示し，実用上，分類上意義がある．

① グラム染色（Gram stain）：　塩基性のパラロザリニン系（メタンハイドロクロライド三環基を基本骨格にもつ）色素（クリスタルバイオレット，ゲンチアナバイオレット，メチルバイオレットなど）を第 1 液として染色後，低濃度のヨウ素ルゴール（Lugol）液などを反応させる．形成される色素-ヨウ素複合体が，極性有機溶剤（アルコール，アセトンなど）による脱色に抵抗する場合をグラム陽性（Gram positive），脱色される場合をグラム陰性（Gram negative）とする．脱色され無色になったグラム陰性菌を，後にフクシンで対比染色すると赤色に染まる．原法に基づき，種々の変法（Hucker 法など）がある．

［例外と簡便法］　本来グラム陽性である菌種の一部（*Actinomyces*，*Corynebacterium*，*Mycobacterium*，*Propionibacterium* など）の細胞壁は分

裂直後には薄く，グラム陰性を示す．他の一部菌種（*Bacillus* など）では，増殖曲線の中～後期（静止期以後）に細胞壁が薄くなり，色素-ヨウ素複合体保持能を失い，グラム陰性に変わる．そのため，グラム染色では純培養菌の新鮮培養（培養開始後18～24 時間以内）の使用を原則とする．

核酸に選択的に結合する 2 種の蛍光色素（ヨウ化ヘキシジウム（iodinated hexydium）とグラム陽性菌，Syto-9 とグラム陰性菌）を用い，蛍光下での異なる色調から判別することもできる．またグラム陰性菌特有の外膜は，低濃度（3%）水酸化カリウム水溶液に溶け，強い粘稠性を示す（Riu 法，劉氏法）．

② 抗酸染色（Ziehl-Neelsen stain，acid fast stain）：　分裂過程で一過性に菌糸様発育を行う *Actinomyces* 型の細菌群のうち，*Nocardia* 型細菌（*Mycobacterium*，*Corynebacterium*，*Nocardia*，*Rhodococcus* など）の細胞壁は，多糖とミコール酸の結合した独特の複合構造をつくり，染色後の菌体は，塩酸アルコールにより脱色されない．ミコール酸に基づく脱色抵抗性を抗酸性（acid fast）という．抗酸性は *Mycobacterium* で特に著しく，抗酸性菌（抗酸菌）の同義語にしばしば使われる．抗酸性の強弱はミコール酸複合体の大きさに依存し，アルカリ性エタノール処理による脂質除去操作で失われ，グラム染色が可能となる．

Nocardia 型の病原性細菌には重要な病原体（結核菌）が含まれ，抗酸性の有無は他の細菌との鑑別を容易にし，臨床上重要である．

なお，芽胞菌を抗酸染色すると，*Mycobacterium* 同様に染まるが，これは芽胞の脱色抵抗性に基づくもので，抗酸性ではない．

v）　極染色性・異染性　　一部の細菌（*Pasteurella*，*Francisella* など）は，アルカリ性メチレンブルーで染色すると，両端のみ濃染し，極染色性（両端染色性，2 極染色性：bipolar staining）を示す．

ヒトの感染症の原因菌種であるジフテリア菌（*Corynebacterium diphtheriae*）は，しばしば菌体が不平等に染まり，細長い菌体の両端が，本来の染色液と異なる色調となる（異染性：metachromagy）．染色性の不平等は，色素と結合する原形質成分が，細胞中に不平等に分布しているためと考えられている．

ボルチン顆粒（volutin granule）（異染小体，metachromatic granule ともいう）は，異染性を示す代表的なポリリン酸からなる細胞内顆粒で，細菌細胞内にしばしば認められる．

vi）　生体染色（*in vivo* staining）　　生体染色用の色素には，細胞質膜を通過できず細菌による取り込みを必要とする型（中性紅，ナイルブルーなど）と，膜を通過し直接細胞質内を染色する型（ブリリアントクレシル，ニューメチレンブルーなど）とがある．多くの細菌染色用色素はごく低濃度（500～40,000 倍）で，生体染色に使用できる場合が多い．しかし，いかなる色素も，細菌には毒性を発揮する．

細菌の代表的生体染色色素 TTC（2, 3, 5-triphenyltetrazolium chloride：334.8 Da）は，光分解性の無色化合物で，細胞内で還元され，赤色の不溶性フォルマザン（triphenyl formazan）に変わり，生菌を赤く着色する．生存率測定や，生菌と死菌の混在下における染色菌の動態追跡などに応用される．

ヨウ化プロピジウム（propidium iodite：PI）は，膜透過性をもたない蛍光色素で，死菌のみを染色するので，膜透過性をもつ他の蛍光色素（Syto-9）を併用し，フローサイトメトリー（flow-cytometory）などを用いた生死菌数の迅速判定に使われる．

vii）　細菌の特殊微細構造の観察

細菌に特有な構造の選択的染色を特殊染色という．

① 莢膜染色：　細菌細胞周囲に形成される多糖性の莢膜は，色素浸透性に乏しいので，インディアンインク，クリスタルバイオレット，メチレンブルー，墨汁などを用いて染色する．染色性が強いフクシンは，莢膜を直接染色する（Hiss 法）．炭疽菌（*Bacillus anthracis*）の莢膜成分はペプチド性で，ホルマリン加ゲンチアナバイオレットを用いて染色する（Rabiger 法）．

② 芽胞染色：　芽胞は難染性で，色素の抜けた部分として観察できる．Möller 法（赤染），Abott 法（青染），Wirtz（Schaffer-Fulton）法（緑染）などがあるが，いずれも加温染色して脱色後，別の薄い色調で後染色を施し，芽胞以外の部分を染め分ける．Möller 法はクロム酸により芽胞染色性を向上させる．Abott 法，Wirtz 法は，芽胞処理薬

を使用しない．異染性や極染色性と区別し，芽胞の存在，形状，細菌細胞内の位置を決定する．

③鞭毛染色： 鞭毛は細長い（直径10～30 nm，長さ数 μm）タンパク質性の構造体で，主要部分を細胞外にもつ細菌の運動器官である．光学顕微鏡の分解能以下の太さしかなく，Leifson 法，Casarez-Gill 法，Riu 法などで染色する．いずれもタンパク質に非特異的に付着する性質のタンニン酸（tannic acid）を新鮮培養菌に用い，鞭毛の見かけ上の太さを増大させて可視化する．電子顕微鏡による観察では，乾燥や電子線熱効果による鞭毛の変形や脱落に注意を要する．

2）三次元観察を目的とする位相差系顕微鏡

光が通過する物体の屈折率に反比例する性質を利用して明暗差（コントラスト）を増強させ，無染色の生菌（生細胞）の三次元構造や生存状態の観察を行う．

i）位相差顕微鏡 光の波長は，通過する媒質と無関係に一定だが，異なる媒質を通過すると，屈折率の高い側で光の位相が遅延する．対物レンズ，あるいは対物レンズと集光器とに位相差を強調するためのリング系を用意し，試料を通過した回折光と非回折光とを分離させる．回折光を他のリング系に導き，さらに位相差を高め，非回折光と結像面で再会合させる．再会合光は強い干渉を起こして数百 nm（1 波長分）の高低差を生じ，微小な屈折率の差が拡大し，明背景上の暗構造として細胞表面，内部が観察可能となる．

ii）微分干渉顕微鏡 回折でなく，光路差による光の干渉を利用して明暗に変える．光源から出た光はポラライザーにより平面偏光に変えられ，プリズムで直交する 2 本の偏向光束に分かれる．2 つの偏光の位相は，試料を通過する際，立体構造に屈折率の異なる部分の境界面で，試料中の通過距離の違いによる光路差の相違で変化する．対物レンズ後方に配置したプリズムで 2 つの偏光をもとに戻すと，位相差に応じた干渉性の濃淡を生じ，明暗差が増強する．

iii）暗視野顕微鏡 物体に反射した散乱光による観察方法で，側面から照射する光源をもち，試料上の中空に結像するように焦点を設置した暗視野顕微鏡を使用する．対物レンズに試料からの放射光は入らず，試料で散乱した光だけが入射するので，暗視野（dark field）に試料が明るい輝点に縁取られて観察できる．明視野法，位相差法に比べて分解能が高く，運動する微生物の観察に適する．

iv）紫外線顕微鏡と蛍光顕微鏡 可視光より波長の短い紫外線は，分解能を向上させる（可視光のおおむね 2 倍程度まで）．専用の画像モニタや特殊な紫外線源集光器を必要とするため，微生物学分野での紫外線顕微鏡の使用は限定的である．しかし，蛍光色素処理を施した試料を観察する紫外線顕微鏡は蛍光顕微鏡として，微生物の観察を含め，広く使用されている．蛍光とは吸収された紫外線のエネルギーの一部がより波長の長い可視光として励起される現象で，葉緑素などの自然蛍光性をもつ物質や蛍光染料で処理した試料は，紫外線照射で暗視野中に輝いてみえる．蛍光抗体法（fluorescent antibody technique：FA 法）は，蛍光顕微鏡観察に有用な技術で，特定の抗原を認識する抗体に蛍光色素を化学的に結合（蛍光標識）しておき，抗原と反応させて形成される免疫複合体を蛍光顕微鏡により検出する手法で，細菌の定性，定量や細胞内外における抗原の所在検出などに用いられる．

3）細菌構造の超微細観察

i）電子顕微鏡 磁界は，真空中の電子にレンズ効果を及ぼす．電場内における電子流は，電磁波として行動し，波長は加速電圧（kV）の平方根に反比例する．可視光（波長約 360～830 nm）と比較した場合，加速電圧 100 kV での理論的波長は 1/10,000 で，可視光 0.04 nm に相当する．生物試料への加速電圧には概して 80 kV 程度を使用し，光学顕微鏡に比べ数百倍の分解能をもつ．

①透過型電子顕微鏡（内部構造の超微細観察）： 電子は荷電性粒子なので，電子銃から放射された電子束（電子ビーム）の流路はすべて高真空（10^{-9} Pa 以上）下に置き，方向は一連の電磁レンズで制御する．試料も真空保持を必要とし，乾燥状態に置く．集光用電磁レンズ（電磁コンデンサ）が，試料上に電子ビームを集め，複合電磁レンズ系で拡大し，蛍光面に衝突させて画像を可視化する．試料を固定，脱水後，樹脂に包埋し，切り出した超薄切片（通常，厚さ 50 nm 以下）を鏡検する．加圧電圧の 100 万 V に及ぶ高圧の透過型電子顕微鏡（超高圧電子顕微鏡）は，厚さ 1 μm 以上（5 μm まで）の生きた細胞の透過を可能とする．

透過型電子顕微鏡の明暗差は，経路にある物質中の元素の原子数と質量とに基づく電子散乱量の差である．細菌など生物試料では，主な構成元素（水素，炭素，窒素，酸素など）の質量が小さく，電子散乱の程度が低いため明暗差に乏しい．

電子散乱に効果的な質量の大きい原子をもつ鉛，モリブデン，オスミウム酸，過マンガン酸塩，タングステン酸，ランタン塩，ウラニウム塩など重金属で染色して明暗差を増強する．目的の構造物を直接染色するポジティブ染色（positive staining）と，周囲の凹部に電子散乱による陰をつくり，凸部を電子透過により明るく際立たせるネガティブ染色（negative staining）とがある．細菌鞭毛，ウイルス粒子，タンパク質分子などの観察にはモリブデン，タングステン，ウラニウムなどが用いられている．

透過型顕微鏡試料の基本的な電子散乱処理には，以下のものがある．

・金属蒸着法（metal shadowing）： 真空蒸着装置を用い，周囲を白金-パラジウムまたは金-パラジウム合金（あるいは白金，金，タングステンなどの金属単体）の細線で覆ったタングステンに電圧を加え，飛散する白金-パラジウム，金-パラジウム合金の粒子を，乾燥試料に対して付着（蒸着）させて表面構造を強調する．蒸着する粒子の微小なほど，分解能は高まる．主にウイルスや，タンパク質分子の観察などに用いられる．

・フリーズフラクチャリング（freeze fracturing technique, FF imaging）： 生細胞などの試料の自然構造保持のため，液体窒素（−196℃）で凍結ブロックを作製する．ブロックに不特定な機械的破砕（冷却ナイフなど）を加えると，破断が細胞質膜の疎水性領域（脂質二重層の間）や細胞内器官（オルガネラ：organelle），細胞壁表面など，比較的脆弱な部分で自然発生する．露出面を重金属でシャドウイング（影付け：shadowing）した表面に炭素を真空蒸着する．シャドウイングあるいは炭素蒸着の前に真空状態にしばらく置いて氷層を昇華させると，構造体と周囲の水との間により深い浮き彫り効果を与えることができる（フリーズエッチング：freeze etching technique）．対象面と相補的に成型（レプリカ）された炭素面上に，白金などを蒸着した後，炭素面を酸などで化学分解し，透過観察する．

・凍結電子顕微鏡法（cryo electron microscopy）： 液体窒素や液体ヘリウム（−268.9℃）で生成される凍結ブロック中の水は，結晶構造をとらず，このため電子束を照射されてもほとんど回折しない．この方法で急速凍結された水溶液中のオルガネラ，タンパク質分子，ウイルス粒子の周囲の水は，電子線が当たっても回折像を生じない．対象は無回折性の氷中に保持され，「生」標本の観察を可能とする．必発する明暗差の不足を，コンピュータで補正する．特にウイルスや細胞の構造学的検討に使用される．

② 走査型電子顕微鏡： 透過型と異なり，試料全体に電子線を当てず，走査信号発生器からきわめて細い（1〜100 nm）電子束（電子ビーム：0.1〜30 kV，10^{-3} Pa 程度）を発振し，試料表面を水平に連続走査する．電子の衝突部分から，二次電子が自然放出され，その飛距離は試料面の凹凸に応じて変化する．陽極板を検知器とし，一次電子の衝突で等方的に発生する二次電子を電界中の１か所に集め，電荷量に比例する電気信号に変換・増幅後，ブラウン管（陰極線管）に表示する．二次電子が，観察箇所で発生後，周囲構造で一部再吸収を受け検知器に到達するため濃淡を生じ，走査部分の三次元構造を知ることができる．二次電子を十分発生させるため，透過型と同様に，重金属（金，炭素，白金-パラジウムなど）蒸着などを行う．一部装置では 100 万倍を超える倍率機種もあるが，5 万〜50 万倍程度で常用されている．X 線分析装置との併用で，元素マッピングによる表面成分の解析が可能である．

4) 画像処理を伴う顕微鏡

i） 共焦点レーザ顕微鏡（confocal laser scanning microscope：CLSM） 集中性が高く，減衰性の少ないレーザ光を光源とし，点光源から出た光を試料の１点（焦点）に集光させ，検出器の特定の１点（共役位置）に設けたピンホール（共焦点）により，焦点位置からのみの散乱光，蛍光を検出する．試料の１点だけを正確に照射するので，照面輝度は焦点面でのみ強く，その上下では極端に低下し，不要な散乱光が大幅に減少する結果，コントラストが明確になる．光軸の方向に分解能をもつため，透明性の高い厚い試料や，蛍光処理を施した試料について，それぞれの深度で得た像をデジタル像に変換して記憶させ，コンピュータによる三次元画像へ再構築する．倍率2,000〜5,000倍での使用例が多い．バイオフィルム（biofilm）の構成や動態など，各種の微生物の環境における生態解明に用いられている．

ii）原子間力顕微鏡（atomic force microscope）・**走査型トンネル顕微鏡**（scanning probe microscope：STM）　きわめて細い先端（nmサイズ）をもったプローブ（probe）を，試料表面との間で発生する微弱な原子間力が一定に保たれるように走査させる．表面に沿って移動するプローブ先端の水平・垂直方向位置を検出器によりデジタルデータとして採取し，パターン作成用に連続記録する．データに基づいてコンピュータが合成像を生成する．プローブと試料表面とがきわめて近接した際に流れるトンネル電流の計測をすることでも，同様な観察が可能である．これら顕微鏡の現在の分解能は0.3〜100 nmである．この方式で得られる画像は三次元像で，細菌など生物試料の表面観察に適するが，同様に表面観察の可能な走査型電子顕微鏡とは異なり，前処理（固定，コーティングなど）を要さず，生細胞など非乾燥試料にも適用できる．

b．細菌の形

生物の形態は機能と関連する．細菌の形も発生，環境要因，他生物との関係，細菌間での影響などの反映である．

1）細菌とその他の生物の関連

細胞の顕微鏡観察は，生物界に占める2種類の根本的に異なる細胞構造を明らかとした．真核細胞はより複雑で，動植物，真菌，藻類（藍藻（*Cyanobacteria*）以外）の単位構造である．多様に分化しているが基本構造，化学的属性に共通性が高い．より単純な原核細胞はバクテリア（真正細菌）とアーキア（古細菌）の構造単位である．構造的差異は少ないが，化学的属性は大きく相違する．構造と機能とに基づき，現在の細胞性生物はユーカリア，バクテリア，アーキアの3つのドメインに分類される．

長期間内の遺伝子複製には，極低頻度の誤りが発生する．このため塩基配列は緩慢に変化し，生じる遺伝子配列の差は，生物種の分岐が生じた以後の経過時間に従って大きくなる．長い年月での遺伝子レベルの蓄積変化（分子進化）の速度は，特定の遺伝子に着目すると検討しやすく，そのような遺伝子を分子時計と呼ぶ．リボソームは，非常に古い時代からすべての細胞性生物に共通するタンパク質合成装置で，含まれているリボソームRNA（rRNA）は比較的短く，配列も安定しているため，分子時計として用いられる．相違した遺伝子の数を距離（進化距離：evolutionary distance）に置き換えて，rRNAの変異に関する分子進化の系統樹を作成できる．分子進化論的な検討は，細胞性生物に関する3分類を承認し，さらに進化における始原生物（universal ancestor, commonote）は好熱細菌の一種で，ここからバクテリアとアーキアとは別途に進化し，ユーカリアはアーキアをより近い祖先として出現後，ミトコンドリアやリソソームなどになるバクテリア（とその遺伝子）を組み込んで発達したと推定している．

2）細菌の形態と配列（図2.1，2.2）

i）形と機能　細菌細胞の容積は小さく，真核細胞に比肩する機能は内包できない．細菌は必要な機能を集約させて進化してきたと考えられる．始原期（約38億年前）の微生物痕跡は細菌様で，細長い形を残す．後のバクテリアは栄養吸収上の効率化などのため，一部の菌形を球形化，長径の湾曲化，多形化，矮小化させつつ，現在の形態に到達した．

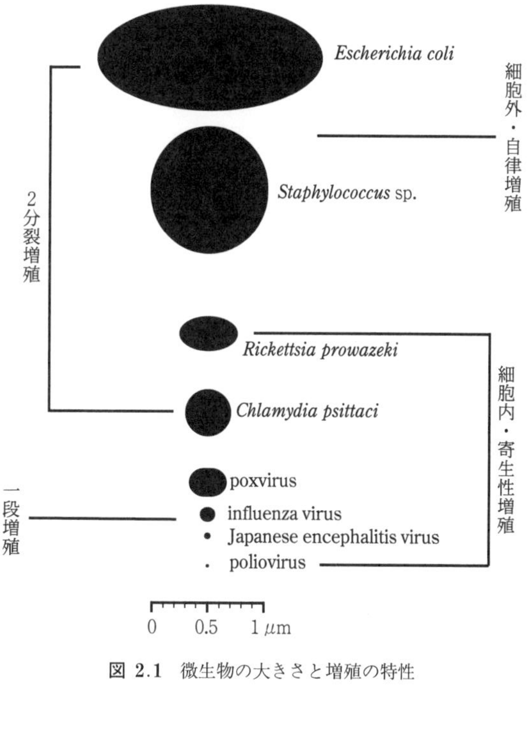

図2.1　微生物の大きさと増殖の特性

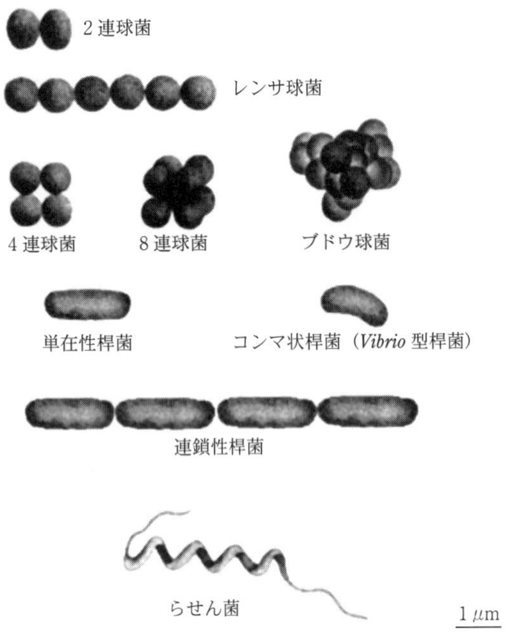

図 2.2　細菌の主な形と配列

①細菌の形態：　細菌の基本的形態は，球状（sphere），棒状（rod），らせん状（spiral）の3種に大別できる．動物由来細菌はすべてバクテリアに属し，いずれかに該当する．アーキアの形態は多様で統一性に乏しく，バクテリアとは異なる．

細菌のうち，長径と短径との差がほとんどなく，球形（円形）として観察できる細胞を球菌（coccus）という．正円形やきわめて正円に近い形以外に楕円形，心臓形，腎臓形，コーヒー豆形などを含めて用いられる．常時分裂する性質をもち，単在性をとらない．動物由来の病原性球菌は，すべてグラム陽性に属する．

長径と短径とに差をもつ細菌のうち長方形，円筒状，棒状などで，原則として湾曲しない菌を，桿菌（rod）という．この定義は，広範な菌種を包含し，球菌以外の細菌は，大部分桿菌である場合が多い．桿菌の形態は線維状あるいはコンマ状（この形態の多い属にちなみ *Vibrio* 型とも呼ばれる）細菌，Y字状やV字状などの多形性細菌（polymorphic bacteria：*Bifidobacterium* など），長径と短径との差のほとんどない球桿菌（coccobacillus など）も桿菌と見なされる．菌端形状（円形：round，竹節状：trancated，紡錘状：spindled）も桿菌の形態的特徴を示す．

らせん形をとる細菌（らせん菌：spiral）には，生育に要する環境・栄養条件の比較的厳しい菌種が多く，その形態は，桿菌のまま表面積を増すように適応した結果である．*Vibrio* 型細菌は，回転数が少なく（0.5～1回），通常，桿菌に分類する．らせん菌としては，回転数が数回にとどまり長軸方向に2分裂し，鞭毛が外部に露呈する細菌（*Campylobacter*，*Helicobacter*，*Spirillum*，*Lawsonia*）と，らせん回数が多く細菌ではあるが横に分裂し（束状：bundled），両端から出た鞭毛が軸糸（axial filament，endofragella）をつくって菌体がらせん状に絡みつく *Spirochaetales*（スピロヘータ）目（*Treponema*，*Brachyspira*，*Borrelia*，*Leptospira*）とがある．*Spirochaetales* 目の鞭毛は外部に出ないまま回転するため，代わりに菌体自体の回転が起き，暗視野顕微鏡で容易に観察できる．

培養条件や発育特性から，細胞の大きさや形態に変化を示す（*Helicobacter pylori*，*Yersinia pestis* など）性状を，多形性（pleomorphism，polymorphism）という．多くの場合，栄養条件の悪化に対応する菌体表面の効率化であるが，菌本来の性状として多形性を示す場合もある（*Bifidobacterium*，*Corynebacterium* など）．

②細菌の配列（arrangement）：　細菌は成長して細胞内部の容積を増し，一定の大きさになると分裂を開始する．分裂した細菌が空間に構成する立体形状を配列といい，細菌の基本性状となる．

球菌の配列は，菌表面の分裂開始部位が不定位置か定常位置かで，大別される．不定の場合，配列はブドウの房状（*Staphylococcus* など）となる．ブドウ状の球菌は，動物体内外からしばしば分離される球菌の代表的配列である．定常性の場合，分裂平面は平行となり，分裂回数と分裂方向で配列が決定する．細胞が相互に解離せずつながったまま分裂平面が多数平行となる配列を，連鎖性（*Streptococcus* など）という．1つの分裂平面で1回のみで分裂を停止する場合，向かい合う2つの菌配列を生じ，これを2連性（*Neisseria* など）という．直交する2つの分裂面の各平面で1回ずつ分裂し，箱状の4個配列をつくる4連性（*Aerococcus* など），直交する2平面に加え，垂直に交わる第3の平面でさらに分裂して，立方体配列となる8連性（*Sarcina* など）までが基本配列である．球菌は常時分裂するので，単在はきわめてまれである．生体内では，たとえばブドウ状配列が崩れて2連，4連の配列をとるなど，典型的配列とならない場合もある．

桿菌の配列は，単在性と連鎖性とに2大別できる．必要に応じ，連鎖性を短連鎖(short chained：2〜4連程度）と長連鎖（long chained：5連以上）に分けて記載する場合もある．体内での連鎖性病原性桿菌の配列は，免疫学的圧力などにより，人工培養時に比べて短い場合が多い．らせん菌はもっぱら単在性で，連鎖しない．

③ 細菌の形と大きさの意味：　最大のバクテリア（*Epulopiscium fishelosoni*：ニザダイの腸管共生菌）は長径600 μm，短径60 μm程度の大きさで，らせん菌にも500 μmを超える長径例がある．しかし一般に，動物由来のバクテリアの平均的大きさは長径0.5〜数μm，短径1 μm内外で，真核細胞（少なくとも3 μm（血小板など）に比べて小さい．

球状物体の表面積と体積の比は，半径に反比例する．容積比からみると，細菌細胞は，真核細胞よりもさらに小さく，物理的な制約から，内部機能の分化は大幅に制限されている．しかし，真核細胞より半径の小さい細菌細胞の表面積は，真核細胞より広い体積比割合をもち，外部栄養との接触効率をきわめて有利にする．細胞内での栄養および代謝産物の移動速度は表面積や体積と相関し，表面積の大きく体積の小さい細菌では，細胞内の物質の移動が高速で，相対的にユーカリアよりも代謝効率が高く，事実，細菌の発育速度は，真核細胞よりも常に大きい．小さいがゆえの高代謝効率を最大限に利用する特性から，細菌は生物界の位置(niche)として基盤的部分を占めている．代謝の関連する細菌集団をギルド(guild)と呼び，異なるギルド間は相互に生理面を補完し，他の細菌や微生物のギルドとも関連しながら，動物に至る生態系の基本を決定していると考えられている．

3) 細菌の微細構造

i） 細胞性生物としての共通性状（図2.3）

細菌細胞は他の細胞性生物と同様，細胞質膜で囲まれ，成長と分裂に必要な物質の出入と細胞内外の諸分子の濃度調整を行う．細菌もDNA，RNA，タンパク質が遺伝情報の保存，伝達，発現を司る．また，新たな細菌細胞は分裂を経て，常

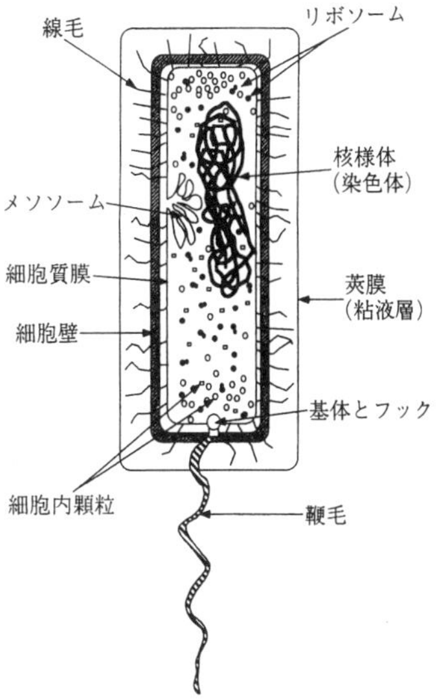

図 2.3 細菌の構造

に既存の細菌細胞からのみ生ずる．

ii） 細胞壁（cell wall）**の意義**　細菌は細胞内より水分濃度の大幅に高い環境で暮らしているが，細胞質膜や外膜（グラム陰性菌）は選択的に溶質を透過する一方，水の透過を制限できない．細胞壁は水圧に耐えられる張力をもち，菌を浸透圧溶菌から保護し，形態形成に寄与する．

ペプチドグリカン（peptide glycan）もしくはムレイン（murein）は，一部（タンパク質性構造の*Plantomyces*や*Pirella*，細胞壁を欠く*Mycoplasma*や*Chlamydia*や一部のアーキア）を除き，細菌にほぼ普遍的に存在する細胞壁の構造（ヘテロポリマー）である．アセチル化アミノ糖であるN-アセチルグルコサミンのグリカン部が，N-アセチルムラミン酸とβ-1,4グリコシド結合で交互に連なる糖鎖を形成し，4連ペプチド(テトラペプチド)が，隣接するN-アセチルムラミン酸の間を架橋して強固な三次元構造をつくる．テトラペプチドは通常，L-Ala-D-Glu-α-D-Alaの配列で繰り返され，α位はテトラペプチドの主たる変化点で，L-リシン（L-Lys）もしくは（ジアミノピメリン酸：diaminopimeric acid, DAP）のどちらかをとる．N-アセチルムラミン酸とDAPは，バクテリアにのみ存在し，このうちDAPはグラム陰性菌と大部分のグラム陽性桿菌の細胞壁に見出される．一部の陽性桿菌はDAPに代わり種々のアミノ酸を用い，また球菌はL-Lysを用いる．D-アラビノース(D-Ala)とD-グルコース(D-Glu)は，

通常の生体タンパク質に存在せず，細胞壁にのみ見出される．N-アセチルムラミン酸は，ムラミン酸として比較的検出しやすく，細菌のサイン分子(signature molecule) として用いられる．

三次元骨格を構成するテトラペプチド間のアミノ酸による架橋は，芳香族・含硫あるいは分岐性アミノ酸，プロリン，ヒスチジン，アルギニン以外のアミノ酸を用い，2番目のD-Glu，あるいはα位で起こり，ペプチドグリカンの化学的多様性を生み出すが，ムラミン酸によるアミノ酸架橋構造は共通している．糖鎖骨格の親水性構造により，ペプチドグリカンは親水性低分子のみを透過する．

iii) 細胞壁を失った細菌の形態 動物の分泌液に含まれる酵素リゾチーム (lysozyme) は，β-1,4 グリコシド結合を分解し，細胞壁を破壊する．リゾチームや抗生物質ペニシリンなどにより低張液中で細胞壁を消失すると，細胞内に侵入する水の圧力で細菌は膨化し，やがて破裂する（溶菌：lysis)．高張液中で細菌が細胞壁構造を失うと，細胞質膜は，細胞質-溶質間の濃度差を解消するよう水の出入制御を行おうとする．細胞壁がないと通常の細菌は生存できないが，高濃度ショ糖液中などで内外の浸透圧が均衡した場合，水は侵入せず，細胞壁を失った細菌は，細胞質膜の囲む球形の安定状態となる．その後，ショ糖濃度を上げれば形状は変化し (原形質分離：plasmolysis)，下げれば溶菌する．細菌が細胞壁を失った状態をプロトプラスト (protoplast) と呼び，一般には外膜のないグラム陽性菌の球形化細胞の呼称に用いる．*Mycoplasma* は細胞壁を本来的にもたず，プロトプラストのまま増殖するグラム陽性細菌で，特有のステロールが細胞質膜の特異的強化に関係し，通常のプロトプラストよりも溶菌に抵抗する．グラム陰性菌も高張液中で同様な球形化を起こすが，細胞壁消失後も外膜の残存する点で陽性菌と異なり，スフェロプラスト (spheroplast) と呼ぶ．

自然な状態において，ペプチドグリカンを失い球形化したが，溶菌しない程度の浸透圧下（血清中など）では，増殖能を保持している細菌をL型菌 (L-form bacteria，bacterial L-form) といい，グラム陽性菌とグラム陰性菌の両方に存在している．*Streptobacillus moniliformis* では，適正条件でもL型菌が自然発生する．グラム陰性菌では，L型菌の外膜は正常に形成される．細胞壁合成が復活すれば，L型菌は正常菌形に復帰するが，適正な培養条件下でも常態に戻らない場合を stable L-form という．

iv) グラム陽性菌の細胞壁 (図2.4) グラム陽性菌の細胞壁（同図(b)）は，*Mycobacterium* など一部を除き，全体として1重のペプチドグリカン層で構成されている．多層性 (25層まで確認されている) で厚く (10～80 nm)，細胞壁乾燥重量ではその40～90% を占める．基本骨格以外の化学的組成や構造は多様で，種々の多糖と共有結合している．

グラム陽性細菌細胞壁は，その90% 以上をペプチドグリカンが占める．酸性多糖のタイコ酸 (teichoic acid) は，ペプチドグリカン以外の主要なグラム陽性菌細胞壁構成要素で，原則的にグルコースやN-アセチルグルコサミンなどの糖にリビトールあるいはグリセロールの連結した水溶性高分子である．その一部はムラミン酸とも共有結合し，リンや多量のD-Ala を含む．これら強い陰性荷電分子により細菌表面は全体として陰性に荷電し，外部イオンの細胞壁通過に影響を与える．タイコ酸の一つであるグリセロールタイコ酸の一部は，リポタイコ酸 (lipoteichoic acid：LTA) で，細菌細胞質膜（内膜）二重層の外層部にあるリン脂質と結合し，細胞壁を貫通している．LTA は親水性，疎水性双方の特性をもつ分子 (amphiphile, amphoteric) で，宿主への付着に関与する．LTA はグラム陰性菌のリポ多糖 (lipopolysaccharide：LPS）とともに，宿主側の樹状細胞 (dendritic cell：DC) など抗原監視役細胞表面にある Toll 様受容体 (Toll-like receptor：TLR，現在1～10) 4や2の認識を受ける．自然免疫細胞の認識を受ける LTA，LPS のような病原体の構造を，pathogen-associated molecular pattern (PAMP) と呼ぶ．

大部分のグラム陽性菌細胞壁はタンパク質をほとんど含まないが，ペプチドグリカン表面には膜結合タンパク質が分散して存在している．*Streptococcus* の型別には，細胞最外層にある線維状Mタンパク質 (M (mucoid) protein) やTタンパク質 (T (trypsin digested) protein) が用いられる．

大部分のグラム陽性菌細胞壁は脂質を含まない．しかし *Nocardia* 型細菌（抗酸菌 *Mycobacter-*

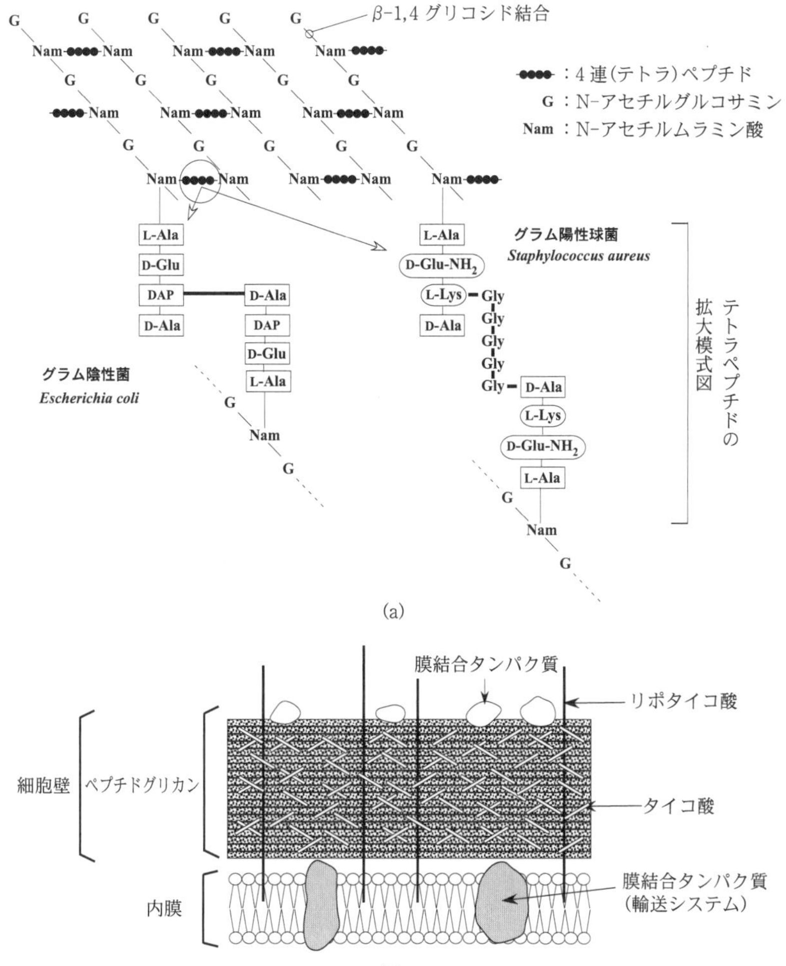

図 2.4 (a) ペプチドグリカンシートの概念図と (b) グラム陽性菌の細胞壁の模式図

ium, *Nocardia* など) 細胞壁は，多種類の長鎖脂肪酸とエステル結合している．*Mycobacterium* と一部の *Nocardia* の細胞壁は，特有な 2 分岐性脂肪酸であるミコール酸 (mycolic acid) を最大で 40% 程度まで含んでおり(*Mycobacterium*)，それらミコール酸の 9 割以上は細胞壁とエステル結合している．このため細胞壁は疎水性となり透過性は低下する．*Mycobacterium* 細胞壁には，ペプチドグリカンの上に，D-Ala 重合体からなるアラビノガラクタン層をもち，外側にはミコール酸が付着し，ミコール酸は外側でさらにアシル脂質と結合する．またリポタイコ酸ではなく，リポアラビノマンナン (lipoarabinomannan : LAM) が内膜から外層まで貫通して細胞付着，耐乾性に関与する．低透過性を補うため，ミコール酸層に物質透過用の管孔 (グラム陰性菌と同様にポーリン孔と呼ばれる) をもつ．

v) グラム陰性菌の細胞壁 (図 2.5)　二重構造をとり，複雑な機能をもつ．細胞壁構造全体は，大部分のグラム陽性菌と比べ，より厚い．

① 外膜 (outer membrane) :　グラム陰性菌細胞壁は 2 重で，細胞質膜 (内膜) と類似する外側の膜構造を外膜という．外膜外層はグラム陰性菌に特有な LPS，内層は通常の細胞質膜と同様なリン脂質 (phospholipid) で，両膜は外膜質量のおよそ半分に当たる外膜タンパク質 (outer membrane protein : OMP) とともに脂質二重層を形成している．LPS とリン脂質の化学的性質の類似点は少ないが，物理的性質が類似し二重膜形成を可能としている．LPS とリン脂質はいずれも疎水性基と親水性基とをもち，互いの疎水性基同士が向かい合って疎水性中心部を内側に形成し，親水

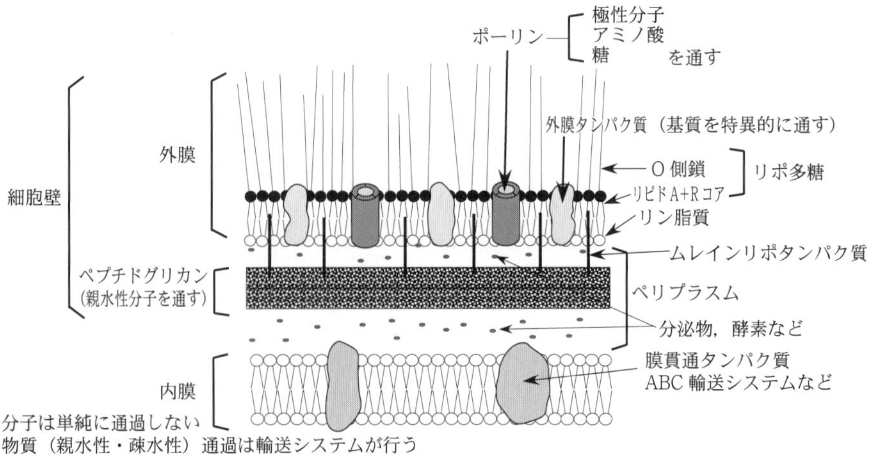

図 2.5 グラム陰性菌の細胞壁の模式図

性基はそれぞれ外部に向いている．LPS は内側から細胞外方に向かって，疎水性のリピド A（lipid A），R コア（R core），親水性糖鎖である O 側鎖（O side chain）の 3 部分で構成される．疎水性中心部に挿入されているリピド A に R コアの疎水性部分が付着し，R コアの親水性部分をつくる短鎖オリゴ糖が，O 側鎖に結合している．O 側鎖は，4〜5 個の糖からなる単位構造が繰り返す長配列で，菌体外に伸びる．一方，リン脂質層からは，低分子量タンパク質のムレインリポタンパク質（murein lipoprotein）が，疎水性中心より細胞内側に伸び，ペプチドグリカンと結合して，外膜をつないでいる．

・内毒素としての外膜：　多くのグラム陰性菌の外膜は，宿主細胞に内因性発熱タンパク質の放出を促して，体温調節中枢の刺激要因，炎症の発生原因となり，多量では，全身性ショックや局所性組織壊死を起こすことから，内毒素（endotoxin）とも呼ばれる．細菌から放出されない毒素である内毒素の作用は，LPS 中のリピド A 部分を直接の原因とするが，可溶化に O 側鎖が関与する．O 側鎖を構成する糖の長短や有無は毒性の強弱や免疫原性とも関連し，リピド A–R コア–O 側鎖複合体，もしくはグラム陰性菌外膜全体を O（ohne Hauchbildung）抗原と呼ぶ．内毒素の活性測定方法には，内毒素がカブトガニ（*Limulus polyphemus*）可溶化成分（血球など）中の特異的反応成分を鋭敏に凝固させる現象を利用したリムルステスト（limulus test，limulus–lysate test）がある．

・外膜タンパク質の構造と機能：　外膜の内側は脂質二重層で親水性物質を通さず，細胞外側は親水性糖鎖なので疎水性物質を通過させない．栄養成分の通過には，OMP の一種であるポーリン（porin）を使用する．ポーリンは 3 個の同一サブユニットからなる膜貫通型タンパク質で，外膜を横断するチャンネル（channel）を形成し，低分子物質に非特異的透過性を示す．孔径 1 nm 程度で，グラム陽性菌に毒性をもつ宿主細胞由来の抗菌性タンパク質，リゾチーム，β-リシン，胆汁酸塩，消化酵素や多くの抗生物質など大型分子は通過できない．ポーリンと別に，TsX（ヌクレオシド），LamB（マルトースとマルトデキストリン）など他の OMP は基質特異性をもつチャンネルをつくり，選択的栄養素通過を同時に行っている．

OMP は多様なタンパク質の集合体であるが，同一のタンパク質分子は細胞質膜（内膜）にほとんど見出されず，バクテリオファージの受容体でもある．

外膜の高分子透過阻害は，ペリプラスムにある酵素群の拡散防止，強い陰性荷電性による対食菌作用効果，攻撃性高分子物質への傷害などに働き，グラム陰性菌の生残性増大に寄与している．

② ペプチドグリカン層：　グラム陰性菌の細胞壁二重構造の内層に相当し，陽性菌に比べ 1/10〜1/4 の厚さである．グラム陰性菌細胞壁のペプチドグリカン含量は，細胞壁乾燥重量のほぼ 10% 以下にとどまる．基本構造および化学的組成はグラム陽性菌と共通だが，糖鎖間の架橋度は少なく，ほとんどのペプチド鎖は架橋していない．ペプチ

ドグリカン層の厚さは菌群で異なるが，通常 10～20 nm ほどで，グラム陰性菌細胞壁全体の厚さの 10% 程度にすぎない．多くのグラム陰性菌のペプチドグリカンは 1～2 層からなると推定される．

③ ペリプラスム (periplasm)：　外膜内層縁からペプチドグリカンを挟み細胞質膜外縁までの可動性ゲル状領域をさす．10～20 nm の厚さ（菌体積の 10～20%）で，主に輸送・代謝と関係するペリプラスム結合タンパク質（基質の輸送に関与），消化酵素（栄養消化に関与），走化性関連受容体タンパク質などを含む．ペリプラスム結合タンパク質による基質輸送の形式は，膜を横切って基質を運ぶ細胞質膜貫通部と，必要なエネルギーの供給部（ATP 結合カセット：ATP binding cassette, ABC）とからなり，ABC 輸送システムという．グラム陰性菌の ABC 輸送システムは多様であるが，関与するペリプラスム結合タンパク質の基質特異性はきわめて高い．

なお，グラム陽性菌はペリプラスムをもたないが，結合タンパク質は同様に存在する．グラム陽性菌の結合タンパク質は細胞質膜に結合しており，移動性に乏しい．

4) 細 胞 質

i) 細胞質膜（内膜）　主にリン脂質からなる二重層で，その中に膜タンパク質が挿入されている．amphiphile である（疎水性と親水性双方の性質をもつ）各層の脂質の疎水性部分は内側に配置して疎水性中心をつくって水分子を排除し，親水性部分は膜の両側の水分子と接する．膜タンパク質分子はアミノ酸の疎水性残基部分を膜内に配置し，膜外に親水性残基を膜の両側性もしくは片側性に出している．バクテリア（およびユーカリア）の脂質は疎水性と親水性の部分間で単鎖エステル結合を行い，アーキアは分岐状エーテル結合を行う．脂質は基本的にポリ不飽和脂肪酸（2 か所以上の二重結合をもつ）性のリン脂質とそれ以外の脂質で，バクテリアはホパノイド (hopanoid) もしくはスクアレン (squalen) を用いるが，アーキアは多様で，ユーカリアではステロールを使用している．

ii) 細胞質に含まれる主な構造　藍藻（*Cyanobacteria*）以外のバクテリアの細胞質は，内膜を唯一の単位膜系とし，わずかな例外に脂肪膜性小器官のクロロソーム，ガス小胞などがあるものの，内部に単位膜で区切られた区画をもたない．細胞質膜はしばしば細胞質内に大きく嵌入し，複雑な構造をつくる．微小管，微小線維，中間線維といった細胞骨格要素をもたず，エキソサイトーシスやエンドサイトーシス（食作用（ファゴサイトーシス：phagocytosis）と飲作用（ピノサイトーシス：pinocytosis））を行わない．ただし，形質転換の際の DNA 分子取り込み過程は，エンドサイトーシスに類似する．

① バクテリアの染色体 (bacterial chromosome) とプラスミド (plasmid)：　一部を除き，バクテリアは，複製時以外は共有結合で閉じた環状 2 本鎖 DNA の，単一な染色体をもつ（*Vibrio*, *Burkholderia* などは例外で 2 本もつ）．核膜を欠き局在しないが，細胞質内で凝集傾向をもち，核様体 (nucleoid) として電子顕微鏡観察される．複製時や分離の際，染色体は細胞膜やメソソーム（後述）と結合する．細菌の DNA 複製は，単純倍加分裂で，有糸分裂をせず，微小管系の誘導を受けず，結合部付近で開始される細胞質膜複製が分裂シグナルと考えられている．太さ 1～3 nm，長さ 1,000 μm で，大腸菌（*Escherichia coli*）の場合，遺伝子を約 460 万 bp 含む．細菌細胞内には容積を大幅に減じたスーパーコイル (super coil) として，50 以上にドメイン化されて縮納され，多価陽イオン性低分子有機化合物ポリアミン (polyamine : putrescine，spermidin，spermin など）や，単一型のヒストン様タンパク質 (hetertypic dimmer subunits (HU) 分子，富塩基性アミノ酸）など，ユーカリア核内におけるヌクレオソームとの類似した収納機構が関与する．

プラスミドは，染色体外の遺伝子として，しばしば細菌の細胞質中に存在する 2 本鎖 DNA である．染色体同様に 2 本鎖の単一閉鎖環状構造で，DNA 量は数 kbp（染色体の約 100 万分の 1）程度の場合が多い．細菌の生育に常に必要ではなく，その存在量も変動するが，細菌間の遺伝子伝達に関与する．毒素，薬剤耐性など特異なタンパク質情報は，プラスミドで他の菌へ伝播される場合が多い．単離しやすく，遺伝子工学的応用に用いられている．

② メソソーム (mesosome)：　細胞質膜が，特定部位から細胞質内に陥入し複雑に折り畳まれた構造で，観察の角度により渦巻き状，管状，小胞

状，線状あるいは多層状などの外見で電子顕微鏡観察される．20～120 nm 程度の厚さで，細胞質膜外層ともつながる．しばしば起始部位付近から細菌分裂の開始されることから，陥入で膜の表面積を増し，複製したDNAの取り囲み，隔壁の形成に関与し，分裂制御に関連すると考えられている．

③ リボソーム（ribosome）：　リボソームは，ダイナミックな動的構造をもち，メッセンジャーRNA（mRNA）上のコドンを確実に3塩基ずつ移動させてタンパク質合成を行う装置で，細菌の細胞質内に多数散在している．遠心力場において沈降係数70S（sedimentation coefficient）粒子として分離されるバクテリアのリボソームは，30S（0.93×10^6 Da），50S（1.59×10^6 Da）の2サブユニットからできている．各サブユニットはrRNAを含み30Sサブユニット中のrRNAは単一で16S rRNA，50Sサブユニットの2種のrRNAは，それぞれ23S rRNAと5S rRNAと呼称される．バクテリアのリボソームの16S rRNAは，mRNAが開始コドン（AUG）上流にもつリボソーム結合配列（SD（shine-dalgarno）配列）の相補配列で，SDと対合し，バクテリア特有なホルミルメチオニル転移RNA（tRNA）を下流のAUGに結合させることで，タンパク質合成開始を誘導する．

④ 細胞内予備物質（cellular reserve materials）：　バクテリアは，エネルギーや細胞構成素材（多くは炭素）の予備を細胞内に貯蔵し，これらは顆粒状の構造として，染色観察できる．外層は単位膜ではない薄い脂質膜で囲まれている．バクテリアではグリコーゲン，ポリリン酸，ポリ-β-ハイドロキシ酪酸（poly-β-hydroxybutylic acid：PBH）が代表的である．前2者が真核細胞にも認められるのに対し，PBHは原核細胞でのみ見出される．また藍藻（*Cyanobacteria*）以外は，含窒素貯蔵物質をもたない．

・炭素-エネルギー貯蔵体：　PBHは，PBH単量体のエステル結合重合体（polyester）として顆粒を形成し，多くのバクテリアに認める．脂質様で炭素とエネルギーの貯蔵形態として，多くのバクテリアで屈折率の高い顆粒として認められる．グリコーゲンは，α-D-Gluのグリコシド結合重合体で，顆粒は通常，PBHより小さく，光学的視認にはヨウ素反応（赤褐色）を使用する．やはり炭素とエネルギー貯蔵形態の別型で，同様に多くのバクテリアで保有される．

・ポリリン酸顆粒（polyphosphate granule）：
高エネルギー元素であるリンの貯蔵形態で，核酸合成の抑制された場合，顆粒形成される．飢餓状態に置かれたバクテリアでの形成は速やかで，栄養の改善後消失する．異染性で，ボルチン顆粒，異染顆粒，異染小体などといわれる（前述）．細胞内でのリン酸重合反応のエネルギー供与体はATPであるため，ポリリン酸は，その分解によりATPの供給源となるとも考えられている．

iii）細菌に特有な特殊微細構造　　芽胞，莢膜，鞭毛は，バクテリアに普遍的に存在するわけではないが，細菌で特異的に認める構造体で防衛，生存に関与する．これらの有無は細菌の一般的分類指標として用いられる．芽胞以外は，細菌の表面構造物で，線毛はすべての細菌細胞にある表面構造と考えられている

① 芽胞（spore）の形成と構造（図2.6）：　一部の細菌で，1つの細胞内部に1個形成される細胞活動の完全休眠（cryptobiosis）形態．光学鏡検で高い屈折率を示し，通常の塩基性色素に染まらず，観察には芽胞染色（前述）を要する．動物由来のバクテリアでは低GC含量に分類されるグラム陽性細菌 *Bacillus*，*Clostridium* の2属が形成する．

分裂の終末期に，集合した染色体周囲をメソソームが囲む．母細胞の細胞質膜がさらに囲み，母細胞内で2つの単位膜に包まれたプロトプラスト（前芽胞：forespore）を形成する．新たな構造物として両膜間にペプチドグリカン性の皮層（cortex）が出現し，次いで皮層の外側にケラチン型タンパク質を主体とした芽胞殻（spore coat）が形成され，外芽胞殻（outer coat），内芽胞殻（inner coat）とに分かれる．皮層の内側は芯部外壁（core

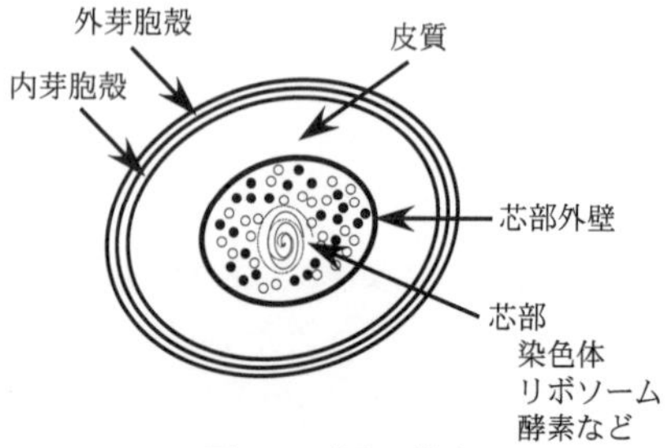

図 2.6　芽胞の構造

wall）の囲む芯部（core）で染色体，リボソーム，各種酵素を包含する．

芽胞形成には Ca^{2+} の集積が伴い，芯部では，Ca^{2+} 結合性の芽胞特有成分ジピコリン酸（dipicolinic acid：DPA）含量が乾燥重量の15％程度まで増大している．DPAは，芯部内のDNAの安定化に寄与していると考えられている．

胞子特有タンパク質の遺伝子として *spo*, *ssp* などが知られている．芽胞中の水分含量は，栄養型細胞（vegetative cell）の10～30％にとどまり，他の物質の分子と結合した状態でのみ存在している．芽胞殻も Ca^{2+}-DPA 複合体を含み，芽胞殻の形成以後，芽胞は耐熱性を獲得し，紫外線，γ線，乾燥，低温，栄養枯渇，消毒薬，酸化などに耐性化する．*Bacillus cereus* などでは芽胞殻の外層に外被（exosporium）を形成する．

②芽胞の形と発生位置：　芽胞の形態と細胞内の形成位置は菌種で異なり，特徴となる．形態は球状（sphere），卵円形（oval），もしくは楕円形（elliptic）で，細胞内における位置は端在性（terminal），偏在性（subterminal），中在性（central）のいずれかである．芽胞形成後一定時間経つと，残部の菌体は脱落し，芽胞のみとなる．細菌細胞の幅よりも芽胞径が大きいと，菌体は膨化してみえる．*Clostridium tetani*（破傷風菌）の芽胞は端在性，球形で，しばしば太鼓のバチ状の特徴的な菌端膨化を示す．

③芽胞の活性化：　芽胞の活性化（activation）条件は一様でない．芽胞は，発芽（germinataion）に好適な条件下でも休眠状態にとどまる場合も多いが，十分な湿度と栄養を欠くと発芽しない．数時間の加熱（65℃程度）後，好適な環境を与えるのは，一般的な活性化条件である．逆に冷温下（4℃）に保存していても，活性化はきわめて緩慢ではあるが起こり，いずれも一度起これば，活性化は非可逆的に進行する．

活性化した芽胞は，適切な条件下で発芽する．発芽した細菌は皮層を速やかに分解し，Ca^{2+}-DNA 複合体やペプチドグリカンを放出，廃棄して，外芽胞殻のみを残した後，細胞壁の急激な合成を開始する．高屈折性，熱など有害因子抵抗性の喪失，突発的な代謝活性の回復などを伴う．細胞壁形成が終わると発芽体は，外芽胞殻から脱出し栄養型細菌として活動を再開する．

④芽胞の生存力：　芽胞は環境中で高い生残性を示す．たとえば芽胞形成菌の選択的分離には，パスツリゼーション（pasteurization）のような芽胞非形成菌の死滅する温度感作が有効である．きわめて長期間に及ぶ休眠能力は芽胞性細菌の生残性の基礎となっている．芽胞の生存力は，構造的（皮質，芽胞殻，芯部の三重構造）閉鎖性，特殊成分（Ca^{2+}-DNA 複合体）による染色体分子の安定性，結合水特性による低化学反応性，極端に低い（ほとんどない）代謝活性などに基づくと考えられている．

⑤莢膜と粘液層，グリコカリックス：　バクテリアの一部は，その細胞の外部表面に粘液性，粘着性の無構造で周囲との境界の明瞭なほぼ均一な厚さ（1 μm 程度まで）の被膜状の層を形成し，これを莢膜（capsule）という．層の厚さが薄く周囲との境界の不明瞭な場合を粘液層（slime layer）といい，特に薄い場合にはグリコカリックス（glycocalyx）とも総称される．顕微鏡観察には，莢膜染色を要する．

莢膜は，抗原性をもち（K抗原），グラム陰性菌（*Enterobacteriaceae* 科（腸内細菌科）など）では分類の指標に用いられている．莢膜の有無は細菌のビルレンス（virulence）の有無としばしば相関する（*Streptococcus*, *Bordetella* など）．*Salmonella* Typhi の莢膜の一部はビルレンスと特に関連し，Vi（virulence）抗原として，分類基準に用いられる．莢膜は，バクテリアのほとんどに存在するとの考えもあるが，人工継代では容易に失われる．

Bacillus anthracis（炭疽菌）では，D-グルタミン酸ポリペプチド，*Pasteurella multocida*, *Streptococcus pneumoniae* ではヒアルロン酸，*Klebsiella pneumoniae* ではグルクロン酸，*Neisseria meningitidis* ではシアル酸を主要成分とする莢膜をつくる．いずれも宿主の防衛機構からの忌避と関連すると考えられている．

グリコカリックスの成分は，主に糖タンパク質およびポリアルコールとアミノ糖からなる種々の多糖で，宿主細胞の受容体への付着機能をもつ．細菌間の接着にも関与し，食細胞（ファゴサイト：phagocyte）による貪食や抗菌性物質の侵入からの保護膜，乾燥防除，飢餓時の外部栄養源としても機能する．

⑥鞭毛・線毛・ピリ線毛：　鞭毛，線毛，ピリ

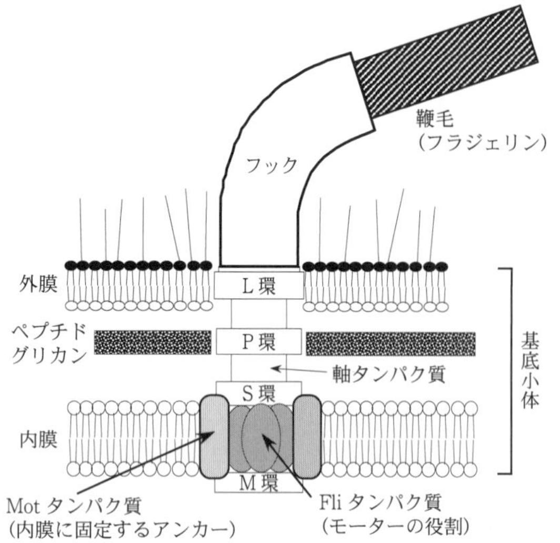

図 2.7 鞭毛の微細構造

線毛は，細菌の表面にある構造で，機能や外観は異なるが，いずれも起始部を細胞質膜にもち，細胞壁を通過して，外部構造となる．

・鞭毛（flagellum：図 2.7）： 直径 12～18 nm，長さ 4～35 μm の構造体．外部にあるらせん状管形線維と，その線維が挿入されているより大きな基部構造であるフック（hook）および細胞質膜・細胞壁（外膜）に貫通して固定され，モーターの役割を果たす基底小体（基台：basal body）の 3 要素からなる．基底小体は細胞質，ペプチドグリカン，外膜に固定された複数の環状構造の中心に軸タンパク質（ロッド）からなる（グラム陽性菌は外膜を欠き，環数は減る）．基底小体の細胞質膜部分にある Mot, Fli などのタンパク質が前・後進のための回転エネルギーを与え，およそ 5 μm/秒の速さで細菌を移動させる．外部鞭毛線維は，特有なフラジェリン（flagellin）タンパク質が自己集合的に配列したらせん状の中空構造で，らせんのピッチは菌種で一定である．

フラジェリンは抗原性をもち，H（Hauchbildung：クモリ形成）抗原としてグラム陰性菌の分類に利用される．有鞭毛細菌は栄養分などの誘因性物質（attractant）と忌避物質（repellant）に反応して運動し，適切な濃度のところに集まる．分子状酸素（O_2）は，大部分の有鞭毛性細菌の運動開始刺激である（走気応答：aerotactical response）．

鞭毛の発生本数や発生位置は，細菌特有で，分類指標の一つに用いられる．

細胞の一端から 1 本のみ発する鞭毛を極毛（polar），両端から 1 本ずつ発する場合を両毛（bipolar）という．一端に多数の鞭毛をもつ場合を叢毛性（lophotrichous），細菌細胞全体的に鞭毛をもつ場合を周毛性（peritrichous）という．

・線毛（fimbriae）とピリ線毛（pili fimbriae）：

線毛とピリ線毛は，多くの細菌体表の毛状体で，構造は鞭毛同様の中空らせん状だが短く，運動には無関係で，ピリン（pilin）タンパク質からつくられている．一般線毛（common pili）は長さ 1～4 μm，太さ約 2 nm で，細菌表面に数百～数千本を認める．宿主細胞表面の線毛受容体を介した接着に関与し，バイオフィルム形成などにも関係する．

ピリ線毛は，一般線毛と同一構造だが長く，1 本～数本のみ存在している．このうち性線毛（sex pili, conjugation pili）は数 μm～10 μm 以上の長さをもち，接合（conjugation）により細菌間で直接遺伝子の伝達を行う．ピリ線毛は，一部ウイルスの受容体ともなる．

2.2 細菌の発育と増殖

細菌は，栄養素が枯渇するとただちにリボソーム RNA（rRNA）の合成を止め，増殖を停止する（stringent control）．細菌は増殖と耐乏の両極にある生物と考えられる．

a. 細菌の増殖

細菌が 2 分裂して娘細胞を生じ，同様の分裂を繰り返して，菌数を倍数増加させる過程を増殖と呼ぶ．

増殖において，新しい娘細胞が，次の 2 分裂を開始するまでの時間を世代時間（generation time），あるいは細胞の大きさが 2 倍になるため倍加時間（doubling time）といい，その期間を 1 世代（1 generation）という．

世代時間は細菌で異なるが，たとえば比較的成長の速い細菌の一つである大腸菌（460 万 bp）の染色体複製に要する時間は 60 分程度である）．

菌種による世代時間の相違は，主に細胞壁の性状と細胞質膜の透過性から生じる．たとえば *Mycobacterium* の長い世代時間（7 時間以上）は，細胞壁の合成の複雑さと脂質の影響による低い栄養素透過効率に基づく．最も適切な条件(栄養，環境)下に置かれた細菌の世代時間が，最も短くなる．

1) 細菌の増殖に影響する物理的環境条件

i) 水分あるいは湿度 細菌内の水は結合水および遊離水として湿重量の約90%を占め，生化学反応の場をつくる一方，常に可溶性栄養素のみ利用する細菌は，周囲に媒質としての遊離水分(free water)を必要とする．環境中の水分(遊離水)を失うと栄養型細菌は，死滅する．

ii) 酸 素 酸素は細菌構造の成分元素として，全細菌に必須である．一方，細菌は，増殖に必要なエネルギーを，電子伝達系に基づく呼吸・発酵で産生する．呼吸における分子状酸素(O_2)の必要性に基づき，細菌を4群に大別する．

① 偏性好気性細菌(好気性細菌，obligate aerobes, aerobes)： 呼吸系の電子の最終的伝達先(terminal electron acceptor：TEA)をO_2とする細菌．O_2がないと発育できず，死滅する．*Mycobacterium*，*Pseudomonas* など．

② 偏性嫌気性細菌(嫌気性細菌，obligate anaerobes, anaerobes)： O_2以外の無機分子，あるいは有機物を電子の最終伝達先とする細菌．嫌気性細菌の栄養型細胞は，O_2があると過酸化物生成により，死滅する．

有機物を最終電子伝達先とする呼吸形式を発酵(fermentation)という．*Clostridium* は代表的な嫌気性菌属で，発酵のみを行う．例外的に，O_2を分解する機構(カタラーゼやスーパーオキシドジスムターゼなどの酵素)をもつ菌種(*Clostridium perfringens* など)は，好気条件でも増殖する．

③ 通性嫌気性細菌(facultative anaerobes, facultatives)： 電子の最終伝達先として好気下ではO_2，嫌気下ではO_2以外の無機分子を用い，通常，無機物がなくなれば発酵を行う細菌．すなわち，呼吸から発酵へ代謝形式を転換できる細菌をさす．*Enterobacteriaceae* 科(腸内細菌科)，無芽胞性グラム陽性桿菌群，ブドウ球菌など多数を含む．増殖性は一般に好気条件の方が，嫌気条件よりも数倍〜10数倍高い．

Streptococcus，*Lactobacillus* などは発酵のみ行うとともに，O_2耐性を合わせ持つので，O_2の有無と無関係に発育する．耐気型嫌気性細菌(aerotolerant anaerobes)あるいは無影響型嫌気性細菌(independent anaerobes)という．これらの菌は，好気条件下での発育促進を示さない．

④ 微好気性細菌(microaerophilics, subatmospherics)： 主に通性嫌気性菌型の電子伝達を行う．増殖に酸素を必要とするが，酸化で不活性化しやすい酵素系をもち，また炭素源として一定濃度のCO_2分圧を一般に要求する．O_2分圧が常圧(大気中21%，約0.02 MPa)の半分以下(2〜10%)，CO_2分圧が常圧(0.3〜0.03%，0.0003 MPa以下)の10倍以上(4〜5%程度，約0.004〜5 MPa)で，良好に発育・増殖する例が多い．*Borrelia*，*Helicobacter*，*Campylobacter*，*Brucella abortus* などがある．野外株では分離培養に微好気条件を要求する菌種も多い．

iii) 二酸化炭素 全細菌はアミノ酸合成に二酸化炭素(CO_2)を必須とする．無CO_2環境で細菌は増殖しない．通常の化学合成従属栄養細菌は主に有機酸，アミノ酸，プリン，ピリミジンなどCO_2固定産物の脱炭酸反応と大気中CO_2を利用するが，微好気性細菌ではこれらの機能が低く，外部供給を必要とする．分離培養での微好気要求性は，これら機能の発現遅延に基づく．

iv) 温 度 細菌の発育・増殖が最も良好な温度を至適温度(optimum temperature)といい，遺伝子発現系は最も効率化される．低温側へ移行するにつれ，分裂・増殖は遅延し，0℃以下もしくは細胞内の水分の氷結温度で停止するが，死滅することは少ない．高温側への移行で，分裂速度は速まる(O_2反応速度は10℃上昇で2倍化)が，一定温度以上で停止し，それ以上で死滅する．

至適温度域と増殖可能温度範囲の組み合わせで，バクテリアを3つに大別する．

・低温菌(psychrophiles)： 0〜20℃(>15℃)．
・中温菌(mesophiles)： 20〜40℃(25〜40℃)．
・高温菌(thermophiles)： 40〜100℃(50〜60℃)．

動物由来の病原性細菌は，大部分中温菌に属し，37℃前後を至適温度とするが，たとえば水生細菌である *Vibrio* や *Aeromonas* などは低温菌に属する．

0℃でも増殖できる中温菌は，低温耐性(psychro tolerant)といい(*Listeria* など)，低温菌よりもはるかに分布している．気温の上昇は低温耐性菌に有利に作用し，低温菌の淘汰を起こし，微生物生態の変動要因となる．

v） 浸透圧と表面張力　細菌は細胞壁をもつので，浸透圧の影響を一般に受けがたい．

動物由来の大部分のバクテリア細胞内の浸透圧は，ナトリウム塩（Na^+）濃度0.9%でほぼ等張（isotonic：約290 mosm）を保持し，約4倍（約4%，約1,300 mosm）までの浸透圧に耐えて増殖する．*Staphylococcus*（ブドウ球菌）は，増殖に等張以上のNa^+を必要とはしないが，10倍を超えるNa^+濃度（約3,200 mosm，約10%）でも増殖可能で，耐塩性（halotolerant）という．*Vibrio* など海洋性細菌は，3%程度（約960 mosm）の高いNa^+濃度が発育・増殖に必須で，好塩菌（halophilics）という．好塩菌ではNa^+が酵素活性，細胞内輸送機能など重要な役割を果たしている．一部の好塩菌のNa^+要求はMg^{2+}, Ca^{2+}で半量程度まで代替させられるが，完全に代わることはできない．

細菌は，ほとんどの栄養素を周囲の水性環境から得ている．溶液中の栄養素は，表面張力を減少させるように作用するので，栄養素保持性は水側で低下し，栄養素が細菌表面に集まる．水溶性消毒薬も同様にして細菌に接触し，効果を示す．

vi） 水素イオン濃度（pH）　バクテリアの代謝・増殖にかかわる酵素反応は，ほとんどの自然環境と同様に，pH 4.5～5.0からpH 8.0～8.5までのpH範囲で行われる．pH範囲の中で，最も効率的反応をもたらすpH値を至適pH（optimal pH）という．*Vibrio cholerae*（コレラ菌）はアルカリ側，大腸菌，結核菌，乳酸桿菌は酸性側でそれぞれ好発育するなど，至適pH域は細菌で異なるが，動物由来のバクテリアでは，一般に中性付近（pH 6.5～7.5）で，多くはpH 6.6～6.8と考えてよい．バクテリアの必要成分であるリン酸塩化合物は，細菌毒性が低く，中性付近に緩衝能のある唯一の無機化合物で，人工培養における効果的なpH調整成分として使用される．

b. 細菌の増殖曲線

バクテリアを新鮮な培養液に入れ，以後栄養を追加せず観察すると，細菌増殖細胞数の時間的推移は，誘導期，対数期，静止期，死滅期という明確な4期に分かれる（図2.8）．

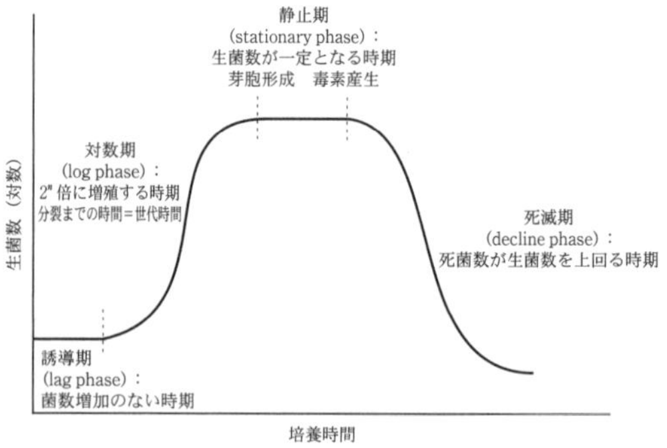

図 2.8　細菌の増殖曲線とその意義

1） 誘　導　期

細菌細胞が分裂を起こさない時期を誘導期（遅滞期：lag phase）という．古い培養から，新しい培養に移された細菌は，欠乏している細胞内貯蔵物質や必須物質の再合成と損傷修復を行う．

富栄養状態から新たに貧栄養状態に陥った場合にも誘導期が発生する．この場合，細菌は，存在していない重要な栄養素産生のため，酵素機能の発現調整を行う．

2） 対　数　期

細菌細胞が世代時間をごとに2分裂を繰り返し，2^nの対数増殖を行う時期を対数期（対数増殖期：log phase）という．初期の増加速度はやや遅いが，その後早期に一定した増加勾配へと移行し，菌数は爆発的に増える．この時期の細菌細胞の大部分は，通常最も活発な状態にある．

3） 静　止　期

重要栄養素の消費，老廃物の蓄積により，細菌の分裂が休止し，菌数変動のほとんどない時期を静止期（定常期：stationary phase）という．少数の細胞では非常に緩慢に生合成反応が進行し，ゆっくりとした増殖をみる場合（潜在増殖：latent proliferation）もあるが，死菌も少数発生し，菌数は著変しない．対数期および静止期の細菌を，同一栄養の新たな培地に接種すると，誘導期を経ず，ただちに対数期が始まる．芽胞形成性，毒素産生性などの多くは静止期に発現する．

4） 死　滅　期

栄養型細胞は分裂を再開するが，栄養素の不足による死亡菌数が，増殖菌数を上回る．この死滅期（decline phase）の菌数は対数的に減少するが，その速度は対数期よりも遅い．死菌の一部は溶菌し，栄養素として再利用される．栄養素の減少に応じて減数，順次死滅する．

c. 細菌の増殖の特性

核膜のない細菌では，染色体とmRNA，各種酵素，リボソーム間の会合に制約が少なく，DNA複製，RNA転写，リボソームでの翻訳・タンパク質合成は，並行的に発生する．細菌における遺伝子の複製・転写・翻訳にかかわる合成速度は一定で，各分子の産生量の多寡は，対応する遺伝子からの発現量にのみ依存する．

発現量は通常高く維持されているが，それはこれら遺伝子群の多くが，一般に複製回数の多い細菌遺伝子複製開始部位（*ori*）の近傍に位置することと関連して考えられている．

細菌のDNA合成開始，分裂開始は，いずれも一般に容量・長さ・直径など，細胞形の成長に基づき，各細菌に共通性の高い誘導因子は，現在のところ見出されていない．また，細菌のDNA合成開始，分裂開始は，それぞれ相互に関連せず発生するが，これに対し真核生物では，細胞周期で調節を受けている．

対数期末期で最大増殖数に達した細菌では，静止期におけるrRNA合成停止，分裂抑制による増殖調節（stringent control）が知られる．細菌は，残存栄養素の許す限り静止期にとどまり，栄養素補給があればrRNA合成を再開して分裂を始め，栄養素減少が続けばやがて死滅期に入る．

d. 混在する細菌の増殖

1） 共　　生

2種以上の細菌の培養を混合培養（mixed culture）という．混合培養では，原則的に与えられた栄養環境に最も適した菌種が生残し，栄養要求性の類似する場合には，増殖速度の速い菌種が生残する．

複数の生物が相互に影響しながら生存することを共生（symbiosis）という．動物由来細菌ではβ毒素産生型*Staphylococcus*株と*Haemophilus infruenzae*間に認める．*Haemophilus*は片利共生（commensalism）で，増殖必須物質を産生する*Staphylococcus*周囲にのみ発育する（衛星現象：satellite phenomenon）．

昆虫体内やウシの第一胃内は，細菌の典型的な相利共生（mutualism）環境である．なお，真核生物のミトコンドリアや葉緑体が，過去の細胞内共生細菌を起源とする説がMargulisらにより提唱されている．

2） 拮抗とバクテリオシン

ある生物の活動が他の生物の不利となることを拮抗（antagonism）という．細菌に対する他の微生物の代謝産物や抗生物質の産生による発育・増殖抑制は，代表的な拮抗である（片害拮抗：amensalism）．

バクテリオシン（bacteriocin）は，多くの細菌が産生する一群のタンパク質の総称で，主に同種および近縁の細菌種へ殺菌的に作用する点で，比較的広い抗菌活性をもつ抗生物質とは区別する．遺伝子情報はプラスミドやトランスポゾンにコードされているが，伝達性は高くない．通常数万以上の分子量で，産生菌種名や大きさから，コリシン（colicin：大腸菌），マイクロシン（microcin：大腸菌），ピオシン（pyocin：緑膿菌），ズブチリシン（subtilisin：枯草菌）などと命名され，それぞれが複数の型をもつ．

たとえばコリシンにも複数の種類があり，いずれも外膜上の物質透過担当タンパク質を受容体としてDNA分解，rRNA切断，細胞質膜機能阻害など必須機能への作用により効果を与える．グラム陽性菌のバクテリオシンでは，広範囲な菌種の増殖を阻害する例も知られている．

e. 菌 数 の 測 定

細菌の増殖は，菌数として計測する．菌数測定には，菌の生死にかかわらず全細胞数を計測する全菌数測定（total cell count）と，生菌のみを対象とする生菌数測定（viable count）がある．

1） 全菌数測定

i） 秤量法（gravimetric count）**による概数計測**　1個の細菌細胞の平均的湿重量はおよそ10^{-12} gであることから，菌塊重量を精密測定して菌数を推測する．乾燥細胞では，重量を1/10として計算する（10^{13}個で1 g）．重量測定は，安全性の面から病原性細菌には不適の場合が多い．

ii） 比濁法（densitometric count）**による概数計測**　菌の培養液に光線を投射し，反対側の感知器への到達光量を，透過度もしくは吸光度（透過度との差）で表し，菌数を推定する．紫外域や可視光の短波長域は，培地成分などに不特定吸収を起こすため，通常可視光帯（600，630，660 nm）を用いる．一定数以上の菌数（$OD_{600} \geq 1.5$，細菌数＞10^8～10^9 個/ml）では測定飽和が生じ，正確性を欠く．あらかじめ標準曲線を用意する．最も簡便な全菌数測定法である．

iii）顕微鏡計数（microscopic count）　細菌用計算盤（counting chambers）を用い，鏡検下で目視計数する．計算盤中の試料体積から 1 ml 中の菌数を推定する．正確性には乏しいが，簡便である．10^7 個/ml 未満の菌数では，視野中の菌数が少なく，遠心濃縮などを行う必要がある．染色を行わない場合には，位相差顕微鏡を用いる．Coulter counter は，目視に代わり，細菌通過による培養液の伝導度低下から菌数を計測する装置である．

2）生菌数測定

あるいはプレート計数法（plate count）という．1 個の生菌細胞は，適当な栄養を含む固形培地（solid agar）で増殖させると，集落（colony）を形成する．したがって出現した集落数は，そのまま当初存在していた生細菌細胞数を反映すると見なして計数し，通常 1 ml 中の菌数として表記する．試料を固形培地上に塗抹して，集落を表面に形成させる塗抹法（spreading）と，固形化前の培地と混和し培地中および表面に形成させる混釈法（mixing）とに 2 大別できる．塗抹法は簡便性が高く，階段希釈した試料に対して行う混釈法は最も正確である．

f. 自然界における微生物の増殖像

細菌に用いる方法の多くは，病原性細菌の研究から発達した．病原性細菌の増殖は，栄養素の比較的豊富な動物体内環境を前提とする．一方，自然界の大部分の細菌は定常的飢餓状態にある．しかし，自然界の細菌のとる特徴的増殖行動は，病原性細菌を含む多くの動物由来細菌にも共通することが明らかとなってきた．

1）バイオフィルム

物体表面に，種々の微生物が凝集して形成する被膜様の構造体をバイオフィルム（biofilm）と呼ぶ．自然界の多くの微生物は，バイオフィルムとして存在する．腸内細菌叢，歯垢などは，動物体内のバイオフィルムの例である．物体の表面は，栄養素の自然な蓄積箇所で，貧栄養環境への適応として，まず少数の細菌細胞（パイオニア細胞：pioneer cell）が定着し，増殖した細菌細胞の間が粘着性多糖体で結合され徐々に被膜化が進行し，順次新たなパイオニア細胞を下流に放ちながら，不定速度で拡大する．

この過程で，細菌は同種菌を検知し，菌密度に応じて物質産生を調節する．病原性細菌でも，一定数以上に増殖した後，病原性に関与する遺伝子の発現を始める場合が多い．微生物の密度に応じた細胞間情報伝達をクオラムセンシング（quorum sensing）と呼び，同菌種間のみならず，異菌種間あるいは真核細胞との間にも及ぶと考えられている．バイオフィルム内では多種類の微生物が，クオラムセンシングを行いながら複数の層を構成し，単細胞である微生物における擬似的多細胞社会をつくっている．異なる単細胞生物の集合・協力現象は，細胞の真核化のみが多細胞化への必須条件ではない可能性を示唆する．

バイオフィルムの形成は，微生物の固着性，栄養素利用効率，抗菌剤抵抗性，および体内ではさらに抗食菌性などを増加させる．環境中のバイオフィルムは物理的（加熱，機械的除去），化学的（塩素，ホルムアルデヒド）処理で一時的に除去できるが，20 日程度で回復する．

2）生きているが培養不能な細菌

ATP 活性などから生命活性は証明できるが培養の不能な細菌もしくは生理状態を，viable but non-culturable（VBNC）という．自然環境中の微生物の大部分が VBNC とされる．栄養要求性や代謝系が多様もしくは未知で，既知の培養技術では増殖させられない．病原性細菌など培養可能な細菌でも，持続的飢餓状態や塩ストレスなどが継続すると矮小化や低代謝に陥り，VBNC 化する．これらから VBNC 状態は，非芽胞形成性細菌における貧栄養環境への適応形もしくは死滅過程の一つと考えられている．

Vibrio, *Legionella*, 腸管出血性大腸菌（O 157：H 7）などは，普段 VBNC 状態で存在し，適当な条件で増殖型に移行して病原性を発揮する．VBNC 状態は病原性細菌の生残動態の把握や，発症予測，汚染状況の検討などを困難にする要因としてとらえねばならない．

2.3 細菌の栄養と代謝

細菌が増殖するためには，外界から必要な物質を獲得しなければならない．細菌はそれぞれの環境において，自身に適した方法で栄養をとって増殖している．すべての細菌の化学組成はほとんど同じで，各構成成分およびそれらの合成経路も真核細胞とあまり違わないが，細菌の要求する栄養は菌種および菌株によって異なり，ブドウ糖，数種のミネラル，リン酸塩の簡単な混合液だけで増殖する菌もあれば，さらにアミノ酸，ビタミンを加えなければ発育しない菌もある．

a．栄　養　素

1）栄養素の化学

細菌を構成する主成分は，水素，炭素，窒素，酸素，リン，硫黄の6元素であり，これらが菌体成分を構成している．主要元素は互いに結合し，3大栄養素（炭水化物，タンパク質，脂質）やビタミンをつくる．他方，ナトリウム，カリウム，マグネシウム，カルシウム，塩素，鉄のようにイオンの形で存在する元素があり，無機質と呼ばれる．

光合成細菌を除くすべての細菌の要求する栄養素は，基本的にはエネルギーを得るための物質と，細菌細胞の構成材料として必要な物質の2つである．さらに代謝を行うため，ビタミンや無機質が必要となる．また，一部の細菌では増殖のために特定の発育因子を要求する．

細菌が必須代謝産物を合成する能力は菌種または菌株によって異なり，① 自家栄養菌（すべての必須代謝産物を合成できる細菌），② 従属栄養菌（1つ以上の必須代謝物，発育因子，ビタミンを発育に要求する細菌），③ 寄生栄養菌（宿主細胞の複雑な構成物から自身の構成成分を合成して増殖する細菌）に分けられる．

2）エネルギー源

細菌は，エネルギーを何から得るかにより，① 光合成菌（太陽の光エネルギーを化学エネルギーに変えて代謝を行う細菌），② 化学物質栄養菌（光エネルギーは利用できず，化学エネルギーのみを利用する細菌で，無機栄養菌と有機栄養菌がある），③ 寄生栄養菌（宿主細胞によってエネルギーを受ける細菌で，細菌寄生栄養菌と植物寄生栄養菌と動物寄生栄養菌がある）に分けられる．

3）炭　素　源

無機栄養菌は二酸化炭素（CO_2）を炭素源として利用できるが，有機栄養菌は，炭水化物，有機酸，アミノ酸，ペプチド，脂質を炭素源とし，これらのどれを利用するかは菌種によって異なる．クエン酸，酢酸，酒石酸，乳酸などの炭素源としての利用性は菌種によって一定しているため，菌種鑑別性状として利用される．なお，細菌の炭素源およびエネルギー源として一般に用いられるものはブドウ糖である．

4）窒　素　源

窒素源はタンパク質の合成に用いられる．炭水化物や脂質は炭素を含むあらゆる物質から合成されるが，タンパク質と核酸は窒素を含む化合物からのみ合成される．

Azotobacter 属など一部の菌は空気中の窒素を利用して自己の窒素化合物を合成できる（窒素固定菌）が，ほとんどの細菌はアンモニア（NH_3），亜硝酸あるいは有機窒素化合物を窒素源とする．

b．無　機　物

すべての細菌は，エネルギー源，炭素源，窒素源のほかに，無機物としてリン，鉄，カルシウム，マグネシウム，カリウム，ナトリウム，塩素ならびに微量のマンガン，亜鉛，銅，ホウ素，モリブデン，ヨウ素，ストロンチウムなどを生存・増殖のために必要とする．これらの無機物は，浸透圧の維持，補酵素作用（マグネシウム），アデノシン三リン酸（ATP）構成成分（リン）として必要なものである．

c．発　育　因　子

一部の菌には自身では合成できない増殖に必須な物質があり，これを発育因子という．多くは代謝酵素の補酵素もしくはその前駆体であるビタミンである．1例をあげると，*Haemophilus* 属菌はその発育にX（ヘミン：hemin）およびV（ニコチンアミドアデニンジヌクレオチド：nicotinamide adenine dinucleotide，NAD）の両因子またはそれらのいずれかを必要とする．

d．栄養素の摂取方法

1）有機化合物の取り込み

細菌は多糖やタンパク質のような高分子物質を菌体外酵素によって加水分解し，ポリマーをモノマーまたはオリゴマーまで分解する．グラム陰性菌では，数百Da以下の栄養素はOMPであるポーリン（porin）により，それよりも大きな物質は基質特異的透過孔によりペリプラスム間隙に運び，リソソーム様酵素の作用で加水分解した後，以下の形式により細胞質内に輸送される．グラム陽性菌では，分解された物質が細胞壁を通過し，以下の形式により細胞質内に輸送される．

i）能動輸送 乳糖，麦芽糖，ヌクレオチド，アミノ酸などが H^+ または Na^+ の濃度勾配によるエネルギーにより細胞質内に取り込まれる．

ii）促進拡散 乳糖，麦芽糖，グリセリン，ビタミン B_6 などがペリプラスム中の結合タンパク質と結合し，エネルギー消費を伴わずに細胞質内に取り込まれる．

iii）グループ転位 マンニトール，ソルビトール，マンノースなどの糖が細胞質膜を透過する際に，ホスホトランスフェラーゼの修飾を受け，リン酸化糖となって細胞質内に取り込まれる．

2）無機質の取り込み

無機質は以下の方法により取り込まれる．

i）カリウムイオンの取り込み 細胞質内のナトリウム-カリウムポンプにより，エネルギー消費を伴って，細胞外カリウムが細胞内に，細胞内ナトリウムが細胞外に共役的に輸送される．

ii）細胞質膜にある特異的な輸送タンパク質によるエネルギー消費を伴う取り込み マグネシウム，マンガン，亜鉛，銅，ニッケルなど，大部分の金属イオンがこの例である．

iii）鉄キレート物質による鉄イオンの取り込み 遊離の鉄イオンの濃度は環境中，特に病原細菌の生存環境であるヒトや動物の体液中ではきわめて低いため，細菌自身がエンテロバクチンのような鉄キレーターを放出し，細胞表面上の鉄キレーター受容体を利用して捕獲された鉄イオンを取り込む．

e．代謝とエネルギー変換

細菌はエネルギーを産生もしくは供給し，多彩な生命活動を営んでおり，細胞内で起こる多くの化学反応は一般的に高等生物のそれと共通のものである．生物の体内で起こる化学的反応を代謝と呼び，代謝には有機化合物を分解してその化学結合エネルギーをATPに変える異化（分解代謝）と，エネルギーを使って単純な物質（大部分は有機化合物）からより複雑な化合物や生体の主成分である高分子物質を合成する同化（合成代謝）とがある．

f．呼吸と発酵

呼吸は，生物がエネルギーを得るために行う酸化・還元反応である．

細菌における呼吸は，種々の物質から水素を奪うこと，すなわち脱水素反応により行われる．脱水素反応は換言すれば酸化であり，この反応によって外された水素が他の物質と結合してそれを還元し，その際にエネルギーを放出する．

酸素を利用する脱水素反応は空気の存在する環境で行われ，これを狭義の呼吸（有機的呼吸あるいは酸化的呼吸）という．一方，酸素以外の物質を水素受容体とする脱水素反応には酸素が必要ではなく，これを発酵（無気的呼吸）という．

1）呼吸（酸化的呼吸）

有気的な呼吸は，無機栄養菌と有機栄養菌とではそれらが酸化する物質が異なる．

① 無機栄養菌の呼吸： NH_3，亜硝酸，硫黄などの無機物の酸化によって行われる．

② 有機栄養菌の呼吸： 炭水化物や有機酸の酸化によって行われる．獣医学や医学で扱う病原細菌はすべてこの方法でエネルギーを得ている．

有気的呼吸における水素受容体が酸素であることは前述のとおりであるが，脱水素作用により，ある物質から遊離した水素が酸素と結合する経路には，次の2つがある．

i）直接酸化経路 ある物質から遊離した水素がその脱水素酵素（デヒドロゲナーゼ：dehydrogenase）上で直接酸素と結合する経路で，この場合に生じる水素と酸素との結合物は水（H_2O）ではなくて，過酸化水素である（$H_2+O_2 \rightarrow H_2O_2$）．

しかし，この経路で放出されるエネルギーは細菌にはほとんど利用されないため，多くの細菌は過酸化水素分解酵素（カタラーゼ：catalase）をもち，産生した過酸化水素を水と酸素に分解して無毒化する．

ii）チトクローム経路 脱水素酵素の作用により，ある物質から外された水素がチトクロームと結合し，それにチトクローム酸化酵素（cytochrome oxidase）が作用して酸素を結合させる経路で，この場合に生じる酸素と水素との結合物は水である．チトクロームには，a，a 1，a 2，a 3， b, c など数種あるが，菌の種類により保有するチトクロームの種類が異なり，嫌気性菌のようにチトクロームをもたないものもある．

チトクローム経路は，水素がチトクロームに結合する過程により，さらに2つに分けられる．

① 直接チトクローム経路： ある物質から離れた水素がそのまま直接チトクロームに結合する．

② 間接チトクローム経路： ある物質から離れた水素がチトクロームに結合するまでの過程にNADおよびチトクローム還元酵素（cytochrome reductase）が介在する．この経路は大部分の細菌にみられる呼吸様式で，NADが水素と結合して$NAD\text{-}H_2$となり，それに還元酵素が作用して水素をチトクロームに渡す．

呼吸における水素受容体として，ガス状酸素以外の酸素も水素受容体として利用される．多くの細菌は硝酸塩を亜硝酸塩に還元する作用をもつが，硝酸塩から離された酸素は水素受容体として用いられる．

$$2\,KNO_3 \xrightarrow{\text{硝酸塩還元酵素}} 2\,KNO_2 + O_2$$

2) 発　　酵

発酵では，遊離された水素の受容体が酸素ではなく，有機化合物であり，一連の酵素の作用により発酵すべき物質すなわちエネルギー源を規則的に，順序よく，少しずつ変化させていき，その際に生じるエネルギーを利用する．

有気的呼吸の終末産物は水であるが，発酵では各種の物質が産生され，表2.1に示すように8種に分けることができる．

g．エネルギーの運搬と利用

細菌は熱エネルギーを利用できないので，酸化によって放出されたエネルギーの大半は化学エネルギーのまま，生じた有機物とリン酸との結合部に生じた高エネルギー結合に蓄えられる．

細菌細胞において最も重要な高エネルギー物質は，アデノシン二リン酸（ADP）およびATPであり，有機化合物間でのエネルギーの受け渡しに介在する．

高エネルギー結合は，リン酸化合物以外，ある物質のアシル基（R-(C=O)-）と硫黄原子との間にもつくられ，この種の物質で細胞の代謝に重要なものは，co-enzyme A（CoA）と呼ばれる補酵素である．

h．基質の分解

1) 炭水化物の分解

炭水化物は細菌の炭素源やエネルギー源として利用する．炭水化物の分解性は細菌の種類によって異なり，分類学上重要な性状である．細菌種によって分解する炭水化物が異なるのは，菌のもつ炭水化物分解酵素が菌種によって異なるためである．

i）単糖の分解経路　細胞質内に取り込まれた単糖は，細胞質内の酵素の作用を受けて分解される．単糖のうち，ブドウ糖の分解過程が詳しく解明されているが，他の単糖類も多少の曲折はあっても，最終的にはブドウ糖の代謝の場合と同じ経路に入って分解されると考えられる（図2.9）．

① Embden-Meyerhof（EM）経路： 多くの細菌，特に発酵によって呼吸する菌のブドウ糖分解は，主としてこの経路で行われる．この経路の特徴は，ブドウ糖とATPとの結合によって生じたブドウ糖-6-リン酸が果糖-6-リン酸となること

表 2.1 発酵の種類

発酵の種類	終末産物	細菌種
アルコール発酵	エタノール，炭酸ガス	ある種の真菌，特に酵母
ホモ乳酸発酵	乳酸	*Streptococcus, Lactobacillus*
ヘテロ乳酸発酵	乳酸，酢酸，エタノール，グリセリン，炭酸ガス	*Lactobacillus*
プロピオン酸発酵	プロピオン酸，酢酸，コハク酸，炭酸ガス	*Propionibacterium*
ブチルアルコール・酪酸発酵	ブチルアルコール，酪酸，アセトイン，イソプロピルアルコール，酢酸，エタノール，炭酸ガス，水素ガス	*Butylivibrio*
混合型発酵	乳酸，酢酸，コハク酸，ギ酸，エタノール，炭酸ガス，水素ガス	*Salmonella, Shigella, Escherichia, Proteus*
ブチレングリコール発酵	エタノール，アセトイン，2,3-ブチレングリコール，乳酸，酢酸，ギ酸，炭酸ガス，水素ガス	*Klebsiella, Enterobacter, Vibrio, Aeromonas*
酢酸発酵	酢酸，グルコン酸	*Acetobacter*

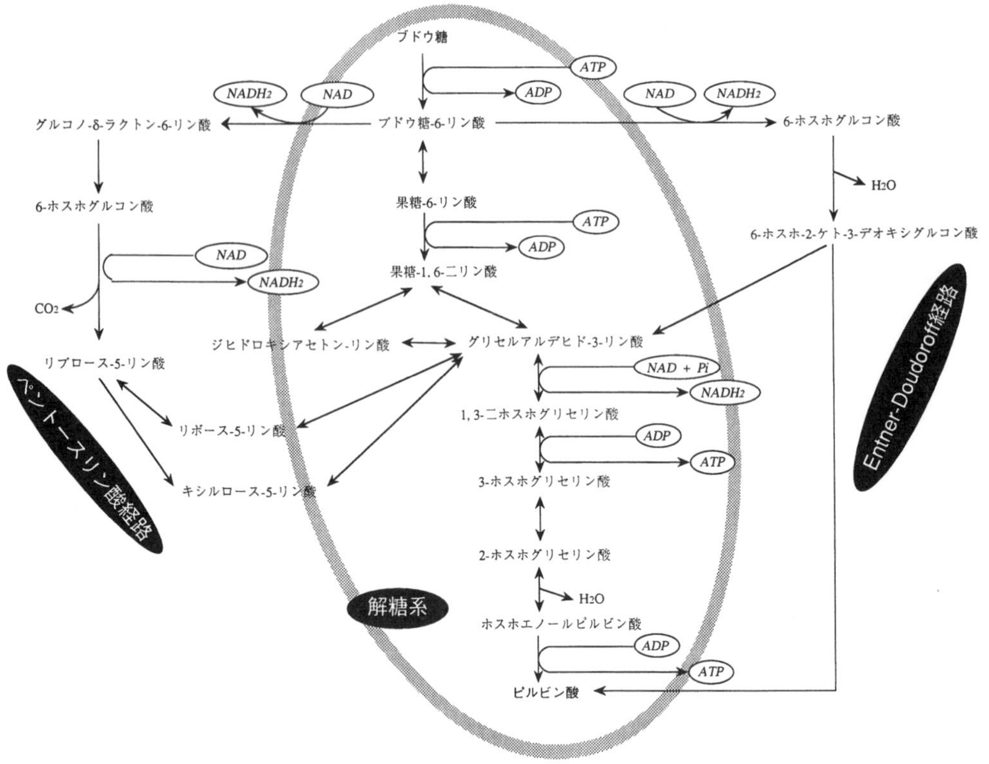

図 2.9 ブドウ糖の分解経路
エネルギーを担う物質は○で示してある.

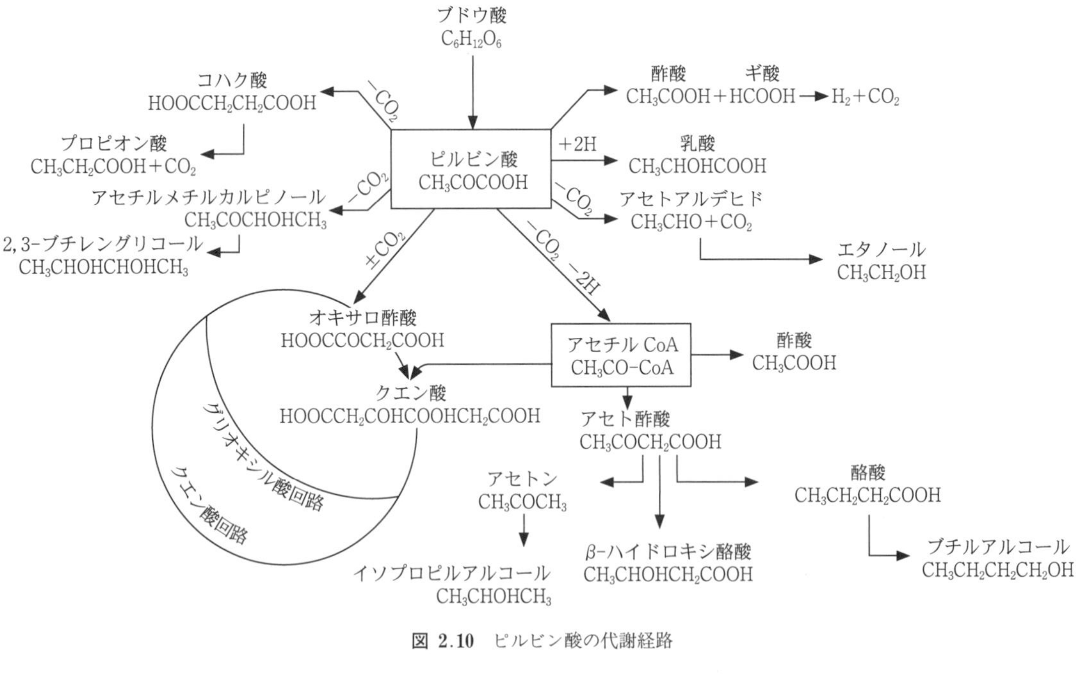

図 2.10 ピルビン酸の代謝経路

で，その後さらに 10 数回にわたる変化を受け，ピルビン酸に至る．この経路では 1 モルのブドウ糖から 4 モルの ATP が生成されるが，初期反応において 2 モルの ATP が消費されているため，最終的には 2 モルの増加となる．

②ペントースリン酸（pentose-phosphate：

PP) 経路：　有気的条件下におけるブドウ糖分解経路で，多くの通性嫌気性菌はEM経路以外に本経路も利用する．また，特定の菌種では，EM経路よりもPP経路の方が主要な代謝経路となる．本経路は，ブドウ糖-6-リン酸が直接酸化されてホスホグルコン酸となり，ペントース（リボース）の生成を経て代謝されるのが特徴であり，グリセルアルデヒド-3-リン酸からEM経路に入る．

③ Entner-Doudoroff（ED）経路：　有気的条件下におけるブドウ糖分解経路で，好気性菌にみられる．特に *Pseudomonas* 属菌のブドウ糖代謝はもっぱら本経路によって行われる．本経路の特徴は，ブドウ糖が直接酸化されてグルコン酸となり，グリセルアルデヒド-3-リン酸とピルビン酸に代謝されることである．

ii）ピルビン酸の代謝　上記の経路を経て生成されたピルビン酸は還元，炭酸固定，脱炭酸および分解を受け，各種の終末産物を生じる（図2.10）．これらの終末産物中，アセチルメチルカルビノール（アセトイン）は菌種同定に用いられる．また，ピルビン酸の脱炭酸によりつくられたアセチルCoAとリン酸との結合により生じるアセチルリン酸はATP生成に利用される．また，アセチルCoAはオキサロ酢酸と縮合してクエン酸を生じ，次に述べるクエン酸回路の基点となる．

iii）クエン酸回路　図2.11に示すように，アセチルCoAとオキサロ酢酸が縮合して生成されたクエン酸を基点として，各種の有機酸への生合成の過程が循環する．その過程において遊離した水素は酸素と結合して水となり，その際に多量のエネルギーが放出される（1モルのブドウ糖から38モルのATPが生成される）．このように，ク

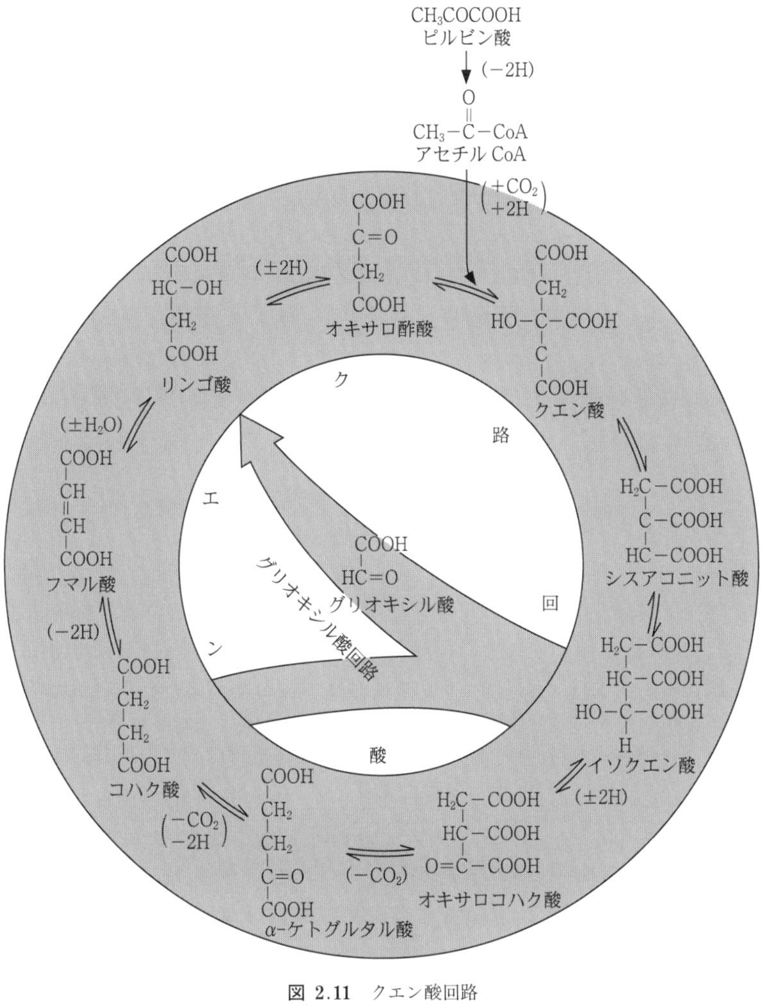

図 2.11　クエン酸回路

エン酸回路は炭水化物から多量のエネルギーを得るために機能しているが，アミノ酸や脂質の合成の代謝過程としても機能している．グリオキシル酸回路はある種の菌で認められる呼吸の経路で，酢酸や有機酸が炭素源として用いられたときは，この経路をとると考えられ，クエン酸回路の側面で循環する．

2) 脂質の分解

脂質は，脂肪酸とグリセリンとの結合物で，炭素源として利用される．

脂質はリパーゼ(lipase)と呼ばれる酵素の作用により細胞外で加水分解され，まずグリセリンと脂肪酸に分けられる．グリセリンは炭水化物の分解過程を辿り，グリセリンアルデヒド-3-リン酸からEM経路に入ってピルビン酸にまで代謝される．一方，脂肪酸の分解にはCoAが関与し，階段的にアセチルCoA，ピルビン酸となる．

3) タンパク質の分解

i) タンパク質の分解 タンパク質はプロテイナーゼ(proteinase)により加水分解され，ペプチド結合が切られてポリペプチドとなる．プロテイナーゼをもつ菌種は限られており，ゼラチン液化テスト，肉，凝固卵白，凝固血清などの消化テスト，あるいは牛乳またはカゼインの消化テストなどの生化学的性状試験に利用される．

ポリペプチドは，ペプチダーゼ(peptidase)により加水分解され，個々のアミノ酸が生じる．ペプチダーゼはほとんどすべての細菌がもつため，すべての菌はポリペプチドを自己の栄養源にできる．

ii) アミノ酸の分解 細菌の行うアミノ酸の分解には脱アミノ，脱炭酸，脱アミノ・脱炭酸によらない分解の3つの様式がある．

①脱アミノ： アミノ酸からアミノ基が離脱する反応を脱アミノといい，これに関与する酵素をデアミナーゼ(deaminase)という．脱アミノには酸化的，還元的，不飽和化などの様式があるが，いずれの場合においても終末産物にNH_3を含む．脱アミノ作用は各細菌種でみられるが，特定のアミノ酸（フェニルアラニン，リシン，トリプトファンなど）の脱アミノ作用は特定の菌(*Proteus* 属，*Erwinia* 属など）に限られるため，菌種の同定に利用される．

②脱炭酸： アミノ酸からカルボキシル基が離脱する反応を脱炭酸といい，これに関与する酵素をデカルボキシラーゼ（decarboxylase）という．脱炭酸では，そのアミノ酸に対応するアミン($R-CH_2NH_2$) とCO_2を生ずるのが特徴である．特定のアミノ酸に対する脱炭酸作用は菌属または菌種によって異なるので，菌種の同定に利用される．

③脱アミノおよび脱炭酸によらないアミノ酸の分解(加水分解)： 種々のアミノ酸の終末産物を調べると，脱アミノや脱炭酸では説明できない分解様式がある．たとえば細菌がトリプトファンを分解してインドールを産生する場合を例にとると，インドールとともにピルビン酸とNH_3が産生されており，NH_3が生じる点では脱アミノに該当するが，トリプトファンに対応するα-ケト酸や脂肪酸は産生されないので脱アミノではなく，またCO_2が産生されない点から脱炭酸ではない．すなわち，トリプトファンからのインドール産生は明らかに加水分解である．

加水分解によるアミノ酸の分解はアルギニンでもみられる．アルギニンは理論的には脱炭酸によってそのアミンとCO_2を生じるが，実際には多くの場合，その終末産物中にはオルニチン，NH_3，CO_2を同時に含んでいる．この反応はアルギニンジヒドロレーション（arginine dihydrolation）と呼ばれ，加水分解である．この反応は特定の菌属または菌種によって生じるので，菌種の同定に利用される．

i. 合 成

大腸菌（*Escherichia coli*）をブドウ糖を含む培地で好気的に培養すると，ブドウ糖の半分は酸化的に分解されてCO_2となり，同時にATPが生成される．残りの半分は菌体構成物の合成に使われる．この合成の過程でATPが消費される．細菌細胞の構成成分の95% 以上は高分子化合物であり，大腸菌を例にとると，タンパク質が52%，多糖が17%，脂質が9%，RNAが16%，DNAが3%となる．残りの3%は低分子有機化合物と無機物である．細菌は自らの菌体構成物を合成する必要があるが，アミノ酸，ビタミン類，リン酸，脂肪酸，ヌクレオチドはすべて炭水化物の分解経路の中間体(たとえば，ヘキソースリン酸，ホスホエノールピルビン酸，ピルビン酸，アセチルCoA，オキサロ酢酸，2-オキソグルタル酸）を出発材料としている．細菌細胞を構成する高分子化合物は，これらの低分子有機化合物の重合によってつくられる．

1）　炭水化物の合成

ｉ）　単糖の変換　ブドウ糖はホスホエノールピルビン酸またはオキサロ酢酸から解糖系（図2.11参照）を逆行する経路（糖新生）により合成される．オキサロ酢酸からホスホエノールピルビン酸への変換はホスホエノールピルビン酸カルボキシナーゼによって触媒される．菌体のもつ複雑な多糖は単糖から構成されているが，単糖そのものが重合するのではなく，単糖とヌクレオチド二リン酸がエステル結合した糖ヌクレオチドから転移反応によって糖が付加したものである．さらに単糖部分の修飾，構造変換も糖ヌクレオチド上で行われることが多い．

ii）　単純多糖の合成　デンプン，グリコーゲンはブドウ糖を構成単位とする多糖で，デンプンはブドウ糖が直鎖状に，グリコーゲンは枝状に配列したものである．これらはブドウ糖-1-リン酸が順次連なることにより合成される．

2）　タンパク質の合成

細菌が合成するタンパク質の種類はきわめて多いが，いずれも20種類の構成アミノ酸がペプチド結合によって重合したものである．

ｉ）　アミノ酸の合成　動物細胞では必須アミノ酸が供給されない限り，タンパク質を構成する20種類のアミノ酸のすべてを合成することはできない．一方，大部分の細菌では窒素源としてアンモニウム塩が供給されれば，アミノ酸をつくることができる．アンモニウム塩がアミノ基（$-NH_2$）に転化されるのは図2.12に示す2つの経路，すなわちα-ケトグルタル酸→グルタミン酸およびフマル酸→アスパラギン酸の経路しかない．これら2つのアミノ酸のアミノ基転移反応により，種々のアミノ酸が生成される．

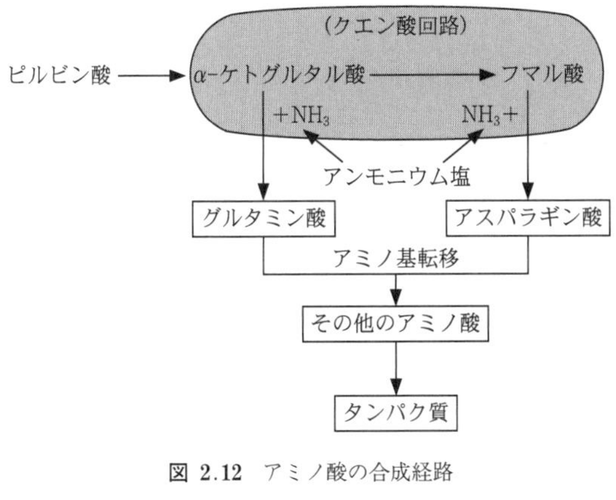

図 2.12　アミノ酸の合成経路

ii）　タンパク質の合成　タンパク質は，以上のように合成されたアミノ酸が転移RNA（tRNA）に結合し，メッセンジャーRNA（mRNA）の情報に従ってリボソーム上でペプチド結合を形成することによりつくられる．細菌細胞が炭水化物などのエネルギー源を分解して得たATPの半分以上は，このタンパク質合成に用いられる．

3）　脂質の合成

脂質にはグリセリンと脂肪酸が1～3個エステル結合した中性脂肪と，リン酸エステルを含むリン脂質がある．

ｉ）　脂肪酸の合成　脂質に含まれる脂肪酸は，炭素数16～18のものが多い．この中には不飽和結合を1～2個有した不飽和脂肪酸も含まれる．脂肪酸の前駆体はアセチルCoAであり，これが脂肪酸基運搬タンパク質に転移する（アシル転移）．次いで，マロニル転移，縮合，3-オキソアシル還元，3-ハイドロキシアシル脱水，エノイル還元の計6段階の一連の反応で炭素鎖2個の伸長が起こる．このサイクルを繰り返すことによって長鎖脂肪酸ができる．

ii）　グリセロール三リン酸の合成と脂質の合成　グリセロール三リン酸は，解糖系の中間体であるジヒドロキシアセトンリン酸の還元で生じる．中性脂肪は2段階のアシル化を受けてホスファチジン酸になった後，リン脂質，中性脂肪に転換する．

4）　核酸の合成

核酸は，ヌクレオチド三リン酸が前駆体となって重合した高分子化合物である．ヌクレオチドは糖とプリン塩基またはピリミジン塩基が結合したヌクレオシドが，リン酸エステルとなったものである．たとえば，エネルギー運搬を担うATPはアデノシンに3分子のリン酸基が結合したものである．アデノシンは，プリン塩基であるアデニンに，糖であるリボースが結合したものである．

ｉ）　ヌクレオチドの合成　プリンヌクレオチドとピリミジンヌクレオチドは，全く異なる経路で合成される．

プリンヌクレオチド合成はPP経路の中間体からつくられる5-ホスホリボシル-1-二リン酸(PRPP)より始まり，複雑な経路を経て，アデノシン一リン酸（AMP）とグアノシン一リン酸(GMP)をつくる．DNA合成に用いられるデオキシ型ヌクレオチドは，それぞれ対応するRNA型ヌクレオチドのリボース上の水酸基が酵素的に還元されることによって生じる．プリン環の窒素原子は，アスパラギン酸，グルタミン酸，グリシンに由来する．

ピリミジンヌクレオチド合成は，炭酸，水，グルタミンから生じたカルバモイルリン酸から始まり，プリンヌクレオチドと同様に複雑な経路を経てウリジン一リン酸（UMP）を生じる．UMPにリン酸が1個付加してUDPができ，これからRNA型，DNA型のピリミジンヌクレオチドのすべてができる．ピリミジン環の窒素原子はグルタミンとアスパラギン酸に由来する．

ii）核酸合成　DNA，RNAともに鋳型DNAと相補的な塩基をもつヌクレオチド三リン酸からピロリン酸がとれる形でプライマーまたはすでに合成された核酸の3′末端にエステル結合する．

5）菌体高分子化合物の合成

細菌細胞を構成する物質のうち，ペプチドグリカンとリポ多糖(lipopolysaccharide：LPS)は細菌に特有のものであり，これらの構成成分には特殊な低分子化合物が含まれる．

i）ペプチドグリカン　ペプチドグリカンは，N-アセチルグルコサミン-N-アセチルムラミン酸のジサッカライド単位の繰り返し構造が骨格となり，テトラペプチドを介して高分子ネットワークを形成している．ペプチドグリカン生合成は4段階からなっている（図2.13）．第1段階では，ブドウ糖からN-アセチルグルコサミン-1-リン酸ができ，次いでUDP-N-アセチルグルコサミン，UDP-N-アセチルムラミン酸になる．第2段階では，順次アミノ酸が付加し，UDP-N-アセチルムラミン酸ペンタペプチドになる．第3段階では，N-アセチルムラミン酸ペンタペプチド単位が

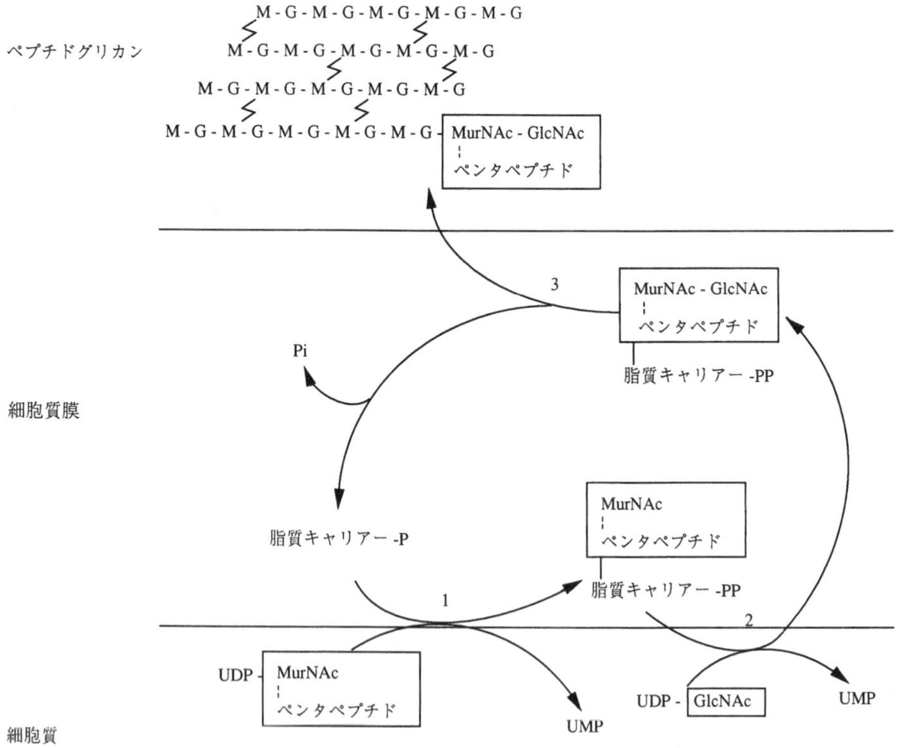

図 2.13　ジサッカライドによるペプチドグリカン鎖の伸長反応
GlcNAc(G)：N-アセチルグルコサミン，MurNAc(M)：N-アセチルムラミン酸，1：MurNAc-ペンタペプチドの脂質キャリアー-リン酸への転移，2：ジサッカライド-ペンタペプチドの生成，3：ペプチドグリカン鎖への転移．

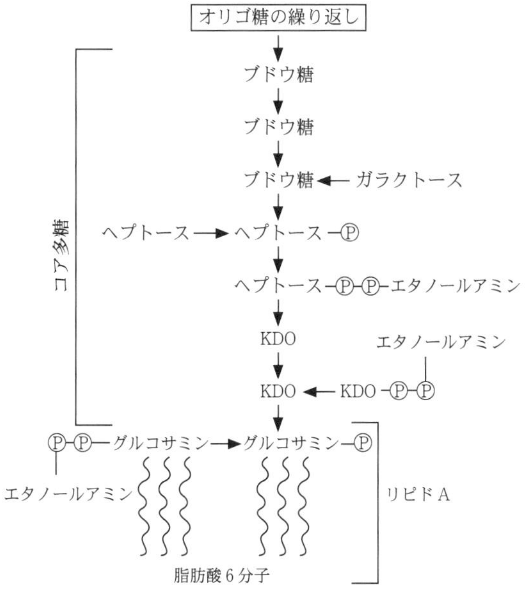

図 2.14 リポ多糖
KDO：2-ケト-3-デオキシオクトン酸，Ⓟ：リン酸．

脂質キャリアーに移され，次いでN-アセチルグルコサミン残基が転移する．グラム陽性菌ではペンタグリシンが加えられるが，グラム陰性菌ではペンタグリシン鎖は存在しない．脂質キャリアーは細胞質膜の外側表面に移る．第4段階では，グラム陽性菌における個々の鎖がペンタグリシンの末端アミノ基の近傍にある4番目のD-アラニン残基と架橋され，末端のD-アラニンが放出される．グラム陰性菌ではより薄く，架橋の数も少ないが，隣接するテトラペプチド間で直接架橋される．

ii） リポ多糖（LPS） LPS（図2.14）の合成も細胞質内と細胞質外での2つの反応からなる．LPSはグラム陰性菌のみがもつ高分子化合物である．リピドAの部分は，複数の脂肪酸の付加と2-ケト-3-デオキシオクトン酸（KDO）がグルコサミンジサッカライドに結合することで合成される．リピドA-KDOの疎水的性質は，この物質が細胞質膜に溶け込むのを助ける．膜内でさらに次の糖がリピドA-コア多糖に付加する．さらに他の糖がペプチドグリカン合成でも用いられたキャリアーである脂質キャリアー上で重合する．適当な長さの多糖が完成した後，全体が内膜の外側表面に存在しているリピドA-コア多糖に結合し，さらに外膜表面に運ばれる．

2.4 細菌の培地と培養

細菌は，2分裂によって増殖するが，その際に必要な栄養素を菌体外の環境から獲得する．適当な栄養素と環境条件のもとで細菌を増殖させることを培養（culture）といい，培養に用いられるものを培地（culture medium）という．

検体から病原細菌を分離するときや研究のため実験室内で目的の細菌を増殖させるとき，その細菌が増殖できるような培地をつくり，適当な環境で培養する必要がある．菌体成分を合成するために最も重要なのは炭素源であるが，これはほとんどの場合エネルギー源ともなる．無機栄養菌のように，無機化合物（CO_2など）を利用するものもあるが，病原細菌の多くは，糖や脂肪酸，アミノ酸などの有機物の酸化によって生じる化学エネルギーを利用する．炭素源のほかに菌体成分のもととなるものとして窒素源がある．病原細菌の場合，無機のNH_3でよい場合とアミノ酸でなければならない場合とがある．そのほかSO_4^{2-}はタンパク質の，PO_4^{3-}は核酸やリン脂質の，K^+やMg^{2+}は酵素やリボソームの成分として必要である．

a. 培　　地

1） 培地の種類

細菌の代謝や遺伝などを調べる場合には，非常に簡単な，質的にも量的にも成分がはっきりしている合成培地が用いられるが，そうした特殊な場合を除き一般的な細菌増殖のための培地素材には酵母，植物，肉などの浸出液（infusion）からつくられるエキス類やタンパク質消化物など，天然の有機物が用いられる．酵母エキスはビタミンB複合体の供給源であり，プリン塩基やピリミジン塩基が含まれているため，優れた発育促進効果を示す．肉エキスは筋肉（ウシの心筋）浸出液を濃縮または乾燥したもので，強い発育支持力を示す．また肉（心筋），カゼイン，ダイズ，ゼラチンなどを酵素や塩酸で処理し，タンパク質をペプチドやアミノ酸まで分解したタンパク質消化物（ペプトン）は，細菌にとって利用されやすい窒素源となる．カゼインペプトンは牛乳カゼインを酵素（トリプシン）で分解したもので，栄養素を豊富に含み，トリプトファン含量が多い．一方，カゼインを塩酸処理したカザミノ酸は成分が酸によって低分子まで分解されているので，アミノ酸や発育素に乏しい．このようにペプトンは原材料によって含有するアミノ酸の種類や成分比率に違いがあるので，目的に応じて使い分ける必要がある．

培地は，液体培地 (liquid medium) と固形培地 (solid medium) に大別され，用途に応じて使い分ける．液体培地はブイヨン (bouillon) またはブロス (broth) とも呼ばれ，特定の細菌を増殖させるために用いられる．固形培地は細菌が増殖すると，肉眼で観察できる集落（コロニー：colony）を形成するので，細菌の分離に用いられる．液体培地に寒天を 1.5% 加えて固形化した培地が一般的であるが，卵や血清を加熱凝固させた固形培地もある．ペトリ皿（シャーレ）に固め，寒天平板（agar plate）として用いられるほか，目的に応じて斜面培地や半斜面（半高層）培地として用いられる．高層培地のうち寒天を 0.3% に加えたゲル状の培地を半流動培地（semisolid medium）といい，細菌の運動性や生化学的性状を調べる際にしばしば利用される．

2）添 加 物

溶血素 (hemolysin) など，細菌のもつ溶血性を検査する目的で，動物の血液を培地に加えることがある（血液寒天培地：blood agar medium）．ウマとヒツジの脱線維血液が最もよく用いられるが，ヒトやその他の動物の血液が用いられる場合もある．溶血性は，用いる血液の種類と細菌の組み合わせによって異なる場合がある．たとえば，黄色ブドウ球菌（*Staphylococcus aureus*）のいくつかの溶血毒は，ウマの赤血球に比べてヒツジやウサギの赤血球に対する作用の方が強いので，同菌の溶血性の検査にはヒツジ血液を加えた寒天培地が用いられる．

血液にはこのほか，培地中の発育阻害物質を吸着したり中和したりする作用や，発育促進作用がある．ヘモフィルス（*Haemophilus*）属は栄養要求性が厳しく，血液中に含まれる X 因子（ヘミン：hemin）を必要とするが，血液には発育阻害物質も含まれるため通常の血液寒天培地では増殖できない．そこで，90°C 以上の高温で 10 分間処理して発育阻害物質を除き，耐熱性の X 因子を残した血液を加えた培地（血液が熱によって褐色に変化するため，チョコレート寒天培地と呼ばれる）を分離培養に用いる．

ある特定の細菌を選択的に分離する目的で，ほかの細菌の発育を阻止または抑制する物質（抗生物質，胆汁酸塩，色素など）を培地に加えることがある．こうした物質（選択剤）を加えた培地を選択分離培地（selective isolating medium）といい，現在では多くの選択培地が考案されている．食塩もまた選択剤の一種で，培地中の食塩濃度を上げることによって好塩菌や耐塩菌を選択的に分離することができる．

たとえば，ブドウ球菌の選択分離培地として食塩を 7.5% に加えたマンニット食塩培地がよく用いられる．同培地には耐塩性をもつ何種類ものブドウ球菌が集落を形成するが，さらにマンニトールを利用して酸を産生する黄色ブドウ球菌とその他多くのマンニトールを利用できないブドウ球菌とを目視によって鑑別できるように工夫されている．このような培地は鑑別分離培地（differential isolating medium）と呼ばれる．

b. 培　　養

1）培養時の環境

細菌を培養（cultivation）するためには，目的に合った培地を用いると同時に，それぞれの菌の発育に適当な環境に培地を置く必要がある．培養に際して最も考慮しなければならない環境は，温度と酸素圧である．

i）温 度　通常，その細菌の常在環境温度が細菌の増殖にとって最も適した温度（至適温度）となる．細菌には 10～20°C を至適温度とする低温菌（psychrophile），30～37°C を至適温度とする中温菌（mesophile），50°C 以上を至適温度とする高温菌（thermophile）があり，動物に病気を起こす細菌の大部分は中温菌である．中温菌の多くは 10～45°C で増殖可能である．しかし，*Listeria monocytogenes* や *Yersinia enterocolitica* のように 0～4°C でも増殖するものがある．また，ブドウ球菌は 10°C を超えると増殖を始め，環境温度の上昇とともに盛んに増殖するようになる．培養温度は菌の増殖速度に強い影響を与える．

ii）酸 素　酸素は，細菌の増殖や代謝に影響を与える．その影響の仕方や利用の仕方は細菌によってさまざまであり，① 増殖に酸素を要求する偏性好気性菌（obligate aerobe：緑膿菌やブルセラ菌など)，② 無酸素状態で発育し，酸素があると増殖できないか，あるいは死滅する偏性嫌気性菌（obligate anaerobe：*Bacteroides* や *Clostridium* など)，③ 酸素があってもなくても発育するが，あればこれを利用して発育が良好となる通性嫌気性菌（facultative anaerobe：ブドウ球菌や大腸菌など）の 3 グループに大別される．

偏性好気性菌は好気的呼吸によってのみ，また偏性嫌気性菌は発酵によってのみそれぞれエネルギーを得るのに対し，通性嫌気性菌は酸素存在下では呼吸により，無酸素状態では発酵によりエネルギーを得る．偏性好気性菌のうち酸素分圧が少し低い状態で最もよく発育するものを微好気性菌（microaerophile）と呼ぶ．代表例として *Campylobacter* があるが，同菌は低酸素分圧と同時に高濃度の CO_2 を増殖に必要とする．通性嫌気性菌の多くは呼吸によりエネルギーを得るが，中にはレンサ球菌のように呼吸によるエネルギー産生ができず，発酵によりエネルギーを獲得している菌もある．

iii）二酸化炭素　CO_2 は，好気性・嫌気性にかかわらずすべての細菌に必須であり，特に増殖開始のために必要である．大部分の細菌は有機酸の代謝の際に細菌自身が産生する量で十分まかなえるが，*Brucella melitensis* や *Campylobacter* などでは増殖時に大気中の CO_2（0.03%）よりはるかに高い濃度（5～10%）を必要とする．

iv）水素イオン濃度（pH）　病原細菌の多くは pH 5.0～8.0 で増殖し，それらの至適 pH は動物の体液の pH とほぼ同じ 7.2～7.6 である．しかし，中にはコレラ菌のようにアルカリ側 pH 7.8～8.0 に至適 pH 域をもつものや，結核菌のように弱酸性域（pH 6.4～7.0）でよく増殖するものがある．大腸菌を pH 7.2 のブイヨンで培養すると，培地の pH はしだいに上昇しアルカリ性（pH 8.8 以上）となるが，ブドウ糖を 1% 添加しておくと発酵により酸を産生して培地の pH は逆に低下（～pH 5.3）する．このように，同じ菌でも培地成分が異なると代謝産物が異なるため，pH も変化し，増殖に影響を与える．

v）酸化還元電位　酸化還元電位（Eh）は，ある化合物から電子 e^- を引き抜くのに必要な電圧を，H_2 から e^- を引き抜くのに必要な電圧と比較した相対的な電圧のことである．O_2 は培地中の諸成分を酸化して Eh を上昇させる．空気に接触している通常の培地（pH 7）における Eh は +0.2～+0.4 V で，培地中で細菌が増殖すると 0～+0.2 V に低下する．偏性嫌気性菌は Eh が −0.2 V 以下でないと増殖しない．そのため前もって培地中の酸素を除いておくか，システインやチオグリコール酸などの還元剤を添加して Eh を低下させておく必要がある．Eh は感染症における混合感染の成立にも重要で，たとえば外傷により好気性菌と嫌気性菌が共存する場合，局所ではまず好気性菌が増殖して Eh を低下させ，その結果，嫌気性菌の増殖が可能となる．

vi）イオン強度および浸透圧　Na^+ や Cl^- は多くの菌にとって必要ないが，培地の浸透圧を等張にするため塩化ナトリウム（NaCl）を加える．NaCl の濃度が 0～4% で増殖可能な塩感受性菌，0～12% で増殖可能な耐塩菌（ブドウ球菌やリステリア菌など)，発育に一定濃度の NaCl を必要とする好塩菌（halophile）がある．海水中に生息する *Vibrio parahaemolyticus* は海水のそれとほぼ等しい濃度の NaCl（約 3.5%）を必要とするが，菌によっては発育に 20% もの NaCl を必要とするものもある．

2）培 養 法

好気性菌や通性嫌気性菌の場合，酸素があると発育が良好になる．液体培地の場合，無菌の空気を吹き込みながら培養する通気培養法（aeration cultivation）や空気との接触機会を増やすために振盪（しんとう）培養（shaking cultivation）を行えば，細菌の増殖速度が促進され，最終的に培養液中の細菌数も増加する．ただし呼吸を行わない通性嫌気性菌に対しては通気培養や振盪培養は全く効果がない．

偏性嫌気性菌の場合は酸素があると増殖できないか，あるいは死滅してしまうため，無酸素状態で培養しなければならない．同菌が酸素に感受性を示す理由の一つは，代謝の過程で生じる酸素誘導体（過酸化水素（H_2O_2)，スーパーオキシドアニオン（$\cdot O_2^-$)，水酸化ラジカル（$\cdot OH$)，一重項酸素（Δg^1O_2）などで，これらは活性酸素と呼ばれ，強い細胞毒性を示す）を処理して無害にする機構が不十分なためと考えられている．そのため，多くの培養法が考案されている．

i）ガスパック法　嫌気ジャーなどの密封

可能な容器に培地をおさめ，さらに触媒とガス発生袋（ガスパック）に水を注いだものを一緒に入れて密封する．ガス発生袋から水素と二酸化炭素が発生し，水素は容器内の酸素と結合して水となり無酸素状態をつくり出すと同時に，容器内は嫌気性菌の発育に良好な10％前後のCO_2濃度に保たれる．

ii）スチールウール法　スチールウールを酸性硫酸銅に浸し，表面に還元銅を付着させ，密封容器内におさめる．還元銅は容器内の酸素と結合し酸化銅となるが，容器内は嫌気状態となる．スチールウール法と二酸化炭素または混合ガス（二酸化炭素，窒素，水素）置換法の併用も行われる．

3）微好気性菌の培養法

i）ロウソク法　密閉容器（ジャーなど）内でロウソクを燃焼させ，容器内の酸素を消費させると同時に3～5％のCO_2を発生させる方法．

ii）ガス添加もしくはガス置換法　ガスボンベを用いて容器内のCO_2濃度を10％となるよう添加する（ガス添加法）か，真空ポンプで容器内部を減圧し，混合ガス（N_2 85％，CO_2 10％，O_2 5％）で置換する方法（ガス置換法）．

iii）ガスパック法　原理は嫌気性菌用ガスパックと同じ．容器内が5～10％のCO_2と5％のO_2となるよう工夫されている．

4）純　培　養

細菌の諸性状を調べるためには，1株のみを培地上で純粋に培養する必要がある．これを純培養（pure culture）という．純培養菌を得るためには，1個の菌に由来し肉眼で観察できる集落（単個集落：single colony）を寒天平板上につくらせることが前提となる．単個集落を得る方法には，平板培地に臨床材料や菌塊を塗布し，白金耳で順次広げていく塗布培養法，菌浮遊液を46～50°Cに加温溶解した寒天培地とよく混和し，ただちにペトリ皿に平板として固める混釈培養法，材料または菌浮遊液を10倍段階希釈し，適当な希釈度の菌液を一定量ずつ寒天平板に接種・塗布する定量培養法などがある．いずれの方法にせよ，他の細菌の混入（汚染：contamination）がないよう細心の注意を払って，目的とする単個集落を無菌操作により新しい培地に再接種（継代）すれば，純培養菌を得ることができる．

2.5　細菌の遺伝と変異

細菌細胞では，親細胞の性質は2分裂によってそのまま子孫（progeny）に受け継がれる．しかし，時に諸性状に変化が認められることがある．遺伝（heredity）とは一般に，親の性質がその子孫に伝えられる現象をさし，逆に親の形質が子孫において変化した場合を変異（mutation, variation）と呼ぶ．このような細菌の遺伝や変異は，古くから細菌遺伝学研究の題材にされてきた．その結果，遺伝学は急速に進歩し，近年のバイオテクノロジーの発展に大いに貢献してきた．

a．核酸の構成と機能

1）核酸の構成

細菌などの原核細胞（procaryote）は，真核細胞（eucaryote）と異なり，核膜をもたず，細胞質に含まれる核物質（核様体：nucleoid）は1分子の環状になった2本鎖のデオキシリボ核酸（deoxyribonucleic acid：DNA）からなっている．細菌の核様体に含まれるDNAは，遺伝情報を担っており，これを染色体（chromosome）と呼んでいる．さらに，細菌はほかの生物と同様に，タンパク質合成に必要なリボ核酸（ribonucleic acid：RNA）をもつ．

DNAは，グアニン（G），アデニン（A），チミン（T），シトシン（C）という4種類の塩基がリン酸エステル結合でつながったポリヌクレオチド鎖を形成し，Watson-Crickのモデルにみられるように，AとT，GとCが相補的（complementary）な水素結合により2本鎖が形成される．細菌の染色体は，この2本鎖DNAが閉じた形，すなわち閉鎖環状構造（closed-circular）を呈している．

一方，RNAは1本鎖で構成され，4種類の塩基のうち，DNAのチミンの代わりにウラシル（U）が使われている．菌体内においてRNAは分子内で相補的に向き合ったAとUおよびCとGが水素結合し，無秩序に折り畳まれた状態で存在していると考えられている．RNAにはメッセンジャーRNA（mRNA），転移RNA（tRNA），リボソームRNA（rRNA）の少なくとも3種類がある（後述）．

2) 染色体の複製

複製(replication)とは，細胞の分裂に先立って起こるDNA合成，すなわち2本鎖のそれぞれの鎖が鋳型（template）となって，それに対して相補的な娘鎖が合成されることであり，半保存的複製(semiconservative replication)とも呼ばれる．大腸菌（*Escherichia coli*）における染色体の複製は，細胞質膜に付着した，染色体上の特定の開始点（複製のオリジン（origin）である *ori* Cから両方向に進み，反対側の終結点（terminus）で終了する（図2.15)．

複製は37℃で1秒間に800塩基以上という驚くべき速さで進行し，10^{10}塩基に1つの読み間違いしか起こらない．このような厳格な複製能力に支えられ，細菌のDNA上のすべての遺伝情報は，新しいDNA分子上に正確にコピーされ次世代に伝えられる．したがって，DNAの複製調節は開始の時点で行われているといえる．しかし，複製調節機構の詳細は不明である．

3) 核酸の機能

DNAは，遺伝子(gene)の本体である．そしてヌクレオチド配列としての遺伝情報は，正確に子孫に伝わっていく．一方，ヌクレオチド配列に従って合成されたmRNAを鋳型としてタンパク質が合成される．すなわち，生物の遺伝的連続性はDNA→DNAという情報の流れによって保たれ，

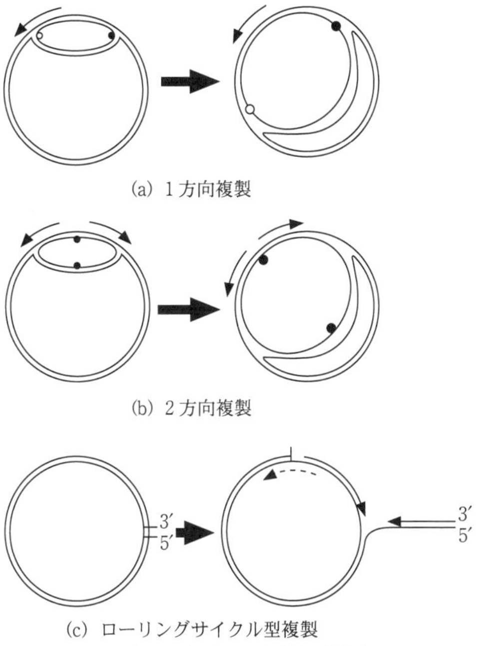

図 2.15 染色体DNAの複製機構
実線の矢印は複製位進行方向を示す．
(c)のモデルでは，円の中の破線の矢印の方向にDNAが回転していると考える．

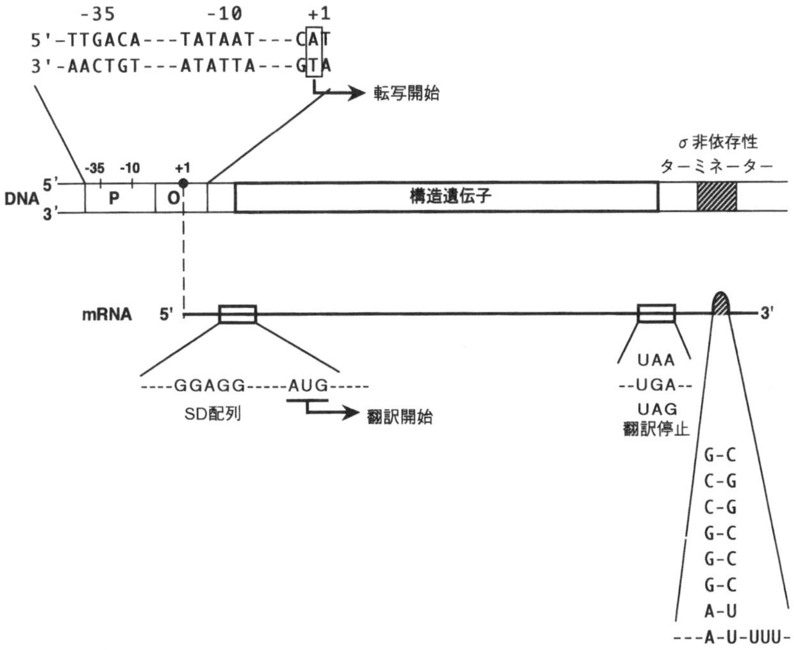

図 2.16 遺伝子領域の基本構成
P：プロモーター領域，O：オペレーター領域．図中の塩基配列は典型的な配列を示す．

形質の発現はDNA→mRNA→タンパク質という遺伝情報の流れによって支配されているといえる．

遺伝子領域の基本構成（図2.16）は，1種類のポリペプチドをコードする構造遺伝子（structural gene）と，その上流にあるプロモーター(promoter)とからなる．プロモーターと構造遺伝子の間に，リプレッサー（repressor）が結合するオペレーター（oprerator）領域をもつ遺伝子もある．構造遺伝子の情報はまずmRNAに転写(transcription)され，次にリボソームにより，タンパク質に翻訳(translation)される．mRNAへの転写は，連続した1個ないし複数個の構造遺伝子が同時に行われる．この転写の単位をオペロン(operon）と呼ぶ．

i）転　写　2本鎖DNAの1本鎖のみを鋳型DNAとして，転写は起こる．DNAの転写開始点を1としたとき，そこからほぼ10 bpおよび35 bp上流にRNAポリメラーゼが結合する特殊な配列，プロモーター領域があり，それぞれ−10領域および−35領域と呼ばれ，6塩基からなる特徴的な配列として知られている．プロモーターに結合したRNAポリメラーゼは鋳型DNAに沿って下流に移動し，転写開始点に到達してmRNAの合成を開始する．mRNAの合成は，5′→3′の方向に合成され，RNAポリメラーゼは転写到達点(ターミネーター：terminator）に達するとDNAから離れ，mRNAの合成は終わる．

大腸菌のRNAポリメラーゼは$\alpha_2\beta\beta'\sigma$というサブユニット構造をもつホロ酵素である．そのうち，コア酵素である$\alpha_2\beta\beta'$はリボヌクレオチドの重合を触媒し，σ(シグマ)はプロモーターの配列を認識し結合する働きをもつ．RNAポリメラーゼはまず−35領域に緩く結合し，その後−10領域に移動する．2本鎖DNAは一時的に開裂し，鋳型DNA鎖に相補的なmRNAの合成が始まる．mRNAの伸長が始まると，σ因子はRNAポリメラーゼから外れる．転写終結には前述のターミネーター構造（6〜7塩基のポリA配列とその直前のGC含量の多い約10塩基からなる逆向きの繰り返し配列し，パリンドローム（palindrome）構造という)とともに，RNAポリメラーゼに結合するρ(ロー)因子と呼ばれるタンパク質が関与することもある．

転写の調節には，転写開始時点における正と負の調節機構がある．負の調節機構においては，リプレッサータンパク質がオペレーター部位へ結合し，RNAポリメラーゼが転写開始点まで移動できないことによるmRNAの転写の阻害が起きる．リプレッサー・オペレーターの系はすべての遺伝子がもっているわけではないが，リプレッサーは標的となるオペロンごとに異なっている．また，遺伝子の産物が自己のリプレッサーとして働く場合もあり，自己調節タンパク質といわれる．一方，正の調節は，キャップ（cap：catabolite gene activator protein）構造と呼ばれるタンパク質が関与する機構がよく知られているが，最近，コレラ毒素や大腸菌の膜タンパク質の遺伝子の転写を増加させるキャップ構造とは異なるタンパク質が見出されている．

ii）翻　訳　タンパク質の特異性はその一次構造，すなわちアミノ酸配列によって決定される．さらに，この配列は遺伝子上のDNAの塩基配列の順序に依存している．これを遺伝暗号(genetic code)と呼び，遺伝子上の連続した3つの塩基が1つのアミノ酸を決定する．mRNA上のこの連続した3つの塩基配列をコドン(codon)と呼ぶ．

細菌は核膜をもたないので，転写の終結を待たずに翻訳が開始される．すなわち，合成途中のmRNAの5′末端から多数のリボソームが結合し，翻訳が進行する．各リボソーム上では，mRNAのコドンに従って順次アミノ酸が付加され，ペプチド鎖が伸長する．細菌の場合，通常mRNAはプロセッシングを受けないので，転写された遺伝情報はそのままポリペプチドに翻訳される．mRNA-リボソーム複合体にアミノ酸を運搬するのがtRNAである．

細菌のリボソームの沈降係数は70Sで，30Sと50Sのサブユニットから構成される．30Sリボソームは1分子の16S rRNAと21分子のタンパク質からなり，50Sリボソームは1分子ずつの5S rRNAと23S rRNAおよび，34分子のタンパク質からなる．

tRNAは，20種類あるアミノ酸それぞれに対応して存在し，ATP存在下で個々のtRNAに対応したアミノアシルtRNA合成酵素により活性化され，3′末端OHにアミノ酸が結合したアミノアシルtRNA（AA-tRNA）になる．すなわち，アミノアシル tRNA 合成酵素も 20 種類存在することになる．tRNA は 73～93 塩基からなる 1 本鎖 RNA で，通常クローバー状の二次構造をとる．tRNA 分子には mRNA のコドンと相補的なアンチコドン（anticodon）が存在し，それによって mRNA と特異的に結合する．

① 翻訳の開始：　30S リボソームの 16S rRNA の 3′ 末端に，これと相補的な配列（SD 配列：図 2.17）をもつ mRNA 部分が結合する．細菌では開始コドンは AUG（まれに GUG や UUG）で，メチオニンに対応する．最初のメチオニンだけは必ずホルミル化されており，このホルミルメチオニンと結合した tRNA（fMet‐tRNA）が，まず mRNA‐30S リボソーム複合体に結合する．この際，開始因子（initiation　factor：IF）‐1, 2, 3 と GTP が必要である．これに，50S リボソームが加わり，70S の開始複合体となる．これには，5′ 側にペプチジル tRNA（peptidyl‐tRNA）が結合する P 部位と，3′ 側に AA‐tRNA が結合する A 部位が存在する．

② ペプチド鎖の伸長：　次に，開始複合体の A 部位に 2 番目の mRNA コドンに対応する AA‐tRNA が結合し，このアミノ酸のアミノ基と fMet‐tRNA のカルボキシル基の間にペプチド結合が形成される．この反応はペプチド転移（transpeptidation）と呼ばれる．この際，P 部位に残された tRNA はリボソームから離れる．次に，このペプチジル tRNA は，A 部位から P 部位へ転座（translocation）する．これと同時に，1 コドン分だけリボソームが mRNA 上を移動し，空になった A 部位に 3 番目の mRNA コドンに対応する AA‐tRNA が結合する．その後，順次ペプチド鎖が伸長される．この間に，N 末端に付いていたホルミル基は除去される．ペプチド転移に関与するペプチド転移酵素（transpeptidase）は 50S リボソーム構成タンパク質の一つで，また，AA‐tRNA の A 部位への結合には伸長因子 EF‐Tu，EF‐Ts および GTP が，転座には伸長因子 EF‐G と GTP が必要である．

③ 読み終わり：　mRNA の停止コドンが A 部位に現れると解離因子（release factor：RF）がリボソームに結合し，合成されたペプチドと tRNA の間を切断し，ペプチドが遊離する．さらに，リボソームは 50S と 30S サブユニットに解離し，ペプチド合成の 1 サイクルが終了する．細菌の場合，通常 mRNA のプロセッシングを受けることがないので，そのままタンパク質に翻訳される．

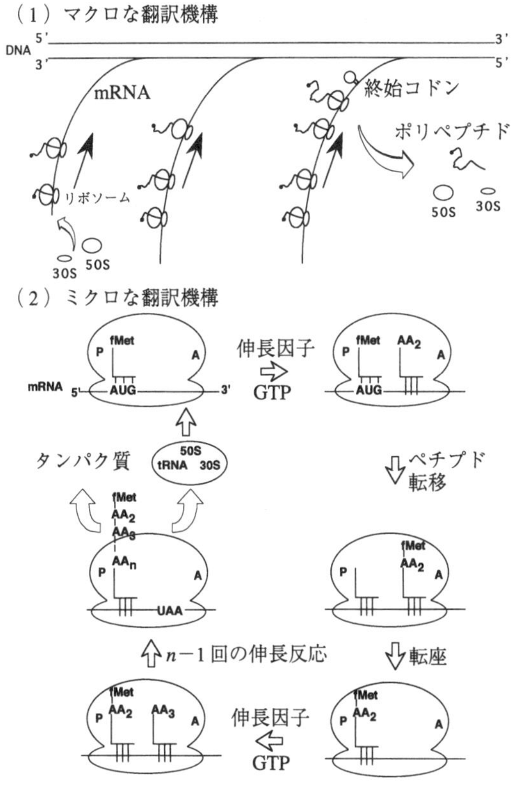

図 2.17　翻訳機構

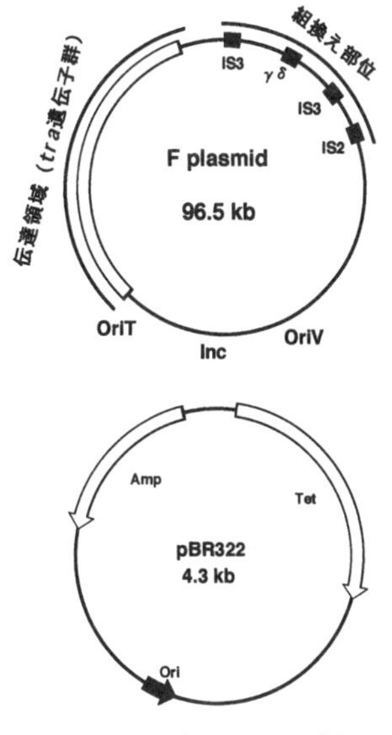

図 2.18　代表的なプラスミドの遺伝子地図

4) プラスミド

プラスミド (plasmid) は，細菌の細胞質に存在し，宿主染色体から独立した自律複製可能な遺伝単位 (レプリコン：replicon) のことであり，一般には環状の2本鎖DNAである (図2.18)．その大きさは数kbp～100 kbpとさまざまである．また，宿主菌1個あたりのプラスミドの数，すなわち宿主菌染色体あたりの数 (コピー数) は，数個から数十個までとプラスミドによって異なり，一般には大型プラスミドではそのコピー数は少なく，小型プラスミドでは逆に多い．

プラスミドは，ほとんどの細菌が保有していることが知られているが，特に大腸菌に代表される *Enterobacteriaceae* 科 (腸内細菌科) のプラスミドがよく研究されている．

i） プラスミドの一般的な性状　複製機構が非常に似ているプラスミド同士は同一宿主菌内に共存できない．この性質を不和合性 (incompatibility) と呼ぶ．これには，プラスミド由来の短いRNA分子が主役をなし，複製開始に必要なプライマーRNAの形成を抑える場合と，複製に必須のタンパク質の合成を翻訳レベルで抑制する場合がある．

また，プラスミドの中には，接合 (conjugation) によってほかの細菌に移る能力をもつものもある．これを，伝達性もしくは接合性プラスミド (conjugative plasmid) と呼ぶ．後述するように，その代表としてFプラスミドやある種のRプラスミドがある．これらのプラスミドは，性線毛 (sex pili) を介して，接合によりほかの細菌細胞へ移る．一方，接合能をもたないプラスミドは非伝達性もしくは非接合性プラスミドと呼ばれる．非伝達性プラスミドは，共存する伝達性プラスミドにより，ほかの細胞へ伝達されることがある．これを，可動化 (mobilization) という．

一般にプラスミドは，細胞内で安定に保存維持される．しかし，継代や長期保存などにより安定に維持されず，自然に脱落することがある．また，人工的にはアクリジンオレンジなどの色素や界面活性剤を含む培地上で継代培養したり，高温継代するとプラスミドが脱落 (curing) することがある．

ii） 主なプラスミド　プラスミドのコードする表現型により，以下のプラスミドがある．

①Fプラスミド (F因子，Fファクター)：　約95 kbpの大きさで伝達性プラスミドの代表的なものである．Fプラスミドは，大腸菌の接合に重要な役割を果たす．また，Fプラスミドは，全体として容易に宿主染色体に組み込まれ，Hfr状態になる (後述)．

②Rプラスミド (R因子，Rファクター)：　Rプラスミドは，抗菌剤 (化学療法剤，消毒薬) を分解したり，不活化したりする機能をもつ遺伝子 (耐性遺伝子) を担った薬剤耐性プラスミドであり，1959年に落合ら，秋葉らによる赤痢菌 (*Shigella*) の薬剤耐性が混合培養によりほかの腸内細菌に移る現象から見出されたもので，1種類の薬剤に対する耐性遺伝子をもつものから10種類もの薬剤に対する耐性遺伝子をもつもの (多剤耐性) まで，多種類のRプラスミドが知られている．耐

表 2.2　代表的な病原プラスミドの種類

菌名	プラスミドの名称および病原因子
Shigella	細胞侵入能
Escherichia coli (EPEC)	EEAプラスミド：細胞付着能
〃 (ETEC)	Ent/CFAプラスミド：毒素産生，腸管上皮付着能
〃 (EIEC)	細胞侵入能
〃 (その他)	Col Vプラスミド：血清耐性，鉄取り込み
	Hlyプラスミド：溶毒素産生
Salmonella	毒力の増強
Yersinia	Lcrプラスミド：VおよびW抗原産生，Ca^{2+}依存性，Yopsタンパク質産生
Enterobacteriaceae	Rプラスミド：血清抵抗性
Staphylococcus aureus	表皮剝脱毒素産生
Bacillus anthracis	Toxプラスミド：致死毒産生，浮腫毒素産生，防御抗原産生
	Capプラスミド：莢膜形成
Clostridium tetani	破傷風毒素産生

EPEC：腸管病原性大腸菌，ETEC：腸管毒素原性大腸菌，EIEC：腸管組織侵入性大腸菌．

性はサルファ剤，β-ラクタム系抗生物質，テトラサイクリン系抗生物質，クロラムフェニコールなどの多くの薬剤に及ぶ．さらに，水銀などの重金属に対する耐性遺伝子を支配するものもある．Rプラスミドは接合伝達能のあるものとないものがあり，グラム陽性・陰性を問わず広く細菌の間に分布している．伝達性Rプラスミドをもつ細菌は，異種もしくは同種の菌に耐性を拡散し，さらに，ヒトのみならず家畜，野鳥，魚類などからも高率に分離され，臨床的および疫学的に重要な問題を投げ掛けている．

③コリシンプラスミド（colicin plasmid，Col plasmid）：　ある種の大腸菌のもつプラスミドで，ほかの腸内細菌に対し殺菌的に働くコリシンというタンパク質性の物質を産生する．細菌を殺すこのようなタンパク質を一般的にバクテリオシン（bacteriocin）と呼ぶ．バクテリオシンのうち，*Enterobacter* を殺すクロアシン（cloacin）を担うColプラスミドも知られている．

④ビルレンスプラスミド：　近年，細菌の菌力（毒力，ビルレンス：vilurence）を支配する遺伝子がプラスミド上に存在する例が多く報告されている（表2.2）．これは伝達性や可動化により，もしくはトランスポゾン（後述）によって菌種間に広がった結果である．

b．変　　　異

細菌は子孫へ同じ性状を伝えようとする反面，種々の環境要因により，親とは異なった性状を示す子孫が出現することがある．この現象を変異（variation）と呼ぶ．変異には，適応や修飾のような非遺伝的変異と，遺伝的な変異，すなわち突然変異（mutation）があるが，一般に遺伝学で変異というときは，後者の突然変異をさす．

非遺伝的変異は，環境の要因によって一時的に細菌の表現型（phenotype）が変化することで，たとえば，培養する培地の成分の違いにより，細菌は容易に形態が変化したり，莢膜が形成されたり，代謝に影響する場合がある．また，細菌の増殖期の違いにより，染色性が変化したり毒力に差が現れてくることがある．しかしながらこれらの変化は，可逆的であり，もとの性状に容易に戻るので，後述する突然変異とは異なる変化として区別する必要がある．

1）突然変異

突然変異は，遺伝子型（genotype）の変化，すなわち，遺伝子上のヌクレオチド配列の変化による表現型の変化のことである．突然変異は，常にDNA構造上に変化が生じ，その変化が子孫へ伝わる点が非遺伝学的変異とは異なる．変異を起こしたものを変異株あるいは変異体（mutant）と呼び，変異頻度を高めるものを変異原（mutagen）と呼ぶ．突然変異は自然にも起こり（自然突然変異：spontaneous mutation），また人為的に誘発できる（誘発突然変異：induced mutation）．

細菌における突然変異は，Luria と Delbrück（1943）による彷徨テスト（fluctuation test）や Lederberg（1952）によるレプリカ法により証明することができる．

i）彷徨テスト　1例として，ファージ耐性菌出現を示す．大腸菌B株にT1ファージを感染させると，ほとんどの菌は殺菌されるが低頻度ながら生き残る耐性菌が出現する．そこで図2.19のような2種類の実験が行われた．第1の実験では，大腸菌菌液を1本にまとめ，培養し，それを多数のファージ液を含む平板に接種した．第2の実験では，希釈液を多数の試験管に分割して，培養し，それぞれをファージを含む平板に接種した．その結果，第2の実験結果は，第1に比べ，耐性菌の出現のバラツキが多かった．このことは耐性菌の出現は偶発的突然変異により生じたと考えられる．すなわち，ファージと出会う以前に耐性菌が

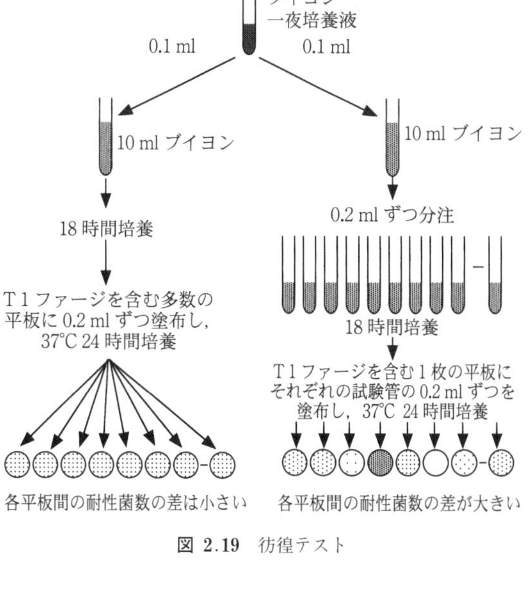

図 2.19　彷徨テスト

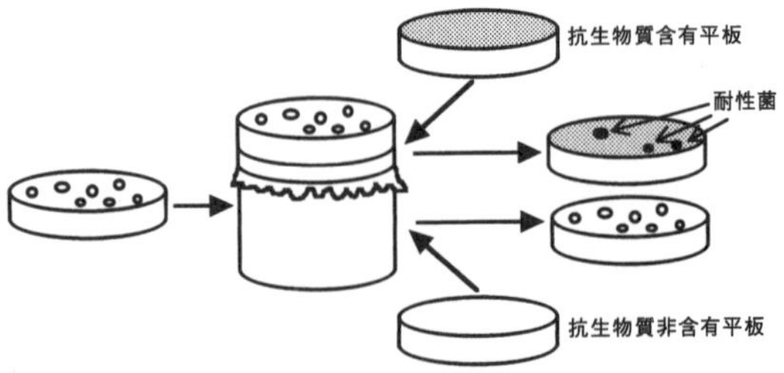

図 2.20　レプリカ法
抗生物質非含有平板上の集落（マスタープレート）をビロード布の上に付着させた後，移された集落を薬剤含有平板に移すと，薬剤耐性変異菌が出現してくる．

出現していたことを示している．仮に，ファージと出会った結果，耐性菌が出現したとしたら，上記の実験のバラツキはないはずである．同様に，薬剤耐性菌の出現も突然変異の結果であることが証明できる．

ii）レプリカ法　本方法は，彷徨テストと異なり選択因子に触れることなく突然変異株を選択できるので，直接，突然変異現象を証明できる．滅菌したビロード布上に集落を移し，そのまま別の平板培地を複写（レプリカ：replica）する実験方法で(図 2.20)，近代細菌遺伝学に多大の貢献をしてきた．

突然変異は，DNA 上の塩基配列の変化，すなわち，置換（substitution），欠失（deletion），挿入(insertion)の 3 種類の機構によって起こる．置換のうち，プリン塩基がほかのプリン塩基に，またピリミジン塩基がほかのピリミジン塩基に置き換えられる場合を塩基転位（transition），プリン塩基とピリミジン塩基が置き換わる場合を塩基転換(transversion) と呼ぶ．このような 1 個の塩基対の変化を点変異（point mutation）と呼ぶ．点変異は，10^{-6}～10^{-8} という低頻度で，もとの塩基対に戻ることがあるが，これを復帰変異（back mutation）と呼ぶ．

変異が遺伝子内に起こると，次の 3 種類の変化が産生タンパク質に現れる（図 2.21）．

① アミノ酸に全く変化がない，すなわち，コドン内の塩基の変化がそのコードするアミノ酸の変化を起こさない場合で，たとえば，TTT→TTC である．

② ほかのアミノ酸に変化する．コドン内の塩基の変化がそのコードするアミノ酸の変化を起こす場合で，たとえば，TTT→TTA (Phe→Leu) で

野生型
```
DNA   5' ---TCT TTT TAT CAT ACT ---3'
      3' ---AGA AAA ATA GTA TGA ---5'
アミノ酸     Ser Phe Tyr His Thr
①
      5' ---TCT TTC TAT CAT ACT ---3'
      3' ---AGA AAG ATA GTA TGA ---5'
             Ser Phe Tyr His Thr
②
      5' ---TCT TTA TAT CAT ACT ---3'
      3' ---AGA AAT ATA GTA TGA ---5'
             Ser Leu Tyr His Thr
③
      5' ---TCT TTT TAG CAT ACT ---3'
      3' ---AGA AAA ATC GTA TGA ---5'
             Ser Phe Stop
④
      5' ---TCT TTT TAT GCAT ACT ---3'
      3' ---AGA AAA ATA CGTA TGA ---5'
             Ser Phe Tyr Gly Tyr
```

図 2.21　遺伝子内の変異による産生タンパク質の影響
①～④は，本文中の説明に従う．ただし④は G-C 塩基対の挿入変異の例を示す．

ある．このような変異をミスセンス変異と呼ぶ．

③ ペプチド伸長が停止する．すなわち，停止コドンに変化することで，たとえば，TAT→TAG (Tyr→Stop) である．このような変異をナンセンス変異と呼ぶ．

④ 塩基対の挿入や欠失により，その場所から下流のアミノ酸配列が完全に変化してしまう場合がある．こうした変異をフレームシフト変異と呼ぶ．

このような変異は，1～2 個の塩基対で起こる場合もあるし，大分子の欠失や挿入により起こる場合もある．後者の場合は，後述するように，トランスポゾンが代表例となる．

2）変　異　原

誘発突然変異を起こす変異原には，エチルメタンスルホン酸などのアルキル化剤，5-ブロモウラシルなどの DNA の塩基アナログ，アクリジンオレンジなどの色素類，アザセリンなどの塩基合成阻害剤，亜硝酸，ニトロソグアニジン誘導体などの化学物質や，紫外線，X 線，γ 線などの電磁波が知られている．いずれも DNA に損傷を与え，変異を誘導する．たとえば，アクリジン色素はフレームシフト変異を，塩基アナログは塩基転位を，アルキル化剤は塩基転位や塩基転換を，亜硝酸は欠失変異を誘導する．紫外線は 260 nm 付近の波長

が最も変異原性が高く，DNA 中の隣接するピリミジン塩基が二量体を形成することにより変異が起こる．

変異原の大部分は発がん性をもつことが知られている．そこで，環境中や食品などから変異原性物質を検出・除去することが，がん予防の面から重要な課題となる．安価で短時間に検出可能な系としてよく用いられているのが，細菌を利用した検出法（Ames 試験）である．これは，Ames らにより考察された方法で，種々の栄養要求性を与えたネズミチフス菌（*Salmonella* Typhimurium）TA 98 または TA 100 株のヒスチジン要求性が，変異原を加えることで復帰突然変異を起こす結果，非要求性になることを応用したものである．

3) サプレッサー変異

ある遺伝子上の突然変異により変化した表現型が，変異の生じた場所で復帰変異が起こることなく，ほかの別の場所での変異によって野生型に近い状態に復帰することを，サプレッション（suppression）と呼び，その第 2 の変異をサプレッサー変異と呼ぶ．

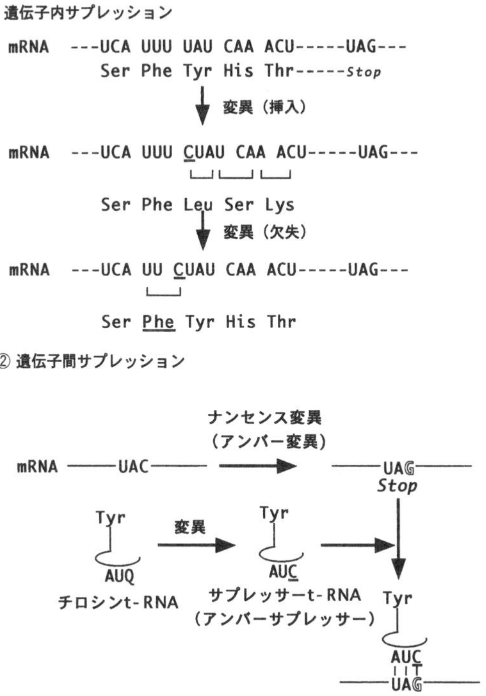

図 2.22 サプレッサー変異
②の場合，ナンセンス変異の一種，アンバー変異を起こした遺伝暗号を，チロシン tRNA の異変により（具体的には AUQ →AUC の変異），終止コドン UAG を認識可能となる．この変異したチロシン tRNA を，アンバーサプレッサー tRNA と呼ぶ．ほかには，オーカーサプレッサー，オパールサプレッサーがある．また，ミスセンス変異に関係した tRNA（ミスセンスサプレッサー tRNA）も存在する．AUQ の Q はグアニンの誘導体である．

サプレッションには，遺伝子内サプレッション（intragenic suppression）と，遺伝子間サプレッション（intergenic suppression）などがある（図 2.22）．遺伝子内サプレッションとは，フレームシフト型の変異が，同一遺伝子内の別の場所に欠失などの変異が起こった結果，もとの暗号に戻ることである．一方，遺伝子内にナンセンス変異が生じると，これらに対応する tRNA がないためにポリペプチド鎖が切断されてしまうが，tRNA 遺伝子に変異が起こり，終止コドンに対応するアンチコドンをもつ tRNA が生じた菌においてはポリペプチド鎖が中断されなくなる．このような変異を，遺伝子間サプレッションと呼ぶ．

4) トランスポゾン

転移因子（transposable element）の一つであるトランスポゾン（transposon）は，細菌の染色体やプラスミド上にある特徴的な構造をもった DNA であり，ほかの DNA 分子上にその位置を変えて動き回ることができる．このような現象を転移（transposition）と呼ぶが，多くの場合，トランスポゾンはもとの位置にとどまり，新しいコピーが別の場所につくられる．一般に，トランスポゾンが新たに挿入された遺伝子は，その中に分子が挿入されてしまうので，その機能が消失することになる．こうして起こる突然変異を挿入変異（insertion mutation）と呼ぶ．近年，挿入変異株（insertion mutant）を作製することによる遺伝子解析が数多くの細菌で行われ，重要な遺伝子が数多く同定されている．トランスポゾンには，図 2.23 に示す 2 種類のものが知られている．一つは，挿入配列（insertion sequence : IS）と呼ばれるもので，転移に必要な機能だけをもっている．両端に短い逆向き反復配列（inverted repeat : IR）をもち，これが転移に必要とされる．IS は，転移に必要な転移酵素（transposase）をコードする構造遺伝子をもつ．IS は，構造の違いから IS *1*，IS *2*，IS *3* などが知られている．たとえば，IS *1* は大腸菌染色体上に 4～11 コピー存在している．

第 2 のタイプは Tn と呼ばれ，転移機能以外をもつものである．転移機能以外の遺伝情報として

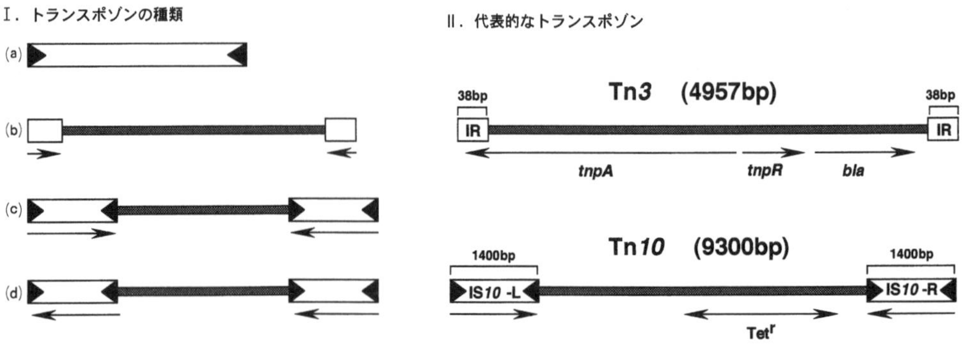

図 2.23 トランスポゾンの種類と代表例
◀は，挿入配列（IS）分子中の逆向き反復配列（IR）を示す．
(a) 単純トランスポゾンである IS, (b) 短い IR をもつ Tn *3* などの複合型トランスポゾン, (c) 長い IR をもつ Tn *5* や Tn *10* などの複合型トランスポゾン, (d) 長い同方向繰り返し配列をもつ Tn *9* などの複合型トランスポゾン．
tnpA：転移酵素, *tnpR*：レゾルベース, *bla*：アンピシリン耐性構造遺伝子, Ter^r：テトラサイクリン耐性構造遺伝子．
II における塩基数は，全長ならびに IR の塩基数を示す．

は，最もよく知られているのが薬剤耐性に関するものであり，そのほか，毒素や糖分解に関するものもある．多剤耐性菌の増加や，R プラスミドの多様化の原因として，Tn の存在が大きな役割を演じている．Tn は，その構造上，さらに 3 種類に分類されるが，両端には必ず IR が存在している．Tn の転移には，IS 同様，転移酵素が必要であるが，さらには，Tn *3* 系の Tn では，レゾルベース (resolvase) も必要となる．これらの酵素の構造遺伝子は，必ずしも Tn 内に存在する必要はなく，酵素として供給されれば転移は起こる．

トランスポゾンの転移は，多くの場合，自己の複製と，ほかの染色体やプラスミド上の標的部位 (target site) への組換えを経て行われ，結果的には最初の位置と標的部位に計 2 コピーのトランスポゾンが生じる．新たに生じたトランスポゾンの両端には，標的部位にみられる 5～9 塩基程度の短い塩基配列が重複して存在している．一般に，トランスポゾンの転移には，標的部位の塩基配列とトランスポゾンの間における塩基配列の相同性は必要ない．さらに，転移する場所の特異性は，トランスポゾンによって異なるが，特定の配列に転移が起こりやすいものから，塩基配列に関係なくランダムに転移するものまである．また，トランスポゾンの両端の配列と似た配列が染色体上に存在すると，両者の間で高率に遺伝子の欠失や逆位が起こる．一般に，トランスポゾンは 1 回の細胞分裂あたり 10^{-4}～10^{-7} という高頻度で転移や消失が起こる．このように，突然変異現象よりも高率にしかも急激に細菌染色体の変化を引き起こすトランスポゾンによる転移現象は，多様な DNA の再構築の中心的役割を演じており，生物進化の主要因であるといえる．

5) インテグロン

インテグロン (integron) は，薬剤耐性遺伝子の研究から発見された可動性因子で，両端に 8 bp の逆向き反復配列をもつ 59 bp エレメントと単一の遺伝子からなる．このカセットは組換え酵素であるインテグラーゼ (integrase) 存在下で *attI* 領域に組み込まれる．59 bp エレメントと *attI* 領域の間の組換え反応である．この反応により，インテグロンは 1 か所に多数組み込まれることになり，たとえばネズミチフス菌 DT 104 でみられる多剤耐性菌の出現に関与している．インテグロンは転移機能はないが，トランスポゾンの上に存在することもある．

6) 組換えと修復

組換え (recombination) は，通常相同的な DNA 間で起こるもので，切断と再結合もしくは乗換え (crossing over) を伴う．一般に組換えは，2 種類の相同的な DNA に切れ目が入り，1 本鎖が相互に交換され，ヘテロ 2 本鎖 (heteroduplex) がつくられることにより起こる．

そのほか，遺伝的組換えには，λファージによる宿主染色体の特定の位置への組み込みや，前述のトランスポゾンの転移現象などが知られている．組換えには数種類の酵素が関与するが，そのうち最も重要なのが RecA タンパク質である．RecA

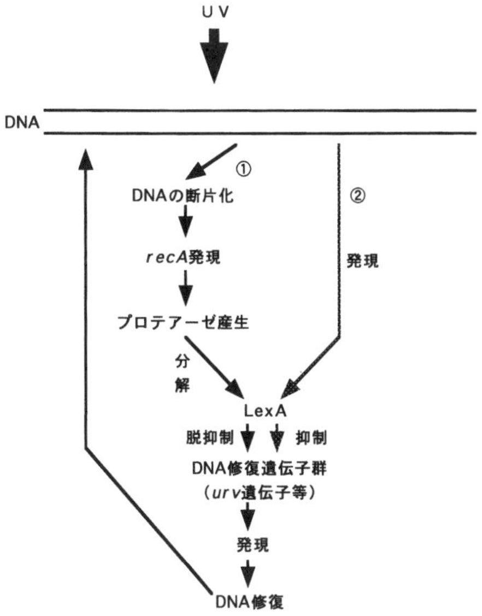

図 2.24 SOS 機構

① DNA 上に部分的な破壊や構造上の重大な危機が訪れると，*recA* 遺伝子が活性化され，活性プロテアーゼが産生される．このプロテアーゼは，平常 DNA 修復や細胞分裂阻害にかかわる複数の遺伝子を調節する LexA リプレッサーを分解する．この分解により，通常はその合成が抑制されている DNA 修復遺伝子群が脱抑制される．その結果，DNA 修復酵素群が産生され，損傷を受けた DNA はもとどおりに復元される．
② DNA が復元されると，損傷を受けた DNA が存在しなくなるので，LexA タンパク質は分解されず，DNA 修復遺伝子群の発現が抑制される．

タンパク質は SOS 遺伝子群と呼ばれる DNA 修復遺伝子群の発現を調節して，細菌の DNA 修復機構に重要な役割を演じている（図 2.24）．

7) 細菌における主な変異

細菌の変異現象は，遺伝学の進歩に多大の貢献をしてきたが，細菌特有の変異現象のうち特に生物学的に重要と思われるものを以下に示す．

i） 相変異　細菌における代表的な相変異(phase variation)は *Salmonella* の鞭毛，*Naisseria gonorrhoeae* の線毛および OMP，大腸菌の線毛にみられる．これらは通常，抗原性の変異を伴い，宿主の生体防御機構から逃れるために細菌がつくり出した巧妙な機構であると考えられている．

① *Salmonella* の鞭毛相変異：　*Salmonella* は，2 種類の抗原性の異なる鞭毛を形成する遺伝子(H 1 および H 2)を有している．たとえば，ネズミチフス菌では，i と呼ぶ鞭毛タンパク質を形成する(第 1 相)が，抗 i 血清存在下で菌を培養すると，i とは抗原性の全く異なる鞭毛を形成する(第 2 相)ようになる．この相変異は可逆的であり，DNA の逆位(inversion)により起こることが明らかになっている（図 2.25）．

② 大腸菌の線毛：　大腸菌の線毛は，マンノースによって細胞への付着が阻害されるマンノース感受性線毛（mannose sensitive pilus：MS 線毛）と，阻害されないマンノース耐性線毛（mannose resistont pilus：MR 線毛)に分けられる．MR 線毛には，定着因子抗原（colonization factor antigen：CFA)，腎盂腎炎由来大腸菌のもつ Pap 線毛（perinephritis-associated pilus)，シアル酸に付着する S 線毛，そのほか，M 線毛などがある．これらは，環境の状況に応じて発現したり抑制されたりしていると考えられる．

③ *N. gonorrhoeae* の相変異：　染色体上の *pilE* 遺伝子と *pilS* 遺伝子の間に組換え機構が働き，*pilE* 遺伝子の相変異や抗原変異が起こる．すなわち，*pilS* 遺伝子内のミニカセットが *pilE* 遺伝子のミニカセットと置き換わる組換え機構（図 2.26)と，菌体外に遊離した DNA が形質転換機構によりほかの菌体に取り込まれて起こる組換え機構により変異が起こる．この変異には，RecA タンパク質が関与している．また，*N. gonorrhoeae* の主要 OMP の一つの Opa タンパク質も，高頻度に相変異が起こる(図 2.27)．これは，発現している Opa タンパク質の構造遺伝子の N 末端のシグナル配列中にある CTCTT の 5 塩基の繰り返しの数の変化により，フレームシフトが起こり，翻訳が中断される結果，相変異が生じる．さらに，繰り返しの数が変化して，インフレームになるとまた翻訳が始まる．染色体上には，抗原性が異なっている Opa タンパク質遺伝子が複数個存在し，それらが独立に上記の相変異を起こし，その結果，抗原性の変化が起こる．この Opa タンパク質の変異には，RecA タンパク質は関与しない．

以上述べたような有線毛状態と無線毛状態が入れ替わることを相変異と呼び，発現している線毛の抗原性が変わる抗原変異（antigenic variation）とは区別される．

ii） 形態および抗原性の変異　細菌は環境に応じて高頻度にその形態に変化させるが，この変化のほとんどは一時的なものである（非遺伝的変異）．しかしながら，*Streptococcus pneumoniae*

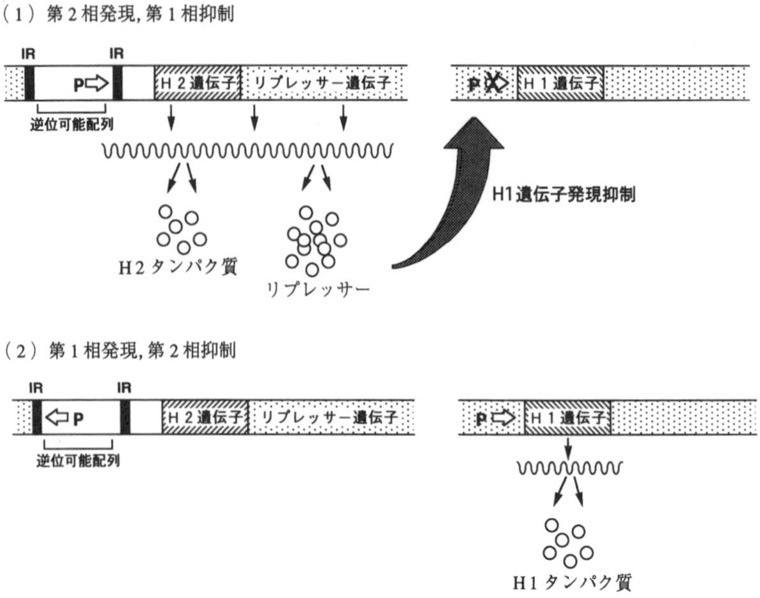

図 2.25 *Salmonella* の鞭毛相変異

第2相の鞭毛タンパク質と第1相のH1リプレッサーの遺伝子はオペロンを形成しており，さらにその上流にプロモーターを含む逆位可能領域をもっている．この領域は，両端に14 bp の逆向き反復配列（IR）が存在する．
(1) プロモーターがH2遺伝子とH1リプレッサー遺伝子の転写を進め，H2が発現され，H1の発現が抑制される．その結果，第1相の鞭毛が形成される．
(2) 逆位可能領域が逆向き反復配列を介して逆位を起こすと，プロモーターの向きが逆になり，H2が抑制され，H1が発現される．その結果，第2相の鞭毛が形成される．

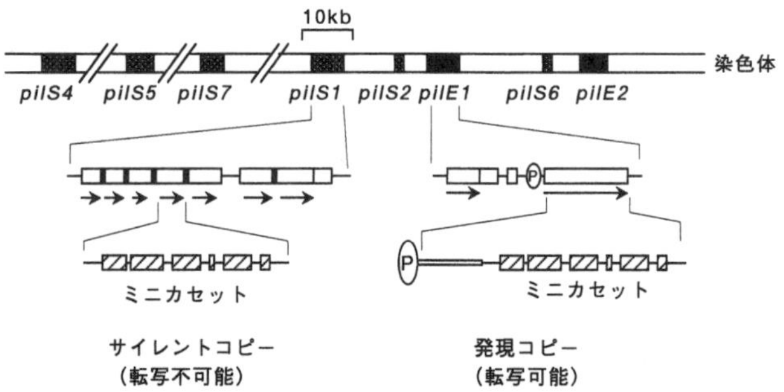

図 2.26 *Neisseria gonorrhoeae* の線毛遺伝子の変異機構

N. gonorrhoeae の染色体上には，2つの発現型の線毛遺伝子（*pilE1* と *pilE2*）が存在する．*pilE1* が主要な遺伝子で，1つの完全な発現遺伝子（発現コピー）をもつ．同時に5′末端に欠失があるいくつかの非発現型のコピー（サイレントコピー）をもつ．非発現型の線毛遺伝子（*pilS*）は，サイレントコピーをもつ．発現コピーとサイレントコピーは，それぞれ変化に富む6種類のミニカセットをもち，それぞれの間の領域は保存された領域となっている．以上のミニカセット同士が置き換わり，相変異や抗原変異が起こる．この多種類のミニカセットをもつ多くのコピー間での変化が *N. gonorrhoeae* の変異を無限に保証している．

の莢膜変異や，*Bacillus anthracis* の莢膜形成能，毒素産生能，芽胞形成能などのような遺伝的変異も多くみられる．形態の変異は菌体表層の構造の変化によるが，一般には形態の変異は抗原構造の変化をもたらす．また，抗原性の変異には，前述の相変異も抗原性の変化を通常伴う．細菌における代表的な変異を以下に示す．

①S-R 変異：　正円形，平滑，均等，湿潤性のS（smooth）型のコロニーを形成する多くの細菌において，時に周辺不正，不均等のR（rough）型

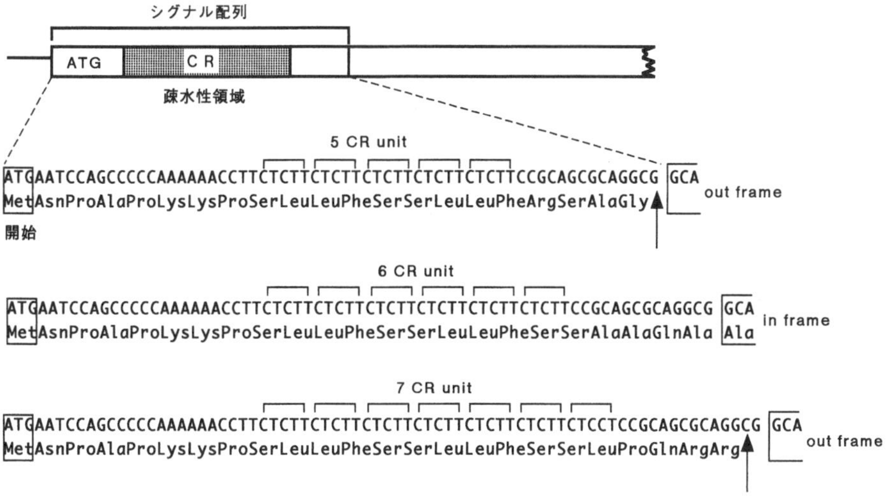

図 2.27 Opa タンパク質における相変異
シグナル配列内にある CTCTT ユニット（CR unit）の数により，フレームが合うか外れるかが決まる．この繰り返し配列が，アミノ酸配列における LeuLeuPheSerSer の疎水性領域を形成している．

コロニーを形成することがある．このような変異をS-R変異と呼ぶが，グラム陰性桿菌にみられるS-R変異は菌体表面のLPSの構造変化に基づくもので，形態以外にも抗原構造，毒力などの性状の変化をもたらす．たとえば，S型菌は生理食塩水に均等懸濁液となるが，R型菌は沈殿しやすい．また，S型菌は一般的に毒力が強く，R型菌は弱い．有莢膜菌の場合は，S型菌は莢膜をもつがR型菌は欠く．そのほか運動性にも差があり，有鞭毛菌では運動性をもつのはS型菌である．

② H-O変異： *Proteus* を寒天培地上に培養すると全面に広がり，遊走あるいはクモリ形成 (swarming，ドイツ語で Hauchbildung) がみられる．この原因は鞭毛形成によるが，変異により鞭毛を失った菌は遊走せず孤立集落を形成する（クモリを生じない：ohne Hauchbildung）．前者はH型，後者はO型と名づけられている．グラム陰性菌の鞭毛抗原をH抗原，菌体表面の多糖抗原をO抗原というのはこのことに由来する．

③ K抗原および Vi抗原の変異： 莢膜抗原であるK抗原はその脱落とともに，病原性が低下する．特に，チフス菌のK抗原様物質であるVi (virulence) 抗原において，この抗原を保有する菌をV型と呼び，もたないものをW型，中間のものをVW型と呼ぶ．V型菌は毒力が強く，Vi抗原がO抗原を覆うためにO凝集反応は陰性となる．VW型菌は，OとVi凝集反応陽性である．

④ その他： 菌体周囲に粘液性の莢膜様物質が認められるM (mucoid) 型集落は，変異により粘液様物質を失った集落，N (non-mucoid) 型集落になることがある．この変異をM-N変異と呼ぶ．

iii） 条件致死変異　ある一定の条件下では分裂・増殖が可能であるが，異なる条件下では致死的になるという変異を条件致死変異 (conditional lethal mutation) と呼ぶ．これには，温度感受性変異 (temperature sensitive mutation：ts変異) とサプレッサー感受性変異（サプレッサー変異）がある．ts変異は，低温では分裂・増殖が可能であるが，高温では増殖不能となる．一方，後者の場合はサプレッサー変異の起きていない宿主菌ではナンセンス変異株（または変異体）は致死的になるが，サプレッサー変異の起きている菌では生残できるようになる．このような変異は，菌の増殖の遺伝子レベルにおける詳細な解析を可能にし，細菌やウイルスなどの多くの生物の遺伝学に大いに貢献した．

iv） その他の変異　化学療法剤，消毒薬，重金属やファージなどに対して抵抗性が強くなる変異株，毒力の変異株，栄養要求変異株などがある．このうち，薬剤などに対して耐性になった耐性菌の出現は，感染症の治療を困難にするため，重要な問題となっている．耐性菌の出現は前述のRプラスミドの獲得や，染色体遺伝子の変異などが原因となっている．

病原細菌を人工培地上で継代すると，その毒力が低下することがある．しかし，動物体内を通過させると，また毒力が復帰することがある．このような変化は，一時的な菌体表層の変化が原因であることが多い．しかし，表層抗原の変異やビルレンスプラスミドの脱落，欠失などの変異により毒力が低下すると，毒力が復帰しにくくなる．このような変異により，毒力の低下した株を弱毒変異株（attenuated strain），全く毒力の消失した無毒変異株（avirulent strain）は，結核に対するBCG株や炭疽に対するStern株などのように生ワクチンとして，予防に用いられている．毒力を支配する遺伝子は，一般には染色体上に存在するが，プラスミドやファージ上に存在し，自由にほかの菌種へ移動可能な場合もある．たとえば，腸管出血性大腸菌のもつ志賀毒素産生遺伝子はファージ上に存在するが，自由にほかの非病原菌に移動すると考えられている．

栄養要求変異株（auxotroph）は，菌の増殖に必要なアミノ酸などの発育に必須の因子を自ら合成できなくなった変異株で，外から因子を加えてやらないと発育できない．

c. 遺伝形質の伝達

遺伝子が細胞間を移動する方法には，接合，形質導入，形質転換が知られている．

1) 接　　合

前述の接合によるFプラスミドやある種のRプラスミドの移行は，プラスミド上の伝達性遺伝子（*tra*）群により支配されている．*tra* 遺伝子群は染色体の約 30 kbp 領域内に 10 数個の遺伝子からなるオペロンを形成し（図 2.20 参照），性線毛を形成する．このようなプラスミドをもつ菌（供与菌）を F^+ もしくは R^+ と呼び，もたない菌（受容菌）を F^- もしくは R^- と呼ぶ．両者を共存させると，供与菌は性線毛を介して接合によりプラスミドを受容菌に伝達する．

接合するプラスミドの移行（図 2.28 のⅠ）は，伝達複製（transfer replication）と呼ばれるシステムにより起こる．すなわち，プラスミドの 2 本鎖 DNA 鎖のうちの一方の鎖の 1 点に切れ目が入り，5′ 端を先頭に 1 本鎖のみが受容菌へ移動する．受容菌内では，移入された 1 本鎖 DNA の複製が

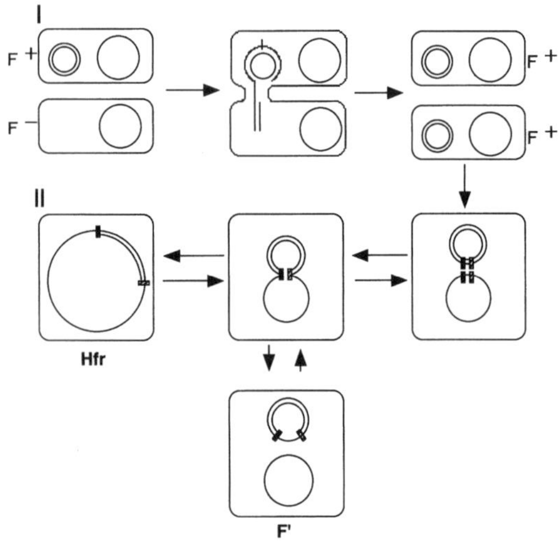

図 2.28　F プラスミドの接合伝達
Ⅰ：F プラスミドは，F^- 菌との接合によりプラスミドの全長が 1 本鎖として移行する．この際，ローリングサークル型の複製をすると考えられる．
Ⅱ：F^+ 菌は，高頻度で Hfr 状態の菌になる．この状態の菌は，染色体 DNA の一部を取り込んで，F′ 菌になる．

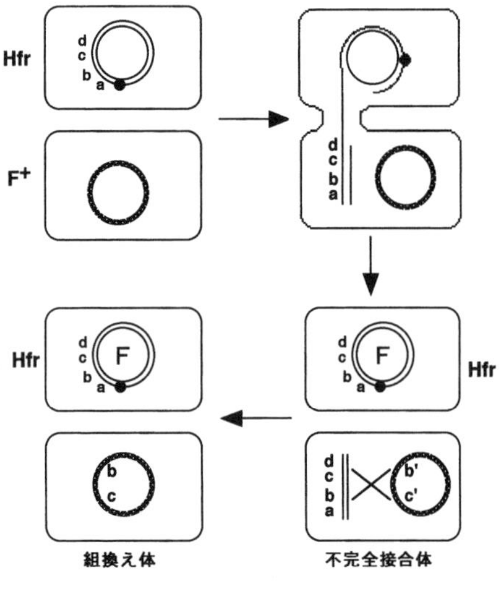

図 2.29　染色体 DNA の接合伝達
プラスミドの接合伝達と同様に，染色体 DNA が Hfr 菌から F^- 菌へ移行する（本文参照）．結果的に，b′ と c′ 遺伝子領域が b と c に組み換わる．

進行し 2 本鎖 DNA となり，F^- 菌は F^+ 菌に，R^- 菌は R^+ 菌へと変わり，受容菌は供与菌となる．供与菌内に残された 1 本鎖 DNA も，相補鎖を合成してもとの 2 本鎖 DNA に戻る．

染色体中に F プラスミドが組み込まれた状態の Hfr 菌と，F^- 菌を共存させると，*tra* 遺伝子による接合が起こる（図 2.29）．この際，F プラスミ

ドDNAを含む染色体DNAが，あたかもプラスミドの接合による伝達と同じように，伝達複製によりF^-菌に移動する．まずFプラスミド上の特定部位（*ori*）を先頭に，染色体部分が移動する．染色体全長が移入するのには，37℃で約100分かかるが，全長が移動することはまれで，一部分だけが移動する．そのため，F^-菌内に移入されたDNAは線状の2本鎖DNAとなり，染色体の相同部分と高頻度に組換えを起こす．そのためFプラスミドが宿主染色体に組み込まれた状態をHfr（high frequency of recombination：高頻度組換え）と呼ぶ．また，Hfr状態からFプラスミドが生じることがしばしば起こる．この際，染色体DNAの一部を取り込んで切り出されることがある．このようなプラスミドはF′（Fプライム）と呼ばれる（図2.28のII）．

2） 形 質 導 入

ファージを介して，遺伝子が受け渡しされる現象を，形質導入（transduction）と呼ぶ．

3） 形 質 転 換

外部からDNAを取り込むことにより，細菌が新しい形質を獲得する現象を形質転換（transformation）と呼ぶ．1928年にGriffithは，*S. pneumoniae*のR型無毒株とS型毒株加熱死菌を，それぞれ単独で注射したマウスは死なないが，同時に注射したマウスは死亡する現象を発見した．しかも，死亡マウスからS型毒株が回収された．これは，S型菌の何かが無毒株を毒株に変えたと考えられ，この現象を形質転換と呼んだ．1944年にAveryらは，加熱死菌のDNAが形質転換の主役であることを証明した．この現象は*Haemophilus influenzae*や*Neisseria*，*Bacillus subtilis*などでも自然に起きる．

大腸菌では，自然には起きないが，カルシウム処理をすることにより，人為的に形質転換を起こすことができ，遺伝子操作技術の進歩に貢献した．また，高電圧で放電することにより，細胞膜に一時的に穴をあけてDNAを取り込ませるエレクトロポレーション（electroporation）技術が真核・原核細胞を問わず確立されている．

4） 制限・修飾

別の宿主菌へ移行したDNAは必ずしも安定に維持されるとは限らず，多くの細菌が産生するエンドヌクレアーゼにより異種のDNAとして分解される．この現象を制限（restriction）と呼び，関与する酵素を制限酵素（restriction enzyme）と呼ぶ．しかし，自己のDNAは制限を受けない．これは，自己のDNAが制限を受けないように修飾（modification）されているためである．修飾に関与する酵素は修飾酵素（modification enzyme）と呼ぶメチル化酵素である．制限酵素は外来DNAの侵入から自己を守り，修飾酵素は自己のDNAを保護するために働いているといえる．

制限酵素は，通常のエンドヌクレアーゼと異なり，DNAの特定の塩基配列を認識して2本鎖を切断する．その切断部位（restriction site）は酵素の種類により異なる．1970年に*H. influenzae*からT7ファージの特定の1点を切断する*Hinc*II酵素が発見され，現在まで数百種類が報告されており，遺伝子操作技術の発展に多大な貢献をした．制限酵素により切断されたDNAの末端は酵素の種類により，一方の鎖が飛び出している接着末端（protruding end）と，揃っている平滑末端（blunt end）がある．接着末端は，切断部位の塩基配列が相補的になっており，再び塩基対を形成しやすいため，粘着末端（cohesive end）とも呼ばれる．制限酵素は，DNAの構造解析に必須で，DNA上に制限酵素の切断部位を示したものを制限酵素地図（restriction map）と呼ぶ．

d. 細菌遺伝学の応用

細菌におけるプラスミドやファージの研究，形質転換や制限酵素などの発見は，遺伝子を扱うさまざまな技術の進歩に貢献してきた．すなわち，特定もしくは不特定の異種のDNAを，ベクター（vector）と呼ばれる細胞内で自律的に複製できるDNAに制限酵素を用いて試験管内で結合させて，これを生きた細胞内に導入して増殖させたり，組み込まれたDNAの遺伝情報を発現させたりする，いわゆる遺伝子工学（gene engineering）の進歩である．目的とした遺伝子DNAを保持しているクローンを分離することができれば，目的のDNAの供給が容易になる．これらの技術は，医薬品やワクチンの大量生産，発がん機構の研究，その他，有用生物へ応用されてきた．

その手法の原理は，① 試験管内でDNAを切断・連結する技術，② 組換えDNAを細胞に導入して，そのDNAを増殖，あるいはその遺伝情報を発現させる技術，③DNA の同定およびその構造解析の技術に集約される．

1)　遺伝子操作

染色体 DNA の中から目的の遺伝子 DNA を単離するためには，まず染色体 DNA を適当な長さに制限酵素により切断（cleavage）する．制限酵素は遺伝子の特定領域を切断するハサミの役割をする．次に，それらの一定の塩基配列を末端にもつ DNA 断片を，同じ制限酵素で切断されたベクターに連結する．この糊の役目をするのが DNA リガーゼ（DNA ligase）である．ベクターは，大腸菌では pBR 322 プラスミドや M 13 ファージなどの派生体が一般に用いられ，グラム陽性菌や真核細胞内で増殖可能なベクター系も開発されている．大腸菌とそれ以外の細胞内で複製可能なベクターを特にシャトルベクター（shuttle vector）と呼ぶ．人工的に作出された組換え体はキメラ（chimera）またはリコンビナント（recombinant）と呼ばれ，形質転換法などで酵母などの宿主に導入されるが，ベクタープラスミド上には一般に薬剤耐性遺伝子が存在するので，抗生物質を含む寒天平板上でプラスミドを保有する菌のみを選択できる．染色体 DNA の制限酵素断片の集団をベクターに組み込んだ組換え体を，遺伝子ライブラリー（genomic library）と呼ぶ．

次に，遺伝子ライブラリーから目的の DNA が組み込まれている組換え体を探し出す作業が必要となる．一般に目的とする DNA を保持している形質転換体（transformant）を選ぶには，DNA ハイブリダイゼーション（DNA hybridization）が用いられる．由来の異なる 1 本鎖 DNA が相補的な領域で塩基対を形成し，2 本鎖になることをハイブリダイゼーションという．被検材料（標的 DNA）に目的の DNA 領域が存在するか否かをプローブ（probe）DNA を用いたハイブリダイゼーションにより調べる．すなわち，熱変性により 1 本鎖とした調べたい遺伝子 DNA をプローブとして，同様に熱変性した 1 本鎖の標的 DNA と一定の条件下で混合すると，プローブと相補的な DNA 領域が標的 DNA 上に存在すると両者の間でハイブリダイゼーションが起こる．この際，プローブには，アイソトープや酵素で標識しておくことにより，ハイブリダイゼーションの結果を容易に判定できる．プローブとしては毒素産生遺伝子やビルレンス遺伝子や，その一部をもつ合成オリゴヌクレオチドなどが用いられる．ハイブリダイゼーションを利用して目的の組換え体を選ぶ方法には，多種類の組換え体プラスミド（recombinant plasmid）を保持したコロニーを用いたコロニーハイブリダイゼーションがある．ファージの場合もほぼ同様の手技でハイブリダイゼーションが行われる（プラックハイブリダイゼーション：plaque hybridization）．このようにして目的の組換え体を選び出し，その遺伝子の塩基配列を決定し種々の構造解析や産物の同定がなされる．

以上の組換え DNA 技術は，異種の DNA をもつクローンをつくり出すことになり，結果として，自然界には存在しない遺伝子構成をもつ生物を出現させることになるので，バイオハザード（biohazard）の危険もはらんでいる．毒素や定着因子などのビルレンス因子のクローニングには，その安全性が十分保たれるように実験をしなければならない．そのため，危険度によりどの程度の実験室のレベルを用い，どの程度の宿主・ベクター系を用いねばならないかの実験指針がある．実験室の設備によって微生物を一定の領域に封じ込める方法を物理的封じ込め（physical containment），宿主・ベクター系による封じ込めを生物学的封じ込め（biological containment）と呼ぶ．

2)　感染症の DNA 診断

DNA 診断とは，特定の遺伝子や DNA の塩基配列の存在を検出することによって微生物の分類・同定，感染症の診断，がん遺伝子の検出，遺伝子疾患の診断などを行うことである．

細菌の分類や同定は，生物学的性状や生化学性状，さらには DNA の相同性などに基づいて行われるが，迅速に病原体を検出・同定するためには，それらの手技に先行して DNA 診断法が利用されることがある．臨床材料としては，血液，糞便，喀痰，さらには食品や環境材料までが含まれる．それらの材料もしくはその純培養中に，疑われる微生物に特異的な DNA 領域が存在するか否かを調べ，原因菌を推定するのである．病原因子の遺伝解析が，より精度の高い感染症の診断に役立っている．DNA 診断には，前述のハイブリダイゼーションやポリメラーゼ連鎖反応（polymerase chain reaction：PCR）が一般に用いられている．

PCR は，DNA ポリメラーゼにより DNA 合成

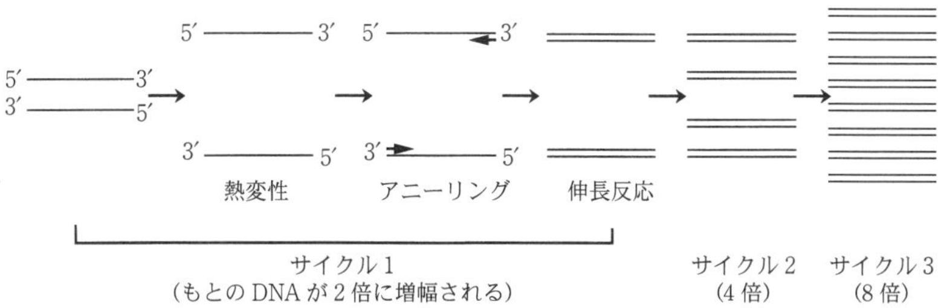

図 2.30 PCRによるDNAの増幅の原理
一般的には，94～96℃で熱変性，50～60℃でアニーリング，72℃で伸長反応を行う．このサイクルを繰り返していくと，n回のサイクル後，2^nにまで増幅されることになる．

を連続的に行い，特定のDNA領域を特異的に増幅させる方法である．通常，*Thermus aquaticus* 由来の耐熱性DNAポリメラーゼ，鋳型DNA，1対のプライマー，4種類のデオキシリボヌクレオチド三リン酸（dATP，dCTP，dTTP，dGTP）からなる混合液を図2.30のように，①鋳型DNAの熱変性，②プライマーの鋳型DNAへの結合，③DNA合成の各ステップを連続的に行い，プライマーに挟まれたDNA領域を特異的に増幅する．増幅産物は，電気泳動により確認される．PCRにより，プライマーに挟まれた領域は1回の反応で2倍に増幅され，n回の増幅後，最終的に2^nに増幅される．30サイクル程度増幅反応を行うと，約10億倍にDNA領域が増幅される．一連の反応は約2～3時間で終了する．そのため，PCRは，検査材料中に微量しか存在しない食中毒菌や，増殖速度の遅い結核菌，培養の難しいマイコプラズマなどを迅速に同定することが可能となる．

2.6 細菌の死滅

a. 死滅の条件

細菌細胞の生命は，エネルギーを生じる反応とそれを消費する反応とが適当な均衡を保つことによって維持され，これらの反応やその反応を行う酵素に障害を受ければ死滅する．また，細胞のある構造が障害されたときもその細胞は死滅する．

死滅は，細菌と殺菌性因子との間の次のような条件によって支配される．

1) 菌数

細菌の増殖は対数的であるが，死滅もまた対数的である．たとえば，ある殺菌性因子を1分間作用させた後に10^3個の細菌が死滅するならば，2分間の作用では10^4個，3分間では10^5個の細菌が死滅する．

2) 菌の種類

細菌の菌種によって殺菌効果が異なることがある．大部分の細菌は，60℃30分間の加熱により死滅するが，芽胞は抵抗性が強い．*Clostridium perfringens* の芽胞は，100℃1時間の加熱でほとんど死滅するが，*C. botulinum* の芽胞に対してはほとんど効果がない．

3) 細菌の状態

殺菌性因子が作用したときの菌の状態，特に増殖環は，細胞の死滅に大きな影響を及ぼす．一般に，誘導期および対数期の細菌は静止期のものよりも殺菌性因子に対する感受性が高い．

4) 殺菌性因子の濃度と強さ

殺菌性因子，特に化学的殺菌性因子としてフェノール（石炭酸：phenol）を例にとると，0.1％液は大腸菌（*Escherichia coli*）の発育を抑制するだけであるが，1％液では約20分間で，5％液では2～3分間で死滅させる．ただし，化学薬品においては，ある範囲以外の高濃度ではかえって殺菌性が損なわれることがある．

5) 作用時間と温度

殺菌性因子は，作用時間を長くさせるとより強い殺菌効果を示す．細菌の死滅に関係しない温度の範囲内での殺菌性因子の作用は温度が高くなるにつれて強くなり，普通，10℃の上昇で殺菌率は2倍になる．

6) 環境条件

殺菌性因子の作用は細菌周囲の環境によって異なる．殺菌性因子の細菌表面への直接作用を妨ぐことができれば，その作用は細胞には及ばない．また，細菌周囲の他の物質に殺菌性因子が吸着されたり，化学的に結合して，毒性を減ずることがある．これとは逆に，他の毒性因子が環境に存在すると，それとの相乗作用で殺菌性因子の効果が高められることもある．

b. 物理的因子

細菌の死滅に関係する物理的環境因子には，温度，水分，表面張力，浸透圧，放射線，音波などがあげられる．

1) 温　　度

発育温度域を超えた温度は，多かれ少なかれ細菌細胞の死滅をきたす．高温の殺菌作用は湿度の存在の有無によって著しく異なる．加熱された水蒸気（湿熱）の細菌に対する作用はタンパク質の変性であり，すべての酵素および構造タンパク質はその機能を失う．栄養型細菌は特殊な例外を除き，60°C 20 分間の湿熱で死滅する．一方，芽胞は原則として 100°C 以上の湿熱でなければ死滅せず，すべての菌種の芽胞を死滅させるには，120°C 10 分間湿熱に接触させる必要がある．

これに対し，湿度を含まない環境での高温（乾熱）では，160°C 2 時間加熱しなければ芽胞は死滅しない．乾熱の細菌に対する作用は細胞物質の酸化または燃焼である．

細胞の生活機能のすべては 0°C で停止するが，細菌細胞は凍結に対してはかなりよく抵抗し，多くの細胞はその中で生残する．凍結の主な障害作用は細胞中に形成される氷の結晶によって細胞質膜が破られることと，タンパク質の変性である．

2) 乾　　燥

水は，細胞が機能を営む上に欠くべからざる要素であるが，環境に水分が多すぎれば栄養に乏しくなり，細胞は飢餓の状態となる．一方，水分の欠乏は，芽胞を除いては，細菌細胞の死滅の要素となる．多くの場合，細菌は乾燥に対してかなりよく抵抗する．

3) 圧　　力

細菌は細胞壁を有するため，高い圧力（100 気圧）に耐えることができる．1 気圧以上の圧力条件下で至適生育を示すものを好圧菌，500 気圧の圧力下でも生育できるものを通性好圧菌，500 気圧以上で至適増殖を示すものを偏性好圧菌，大気圧下では増殖できないものを絶対好圧菌という．

4) 表面張力

表面張力自体は細菌の生存には影響しないが，表面張力が低下すれば，細菌に有害な化学物質が細胞表面に蓄積され，結果的にはその毒性が強められ，細菌は死に至る．

5) 浸 透 圧

ある程度以上の浸透圧は細菌細胞の増殖を抑制する．細胞壁が完全でなければ，高張および低張のいずれにおいても，細菌は浸透圧の影響を受けて容易に死滅する．また，好塩細菌は低浸透圧の環境では常に菌体の崩壊を起こし，死滅する．

6) 酸　　度

細菌細胞は pH 3 以下においては発育を抑制される．一般に同じ pH においては，有機酸（たとえば，酢酸，プロピオン酸，酪酸など）は無機酸（たとえば，塩酸，硫酸など）よりも細菌細胞に対する毒性が強い．

7) 放 射 線

X 線，γ 線，α 線，β 線，電子，陽子，中性子などの放射線は強い殺菌作用を有する．たとえば γ 線を細菌に照射すると，直接的には酵素や核酸の変性により，間接的にはイオン化された酵素分子から産生された殺菌物質により細菌を死滅させる．

8) 紫 外 線

紫外線は殺菌作用を有するが，特に 240～280 nm の短波長の部分に強い殺菌効果がみられる．照射した紫外線が核内の DNA に吸収された結果，隣接するピリミジン塩基が二量体を形成し，DNA の複製や転写が阻止され，細菌は死滅する．

紫外線を照射し，傷害した細胞を可視光線（365～450 nm）にさらすと，DNA が修復され，細胞は発育する（光再活性化）．

9) 音　　波

細菌細胞は普通の音に対しては影響を受けないが，20 キロサイクル/秒以上の超音波振動によって死滅する．音波振動の細胞破壊力は周波数よりも振幅に関係し，それに対する細菌の抵抗性は菌種によって異なる．これは主に細胞壁の屈撓性によるもので，したがって芽胞は栄養型よりも抵抗性が強い．

10) 高 周 波

電子レンジのような高周波を発生する装置では，高周波の振動数による分子摩擦と熱エネルギーとにより細菌は死滅する．

11） 機械的磨砕

細菌を金属玉，ガラス玉，石英砂などとともに激しく振盪（しんとう）すると，細胞壁が破裂して死滅する．

12） 電　　流

細菌を高電流下に置くと，発生する熱と遊離イオンにより死滅する．

c． 化 学 的 因 子

細菌に対して有害作用を示す化学物質は，殺菌的，静菌的，抑制的に作用する．これらの作用を有する化学物質中のあるものは，消毒薬として利用される．これらのうちには，すべての細菌および動物細胞に同等の毒性をもつもの（非選択性化学物質）と特定の細菌のみに毒性があり，他の菌種および動物細胞には毒性がないもの（選択性化学物質）がある．

1） 酸

細菌に対する酸の有害作用は，① その酸による発育環境のpHの低下，② 酸自身の毒性（特に有機酸）による．ホウ酸，安息香酸，プロピオン酸などが利用されている．

2） ア ル カ リ

水酸化ナトリウム，石灰などのアルカリは，細胞壁および細胞質膜を溶かして細菌を死滅させる．アルカリの細菌に対する有害作用は，解離した -OH イオンの濃度に比例して強くなる．

3） 重　金　属

重金属は細菌に対する軽度の毒性を有するが，消毒剤として用いられているものは水銀と銀である．

i） 水　銀　水銀は，塩類または有機水銀の形で毒性を表す．タンパク質の -SH 基と結合し，それを不活化することにより菌を死滅させるが，金属を腐蝕させ，手指の消毒に常用すると皮膚炎を起こす欠点がある．

ii） 銀　銀は，消毒剤として硝酸銀が用いられる．多くの細菌に作用するが，その作用機序は不明である．

4） 界面活性剤

石鹸を含めた陰イオン性界面活性剤の細菌に対する毒性はきわめて弱いが，陽イオン性界面活性剤には強い毒性を示すものがある．特に，四級アンモニウム化合物（塩化ベンザルコニウム，塩化ベンゼトニウム）ではその作用が強い．これらの薬剤は，界面活性を低下させ，分子を細菌表面に蓄積させ，細胞質膜に作用して細胞構成物を外部に漏出させる．また，酸化酵素の作用を阻害する．

5） アルコール

エタノールおよびイソプロピルアルコールには殺菌性がある．脱水作用によって細胞タンパク質の変性を起こさせる．また，脂質溶解性により，細菌やウイルスに効果を示す．エタノールの殺菌性はかつては70～90％において最も強いとされていたが，現在では60～95％の範囲であれば大差ないことが知られている．

6） アルデヒドと殺菌性ガス

アルデヒドは微生物のタンパク質・核酸の遊離アミノ基と結合し，アルキル化により変性させる．ホルムアルデヒドはガス滅菌，消毒薬として用いられる．グルタルアルデヒドは細菌，芽胞，真菌，ウイルスに有効である．エチレンオキサイドは微生物のタンパク質のアミノ基および-SH 基に結合し，アルキル化により変性させる．ガス滅菌に用いる．

7） ハロゲンとその化合物

塩素およびヨウ素は，細菌学の始まる以前から消毒剤として用いられていた．

i） 塩　素　塩素は，有機物の -H 基をハロゲン化させ，酸素の酸化力により殺菌作用を示す．次亜塩素酸塩，さらし粉，クロラミンなどが消毒に用いられる．

ii） ヨウ素　ヨウ素は，タンパク質およびその他の有機物と結合して，これらをヨウ化し，その作用を不活化することにより殺菌作用を示す．ヨードチンキ，ルゴール液が古くから用いられていたが，近年はヨードとイオン系界面活性剤を混じたポピドンヨードが用いられている．

8） 酸　化　剤

過酸化水素が最も広く用いられている．過酸化水素は酸素の酸化力により，タンパク質の -SH 基をS-S結合（ジスルフィド結合）に変化させることにより細菌タンパク質を不活化する．

9） フェノールとその誘導体

フェノール（石炭酸）は細菌学の開拓に伴って，Lister（1867）が初めて外科手術に応用した消毒薬である．フェノール類はコロイド溶液の形で細菌細胞の中に入り，タンパク質と結合して不溶性物質をつくり，細菌を死滅させる．クレゾールも同様な効果を示すが，石鹸に溶解して乳剤とする．誘導体の一つであるビグアニド類（クロルヘキシジン）は不溶性のため，グルコン酸を配合して水溶液とする．一般細菌，真菌に有効であり，消毒薬として広く用いられている．

10） 色　　素

クリスタルバイオレット，アクリフラビンなどの色素には静菌作用がある．後者は細菌 DNA の2本鎖間に架橋し，変異を起こさせることにより細菌を死滅させる．

d．滅 菌 と 消 毒

病原体・非病原体を問わず，混在するすべての微生物を死滅させるか除去することを，滅菌という．一方，病原微生物を死滅させるか，感染能力を消失させることを消毒という．滅菌は主として物理的因子により，消毒は主として化学的因子により実行される．なお，消毒に用いる化学物質のことを消毒薬という．

1） 熱による滅菌

i） 乾熱滅菌　乾熱滅菌器を用いて行う．ガラス器具，流動パラフィン，金属器具などに応用する．160～180℃ 1～2 時間乾熱を作用させる．

ii） 火炎滅菌　白金耳，白金線を直接ガスバーナーの炎の中で灼熱・焼却する滅菌法である．

iii） 湿熱滅菌

① 煮沸滅菌：　沸騰水中（100℃）で 15～30 分間加熱する方法で，金属，注射器などの滅菌に用いる．本法では芽胞は生残するため，滅菌方法としては不完全である．

② 平圧蒸気滅菌：　いわゆるコッホ釜を用い，100℃ の沸騰水から出る蒸気中で，30 分以上加熱する．蒸気の温度は 100℃ 以上にはならないため，芽胞は死滅しない．100℃ 15～30 分ずつ 3 日間連続して加熱する滅菌法（間欠滅菌）では，1 回目の滅菌で死滅しなかった芽胞が培地中で発芽して栄養型となり，これを 2 回目の滅菌で殺し，さらに生残した芽胞を発芽させて，3 回目の滅菌で完全に死滅させる．

③ 高圧蒸気滅菌：　高圧釜（オートクレーブ）を用い，加圧蒸気で加熱する滅菌方法．常圧中では水蒸気は 100℃ 以上にはならないが，容器内の空気が追い出され，飽和水蒸気で満たされたときは，蒸気圧の上昇とともに温度もまた 100℃ 以上になる．普通，121℃ 15 分間または 115℃ 20 分間の滅菌が用いられる．

④ 低温殺菌：　パスツリゼーションとも呼ばれる 62～65℃ 30 分または 71℃ 14～16 秒加熱して滅菌する方法である．牛乳の殺菌に用いられるが，この方法では芽胞はもちろん多くの一般細菌も生残するので，滅菌法というよりは汚染しやすい病原細菌だけを対象とした牛乳の殺菌法といえる．

2） 濾過滅菌（濾過除菌）

この方法は，細菌を殺して無菌とするものではなく，細菌よりも小さい孔をもつ膜または小孔を通して細菌を除去する方法である．加熱によって分解または変質する培地，血清，プラズマ，溶液の滅菌に用いる．

珪藻土を通して無菌濾液を得るもの（Berkefeld 型濾過筒），素焼き（磁器）を通して無菌濾液を得るもの（Chamberland 型濾過器）があるが，これらの濾過板は陰性に荷電しているため，溶液中の陽性荷電物質が細菌とともに除かれる．

現在最も使用されているのは，ニトロセルロースなどの膜（メンブレンフィルター）を用いた濾過器で，種々の孔径の膜があるが，一般に 0.45 μm あるいは 0.2 μm の孔径のものが使用されている．

3） ガ ス 滅 菌

殺菌性の化学物質をガス状あるいは蒸気状にして細菌を死滅させる．12% エチレンオキサイドガスを 40℃ 湿度 30～50% で使用すると，殺菌力が最大となる．エチレンオキサイドガスはプラスチック器具の滅菌に用いられる．ホルムアルデヒドガスは，室内や器具表面の滅菌に用いられる．

4） 照 射 滅 菌

γ 線などのような放射線の照射はプラスチック器具の，紫外線の照射はプラスチック器具，室内，空気・水の滅菌に用いられる．

5） 消　　毒

消毒に用いられる化学物質は，前述した非選択性化学物質である．しかし，それらの効力は消毒に用いられる化学物質の使用濃度，pH，作用時間，不活化因子の共存，細菌数，微生物の抵抗性などの影響を受けて変化する．細菌に対する作用機序も消毒薬により異なる．

消毒薬に求められる性質として，① 低濃度で有効，② 広範囲の微生物に有効，③ 作用の長期持続

表 2.3 消毒薬の有効性

消毒薬＼微生物	一般細菌	緑膿菌	結核菌	芽胞菌	真菌	ウイルス
アルコール	○	○	○	×	△	△
水銀化合物	○	○	×	×	△	×
ヨウ素化合物	○	○	△	△	△	△
塩素化合物	○	○	△	○	△	○
酸化剤	○	○	△	×	×	△
フェノール（石炭酸）類	○	○	○	×	△	×
界面活性剤	○	×	×	×	△	△
ビグアニド類	○	×	×	×	×	×
アルデヒド	○	○	○	○	○	○

○：有効，△：やや有効，×：無効．

性，④体液成分による影響を受けにくい，⑤刺激および毒性が弱い，⑥使用法が簡単，⑦可溶性，⑧入手が容易，⑨環境汚染の危険性が少ないといったことがあげられる．

6) 消毒薬の効力

細菌に対する消毒作用は各消毒薬によって異なるため，フェノール（石炭酸）の効果を基準にした相対的効力として数的に表している．これを消毒薬の石炭酸係数（phenol coefficient）という．

ある消毒薬の石炭酸係数を算出するには，被検消毒薬とフェノールをそれぞれ希釈し，各希釈液に試験菌（黄色ブドウ球菌（*Staphylococcus aureus*），*Salmonella* Typhi，大腸菌など）を接種し，5分で生残し，10分で死滅する最高希釈倍数を決める．次に，被検消毒薬の最高希釈倍数をフェノールの最高希釈倍数で割って求める．

消毒薬の実際上の効果は，作用時に温度，その他の条件によって著しく影響を受けるため，石炭酸係数で示される効力とはあまり一致しない．また，試験に用いた細菌以外の微生物に対する効力とも必ずしも一致しない．石炭酸係数で表される消毒薬の効力は，見かけ上のものであることを注意すべきである．

表2.3に示すように，消毒薬の微生物に対する効力はすべて同じではない．また，芽胞に対して消毒薬の多くは効果を示さない．

2.7 化 学 療 法

化学療法（chemotherapy）は，主に感染症の原因細菌に対して選択的に作用する抗菌剤を使った原因療法である．抗菌剤には，微生物が産生する抗生物質（antibiotics）と人工の合成抗菌剤（synthetic antimicrobial agent）がある．

a．動物用抗菌剤の種類と作用機序

動物で使用される主な抗菌剤を表2.4に示した．それらの作用機序は以下のとおりである．

1) 細胞壁合成阻害剤

一般に細菌の細胞内浸透圧は大きく，細胞壁が合成されずに脆弱になると細菌は破裂し死滅する．これを利用したのが細胞壁合成阻害剤であり，合成阻害部位の違いにより，β-ラクタム系，ホスホマイシンに分類される．細胞壁の構成成分であるペプチドグリカンは，N-アセチルムラミン酸とN-アセチルグルコサミンの繰り返し構造と，それを連結するペプチド鎖からなり，その基本単位をムレイン単量体という．ムレイン単量体が合成されると，修飾を受けながら細胞質膜の外側に運ばれ，既存の細胞壁の糖鎖に連結される．さらに，ペニシリン結合タンパク質（penicillin binding protein：PBP）の作用でペプチド間の架橋が形成され，細胞壁が完成する．β-ラクタム系抗菌剤はPBPに結合して，架橋構造の合成を阻害する．β-ラクタム系抗菌剤としては，ペニシリン系，セフェム系などがある．一方，ホスホマイシンはN-アセチルムラミン酸の産生を阻害する．

2) 葉酸代謝系阻害剤

葉酸は，ビタミンB群の水溶性ビタミンで，細胞の増殖に不可欠な成分である．細菌は動物細胞と異なり，独自に葉酸合成系をもっている．このため，これを阻害する抗菌剤は，高い選択毒性を示す．サルファ剤とトリメトプリムが代表的な葉酸代謝系阻害剤であり，これらの抗菌剤は代謝の阻害段階が異なり，2剤を併用することで相乗作用を発揮し，ST合剤として使用される．

3) タンパク質合成阻害剤

DNAの遺伝情報はメッセンジャーRNA（mRNA）に転写された後，細胞内小器官であるリボソームにおいてタンパク質に翻訳される．細菌

表 2.4　動物で使用される主な抗菌剤

(a) 抗生物質

β-ラクタム系	ペニシリン系： アスポキシシリン，アモキシシリン，アンピシリン，クロキサシリン，ジクロキサシリン，ナフシリン，ベンジルペニシリン，メシリナム セフェム系： セファゾリン，セファピリン，セファロニウム，セフチオフル，セフロキシム，セフォベシン
アミノグリコシド系	カナマイシン，ゲンタマイシン，ストレプトマイシン，スペクチノマイシン，フラジオマイシン
マクロライド系	イソ吉草酸タイロシン（アイブロシン），エリスロマイシン，ジョサマイシン，スピラマイシン，タイロシン，チルミコシン，テルデカマイシン，ミロサマイシン
リンコマイシン系	クリンダマイシン，リンコマイシン
テトラサイクリン系	オキシテトラサイクリン，クロルテトラサイクリン，ドキシサイクリン
クロラムフェニコール系	クロラムフェニコール
ペプチド系	コリスチン
その他	チアムリン，ナナフロシン，バルネムリン，ビコザマイシン，ピマリシン，ホスホマイシン

(b) 合成抗菌剤

サルファ剤	スルファジメトキシン，スルファモノメトキシン
サルファ剤と他の抗菌剤との配合剤	スルファジアジン・トリメトプリム配合剤，スルファジメトキシン・トリメトプリム配合剤，スルファドキシン・トリメトプリム配合剤，スルファメトキサゾール・トリメトプリム配合剤，スルファモノメトキシン・オルメトプリム配合剤
チアンフェニコール系	チアンフェニコール，フロルフェニコール
ピリドンカルボン酸系	キノロン系： オキソリン酸，ナリジクス酸 フルオロキノロン系： エンロフロキサシン，オフロキサシン，オルビフロキサシン，ジフロキサシン，ダノフロキサシン，ノルフロキサシン，マルボフロキサシン

と動物細胞のリボソームは構造的に異なり，細菌のリボソーム（70S）は動物細胞のリボソーム（80S）より小さい（Sは沈降係数）．また，細菌のリボソームは30Sと50Sのサブユニットからなる．30SサブユニットはmRNAの遺伝情報を読み取る働きを有し，その情報をもとに50Sサブユニットにおいてアミノ酸が連なったポリペプチド鎖（タンパク質）が合成される．タンパク質合成阻害剤は細菌のリボソームに強く結合するが，動物細胞のリボソームにはほとんど作用しないために，選択毒性を発揮する．

タンパク質合成を阻害する抗菌剤には，アミノグリコシド系，マクロライド系，テトラサイクリン系，クロラムフェニコール系などがある．アミノグリコシド系抗菌剤であるカナマイシン，ゲンタマイシン，ストレプトマイシン，テトラサイクリン系抗菌剤は，30Sサブユニットに結合する．一方，エリスロマイシンなどのマクロライド系抗菌剤およびクロラムフェニコール系は，50Sサブユニットに結合する．

4）　核酸合成阻害剤

キノロン系抗菌剤は，DNA合成系酵素であるDNAジャイレースに結合することで，DNAの複製を阻害する．DNAジャイレースは，DNAの二重らせんの巻き方を調節する酵素である．

b．抗菌剤の選択

抗菌剤による薬剤耐性菌の出現をできるだけ抑えるため，わが国では食用動物に対して，予防目的での使用（prophylactic use）ではなく治療目的での使用（therapeutic use）に限定している．また，使用してもできるだけ短期間にとどめる必要があるため，原則的に週余にわたる連続使用は認められていない．したがって，最初に感染症であるかどうかを厳密に診断する必要がある．感染症が非常に疑わしいとき，塗抹検査，培養検査，抗原検査，抗体検査，遺伝子検査などの特異的検査により感染症を診断し，原因菌を確定する．このとき，常に全身感染症（敗血症）か，局所感染症かを念頭に置いて検査を進めることが抗菌剤の選択に役立つ．また，抗菌剤の効力を遺憾なく発揮させるには，投与する動物の生体防御能とも密接に関連する．抗菌剤はあくまで感染菌数を低減化するために使用するものであって，残存した細菌は動物の生体防御機構によって完全に排除される．動物が免疫不全状態では，抗菌剤の十分な効果が期待できない．

臨床現場では，過去の経験から治療が開始されることがある．これが経験的治療（empiric therapy）といわれるものである．抗菌剤は，確実に感染症と診断されてから原因菌に抗菌力を示す抗菌スペクトルの狭い抗菌剤を使用すべきである．臨床症状や非特異的検査で感染症が疑われるものの，細菌学的検査成績が出ていない場合は，抗菌剤の使用を慎重にする必要がある．特に軽症の場合は，抗菌剤使用の必要性の有無を検討すべきである．

1）抗菌剤の選択にかかわる要因

i）抗菌剤感受性　抗菌剤を使用する前に必ず薬剤感受性試験を実施し，その試験結果から最適な抗菌剤を選択する．使用する抗菌剤はできる限り抗菌スペクトルの狭いものを選択する．抗菌スペクトルの広い抗菌剤は万能薬と考えられがちであるが，抗菌剤に感受性を示す多くの正常細菌叢の構成細菌にも作用を及ぼす．これが動物の腸管内における薬剤耐性菌の選択圧となり，菌交代症（microbial substitution）を誘発することがある．

抗菌剤の殺菌作用には，濃度依存性殺菌と時間依存性殺菌がある．濃度依存性に殺菌する抗菌剤としては，アミノグリコシド系やフルオロキノロン系で，時間依存的なものは β-ラクタム系である．したがって，濃度依存性を示す抗菌剤は，1日量の薬剤を1回で投与する方が最高血中濃度（C_{max}）をより高くでき，効果が期待できる．一方，時間依存性に殺菌する抗菌剤では，抗菌剤の血中濃度が最小発育阻止濃度（minimum inhibitory concentration：MIC）より高い部分の時間（time above MIC：TAM）が長い方が有効である．半減期にもよるが，β-ラクタム系は1日1回よりも数回に分けて投与し，TAM を長く維持すると治療効果が期待できる．

ii）体内動態　原因菌に対して十分な抗菌力を示す抗菌剤の中から感染病巣への移行性のよいものを選択する．治療効果を上げるためには，感染病巣における抗菌剤の濃度が MIC 以上に維持する必要がある．抗菌剤の体内動態は対象動物によって著しく異なるので注意を要する．なお，一般に肺組織ではマクロライド系，フルオロキノロン系，テトラサイクリン系が，肝胆道系ではペニシリン系，マクロライド系，フルオロキノロン系，テトラサイクリン系，セフェム系の一部が，腎尿路系では β-ラクタム系の多くが，アミノグリコシド系，フルオロキノロン系，また，食細胞内にはマクロライド系，フルオロキノロン系，テトラサイクリン系の移行性がよい．

iii）副作用　抗菌剤の選択に当たっては，当然のことながら副作用の少ないものがよい．抗菌剤は対象動物に影響が少なく病原細菌に抗菌力を示す選択毒性をもとに開発されている．しかし，抗菌剤や対象動物の種類によってはさまざまな副作用が報告されている．たとえば，β-ラクタム系では薬物過敏症，アミノグリコシド系では腎障害，マクロライド系では肝障害を起こすことが知られている．また，特殊な副作用としては抗生物質誘導性内毒素ショックというものがある．これはある種の β-ラクタム系抗菌剤を投与した生体でグラム陰性菌が破壊され，細菌の表層を構成する内毒素（endotoxin）が菌体外に放出されることによって，内毒素ショックをきたすものである．

iv）薬物相互作用　抗菌剤を投与する場合，一般的に他の医薬品との併用が行われる．しかし，抗菌剤の作用を阻害し，または副作用を誘発するような併用（相互作用）は避けなければならない．たとえば，フルオロキノロン系と非ステロイド性消炎鎮痛剤の併用で痙攣を起こすことが知られている．

v）薬剤耐性菌　細菌感染症を治療する場合，原因菌が薬剤耐性菌であれば，選択する抗菌剤は限定される．耐性菌感染症に対峙したときに考慮すべき要点は，以下のとおりである．

まずは薬剤感受性試験を実施することにより，既存抗菌剤の中に抗菌力を示すものがないかどうかを精査し使用することである．それでも効果が得られない場合は，第3世代セフェム系抗生物質やフルオロキノロン系合成抗菌剤を二次選択薬として使用する．しかし，これらの抗菌剤はヒト医療においてもきわめて重要な抗菌剤と同系統であることから，その使用は慎重に，かつ短期間に終える必要がある．

抗菌剤は単剤による投与が原則であるが，難治性の耐性菌感染症や重症の急性感染症では併用療法のみが奏功する場合も少なくない．しかし，無原則な併用療法は，むしろ拮抗作用による抗菌力の減弱化を生じる可能性があるばかりでなく，副作用の増加や複雑な薬剤耐性菌の誘導，さらに食用動物では可食部位への残留など問題も多いので慎重に行うべきである．抗菌剤の併用療法の目的は，抗菌スペクトルの拡大と抗菌力の増強にある．併用による抗菌力の増強は，細胞壁合成，葉酸合成，タンパク質合成，核酸合成の阻害という異なる作用点を協調的に攻撃しうる抗菌剤の組み合わせで得られる．抗菌剤の併用例として，アミノグリコシド系とβ-ラクタム系の組み合わせがある．

c. 薬剤耐性菌の定義

ある一定濃度(耐性限界値，ブレークポイント)の抗菌剤に対して，試験管内で細菌の発育を阻止できない現象を薬剤耐性（antimicrobial resistance)といい，抗菌剤存在下で発育する細菌を薬剤耐性菌と呼ぶ．反対に，細菌が死滅または発育を阻止される場合を感受性と呼び，抗菌剤存在下で発育できない細菌を感受性菌という．薬剤耐性は絶対的な概念ではなく，抗菌剤の濃度を高めれば細菌は死滅する．

d. 薬剤耐性の生化学的機構

1) 酵素による薬剤の不活化

抗菌剤が活性を示さなくすることを不活化といい，分解と修飾と呼ばれる2つの方式がある．ペニシリン系やマクロライド系は化学構造中に環状構造をもっており，薬剤耐性菌が産生する酵素が環状構造の特定部位で分解する．また修飾とは，薬剤耐性菌が産生する酵素により，抗菌剤にリン酸基やアセチル基などを余分に結合して不活化する．

2) 薬剤の一次作用点の構造変化

抗菌剤の作用点の機能が損なわれない構造上の変異が起これば，抗菌剤が作用点に結合することができず，薬剤耐性となる．この例としては，β-ラクタム系の作用点であるPBPの変異やキノロン剤の作用点であるDNAジャイレースの変異などがある．

3) 細胞質膜の薬剤透過性の低下

細菌に作用させた抗菌剤がその作用点に到達するまでにはさまざまなバリアーがある．DNAジャイレースなどは細胞質にあることから，抗菌剤は細胞質膜を通過しなければならないし，PBPのような膜タンパク質の場合，大腸菌（*Escherichia coli*）などのグラム陰性菌では最表層に外膜があり，抗菌剤の浸透を阻害する．抗菌剤が外膜を通過するためには，外膜に存在する孔形成タンパク質であるポーリンを通って細胞内に侵入する．ポーリン孔が狭まったり，数が減少すれば抗菌剤の通過が困難になることから，細菌は耐性化する．

4) 細胞外への薬剤の能動排出(薬物排出ポンプ)

薬物排出ポンプは抗菌剤の細胞内への流入を阻害するのではなく，逆に流入した抗菌剤を効率的に細胞外へ排出するものである．この排出系には，隣接する3つの遺伝子セットが関与している．これらの遺伝子セットは，耐性株のみならず感受性株にも存在することから，薬剤耐性化はそれら遺伝子の形質発現が亢進するためであり，耐性化は調節遺伝子の変異による．

e. 薬剤耐性の遺伝学的機構

薬剤耐性菌の遺伝学機構には，大きく2つの方式があると考えられている．まず細菌は，自然界で10^5～10^9個に1個の割合で突然変異を起こすことが知られている．当然，抗菌剤に対する突然変異菌も出現し，親から子に垂直遺伝する．一方，細菌は既存の遺伝子では対応できない環境変化に対して，外来の耐性遺伝子を効率的に取り込む巧妙な仕組みをもっている．耐性遺伝子の多くは以下に示す機構により，細菌から細菌へ横に伝わる水平遺伝により伝達される．

1) 接合伝達

細菌の生命活動に必須な遺伝子は，細菌の染色体上に保持されている．染色体とは別に，染色体DNAより小さく，かつ自律増殖可能な環状2本鎖DNA（プラスミド：plasmid）が細胞質中に存在し，薬剤耐性遺伝子をコードしているプラスミドを，薬剤耐性プラスミド（Rプラスミド）と呼んでいる．Rプラスミドは，接合(conjugation)

によってプラスミドをもたない細菌に伝達される．接合伝達は，腸内細菌間はもちろん，腸内細菌以外の細菌でも可能で，細菌にとって非常に効率のよい耐性獲得の方法である．

2)　形 質 導 入

バクテリオファージは細菌に感染するとき，同時に耐性遺伝子が運ばれる現象が知られており，形質導入(transduction)と呼ばれる．これはバクテリオファージが細菌の中で増えるときに近隣にある染色体DNAの一部を取り込んで，次の細菌に感染して形質を発現するものである．このとき，染色体DNAに耐性遺伝子が存在すると，バクテリオファージが感染した細菌は，薬剤耐性菌となる．

3)　形 質 転 換

細菌は時に，自らが産生するタンパク質分解酵素で溶菌する．溶菌した細菌から飛び出した裸のDNAに含まれる耐性遺伝子が，細胞質膜が脆弱化した細菌に入り込み，遺伝子組換えを起こして薬剤耐性菌になる．このようにDNAを別の細菌に与えてその遺伝子の一部を変える現象を形質転換（transformation）という．

4)　トランスポゾン

挿入配列と同じようにDNAからDNAに転移し，転移に伴って薬剤耐性も移る現象が明らかになり，トランスポゾン（transposon）と呼ばれた．トランスポゾンは，挿入配列が進化したもので，耐性遺伝子を2個の挿入配列が挟むような構造をとっており，染色体やプラスミドへ手当たりしだいに挿入されるものである．多剤耐性菌は，それぞれの耐性遺伝子がトランスポゾンに担われており，これらが次々に1つのトランスポゾンに入り込むことにより生じる．これが伝達性プラスミド上で行われた場合，多剤耐性菌の蔓延に大いに影響する．

5)　インテグロン

耐性遺伝子の挿入場所と挿入させる酵素（インテグラーゼ）がすでに細菌に用意されており，ある特異的な塩基配列を端にもった耐性遺伝子を次々に挿入したり，また外したりしうるもので，インテグロン(integron)と呼ばれる．また，ある種のインテグロンは，多数の遺伝子を挿入することが可能であり，外来遺伝子の取り込み機構としての重要性が増している．

f．薬剤耐性菌の出現と蔓延

薬剤耐性菌の出現における抗菌剤の役割は，抗菌剤による突然変異菌の誘発ではなく，あくまで抗菌剤使用による薬剤耐性菌の選択にある．生態系に存在する各種の細菌集団から，使用する抗菌剤に感受性のある細菌を駆逐し，薬剤耐性菌のみを選択・増殖させることである．これは，病気の動物における体内での現象にとどまらず，広く生態系での総体的な抗菌性物質の曝露とも密接に関係する．薬剤耐性菌の選択の場は，非常に多くの細菌が生息するヒトや動物の腸管と自然環境である．

抗生物質に対する耐性遺伝子の由来は，その抗生物質を産生する放線菌のゲノムにあると考えられている．耐性遺伝子は，放線菌が自ら産生する抗生物質から身を守るための生体防御機構の一部と考えられる．耐性遺伝子は，細菌の破壊に伴い自然界に放出され，さまざまな遺伝学機構により細菌に取り込まれて自然界に保存され，耐性遺伝子のプールとなる．その後，大量の抗菌剤の使用が行われると，薬剤耐性菌（薬剤耐性遺伝子）の選択が行われ，薬剤耐性菌が蔓延すると考えられている．

一方，当然のことながら合成抗菌剤を産生する放線菌は存在しない．合成抗菌剤に対する耐性の一部は，薬剤排出ポンプという機構により担われている．この薬物排出ポンプに関連するタンパク質は，さまざまな細菌のゲノム上に数多く発見されている．このうち，明らかな薬剤耐性と関連するタンパク質はごく一部にすぎず，ほとんどの機能が不明である．このことは，抗生物質と同様に合成抗菌剤についても，細菌はこれから開発される抗菌剤に対しても準備状態にあることを示している．

2.8　細菌と環境衛生

動物が生息している環境には，種々の微生物がそれぞれの環境に適応して一定の相関を保って生息している．それぞれの環境に生存している細菌を，空気中に浮遊している浮遊細菌や落下細菌，動物の体表や床や壁，天井などに付着している付着細菌，土壌中に生存している土壌細菌，さらには，海や湖，川などに生存している水中細菌などと呼んでいる．それらの細菌には，汚物や有機物の分解を行う有用な細菌が多く含まれているが，一方では大腸菌(*Escherichia coli*)，黄色ブドウ球菌(*Staphylococcus aureus*)，*Clostridium*，溶血性レンサ球菌など動物に有害な細菌も存在し，下痢や乳房炎などの原因になる．

a．常　在　菌　叢

動物の生息する環境には，多くの微生物が存在している．そして，それらが動物の皮膚や呼吸器，消化器，生殖器などの粘膜面に付着してその場に適応し，生育し定着している細菌の集団を，常在菌叢または正常細菌叢という．

1)　正常細菌叢の成立

哺乳動物の胎子や鳥類の発育卵内の胎子は通常無菌状態で，出産時あるいは孵化と同時に産道や大気中の微生物と接触することになる．接触したすべての細菌がその動物の正常細菌叢を形成するものではなく，新生動物の皮膚や粘膜面で偏共生 (commensalism) あるいは相利共生 (symbiosis) の関係を維持できるような細菌類がその部位で増殖し，生存するようになる．さらに増殖した菌種間でも拮抗(antagonism)により排除される菌種もある．正常細菌叢は宿主との間で生態的平衡状態を保持できる菌種のみが，宿主の防御機構にも影響されずにその部位で定着して菌叢を形成する．

ヒトの各部位における常在菌叢を表2.5に示した．

表 2.5　ヒトの各部位における常在菌叢

菌群*	人体各部位**									
	皮膚	眼結膜	鼻腔	咽頭	唾液	歯肉溝	下部腸管	膣(思春期)	外部性器	尿道
Pseudomonas							±			
Neisseria			++	++	++	±		+		
Enterobacteriaceae	±		±		±		+	+	+	+
Vibrio							±			
Haemophilus		±	±	+	+			±		
Bacteroidaceae				+	++	+	++	+	+	+
Veillonellaceae				++	++	±	+	+		±
Micrococcus							±			
Staphylococcus	++	±	++	+	+		±	+	+	+
Streptococcus	++	±	+	++	++	++	+	+	+	+
Petococcaceae	±	±			+	+	++	+	++	+
Lactobacillus			+	+	+	+	+	++	±	±
Corynebacterium	+	±	+	+	+		±	±	+	+
Gardnella								+		
Propionibacterium	++	±	±	+			±	±	+	+
Eubacterium	±						++	+	+	+
Bifidobacterium							++	+		
Actinomyces			±		++	±	±			
Mycobacterium	±		±					±	+	±
Clostridium							++	±		±
Spirochaetaceae				+	±	+	±			
Mycoplasma			±	+	±		±	±	+	±
Candida				+	+		±	±		

* *Enterobacteriaceae*：*Escherichia, Klebsiella, Proteus* を主とする．
Bacteroidaceae：*Bacteroides*，*Fusobacterium, Leptotrichia* を主とする．
Veillonellaceae：*Veillonella*，*Megasphaera* を主とする．
Peptococcaceae：*Peptostreptococcus*，*Ruminococcus Coprococcus* を主とする．
Spirohaetaceae：*Treponema*，*Borrelia* を主とする．
** ++：優勢菌叢を構成，+：多く検出される，±：時々検出される．

2)　動物の皮膚・粘膜面の正常菌叢

皮膚や外耳道などでは汗腺，皮脂腺などの分泌液，特に脂肪酸，リゾチームの影響を受ける．一般に皮膚で検出される常在菌としては *Staphylococcus*，*Micrococcus*，*Corynebacterium*，*Streptococcus*，*Propionibacterium* があり，外耳道では *Proteus*，*Pseudomonas* などが高率に検出される．

3)　呼吸器系と眼結膜の正常菌叢

鼻腔では *Staphylococcus*，*Corynebacterium* が一般に多く，*Haemophilus*，*Streptococcus*，*Mycoplasma*, *Neisseria*, *Pasteurella* なども検出される．これらの細菌は咽頭，喉頭，気管，気管支にも分布しているが，咽頭，喉頭，気管では口腔内菌叢の影響も受けている．眼結膜は無菌状態のことが多いが，*Staphylococcus*，*Corynebacterium* などの鼻腔や咽頭，喉頭の菌がみられることもある．

4)　消化器系の正常細菌叢

口腔は細菌の生存部位として好条件を備えており，外界や食物の影響を最も受けやすい部位で，唾液中には多数の細菌(ヒトでは通常 10^7～10^9 個/ml)が存在している．*Streptococcus*，*Micrococcus*，*Neisseria*，*Veillonella*，*Bacteroides*，*Lactobacillus*，*Bifidobacterium* などが検出される．

消化管の細菌叢は，動物の種類，年齢，飼養管理などの要因により左右されるが，同一の飼養条件で飼育される同一種の動物ではほぼ一定の傾向を示している．

一般には哺乳動物の胃は胃酸のために菌数は少

なく，空腹時には10^3個/ml以下の菌数で*Streptococcus*，*Lactobacillus*，*Bifidobacterium*などが検出され，採食後は一時的に胃内のpHが上がり一時的に菌数が増加するが，pHの低下とともに再び減少する．ウシ，ヒツジ，ヤギなどの反芻動物の胃では，第一胃内に多種多様の微生物が共生しており菌数も多く（10^8個/ml），繊維素などの分解，消化活動に重要な働きをしている．

小腸上部（十二指腸，空腸）では，胃酸や胆汁酸などの影響を受けるので菌数は少なく（10^1～10^4個/ml），主に*Lactobacillus*，*Bifidobacterium*，*Streptococcus*，*Staphylococcus*などが検出されるが，時に*Fusobacterium*，*Bacteroides*なども検出される．

小腸下部（回腸）では，腸液で腸内容が中和されることと，滞留時間が遅くなることなどにより，菌数が増加し（10^5～10^8個/ml），空腸の菌叢のほかに大腸由来の*Enterobacteriaceae*，*Eubacterium*，*Peptococcaceae*などが混在している．

大腸では，菌叢が著しく変化して細菌数も急激に増加（10^{10}個/ml以上）する．最優勢の細菌は*Bacteroidaceae*，*Eubacterium*，*Peptococcaceae*などの偏性嫌気性菌と*Lactobacillus*あるいは*Bifidobacterium*などの乳酸菌であり，*Enterobacteriaceae*，*Streptococcus*が中等度の出現数である．乳酸菌の構成は動物種により異なり，*Bifidobacterium*が最優勢を示すのはヒト，サル，モルモット，ニワトリなどで，マウス，ラット，ハムスター，イヌ，ブタ，ウマなどでは*Lactobacillus*が最優勢である．なお，ウサギ，ネコ，ウシなどは，両菌属ともにきわめて少ないか全く検出されない．

5) 腸内正常細菌叢（糞便菌叢）

表2.6は，各種動物の糞便菌叢の検出されるパターンであり，病原菌の腸管粘膜上皮への侵入，定着を防止する感染防御面で有用な乳酸菌群（*Lactobacillus*，*Bifidobacterium*，*Streptococcus*，*Enterococcus*），嫌気性菌群（*Bacteroidaceae*，*Eubacterium*，*Peptococcaceae*，*Veillonella*，*Clostridium*など），好気性菌群（*Enterobacteriaceae*，*Staphylococcus*，*Corynebacterium*，*Pseudomonas*，*Bacillus*など）の3群に大別される．表中に示されていないウシでは，個体変動が大きく詳細なデータはないが，最優勢菌群は*Bacteroidaceae*およびanaerobic curved rodsで構成されており，次いで*Enterobaceriaceae*，*Streptococcus*であるが，その他の菌群は不定である．

6) 泌尿器・生殖器の細菌叢

雄の包皮や雌の外陰部は特に糞便菌叢の影響を受ける．尿道下部や膣では*Corynebacterium*，*Staphylococcus*などが多く検出されるが，*Bacteroides*，*Clostridium*，*Fusobacterium*なども検出される．膀胱内容は一般に無菌であるが，排尿時の尿中には膣，尿道，包皮の菌が混入していることが多い．

7) その他の部位

胸腔，腹腔，血液，髄液，筋肉，実質臓器などは原則的には無菌であるが，リンパ節ではしばしば細菌が検出される．

b. 食品中の細菌

食品は，その処理過程あるいは貯蔵中に環境に生存している細菌が付着，あるいは増殖すると，それを経口摂取した場合に食中毒や感染症が発症する．

細菌性食中毒は，その発症機序により感染型食中毒と毒素型食中毒に大別される．感染型食中毒には魚介類などからの*Vibrio*，鶏卵や食肉などの畜産物およびその加工品からの*Salmonella*，家畜の腸内に広く分布している*Campylobacter*や病原性大腸菌などが認められる．毒素型食中毒には土壌中に分布している*Clostridium botulinum*や*C. perfringens*，大気中や動物由来の黄色ブドウ球菌，病原性大腸菌（腸管毒素原性大腸菌，腸管出血性大腸菌）などが認められる．

c. 水中の細菌

河川，湖，地下水，飲料水などの淡水や河口，海洋などの海水にも多種の細菌が存在するが，それらは固有の細菌ばかりでなく，土壌，大気中あるいは動物由来のものを含んでいる．

淡水から分離される細菌は，水中の無機物と少量の有機物で増殖できるような低温菌が主で，*Aeromonas*，*Alkaligenes*，*Arthrobacter*，*Bacillus*，*Chromobacterium*，*Clostridum*，*Corynebacterium*，*Escherichia*，*Flavobacterium*，*Klebsiella*，*Leptospira*，*Micrococcus*，*Proteus*，*Pseudomonas*，*Streptcoccus*，*Vibrio*などが認められる．

海水から分離される細菌も低温菌が多く，*Vibrio*，*Pseudomonas*，*Chromobacterium*，*Flavo-*

表 2.6 各種動

菌群	サル	ニワトリ	ブタ	イヌ	ネコ
総菌数	10.7±10.4*	10.9±0.2	9.8±0.4	10.8±0.2	10.2±0.2
Bacteroidaceae	10.1±0.4 (5)	10.6±0.2 (5)	9.3±0.8 (5)	10.1±0.5 (5)	9.7±0.4 (5)
eubacteria and anaerobic lactobacilli	10.0±0.6 (5)	10.2±0.3 (5)	8.1±1.3 (5)	0.9±0.4 (5)	9.4±0.5 (5)
anaerobic gram positive cocci	9.8±0.4 (5)	9.9±0.1 (5)	8.9±0.3 (5)	9.7±0.4 (5)	9.6±0.1 (5)
bifidobacteria	9.8±0.5 (5)	9.1±0.9 (5)	7.6±0.5 (5)	6.6±2.7 (4)	0 (0)
streptococci	7.3±1.4 (5)	7.1±0.4 (5)	7.9±1.0 (5)	9.8±0.9 (5)	8.5±0.4 (5)
Enterobacteriaceae	7.2±1.0 (5)	7.0±0.4 (5)	7.3±0.1 (5)	7.6±0.8 (5)	7.9±0.4 (5)
lactobacilli	8.9±0.7 (5)	9.5±0.5 (5)	8.3±0.4 (5)	9.3±1.3 (5)	5.2±1.5 (4)
veillonellae	5.5±1.9 (2)**	0 (0)	0 (0)	5.9 (1)	0 (0)
clostridia	0 (0)	0 (0)	6.9±1.0 (4)	9.1±0.7 (5)	9.2±0.4 (5)
Spirillaceae	9.4±0.2 (2)	0 (0)	7.9±0.7 (5)	0 (0)	9.0 (1)
spirochaetes	10.2 (1)	0 (0)	8.2±0.8 (3)	0 (0)	7.3 (1)
staphylococci	4.2±0.5 (5)	6.8±0.7 (5)	4.6±1.1 (3)	4.7±0.7 (5)	6.8 (1)
corynebacteria	0 (0)	8.6 (2)	6.5±0.5 (2)	8.7±0.1 (2)	0 (0)
bacilli	6.6 (1)	6.4±1.2 (5)	6.4±0.9 (5)	5.4 (1)	0 (0)
yeasts	4.5±1.4 (5)	4.2±1.1 (5)	2.6±0.1 (2)	5.0±0.7 (5)	3.4±1.6 (2)

*対数値の平均値 ± 標準偏差（陽性個体のみ），**陽性個体数.

bacterium などが検出される．また，魚類の表面には *Erysipelothrix* などの多くの細菌が付着生存している．

飲料水は衛生的に管理されているが，二次的に混入した細菌により汚染することがある．

飲料用の水（水道水）は濾過・塩素処理されているが，動物の消化器や呼吸器の感染症は給水を介しても伝播するので給水器などの衛生管理は重要であり，特に排泄物の混入に注意する必要がある．さらに近年は，ペットとして飼われているミドリガメなどのヌマガメ類の飼育水中から *Salmonella* が高率に分離されている．

d. 土壌中の細菌

土壌中の細菌類は多く，無機栄養菌，有機栄養菌，中温菌，高温菌，低温菌，好気性菌，嫌気性菌，セルロース分解菌，硫酸酸化菌，窒素固定菌，タンパク質分解菌などが認められている．

土壌中の細菌数は土壌中の栄養素，水分，通気，温度，pH，その土地の動植物の有無などによって変動するが，表層ほど菌数が多く認められる．土壌中には動物に感染症を起こす *Bacillus*（炭疽菌など），*Clostridium*（破傷風菌，悪性水腫菌，気腫疽菌など）をはじめとする土壌菌が認められる．

2.9 細菌の分類と同定

a. 系 統 分 類

約 38 億年前に，最古の微生物が誕生したとされている．こうした長い歴史をもつ微生物を，その発生の歴史の順に系統的に分類しようとする試みがなされてきた．1980 年代になって生物を発生の歴史の順に系統的に分類する方法が開発され，細菌から高等生物まで共通に存在するリボソーム RNA（rRNA）が解析の対象となった．1987 年，Woese は生物を 3 つのグループに分類する新しい分子系統分樹を提案した．この分類では，原核生物はバクテリア（真正細菌）とアーキア（古細菌）の 2 つのドメインに，真菌，植物や動物などは 1 つのドメインにまとめられた．Truper はこの 3 ドメインに imperium（座）という概念を提唱し，それぞれ Eubacteria（真正細菌），Archaebacteria（古細菌），Eucarya（ユーカリア）と呼ぶことを提案した．

現在，病原細菌のすべては真正細菌に分類され，それらのもつ 16S rRNA の配列が決定され，その分類学的位置が明らかにされている．それによると，グラム陽性菌とグラム陰性菌は 16S rRNA による系統分類でもそれぞれ独立している．グラム陽性菌は DNA の GC 含量が高いグループと低いグループに大別される．前者には *Mycobacterium* 属や *Corynebacterium* 属が，また後者には

物の糞便菌叢

ミンク	マウス	ラット	ハムスター	モルモット	ウサギ	ウマ
9.8±0.2	10.2±0.4*	10.4±0.2	10.3±0.2	9.5±0.2	9.7±0.2	9.0±0.4
7.6±1.5 (5)	9.9±0.4 (5)	9.9±0.2 (5)	9.9±0.4 (5)	8.5±0.7 (5)	9.6±0.2 (5)	7.2±1.6 (5)
8.4±0.1 (5)	8.5±1.5 (5)	9.5±0.3 (5)	0 (0)	8.1±0.4 (5)	5.6±1.0 (2)	7.7±0.3 (3)
0 (0)	7.8±1.1 (2)**	9.3±0.3 (5)	9.7±0.2 (5)	9.1±0.3 (5)	8.3±1.0 (5)	6.8±2.4 (5)
0 (0)	7.8±2.8 (3)	8.2±0.8 (5)	9.0±0.3 (5)	8.8±0.3 (5)	7.8 (1)	2.3 (1)
9.2±0.3 (5)	5.9±1.6 (5)	8.2±0.6 (5)	5.7±1.5 (5)	6.9±1.8 (5)	3.6±0.6 (3)	8.5±0.8 (5)
9.6±0.1 (5)	3.5±0.7 (5)	5.3±1.4 (5)	6.3±0.7 (5)	6.4±1.6 (5)	3.5±1.3 (4)	5.5±1.0 (5)
6.1±0.1 (5)	8.9±0.3 (5)	9.6±0.3 (5)	9.7±1.2 (5)	8.2±0.7 (5)	0 (0)	7.7±0.5 (5)
0 (0)	3.3 (1)	4.5±0.3 (5)	4.5±0.5 (5)	2.6±0.3 (3)	0 (0)	4.6±0.4 (5)
7.4±1.1 (5)	3.3 (1)	6.0 (1)	0 (0)	0 (0)	2.3 (2)	7.5±0.4 (5)
0 (0)	8.6 (1)	9.5±0.4 (5)	9.2±0.5 (5)	8.7 (1)	8.6±0.3 (5)	8.3±0.4 (5)
0 (0)	0 (0)	0 (0)	0 (0)	0 (0)	0 (0)	7.6±0.6 (5)
5.7±0.8 (4)	4.4±0.6 (3)	5.8±1.3 (5)	4.8±0.6 (5)	7.3±0.7 (2)	3.4 (1)	3.8±0.6 (5)
0 (0)	8.3 (1)	0 (0)	0 (0)	8.3±0.2 (4)	4.6±0.4 (2)	3.9±0.4 (2)
0 (0)	4.5±0.5 (4)	0 (0)	4.4 (1)	7.9±0.4 (5)	0 (0)	6.1±1.0 (5)
5.7±0.4 (5)	0 (0)	0 (0)	0 (0)	2.4 (1)	4.3 (1)	2.8±0.2 (4)

Staphylococcus 属や *Bacillus* 属や *Clostridium* 属などが含まれる．細胞壁をもたない *Mycoplasma* 属は系統的にはグラム陽性菌に分類される．

グラム陰性菌は spiral bacteria（らせん菌：*Treponema* 属や *Leptospira* 属など），cytophaga（サイトファガ），proteobacteria，紡錘状菌（*Fusobacterium* 属）に大別され，proteobacteria はさらに α，β，γ，δ，ε の各サブグループに細分される．この分類法によれば，*Rickettsia* 属や *Coxiella* 属，*Brucella* 属は α，鼻疽菌に代表される *Burkholderia* 属は β，また大腸菌（*Escherichia coli*）をはじめとする *Enterobacteriaceae* 科（腸内細菌科）や *Pasteurella* 属，*Haemophilus* 属，*Pseudomonas* 属は γ，*Campylobacter* 属は ε サブグループにそれぞれ属する．一方，*Chlamydia* 属はグラム陽性・陰性のいずれのグループにも属さず，独自の進化を遂げてきた細菌として位置づけられている．

b. 分 類 と 命 名

細菌分類学（bacterial taxonomy）は，多種多様な細菌を識別し，他の類似する細菌と区別し，学名を付け（命名），誰もが認めうる最も合理的な整理体系の確立を目指す学問である．分類学（taxonomy）の語源となるタクソン（taxon，複数形は taxa）は，「似たもの同士を束ねる」という意味をもつ分類学の概念である．細菌を分類する最も小さな単位は株（菌株：bacterial strain）であるが，分類学上の最小単位の概念は種（species）（亜種：subspecies）である．菌株は実在する1個の細菌細胞を純培養して増殖してくる子孫の集団であり，それらが種とその上位の属（genus）といった分類階級の概念としてまとめられ，両階級のタクソンが学名を担う．

新たに分離された菌株が既知のどの分類にも属さない場合や，既存の分類から新たな分類を提案する場合，命名（nomenclature）という作業を行う．細菌の命名は国際細菌命名規約（International Code of Nomenclature of Bacteria）に従って行われる．分類学上の問題はすべてこの規約に従い，国際細菌分類命名委員会の機関誌である“*International Journal of Systematic and Evolutional Microbiology*”上で議論される．分類の変更，規約改正，新たに命名された菌種などはすべてこの雑誌に記載される．この規約では種（亜種）以上の分類を取り扱い，血清型やファージ型は対象外となっている．

種名は属名（generic name）と種形容語（specific epithet）の2語組み合わせで表現される（ただし，亜種が存在する場合は，属名，種形容語，亜種形容語からなる3語組み合わせで，種形容語と亜種形容語との間に亜種 subspecies の略語 subsp.を挿入する）．たとえば大腸菌は *Escherichia coli* と表記され，“*Escherichia*”が属名（名詞形），“*coli*”が小種名（形容詞形）である．属名の頭は必ず大文字で記載し，必要に応じて“*E. coli*”のように属の頭文字1文字として省略して記載できる．種の提案には必ず基準株（type strain）が1株だけ指定され，その種の記載に常につきまとう分類学上の重要な意味をもつ．種の上位の分類階級は属であり，新しい属の提案には必ずその基準となる基準種（type species）が定められる．genus *Escherichia* の基準種は *Escherichia coli* であり，その基準株はATCC（American Type Culture Collection）11775である．分類学においてはタクソンの名のよりどころとなる菌株（命名基準種）や調査研究上重要な純培養菌株を，変異や汚染を防いで保存することも重要な作業の一つである．また，系統進化（phylogeny）は，タクソンの進化論的位置づけや相互関係を明らかにすることにより，新たな分類体系を確立しようとする研究である．

c. 細菌分類学に用いられる手法

細菌の進化を最もよく反映し，かつ後述する同定という実用面にも有用な分類法として，表現形質と遺伝学的情報を組み合わせた多相分類学（polyphasic taxonomy）が主流となっている．この方法を補完するものとして，数値分類法（numerical taxonomy）や化学分類法（chemotaxonomy）が遺伝学的分類法も利用されている．未知の菌株の分類学的位置を調べ，属名に辿り着くことは専門家でも困難な仕事であったが，現在はシークエンスを行うだけで，おおよその菌種に辿り着くことができるようになった．

1) 数値分類

分類者の主観をできるだけ排し，観察しうるすべての性状を等価と見なし，その総体的な類似の程度に基づいて分類しようとする方法である．形態学的，生理・生化学的諸性状など60項目以上を調べ，被検菌相互間の相似値を数学的に計算して分類する．客観的であると考えられ，コンピュータの普及とともに広く適用されてきた．しかし，どの性状を選択するかによって結果が大きく左右されるため，現在では補助的にしか用いられない．

2) 化学分類

細胞壁の組成，代謝産物，GC含量，細胞質膜の脂肪酸の組性などの分析結果により細菌を分類しようとするものである．結果が安定しており，属およびその上位の分類に用いられる．種レベルの分類には不向きなことと，中には大量の精製標品が必要となる方法も含まれており，時間と手間がかかるのが難点である．

3) 遺伝学的分類

分子生物学ならびに遺伝学の発展とそれらの細菌分類学への導入により，細菌の遺伝子レベルでの分類が可能となった．ここでは，16S rRNAの配列比較と定量的DNA-DNAハイブリッド法（DNA-DNA hybridization method）について述べる．

i）16S rRNAの配列比較　現在，約5,000種（850属）のうち97％に当たる菌種の16S rRNA遺伝子配列が決定され，3つの国際的なデータベース（NCBI，EMBL，DDBJ）に登録されている．16S rRNAの全長はせいぜい1,500 bp程度しかなく，遺伝子の塩基配列を比較し系統解析することが容易であるため，属またはそれより上の分類に利用される．ただし，16S rRNAは染色体DNAの全長の0.1％を占めるにすぎないため，97.5～100％一致したとしても異なる菌種である可能性がある．逆に用いた基準株との間で97.5％以下の一致しかない場合は，対照菌株とは別菌種と考えてよい．分類学的に最終的な菌種の決定を行うためには，定量的DNA-DNAハイブリッド法を実施する必要がある．

ii）定量的DNA-DNAハイブリッド法

分子遺伝学の発展により，現在では2つの菌株がもつDNAの塩基配列の相同性を調べるDNA-DNAあるいはDNA-RNAハイブリッド法が比較的簡単にできるようになり，その手技が細菌分類学に導入された．同一菌株の染色体DNAを切断し加熱すると1本鎖に解離する．DNAのGC含量と塩基配列は2本鎖を完全に1本鎖に解離するための温度（融解温度 T_m）に影響を与える．これをゆっくり冷却すると互いのDNAの塩基配列に相補性があるため再び2本鎖に戻り，理論的には100％もとに戻ることになる．異なる菌種のDNAとの間では塩基配列が異なるために一部しか反応しない．別の菌種のDNA塩基配列が近ければ近いほどハイブリッドを形成するDNA量が増えてくるはずである．この試験法で，「70％以上の相対類似度を示し，かつ融解温度の差 dT_m が5℃以内の菌株集団を同一菌種（亜種の場合は相対類似度60～70％）とする」という勧告が菌種の定義として受け入れられている．この数字はあくまでDNA-DNAハイブリッド形成試験において，基準種と比較した相対的類似度であって，塩基配列の一致度を示すものではない．

DNA相同性からみれば同一種だが，独立した菌種として記載される病原細菌がいくつか存在する．たとえば，① *Yersinia pestis*（ペスト菌）と *Y. pseudotuberculosis*（偽結核菌），② *Shigella* spp.（赤痢菌）と *Escherichia coli*（大腸菌），③ *Bacillus anthracis*（炭疽菌）と *B. cereus*（セレウス菌），*B. thuringensis*，④ *Mycobacterium tuberculosis*（ヒト型結核菌）と *M. bovis*（ウシ型結核菌）などである．これらは，「染色体DNAの定量的DNA-DNAハイブリッド形成実験で70％以上の類似度があり，ハイブリッドの安定度が5度以内におさまる菌株の集団を同一種と定義する」ならば，互いに同一菌種といってもさしつかえなく，同じ学名を担うべき関係にある．しかしヒトをはじめとする動物への危険性の違いを考えたとき，明らかに病原性の異なる菌（株）の集団に同一名称を用いることは，社会的混乱を引き起こすという判断がなされ，それぞれの学名が危険名（nomen periculosum）として保存されている．

d．同定

菌株はそれぞれ固有の栄養要求性，炭水化物やアミノ酸の利用能力，酵素活性などの生化学的性状や遺伝子を有している．これらを利用して，臨床材料から分離された菌株がすでに正式に命名されたタクソンのどれに一致するかを決定することを同定（identification）という．細菌の同定に際してはまず，分離菌を純培養し，培養性状，グラム染色性，菌形態，生化学的性状，血清学的特性や遺伝学的特性を検査する．現在では30以上の項目の試験がマイクロプレートやトレイ上で実施できる簡易同定キットが市販されており，各菌種の性状からつくられたデータベースをもとに被検菌の検査結果から菌種が同定できるようになっている．

しかし，病原菌を同定するためにはこの作業だけでは不十分で，さらにビルレンス因子を特定しなければならない場合がある．たとえば，下痢を起こした家畜から大腸菌が分離された場合を想定してみよう．まずそれが常在菌としての大腸菌なのか，下痢を起こすビルレンス因子をもった病原性大腸菌なのかを識別し，さらにそれがどういったビルレンス因子なのかを特定する必要がある．

現在では，ほとんどすべての病原細菌の表現形質と16S rRNAの塩基配列が判明しているので，分離された未知細菌の16S rRNAの塩基配列を決定し，データベースと比較することで菌種の特定までできる．またビルレンス因子の同定についても，PCRやDNAプローブ，さらには免疫学的手法などを組み合わせることによって比較的簡単に検出できるようになった．特定のビルレンス因子の分布が特定の菌種に限られているような場合や，菌種に特異的な遺伝子の塩基配列が明らかになっている場合は，病原体を分離培養しなくても臨床材料から直接その遺伝子の一部を増幅，検出することも可能である．ただし決定したビルレンス因子をコードする塩基配列が特定の菌種と近い配列だったからといって，分類学的に菌種を同定したことにはならない．あくまでも細菌の全染色体からみた類似度による検定，すなわち16S rRNAの配列の類似度および染色体DNAの定量的DNA-DNAハイブリッド法における70％以上の類似度の確認が必要である．

細菌の分類と同定は表裏一体の関係にある．分類が合理的になされていることによって初めて正確な同定が可能となり，逆に正確な同定がなされることによって細菌分類学の学問体系がより完成度の高いものになる．

3. リケッチアとクラミジア

リケッチア（rickettsia）およびクラミジア（chlamydia）と呼ばれる微生物は，宿主細胞内でのみ増殖が可能であり，一般の細菌よりも微小であるため，かつてはウイルスに近い微生物と見なされた時代もあった．しかし今日ではこれらの微生物は，グラム陰性桿菌に類似する細胞構造上の特徴を備え，また細菌のもつ酵素活性の一部を示すことなどから，偏性細胞寄生性細菌であることが明らかにされている．リケッチアとクラミジアは，表3.1に示す性状の違いにより区別される．

3.1 リケッチア

リケッチアは，ムラミン酸を含む細胞壁をもつ，グラム陰性の短桿菌である．ギムザ染色すると宿主細胞質内で球状ないし桿状の多形性小体として紫色を示す．宿主細胞の細胞質ないし核内で2分裂により増殖する．分類学的には *Rickettsiales* 目と呼ばれ，2科8属39菌種が含まれる（表3.2）．

表 3.1 リケッチアとクラミジアの比較

性状	リケッチア	クラミジア
形態学的に確認のできる細胞形態の変化を伴う特殊な発育環	−	+
細胞壁にムラミン酸をもつ	+	−
グルタミン酸塩の酸化によるATP合成	+	−
媒介動物（ベクター）	+	−
体内での増殖の場	網内系または血管内皮細胞	上皮細胞

表 3.2 *Rickettsiales* 目の分類

目	科	属	(種数)
Rickettsiales	*Rickettsiaceae*	*Rickettsia*	(17)
		Orientia	(1)
	Anaplasmataceae	*Anaplasma*	(7)
		Aegyptianella	(1)
		Ehrlichia	(8)
		Cowdria	(1)
		Neorickettsia	(2)
		Wolbachia	(2)

a. 形態と染色性

小桿菌，球菌，あるいは双球菌状をとる．大きさは直径0.3〜0.5 μm，長さ0.8〜2.0 μm．しばしば多形性をとり，特に昆虫細胞内の菌は多形性を示すことが多い．

グラム陰性でマキャベロ染色，ギムザ染色などでよく染色される．菌体構造はグラム陰性桿菌の微細構造に近似していて，細胞壁を有し，DNAからなる核様体とリボソームが認められる．

b. 培養と増殖

生細胞がなければ培養できない．培養には発育鶏卵の卵黄嚢および鶏胚細胞，あるいはある種の脊椎動物の培養細胞が用いられる．鶏胚の線維芽細胞培養で，プラックまたはプラーク（plaque）をつくる．細胞質内で増殖するが，あるものは核内でも増殖する．増殖発育至適温度は32〜35℃．増殖は細菌と同様，長軸の2分裂様式である．

c. 化学的組成と抵抗性

菌体の化学的組成はグラム陰性桿菌と類似し，タンパク質，多糖，脂質，DNAおよびRNA（含量比は1：3）をもつ．細胞壁にはムラミン酸，ジアミノピメリン酸，アミノ糖を含み，細菌には認められないグルクロン酸を含有している．

リケッチアはトリカルボン酸回路に関与する酵素系およびチトクローム系酵素をもつ．しかしEmbden-Meyerhof経路（EM経路）に関与する酵素系をもたず，ブドウ糖を利用できない．アミノ酸の合成分解はできないが，例外的にグルタミン酸塩を酸化して，α-ケトグルタル酸とし，これを

表 3.3 *Rickettsiaceae* 科と *Anaplasmataceae* 科

性状	*Rickettsiaceae* 科	*Anaplasmataceae* 科
細胞壁の3層構造	+	−
宿主となる動物細胞		
有核細胞	+	−
赤血球	−	+

共役した酸化的リン酸化反応が主なエネルギー源となっている．このほか，アデノシン三リン酸ホスファターゼ（ATPase），アデノシン二リン酸ホスファターゼ（ADPase），アミノ基転移酵素の存在などが知られ，ある程度のタンパク質合成，脂質合成も行われている．リケッチアのアデノシン二リン酸（ADP）は細胞膜を貫通し，宿主のアデノシン三リン酸（ATP）と交換される．

抵抗性は一般に弱く，56℃ 10 分間あるいは一般消毒薬で短時間で死滅する．抵抗性の弱い一般細菌と同様と考えればよい．低温に保存すると長時間生存する．

d. 血清学的性状

リケッチアの細胞壁には群特異抗原と型持異抗原が存在し，補体結合反応（complement fixation: CF 反応）により，群，種の分類がなされている．また，アルカリ可溶性，耐熱性の多糖抗原は，リケッチアと *Proteus vulgaris* に共通して存在するので，これを利用して患者血清と *Proteus* の特定の菌株を用いた凝集反応により，リケッチアに対する抗体の有無を調べる方法が Weil-Felix 反応と呼ばれ，血清診断に用いられたことがある．現在では，CF 反応，中和試験のほか，蛍光抗体法（fluorescent antibody technique: FA 法）や酵素抗体法（enzyme immunoassay: EIA），酵素結合免疫吸着測定法（enzyme-linked immunosorbent assay: ELISA 法），ポリメラーゼ連鎖反応（polymerase chain reaction: PCR）などが，診断あるいは菌の同定に用いられている．

e. 病原性と免疫

ヒトに感染してリケッチア症を起こす．ヒトおよび動物への感染は節足動物（シラミ，ダニなど）が媒介動物（ベクター：vector）として介在し，しかもそれは単なる菌の機械的運搬者ではなく，その体内の特定細胞で増殖するのが特徴である．菌が増殖した節足動物は一般に死ぬことはないが，*R. prowazekii* 感染シラミは死ぬ．

ヒトに感染したリケッチアは血管内皮細胞で増殖し，血行性に全身に分布する．小血管内皮細胞内で増殖した結果，小血管炎を起こし，このような病変は特に皮膚や心筋などに起こるため，臨床的には皮膚の発疹，脳症状，ショックなどがみられる．

実験動物としてはモルモットが最も感受性が高く，マウス，ラット，ウサギなども用いられることがある．

雄モルモットの腹腔内にリケッチアが接種されると，菌種によって発熱のみを呈するものと，精巣鞘膜まで炎症を起こし，陰嚢の発赤，腫脹がみられる場合がある．この陰嚢腫脹を呈する反応は Neill-Mooser 反応または陰嚢反応（scrotal reaction）と呼ばれ，精巣鞘膜（腹膜上皮）細胞に多数のリケッチアが証明される．これは本症の診断に用いられる．

強い病後免疫が成立し，終生持続する．ワクチンは発育鶏卵の卵黄嚢内で増殖させたリケッチアを精製し，ホルマリンで不活化したものが用いられている．また，変異株生ワクチンもある．

f. 化学薬剤・抗生物質に対する感受性

パラアミノ安息香酸は発育を阻止するが，スルホンアミドはリケッチアの増殖を促進する．

リケッチアは広域スペクトルの抗生物質に感受性があり，クロラムフェニコールやテトラサイクリン系の抗生物質が用いられる．ペニシリンやストレプトマイシンには感受性が低い．

3.2 クラミジア

クラミジアは，リケッチアにきわめて類似した偏性細胞寄生性微生物で，細胞質内に封入体を形成する．脊椎動物に感染してさまざまな疾病を起こすが，その感染には媒介動物を必要としない．分類学的には，*Chlamydiales* 目は *Chlamydiaceae* 科，*Waddliaceae* 科，*Parachladiaceae* 科，*Simkaniaceae* 科の 4 科に分類され，*Chlamydiaceae* 科は *Chlamydia* 属と *Chlamydophila* 属に，*Waddliaceae* 科は *Waddia* 属に，*Parachladiaceae* 科は *Parachlamydia* 属と *Neochlamydia* 属に，*Simkaniaceae* 科は *Simkania* 属に分類される．

Chlamydia 属には *C. trachomatis*，*C. suis*，*C. muridarum* の 3 種がある．*Chlamydophila* 属には *C. psittaci*，*C. abortus*，*C. felis*，*C. caviae*，*C. pneumoniae*，*C. pecorum* の 6 種がある．*Waddia* 属には *W. chondrophila* が，*Parachlamydia* 属に

は *P. acanthamoebae* と *P. hartmannellae* が，*Simkania* 属には *S. negevensis* がある．それぞれ特殊な増殖環をもつ．

a. 形態と増殖環

非運動性，球状体で宿主細胞内で増殖過程までさまざまな大きさ (0.2〜1.5 μm) を呈する．増殖環は一般に次のようになる（図 3.1）．

i）基本小体 (elementary body)　基本小体は偏在した電子密度の高い核様体 (nucleoid) と散在するリボソーム顆粒が細胞質膜およびグラム陰性菌に類似した外膜からなる被膜（エンベロープ：envelope）により包まれており，感染性を有する．網様体は脆弱な粒子であるが，さまざまな代謝活性を有する．直径 0.2〜0.4 μm の小球体で，代謝活性を示さず，宿主細胞に接着し，食作用 (ファゴサイトーシス：phagocytosis) によって細胞質内に取り込まれる感染単位である．DNA と RNA の含量比は 1：1 である．ギムザ染色で赤紫色に染まる．

ii）網様体 (reticulate body)　飲み込まれた基本小体の一部はリソソーム (lysosome) にとらえられ消化されて分裂するが，大部分は増殖型である網様体（直径 0.6〜1.5 μm）に変わる．網様体の細胞質膜は薄く，感染性をもたないが，代謝活性を有する．DNA と RNA の含量比は 1：3 になる．ギムザ染色で青色に染まる．網様体は原則として単純な 2 分裂様式によって増殖する．

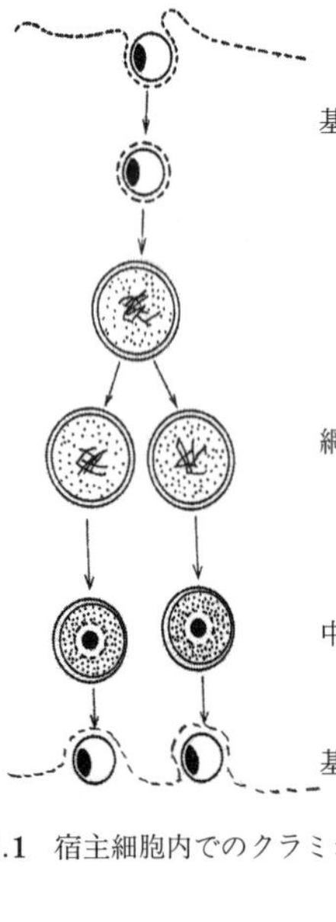

図 3.1　宿主細胞内でのクラミジアの増殖環

iii）中間体 (intermediate body)　増殖した一部の網様体は，感染後 20 時間ぐらいから分裂を中止し，濃縮が始まり，中間体が形成され，さらに進んで成熟粒子すなわち基本小体となる．感染後 48〜72 時間ごろまで大部分の網様体は成熟を完了する．このようにして細胞質内空胞で娘細胞で満たされた封入体が形成される．空胞膜は破れて基本小体が放出され，ほかの細胞に感染する．

クラミジアには細菌と同様，細胞壁，細胞質膜，リボソームがある．グラム陰性で，ギムザ染色やマキャベロ染色でよく染まり，赤紫色ないし紫色の小体として認められる．

b. 培養と増殖

人工培地に培養できない．発育鶏卵の卵黄嚢，漿尿膜でよく増殖する．細胞培養も用いられる．発育鶏卵の培養至適温度はクラミジアの種によって異なり，35〜39℃ の間にある．代謝機能の面で，本菌は宿主から ATP その他の高エネルギー化合物の供給を必要とするが，この点リケッチアは ATP を自ら合成することができる．

c. 化学的組成と抵抗性

細胞壁の化学的組成はグラム陰性菌のそれと同様である．すなわち，タンパク質，脂質，ムコペプチドなどからなる．RNA および DNA は網様体および基本小体のいずれにも存在するが，網様体では RNA が DNA より多い．

熱に対する抵抗性は弱く，60℃ 10 分間で死滅するが，低温では長期保存される．普通の消毒薬に対して弱い．

d. 血清学的性状

クラミジアは，CF 反応や血球凝集阻止反応 (hemagglutination inhibition：HI 反応) などで群共通の抗原をもつことが明らかにされている．また同時に株特有の抗原も検出されている．一部のクラミジアに認められている毒素を中和する毒素中和試験があり，これは型別に用いられている．

e. 病原性と免疫

クラミジアには，鳥類やヒトのオウム病 (psittacosis) や，ウシ，ヒツジ，ヤギなどに肺炎を起こすものと，ヒトに宿主域が限定して，トラコーマ，封入体結膜炎，リンパ肉芽腫などを起こすものなどがある．ヒトや鳥類由来のものはマウスに対する病原性が強く，哺乳動物由来のものはモルモットに対して病原性が強く，マウスに対しては弱い．マウスを自然宿主とするものもある．

実験的にはマウスやモルモットを免疫することはできるが，呼吸器感染に対する免疫はきわめて弱く，感染後抗体が高く上昇しても持続感染し，病後の免疫はほとんど成立しない．ワクチンの使用は試みられているが，成功していない．

f. 化学薬剤・抗生物質に対する感受性

菌種によってサルファ剤およびサイクロセリンに対する感受性が異なり，これはクラミジアの種の鑑別法の一つとされている．

抗生物質中，特にテトラサイクリン系薬剤が最も有効に作用し，そのほか，マクロライド系薬剤やクロラムフェニコール，ニューキノロン系薬剤もこれに次いで有効である．ペニシリン系薬剤は本菌の細胞壁合成を阻害するが，その作用は弱い．

4. マイコプラズマ

マイコプラズマは，牛肺疫と呼ばれるウシの伝染性胸膜肺炎 (contagious bovine pleuropneumonia) の病原体として，19 世紀末に Nocard と Roux により発見された．その後に分離された類似の微生物は，マイコプラズマという呼称が定められるまで pleuropneumonia-like organism (PPLO) と呼ばれた時期がある．当初，PPLO は Chamberland 型濾過器を通過したため，人工培地に増殖するにもかかわらず，ウイルスと混同されたことがあった．また，適当な条件さえ整えばウイルスも人工培地で増殖できるのではないかという誤った期待を当時の研究者たちに抱かせ，少なからぬ混乱を招いた．現在では，マイコプラズマはバクテリア（真正細菌）の仲間であるが，他の微生物とは区別できる特異な性状をもつことが知られている（表 4.1）．

4.1 マイコプラズマの特性と分類

マイコプラズマは，人工培地に発育可能な最小のバクテリアで，細胞壁を欠いている．マイコプラズマのゲノム DNA は，自由生活を営む微生物の中では最小であり，生命を維持するために必要最少限度の遺伝子セットを備えているといわれる．また，ゲノムの GC 含量はほぼ 25〜40% の範囲にあり，バクテリアの中で最も低い．これは，進化の過程でゲノムの G-C 塩基対を A-T 塩基対に置換させるような方向性のある変異圧が作用した結果であるとされている．このように GC 含量が低いため，遺伝暗号にも大きな影響がみられるが，アミノ酸レベルでは変化が起こらないように中立性が保たれている．マイコプラズマは *Bacillus* 属や *Lactobacillus* 属などのグラム陽性菌に近縁で，進化の過程で比較的最近出現した微生物であると考えられている．

マイコプラズマは，ヒトや動植物の病気と密接な関連をもつものもあるが，多くは常在菌として日和見感染に関与する．しかも，一般に病原性が弱く，人工培地で継代することによりビルレンスが速やかに低下するため，特定の疾病との関連を病原学的に証明することは容易でない．しかし，マイコプラズマの中にはスーパー抗原 (super antigen) 活性を発揮し，感染により個体の免疫系を複雑に修飾するものもある．また，従来，マイコプラズマは細胞外寄生性であるとする説が支配的であったが，近年の研究により，細胞内寄生をするものもあることが知られるようになった．

マイコプラズマは，ヒトを含むさまざまな動物や昆虫，植物などから分離されており，これまでに 100 種以上の菌種が知られている．これらはいずれも細胞壁を欠き，ペプチドグリカンの前駆体

表 4.1 各種微生物の性状比較

性状	真菌	細菌	リケッチア	クラミジア	マイコプラズマ	ウイルス
人工培地での発育	+	+	−	−	+	−
細胞壁の保有	+	+	+	+	−	−
エネルギー生成系	+	+	+	−	+	−
タンパク質合成系	+	+	+	+	+	−
光学系での可視性	+	+	+	+	+	−
濾過性	−	−	+	+	+	+
寄生部位	細胞外	細胞内・外	細胞内	細胞内	細胞内・外	細胞内
増殖様式	2 分裂	2 分裂	2 分裂	2 分裂	2 分裂	新規合成
核酸 (DNA, RNA)	両方	両方	両方	両方	両方	いずれか一方
ステロール要求性	−	−	−	−	+*	−
抗体による増殖抑制	−	−	+	+	+	+
抗生物質による発育阻止	−	+	+	+	+	−

* *Acholeplasmatales* 目，*Mesoplasma* 属，*Asteroleplasma* 属を除く．

表 4.2　マイコプラズマの分類体系

division（門）	class（綱）	order（目）	family（科）	genus（属）
Tenericutes	*Mollicutes*	*Mycoplasmatales*	*Mycoplasmataceae*	*Mycoplasma*
				Ureaplasma
		Entomoplasmatales	*Entomoplasmataceae*	*Entomoplasma*
				Mesoplasma
			Spiroplasmataceae	*Spiroplasma*
		Acholeplasmatales	*Acholeplasmatacae*	*Acholeplasma*
		Anaeroplasmatales	*Anaeroplasmataceae*	*Anaeroplasma*
				Asteroleplasma
				'*Candidatus* Phytoplasma'

を合成できないことから，分類学的に *Tenericutes* 門(無細胞壁バクテリアの意味)，*Mollicutes* 綱（mollis＝soft, cutis＝skin：軟らかい皮の意味）としてまとめられ，4 目（order）に分けられている（表 4.2）．したがって，一般にマイコプラズマというときには，*Mollicutes* 綱をさすことが多い．本書において「マイコプラズマ」とカナ書きされている場合は，*Mollicutes* 綱に含まれるすべての菌種を意味する．

マイコプラズマは細胞壁を欠くために，かつてはL型菌（L-form bacteria）との関連が論議された．両者はいずれも細胞壁がなく多形性で，濾過性であり，集落形態が類似し，ペニシリンに感受性がなく，特異抗体によって発育阻止を受けることから，その鑑別が問題にされた．しかし，ペニシリン無添加培地で継代すると，L型菌は細胞壁を有するもとのバクテリアに復帰するが，マイコプラズマは変化しない．しかも，両者はゲノム DNA の GC 含量や，DNA-DNA ハイブリッド法によっても鑑別できる．

植物に寄生して，マイコプラズマ様微生物（mycoplasma-like organisms：MLO）と呼ばれた微生物は，培養が成功しないため分類学的な位置づけがなされなかったが，形態学的には *Mollicutes* 綱の条件を満たしているので，これらを暫定的に '*Candidatus* Phytoplasma' と呼び，マイコプラズマとして扱うことにしている．

4.2　マイコプラズマの一般的性状

a．形態と染色性

マイコプラズマ，すなわち *Mollicutes* 綱に属する微生物は，少なくとも直径約 300 nm の球状あるいは洋梨形，もしくは直径約 200 nm，長さ 150 μm のフィラメント状あるいはらせん状を呈し，あるものは多形性を示す．また，時には分岐構造をとるものもあり，その形態は菌種により異なる．しかも，マイコプラズマ細胞の形態は，培地成分や培養液の浸透圧による影響を受けるため，一定しないことが多い．

マイコプラズマ細胞は，一般のバクテリアにみられるような細胞壁構成成分としてのムコペプチド複合体やジアミノピメリン酸，ムラミン酸などを含まない．細胞質膜は厚さ 7～10 nm の脂質二重層からなり，単位膜とも呼ばれ，膜タンパク質が埋め込まれている．ある種のマイコプラズマでは，さらに細胞質膜の表面に粘液層あるいは莢膜様物質を有するものもある．莢膜様物質の主成分は，ガラクタンあるいはヘキソサミン重合体などで，マイコプラズマの付着，病原性などに関係するといわれる．菌種よってはブレブ（bleb）と呼ばれる電子密度の高い特殊な構造を細胞の長軸の末端にもつものがあり，これはマイコプラズマが宿主動物細胞へ付着するための装置であるとされる．また，運動性のある菌種が知られており，鞭毛のような運動器官はないが，細胞質内に Triton X-100 不溶性の細胞骨格（cytoskelton）をもち，寒天培地上で滑走運動（gliding）をする．らせん形態をとるマイコプラズマ（*Spiroplasmataceae* 科が該当）は，液体培地中で回転運動を行う．

寒天培地上での集落は，最大でも直径 1～2 mm 以上になることはまれで，通常は 0.5 mm かそれ以下であり，時には 0.01 mm 程度の大きさにしかならないものもある．集落は，nipple と呼ばれる中央部が寒天内部に円錐形に嵌(かん)入するために，一般に目玉焼状の外観を呈する（図 4.1）．運動性のある菌種では拡散した集落形態となり，周囲に

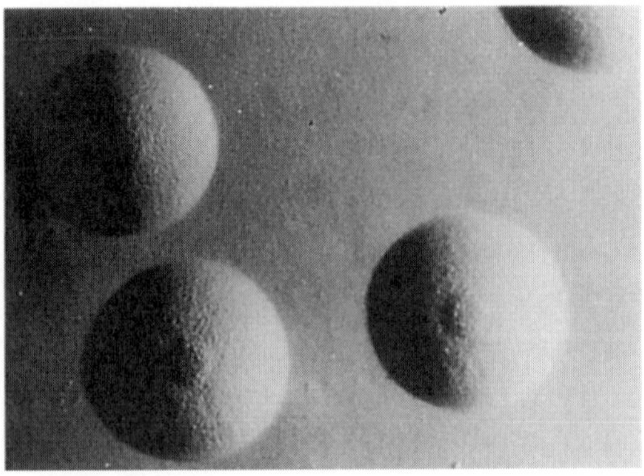

図 4.1　寒天培地上の *Mycoplasma capricolum* の集落
中央に nipple をもつ典型的な目玉焼状集落を呈する.

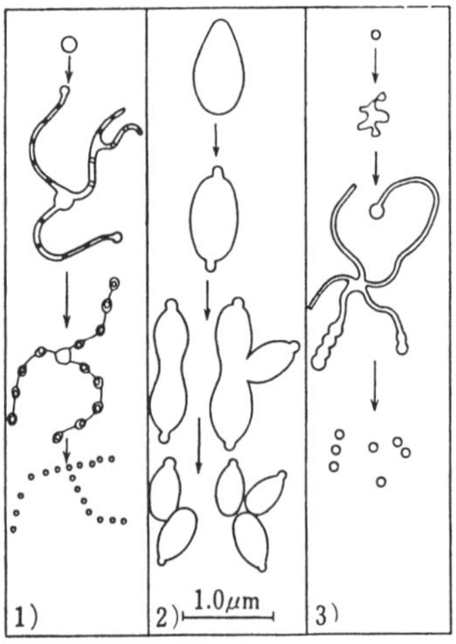

図 4.2　マイコプラズマの増殖様式
1) *M. mycoides* は長いフィラメントを形成し，その中に小さな球状体が多数でき，成熟するとフィラメントには一斉にくびれが入って数珠状となり，球状体が遊離する.
2) *M. gallisepticum* は菌体の末端にブレブをつくるが，そのブレブが両極にできると細胞の中央にくびれが生じて2分裂する.
3) *M. pulmonis* では，細胞の一部が出芽により成長し，フィラメントを形成後，分裂する.

衛星集落を生ずることがある.

本菌はグラム染色で陰性を示すが，それを光学顕微鏡で観察しても細胞形態を確認することは困難である.

b. 培養と増殖

マイコプラズマは，一般に無細胞人工培地に発育可能である．多くの菌種が増殖にステロールおよび脂肪酸を要求するので，培地にはウマ，ブタ，ウシなどの血清が加えられる．マイコプラズマ用の培地成分はヒトおよび動物，植物，昆虫などから分離される菌種によって異なる．ヒトおよび動物のマイコプラズマの分離には Chanock の培地や Edward の培地を基本にした変法培地が広く使われている．しかし，これらの培地に発育しない菌種が少なからず見出されており，それぞれに適した培地が工夫されている．それでも，人工培地での分離培養が成功しない菌株もあり，それらの中には細胞培養への接種により初めて分離できるものもある.

Anaeroplasmatales 目を除き，大部分の菌種は通性嫌気性であるが，寒天培地での発育は微好気培養が好気培養よりも優れており，特に初代分離時には，95% の窒素に 5% の二酸化炭素を加えた培養法が推奨されている.

発育至適温度は *Mycoplasmatales* 目と *Anaeroplasmatales* 目が 37°C 前後，*Acholeplasmatales* 目と *Spiroplasmatacea* 科が 30〜37°C，*Entomoplasmataceae* 科が 30°C である.

マイコプラズマの増殖様式は，培養条件や菌種によっても多少異なるが，基本的には2分裂による (図 4.2)．マイコプラズマ細胞の分裂に先立ちゲノムの複製が起こるが，両者は必ずしも同期化しない．このため出芽 (budding) 様式のものやくびれをもったフィラメント状の細胞が現れる．直径 250 nm 以下の球状体を基本小体と呼び，これを最小発育単位と見なす説が過去にあったが，現在では，発育しうるマイコプラズマの最小粒子は，少なくとも直径 300 nm 以上であるとされている.

c. 化学的組成と抵抗性

マイコプラズマの細胞質膜は，全菌体乾燥重量の約 35% を占め，そのうちタンパク質含量は 50〜60%，脂質は約 30〜40% を占めている．細胞質膜を構成する脂質は全菌体の脂質の大部分を占め，この中で最も重要なものはコレステロールである．マイコプラズマが細胞質膜に取り込めるコレステロールの基本構造は 3 β-OH 基と平板なステロール核を備えているものに限られる．ある種のマイコプラズマは酪酸のような短鎖脂肪酸によってコレステロールをエステル化することができる．その他の脂質としては，リン脂質，糖脂質，カロチノイドなどがあり，リン脂質は細胞質膜を構成する脂質の主成分である．リン脂質の種類はマイコプラズマの種類によって異なるが，ホスファチジルグリセロールまたはジホスファチジルグリセロールはすべてのマイコプラズマに共通してみられる．このほか，グリセロリン脂質とスフィンゴリン脂質が検出されており，これらは通常のバクテリアの細胞質膜にはほとんど見出せないものである．

Acholeplasmatales 目の中には酢酸塩からカロチノイド色素を合成する菌種が知られており，菌種の同定に使われることがある．

糖質については，菌種によって大きく異なり，0.1〜10% の広い幅をもって含まれており，抗原の成分となる．

核酸構成は一般のバクテリアと大差なく，ゲノム DNA およびリボソーム RNA（rRNA），メッセンジャー RNA（mRNA）のほか，微量の低分子 RNA などからなる．1 個の細胞に含まれるゲノム DNA は，*Mycoplasmatales* 目では約 1 fg で，*Acholeplasmatales* 目，*Anaeroplasmatales* 目，*Spiroplasmataceae* 科では約 2 fg である．

アデノシン三リン酸ホスファターゼ（ATPase）は細胞質膜の内側にあり，ブレブの近傍に位置する．ニコチンアミドアデニンジヌクレオチドホスファターゼ（NADHase）は *Mycoplasmatales* 目，*Spiroplasmataceae* 科では細胞質に存在するが，*Acholeplasmatales* 目では細胞質膜に存在している．ともに電子伝達系の酵素として機能している．

RNA ポリメラーゼは他のバクテリアのそれと異なり，リファンピシンに感受性がない．

マイコプラズマは物理的処理に対する抵抗性が全般に弱く，56℃ 30 秒以内に半減し，45℃ 15〜30 分で死滅する．凍結融解には比較的抵抗性がある．乾燥には安定であるので，菌株は培養液に保護剤を加えて乾燥させただけでも長期間にわたり保存できる．

d．生化学的性状

マイコプラズマは一般に代謝活性が低く，生理学的および生化学的性状のみによっては菌種を同定することはできず，いくつかの群に大別することしかできない．そのため，血清学的性状が菌種同定の基準となるが，いくつかの代謝活性は基本的な鑑別性状となる．すなわち，安定した生化学的性状としてはブドウ糖，アルギニン，尿素の分解があげられる．大部分の菌種はブドウ糖，アルギニンのうちいずれか一方を分解するが，菌種によっては，両方分解するもの，両方とも分解しないものなどがある．ブドウ糖の分解は，一般に解糖系（Embden–Meyerhof 経路：EM 経路）によっており，終末代謝産物は主として乳酸であるが，一部はピルビン酸，酢酸，アセトインなどになる．マイコプラズマは，多くが解糖系をもつが，クエン酸（tri-carboxylic acid：TCA）回路とチトクローム系を欠損している．アルギニンの加水分解はブドウ糖非発酵性のマイコプラズマにとって主要な ATP 供給源となる．尿素を加水分解するのは *Ureaplasma* 属のみであるが，これはエネルギーの産生を伴わない．このほかカロチノイド色素の合成の有無（*Acholeplasmatales* 目が疑われた場合に有用），フィルムおよびスポットの産生（図 4.3），タンパク質分解性，溶血性，血球吸着能（*M. pneumoniae, M. pulmonis, M. gallisepticum* などは陽性を示す）などがあげられる．

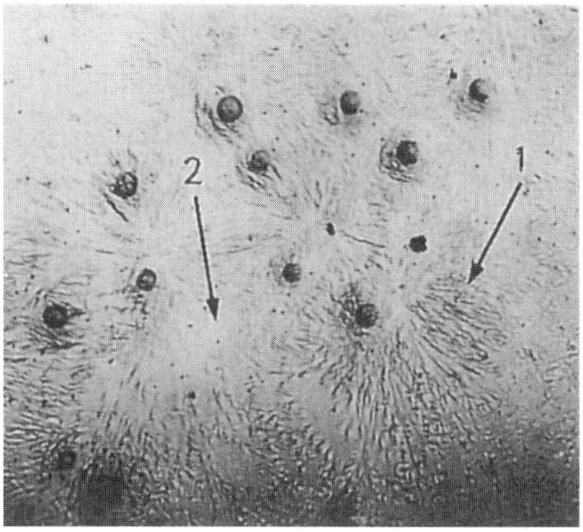

図 4.3　寒天培地上の *M. maculosum* の集落
集落の周囲にみられるしわ状の薄膜(1)はフィルム，小黒点(2)はスポットと呼ばれる．フィルムの本態はマイコプラズマが生産するホスホリパーゼが培地中の血清成分（リン脂質）と反応して生じたもので，スポットは脂肪酸塩から遊離したカルシウムとマグネシウムが沈着したものである．いずれも脂質の分解により産生される．

e．血清学的性状

前項でも述べたように，マイコプラズマの血清学的性状がその分類・同定に占める比重はきわめて大きい．細胞質膜を構成するタンパク質と脂質がマイコプラズマ抗原の免疫原性と反応性の主体をなしている.

菌種の同定に用いられる血清学的試験としては, 代謝阻止試験 (metabolism inhibition test), 発育阻止試験(growth inhibition test), 寒天平板上の集落を対象とする直接または間接蛍光抗体法(fluorescent antibody technique : FA 法) が広く用いられている. マイコプラズマ細胞質膜のタンパク質と脂質の両成分が前 2 者の反応に関与し, 糖脂質が FA 法の主役を演じる.

このほか, 酸素結合免疫吸着測定法 (enzyme-linked immunosorbent assay : ELISA 法), 直接または間接凝集反応, 補体結合反応(complement fixation : CF 反応), ゲル内沈降反応などがあげられるが, 後 2 者は細胞質膜のタンパク質, 脂質, 多糖を反応性抗原とするもので, 交差反応が強く出るため補助手段として用いられる. 先に述べた発育阻止試験は最も特異性が高いが, 高力価の免疫血清を必要とし, しかも菌種によって血清学的に不均一なものがあるので, 基準株を用いて作製した抗血清のみでは同定できない株もある. また, 血清学的試験においては, マイコプラズマの細胞質膜に吸着された培地成分が非特異反応の原因となる場合があるので, 注意を要する.

マイコプラズマの中には, 細胞質膜上の表面抗原を構成するリポタンパク質の種類や大きさが遺伝的支配により変化するものがあり, これは抗原の相変異として現れ, 集落形態の変化を伴うこともある.

f. 遺伝学的性状

マイコプラズマは, 自律的に複製する生物としては最小のゲノム DNA を有しており, これは進化の過程で不要な遺伝子を失ってきた結果とされている. したがって, マイコプラズマの遺伝子構成の全体像を把握することは, 自己増殖に必要な最少の遺伝子が何かという生物学の基本的命題の解明につながる. そのためゲノム DNA の一次構造を決定する作業が行われ, 全塩基配列が決定されるに至ったものもある. その結果, 次のようにマイコプラズマに特徴的な性状がいくつか明らかにされている.

マイコプラズマの遺伝暗号では, 一般の生物で停止コドンとして働く UGA がトリプトファンをコードするように変化している. 同様の変化はユーカリアの染色体外遺伝因子であるミトコンドリア DNA においても知られていたものの, 染色体遺伝子における遺伝暗号は全生物に共通であると考えられてきた. したがって, マイコプラズマのゲノム DNA におけるこの変化は, 遺伝暗号が必ずしも普遍的なものではなく, 生物進化の過程で変わりうることを意味する大きな発見であった.

マイコプラズマの rRNA オペロンはゲノム上に 1〜2 個しかなく, これは他のバクテリアに比べて少ない. 大腸菌 (*Escherichia coli*) では 7 個, *Bacillus subtilis* では 10 個の rRNA オペロンをもつことから, マイコプラズマは進化の過程で rRNA 遺伝子の個数を減らしてきたものと考えられる. また, 5S rRNA 分子は 104〜113 塩基からなり, これは他のバクテリアのそれよりも短い.

g. 病　原　性

マイコプラズマの多くは, ヒトおよび各種動物の呼吸器, 生殖器などの粘膜から分離される. また, 一部のものは, 眼結膜, 関節腔液, 乳汁, 脳脊髄, 化膿巣などから分離されている. しかし, マイコプラズマの病原性は一般に強くなく, 病気との関連が証明されているものは多くない. また, 人工培地での継代により病原性を速やかに消失する場合がある. しかも, 動物におけるマイコプラズマの病原学的な意義については不明の点が多く, 実験感染によっても該菌単独では発症させることが困難なものもある. したがって, 単独感染では不顕性感染となったり, あるいは軽度の症状しか現さないが, バクテリアあるいはウイルスと混合感染することによってはっきりした症状や病変がみられるものが多い. また, 不顕性感染動物が寒冷感作や飼養管理失宜などの不良環境に置かれると, 症状を現すことがある.

マイコプラズマ病 (mycoplasmosis) の共通点は,

① 比較的長い潜伏期をもち, 慢性経過をとる,

② 慢性の保菌動物から伝播し, 地域的な発生がみられる,

③ 感染力が強くない,

などである. マイコプラズマ病の伝播には, 感染動物と密に接する多数の感受性動物が必要であり, 現在の家畜や実験動物の飼育形態の多くは,

これらの疾病の蔓延には絶好の条件となっている．多頭羽飼育に伴う密飼は，空中浮遊粒子の濃度を高めて菌の伝播を促し，同時に環境中のアンモニアおよび二酸化炭素の濃度を高めるため，病勢の一層の悪化を招いている．

h. 感 染 と 免 疫

マイコプラズマは種（宿主）特異性が比較的強く，個体レベルではそれぞれの動物種に固有のマイコプラズマ菌種が感染する．マイコプラズマ感染を受けた個体には遅延型の皮内反応がみられ，リンパ球の芽球化やマクロファージ遊走阻止活性などがみられる．しかも，マイコプラズマ感染による炎症像は，遅延型アレルギーの病変に類似する．その病巣にみられる白血球は，主にリンパ球やプラズマ細胞である．たとえば，マイコプラズマ感染を受けたウシ，ヒツジ，ヤギ，あるいは，マウスやラットなどの肺にはこれらの細胞と巨細胞を主な構成要素とする肺炎がみられ，また，多くの動物種にみられるマイコプラズマ性関節炎も激しい単球浸潤を伴う．*Mycoplasma pneumoniae* によるヒトの原発性異型肺炎の病理組織所見も，リンパ球，単球，プラズマ細胞の浸潤を主としている．このように，マイコプラズマ感染では，宿主側の免疫応答が病変形成に重要な役割を果たす．

マイコプラズマ細胞質膜のリポタンパク質はマクロファージの Toll 様受容体（Toll-like receptor : TLR）により認識され，インターロイキン(IL)-18 などを介して，I 型ヘルパーT細胞（Th 1 細胞）サイトカインの産生を促し，細胞性免疫や炎症反応を亢進させる．また，細胞質内に強力なスーパー抗原をもち，T 細胞を刺激するものがある．このため，マイコプラズマ感染における宿主の免疫応答は複雑なものとなり，自己免疫病を思わせる病理所見を呈することが多い．

マイコプラズマ病に対するワクチンは，ウシの牛肺疫の生菌ワクチン，ニワトリの慢性呼吸器病，ブタのマイコプラズマ性肺炎などの死菌ワクチンが実用化されているが，ヒトの原発性異型肺炎のワクチンは，感染防御抗原の解析が困難なため遅れている．

i. 抗生物質・化学療法剤に対する感受性

ヒトおよび動物由来マイコプラズマの抗生物質に対する感受性は，菌種によって若干の差が認められる．テトラサイクリン系抗生物質は，古くからマイコプラズマ感染症の予防や治療に用いられているが，近年，耐性株の出現が知られており，必ずしも有効でない場合がある．マクロライド系抗生物質のうち，エリスロマイシン，オレアンドマイシンは，ヒト由来の *M. pneumoniae* に有効であるが，ブタ，イヌ，齧歯類のマイコプラズマに対して無効であることが多い．このほか，チアムリンは多くのマイコプラズマ菌種に対して有効のようである．DNA 合成阻害剤のニューキノロン系薬剤は強い抗マイコプラズマ活性を示すが，ウシでは関節炎などの副作用を起こすことがある．本薬剤を長期間投与すると，ヒトでは日光過敏症を起こす．また，本剤は細胞培養を汚染するマイコプラズマの除去剤として使われることもある．

一般のバクテリアの場合と同様に，種々の抗生物質に対する耐性菌が出現する．プラスミド性の耐性は知られていない．染色体性の耐性遺伝子の中にはトランスポゾンによるものもある．

j. 細胞培養への汚染

培養細胞は動物個体と異なり感染防御機構を欠き，また，種（宿主）特異性の障壁が除かれるため，さまざまな微生物による感染を受けやすい状況にある．通常のバクテリアや真菌による汚染は培養液の混濁によりそれとわかるが，マイコプラズマによる感染は細胞変性効果（cytopathic effect : CPE）を伴わないことが多いので，看過されやすい．細胞培養を汚染する代表的な菌種は，*M. fermentans*, *M. hyorhinis*, *M. orale*, *M. arginini*, *M. pirum*, *M. hominis*, *M. salivarium*, *Acholeplasma laidlawii* などである．

ブドウ糖分解性のマイコプラズマが汚染した場合は培養液の pH が急に低下し，培養細胞が退行性変化を示すこともあるので，発見されやすい．汚染検査は培養法，DNA 染色法，ポリメラーゼ連鎖反応（polymerase chain reaction : PCR）などで行われる．細胞培養に順化したマイコプラズマは人工培地では発育しないことがあるので，培養法による陰性の判定は慎重に行うべきである．汚染が判明した細胞培養は廃棄し，清浄な株を信頼の置ける機関から入手するか，あるいは凍結などにより保存してあるもとの細胞をもう一度培養し直す．代替が叶わない場合は，薬剤や特異抗体（菌種名が判明しているとき）などにより除染を行うことになるが，細胞内寄生性のマイコプラズマは薬剤や抗体の作用を免れるため，数代後に再び同じものが出現することがあるので，注意を要する．

5. 真　　　菌

5.1 真菌の特性と分類

a. 定義と関連生物群

真菌は，真核細胞からなる根・葉・茎の分化のない菌体(葉状体)を有し，光合成を営まない従属栄養生物群である．典型的には菌糸状(mycelial)か，少数は単細胞性の菌体を形成し，有性生殖および無性生殖により増殖するが，有性生殖能を欠くか不明のものもある(表5.1)．近年の分子系統学的解析により真菌の分類学上の位置がより明確にされてきた．本書では，哺乳動物，鳥類，魚類などの脊椎動物の病原体を対象とするので，真菌を中心にクロミスタ卵菌門，原生動物についても解

表 5.1 ユーカリア (domain Eucarya) の5分類

特性＼分類	真菌 (fungi)	クロミスタ卵菌門 (*Oomycota*)	原生動物 (protozoa)	動物 (animals)	植物 (plants)
栄養型	従属	独立	従属	従属	独立
細胞壁	キチン+β-グルカン	セルロース	−	−	セルロース＋多糖
ミトコンドリアのクリステ	扁平	管状	管状	扁平	扁平
鞭毛の小毛	−	管状	管状	−	−

表 5.2 真菌および関連生物群の分類と病原菌属 (マイコトキシン産生菌を含む)

(a) 子嚢菌門 (*Ascomycota*)：テレオモルフ名後の ( ) 内はその単属・複数属のアナモルフ名 (単・複数あり)．
酵母形真菌*：*Galactomyces* (*Geotrichum*) 属，*Issatchenkia*・*Kluyveromyces*・*Pichia* (*Candida*) 属
二形性真菌*：*Ajellomyces* (*Blastomyces*, *Emmonsia*, *Histoplasma*) 属，*Ophiostoma* (*Sporothrix*) 属，(*Coccidioides* 属 [所属？])
菌糸形真菌*：*Arthroderma* (*Chrysosporium*, *Epidermophyton*, *Microsporum*, *Trichophyton*) 属，*Ascosphaera* 属，*Claviceps* 属，*Diaporthe*, *Pleospora* (*Phoma*) 属，*Emericella*・*Eurotium*・*Neosartorya* (*Aspergillus*) 属，*Eupenicillium*・*Alaromyces* (*Penicillium*) 属，*Gibberella*・*Nectria* (*Fusarium*) 属，*Leptosphaerulina* (*Pithomyces*) 属，*Piedraia* 属，*Neumocystis* 属

(b) 担子菌門 (*Basidiomycota*)：diazonium blue B [赤変]，( ) 内はアナモルフ名．
酵母形真菌*：*Filobasidella* (*Cryptococcus*) 属，*Puccinia*・*Uredinopsis* (*Candida*) 属，(所属確認：*Malassezia* 属，*Trichosporon* 属)
菌糸形真菌*：*Amanita* 属，*Ceratobasidium*・*Thanatephorus* (*Rhizoctonia*) 属，*Clitocybe* 属，*Inocybe* 属

(c) 接合菌門 (*Zygomycota*)
菌糸形真菌*：*Absidia* 属，*Basidiobolus* 属，*Conidiobolus* 属，*Loboa* 属，*Mortierella* 属，*Mucor* 属，*Rhizomucor* 属，*Rhizopus* 属，*Saksenaea* 属

(d) ツボカビ門 (*Chytridiomycota*)
Batrachochytrium 属

(e) 不完全菌類 (*Deuteromycota*)：有糸分裂無性胞子形成菌群 (mitosporic fungi)
酵母形真菌*：*Candida* 属，*Cryptococcus* 属，*Malassezia* 属，*Trichosporon* 属
二形性真菌*：*Blastomyces* 属，*Coccidioides* 属，*Histoplasma* 属，*Paracoccidioides* 属，*Sporothrix* 属
菌糸形真菌*：*Acremonium* 属，*Aspergillus* 属，*Cladophialophora* 属，*Emmonsia* (*Chrysosporium*)* 属，*Epidermophyton* 属，*Exophiala* 属，*Fonsecaea* 属，*Fusarium* 属，*Geotrichum* 属，*Microsporum* 属，*Myrothecium* 属，*Neotyphodium* 属，*Penicillium* 属，*Phaeoacremonium* 属，*Pithomyces* 属，*Rhizoctonia* 属，*Sclerotium* 属，*Scolecobasidium* (*Ochroconis*)* 属，*Sporidesmium* 属，*Stachybotrys* 属，*Stenocapella* 属，*Trichophyton* 属，*Trichothecium* 属

(f) クロミスタ卵菌門 (*Oomycota*)
Achlya 属，*Aphanomyces* 属，*Atkinsiella* 属，*Branchiomyces* 属，*Haliphthoros* 属，*Lagenidium* 属，*Pythium* 属，*Saprolegnia* 属

(g) その他の類似生物
原生動物：*Dermocystidium* 属，*Ichthyophonus* 属，*Rhinosporidium* 属
緑藻植物門：*Prototheca* 属

*同属異名.

説する．

b. 特性と分類

“Ainsworth & Bisby's Dictionary of the Fungi” (Kirk *et al*., 2001) によれば，真菌界には有性胞子形成の4門（子嚢菌門・担子菌門・接合菌門・ツボカビ門）の約66,000種と不完全菌類（有糸分裂性（無性）胞子形成菌群）の約16,000種が記載されている．このうち動物病原体として重要なものは数十種にすぎない（表5.2）．

5.2 真菌の一般的性状

a. 基本構造

真菌細胞に共通な基本構造は，葉緑体を欠くが細胞壁を有し，核膜に包まれた細胞核を有することである（図5.1）．

1) 核

真菌類の核(nucleus)は，1細胞内に1～複数個，菌種によっては多数存在していて核膜や有糸分裂装置を備えている．DNAは，塩基性タンパク質（ヒストン）と結合して染色体（chromosome）に存在する．染色体は遺伝情報の保存と伝達に微小管系が関与し，有糸分裂を行う．染色体数や核あたりのDNA含量は，菌種により異なっている．たとえば，*Emericella*(*Aspergillus*) *nidulans* で $n=8$，*Saccharomyces cerevisiae* で $n=16$，*Candida albicans* で $n=8$ である(図5.2)．核内にはRNAを主成分とした核小体がある．多くの真菌の細胞分裂は核分裂と同調しないため，多核細胞を生ずる．分裂に要する時間は約10～20分である．子嚢菌門の核分裂では，核膜は消失しない．担子菌門では極部核孔に球状の中心体を形成し，接合菌門の紡錘極体は核膜内側に存在する．

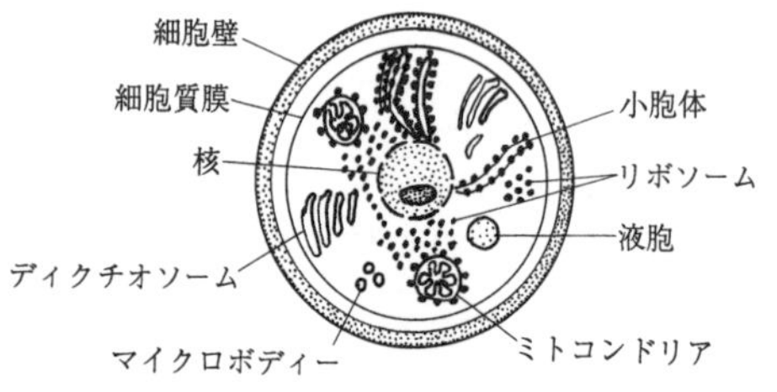

酵母形真菌

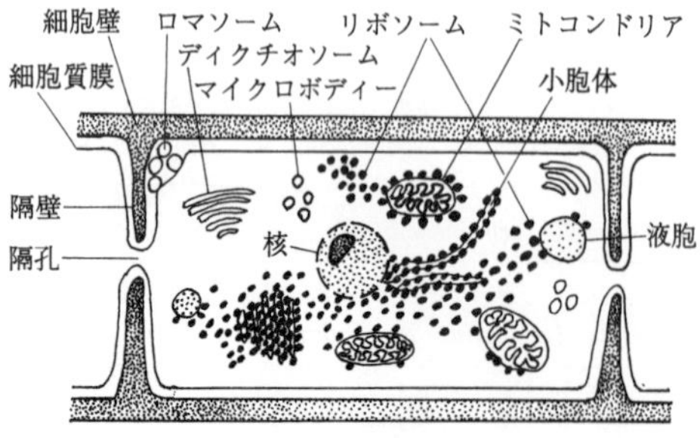

菌糸形真菌

図 5.1 真菌細胞の基本構造

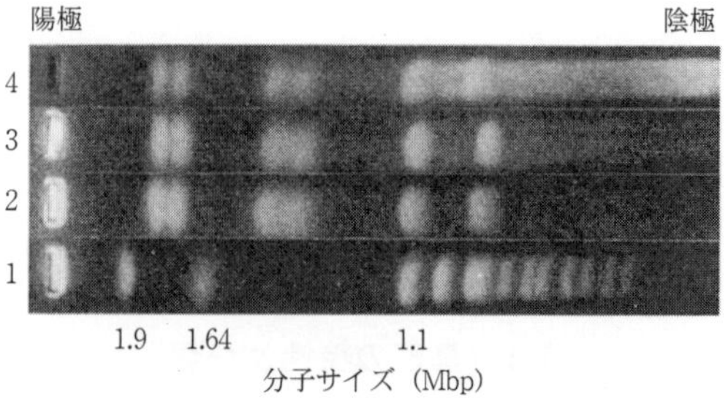

図 5.2 パルスフィールドゲル電気泳動法（pulsed-field gel electrophoresis：PFGE）による *Malassezia pachydermatis* の核型解析法
レーン1は分子量マーカー，2～4はイヌ由来の臨床分離株．

2) 細胞質と細胞質内小器官

細胞質には，以下の構造物を認めるが葉緑体を保有しない．

i) ミトコンドリア (mitochondria)　二重膜からなり，内膜はさらに内部にひだ状に陥入してクリステ（cristae）を形成する．真菌細胞のエネルギー産生はミトコンドリア依存性で好気的である．

ii) 小胞体 (endoplasmic reticulum)　二重膜構造の膜上にリボソームが付着して粗面小胞体として合成されたタンパク質を移送する．また，ディクチオソーム（dictyosome＝ゴルジ装置：Golgi's apparatus）が接合菌に認められる．

iii) マイクロボディー (microbody＝ペルオキシソーム：peroxisome)　カタラーゼなどの酸化酵素を保有している．

iv) リボソーム (ribosome)　真菌細胞のリボソームは，動物細胞と同様80S型で，サブユニットには60S型と40S型の2種が存在する．また，ミトコンドリアのリボソームは70S型で，機能的にも原核細胞のタンパク質合成系に類似している．

v） 空胞（液胞：vacuole） プロテアーゼ，リボヌクレアーゼなどの水解酵素による高分子の分解，エネルギー源，代謝物質および電解質の貯蔵部位などの役割が考えられている．

vi） その他の顆粒 ボルチン顆粒，タンパク質・脂質顆粒，グリコーゲン顆粒，カロチノイド色素，脂肪酸合成酵素複合体がある．

3） 細 胞 質 膜

細胞質膜（cytoplasmic membrane）は，タンパク質と脂質を主成分し，ステロールの主成分がエルゴステロールである点が特徴である．その機能は，能動輸送や透過性障壁および細胞壁合成である．また，細胞壁多糖の合成酵素や分解酵素を含有している．

4） 細 胞 壁

細胞壁（cell wall）は，細胞質膜の外側を囲む剛性の構造体で，物理的・化学的作用からの保護，固有形態の維持，浸透圧障壁としての機能がある．また，さまざまな過程を通してその形態をダイナミックに変化させる．細胞壁はキチン（chitin），β-グルカン，マンナンタンパク質などからなる．その構造は真菌の種類により異なり，多くの子嚢菌門や不完全菌類の外層は多糖が露出し，マンナンタンパク質，グルカンとキチン線維からなる．接合菌門ではキチン，キトサン（chitosan）が含まれ，グルカンをほとんど含んでいない．担子菌門では，グルカンとキチン線維からなる．多くの菌糸の細胞は隔壁（septum）で仕切られている．子嚢菌門や不完全菌類の典型的な隔壁には単純な隔孔（septal pore）があり，これを通して核や細胞質の細胞間移動が起こる．また，隔孔間にウォロニン小体（Woronin body）の存在する場合もある．担子菌門にのみ認められる樽形孔隔壁（dolipore septum）がある．中心小孔を隔壁中央端が肥厚した樽形を形成し，このまわりを二重膜が覆っている．この全体をパレンテソーム（parenthesome）と呼ぶ．接合菌門の栄養菌糸は一般に無隔性であるが，胞子形成時にできる隔壁には孔のない完全な仕切りとなる．細胞外に分泌された物質が真菌細胞を包んで存在するものがあり，*Cryptococcus* 属のヘテロ多糖からなる厚い莢膜などが代表的であり，特異抗原として血清学的検査法に使われている．

5） 鞭 毛

ツボカビ門の運動性細胞は，有鞭毛性で，鞭毛鞘に包まれた表面平滑な尾鞭毛（flagellum）を付ける．

b． 真菌要素の種類とその形成

真菌はその外形的構成が複雑で単細胞性のものから多細胞性構造のものまで一定の特徴があり，この形態的・機能的構成単位を真菌要素と呼ぶ．真菌要素は真菌体の栄養増殖および発育にかかわる栄養相の酵母形と菌糸形などがあり，生殖機能に関連する生殖相の有性胞子およびその子実体がある．

1） 酵 母 形

酵母（形）細胞（yeast cell）および酵母様真菌（yeast-like fungus）の栄養相で類球状，増殖は出芽（budding）によるため出芽型胞子（分生子）と呼ばれるが，分裂による場合もある．出芽に際して出芽痕（bud scar）を形成し出芽回数に応じて瘢痕を増す．多くの酵母は多極出芽（multipolar budding）であるが，*Malassezia* 属のように常に同一の位置で出芽する単極性（monopolar budding）のものがある．

2） 菌 糸 形

菌糸（hypha）は糸状の栄養体であって糸状菌（filamentous fungi）と呼ばれ，胞子が膨化した発芽管（germ tube）の先端発育によって伸長する．形態的には幅が一様で分岐するものを真正菌糸という．菌糸を等間隔に隔壁を生じる有隔菌糸と隔壁を形成しない多核細胞性の無隔菌糸とがあり，後者は接合菌門の特徴である．酵母類では娘細胞が母細胞から分離しない仮性菌糸（偽菌糸）を形成する．菌糸のうち栄養菌糸は，菌糸が基質中に侵入して栄養を取り込むもので，基層菌糸という．生殖菌糸は，空気中に伸長・発育し，呼吸および生殖に関与するものを気（中）菌糸という．一般に胞子の形成または着生を示す生殖菌糸を胞子柄（sporophore）と呼ぶが，一種の子実体である．*Absidia* 属や *Rhizopus* 属の空中を弓状にわたる走行枝を匍匐枝（ストロン）と呼び，この匍匐菌糸の基質付着部位から叢状根様に伸びて固着作用をもつものを仮根という．個々の菌糸が絡み合い，固い菌糸集団となったものは，菌糸体（mycelium）と呼ばれ，菌糸と同義語的に使用される．菌糸集塊が休止細胞として厚壁細胞の層で包まれて硬くなったものを菌核と呼ぶ．一般に菌糸が変形・変

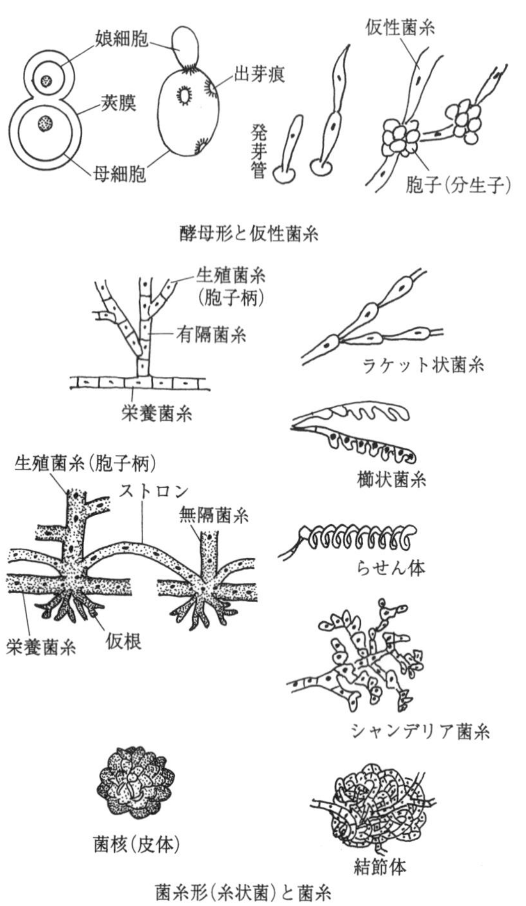

図 5.3　真菌要素（酵母形と菌糸形）

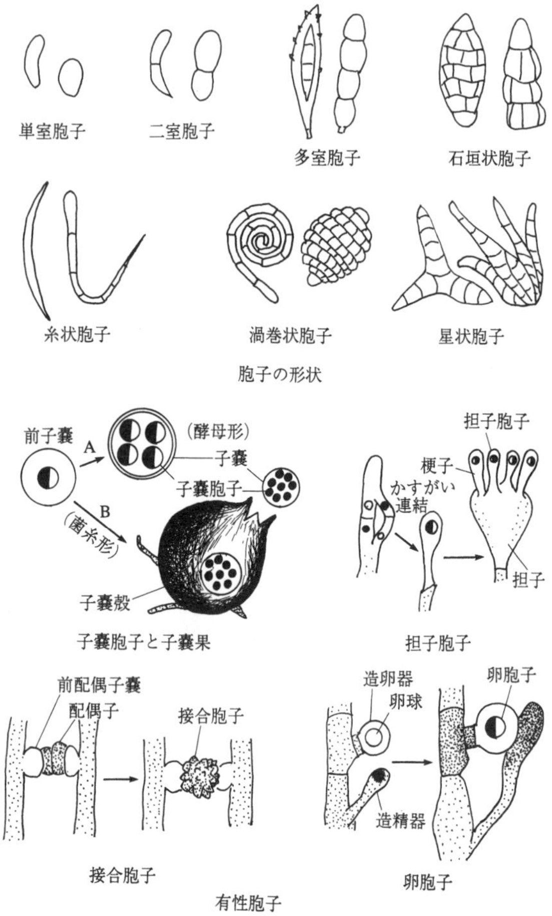

図 5.4　真菌要素（胞子形状と有性胞子）

質して細胞小器官化したものとして，ラケット状菌糸，櫛状菌糸，らせん体，シャンデリア菌糸，結節体などの菌糸形（mycelial form）が認められる（図 5.3）．

3)　有性胞子と胞子形成器官

i）有性胞子（sexual spore）　一般に減数分裂を伴い有性的に形成されるもので，雌（+）・雄（−）の配偶子または配偶子嚢などの受精・接合・合体によって核の融合を起こして接合子を形成した後，休眠胞子となったもので，3 タイプがある（図 5.4）．

① 子嚢胞子（ascospore）：　子嚢（ascus）に内生する胞子で子嚢菌門（*Ascomycota*）にみられ，酵母などのように子嚢果の形成がなく子嚢が裸生し，一倍体の雌雄細胞が接合し減数分裂後に 4 個の一倍体胞子を生ずる．菌糸形では，菌糸小枝が雄性の造精器と太くて雌性の造嚢器に分化して二倍体の接合子を形成し，減数分裂後に原則 8 個の一倍体胞子を子嚢内に形成する．菌糸が伸びて多数の子嚢を包囲したものを子嚢果（ascoma）と呼ぶ．

② 担子胞子（basidiospore）：　伸長する菌糸が交接して 2 核細胞となり，かすがい（クランプ）連結を形成して担子（basidium）に核を移行させる．隔壁の新生によって膨大化する担子に移った 2 核は融合後に分裂して 4 個となり，基本的には担子先端にできる 4 本の梗子（sterigma）の頂端に 1 個ずつ外生する．担子菌門（*Basidiomycota*）にみられる．

③ 接合胞子（zygospore）：　相接する 2 本の異性的菌糸から前配偶子嚢と呼ばれる小側枝を生じ，両者は伸長・接触後，膨大化して茎部に隔壁を生じて配偶子嚢を形成し，相互の合体によって核が融合して接合子を生じ，成熟後に 1 個の黒褐色厚膜性の休眠胞子となる．接合菌門（*Zygomycota*）の *Mucor* 属，*Absidia* 属，*Rhizopus* 属などに

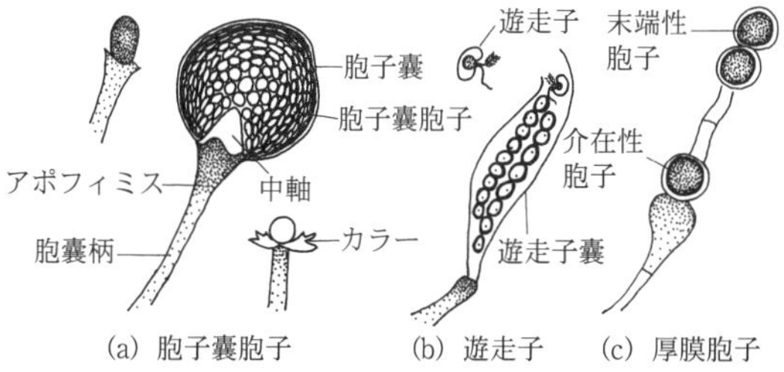

図 5.5 無性胞子の (a) 胞子嚢胞子,(b) 遊走子,(c) 厚膜胞子

みられる.

ii) 無性胞子 (asexual spore)　無性生殖によって形成される胞子である.

① 胞子嚢胞子 (sporangiospore):　胞子嚢柄先端が膨化,胞子嚢 (sporangium) を生じ,内部に無数の胞子嚢胞子を形成する.ほとんどの接合菌門にみられる (図 5.5(a)).

② 遊走子 (zoospore):　水生真菌の菌糸に隔壁を生じて膨化し,管状の遊走子嚢となり,鞭毛を 1~2 本有する遊走子を内生する.水生のツボカビ門にみられる (同図 (b)).

③ 厚膜胞子 (chlamydospore):　菌糸に隔壁を生じて細胞質を結集させ,さらに細胞の膨大化と壁が肥厚したもので,熱・化学薬品に対する抵抗性は,真菌細胞の中で最も高い (同図 (c)).

④ 分生子 (conidium):　非運動性の胞子でその形成法により分類され,不完全菌類の分類・同定に重要である (図 5.6).

・出芽型分生子 (blastoconidium) は,出芽により形成される.

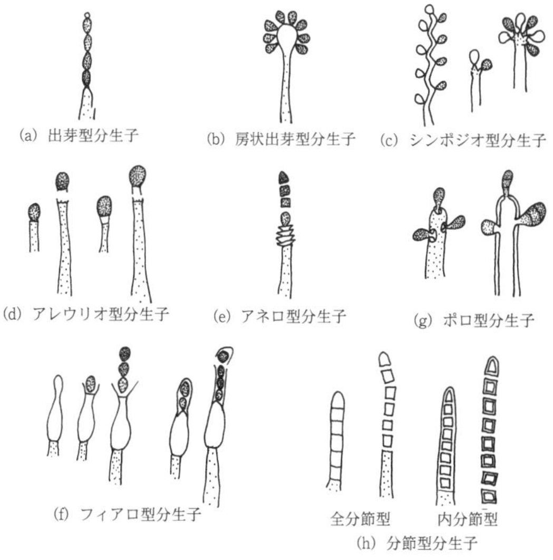

図 5.6 無性胞子の分生子

・房状出芽型分生子 (botryoblastoconidium) は,分生子柄先端膨大部周辺から出芽形成される.

・シンポジオ型分生子 (sympodioconidium) は,分生子柄がジグザグ状になる場合 (同図 (c) 左) と,分生子柄先端がコンペイトウ状を示すもの (同右) とがある.

・アレウリオ型分生子 (aleurioconidium) は,菌糸性の分生子でその細胞壁は比較的厚い.皮膚糸状菌群の大分生子 (macroconidia) や小分生子 (microconidia) などでは,分生子が直接分生子柄に着生するもの (同図 (d) 左) と,分生子と分生子柄との間に空細胞が形成されるもの (同右) があり,*Microsporum* 属,*Trichophyton* 属などにみられる.

・アネロ型分生子 (annelloconidium) は,アネリド (annellide) で新しい分生子を順次形成し,切断によって離すが環紋を残す.

・フィアロ型分生子 (phialoconidium) は,徳利状の胞子形成細胞であるフィアライド (phialide) 先端の開口部から吐出され,連鎖を示す.*Aspergillus* 属などにみられる (同図 (f) 左).先端開口のないものでは,壁の破裂で胞子を産出する (同右).

・ポロ型分生子 (poroconidium) は,分生子形成細胞の小孔を通して分生子が外生されるもので,分生子柄の頂端および側壁に形成される.

・分節型分生子 (arthroconidium) は,栄養菌糸または分生子柄に隔壁が生じ,断裂後に球状となり強い感染性を示す.全分節型分生子 (同図 (h) 左) と,内分節型分生子があり,後者の典型的な例は *Coccidioides* 属にみられる (同右).

c. 発育・増殖と生活環

1) 真菌の培養と交配試験

(1) 真菌の培養

真菌は好気性菌 (ほとんどの糸状菌),あるいは通性嫌気性菌 (多くの酵母) に属する従属栄養菌で,発育温度域は通常 20~35°C の中温菌である.炭素源・エネルギー源として糖質を利用する.培地はペプトンとブドウ糖からなるサブローデキストロース (グルコース) 寒天 (Sabouraud's dextrose glucose agar: SDA) 培地,ポテトデキストロース (potato dextrose) 寒天培地,麦芽エキス寒天培地などがある．細菌の増殖阻止のためシクロヘキシミド，クロラムフェニコールを添加することがある．25℃と37℃で培養する．培養期間は2週間（～1か月）を要する．酵母類の集落は細菌集落に類似し，糸状菌の集落は綿状・線毛状で，集落の表面は気中菌糸・胞子などで覆われている．長期間培養により巨大集落（giant colony）を形成する．酵母類は酵母形細胞（栄養相）の出芽または分裂によって増殖し，細菌細胞の増殖様相に類似するが，糸状菌類での菌糸形細胞数の増加は菌糸発育を意味し，その伸展発育は菌糸先端で起こる．

（2） 交配試験

有性胞子形成細胞において菌種によっては同一菌株の別々の菌糸細胞間あるいは親細胞と娘細胞（酵母）で性（＋・－）の分化が起こり，有性生殖を営むことのできるものがある．この性質をホモタリック雌雄同体（株）性という．一方，性分化が個体（株）別にみられて雌株・雄株が存在し，有性生殖はこれらの個体間においてのみ成立する．この性質をヘテロタリック雌雄異体（株）性という．交配試験（mating test）では同一培地上に雌雄株などを同時に培養し，有性胞子の形成を観察する．

2） 真菌の核相と生活環

（1） 核　相

真菌細胞の生殖細胞2個の接合・合体は，細胞質の融合と両細胞の核の融合を経て完成する．核相（nuclear phase）交代は染色体数により区分される．減数分裂によって一倍体（n）となったものを単相と呼ぶ．細胞質融合後に2個の核が和合性をもって独自に機能する状態を二核共存体（$n+n$）といい，この時期の核相を二核相という．単相の生殖細胞が核融合して二倍体（$2n$）を形成した場合の核相を複相という．

（2） 真菌の生活環

真菌類のような生物で核相交代，菌体細胞や生殖細胞の発生・成長などのように世代ごとに繰り返される経過を系列的にみる場合を生活環という．この生活環は真菌の分類群に特異的であって真菌類の遺伝的特徴として重要である．有性生殖による形態をテレオモルフ（teleomorph），無性時代の形態をアナモルフ（anamorph）と呼ぶ．テレオモルフとアナモルフを合わせた形態をホロモルフ（holomorph）という．

（3） 真菌毒（マイコトキシン）の産生

真菌の産生する毒素および毒性物質を総称して真菌性毒素といい，低分子物質である真菌毒（マイコトキシン：mycotoxin）のほか，高分子の菌体成分や代謝物などを含めて呼ぶ．生物に共通する基本的代謝を一次代謝というが，胞子形成期に一致して役割の不明な代謝機構が存在し，これを二次代謝という．一次代謝の中間代謝産物のピルビン酸，酢酸を中心に，アミノ酸，メバロン酸，オキサロ酢酸，脂肪酸などを出発点とする二次代謝産物であるマイコトキシンの生成経路には，アミノ酸誘導体など（アマニチン，エルゴタミン），酢酸-マロン酸経路により合成されるポリケタイド（アフラトキシン，ゼアラレノン），メバロン酸経路で合成されるテルペン（トリコテセン），オキサロ酢酸と脂肪酸の縮合によるノナドライド（ルブラトキシン）がある．

5.3　真菌感染症と診断

a．真菌感染症（真菌症）

真菌感染症（fungal infection）または真菌症（fungus disease, mycosis）は，真菌が動物組織ないし細胞内に侵入・増殖して感染・発症した場合をいう．主要な病原真菌としては，医学領域で約70菌種，獣医学領域での哺乳動物や鳥類を主体とする陸生動物で約80菌種，さらに魚介類など水生動物に特異な病原真菌約20菌種を数えるにすぎない．

1） 真菌の病原性

真菌の病原性は一般に弱く，その感染機序については不明な部分が多いが，哺乳動物や鳥類に対する病原真菌では35～42℃でも生育し，増殖可能であり，冷血動物に対する病原菌は20℃前後で発育する．ヒトおよび各種動物における主要真菌感染症については，その原因と病型を各論の表4.1にまとめて示してあるので参照されたい．真菌の病原性はウイルスや細菌の病原性解析ほどに明確な区分を提示しえないが，宿主生体への侵入性，生体での増殖性，宿主側貪食作用に対する真菌の抵抗性（抗貪食性），高分子毒素または低分子毒素（マイコトキシン）産生性，抗原性ないしは感作原性（アレルゲン性）などに区分される．特に各種基質分解酵素の産生はその真菌の生体への侵入性を促進し，真菌細胞は細菌類に比べて大型であり，強固な細胞壁，莢膜保有菌などが宿主側の貪食作用に強く抵抗し，容易に感染・発症へと進展することとなる．

2) 真菌感染と宿主抵抗性

真菌感染に対する宿主側の防御機構には，非特異的抵抗性と特異的抵抗性がある．前者には表皮，粘膜などの構造的障壁，リゾチーム，トランスフェリンやラクトフェリンの鉄キレート作用また抗真菌ペプチドであるデフェンシンなどの体液による抗菌作用があり，加えて正常細菌叢による抑制も認められる．一方，非特異的免疫（自然免疫）に重要な役割を担っている単球・マクロファージ，好中球，好酸球，樹状細胞（dendritic cell：DC）による貪食・殺菌作用がある．多形核白血球による殺菌メカニズムは，ミエロペルオキシダーゼ（MPO）依存性の過酸化水素（H_2O_2）とハロゲン化酸化物によるもの，スーパーオキシドアニオン（O_2^-），H_2O_2，水酸化ラジカル（・OH），一重項酸素（Δg^1O_2）によるもの，また塩基性ペプチドであるラクトフェリン，デフェンシンによるものが知られている．マクロファージは MPO を生成しないので，インターフェロン（interferon：IFN）-γ により活性化したものによるスーパーオキシドアニオンによる殺菌による．また，補体系の第 2 経路を活性化して C 3 成分を真菌表面に結合，オプソニン化して食細胞（ファゴサイト：phagocyte）による処理を受けやすくする．

従来，自然免疫は獲得免疫（適応免疫）とは別々の免疫系とされていたが，ショウジョウバエの真菌感染に関与する Toll 受容体（Toll receptor）の発見により，両者の関係はドラスティックに変貌した．哺乳動物の Toll 受容体ホモローグである Toll 様受容体（Toll-like receptor：TLR）は，ヒトで 11 種類が見出されている．これはパターン認識受容体（pattern recognition receptor）であり，病原体関連分子パターン（pathogen associated molecular patterns）を特異的に認識し，その細胞内ドメインは，インターロイキン（IL）-1 受容体と高い相同性がある．マクロファージ，DC は，TLR のロイシンに富む領域で真菌構成分子をパターン認識し，その情報が核にシグナル伝達され，それぞれの細胞から炎症性サイトカインが産生されて自然免疫系の活性化，さらに獲得免疫系の誘導という橋渡し機能を担っているきわめて重要な位置を占めている．真菌感染に関与する TLR は，十分に研究されていない．*Saccharomyces cerevisiae* の細胞壁成分チモザン（zymosan）が TLR 2/TLR 6 に認識され，*Candida* マンナンを TLR-4 が認識し，ケモカインを放出して感染防御に働く．一方，グルカンやホスホリポマンナンは，TLR-2 で認識され，抗炎症サイトカインである IL-10 を放出して感受性に誘導する．二形性真菌の *Candida albicans* や *Aspergillus fumigatus* の分生子を TLR-4 が認識して，IL-12 や IFN-γ を産生して感染防御に働くが，菌糸を認識しない．つまり，発芽の過程で TLR-2 が菌糸を認識して IL-10 を放出させることで宿主の防御から回避する応答とともにヘルパー T 細胞の Th 2（B 細胞系の活性化）プロファイルに誘導される．*Cryptococcus neoformans* のグルクロノキシロマンナンは，TLR-4 に認識される．TLR-2 による認識では Th 2 タイプ，TLR-4 では Th 1 タイプの免疫に働く．特異的免疫，すなわち獲得（適応）免疫は，前述の抗原提示細胞の TLR の認識機構とナイーブ T 細胞あるいは，メモリー T 細胞に抗原提示されてエフェクター T 細胞となり，ヘルパー T 細胞のサブセットのうち Th 1 細胞が細胞性免疫を担い，Th 2 細胞が IL-4, 5, 6 を産生して B リンパ球の抗体産生を促す．

3) 真菌症の分類

動物真菌症は，その成因・感染部位などによって，次のように分類される．

（1） 内因性真菌症

内因性真菌症（endogenous mycosis）は，生体に常在する真菌によって起こる感染症で，カンジダ症，マラセチア感染症などがこれに属する．自然防御能の全身的防御機能の低下，消炎剤や免疫抑制剤の投与などが関与している．抗細菌剤投与に伴う菌交代症としても発症する．

（2） 外因性真菌症

外因性真菌症（exogenous mycosis）は，原因真菌が健康生体に常在することなく外部から侵入するものであって，コクシジオイデス症，ブラストミセス症，アスペルギルス症，皮膚糸状菌症などがある．

(3) 日和見（自発性）**真菌感染**

日和見真菌感染症（opportunistic fungus infection）は，易感染性宿主のみ感染発症する．カンジダ症，アスペルギルス症，ムコール症などがある．

(4) 原発性真菌症と続発性真菌症

一般に強い病原性真菌は宿主側の非特異的感染防御能の強弱にかかわらず直接的に一次感染を起こす．これを原発性真菌症といい，コクシジオイデス症，ブラストミセス症，ヒストプラズマ症，パラコクシジオイデス症などがある．続発性真菌症は宿主の感染防御能低下を招くような基礎疾患や原発性感染に継続して起こるものであって日和見感染として発症する．また，病期的にみて末期に起こるものを終末真菌感染ともいう．ヒトおよび各種動物における呼吸器アスペルギルス感染やカンジダ症，ヒトにおけるHIV感染に伴うニューモシスチス肺炎などがある．

(5) 表在性真菌症と深在性真菌症

皮膚表皮層や毛・爪，粘膜上皮層のみを侵襲する感染を表在性真菌症といい，皮膚糸状菌症，スポロトリコーシス，皮膚および粘膜のカンジダ症などがある．深在性真菌症は深部臓器や組織などを侵し，症状は激烈であり体内伝播・蔓延して致命的転帰をとり，全身性真菌症の病型を呈するものが多い．コクシジオイデス症，ブラストミセス症，ヒストプラズマ症，クリプトコッカス症，ムコール症，アスペルギルス症，カンジダ症などがある．なお，皮下組織の感染を深部皮膚真菌症とも呼ぶ．

(6) その他

乳牛の真菌性乳房炎や真菌性流産が重要な問題となる．なお，*Chlorella* 属類似の *Prototheca* 属による感染症もある．また，魚類には真菌に属するもののみならずクロミスタ卵菌門，原生動物に分類されるものによる感染もある．

(7) 真菌中毒症（マイコトキシン中毒）

真菌（カビ）中毒症（mycotoxicosis）は，真菌の二次代謝産物であるマイコトキシンの摂取による疾患である．主な中毒症は，肝臓・腎臓障害性中毒，神経障害性中毒，造血器障害性中毒，光過敏症，過発情症候群などが知られている．

b. 診 断

真菌性疾患はその成因によって，真菌症（真菌感染症），真菌性アレルギー疾患，真菌（カビ）中毒症（マイコトキシン中毒症）に大別され，真菌症と真菌中毒症が重要である．

1) 真菌感染症の診断法

真菌症の診断では原因菌の分離・同定と組織内真菌要素の検出と確認が必須である．真菌の分離培養には25℃と37℃培養の併用が重要であり，分離菌株の巨大集落の観察やスライド培養による菌形態検査のほか，生化学的性状も検査される．真菌の検査法として直接検鏡法があり，感染被毛・皮膚落屑をはじめその他のすべての検体の検査では20% KOH液（10%グリセリンまたは40%にジメチルスルホキシド（DMSO）を添加すると，より保水・透徹に優れている），有莢膜真菌では墨汁法が応用され，その他の検体ではしばしばラクトフェノールコットンブルー（lactophenol cotton blue）封入液が使用される．組織内真菌は病理切片について真菌特殊染色法や蛍光抗体法（fluorescent antibody technique：FA法）の応用で確認される．真菌細胞は periodic acid-Schiff（PAS）染色で赤染し，グリドレイ（Gridley）染色で深紅～紫色，グロコット（Grocott）染色で黒～暗褐色に染まる．また，ファンギフローラYなどの非特異的蛍光色素で染色する方法もある．なお，皮膚アレルギー反応や血中の抗体・抗原価測定も真菌症の診断や病性・予後の判定に利用される．近年，遺伝子診断（DNA診断）法が分離真菌の菌種同定や組織内真菌の確認に応用されるようになった．

2) 真菌中毒症の診断

真菌中毒症（マイコトキシン中毒）は，飼料や食品中でトキシン生成性真菌種（有毒株）が発育・増殖し，二次代謝産物として生成したマイコトキシンを動物やヒトが摂食することに基因する．その診断に当たっては，原因真菌の検索とともに，マイコトキシンを証明する必要がある．検出法としては，薄層クロマトグラフィー（thin-layer chromatography：TLC）法，高速液体クロマトグラフィー（high performance liquid chromatography：HPLC）法などが応用されてきた．近年，酵素結合免疫吸着測定法（enzyme-linked immunosorbent assay：ELISA法）による検出法がほぼ確立され，アフラトキシン，T-2トキシン，デオキシニバレノール，オクラトキシン，ゼアラレノンなどについては迅速・簡易検出可能な検査キットが市販されている．日本では，アフラトキシンB_1のみ法規制があり，ヒト用全食品で<10 ppb，幼獣禽用および乳用牛用配合飼料で<10 ppb，成獣禽用配合飼料で<20 ppbとなっている．

5.4 抗　真　菌　剤

真菌は動物と同じ真核生物であるため，選択毒性の優れた抗真菌剤は少なく，しかも狭域性で比較的強い副作用を示すことが多い．

1） 細胞壁合成阻害剤

キチン合成阻害剤であるハロプロギン（haloprogin）は，皮膚糸状菌や*Candida*属に抗菌活性を示す．キャンディ系のaculeacin　Aやechinocandin　Bは酵母形真菌のβ-グルカン合成酵素反応を阻害する．

2） 細胞質膜傷害剤

ポリエン系抗生物質は，細胞質膜成分のエルゴステロールと特異的に結合して膜機能傷害を起こす薬物で，殺菌的に作用する．アムホテリシン（amphotericin）Bは*Histoplasma*属，*Cryptococcus*属，*Candida*属，*Sporothrix*属などに抗菌活性を示すが，腎障害や発熱を伴うことがある．ナイスタチン（nystatin）は*Candida*属，皮膚糸状菌に有効である．リン脂質に対するイミダゾール類はその不飽和アシル基を一次作用点とし，二次的に高分子物質の合成を阻害するもので，クロトリマゾール（clotrimazole），硝酸ミコナゾール（miconazole nitrate），硝酸エコナゾール（econazole nitrate）などは皮膚糸状菌や*Candida*属に強い抗菌性を示すが，経口投与で胃腸障害を起こすことがある．シクロピロクスオラミン（ciclopiroxolamine：N-ハイドロキシピリドン系）は細胞質膜構造に傷害を与えることなく，アデノシン三リン酸ホスファターゼ（ATPase）に直接作用して抗菌活性を示す．なお，キチン合成阻害剤やβ-グルカン合成阻害剤も細胞質膜傷害に伴い二次的にATPaseの機能破綻を起こす．

3） ステロール合成阻害剤

塩酸テルビナフィン（terbinafine：アリルアミン系）やトルナフタート（tolnaftate：チオカルバミン酸系）は，皮膚糸状菌や*Candida*属のスクアレンエポキシダーゼ反応を特異的に阻害する．アゾール系薬（イミダゾール：imidazole，フルコナゾール：fluconazole，イトラコナゾール：itraconazole）はエルゴステロール合成阻害とα-メチルステロールC-14脱メチル反応を阻害して抗菌活性を示すものとされ，内服可能である．

4） 電子伝達系阻害剤

シッカニン（siccanin）はコハク酸脱水酵素（コハク酸デヒドラターゼ）からユビキノンへの電子伝達を特異的に阻害し，ピロルニトリン（pyrrolnitrin）はコハク酸脱水酵素-ユビキノン系やニコチンアミドアデニンジヌクレオチド脱水素酵素（NADデヒドロゲナーゼ）-ユビキノン系の電子伝達を阻害する．シッカニンは皮膚糸状菌に，ピロルニトリンは皮膚糸状菌のほか，*Aspergillus*属，*Candida*属にも抗菌活性を示す．その他，ナナオマイシン（nanaomycin：キノン系抗生物質）は真菌の呼吸系を阻害して核酸やタンパク質の合成阻害を起こすもので，動物皮膚糸状菌症に有効である．

5） DNA合成阻害剤

バリオチン（variotin）はDNAポリメラーゼαの反応阻害剤で皮膚糸状菌に抗菌活性を示す．フルシトシン（flucytosine：5-fluorocytosine）はピリミジンの代謝拮抗物質でチミジル酸の合成を阻害するとともに，異常なRNAを合成し，コドンの読み誤りを起こす．*Candida*属，*Cryptococcus*属，黒色糸状菌などに静菌的作用を示し，内服可能である．

6） 微小管機能阻害剤

グリセオフルビン（griseofulvin）は，真菌の微小管系タンパク質に作用して有糸分裂を阻害する，内服可能な抗皮膚糸状菌剤である．

6. ウ イ ル ス

6.1 ウイルスの特性と構造

ウイルスは，19 世紀末に細菌濾過器を通過する病原体として発見されたが，人工培地に増殖せず，光学顕微鏡によっても確認できなかったため，その実体は不明であった．20 世紀に至り，均一な孔径のコロジオン膜が開発され，また，組織・細胞培養法が発達し，ウイルスの性状がしだいに明らかになった．その後，真空技術の進歩に支えられて出現した超遠心機や電子顕微鏡の利用により，ウイルスの特性と構造に関する知識が飛躍的に増大した．

現在では，次のような特徴に基づいて，ウイルスは他の微生物と区別されている．

① DNA か RNA のいずれか 1 種類の核酸を遺伝物質とし，これがタンパク質で包み込まれた感染性粒子である．

② エネルギー産生機構（アデノシン三リン酸（ATP）合成能）を欠くため，人工培地で増殖できない．

③ 宿主細胞のリボソームを利用してタンパク質の合成を行う．

④ 細菌やリケッチアにみられる 2 分裂様式では増殖しない．

⑤ 一般細菌，リケッチア，クラミジアにみられる細胞壁をもたない．

⑥ インターフェロン（interferon：IFN）により増殖が抑制されるが，抗生物質には抵抗性である．

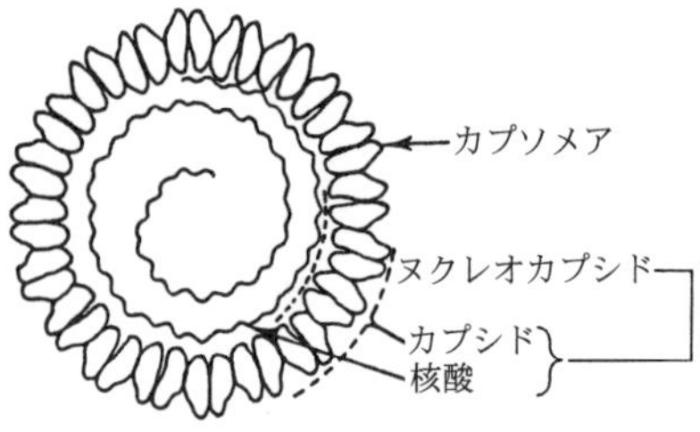

図 6.1 エンベロープをもたない立方対称カプシドからなるウイルス

すなわち，ウイルスとは，自己増殖に必要なすべての情報源としての核酸をもち，その遺伝情報に基づいてつくられたタンパク質その他からなる構築物であるが，生物としての基本である細胞構造を呈さない．したがって，ウイルスは，原核生物にも真核生物にも属さない．ウイルスは，細胞外では生理活性を欠く高分子物質であるが，これらの生物に感染し，増殖することができる．ウイルスの基本構造は核酸のコア（core）と，それを包むカプシド（capsid）と呼ばれるタンパク質の殻からなる．ウイルス核酸とカプシドをまとめてヌクレオカプシド（nucleocapsid）と呼ぶ．また，ウイルスによっては，カプシドの外側にエンベロープ（envelope）をもつ．そのほかに尾（tail）のような構造がみられるものがある．いずれのウイルスにおいても，形態的に完成した完全ウイルス粒子はビリオン（virion）と呼ばれる（図 6.1，6.2）．

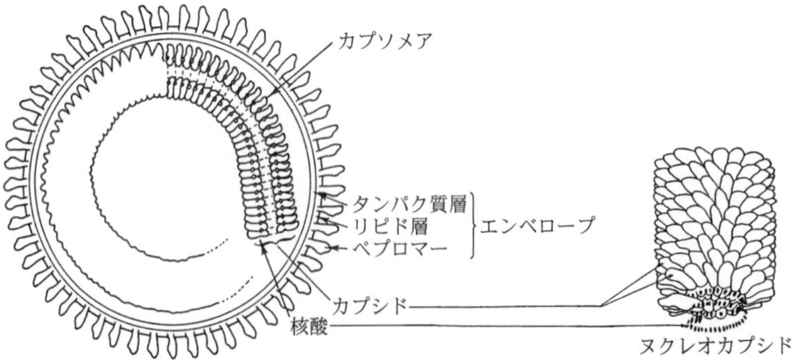

図 6.2 エンベロープに包まれたらせん対称ヌクレオカプシドからなるウイルス

a.　ビリオンの形態と大きさ

ウイルス粒子の大きさは，20～300 nm の範囲に及んでいる．これは，高分子セルロース膜を用いた限外濾過（ultrafiltration）から推定されていたものであるが，1930 年代に電子顕微鏡が完成してからは，ウイルス粒子の形と大きさがより正確に観察されるようになった．一般に，ウイルス粒子は種類により一定の大きさをもっているが，poxvirus のような大型のウイルスでは成熟ウイルス試料中に未成熟型が混在し，後者の方がかえってやや大きい．また，一部の parapoxvirus のように，成熟型でありながら形も大きさも全くまちまち（100～300 nm）で一定しないものもある．このような形や大きさの不整は，エンベロープをかぶったウイルス粒子に多くみられ，より正確に表現すればウイルス粒子は種類によりほぼ一定の形をもつというべきであろう（表 6.1）．

ウイルス粒子の形には，多くのバクテリオファージ（bacteriophage）のように「尾」をもつもの，一部の植物ウイルスや昆虫ウイルスのように桿状のもの，多くの動植物ウイルスのように球形のものなどがある．また，poxvirus ではレンガ形，paramyxovirus のうち *Sendai virus* や *Mumps virus* では球形，ドーナツ形，線維状など，多形性である．

b.　カプシドの形態と対称性

一般にウイルス粒子の形態として，電子顕微鏡によるネガティブ染色で観察されるものはカプシドである．カプシドはその構成単位であるカプソメア（capsomere, capsomer）が規則的・対称的に配列した集合体であり，その対称性から，立方対称（cubic　symmetry）あるいはらせん対称（helical symmetry）に区別される場合が多い．このほか，poxvirus や retrovirus ではカプシドの対称性が複雑なため，複合型と呼ばれる．

立方対称のカプシドでは，カプソメアが規則的に配列し，ほぼ正二十面体（icosahedron）を呈することが，電子顕微鏡観察によっても確認されている（図 6.3）．

らせん対称のカプシドでは，核酸とタンパク質の構成単位からなるヌクレオカプシドが１つの回

表 6.1　主な動物ウイルス粒子の形態

ウイルス科	核酸	粒子の大きさ（nm）	エンベロープ	カプシドの対称性
Poxviridae	dsDNA	220～450×140～260×140～260	有	複合型
Asfarviridae	dsDNA	175～215	有	立方対称
Herpesviridae	dsDNA	120～200	有	立方対称
Adenoviridae	dsDNA	80～110	無	立方対称
Polyomaviridae	dsDNA	40～45	無	立方対称
Papillomaviridae	dsDNA	55	無	立方対称
Circoviridae	ssDNA	17～22	無	立方対称
Parvoviridae	ssDNA	18～26	無	立方対称
Hepadnaviridae	dsDNA	40～48	有	立方対称
Retroviridae	ssRNA	80～100	有	複合型
Reoviridae	dsRNA	60～80	無	立方対称
Birnaviridae	dsRNA	60	無	立方対称
Paramyxoviridae	ssRNA	150 以上	有	らせん対称
Rhabdoviridae	ssRNA	100～430×45～100	有	らせん対称
Bornaviridae	ssRNA	約 100	有	
Filoviridae	ssRNA	約 1,000	有	らせん対称
Orthomyxoviridae	ssRNA	80～120	有	らせん対称
Bunyaviridae	ssRNA	80～120	有	らせん対称
Arenaviridae	ssRNA	50～300	有	らせん対称
Picornaviridae	ssRNA	約 30	無	立方対称
Caliciviridae	ssRNA	30～38	無	立方対称
Astroviridae	ssRNA	28～30	無	立方対称
Coronaviridae	ssRNA	120～160	有	らせん対称
Arteriviridae	ssRNA	60	有	立方対称
Flaviviridae	ssRNA	40～60	有	立方対称
Togaviridae	ssRNA	70	有	立方対称

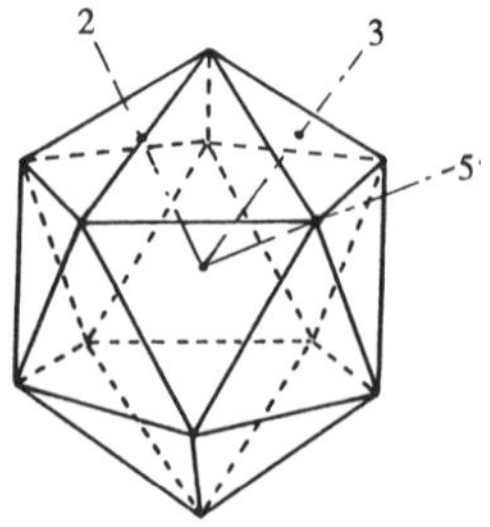

図 6.3　正二十面体ウイルス粒子の対称性
正二十面体は，立方晶系（isometric system）に属するプラトン体（platonic solids）の一つで，12 個の頂点，20 個の正三角形の面，30 個の辺（稜）をもち，いずれの頂点，面，辺に中心を置いても，それぞれ 72°，120°，180° の角度で，5 回，3 回，2 回回転させるともとの形と同形になることから，5：3：2 の回転対称軸をもつといわれる．

転対称軸を中心にらせん状に配列したもので，電顕観察によって線維状もしくは桿状の形態をとる．

カプシドは内部のウイルス核酸を保護し，宿主細胞表面の受容体との親和性により宿主域を決め，また，ウイルスの抗原性を発揮するなどの役目を担っている．

c．カプソメアとコアの微細構造

正二十面体ウイルスでは，頂点（5 回転対称軸）のカプソメアはペンタマー(pentamer)，それ以外のカプソメアはヘクサマー（hexamer）と呼ばれる．adenovirus では，ペンタマーはペントン(penton)，ヘクサマーはヘクソン(hexon)と呼ばれ，電顕観察によりそれぞれ中空の五角柱と六角柱を呈する．

核酸からなるコアの構造については，一部の植物および昆虫ウイルスでは，コアの表面にタンパク質の膜をもつが，動物ウイルスではコアの内部における核酸はタンパク質と結合して核タンパク質（nucleoprotein）を形成すると考えられる．

d．エンベロープの形成と構造

エンベロープは，でき上がったヌクレオカプシドが宿主細胞の成分から得た外被である．すなわち，核内で組み立てられるウイルスは核膜を通って細胞質に出る際に核膜の一部を，細胞質内で組み立てられるウイルスは細胞外へ放出される際に細胞質内膜（intracytoplasmic membrane）または細胞表面膜(cell surface membrane)の一部を，そのウイルスに特異な変化を与えた後に獲得してエンベロープとする．これを出芽(budding)と呼び，したがってエンベロープは，宿主細胞由来の成分とウイルス固有の成分の両方からなる．

化学的には主としてリポタンパク質で，一般にタンパク質成分はウイルス特異的で，脂質および炭水化物は宿主細胞の膜の性質を示す．

構造的には内側から順にタンパク質層，脂質層があり，その外側に突起(ペプロマー(peplomer)またはスパイク(spike)，projetion などと呼ばれる）が多数みられる．エンベロープを構成するタンパク質層は，膜タンパク質(membrane protein)とも呼ばれ，型特異抗原として働くことが多い．脂質層は細胞膜同様の二重層（bilayer）を基本としている．また，突起は 1 種または 2 種の形態的，化学的に異なる構成単位からなり，たとえばorthomyxovirus では，一つが血球凝集素（hemagglutinin），もう一つがノイラミニダーゼ（neuraminidase）である．一般に突起の成分は糖タンパク質である．

e．ウイルス粒子の化学的組成

動物ウイルスの化学組成は一定しないが，どのウイルスも核酸とタンパク質は必ず保有し，最も小型の単純なウイルスはこの 2 つのみからできている．しかし大型のウイルス粒子ではその化学組成も複雑で，脂質や炭水化物を含むものがある．また同じウイルスでも，変異株（変異体）との間で粒子の化学組成が異なる場合があり，これは核酸とタンパク質の含量比が両者で異なるためとされている．

1）ウイルスの核酸

ウイルス粒子は DNA か RNA のいずれか一方の核酸のみをもつが，ウイルス粒子の大きさと含まれる核酸の種類には，一定の通則がない．

ウイルスは種類によって 1 本鎖(single-stranded：ss) あるいは 2 本鎖 (double-stranded：ds) の核酸を，ゲノムとしてもつ．また，ウイルス核酸は種類によって線状あるいは環状を呈する．1 本鎖 RNA（ssRNA）をゲノムとする動物ウイルスの種類は多いが，これをさらに RNA の機能によって，プラス鎖 RNA ウイルスとマイナス鎖 RNA ウイルスとに分けることができる．プラス鎖 RNA は単独でメッセンジャー RNA(mRNA)

としての機能をもつ．マイナス鎖RNAはmRNAに相補的な塩基配列からなり，mRNAを合成するための鋳型としての役割を担う．マイナス鎖RNAウイルスのゲノムには，分節状（segmented）のものと非分節状（non-segmented）のものがある．非分節状マイナス鎖ssRNAウイルスは*Mononegativirales*目としてまとめられている．2本鎖RNA(dsRNA)ウイルスのゲノムはすべて分節状である．

近縁関係にあるウイルスや，同じウイルスの変異株間では，そのゲノムの塩基配列の相同性が高い．しかし，異なるウイルス科ではその核酸の塩基配列は全く異なっている．

2) ウイルス粒子中の酵素

一般にウイルス粒子は，呼吸，解糖その他の酵素を欠いているが，ある種のウイルスは，宿主細胞膜を破壊するためにノイラミニダーゼを，また増殖に関与する核酸合成酵素をもつ．

たとえば，マイナス鎖RNAウイルスではRNA依存RNAポリメラーゼが粒子内のヌクレオカプシドに含まれ，dsRNAウイルスではdsRNAポリメラーゼがコアに含まれている．これは，動物細胞内にはマイナス鎖および2本鎖のRNAが存在しないので，宿主細胞がこれらのRNAを鋳型にしてプラス鎖RNA(mRNA)を合成する酵素をもたないためである．また，ウイルスの種類によっては，増殖の過程でRNAを基質にしてDNA合成を行うものがあり，それらのウイルスは逆転写酵素をもつ（表6.2）．

3) ウイルス粒子中の核酸とタンパク質の機能

ウイルスはそれ自体ではエネルギー産生系や，その他の代謝活性をもたず，しかもある種のウイルスでは適当な条件下で結晶化するものもあって，あたかも無生物のような様相を呈する．しかし，ウイルスには生物的な自己増殖能力が備わっており，それにはいずれのウイルスにも必ず含まれる核酸とタンパク質が関係している．

この点は，バクテリオファージや植物ウイルスにおける研究で明らかにされた．特に前者では細菌に感染させたとき，タンパク質の大部分は細菌細胞の外にそのまま残り，核酸と少量のタンパク質のみが細菌内に侵入して増殖することから，核酸がウイルス増殖に重要な役割を果たすことが判明した．

また，動物ウイルスでも，抽出された核酸のみで細胞に感染が成立するものがあることが知られる．ウイルス粒子から抽出した裸の核酸が，そのウイルスの増殖に必要な遺伝情報をもち，感受性のある細胞に取り込まれると感染が成立する．一般に，プラス鎖RNAウイルスおよび環状dsDNAウイルスの核酸は単独で感染性がある．ただし，逆転写型のプラス鎖RNAウイルスには感染性がない．マイナス鎖RNAウイルスの核酸は単独では感染性を欠くが，RNAポリメラーゼとともに細胞内に入れば感染が成立する．

しかも，完全ウイルス粒子（ビリオン）の感染性は核酸分解酵素により不活化しないが，抽出された核酸の感染性は核酸分解酵素処理によって速

表 6.2 ウイルス粒子に含まれる主な酵素

酵素	ウイルス科	存在部位
DNA依存RNAポリメラーゼ	*Poxviridae*	コア
RNA依存RNAポリメラーゼ	*Paramyxoviridae*	ヌクレオカプシド
	Rhabdoviridae	ヌクレオカプシド
	Orthomyxoviridae	ヌクレオカプシド
dsRNAポリメラーゼ	*Reoviridae*	コア
DNAポリメラーゼ	*Hepadnaviridae*	コア
逆転写酵素	*Hepadnaviridae*	コア
	Retroviridae	コア
DNA分解酵素	*Poxviridae*	コア
	Retroviridae	コア
インテグラーゼ	*Retroviridae*	コア
ヌクレオチド三リン酸ホスホヒドラーゼ	*Poxviridae*	コア
タンパク質キナーゼ	*Poxviridae*	コア
	Herpesviridae	コア
ノイラミニダーゼ	*Paramyxoviridae*	エンベロープ
	Orthomyxoviridae	エンベロープ

やかに消失するところから，核酸は感染物質の本態（つまり複製，増殖の本態）で，完全ウイルス粒子ではその外殻をなすタンパク質や脂質が，核酸を核酸分解酵素から保護する役割を果たしていることが明らかにされた．さらに，遊離状態のウイルスの核酸では，その感染する宿主域が完全ウイルス粒子よりも広く，ウイルスの宿主域の決定には核酸以外の物質，おそらくタンパク質がその任に当たるものとされる．換言すれば，タンパク質による宿主域の選択は，ウイルスの宿主細胞への吸着，細胞内への侵入，侵入粒子が細胞内へ粒子内核酸を放出する段階のうち，いずれかで行われるものであろう．

6.2 ウイルスの増殖

ウイルスが細胞に感染し増殖する過程は，次のようにまとめることができる．

① 細胞へのウイルスの吸着．

② 細胞内への侵入と脱殻．

③ 細胞内の増殖部位への移行．

④ ウイルス mRNA の合成．

⑤ ウイルスゲノムの複製とウイルスタンパク質の合成．

⑥ ウイルス粒子の組み立てと放出．

ファージとの違いには，ウイルス粒子がほぼ形を保って細胞内に侵入すること，DNA ウイルスのほとんどは核内で，RNA ウイルスのほとんどは細胞質内で増殖することなどがある．

すべての培養細胞が感染するような濃度のウイルスを接種して，細胞内および培養液中のウイルス量を経時的に測定し，増殖過程を示したものを，一段増殖曲線（one-step growth curve）という（図 6.4）．

ウイルス接種後に，感染細胞内に成熟ウイルスが検出できない時期を暗黒期（eclipse period）といい，ウイルスが細胞外に放出されるまでの期間を潜伏期（latent period）という．暗黒期にはウイルスタンパク質や核酸の合成が行われている．ウイルス増殖の 1 回のサイクルはウイルスにより異なり，たとえば picornavirus では 68 時間であり，herpesvirus では 40 時間を要する．

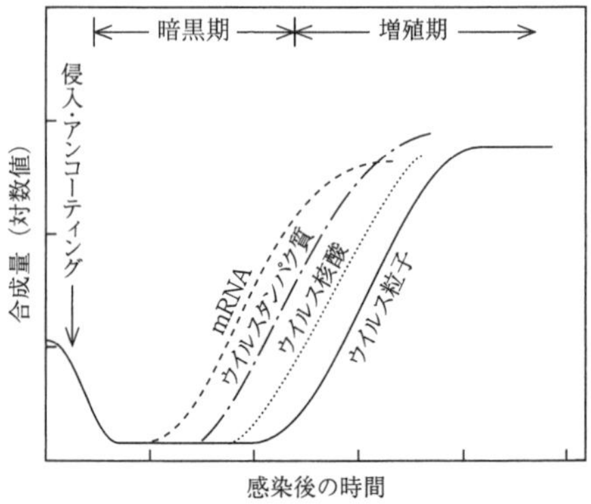

図 6.4 ウイルスの増殖過程を示す一段増殖曲線

a. 細胞への吸着

ウイルスは，まず細胞表面のウイルス受容体に吸着する．この結合はウイルスと受容体との特異的結合であり，たとえば herpes simplex virus（単純ヘルペスウイルス）は heparan sulfate を，human immunodeficiency virus（HIV）はヘルパー T 細胞（Th 細胞）上の CD 4 抗原とケモカイン受容体を，influenza virus はシアル酸を含む糖タンパク質を特異的に認識し，結合する．ウイルスは受容体のない細胞には吸着することができず，したがって，その後の侵入および増殖も起こらない．ウイルスの生体内での増殖部位は，そこに存在する細胞のウイルスに対する受容体の有無により大きく左右される．細胞 1 個あたりの受容体の数は，10^4～10^5 程度といわれている．

b. 侵入と脱殻

ウイルスが細胞内へ侵入する過程は，

① ウイルス粒子が細胞膜のミセル構造の乱れによって通過する，

② 細胞のエンドサイトーシス（endocytosis）によりウイルス粒子のままエンドソーム（endosome）に取り込まれ，膜融合によりヌクレオカプシドが放出される，

③ 細胞膜とウイルスのエンベロープとの膜融合により，ヌクレオカプシドが細胞内に放出される，

などの機構が考えられる．

エンベロープのないウイルスは①あるいは②，paramyxovirus や herpesvirus などは③の機構により侵入する．なお，エンベロープと細胞膜との融合には，エンベロープ上のウイルス融合タンパ

ク質が関与する.

細胞内へのウイルスの侵入時，あるいは侵入後にエンベロープやカプシドが壊れ，ヌクレオカプシドからウイルス核酸が遊離し，遺伝情報を発現できる状態になることを，ウイルスの脱殻という．この過程はウイルスにより異なり，不明な点も多いが，ウイルスの侵入と同時に起こるものから，細胞内のタンパク質分解酵素あるいはウイルス感染後にウイルスの遺伝情報でつくられた遺伝子産物を利用するものなどがある．

c. 核酸とタンパク質の合成

ウイルスゲノムの複製と，ウイルスタンパク質の合成過程には，ssDNA，dsDNA，プラス鎖ssRNA，マイナス鎖ssRNA，dsRNA，retrovirusなどにより，それぞれ異なる機構をもつ．

1) DNAウイルスの増殖

poxvirusは細胞質内で増殖するが，ほかのウイルスは脱殻後，核に移行し，核内でウイルスの増殖を行う．

ssDNAウイルスは，複製型DNAを経て，ssDNAが子孫ウイルスに取り込まれる（図6.5）．dsDNAウイルスでは，少なくとも2段階のmRNAの転写と翻訳が行われる（図6.6）．初期には脱殻された親ウイルスのゲノムの一部が転写の鋳型として働く．したがって，親ウイルスの限られた遺伝子から転写されるmRNAは，初期mRNAといわれている．一方，DNA複製後につくられるmRNAを，後期mRNAという．これらの転写は，細胞内に存在するRNAポリメラーゼによって行われる．初期mRNAおよび後期mRNAが細胞質に移行し，合成されたタンパク質を，それぞれ

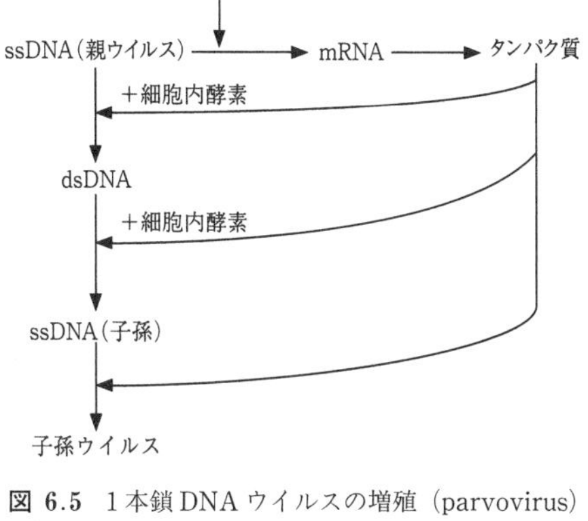

図 6.5 1本鎖DNAウイルスの増殖（parvovirus）

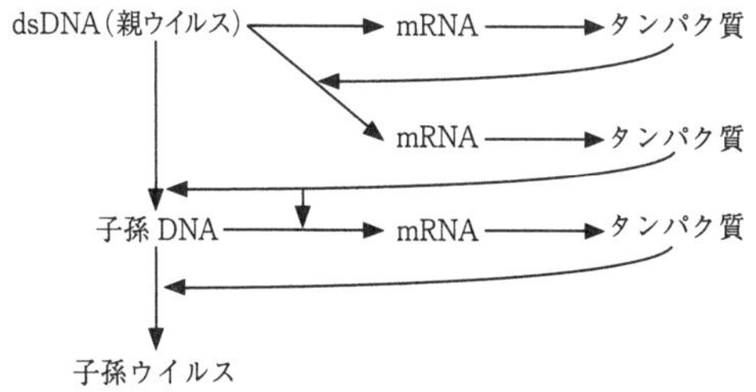

図 6.6 2本鎖DNAウイルスの増殖（herpesvirus）

初期タンパク質および後期タンパク質という．

初期タンパク質には，後期mRNAの転写に関与する因子，ウイルスDNAの複製に関与する酵素，あるいは細胞の代謝活性を変化させる因子などが含まれ，ウイルス粒子の形成に直接関与しない非構造タンパク質が多い．一方，後期タンパク質にはウイルス構造タンパク質が多い．

細胞質で合成されたウイルスタンパク質は核へ移行し，ウイルスDNAを取り囲み，カプシドを形成した後，細胞質に移行し，空胞から放出される．この際，エンベロープをもつウイルスはエンベロープをかぶって感染性のある完全粒子（ビリオン）となる．

ウイルスDNAの複製にはDNAポリメラーゼなど多くの酵素が関与するが，それらの多くは宿主細胞に依存する．

Vaccinia virus やherpes simplex virusなどでは，増殖中の細胞にウイルスが感染すると，細胞のDNA，RNA，タンパク質などの合成が抑制されることが多い．

2) RNAウイルスの増殖

宿主細胞にはRNAを鋳型としてRNAを合成するためのRNAポリメラーゼが存在しないため，RNAウイルスはこの酵素をもつという特徴がある．ssRNAには，脱殻後，ゲノムRNAがそのままmRNAとなるプラス鎖ssRNAウイルスと，ゲノムRNAの転写産物がmRNAとなるマイナス鎖ssRNAウイルスとがある．

i） プラス鎖ssRNAウイルス 脱殻した後，ウイルスゲノムはそのままmRNAとしてリボソーム上で翻訳される．一般に，翻訳は5′端の開始点から3′端まで連続して起こり，1本のポリペプチドが合成される．その後，タンパク質分解酵素により特定の部位で切断され，一部はその後のRNAの転写および複製に関与し，ほかは子孫

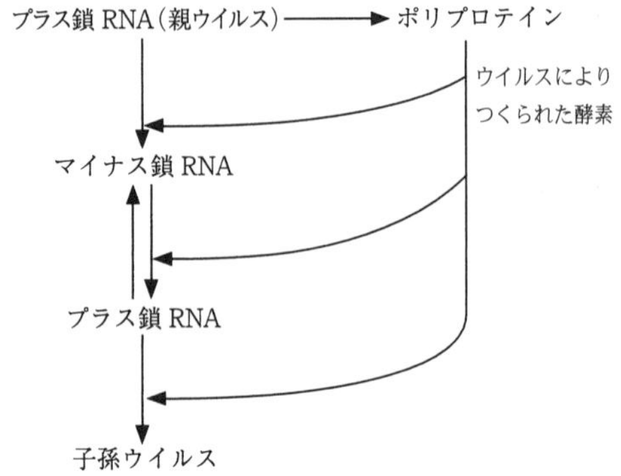

(a) picornavirus, flavivirus, pestivirus

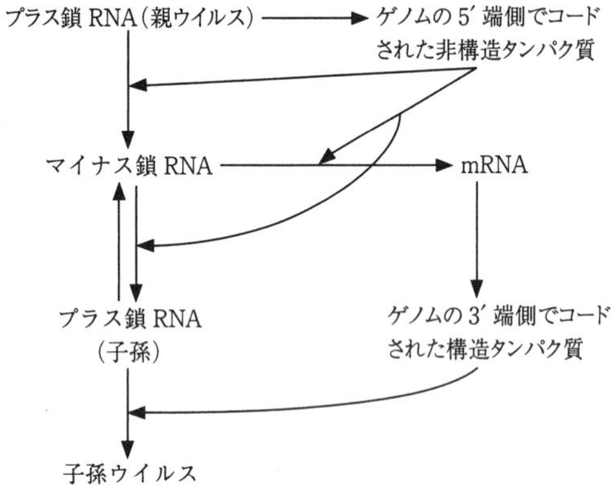

(b) togavirus, coronavirus, calicivirus

図 6.7　プラス鎖 RNA ウイルスの増殖

ウイルスの構造タンパク質となる（図 6.7）.

ii）マイナス鎖 ssRNA ウイルス　マイナス鎖の RNA ゲノムをもつウイルスは，ヌクレオチドのままウイルス粒子中に存在する RNA ポリメラーゼにより，ゲノムに相補的なプラス鎖の mRNA に転写される．この際，mRNA の 5′ 端にはキャップ（cap：catabolite gene activator protein）構造，3′ 端にはポリ A が付加され，ウイルスタンパク質の合成が行われる（図 6.8）.

iii）分節 ssRNA ウイルス　influenza virus のゲノムは，マイナス鎖 RNA で 8 本の分節に分かれている．その分節ごとに RNA ポリメラーゼが存在するため，mRNA への転写は分節単位で行われ，タンパク質の合成も分節単位で行われる（図 6.9）.

iv）分節 dsRNA ウイルス　reovirus のゲノムは dsRNA で，10～12 本の分節からなり，各分節がシストロンに相当する．脱殻した後，マイナス鎖からプラス鎖 RNA へ転写され，mRNA および子孫ウイルス RNA の鋳型となり，さらにマイナス鎖 RNA が合成され，2 本鎖となる（図 6.10）.

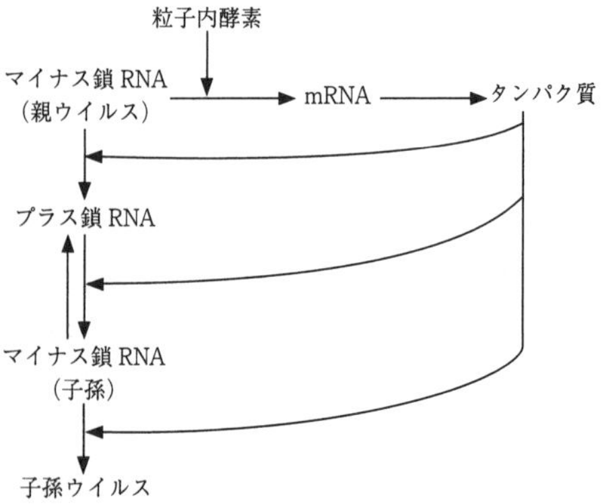

図 6.8　マイナス鎖 RNA ウイルスの増殖（paramyxovirus, rhabdovirus, filovirus）

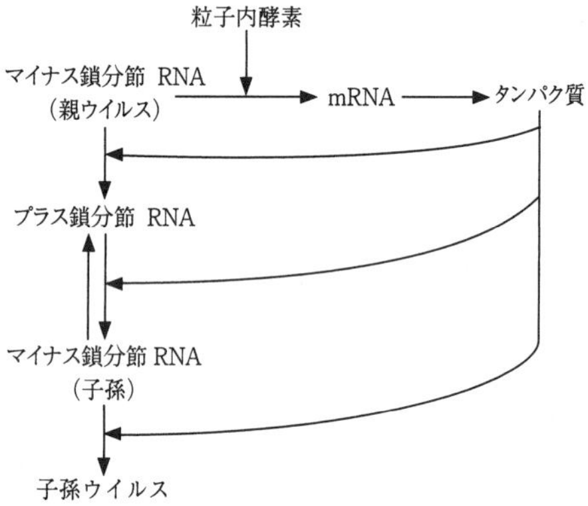

図 6.9　マイナス鎖分節 RNA ウイルスの増殖（orthomyxovirus, bunyavirus）

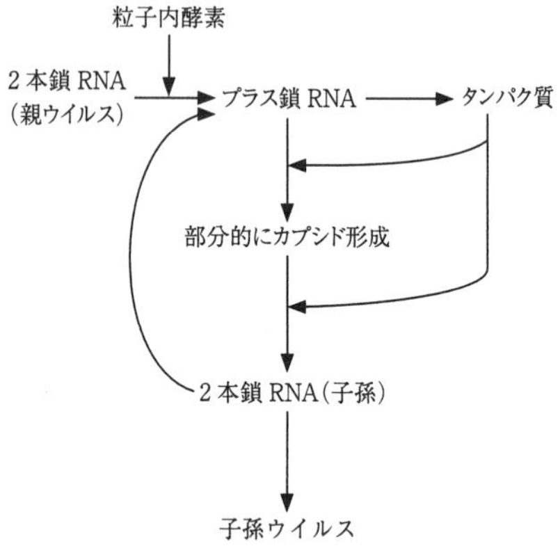

図 6.10　2 本鎖分節 RNA ウイルスの増殖（reovirus, birnavirus）

3）逆転写型ウイルスの増殖

i）逆転写型 DNA ウイルス　hepadnavirus では，部分的に環状 dsDNA が粒子内の酵素によ

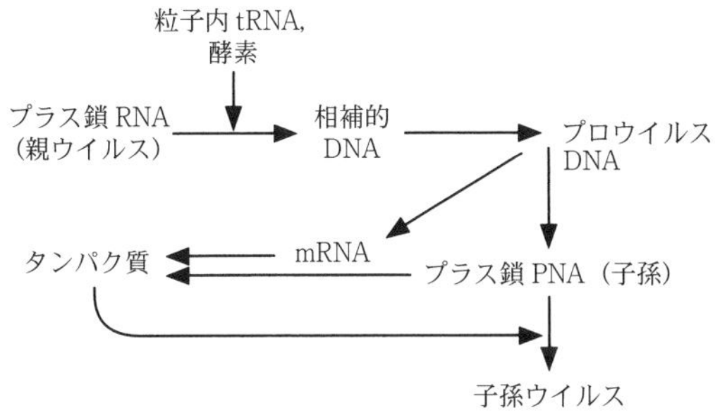

図 6.11 逆転写型RNAウイルスの増殖(retrovirus)

り,超らせんDNAとなる.さらに,宿主細胞のRNAポリメラーゼにより,プレゲノム(pregenome)と呼ばれるプラス鎖RNAが合成される.プレゲノムを基質にして,粒子内の逆転写酵素によりマイナス鎖DNAがつくられ,さらにDNAポリメラーゼ活性によりdsDNAが合成される.

ii) 逆転写型RNAウイルス retrovirusのプラス鎖RNAゲノムは粒子内の逆転写酵素により,dsDNAに逆転写された後,細胞のDNAにプロウイルスDNAとして組み込まれた.このプロウイルスDNAを鋳型として,ウイルスmRNAおよびゲノムRNAが転写,複製される(図6.11).

d. ウイルス粒子の完成

ウイルスタンパク質の合成およびウイルスRNAの転写,複製,さらに,合成されたタンパク質への糖鎖の付加は,細胞質内の小胞体などにおいて行われる.合成されたウイルス核酸とタンパク質とが集合し,成熟粒子となる.エンベロープをもつウイルスは,細胞表面から出芽するときにエンベロープをかぶり,感染性のある完全粒子となる.herpesvirusの場合には,核内で合成されたヌクレオカプシドが核膜から出芽し,細胞質に移行した後,細胞外に放出される.

多くのRNAウイルスも細胞のタンパク質,RNA,DNA合成などを抑制し,形態的にも細胞変性効果(cytopathic effect: CPE)を起こす.

e. 不完全ウイルス

ウイルスの増殖は感染性ウイルスが産生されることにより完成するが,時に不完全に終わることもある.感染力はないが免疫原性やある種の生物活性(血球凝集性など)をもつ粒子が産生された場合,これを不完全ウイルスという.

通常,高い感染多重度(multiplicity of infection: MOI)で連続継代すると不完全ウイルスが産生され,感染性ウイルス粒子の産生が低下し,不完全ウイルス粒子が多量に産生される.不完全ウイルス粒子には,遺伝子の一部が欠損した不完全ゲノムを含む欠損干渉粒子(defective interfering particle:DI粒子)や,ゲノムを全く含まない中空粒子(empty particle)などが存在する.DI粒子はそれだけでは増殖できないが,完全粒子とともに感染すると完全ウイルスにより欠損部分が補われ,増殖することができる.

f. ウイルスの増殖と細胞の形態変化

1) 細胞変性効果

培養細胞にウイルスが感染し,増殖が起こると感染細胞は一定の形態変化を起こすことがある.これを細胞変性効果(CPE)といい,光学顕微鏡の50~100倍の低倍率で容易に観察できる.培養細胞を用いたウイルスの分離,同定,定量,中和抗体の測定などはCPEを指標にして行う.

CPEには,次のような変化が含まれる.

① 細胞の円形化,収縮,崩壊するもの(picornavirusなど).

② 細胞の円形化,集合が認められ,集塊を形成するもの(adenovirusなど).

③ 細胞の円形化,膨化,融合し,多核巨細胞(合胞体)を形成するものなど(herpesvirus, paramyxovirusなど).

2) 細胞表面の変化

i) 抗原性の変化 ウイルス感染細胞の表面には,非感染細胞には認められない新しい抗原が産生される.この抗原は,ウイルスゲノムにコードされたもので,宿主成分が変化することにより産生される.この抗原は液性および細胞性免疫を引き起こし,感染細胞は破壊され,ウイルスは排除される.

ii) 血球吸着現象 influenza virus, parainfluenza virusなどの血球凝集能のあるウイルスが増殖することにより,ある種の動物の赤血球を細胞表面に吸着させるようになる.CPEが不明瞭なウイルスの場合,この血球吸着現象(hemadsorption)を指標にしてウイルスの増殖の有無を判定することができる．

iii） 封入体 ウイルス感染細胞の核内，細胞質内あるいは両方に形成される異染色領域を封入体（inclusion body）という．封入体は，1個あるいは複数で，大小，円形や不定形，好酸性や好塩基性などがある．封入体は，ウイルス粒子の増殖部位の場合（牛痘ウイルスのB型封入体，狂犬病のNegri小体など）とウイルス粒子を含まない場合（牛痘ウイルスのA型封入体など）とがある．

iv） 細胞融合 紫外線（UV）照射した*Sendai virus*を高いMOIで感染させると，細胞の融合現象（cell fusion）が認められる．単クローン（モノクローナル：monoclonal）抗体の作製などが利用されている．

v） 染色体異常 herpesvirus，paramyxovirusに感染した細胞では，染色体の切断，転位，脱落，くびれなどの異常が認められることがある．

vi） 形質転換 多くの腫瘍ウイルスは培養細胞で増殖し，単層の培養細胞を形質転換（transformation）させ，感染細胞は重なり合って無秩序に増殖し，盛り上がる．この変化は，フォーカス（focus）として観察され，腫瘍ウイルスの定量（フォーカス形成単位：focus forming unit, FFU）に利用される．

6.3 ウイルスの培養

ウイルスは細菌やその他の微生物と異なり，エネルギー代謝系やタンパク質合成系をもたない．したがって，その増殖のためには生細胞に侵入し，これらの経路を利用する必要がある．当初はウイルス培養のために動物個体が用いられた．これまでに，病変組織をマウスの脳内に接種することによって，さまざまな脳炎ウイルスが分離されている．検査材料を動物個体に接種し，その病変部を採材し，保存・継代が行われた．

しかし，ウイルス培養の成功は動物の臨床症状の変化を指標とするため，ビルレンス（virulence）の弱いウイルスの培養は判定が困難であった．また，接種動物を一定期間飼育することも作業を煩雑にした．動物には，病原とは関係のないウイルスが潜在していたり，接種材料による免疫反応が出たりして，目的とする病原ウイルスの分離が必ずしも十分には行えなかった．

こうした不利な点を除くために，培養細胞によるウイルス培養法が考案された．しかし，papilloma virusのように培養細胞を用いた増殖に成功していないウイルスもある．したがって，ウイルス培養には，使用するウイルスに適した培養細胞や動物種を選び，それに適した培養方法や飼育条件を検討する必要がある．

現在，動物ウイルスの培養には，大部分が培養細胞を使用するようになっているが，孵化鶏卵や実験動物も必要に応じて使用されている．

a. 培 養 細 胞

培養細胞を用いるウイルス研究の基本は，厳しい無菌操作にある．動物細胞の試験管内培養は20世紀初頭には成功していたが，細菌，マイコプラズマ，真菌などの混入が制御できなかったため，ウイルス培養には実験動物が使用されてきた．

しかし，抗生物質の発見により混入雑菌の制御ができるようになると，1949年にpoliovirusを培養細胞で増殖させることに成功し，その後，多数のウイルスを培養細胞で増殖させる道が開けた．ウイルスは通常の光学顕微鏡では観察できないため，その存在は宿主細胞または動物の特徴ある変化を指標に行わなくてはならない．この面から培養細胞は，多数の接種用細胞を容易に同一条件下で用意できること，ウイルス増殖に伴う細胞の変化が観察しやすいことなど，実験動物や孵化鶏卵と比べて大きな利点がある．ウイルスは宿主特異性が高く，感染・増殖の場として特殊な細胞を必要とするものが多い．培養細胞はその細胞が由来する組織と性状が異なっているものが多い．したがって，特殊なウイルスや研究目的によっては，組織片をそのまま使用する器官培養が用いられるが，その場合は組織学的に特徴のある変化を観察するか，再度培養細胞に接種するかをしてウイルスの増殖を確認しなくてはならない．

培養細胞を使用したウイルス増殖が可能となったことで，ウイルスの分離，ウイルス液の作製，ウイルス感染価の測定，ウイルス性状の測定，中和試験などの血清診断が容易に行われるようになった．

1） 細胞培養の設備・器具

培養細胞を用いたウイルス実験では，作業者の感染防御，実験室内外の環境汚染防止，培養細胞への雑菌混入を制御するために，安全キャビネット，クリーンベンチ，無菌室などの実験設備を用いる．

安全キャビネットは，病原微生物を扱うときに使用される．内部が陰圧になっており，内部の空気はフィルターを通って排気される．また作業ごとに紫外線照射などで内部を殺菌する必要がある．複数のウイルスを同一研究室で扱う場合の混入防止は，ウイルス研究に必修の条件である．

クリーンベンチは，培養細胞を取り扱うときに使用される．フィルターを通った空気が供給され，内部が陽圧になっている．

無菌室は，ワクチン製造などの大量細胞培養を行う施設に設置されている．フィルターを通った空気が供給されて室内が陽圧になっており，作業従事者は実験着や下足を交換して入室する．

使用する実験器具や培養液の滅菌や，実験終了後の器具の滅菌は重要である．実験材料の組成や機材の材質により滅菌方法は異なる（総論2.6節のd項を参照）．

2) 細胞培養液

細胞を生体内と同じ条件で培養するために，当初は培養液として組織液や血清を使用したが，現在は人工合成培地に動物血清を添加したものが一般に用いられている．培養液は細胞の育成に適したpHや浸透圧をもち，細胞増殖に必要な栄養素や微量成分を含んでいなくてはならない．

培養液の基本構成成分となる緩衝塩類溶液（balanced salt solution）は，細胞の増殖に必要な無機塩類を含み，pHの変化を少なくする緩衝能をもつように作製されている．代表的なものとして，Hanks液やEarle液が使用されている．人工合成培地は緩衝塩類溶液に各種アミノ酸，ビタミン類，核酸前駆物質を添加したもので，Eagle培地（Eagle's minimum essential medium：Eagle's MEM），変法Eagle培地（Dulbecco's modified Eagle medium：DMEM）が繁用されている．浮遊培養用には，RPMI 1640や，Ca^{2+}を除きMg^{2+}量を低下させたEagle培地が使用されている．

特別な場合を除き，細胞の増殖に必要な成分として動物血清が5～20％添加される．一般には胎盤を介した抗体移行のないウシ胎子血清が使用されるが，実験目的によってはウシ血清やウマ血清も使用される．重要なことは，細胞の増殖に適した，培養するウイルスに対する抗体や阻害物質を含んでいない血清を選ぶことである．血清は56℃30分の加熱処理をして補体活性や細胞増殖阻害作用をなくしてから使用する．培養細胞の維持には，血清の代わりにウシアルブミンを添加することや，無血清培養液を使用することもある．

培養液のpHは，細胞の増殖，維持に重要な因子である．通常はNa_2HCO_3を緩衝剤として，培養液中に0.1～0.2％添加する．CO_2培養器を使用するとpHの変動が少なくなる．HEPES緩衝液を使用することもある．混入した雑菌の増殖を抑えるため，抗生物質が添加される．ペニシリン，ストレプトマイシン，カナマイシンが使用されている．抗真菌剤としてファンギゾンやマイコスタチンが添加されるが，細胞によっては毒性があるので注意が必要である．

3) 細胞培養法

動物の生体から直接培養したものを初代培養（primary culture），それを培養し続けることで得られる染色体が二倍体の細胞を二倍体細胞（diploid cell）と呼ぶ．二倍体細胞の増殖は有限である．これらに対して，無限の増殖能を有する細胞を株化細胞または細胞株（cell line）と呼ぶ．株化細胞は腫瘍組織由来のものが多いが，二倍体細胞が変異をしたものもあり，それら細胞はもととなる細胞とは異なった性状をもつものが多く，染色体の形や数も異なっている．株化細胞は無限に増殖し，凍結保存後の生育もよく，増殖性も安定している．したがって，ウイルスの理化学的性状を調べるウイルス実験や，血清診断やその抗原作製には適している．

初代培養細胞は，動物のさまざまな組織を細切し，トリプシンやコラゲナーゼなどのタンパク質分解酵素で処理して分散細胞状態にし，細胞培養液に浮遊し，ガラス製または表面に特殊な処理をしたプラスチック製培養ビンやシャーレに入れて培養する（静置培養）．

培養細胞は培養ビンやシャーレの底面に付着して増殖し，単層を形成する．浮遊細胞を入れた円柱形の培養ビンをゆっくり回転させて培養ビンの全面に細胞を付着させる回転培養法を行うこともある．リンパ球のような血液細胞は培養ビンに付着せずに浮遊状態となる．浮遊培養では少量の培養液で多数の細胞を培養できる利点があるので，通常は単層を形成する細胞でも培養液を常時攪拌する方法で浮遊培養することがある．

培養ビンの底に密に増殖した単層培養細胞は継代する必要がある．細胞をPBS(－)(Ca^{2+}やMg^{2+}を含まないリン酸緩衝生理食塩水：phosphate buffered saline）で洗浄して培養液に含まれているCa^{2+}やMg^{2+}を除き，トリプシン（0.01～0.1%），エチレンジアミン四酢酸(エデト酸，EDTA)(0.02%)を含むPBS(－)を加えて細胞を剥がし，新しい培養液に浮遊して継代する．細胞によってはディスパーゼやコラゲナーゼのようなタンパク質分解酵素を使用したり，ラバーポリスマンを使用して物理的に剥がして継代することもある．浮遊培養している細胞は遠心洗浄後，新しい培養液に浮遊して継代する．

4）細胞の凍結保存

培養細胞は継代が進むと形質が変化し，増殖性やウイルス感受性が変化することがある．また，二倍体細胞株には寿命があり，限られた回数しか継代できない．したがって，継代数の少ない細胞を凍結保存し，必要に応じて融解して使用するのがよい．株化細胞でも常時継代を続けていると雑菌やマイコプラズマの混入する可能性が高くなるため，元株を凍結保存しておくのがよい．通常の細胞保存は，保護剤としてジメチルスルホキシド（DMSO）やグリセリンを10%添加した培養液に細胞を浮遊させる．市販されている細胞保存液もある．凍結は徐々に行い，液体窒素（－196℃）または超低温冷蔵庫（－70℃以下）に保存する．液体窒素では半永久的に，超低温冷蔵庫でも1年以上は保存できる．融解するときは37℃の温水中で急速に行う．

5）ウイルスの感染と継代

培養細胞にウイルスを接種するときは，吸着効率をよくするため接種液量は少なくする．接種液量は，使用している培養液の1/10程度である．細胞培養から培養液を除去し，接種液を細胞全面に広げ，37℃で1～2時間吸着させ，新たに維持培養液を加えて培養を続ける．接種ウイルスの性状を維持する目的では高希釈のウイルス液を接種して継代し，変異ウイルスを分離する目的では低希釈のウイルス液を接種して継代を行う．

6）ウイルス増殖の指標

ウイルスの中には，その増殖過程で感染培養細胞に細胞変性効果（CPE）を引き起こすものがある．通常のCPEは感染細胞の円形化，脱落で，細胞を固定・染色することなく低倍率の顕微鏡で観察できる．

ウイルスの中には，感染細胞に明瞭なCPEを起こさないで増殖するものもある．それらウイルスの増殖は，CPE以外の方法で確認しなくてはならない．ウイルスのもつ赤血球凝集性を利用した赤血球凝集反応および赤血球吸着反応，細胞を固定し抗ウイルス血清で染色する免疫染色法，CPEを起こす別のウイルスを重感染してそのCPEの出現状況を指標にする干渉法，腫瘍ウイルス感染により腫瘍化した細胞が単層の正常細胞上に多層部分を形成するフォーカス形成能の測定などがある．CPEの形状や出現時間は，個々のウイルスと細胞の組み合わせで異なり，*Bovine herpesvirus 1*や*B. enterovirus*では接種後1～2日で出現するが，cytomegalovirusやadenovirusの一部には1週間以上の観察が必要なものもある．

7）ウイルスの定量

ウイルスの定量法には，その感染性を測定する方法，化学的特性を測定する方法，ビリオンを物理的に測定する方法がある．

最も広く行われている手法は感染性の測定で，明瞭なCPEを起こすウイルスでは容易である．階段希釈したウイルス液を培養細胞に接種し，50%の確率でCPEを起こす最高希釈倍数をウイルス感染価として50% tissue culture infective dose（$TCID_{50}$）で表示する．通常のウイルス感染価測定はマルチウェルのプラスチックプレートに培養した細胞を使用する．

ウイルス液を培養細胞に接種し，産生されてくるウイルスが全体に広がらないように寒天を加えた培養液で培養すると，最初に感染した細胞の隣接部分に限局してCPEが広がる．このような状態の細胞を固定染色すると変性した細胞部分は染色されないため，未染色の小円が観察できる．この部分をプラックまたはプラーク（plaque）と呼び，その数を測定し，プラック形成単位（plaque forming unit：PFU）で感染価を表示する．

ある種の腫瘍ウイルスでは，培養細胞を形質転換（transformation）する性状を利用して，フォーカス形成単位（FFU）として感染価を定量する．

CPE が明瞭でないウイルスでは，特異抗体でウイルス抗原を検出する方法や分子生物学的手法を使用してウイルス遺伝子や特殊な酵素を検出することで定量する．retrovirus では逆転写酵素を測定することで，赤血球凝集素やノイラミニダーゼをもつウイルスではそれらの活性を測定することで定量できる．検査材料中に存在するウイルス遺伝子はポリメラーゼ連鎖反応（polymerase chain reaction：PCR）により検出でき，real time PCR ではそれを定量的に測定できる．物理的な測定法として，検査材料と数量がわかっている微小粒子を混合して直接電子顕微鏡で観察してビリオン数を換算する方法や，階段希釈した検査材料と特異抗体を結合したラテックス粒子を混合する方法などが行われる．しかし，これらの方法は，感染性のないビリオンも測定してしまう．

8) ウイルスの回収と保存

培養細胞にウイルスを接種後，CPE が培養細胞全面に広がった時点で細胞を培養液とともに凍結融解（3～5 回）または超音波処理をする．特に，細胞内に蓄積しているウイルスはこの操作が必要である．しかし，処理しすぎるとビリオン表面が破壊され，感染性が低下することがある．これらの処理後に感染細胞を含む培養液を遠心し（4℃ 3,000 rpm 20 分程度），上清をウイルス液としてバイアルに小分けして，−70℃ 以下に保存する．長期保存には凍結乾燥が行われる．明瞭な CPE を起こさないウイルスは，他の方法で培養細胞内のウイルス増殖状況を測定し，最適採材時期を判断する必要がある．

b．発 育 鶏 卵

最近はウイルスの培養に培養細胞を用いるのが普通になったが，発育鶏卵は培養細胞に比べてウイルス収量が高く比較的手軽に扱えるので，今日でもニワトリ由来のウイルスや influenza virus の分離やワクチンの製造に利用されている．特に増殖にタンパク質分解酵素によるエンベロープ表面受容体の消化が必要なウイルスの分離や培養には培養細胞よりも利点がある．

発育鶏卵の作製には，検卵が容易な白色殻の 55 g 程度の受精卵が使用される．specific pathogen-free（SPF）ニワトリの卵を利用することが好ましい．孵卵は 37.5～38℃ で相対湿度 60% を保ち，卵殻膜を介する呼吸のための換気や，胎子の卵殻膜への付着を防ぐための，1 日 2 回以上の転卵が必要である．暗室で反対側から強い透過光で卵を透かしてみることにより，卵内で鶏胚が発育していることを確認できる．同時に，気室の位置，鶏胚の発育状態を観察する．4 日齢で小さな胚の陰影と血管の形成が確認できる．その後，発育が進むとはっきりした血管の影とその動き，胚の固有運動を確認できる．鶏胚が死亡すると急速に血管は細くなり，検卵で卵を回転しても胚は動かなくなる．死亡後 24 時間経過すれば，全体が濁ってみえ，血管はほとんどみえなくなる．

接種材料は雑菌を含まないことが原則で，無菌的な採材ができなかった材料は 450 nm のフィルターによる濾過滅菌や，100 u/ml のペニシリンや 100 μg/ml のストレプトマイシンを加えて使用する．接種するウイルスの種類や実験目的により，接種方法や接種時期を決める．接種方法として，① 漿尿膜接種法（10～12 日齢），② 尿膜腔内接種法（尿液腔内接種法）（7～12 日齢），③ 羊膜腔内接種法（7～15 日齢），④ 卵黄嚢内接種法（5～10 日齢），⑤ 胎子接種法（8～14 日齢），⑥ 静脈内接種法（10～14 日齢）が一般的に行われている．卵殻の表面をアルコールやヨードチンキで消毒後，やすりや歯科用ドリルで小孔をあけ，材料を接種する．接種後長期間再孵卵（培養）する場合は，加熱融解したパラフィンで小孔を塞ぐ．

ウイルス増殖の判定は，通常は鶏胚の死亡や成長阻害などの異常を指標として観察する．特殊なものとして，漿尿膜に poxvirus や herpes simplex virus を接種した場合に生ずる接種部が肥厚化するポック（pock）や，influenza virus を接種した発育鶏卵の漿尿液内に産生される赤血球凝集性を調べる方法などがある．

c．実 験 動 物

組織培養（細胞培養）が使用できなかった時代は，ウイルスの培養や継代には実験動物が使用された．培養細胞によるウイルス培養が普及すると実験動物の使用は減少したが，培養細胞では増殖しないウイルスの培養や，培養細胞で増殖するウイルスでも培養細胞より実験動物の方が感受性の高いウイルスの分離や抗原作製には，今でも実験動物や自然宿主動物が使用されている．*Japanese encephalitis virus*（日本脳炎ウイルス）をはじめとする節足動物媒介ウイルスの分離には，乳呑みマウスの脳内接種が，これらの診断用抗原やワクチン製造には，感染マウス脳乳剤が使用されている．

ウイルス病を研究する上では動物個体を用いた感染実験が今でも基本となっている．実験動物はマウス，ラット，モルモット，ハムスター，ウサギなどが用いられるが，ウイルス実験の目的によって，動物種，接種日齢，接種方法などが異なる．発病機序や免疫反応の研究では，自然宿主の動物や近郊系の実験動物が使用される．腫瘍ウイルスの研究では，ハムスターや齧歯類がその感受性の高いことから使用されている．自然宿主である家畜そのものを実験動物として用いることもある．実験動物は特定の病原体に感染していないことが確認されているSPF動物の使用が推奨される．通常の動物を使用する場合は，不顕性感染をしている宿主動物由来の迷入ウイルスの注意が必要である．

特殊な例として，組換え体ウイルスの遺伝子産物を産生させる場合に昆虫個体が使用されている．baculovirusの中の多角体ウイルスは組換え体作製に使用されており，その培養の場として昆虫由来の培養細胞とともに昆虫の幼虫や蛹が用いられる．昆虫は開放血管系であるため各組織が体液中に浮遊した状態で存在し，タンパク質の生産に適している．また昆虫体液の発現タンパク質分解作用は低い．したがって，昆虫体内ではタンパク質の合成能が高く，昆虫の培養細胞に比べ，10～100倍高濃度の産物が得られる．

6.4　ウイルスの干渉

a．干 渉 現 象

1個の細胞に2種のウイルスが感染したとき，一般にはどちらか一方の（または両方ともに）増殖が抑制される場合がある．このようなウイルス増殖抑制現象を，干渉（interference）という．しかし，ウイルスと細胞の組み合わせによっては，次に感染したウイルスの増殖を抑制せずむしろ増強させることもある．干渉はウイルスの種類，細胞の種類，その他の条件で異なるので一律には論じられないが，特異的な抗原-抗体反応による免疫機構では説明されない増殖抑制現象は，一括して干渉と呼ばれる．

増殖抑制現象には，以下のようなものがあった．

1)　長野と小島（1958）の観察した現象

紫外線不活化 *Vaccinia virus* をウサギ皮内に接種した後，4時間後に *Vaccinia virus* を接種しても抗体が産生されていないにもかかわらず，*Vaccinia virus* の増殖抑制現象がみられた．

2)　Isaacs と Lindenmann（1957）の観察した現象

発育鶏卵の漿尿膜に熱不活化 influenza virus を加え，37℃で3時間置いた後，漿尿液を新しい培養液中に移し，さらに37℃で2時間置くと，その培養液中でのウイルス抑制が起こった．

これらの現象から，抗体ではないウイルス増殖抑制物質（後述のインターフェロン）の存在を知ることとなった．

b．ウイルス粒子による干渉

1)　吸着・侵入の競合による干渉

ウイルスによって細胞表面の受容体が占領または破壊されてしまうと，同一受容体を要求するウイルスはもはやその細胞に吸着できなくなり，干渉が成立する（retrovirusなどの感染で観察されている）．また，*Newcastle disease virus*（NDV）の場合には，このウイルスのエンベロープ上にあるノイラミニダーゼの作用でウイルスに対する細胞側の受容体が破壊されるため，NDVと同じ受容体を共有する2番目のウイルスが吸着できなくなることで干渉が成立する．

2)　欠損干渉粒子による自己干渉

動物ウイルスを高濃度のまま継代すると，自己増殖能力を欠く不完全なウイルスが産生される．この不完全ウイルスが，もとの完全ウイルスの増殖を阻害することがある．

① influenza virus, *Vesicular stomatitis virus*（VSV），adenovirus, SV 40などの欠損干渉粒子（DI粒子）は，短い欠損ゲノムを有し，この欠損核酸がDNAあるいはRNA合成酵素を競合的に奪うため，完全粒子の複製が阻止され増殖が抑えられると考えられている．

② DI粒子の主要成分の合成は，完全ウイルスに依存している．DI粒子が産生される際，多くの

成分を完全ウイルスから奪ってしまう．そのため干渉が起こる．

③ poliovirusのDI粒子の干渉については，次のように考えられている．同時あるいは別々に細胞に感染したpoliovirusのDI粒子と正常poliovirusが細胞中で複製される際，DI粒子はカプシドをつくる遺伝子を欠損しているのでカプシドタンパク質をつくることができず，正常ウイルスがつくるカプシドタンパク質を利用する．よって，正常ウイルスがつくる感染ウイルス粒子の産生量は増殖ごとに減少していき，結果的に干渉が起こる．

3) 変異ウイルスによる干渉

温度感受性変異株（temperature sensitive mutant：ts変異株）は，野生株（wild type）ウイルスまたは他のts変異株の増殖を干渉する．変異によってあるウイルスタンパク質が多量に発現する場合，あるいは変異したタンパク質が発現した場合などに起こる．

VSVのある変異株で，ウイルスRNAポリメラーゼに関与するLタンパク質の多量発現が，野生株のVSVの複製を抑えることが知られている．それは，Lタンパク質の発現によってVSV複製にかかわる他の因子の欠失が起こったためといわれている．

4) 内在性干渉

干渉ウイルスのつくるRNAレプリカーゼが，次に感染してきたウイルスのRNAと結合して複合体を形成するため干渉が起こる．たとえば，*Sindbis virus*やpoliovirusなどの感染細胞は，NDVの感染に対して干渉を示す．

c. インターフェロン

上述したように，ウイルスがすでに感染した細胞では，次に感染してきたウイルスの増殖が抑えられる現象が知られていた．この事実から，ウイルス増殖を抑える物質があると考えられていた．これをインターフェロンという．インターフェロンは宿主細胞の遺伝子がコードしている糖タンパク質で，ウイルスや2本鎖RNA（dsRNA）などの誘発物質（inducer）によって発現・分泌されることが知られている．

インターフェロンには3つの種類が知られている．1つ目は主として白血球で産生されるIFN-α（タイプⅠ IFN）と呼ばれるもの，2番目は線維芽細胞で産生されるIFN-β（タイプⅠ IFN），3番目は刺激を受けたT細胞で産生されるIFN-γ（あるいは免疫型IFN，タイプⅡ IFN）である．

一般的性状は，次のようなものである．

① ウイルスその他の物質の誘発によって細胞側のインターフェロン遺伝子が活性化され，細胞内に産生される．

② ウイルスの吸着・侵入の段階を阻止せず，その後の細胞内増殖過程を抑制する．

③ 産生細胞と同一動物種の細胞に作用を示す種特異性をもつ．

原則としては，正常な細胞はインターフェロンを産生していないといわれている．

1) インターフェロンの生物学的性状

以前は動物細胞の産生するインターフェロンは非常に微量であったため，その性状を詳細に調べることは難しかった．1970年後半，遺伝子操作によってインターフェロンを大量に精製できるようになり，性状の検討が進んだ．つまり，ヒト線維芽細胞からIFN-βの遺伝子がクローニングされて以来，ヒト白血球からIFN-αの遺伝子が，またIFN-γの遺伝子がクローニングされ，それぞれのインターフェロンの性状が知られるようになった．現在までにわかっているインターフェロンの生物学的性状を表6.3に示した．

i） 誘発物質　インターフェロンを誘発する物質としては，IFN-α/βに対しては主としてRNAウイルス，紫外線（UV）あるいは熱不活化ウイルスである．ウイルス感染後約4時間ごろが，インターフェロンの産生が最も高くなるといわれている．DNA型ウイルスは，RNA型ウイルスに比してインターフェロンの誘発は悪い．dsRNAもよい誘発物質である．dsRNAとしてはreovirus，カビの一種，1本鎖RNA（ssRNA）の複製中のdsRNA，poly γ I：poly γ Cのような人工的なdsRNAなどがある．それに対して，ssRNA，dsDNA，RNA-DNA相補的複合体（ハイブリダイゼーション：hybridization）は誘発物質にはならない．それら以外の誘発物質には，細菌の内毒素，細胞侵入性細菌（*Brucella abortus*，*Listeria monocytogenes*），リケッチア，マイコプラズマなどがある．これらのうち，ウイルス増殖抑制にかかわるIFN-α/βの誘発物質は，ウイルス，

表 6.3　インターフェロン（IFN）の性状

性状	ヒト		マウス	
	IFN-α/β	IFN-γ	IFN-α/β	IFN-γ
分子量	15〜27 kDa	15〜20 kDa	15〜36 kDa	22〜30 kDa
産生細胞	単球，マクロファージ，線維芽細胞，上皮細胞	リンパ球	単球，マクロファージ，線維芽細胞	リンパ球
誘発剤	ウイルス，dsRNA，リポ多糖	抗原，レクチン，PHA，ConA，菌の毒素	ウイルス，dsRNA，リポ多糖	抗原，レクチン，PHA，CoA，菌の毒素
pH2 処理	安定	不安定	安定	不安定
構造遺伝子の位置	染色体 9 番目	染色体 12 番目	−	染色体 10 番目
アミノ酸数	166	146	166，161	135
熱処理（50℃1 時間）	安定	不安定	安定	不安定
遺伝子数	＞15，1	1	＞7，1	1
受容体	タイプⅠ	タイプⅡ	タイプⅠ	タイプⅡ
主な生物学的機構	抗ウイルス作用，細胞増殖・分化の調節，MHC クラスⅠ分子の誘導	免疫学的制御（単球とマクロファージの活性化，免疫グロブリンの合成，MHC クラスⅠ，Ⅱ分子の誘導），抗ウイルス作用	ヒトインターフェロンの機能とほぼ同じ	

PHA：フィトヘモアグルチニン，ConA：コンカナバリン A，MHC：主要組織適合遺伝子複合体．

dsRNA，リポ多糖で，細胞の分化，免疫に主としてかかわる IFN-γ の誘発物質は，フィトヘモアグルチニン（PHA），レクチン，コンカナバリン A（ConA），あるいは *Corynebacterium diphtheriae* などの細菌の毒素である．

ii）インターフェロンの細胞受容体　誘発物質によって発現されたインターフェロンは，新たに受容体を介して細胞に吸着し，作用を起こす．その受容体も，IFN-α/β と IFN-γ では異なる．IFN-α/β の受容体をインターフェロンタイプⅠ受容体と呼び，ガングリオシドをもつ糖タンパク質であり，IFN-γ の受容体をインターフェロンタイプⅡ受容体と呼び，95 kDa の分子量をもつ糖タンパク質である．IFN-γ の受容体は，正常細胞よりもがん化した細胞に多く存在するといわれている．

いずれのインターフェロンも産生された細胞内では生物学的活性はもたず，いったん分泌され再びそれぞれの受容体に結合する．インターフェロンが結合する受容体は膜貫通部を境に N 末端は細胞外に，C 末端は細胞内に存在し，C 末端にはチロシンキナーゼ（タイプⅠには Jak 1 と Tyk 2，タイプⅡには Jak 1 と Jak 2）が結合している．インターフェロンの作用はインターフェロンが特異的受容体に結合することによって，チロシンキナーゼの活性化（チロシンリン酸化）が起こり，次いで細胞質にある転写因子群（タイプⅠは STAT 1 と STAT 2，タイプⅡは STAT 2）がチロシンリン酸化されて複合体を形成し，さらに核内に移行してインターフェロン応答遺伝子の転写調節部位に結合して，抗ウイルス活性あるいは細胞の分化・活性化にかかわるタンパク質（酵素）を誘導するものと考えられている．

iii）インターフェロンの抗ウイルス活性

インターフェロンはきわめて高い生物活性を有し，細胞 1 個あたり数分子が細胞膜上に結合することにより核内の抗ウイルス遺伝子を活性化し，細胞膜内にいくつかの新しい機能タンパク質（酵素）を合成することで，細胞を抗ウイルス状態（antiviral state）に導くことができる．

① インターフェロンは取り込まれて細胞核に作用し，2′,5′-オリゴアデニル酸（oligo A）合成酵素を誘導する．この酵素によってつくられた 2′,5′-oligo A は，リボヌクレアーゼを活性化し，ウイルスの mRNA を破壊し，ウイルスの増殖を阻止する．

② インターフェロンによって誘導され，さらにある種のウイルスあるいは dsRNA によって活性化され，ウイルス合成抑制に働く酵素として，67 kDa プロテインキナーゼ（P 1 と呼ばれる）がある．この酵素は翻訳開始因子（eIF 2）をリン酸化し，ウイルスタンパク質の合成を阻害する．

③ influenza virus 遺伝子の初期の転写を阻止するタンパク質（Mx 遺伝子コードタンパク質）が知られている．Mx 遺伝子はⅠ型 IFN 遺伝子と同

じマウス染色体16, ヒト染色体21に存在する.

iv) インターフェロンの生物学的機能 インターフェロンは主として IFN-α/β の働きとしての抗ウイルス作用に注目されてきたが, 近年, それ以外の細胞の分化, 免疫調整などの生物学的機能についてわかってきた. それは, 主に以下に示す IFN-γ の機能である.

① 正常細胞および腫瘍化した細胞の成長阻止.

② 主要組織適合遺伝子複合体 (major histocompatibility complex : MHC) 抗原および β-グロブリンの細胞表面への発現の促進を含む免疫系への働き.

③ 単核食細胞 (単球とマクロファージ) の活性化およびナチュラルキラー (NK) 細胞の活性化.

④ 抗体依存性細胞傷害作用の促進.

以上のような機能は, サイトカインの働きと一致することが多い. それゆえ, 特に IFN-γ はサイトカインの一つといわれている.

v) インターフェロンの展望と問題 インターフェロンは, 治療の有効性もある. 狂犬病, 出血熱, 脳炎などの人命にかかわる病気, あるいは, B型肝炎ウイルス, 水痘・帯状疱疹ウイルス, papillomavirus, cytomegalovirus などの持続性感染の防除効力を示している.

インターフェロンの応用面での問題点は, 副作用の問題である. インターフェロンはある面では毒性があり, 投与後, 吐気, 嘔吐, 食欲減退, 疲れ, 精神不安定, 筋肉痛, 衰弱などがみられる. インターフェロンと他の治療との有効な組み合わせが必要となる.

d. 干渉現象とその応用

ウイルスの干渉現象が起こる条件は厳しいと考えられるので, 自然界で干渉が常時起こっているとは思われない. それゆえ, ウイルス干渉を応用したウイルス感染防御についての事例はほとんどない. しかし, 干渉効果を予防および早期治療に利用しようとする試みも行われ, ある程度効果が認められるものもある. たとえば, フェレット継代弱毒化 *Canine distemper virus* (distemperoid virus) は, ワクチンとしてイヌに永続性の免疫を与えるだけでなく, 接種後ただちに干渉による感染防御効果を示すと考えられている. ただしこの干渉による効果は, ワクチン接種後短時間のうちにウイルス感染が起こったときのみの効果といわれる.

干渉に関する実験室での応用としてはあまり報告はないが, むしろあるウイルスが細胞変性効果 (CPE) を起こさない細胞にすでに感染しているとき, 同細胞にさらに CPE を起こしえない2番目のウイルスが重感染すると, 2番目のウイルスは CPE を起こすようになったという結果がある. それは *Classical swine fever virus* (CSFV), *Bovine viral diarrhea virus* (BVDV) のように CPE を起こさないウイルスで, そのウイルスの力価測定は難しい.

そこで, CPE を起こさない CSFV (ブタ精巣細胞にて) あるいは BVDV (ウシ精巣細胞にて) がすでに感染している細胞に, たとえばその細胞での増殖が弱く, CPE を示さない NDV を重感染させると, もし CSFV あるいは BVDV がすでにそれぞれの細胞で増殖していれば, 後から感染した NDV の増殖を増強し, 明瞭な CPE を起こすようになる. CSFV の場合, この現象は END (exaltation of *Newcastle disease virus*) と呼ばれた. この現象を応用して, 本来 CPE を起こさないウイルスの力価を測定する. その後, CSFV では二次感染した NDV を干渉する変異株 (E^- 株) も分離された.

現在までに, 干渉の研究からウイルスと宿主の相互作用とウイルスの増殖機序の理解が深められた. 今後, ウイルス干渉現象はウイルス感染防御という面での応用が期待される.

6.5 ウイルスの変異

ウイルスの変異には, 点変異 (point mutation), 欠失 (deletion), 挿入 (insertion), 組換え (recombination), 再集合 (reassortment) などがある (図 6.12). ウイルスはこれらの変異を通じて, 多様性を獲得し, 環境に適応している.

a. 点 変 異

点変異とは, 1個の塩基が鋳型 (template) とは異なる塩基へ置き換えられることをいう. DNA ウイルスよりも RNA ウイルスの方が変異の確率は高い (約1,000倍以上). これは, 真核細胞あるいはDNAウイルスの複製の際には，DNA依存DNAポリメラーゼが，転写活性とともに修復活性（proofreading）を有しているのに対し，RNAウイルス由来ポリメラーゼには修復活性が欠損していることに由来する．特に，RNAウイルスはこれらの点変異により，同じウイルスから由来しても，その子孫ウイルスは親ウイルスとは異なる多くの点変異を有したウイルスの集団となる（quasispecies）．もちろん，点変異を起こした多くのウイルスは増殖できないか，増殖しても感染できないなどで淘汰されるが，その一部は環境に適応して増殖を始める．これら点変異の蓄積は，ウイルスの生存戦略といえる．

点変異による適応の例を示す．

1） ウマ伝染性貧血ウイルス（図6.13）

法定伝染病に指定されていて，原因となるウマ伝染性貧血ウイルスは，点変異により環境に適応する典型である．宿主細胞ゲノムに取り込まれた本ウイルスゲノムは，生涯排除されることはない．ウマ伝染性貧血ウイルスが感染するとウイルスは中和抗体の出現とともに多くが生体から排除されるが，しばらくすると残ったウイルスに変異が生じて中和抗体から免れるウイルスが出現し，再び増殖を始める．ウイルスの増殖とともに発熱を繰り返し（回帰熱），貧血が重篤化し，死の転帰をとる．

2） イヌパルボウイルス

イヌパルボウイルス感染症は，1970年代後半に

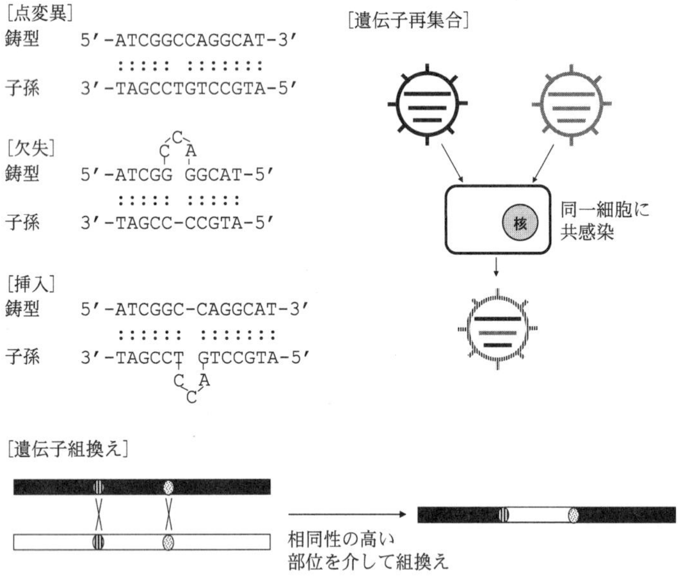

図 6.12　ウイルスの変異

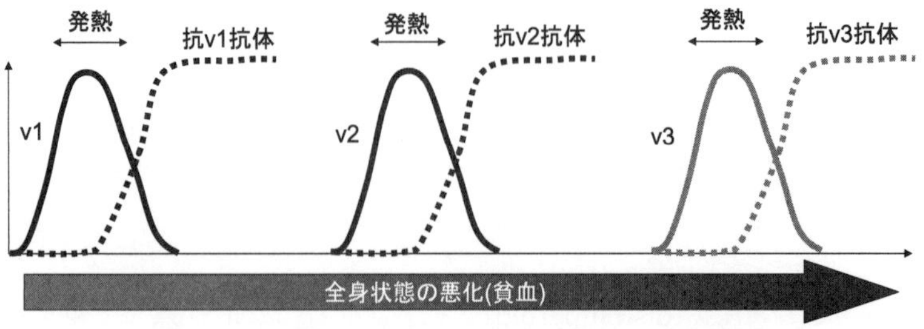

図 6.13　ウイルス変異による免疫からの回避の例（ウマ伝染性貧血）

ウマ伝染性貧血は*Retroviridae*（レトロウイルス）科に属し，感染すれば生涯ウイルスを保持する．最初に感染したウイルスv1は抗体（抗v1抗体）の出現に伴い消失するが，わずかに残ったウイルスが変異して，抗v1抗体が作用できないウイルスv2となり，再び増殖を始める．これを繰り返すことにより徐々に全身状態が悪化し，死の転帰をとる．

出現し，その後，数か月の間に世界中に急速に広まった．現在までのところイヌパルボウイルスの起源はネコ汎白血球減少症ウイルスなどの食肉目由来パルボウイルスであると考えられ，点変異によりそれらの宿主域が変化した結果であると考えられている．

3) ヒトインフルエンザウイルス

毎年冬季にヒトで流行するインフルエンザウイルスも，点変異の結果である．現在，世界中でH3N2型（香港型）とH1N1型（ソ連型）の2種類の抗原型が蔓延している．予防用ワクチンは，毎年流行するウイルスを予測して作製されている．これは点変異により前年に流行したウイルスとは異なる抗原性を有したウイルスが流行するため，前年度のウイルスでワクチンを作製しては効果が少ないことによる．また，インフルエンザの治療薬である oseltamivir（タミフル）などの薬剤に対する耐性の獲得も，点変異の結果である．

b. 遺伝子再集合

分節型の遺伝子をもつウイルス間で生じる現象で，同じ細胞に2種類の異なるウイルスが感染し増殖した場合に子孫ウイルスに2種類のウイルスから得られた分節が混在し，新しい表現型を獲得することをいう．レオウイルス，ロタウイルス，ブニヤウイルス，アレナウイルス，インフルエンザウイルスなどで報告されている．

遺伝子再集合の例を示す．

1) インフルエンザウイルス（図6.14）

インフルエンザウイルスは，血球凝集素（hemagglutinin：HA）をコードする分節に16種類，ノイラミニダーゼ（NA）をコードする分節には9種類の異なる血清型が存在し，その組み合わせによりH5N1，H3N2，H1N1などの血清型が生じる．これまでヒトのインフルエンザでは10〜数十年間隔で異なる血清型が生じてきた．それらは，当時ヒトで流行していたウイルスと，鳥類の保有するウイルスが同時に1つの細胞に感染し，遺伝子再集合を引き起こした結果である．

c. 遺伝子組換え

2種類のウイルスが同じ細胞に感染すると細胞内での複製中に，相同な核酸分子間で組換えが生じる．組換えにより新しい遺伝子をもつ子孫ウイルスを，組換え体（recombinant）と呼ぶ．この組換えは，相同性の高い領域で行われるのが普通であるが，異なった種類の核酸の間で起こることもある．ある種のレトロウイルスは細胞由来のがん遺伝子をウイルスゲノムに取り込むことにより，ウイルスのがん遺伝子を獲得した．

遺伝子組換えの例を示す．

1) ネコ伝染性腹膜炎ウイルス（図6.15）

ネコ伝染性腹膜炎ウイルスは，I型ネココロナウイルスとII型ネココロナウイルスによって引き起こされる．そのうちII型ネココロナウイルスはI型ネココロナウイルスとイヌコロナウイルスと

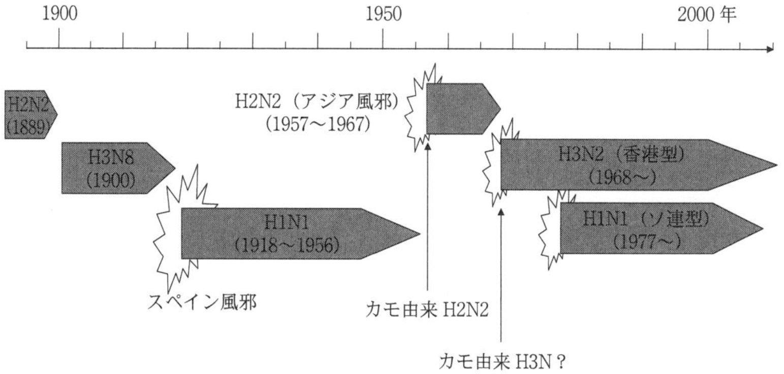

図 6.14 遺伝子再集合によるウイルスの変異（インフルエンザの例）
インフルエンザウイルスは8本の分節からなっている．鳥類由来のウイルスとヒト由来のウイルスが遺伝子再集合することにより，新型インフルエンザが発生する（抗原性の不連続変異）．新型インフルエンザが流行した年は，世界規模の大流行となる（pandemic）．特に1918年のスペイン風邪の流行の際は，2,000万〜4,000万人の死者が出たといわれている．新型ウイルスが発生するまでの間は，抗原性の連続変異を繰り返して流行を繰り返す．

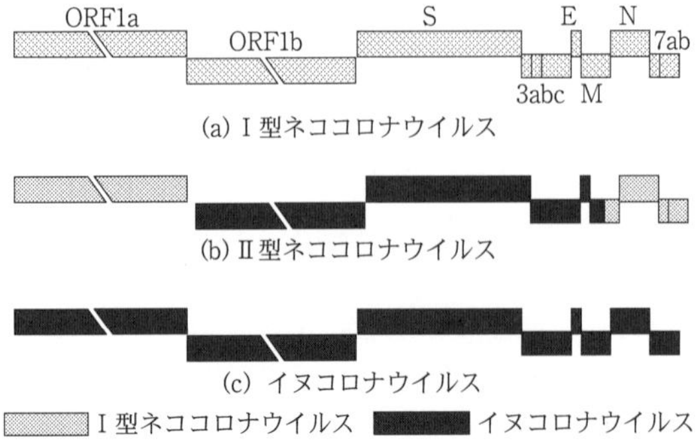

図 6.15 遺伝子組換えによるウイルス変異（ネココロナウイルスの例）（Herrewegh *et al*., 1998 を改変）
ネコ伝染性腹膜炎ウイルスは，I 型ネココロナウイルスと II 型ネココロナウイルスによって引き起こされる．II 型ネココロナウイルスは I 型ネココロナウイルスとイヌコロナウイルスの相同性組換えにより生じたといわれている．その結果，ウイルスの中和抗体から回避された新たなウイルスが生体内に生じ，増殖し始める．

の相同性の高い領域を介して，組換えを起こしたことにより生じたとされている．

2) 西部ウマ脳炎ウイルス

西部ウマ脳炎ウイルスは，ベネズエラウマ脳炎ウイルスと，今は存在しないシンドビス様ウイルスとの組換えにより生じたといわれている．

d. ウイルスの変異による弱毒化

ウイルスを動物や細胞に繰り返し感染させ，増殖させることを継代（passage）という．培養細胞や自然宿主でない動物で繰り返し継代を重ねるうちにウイルスが弱毒化する場合がある．これは，継代を繰り返す際にウイルスが変異し，ビルレンス（毒力）が低下した結果と考えられる．これにより得られた株は，弱毒生ワクチンとして応用されることがある．

e. 誘 導 変 異

a〜d 項で述べた変異は，自然に起こりうる自然変異（spontaneous mutation）であるが，人工的にウイルスに変異を引き起こすことができる．これを誘導変異（induced mutation）という．その方法として，紫外線，X 線照射，加熱処理などにより核酸の一部を損傷させる物理的手法と，核酸の塩基の修飾，置換，脱落などで変化させる化学薬剤処理がある．

これらの変異を誘導する化学薬剤として BUdR（5-ブロモデオキシウリジン），亜硝酸，アクリルオレンジなどがあり，その作用機序は複雑である．たとえば，BUdR をウイルス複製時に作用させると，チミジン（T）の代わりに BUdR が取り込まれ，最終的にはアデニン（A）がグアニン（G）へと変異する．

f. 変 異 体

変異を生じたウイルスの多くは感染性を失ったり，感染しても複製できない．しかし，増殖能を有するウイルスが生じる場合もある．たとえば，アミノ酸をコードする遺伝子で読み枠（open reading frame：ORF）の 1 番目，2 番目の塩基と比べて 3 番目の塩基における変異はアミノ酸の変異を伴わない（nonsense mutation）ことが多いため，ウイルスの増殖には影響が出にくい．一方，アミノ酸の変異を伴った場合，ウイルスの表現型に変化が観察されることがある．たとえば，ウイルスの形成するプラックの大きさ，細胞での増殖性・病原性などである．また，変異体の一部はアミノ酸を変化させることにより液性免疫である抗体からの認識を免れることができる（免疫回避変異体：escape mutant）．一方，弱毒ワクチン株が変異することにより，ビルレンスが復帰する（revertant）ことがあり，弱毒生ワクチンの問題点の一つとなっている．

1) 条件致死変異体

ある特定の条件下では増殖できないが，許容条件下では増殖できる変異体を条件致死変異体（conditional lethal mutant）という．条件致死変異体には，特定の温度では増殖できない温度感受性変異体（temperature sensitive mutant：ts 変異体）や，ある特定の宿主細胞では増殖できない宿主域変異体（host-range mutant）などがある．これらの変異体は，非許容条件下ではタンパク質の正常機能が維持できないなどの変異を受けている．ts 変異体の代表として，弱毒生ワクチンがある．強毒株を徐々に温度を下げながら高継代を重ねることにより，高温では増殖ができない低温馴化変異体（cold-adapted mutant）がある．

2) 干渉欠損変異体

高濃度のウイルスを細胞に感染させ継代を繰り返すと，単独では増殖できない欠損ウイルスが蓄積する．これらの欠損ウイルスは完全なウイルスの増殖を抑制する干渉作用を有しているため，干渉欠損変異体（defective interfering mutant）といい，この粒子を欠損干渉粒子(DI 粒子)という．DI 粒子は，完全なウイルスをヘルパーウイルスとして細胞に同時感染することにより増殖が可能である．DI 粒子の遺伝子は親ウイルスの遺伝子から増殖に必須な遺伝子を欠損しており，複製が速いため，継代を重ねるうちに DI 粒子は蓄積する．この DI 粒子は，DNA ウイルスおよび RNA ウイルスともに起きる現象である．

3) 免疫回避変異体

ウイルス粒子の表面に存在する中和抗体や細胞性免疫の標的になる抗原に変異を起こすことにより，中和抗体から回避することができる変異体を免疫回避変異体という．レトロウイルスの長期間にわたる慢性・持続感染やインフルエンザの抗原性の多様性は，この免疫回避変異体の結果といえる．

g. 遺伝子工学を利用した変異体の作製

近年は，遺伝子組換え技術の発達により，目的とした特定の塩基に変異を人工的に導入することができる方法も開発され，ウイルスの解析に役立っている．また，相同組換え(homologous recombination)を利用したウイルス遺伝子の改変も，アデノウイルス，ポックスウイルス，ヘルペスウイルス，バキュロウイルスなどの大型 DNA ウイルスを中心に行われており，組換えウイルスの作出に応用されている．

1) 組換えウイルスワクチンの作製（図 6.16）

ヘルペスウイルス，ポックスウイルス，アデノウイルスなどの DNA ウイルスを中心に，遺伝子工学を用いた手法で，数多くの組換えワクチンが作出されている．DNA ウイルスの組換えは，基本的には相同組換えによって引き起こされる．組換えウイルスの例としては，ヘルペスウイルスの病原性関連遺伝子を人工的に欠損させた組換え弱毒ワクチン（オーエスキー病（Aujeszky's disease）などで実用化)，ポックスウイルスであるカナリア痘ウイルスにイヌのジステンパーの H 遺伝子と F 遺伝子を導入したり，西ナイルウイルスの preM-E 遺伝子を導入した組換えワクチン，ポックスウイルスであるワクチニアウイルスに牛疫ウイルスの H 遺伝子を導入した組換えワクチンが作製され，実用化されつつある．

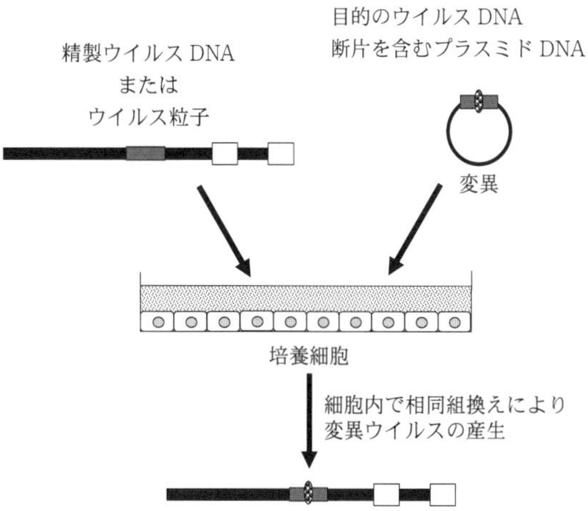

図 6.16 大型 DNA ウイルスの組換え体の作製
精製ウイルス DNA と，目的の変異を入れた前後に挿入したい部位の塩基配列を含むプラスミド DNA を，同時に細胞に形質導入することにより，組換えウイルスを作製する．しかし，組換えの確率が低いため，目的の組換え体を選択する必要がある．ウイルス DNA が用いることが困難な場合は，ウイルスを感染させせることで代替することができる．ヘルペスウイルス，ポックスウイルス，アデノウイルスなどで用いられる．

2) 人為的変異誘導による機能解析

これまで，ウイルスの解析には，表現型の異なる変異体の遺伝子を解析することにより，その変異の原因となる遺伝子の特定がなされてきた．しかし，この方法ではその遺伝子が病原性に関与している証明が困難であった．近年，遺伝子工学によりウイルス遺伝子をクローン化し，それに意図的に変異を導入した後，ウイルスを作製し，表現型の変異を調べる方法が一般的になりつつある．この方法は reverse genetics といわれる．

遺伝子のサイズが比較的小さい DNA ウイルスやプラス鎖 RNA ウイルスでは完全長の DNA ゲノムあるいは DNA をプラスミドベクターに導入することにより感染性クローン（infectious clone)が作出されている．その感染性クローンに変異を導入することにより，容易に変異体の作出が可能である．

一方，これまで遺伝子が巨大であるために感染性クローンが作製することが困難であったヘルペスウイルスでは，完全長のウイルス DNA を bacterial artificial chromosome（BAC）システムに導入することにより，感染性クローンの作出が可能になったばかりか，大腸菌（*Escherichia coli*）内で遺伝子に変異を導入することにより，変異体の作出も可能になった（図 6.17）．

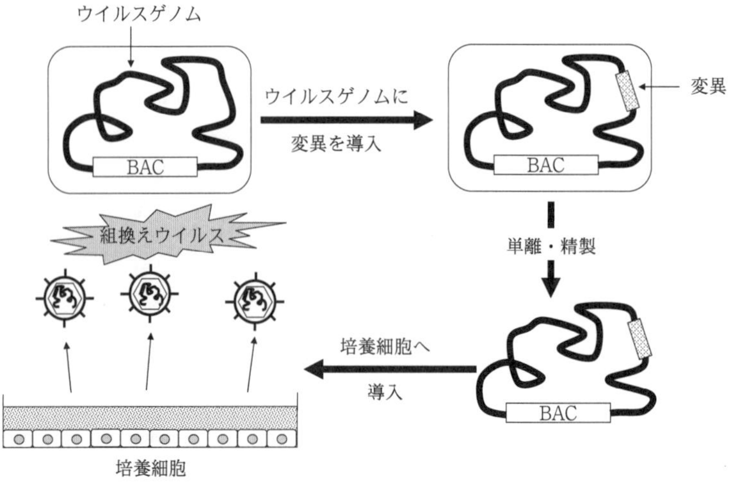

図 6.17　BACシステムを用いた組換えヘルペスウイルスの作出
全長のウイルスゲノムをBacmidに組み込み，大腸菌内で変異を挿入する．変異を挿入されたDNAを精製後，細胞に形質導入すると組換えウイルスが産生される．

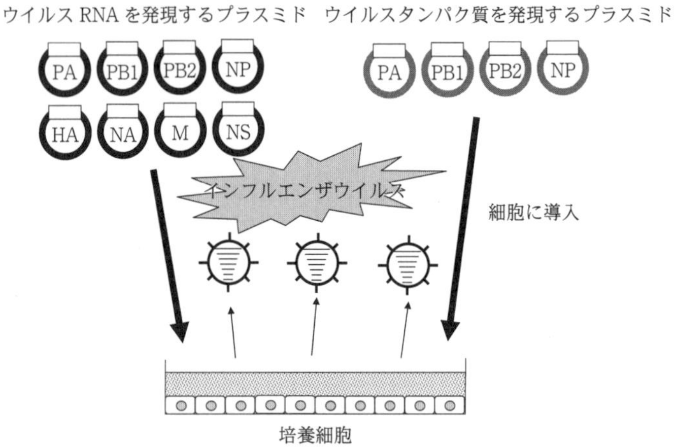

図 6.18　A型インフルエンザウイルスのreverse genetics
8種類のウイルスRNAを発現するプラスミドと，4種類のウイルスの転写複製に関与するタンパク質を発現するプラスミドを同時に細胞に導入することにより，感染性のインフルエンザウイルスが産生される．ウイルスRNAを発現するプラスミドに変異を導入することにより，任意の変異体の作出が可能である．

また，マイナス鎖RNAウイルスはウイルス遺伝子単独では感染性を有さず，ウイルス由来のポリメラーゼや核タンパク質がゲノムの転写や複製に必要であるため，感染性クローンの作出が困難とされていた．しかし，この問題も発現プラスミドにゲノムの転写や複製に関与するタンパク質の遺伝子をウイルスゲノムあるいはウイルスゲノムをコードする遺伝子とともに同時に細胞に導入することにより解決された．近年，パラミクソウイルスである麻疹ウイルスやニパウイルスなどのreverse geneticsに応用されている．さらには，多数の分節をもつため感染性クローンの作出が困難であったインフルエンザウイルスなどでも，遺伝子から感染性粒子の作製が可能となった（図6.18）．この技術を応用して，1918年に発生しそのウイルスの塩基配列だけしかわからなかったスペイン風邪の感染性ウイルス粒子が作出され，不明な点の多いこのウイルスの解析に役立つことが期待されている．

3)　遺伝子治療用ベクターの作製

近年は，遺伝子欠損，遺伝子機能不全などの遺伝病を補うために，外部から遺伝子を補う遺伝子治療が盛んに開発されている．遺伝子治療には目的とする細胞に効率よく遺伝子導入する必要があることから，ウイルスの感染性を利用することが遺伝子治療の主流となっている．そのベクター（vector）としては，レトロウイルス，アデノウイルス，アデノ随伴ウイルスなどが最有力候補となり，これらのウイルス（アデノ随伴ウイルスは別）の増殖性を欠損させた自律増殖能欠損型ウイルス（replication-defective virus）が用いられている．

それぞれのベクターウイルスには，長所・短所がある．レトロウイルスベクターの最大の特徴は，染色体に組み込まれるため，導入後も安定して導入遺伝子の機能が維持されることである．しかし，短所としては分裂細胞が主たる導入対象となる点がある．とはいえ，レンチウイルスベクターは，非分裂細胞にも導入が可能である．最大の短所は，染色体に組み込まれた際に，組み込まれた染色体の遺伝子機能に変化を与える可能性があることである．一方，アデノウイルスは，大きな遺伝子の導入が可能である特徴を有する．そこで，目的の遺伝子を本来のプロモーターやイントロンを含む形で組み込むことにより，発現量の調整も可能である．しかし，多くのヒトや動物がすでにアデノウイルスに感染しており，免疫系により認識され排除されることが問題点の一つである．

h．ウイルスの変異と宿主との共進化

最も有名な話は，ウサギ粘液腫ウイルス（myxoma virus）の例であろう．ウサギ粘液腫ウイルスは吸血昆虫によって媒介され，南米やカリフォルニアのウサギには重篤な症状は起こさない．しかし，ヨーロッパウサギには致命的な症状を引き起こすため，オーストラリアで大発生したヨーロッパウサギの排除のために用いられた．

1859年，オーストラリアに狩猟の目的でヨーロッパウサギが導入され，大陸の南部を中心に急速に繁殖した．そのため，農産物と畜産物に多大な被害をもたらした．そこで，1950年にウサギ粘液腫ウイルスを南米から導入した．当初ウイルスは99％以上の致死率を保有していた．この高病原性ウイルスは，蚊によって急激に広められた．農民も次々とこのウイルスを野生のウサギに接種した．

当初，蚊のいなくなる夏の終わりとともにその病気もなくなると考えられた．感受性のウサギの多くがウイルスによって死に，冬の間は蚊による伝播がほとんど起こらないと考えられていたからである．これは確かに局地的には起こっていたが，大陸全体には起こらなかった．ウイルスは生存するために，致死率を減弱することにより，蚊の少なくなった冬の間，ウサギの体内でウサギを殺すことなく長期間生存した．3年以内にこの弱毒化したウイルスがオーストラリア中の主流となった．まだウサギ撲滅作戦は続けられ，致命的な発生はあったが，翌年まで広がり続けたウイルスは弱毒株であった．弱毒化したウイルスだけが蚊によって伝播される可能性があったからである．このように強毒株は弱毒株によって置き換えられていったが，まだそれらの多くは70～90％のウサギを殺すビルレンスを保持していた．

ウサギ粘液腫から回復したウサギは再感染に耐性化する．しかし，野ウサギの寿命は1年以内であるので，免疫はそれほど粘液腫ウイルスの広がりに影響を与えなかった．しかし，10％のウサギが生き残る弱毒化したウイルスの出現は，遺伝子的にウイルスに耐性なウサギの出現を許した．この耐性のウサギが急速に繁殖を始め，7年以内には低病原性ウイルスによる致死率は90％から50％にまで低下した．しかし，この耐性のウサギの出現により強毒株もウサギ間での伝播が可能になり，強毒なウイルスも発生を繰り返している．

このように，ウイルスと宿主ともに変異を引き起こすことによってウイルスと宿主の究極のバランス関係が成立し，共存関係が成立した．最終的に，オーストラリアではウサギが減少はしたものの，未だに農民を悩ませている．

ウイルスは宿主の細胞を必要とするため，宿主を殺さぬよう，宿主は壊滅的な被害を受けながらウイルスに殺されないように進化してきた．ヘルペスウイルスは宿主が健常な際には潜伏感染という手段をとって，宿主の免疫系が弱まったときに再発を繰り返す．これも長い歴史の中でウイルスが変異を繰り返し宿主と共存関係を成り立たせた結果の一つであると思われる．

6.6　ウイルスの不活化

細胞外のウイルスが物理的あるいは化学的処理

により感染性を失うことを不活化（inactivation）という．これら不活化要因に対するウイルスの抵抗性は，ウイルスの種類によって異なる．

不活化には，ウイルス核酸，タンパク質，エンベロープのいずれかの因子が破壊されることが必要となるため，ウイルスの物理的・化学的刺激に対する反応性を知ることは，ウイルス感染の阻止，ウイルス分離，ワクチン製造に重要となる．

a. 物理的処理

1) 熱

一般に，60℃の加熱でウイルスは完全に不活化される．しかし，A型肝炎ウイルスなどは60℃1時間の加熱でも感染性の残存がみられるなど，例外もある．高温による感染性の消失は，ウイルスによって大きな差があるが，エンベロープを有するウイルスはきわめて速くその感染性を消失する．高温に比べて4℃の低温ではウイルスは活性を失いにくい．特に，ドライアイス（−70℃）や液体窒素（−196℃）では，数年の単位でその活性が保持されているものもある．一般的に，ウイルス液やウイルス検査材料の保存は−80℃が適している．しかし，凍結と融解の繰り返しは，ウイルスの活性を徐々に低下させるので注意を要する．

2) 放射線

ウイルスは，X線や紫外線などの高エネルギー粒子の作用によって不活化される．X線によっては，ウイルスタンパク質と核酸内部の共有結合の断裂により不活化される．2本鎖核酸は1本鎖核酸に比べると感染性を消失しにくい．その理由として，2本鎖核酸は相補的なポリヌクレオチドの同じところに断裂が起こらなければ核酸の切断が起こらないのに対して，1本鎖核酸では断裂はすなわち切断を意味するため，急速に感染性を失うためである．2本鎖核酸を有するウイルスは，1本鎖を有するウイルスに比べて数倍失活しにくい．

また，核酸の大きさも不活化に影響を与える．核酸が10万Da以下になると，放射線に対する抵抗性は増大する．

紫外線はピリミジン塩基の二量体を形成することにより，遺伝子の機能を阻害し，ウイルスを不活化する．波長260 nmで核酸に傷害を与えるのに対し，235 nmではタンパク質変性を引き起こす．

3) pH

一般的にウイルスはpH 5〜9の間では安定である．しかし，酸には抵抗性が弱く，pH 4.5以下では不活化される．

4) 湿度

一般的に，湿度が低いとウイルスは不活化されやすい．すなわち，湿潤状態よりも乾燥した方が速く不活化される．特に，呼吸器系のウイルスではそれが顕著である．また，エンベロープを有するウイルスは，乾燥によりエンベロープが破壊されるため，不活化されやすい．

b. 化学的処理

化学的処理によるウイルスの不活化には，ウイルス粒子表面に損傷を与え，その結果としてウイルス感染が妨害されるか，ウイルス核酸に傷害を与えて機能を妨害する場合がある．

1) 脂質溶剤

エーテル，クロロホルム，デオキシコール酸ナトリウムなどの脂質溶剤によりエンベロープを有するウイルスは急激に感染性を失う．一方，脂質二重層からなるエンベロープをもたないウイルスは，これらの処理に抵抗性である．この不活化作用の違いを利用して，糞便などをクロロホルムなどで処理することにより，耐性のウイルスのみを分離する方法も試みられている（カリシウイルスなど）．

2) 化学消毒薬

次亜塩素酸ナトリウム，グルタールアルデヒド，ホルマリン，フェノール（石炭酸），塩素などは，ウイルスを不活化するが，細菌に比べてウイルスはこれらの処理に抵抗性であり，特にエンベロープをもたないウイルスは抵抗性が強い．また，これらの消毒薬は，ウイルスが含まれる材料（糞便・尿）などに存在するタンパク質などの有機物により，その作用が弱められる．

不活化ワクチン製造の際，ウイルスはホルマリンやβ-プロピオラクトンにより不活化される場合が多い．

6.7 ウイルスの濃縮と精製

ウイルス粒子の濃縮および精製は，ワクチンの

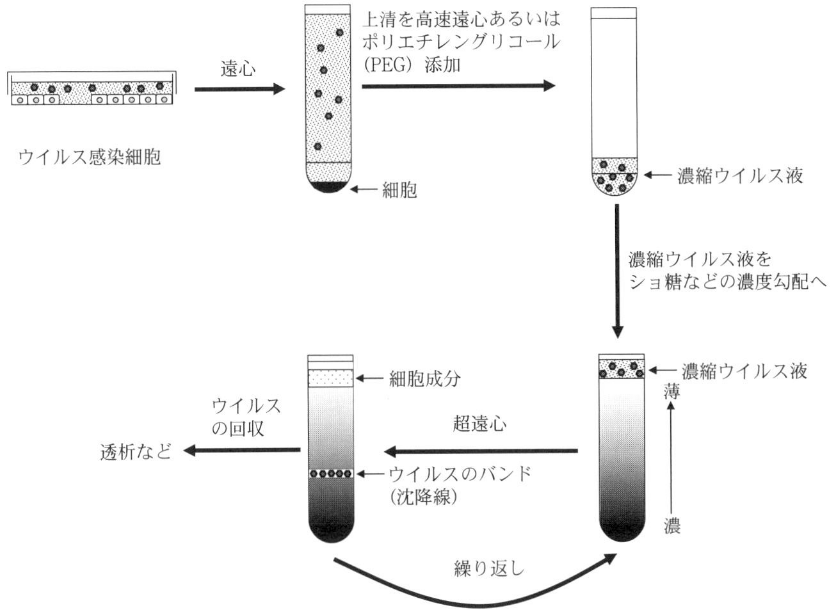

図 6.19　ウイルス粒子精製の概略

製造や抗血清の作製などで必要不可欠な技術である(図 6.19). ウイルスの濃縮・精製の第 1 段階としては, 大量のウイルスが必要となる. そのため, ウイルスの増殖に適した培養細胞, 発育鶏卵, 実験動物を用いる. 特に, エンベロープを有するウイルスは, 物理的・化学的処理により容易に失活するため, できる限り培養液に放出されるウイルスを出発材料とすべきである. 培養上清中のウイルスは, ポリエチレングリコール (PEG) 法, 硫酸アンモニウムを用いた硫安沈殿法などにより濃縮する. 一方, エンベロープをもたないウイルスはエーテル, アセトン, エタノールなどの有機溶媒や, ラウリル硫酸ナトリウム (ドデシル硫酸ナトリウム：SDS) などの界面活性剤の処理にも抵抗性であるため, 宿主成分の混入があっても精製が可能であり, 感染細胞を超音波破砕, ホモジナイズ, 凍結融解などにより細胞からウイルスを遊離させる. 精製法はいくつか存在するが, 1 種類で行う場合や数種類を組み合わせて行う場合など, ウイルスによって異なる.

また, ウイルスは均一な粒子であるため, 培養上清をそのまま超遠心することにより, 沈殿としてウイルスを回収する方法もある. しかし, 遠心の重力でウイルスの粒子の凝集や不活化が起こることがあるため, 塩化セシウム (CsCl) やショ糖などの高濃度溶液を緩衝剤として用いることにより, ウイルス粒子を濃縮することも多い.

以下に, 代表的な精製法を示した.

a. 超 遠 心 法

1) 分画遠心法

細胞成分を低速で除去した後, 一定時間超遠心することにより, ウイルス粒子が沈殿に含まれる. ヘルペスウイルスやレトロウイルスなどの大型エンベロープウイルスの濃縮に用いられる. ヘルペスウイルスの場合, 15,000 rpm 60 分間の遠心で約 80% のウイルスが沈殿に集まる. しかし, この方法は非常に重力がかかるため, アデノウイルスなどは感染性を失う.

2) 濃度勾配平衡遠心法 (図 6.20)

ウイルス粒子と溶媒の密度差がなくなると, それ以上粒子は沈降しない. そこで, 適当な濃度勾配を作製した遠心管にウイルス液を重層し, 遠心すると, ウイルス粒子は固有の密度を有しているため, あるところに帯状に沈降する. 多くのウイルスは 1.16～1.43 g/cm^3 の範囲に入る. 一般にエンベロープを有するウイルスや, 核酸に比べてタンパク質の多いウイルスは密度が小さい. ショ糖, CsCl, 臭化カリウム (BrK), 酒石酸カリウム ($K_2C_4H_4O_6$) などの塩類が用いられる. しかし, ショ糖は粘度が高いため, 60% 以上では密度の高いウイルスの精製には使用できない. $K_2C_4H_4O_6$ は

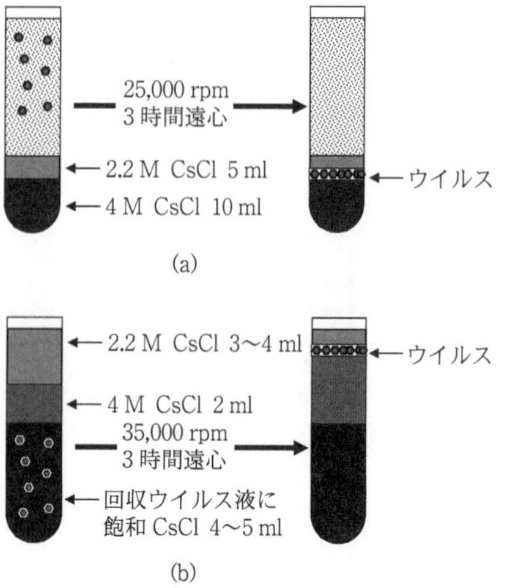

図 6.20　ウイルス精製の実際（アデノウイルス）
① ウイルス感染細胞を低速遠心で回収，② 超音波破砕，③ 8,000 rpm 20 分間遠心し，上清を回収，④ ウイルス上清を 4 M（mol/l）塩化セシウム（CsCl）と 2.2 M 塩化セシウムの上に重層(a)，⑤ 25,000 rpm 3 時間遠心，⑥ 4 M と 2.2 M の塩化セシウムの溶液間にウイルスバンド（沈降線)→回収，⑦ 等量の飽和塩化セシウム溶液を混合，⑧ さらに 4 M と 2.2 M の順に塩化セシウムを重層(b)，⑨ 35,000 rpm 3 時間遠心，⑩ 4 M と 2.2 M の塩化セシウムの間にウイルスバンド→回収，⑪ グリセロール加リン酸緩衝液で一晩透析.

安価であるため大量の試薬を用いる際に使われ，CsCl はあらかじめ濃度勾配をつくらなくても長時間遠心を行うことによって，自然に濃度勾配ができるため汎用されている.

高濃度の塩溶液中では活性を失うウイルスがあることに注意する.

b. 吸着を利用する方法

ウイルスは高分子の核タンパク質であることから，タンパク質の精製に用いられるリン酸カルシウムゲルやイオン交換樹脂などを用いて精製できる.

リン酸カルシウムゲルであるハイドロキシアパタイトなどは吸着剤としてウイルスの精製に用いることができる．また，イオン交換樹脂に吸着しにくいウイルスの性質を使用して，細胞成分を吸着させることにより，効果的に不純物を除く方法も有効である.

また，カオリンや炭末，セライトなどの吸着剤に吸着させ，洗浄後，pH を調整してウイルスを再浮遊させる．たとえば，タバコモザイクウイルスは pH 4.5 でセライトに吸着後，pH 7.0 で遊離し，精製する.

インフルエンザウイルスなどでは，ウイルスの赤血球への吸着能を利用して精製する方法がある．4℃ で赤血球にウイルスを吸着させ，37℃ で赤血球よりウイルスを遊離することができる.

c. 沈　殿　法

ウイルスは，粒子表面に固有のイオン型を有することから，溶液中のイオン濃度や pH を変化させると粒子の荷電と中和が起こり，等電点でウイルスは沈殿する．沈殿物に再び適当なイオン環境を与えると再び解離するため，ウイルスの精製が可能となる．しかし，この方法は，ウイルスのイオン型が細胞由来タンパク質などの不純物の有するイオン型と異なっていることが必要となる.

高分子タンパク質溶液に有機溶剤を加えて誘電率を変化させると溶解度が変化し，それを取り巻くイオン環境が引き続き変化し，沈殿が析出する．この原理を利用し，冷メタノール，エタノール，PEG を加えるとウイルスが沈殿する.

ウイルスと特異抗体を混合して遠心すると，ウイルス抗体複合体が沈殿する．このウイルス抗体複合体にタンパク質分解酵素を作用させることにより，抗体だけを消化し，ウイルスを精製することができる．酵素以外にヨードカリを用いて抗体を分離する方法もある.

d. 有機溶剤利用法

ワクチニアウイルスなどの大型のウイルスは，フルオロカーボンを加えて攪拌すると，ウイルスは水層に残り，その他のタンパク質はフルオロカーボン層に取り込まれる．これを利用して精製する.

e. 溶媒分子間の分配を利用する方法

高分子物質が 2 種類の溶媒間に存在するときは，一方の溶媒層にのみ選択的に分配される．ウイルス粒子をデキストラン硫酸塩と PEG の混合液に加えて放置すると，ウイルス粒子は 2 層のいずれかに特異的に分配される．デキストランとともに用いられる物質として，メチルセルロースやポリビニルアルコールなどがある．これら溶媒の組み合わせにより種々のウイルス粒子をデキストラン層に濃縮できる．また，デキストランとPEGの比率を変えることにより，ウイルス粒子をPEG層に移し変えることも可能になる．

f．酵素処理による方法

大部分のウイルスは正常状態では，タンパク質分解酵素や核酸分解酵素に対して抵抗力があるので，タンパク質分解酵素を用いて夾雑物を分解して精製する．

g．免疫吸収カラムを利用する方法

ウイルス特異抗体を活性化したセファロースに吸着した後，カラムに充塡し，これにウイルス液を通してウイルスを吸着させ，緩衝液で洗浄後，酸性溶液でウイルスを溶出する．特異抗体の代わりに特異的にウイルスに吸着活性のあるコンカナバリンA（ConA）を利用することある．

h．その他の方法

ポリオウイルスのような小型ウイルスに有効な電気泳動を利用した方法や，限外濾過法などがある．

6.8 ウイルスワクチン

ウイルスの予防の歴史は1796年のJennerの天然痘に対する予防に始まる．Jennerは，牛飼いがウシから牛痘に感染していたために，よく似た天然痘にかからないことを見出した．それを応用してあらかじめ牛痘を感染させることにより，天然痘を予防することに成功した．

その約100年後にPasteurがワクチンの概念を広く感染症に応用した．その中でも狂犬病への適用は特筆すべき事例である．

1950年代に入ると培養細胞の技術が確立し，多くの生ワクチンや不活化ワクチンが作製された．

現在は，遺伝子工学の技術を利用した新たなワクチンの開発が行われている．今のところは弱毒生ワクチンや不活化ワクチンが主流ではあるが，遺伝子工学を用いたワクチンがそれらをしのぐ勢いで開発され，一部では応用されている．

感受性動物にあらかじめ免疫を付加することにより感染症の予防を行うことを，予防接種（vaccination）という．ワクチンの普及により，多くの感染症の予防に成功しているが，感染症の性質により，ワクチンが未開発の感染症もある．

ヒト用のワクチンと動物用ワクチンではいくつかの重要な違いがある．多くの国では，動物感染症に対するワクチンの製造元やその使用に関する規制はヒトのワクチンの規制に比べてはるかに緩やかである．その証拠に，ヒトでは10数種類のワクチンしか認められていないのに，動物には数多くのワクチンが認められている．ほんのわずかなワクチンの副作用ですらヒトへのワクチンの使用の主要な反対の理由になるのに対して，動物医療では，ワクチンが効果的でその病気を制圧できないことによる損害の可能性が高いなら，多少の副作用は許されている．

これまでワクチンといえば弱毒生ワクチンと不活化ワクチンの2種類であったが，現在は遺伝子工学の発展に伴い，より複雑になってきている．大規模に製造されているワクチンの多くは，弱毒生ワクチンと不活化ワクチンであるが，組換えDNA技術を用いて，安全性，効果，開発費用の面で優れたワクチンが開発されてきている．DNAワクチンの開発は，その典型的な例といえよう．

生ワクチンは，ワクチン接種動物体内で増殖し，その間，生体内で多くの抗原を発現し，宿主の免疫を刺激している．生ワクチンの最大の特徴は，不活化ワクチンやサブユニットワクチンよりも自然感染によって誘導される免疫に似ている点である．

不活化ワクチンは，その感染性を化学的あるいは物理的処理により失活しているため，誘導される免疫は弱く，特に細胞性免疫の誘導はほとんどない．また，免疫の持続時間も短く，最終的には感染を防御する能力は非常に弱い．しかし，便利で安全な不活化ワクチンは入手しやすく，広く用いられている（表6.4）．

a．種　　類

1）生ワクチン

安全であると証明されたなら，弱毒生ワクチンは最善なワクチンであると考えられる．弱毒生ワクチンのいくつかは，ヒトおよび動物の重要な感染症の制圧に役立っている．弱毒生ワクチンの多くが皮内あるいは筋肉内接種であるが，いくつかは経口投与であり，まれではあるが経鼻噴霧，ま

表 6.4　各種ワクチンの特徴の比較

特徴	弱毒生ワクチン	不活化ワクチン	DNA ワクチン
接種経路	注射，経鼻噴霧，経口	注射	注射（遺伝子銃も）
接種ウイルス量	少量	大量	−
接種回数	1 回（一般的に）	頻回	1 回（一般的に）
アジュバント	不要	必要	不要
免疫の持続	長	短	長
誘導される抗体	IgG，IgA（粘膜接種時）	IgG	IgG
細胞性免疫	誘導	弱	誘導
熱安定性	低	高	高
価格	安	高	高
病原性復帰	有	無	無
副作用	有	有	不確定
移行抗体の影響	有	無	無

た，養鶏においては飲水投与もある．弱毒生ワクチンの特徴は，病気を引き起こさずにワクチンウイルスが動物体内で増殖し，持続性の免疫反応を誘導できる点である（表 6.4）．結果として弱毒生ワクチンは，不顕性感染によく似ている．

生ワクチンには，いくつかの種類がある．

i）　自然界に存在するウイルス由来ワクチン

1796 年に Jenner により使用された天然痘の予防のためのワクチンは，牛痘ウイルスであった．このウイルスはヒトにも中程度の病気を引き起こすが，痘瘡ウイルスと抗原的によく似ているため，天然痘による重篤な病気に対して防御することが可能であった．同様の原理がシチメンチョウヘルペスウイルスを用いたニワトリのマレック病の予防や，ウシロタウイルスを用いたブタロタウイルスからの子ブタの予防に応用されている．

ニワトリ伝染性喉頭気管炎ウイルスなどでは，強毒株を自然感染とは異なる経路で接種することにより，古くから獣医学領域ではワクチンとされてきた．

ii）　培養細胞での高継代による弱毒ワクチン

最も一般的に使用されている生ワクチンは，培養細胞で長期間継代したウイルスに由来する．細胞として，自然宿主由来あるいは異宿主由来の細胞が用いられる．細胞で増殖を繰り返し馴化したウイルスは，自然宿主への病原性を消失している．病原性の消失は一般的にマウスで確認され，その後，宿主で評価される．ワクチンは弱毒化しすぎると生体内での増殖性がなくなってしまうため，若干のビルレンスを保持しているものが用いられることもある．

高継代により，ワクチンウイルスは数多くの変異を蓄積し，弱毒化する．その結果，病原性，組織親和性などが異なっている．たとえば，強毒ウイルスは全身感染を引き起こすのに対して，継代株は呼吸器から導入した場合は，呼吸器でのみ増殖し，経口で導入した場合は消化管の特定の上皮細胞でしか増殖できないなどである．

iii）　異種動物で継代した弱毒ワクチン　異種動物で継代は経験的にワクチンとして使用できる弱毒ウイルスを得るための伝統的な方法である．たとえば牛疫ウイルスとブタコレラウイルスでは，ウサギに馴化させ，継代を繰り返すことにより得られたウイルスを初期のワクチンとして使用していた．多くのウイルスが同様の方法で発育鶏卵での継代を繰り返すことにより生ワクチンとして使用された．

iv）　低温馴化変異体　正常体温より高い温度では増殖できない ts 変異体は一般的にビルレンスを減弱しているため，生ワクチンの製造に適していると考えられた．しかし，1 つ以上の ts 変異体が混合したワクチンを接種すると生体内で増殖する間に病原性を復帰する可能性がある．低温馴化変異体は，経鼻投与しても哺乳動物では一般的に約 33℃ の鼻腔内でのみ増殖でき，温度が高い気管支や肺では増殖できない．ほとんどすべての遺伝子に変異を有する低温馴化インフルエンザウイルスには，病原性の復帰も認められず，1997 年にアメリカで許可された．

2）　不活化ワクチン

不活化ワクチンは，一般に強毒株からつくられる．化学的・物理的処理により免疫原性を保持しながら感染性が消失している．適切な処理により安全性は高いが，生ワクチンとは異なり十分な防

表 6.5 世界で使用されている主な狂犬病ワクチン

種類	由来	処理法	ウイルス株	主な使用国・地域
フェルミ	ウサギ，ヤギなど動物脳	フェノール（石炭酸）による弱毒，減毒	Pasteur	アフリカ，アラブ
センプル	ウサギ，ヤギなど動物脳	フェノール，β-プロピオラクトン	Pasteur	発展途上国
乳呑みマウス	乳呑みマウス脳	β-プロピオラクトン，紫外線，フェノール	CVS, Chile canine 51, Chile human 91	南米
精製アヒル胎子	アヒル胎子	β-プロピオラクトン	Pitman Moore	アメリカ，スイス
ニワトリ二倍体細胞	ニワトリ二倍体細胞	β-プロピオラクトン	Pitman Moore	世界中
初代ニワトリ胚細胞	初代ニワトリ胚細胞	β-プロピオラクトン	HEP Flury	日本
精製ニワトリ胚細胞	精製ニワトリ胚細胞	β-プロピオラクトン	LEP Flury	ヨーロッパ，アフリカ，アジア
Vero 細胞	Vero 細胞	β-プロピオラクトン	Pitman Moore	ヨーロッパ，アフリカ，アジア
初代ハムスター腎細胞	初代ハムスター腎細胞	紫外線	Vnukovo-32	ロシア，東欧
初代ハムスター腎細胞	初代ハムスター腎細胞	ホルマリン	Beijing	中国
初代ウシ胎子腎	初代ウシ胎子腎	β-プロピオラクトン	Pasteur	フランス
初代イヌ腎細胞	初代イヌ腎細胞	β-プロピオラクトン	Pitman Moore	オランダ

御免疫を付与するには，大量の抗原を必要とする．初期のワクチンでは 2～3 回のワクチン接種が必要となり，免疫を維持するために定期的な追加接種（booster）も必要となる（表 6.4 参照）．

ウイルスの不活化には，ホルマリン，β-プロピオラクトン，エチレンイミン（ethylenimine）などが用いられる（表 6.5）．狂犬病のワクチンに使われる β-プロピオラクトンと口蹄疫の不活化に用いられるエチレンイミンは，数時間以内に加水分解されて無毒化してしまうという利点を有する．ウイルスが凝集しているとその中心に存在するウイルスが不活化されない場合があるので，不活化前には凝集塊をなくしておくことが重要である．過去に，この凝集塊による不活化の失敗が，ワクチン由来感染症の流行として口蹄疫などで発生している．

3) 精製タンパク質ワクチン

デオキシコール酸ナトリウムなどの脂質溶剤はウイルスのエンベロープに存在する糖タンパク質などを可溶化するために用いられている．分画遠心によりこれら糖タンパク質を半精製して，ワクチンとして用いる．ヘルペスウイルス，インフルエンザウイルス，コロナウイルスなどで用いられている．

4) 感染体から精製されたウイルスタンパク質ワクチン

ヒトの B 型肝炎の初期ワクチンは，慢性 B 型肝炎患者の血液からウイルスの表面抗原が調製され，ワクチンとして用いられた．

5) 組換え DNA ワクチン技術により作製されたワクチン

i）遺伝子の欠損により弱毒化されたワクチン ワクチン株のビルレンスの復帰による問題は，病原性に関与する非必須遺伝子を欠損させることにより回避することができる．特に，大型の DNA ウイルスは，少なくとも培養細胞での増殖に必須ではない遺伝子を多くもっている．これらの遺伝子を欠損させて継代しても安定なウイルスの作出がなされている．ヘルペスウイルスであるオーエスキー病ウイルスではチミジンキナーゼ（TK）遺伝子組換え技術を用いて，欠損したウイルスが広くワクチンとして使用されている．さらに，TK 遺伝子以外に gE，gC，gG などの抗体の誘導に関与する遺伝子も欠損することにより，安全性を高めるとともにワクチン接種動物と自然感染動物の識別をすることも可能にした．この識別可能なワクチンは，ウイルスの撲滅計画に利用されている．

ii）発現タンパク質を用いたワクチン 組換え DNA 技術の進歩に伴い，ウイルスタンパク質の大量の産生が可能となった．あるタンパク質が感染防御免疫を誘導することが可能な場合，その遺伝子を発現プラスミドに組み込み，発現細胞系を用いて大量発現を行う．もし免疫原となるタンパク質が糖タンパク質の場合は，真核細胞系を用いることにより，糖鎖修飾と適切な立体構造を維持することができる．

真核細胞での発現としては，酵母（yeast），昆虫細胞（*Spodoptera frugiperda*）やさまざまな哺乳動物細胞が用いられる．酵母の発現系は，産業レベルで大量にタンパク質を発現できる実績があり，B型肝炎ワクチンは人為的に発現された最初のワクチンである．昆虫細胞に関しては養蚕業での経験があり，蛾由来細胞や幼虫に組換えバキュロウイルスを感染させることにより，大量のウイルスタンパク質の精製が可能である．哺乳動物細胞は，酵母や昆虫細胞よりもさらに正確な翻訳後の修飾（糖鎖修飾など）が可能である．

iii） ウイルス様粒子を用いたワクチン エンベロープをもたない球形ウイルスのカプシドタンパク質を発現すると，カプシドタンパク質が集積してウイルス様粒子（virus-like particle：VLP）を形成する．ピコルナウイルスやカリシウイルス，ロタウイルス，オルビウイルスなどのカプシドが，VLPをつくる．VLPは核酸を含んでいないため安全であるとともに，不活化ウイルスとは異なりウイルスを不活化する必要がないため，抗原決定基が損傷を受けることもない．

iv） 細菌をベクターとしたワクチン タンパク質を発現・精製して使用するよりも，宿主に感染する細菌の表面に防御抗原を発現あるいは細菌から分泌させてワクチンとして利用する方法である．挿入された遺伝子の産物が細胞内輸送を阻害せず，安定かつ機能的である場合，細菌により発現されたタンパク質は免疫原として機能する．現在，大腸菌（*Escherichia coli*）や *Salmonella* 属菌，*Mycobacterium* 属菌の弱毒化株がベクターとして開発されている．これらの組換え抗原を発現する細菌ベクターは腸内で増殖し，持続的に免疫を刺激し，粘膜免疫の誘導が可能である．

v） ウイルスをベクターとしたワクチン

① DNAウイルス： ウイルスゲノムDNAに外来遺伝子を挿入することにより，組換えウイルスを作製する．この組換えウイルスは細胞へ感染し増殖する際に外来遺伝子産物も発現する．細胞内でタンパク質を発現することにより，液性免疫だけでなく細胞性免疫の誘導も可能となる．これは，B型肝炎ウイルスの表面抗原をワクチニアウイルスのTK遺伝子内に導入することにより作製された．その後，多くの遺伝子がワクチニアウイルスに導入されたが，その中でも狂犬病ウイルスの遺伝子を組み込んだ組換えワクチニアウイルスは餌に混ぜることによって，経口的にキツネやアライグマを狂犬病から予防することに成功した．

また，ワクチニアウイルスは巨大なDNAの挿入が可能であるため，多くの抗原遺伝子を1つのウイルスゲノムに挿入することにより，多価ワクチンとして機能できる．鶏痘ウイルスは鳥類用のワクチンベクターとして用いられるが，さらに鶏痘ウイルスとカナリア痘ウイルスは，ヒトを含めた哺乳動物では増殖できないが，導入遺伝子は細胞内で発現し，免疫を誘導することができる．現在，ワクチニアウイルス由来の細胞内での増殖能が著しく低下したmodified vaccinia Ankara（MVA）も，ヒトへのワクチンベクターの候補となっている．

これまで，ワクチニアウイルスに狂犬病を組み込んだワクチンがヨーロッパのキツネとアメリカのアライグマを対象に実施され，牛疫を組み込んだワクチンがアフリカで応用され，カナリア痘ウイルスをベクターとして使用した組換えワクチンも応用されている．ワクチニアウイルス以外にも，ヘルペスウイルスやアデノウイルス，パルボウイルスもベクターとして有用であることが証明されている．

② RNAウイルス： シンドビスウイルス，ピコルナウイルス，センダイウイルスなどのRNAウイルスも，さまざまな感染症に対するワクチンベクターとして研究されている．

vi） キメラウイルスを用いたワクチン ある種のウイルス株は，安全性や増殖性に関してよく研究されているので，同じ種のあまり解析されていない遺伝子をよく性状のわかっているウイルス株に組み換えることにより，ワクチンとして使用する試みも行われている．黄熱病に対して広くワクチンとして使用され，解析もされてきた17D株のprM-E領域を新規発生した西ナイルウイルスや，日本脳炎ウイルスのprM-E領域と組み換えることにより，キメラウイルスワクチンの作出が試みられている．このように，キメラウイルス（chimera virus）は新規に単離されたウイルスに対するワクチンとして有用である．

インフルエンザウイルスや他の分節型ウイルスでは，このようなキメラウイルスの作出が遺伝子組換え技術の発展以前から行われてきた．これは同時に異なるウイルスを細胞に感染させることにより，遺伝子再集合が起き，キメラウイルスが作出される．増殖性のよいワクチンウイルスと最近の流行ウイルスとが遺伝子再集合を引き起こすと，産生されたウイルスの中にキメラウイルスが生じている．そこから増殖性がよく，流行株の免疫原性を保持したキメラウイルスを選択，クローニングし，ワクチンとして用いている．

6) 合成ペプチドワクチン

ウイルス中和抗体の標的となるエピトープのアミノ酸配列を人工的に合成してワクチンとして使用する．口蹄疫や狂犬病など多くのウイルスに対して試みられてきたが，問題点が多い．その一つとして，中和抗体の標的となる領域は立体構造に依存しているため，エピトープとなるアミノ酸配列の特定が困難であることがあげられる．合成ペプチドによって誘導される中和抗体は，精製された完全な立体構造を保持しているタンパク質や不活化ワクチンよりも活性が低い．

一方，T 細胞によって認識されるエピトープは配列が短く，直鎖状である．ウイルスによっては T 細胞のエピトープが保存されているため，交差反応性の T 細胞が誘導される．現在，T 細胞エピトープと B 細胞エピトープをつないだペプチドの開発が行われている．

7) 抗イディオタイプ抗体

抗体の抗原認識部位は，イディオタイプ（idiotype）として知られている特異なアミノ酸配列をもっている．抗イディオタイプ抗体は抗原と同じようにイディオタイプに結合するため，抗イディオタイプ抗体は抗原と同じ作用を有しており，抗体の産生を促すことが可能になる．すなわち，中和抗体に対する抗イディオタイプ抗体を免疫することにより，中和抗体の誘導が可能となる．レオウイルスの S 1 タンパク質に対する中和モノクローナル（単クローン）抗体に対する抗イディオタイプ抗体を接種したマウスでは，中和抗体が誘導された．また，パラインフルエンザウイルスに対する T 細胞受容体に対する抗イディオタイプ抗体は，液性免疫と細胞性免疫を誘導した．実用化へ向けての検討すべき課題は多いが，安全性の面では保証される．

8) DNA ワクチン

1990 年代に開発された DNA ワクチンは，目的の抗原をコードする遺伝子を真核細胞用発現プラスミドに導入して，その精製プラスミド DNA を動物に接種するだけで，液性免疫ならびに細胞性免疫が誘導できる．この手法は，感染症に対するワクチンばかりでなく抗腫瘍免疫の誘導や抗アレルギー治療にも広く応用される．また，作製が簡単なことから免疫原のスクリーニングにも用いることができる．

筋肉内接種が普通であるが，1～3 μm の金粒子にプラスミド DNA を付着させ，遺伝子銃（gene gun）で経皮的に接種する方法もある．接種されたプラスミド DNA は，炎症時に浸潤してきた骨髄由来の抗原提示細胞に取り込まれ，近隣のリンパ節で抗原提示を行うという説が有力である．

DNA ワクチンの利点は，純度が高く，安定であり，単純であり，多くの抗原を同時に導入することが可能であり，細胞で発現された抗原は立体構造を保持しており，免疫原として優れている点である（表 6.4 参照）．繰り返し免疫も干渉なしで行うことができ，抗体，ヘルパー T 細胞（Th 細胞）や細胞傷害性 T 細胞（キラー T 細胞）も誘導できる．また，接種の際に移行抗体の影響を受けないのも大きな特徴といえる．

欠点としては，抗 DNA 抗体の出現による自己免疫疾患の可能性，宿主の染色体に取り込まれることによる腫瘍を引き起こす可能性，連続して抗原を発現するため免疫寛容を誘導する可能性などがあげられている．しかし，プラスミドは複製起点をもたず，これまで知られているような染色体へ取り込まれる配列をもっていない．

b．免疫を増強させる方法

不活化ワクチン，サブユニットワクチン，ペプチドワクチンによる免疫誘導は単独では弱いため，増強させる必要がある．そこで抗原をアジュバント（adjuvant）と混合したり，リポソームに取り込ませたり，免疫刺激複合体（immuno-stimulating complex : ISCOM）に取り込ませたりすることにより，免疫誘導能を増強させる．

1) アジュバント

アジュバントは，ワクチンと混合させたとき，液性免疫と細胞性免疫両方または一方をより少量の抗原で誘導できるものをいう．アジュバントの作用は種類により異なるが，① 抗原の放出を持続させる，② マクロファージを活性化することによりサイトカインなどの放出を促してリンパ球を誘導する，③リンパ球の活性化させるなどがある．一般的に使われているアジュバントは，水酸化アルミニウム（alum）やミネラルオイルである．

2) リポソーム

リポソームは，ウイルスタンパク質を取り込んだ人工の脂質膜をいう．エンベロープタンパク質が抗原として使われた場合，あたかもウイルスのエンベロープのようになる．これは，核酸を有しないウイルスエンベロープ様構造を形成し，アジュバント活性を有している．

3) 免疫刺激複合体（ISCOM）

エンベロープタンパク質や合成ペプチドをコレステロールとともにQuilAとして知られる配糖体と混合すると，直径40 nmの粒子を形成する．獣医学領域でも開発されている．

4) CpGモチーフ

細菌由来のDNAには非メチル化のCpGモチーフが数多く存在し，ヒトの場合はB細胞と樹状細胞(dendritic cell：DC)表面に存在するToll様受容体（Toll-like receptor：TLR）9に結合して免疫を活性化させる．特にB細胞が活性化されることによりインターロイキン(IL)-6，IL-12が産生され，IL-12により免疫系をI型ヘルパーT細胞（Th 1）に移行させる．このように非メチル化CpGモチーフは免疫系を活性化させ，特に抗体の産生とTh 1反応の誘導はアジュバントとして期待されている．

c. 効果と安全性に影響する因子

1) 干　　渉

弱毒生ワクチンは，経口，経鼻により接種された場合，腸管あるいは呼吸器での増殖がその効果に影響する．ワクチンウイルスと腸管や呼吸器に存在するウイルスとの間で干渉が起こる場合がある．過去に異なる2種類の弱毒ウイルス（ブルータングウイルス）を混合したワクチンを接種した場合，実際に干渉が起こった．また，イヌパルボウイルスは免疫抑制効果があるため，イヌジステンパーのワクチン効果を干渉する可能性がある．

2) 遺伝子の安定性

いくつかのワクチンは，接種動物やそれと接触した動物で増殖する際にビルレンスを復帰する可能性がある．多くのワクチンは動物間で広がることができないが，徐々に変異が蓄積し，ビルレンスを復帰するかもしれない．ポリオウイルスの経口ワクチンで，きわめてまれではあるがこのようなビルレンスの復帰があり，ウシウイルス性下痢粘膜病ウイルスのts変異体でも遺伝子的な不安定さが報告されている．

3) 熱不安定性

弱毒生ワクチンは，周囲の温度が上がると不活化されやすい．特に熱帯地域では問題になる．ワクチン生産場所から実際にワクチン接種を行う地方にワクチンを冷やして運ぶことは非常に困難である．安定化剤や熱に強いワクチン株の選定，あるいは接種する直前に溶解する凍結乾燥を検討する必要がある．

4) 迷入ウイルス

ワクチンウイルスは，培養細胞や動物を用いて増殖させるため，動物や血清，細胞由来のウイルスが混入する可能性がある．1908年，ウシで作製された天然痘ワクチンに混入していた口蹄疫ウイルスがアメリカに侵入した．ニワトリに使用するワクチンを作製するために発育鶏卵を用いる場合も，注意が必要である．マレック病のワクチンに，細網内皮症ウイルスの混入例がある．

もう一つ重要なウイルス混入の原因は，細胞培養に用いるウシ胎子血清である．すべてのロットでウシウイルス性下痢ウイルスの検査は必須である．同様に，ブタの膵臓から抽出されたトリプシンにおけるブタパルボウイルスの混入も検査が必要である．弱毒生ワクチンはウイルスの混入の可能性が最も高いが，不活化ワクチンにおいても注意は必要である．迷入ウイルスによっては不活化されにくい場合もあるからである．

5) 妊娠動物への副作用

弱毒生ワクチンは一般的に妊娠動物に投与するべきではない．それらは時として流産を引き起こしまた催奇形性を有する．多くのウシ伝染性鼻気管炎のワクチンは，流産を引き起こすことがある．ネコ汎白血球減少症ウイルス，ウシウイルス性下痢ウイルス，ブタコレラウイルス，ブルータングウイルスワクチンは，催奇形性を有する．これらの副作用は，免疫をもたない妊娠動物に初めて接種した場合に起こる．妊娠動物に接種して初めてワクチンに混入したウイルスがわかることがある．イヌ用ワクチンにおけるブルータングウイルスの混入は，流産と妊娠犬の死をもたらした．

6) 不活化ワクチンによる副作用

いくつかの不活化ウイルスワクチンは病気を引き起こすことが知られている．麻疹（はしか）に対して作製された不活化ワクチンを接種したヒトが麻疹の自然感染を受けた場合に，重症の麻疹に陥ることがあった．同様の事例は，ネコ伝染性腹膜炎ウイルスのワクチンを開発する際にも起こった．これらは，抗体依存性感染増強（antibody-dependent enhancement）の影響であると考えられている．

d. 接 種 頻 度

1990 年代中ごろに，ネコのワクチン接種部位にワクチン関連性の線維肉腫が 3,000 例以上報告された．まだあまり解明されていないが，疫学調査より alum アジュバントを用いたネコ白血病と狂犬病の不活化ワクチンが疑われている．これを機会にアメリカではワクチン接種部位，接種間隔の基準を作成し，副作用報告システムの推奨がなされている．

e. 受 動 免 疫

ウイルスワクチンで免疫を活性化させる代わりに，免疫血清や免疫グロブリンを経皮接種することによって短期間の免疫を付与することをいう．異種動物の抗体では過敏反応が出現することがあるため，同種の抗体を用いるのが望ましい．その供給源として，正常な動物由来の免疫グロブリンが用いられる．これには多くの感染症に対する高い力価の抗体が含まれている．感染症から回復した個体の血清は，その感染症に対する高い抗体価を有している．また，免疫を繰り返すことにより，高い抗体価を得る場合もある．

また，妊娠動物を免疫することにより，卵や初乳中に含まれる移行抗体を介して新生子に免疫を付与する(乳汁免疫，母子免疫)．接種には不活化ワクチンが好ましい．接種は出産の約 3 週間前に行う．新生子の免疫系はあまり発達しておらず，生後数週以内に病気を引き起こすため，ワクチン接種が間に合わない感染症に用いられる．さらにニワトリ脳脊髄炎ウイルスの場合は，弱毒生ワクチンが幼雛には病気を引き起こしてしまうため，この方法をとる．

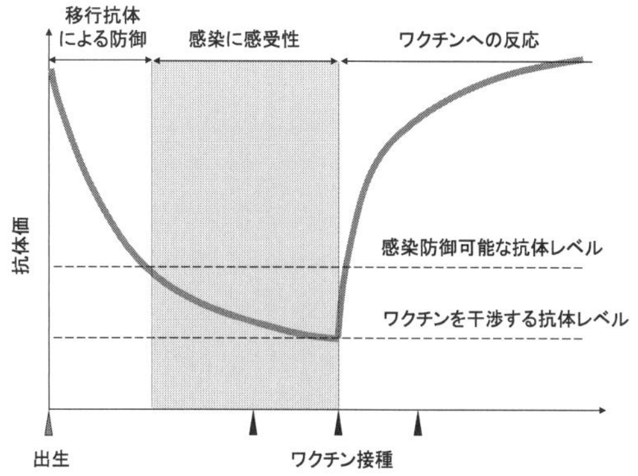

図 6.21 移行抗体とワクチン接種の関係
移行抗体が感染を防御できなくなっても，まだワクチンを干渉する時期がある．この時期は感染に感受性となる．この時期をできるだけ短くするようにワクチン接種を行う必要がある．

f. 接 種 時 期

多くの感染症において，幼若動物は罹患率・発病率・致死率が高い．そのため，たいていのワクチンは，生後 6 か月の間に行われる．胎盤，初乳，卵黄を介して移行抗体は新生子へ吸収され，ワクチンへの反応を阻害する．それゆえ，移行抗体の力価が減衰あるいはなくなるまでワクチンは遅らせるべきである．しかし，それは逆に感染の危険の期間を拡大することになる (図 6.21)．さらに，動物種により若齢動物は成体ほどワクチンに反応しない場合がある．ウマでは，育成馬になるまで不活化インフルエンザワクチンに反応しない．

g. ニワトリへのワクチン

ほとんどすべてのニワトリは，数種類のワクチンを接種している．ワクチンは非常に安価であるが，その接種方法も経済的に重要となる．飲水や噴霧によるワクチン接種の費用の軽減があるが，現在では，18 日齢の発育鶏卵に特殊な機械を用いて免疫する方法 (inovoject) が主流となっている．この方法により 1 時間に 4 万個の卵に接種が可能となる．最近では，ニューカッスル病のワクチンを餌のペレットに含ませる方法も開発されている．

6.9 抗ウイルス剤と化学療法

ウイルス感染症に対する根本的な治療法は，まだ多くは確立されておらず，対症療法が主体となる．さまざまな症状を軽減させるために薬剤を処方する．近年では，ヘルペスウイルス，ヒト免疫不全ウイルス（human immunodeficiency virus：HIV），インフルエンザウイルスをはじめとしたいくつかのウイルス特異的な治療薬が実用化されてきたが，まだその数は少ない．また，家畜においては実用化されているものは皆無といってよい．

ウイルスは細菌とは異なり，自身では増殖する機能を有しておらず，宿主細胞の代謝経路を利用している．そのため，ウイルスの増殖を抑制するためには，宿主細胞内における増殖機構の各過程を選択的に抑制する抗ウイルス物質を開発する必要がある．しかし，ウイルスの増殖機構が細胞に依存していることから，抗ウイルス作用を示す多くの物質は一般に宿主細胞への影響が大きいため，生体に副作用を示すことが多い．そのため，以前は抗ウイルス治療薬は不可能であると考えられてきた．しかし，ウイルス由来酵素の同定により，ウイルス由来酵素はウイルスの増殖に必須であり，かつ細胞由来の酵素とはかなり異なっていることが判明した．

この，細胞由来酵素とウイルス由来酵素の間で機能は似ているが構造は異なることを利用して，ウイルス由来酵素のみに作用する化合物があることがわかった．それ以降，ヘルペスウイルス，HIV，インフルエンザウイルスなどの多くのウイルスに対する治療薬が開発されている．

a. ヘルペスウイルス治療薬

最初の抗治療薬はヘルペスウイルスによる角膜炎の治療薬として用いられる5′-iodo-2′-deoxyuridine（IDU）であった．IDUは全身治療には毒性が強いため用いられないが，ヘルペスウイルスによる角膜炎の治療には重大な進歩をもたらした．しかし，ヘルペスウイルスによる脳炎の治療には効果がなかった．トリフルオロチミジン（trifluorothymidine：TFT）は，細胞の酵素により三リン酸化されるヌクレオチド誘導体である．このTFTはヘルペスウイルスのDNAポリメラーゼを阻害し，ヘルペス角膜炎や角膜潰瘍の局所治療薬として使用されている．

重篤なヘルペスウイルス病に効果がある抗ウイルス治療薬は，アデニンアラビノシド（adenine arabinoside：Ara-A，vidaravine）であった．これは細胞由来酵素により三リン酸化されるアデニンのヌクレオチド誘導体で，ヒトの単純ヘルペスウイルス（herpes simplex virus：HSV）のDNAポリメラーゼを抑制した．Ara-Aは静脈から導入され，ヘルペスウイルス脳炎の治療に成功した．

Ara-Aは，新生子ヘルペスや免疫抑制患者における水痘・帯状疱疹ウイルス（varicella-zoster virus：VZV）感染の治療にも効果がある．その類似物質であるAra-A一リン酸（Ara-Amp）を含む軟膏は，口唇ヘルペスの治療にも効果的であった．

他のヌクレオチド類似物質としては，ウイルス由来TKにより活性化され，ウイルスのDNAポリメラーゼを阻害するブロモビニルデオキシウリジン（bromovinyl deoxyuridine：BVDU）である．BVDUはヒト体内でブロモビニルウリジン（bromovinyluridine：BVU）に代謝され，肝毒性を有するため，ヒトには使用されなかった．しかし，BVDUに非常によく似た誘導体ブロモビニルウリジンアラビノシド（bromovinyluridine arabinoside：BVaraU，sorivudine）は人体に安全であり，かつ，VZVの最も効果的な抑制剤であることが示された．

1) acyclovir

acyclovirはグアノシド誘導体であり，ヘルペスウイルスのTKにより活性化され，細胞にはほとんど毒性をもたない最初のウイルス特異的治療薬である．acyclovirはヒトのHSV 1型と2型，VZVの特異的な治療薬である．acyclovirは細胞内でウイルス由来TK活性により急速にリン酸化される．HSV-1，HSV-2，VZV，Epstein-Barrウイルス（EBV）のTKはacyclovir monophosphate（ACVMT）の産生を引き起こすが，細胞由来TKはacyclovirをあまり基質としない．これはacyclovirが細胞毒性をほとんど有しない理由である．

2) acyclovirに対する耐性

acyclovir耐性の最大の共通点は，TK変異体である．これはTK遺伝子の点変異と欠損によって引き起こされる．acyclovir耐性は，① TK活性がなくなりacyclovirがリン酸化されない変異体，② 部分的にTK活性が残存しているため動物に病気を引き起こすことができる変異体，③ チミジンをリン酸化できるがacyclovirをリン酸化できない変異体などの機序による．

その他，多くのヘルペスウイルス治療薬が開発されている．ヘルペスウイルスは潜伏感染からの再活性が問題となり，特に移植のために免疫抑制剤を投与された患者，AIDS 患者，高齢者などの免疫が低下したヒトに問題となっているが，現在ではこれら治療薬が医療の現場で役立っている．

b. インフルエンザウイルス治療薬

1) amantadine と rimantadine

amantadine は，インフルエンザウイルスの最初の治療薬で，その後，rimantadine が開発された．ともに低濃度でインフルエンザを特異的に阻害する．rimantadine は *in vitro* で amantadine の 4～10 倍，活性が強い．A 型インフルエンザの予防と治療薬に用いられる．amantadine はインフルエンザウイルスの M 2 タンパク質と結合することによりその機能を阻害する．M 2 タンパク質はウイルス粒子表面と感染細胞表面に存在する．M 2 タンパク質は四量体を形成し，H^+ などの 1 価の陽イオンを能動的に輸送するイオンチャンネルとして機能する．

インフルエンザ粒子が細胞表面に吸着後，エンドサイトーシスにより細胞内に取り込まれる．この際，M 2 イオンチャンネルが活性化し，ウイルス粒子内に H^+ が流入しウイルス粒子内が酸性になる．その結果，ウイルス粒子の構造を規定している M 1 タンパク質と RNP（ウイルス RNA と NP（核タンパク質）の複合体）の結合が緩み，同時に酸性環境下で構造が変化した HA タンパク質とエンドソーム膜が融合し，RNP が細胞内に放出される．amantadine や rimantadine は，M 2 タンパク質に結合することにより，M 2 タンパク質のイオンチャンネルとしての機能が阻害されるため，一連の脱殻が進まずウイルスの増殖が阻害される．

2) zanamivir と oseltamivir

ノイラミニダーゼ酵素活性は，A 型および B 型インフルエンザウイルスの病原性に中心的な役割を担っている．この酵素は末端のシアル酸を解裂し，ウイルスの HA タンパク質の受容体を破壊し，ウイルス粒子を細胞から期間へ放出させる．zanamivir と oseltamivir（タミフル）はシアル酸類似物質で，A 型および B 型インフルエンザウイルスのノイラミニダーゼに対する可逆的拮抗阻害剤であり，低濃度で有効である．両薬剤の主要な違いは，zanamivir が上部気道への噴霧接種であるのに対し，oseltamivir は経口投与される点である．両薬剤とも細胞に毒性はなく，他のノイラミニダーゼ活性を阻害するにはより高濃度である必要があるため，安全性と特異性が高い．

インフルエンザウイルスのノイラミニダーゼの活性部位はシアル酸に結合し，シアル酸はそこで解裂される．zanamivir と oseltamivir はノイラミニダーゼの活性部位に結合することにより，シアル酸の結合と解裂を阻害する．その結果，ウイルス粒子は HA タンパク質とシアル酸の結合がとれずに，細胞にとどまり，ウイルス粒子が拡散しなくなる．

c. HIV 治療薬

HIV はレトロウイルスであり，細胞への感染後レトロウイルスの特徴である逆転写酵素活性（reverse transcriptase：RT）によりウイルス RNA が DNA に逆転写される．逆転写された DNA は，宿主の核内でウイルス由来インテグラーゼの作用により，宿主のゲノムに取り込まれる．転写・翻訳の後にウイルス由来の複合タンパク質が産生され，これが HIV 由来のプロテアーゼにより分解されることによって，HIV の機能タンパク質が完成する．

HIV 治療薬は，細胞の増殖に必要な過程を阻害してはならない．そこで，① HIV と受容体の結合・融合の阻害，② 逆転写の阻害，③ 宿主 DNA への取り込みの阻害，④ プロテアーゼの阻害が，有望な HIV 治療薬の作用機序と考えられる．これまで，②の逆転写酵素阻害剤と④のプロテアーゼ阻害剤が一般に応用されている．逆転写酵素阻害剤はさらに，ヌクレオチド系と非ヌクレオチド系に大別される．

ヌクレオチド系逆転写酵素阻害剤（nucleoside reverse transcriptase inhibitor：NRTI）は，五炭糖の 3′ 部分の水素塩基を欠いた修飾ヌクレオチドである．これらは細胞内でリン酸化酵素によりリン酸基が付加して活性型のヌクレオチドとなり，逆転写酵素により RNA から合成される DNA 鎖内に通常のヌクレオチドの代わりに取り込まれる．しかし，3′ 部分の水素塩基を欠いているため，次に結合すべきヌクレオチドが結合できなくなる．

非ヌクレオチド系逆転写酵素阻害剤（non-NRTI：NNRTI）は，ヌクレオチドの基本骨格をもたず，逆転写酵素の活性中心に直接結合することによりその酵素活性を阻害する．現在，ネビラピン，エファビレンツ，デラビルジンの3剤が承認されているが，化学構造は異なるものの逆転写酵素への結合部位はほぼ同じであるため，1剤に耐性を獲得したウイルスは，ほかにも交差耐性を示すことが多い．

プロテアーゼ阻害剤（protease inhibitor：PI）は，HIVの複合タンパク質を解裂・機能させるのに必要なプロテアーゼに結合し，プロテアーゼの機能を阻害する．プロテアーゼが阻害されると複合タンパク質の機能タンパク質への解裂が起こらず，ウイルスは感染力を失う．

HIV治療の実際には，3剤の併用で，エフェビレンツ（NNRTI）+（ラミブジンあるいはエムトリシタビン）（NRTI）+（ジドブジンあるいはテノホビル）（NRTI）かロピナビル（PI）+（ラミブジンあるいはエムトリシタビン）（NRTI）+ジドブジン（NRTI）などが初回治療として推奨されている．これは，1剤では容易に耐性ウイルスが出現するため，いくつかの作用機序の異なる薬剤を同時に服用することによって耐性菌の出現を防ぐためである．これらの治療により，HIV感染者におけるAIDSの発症までの期間が格段に延長した．

d．その他のウイルス治療薬

C型肝炎の治療としてリバビリンとインターフェロン（IFN）-αの併用療法が行われている．リバビリンの作用機序としてはイノシン一リン酸脱水酵素（イノシン一リン酸デヒドラターゼ）の阻害作用，RNAウイルスのRNA依存性RNAポリメラーゼの阻害作用，RNAウイルスの変異誘導作用などがある．

腎臓移植の際に問題となるサイトメガロウイルス（cytomegalovirus：CMV）感染に対して，高力価CMV免疫グロブリンが疾患を軽減する．また，ヒト型モノクローナル抗CMV抗体も，CMV網膜炎の治療で他の薬剤と併用することにより効果がある．

e．動物のウイルス感染症に対する治療薬

動物のウイルス感染症に対する治療薬はほとんどないのが現状である．しかし，近年になってヒト用のウイルス治療薬が開発されており，これらの一部は同じような動物感染症にも有効であることが期待される．しかし，ヒトでは無毒であるacyclovirは，ネコのヘルペスウイルス感染症であるネコウイルス性鼻気管炎にも*in vitro*では有効であるが，ネコに腎障害が報告されている．ヒト用の治療薬を動物に用いる際は，それぞれの動物種による影響を考慮しなければならない．また，産業動物には費用対効果が重要であるため，治療よりは予防が一般的である．

伴侶動物（ペット）では治療薬が開発されている．ネコのω型インターフェロン製剤はネコカリシウイルス感染症とイヌパルボウイルス感染症に適用されている．さらに，免疫グロブリン製剤としてネコ型モノクローナル抗ネコカリシウイルス抗体と抗ネコウイルス性鼻気管炎抗体がウイルス性上部呼吸器疾患の治療薬として市販されている．

f．ウイルス治療への核酸の応用

これまでもRNAに対するアンチセンスRNAを導入してウイルスの機能を阻害する研究が行われてきた．近年，短い2本鎖RNA（dsRNA）の導入により効率的かつ特異的に遺伝子発現を阻害することが証明された．これをRNA干渉（RNAi）という．RNAiは，20〜24塩基からなるdsRNAを細胞に導入することにより，その配列特異的に細胞の遺伝子機能を阻害することである．この原理を利用してウイルス特異的なdsRNAを作製し，感染細胞に導入することによりウイルス由来RNAを分解し，増殖できないようにする試みがなされている．今後の展開が期待されている．

6.10 バクテリオファージ

細菌を宿主とするウイルスは，バクテリオファージまたは単にファージと呼ばれる．バクテリオファージは，細菌を溶かす感染性因子として発見され，その名前の意味は「細菌を食べる者」である．動物ウイルスと同じく，ゲノムとして1本鎖か2本鎖のDNAまたはRNAのいずれかを有しており，その形態も正二十面体構造の頭部に尾部を有する代表的なものから，正二十面体構造のみ

のものや桿状や線状のものなどがある．細菌は，動物や植物と比べるとはるかに単純で増殖時間も短いため，一段増殖実験法やプラック定量法が開発され，ファージの研究は，いち早く進展した．その成果はウイルス増殖の基本概念を築き，動植物のウイルス研究のモデルとなったばかりでなく，今日の分子生物学を基盤とする遺伝学に多大な貢献をし，現在も分子生物学的実験のツールとして活用されている．また，ファージの宿主特異性を利用して，菌種を迅速に同定したり（*Bacillus anthracis* と γ ファージ），同一菌種または血清型の菌株を識別するファージ型別（*Staphylococcus* 属菌，*Salmonella* Thyphi），あるいはファージ療法などに用いられている．

ファージの感染過程には，溶菌を起こし子孫ファージが産生される場合と，溶菌は起こさずに細菌中に保持される状態になる場合がある．後者の現象を溶原化といい，これを起こすファージはテンペレートファージ，前者の溶菌感染しか起こさないファージはビルレントファージと呼ばれる（図 6.22）．

a．ビルレントファージ

ビルレントファージの代表的なものに，大腸菌（*Escherichia coli*）の T 系ファージが知られており，正二十面体の頭部と 1 本の尾部から構成されている．ファージは尾部の先端で宿主菌の表面の受容体に結合することにより吸着し，その頭部におさめられているゲノム（DNA）を菌体内に注入する．その際，ファージのタンパク質外被は菌体外に残る．その後，注入された DNA から子孫ファージのタンパク質と DNA が産生されて粒子が形成されるまでは，感染性ファージは菌体内に全く存在せず，この時期は暗黒期（eclipse period）と呼ばれている．子孫ファージが菌体内に蓄積すると，やがて溶菌が起こりファージが放出される．吸着から細胞外にファージが現れるまでを潜伏期（latent period）といい，ファージの種類によりほぼ一定である．

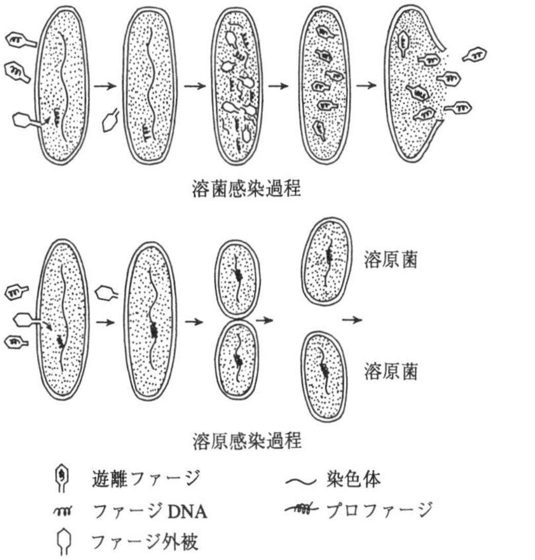

図 6.22 バクテリオファージの感染と増殖

b．テンペレートファージ

テンペレートファージ感染においては，一部の細菌は溶菌するが残りの細菌は溶原化する．どちらの感染過程になるかは，そのときの各細菌細胞の生理状態などにより決まると考えられている．溶原化した細菌（溶原菌）は，ファージ DNA を感染性がない状態で保持しており，これをプロファージという．プロファージは，宿主菌の染色体に組み込まれた状態またはプラスミド様の状態として存在し，溶原菌の分裂とともに複製・維持されていく．溶原菌は，紫外線（UV）やアスコルビン酸などの還元剤などの刺激により，ファージを産生し溶菌する（ファージの誘発）．溶原菌は，保有するプロファージと同種のファージの感染に対して抵抗性となっている（溶原菌の免疫）．これは，プロファージ産物が追加感染したファージの遺伝子発現を抑えるためである．

また，ある種のテンペレートファージでは溶原化に伴い，溶原菌に新たな形質を加えることが発見された（溶原変換）．この形質はファージの遺伝子に支配されているもので，ジフテリア菌無毒株の外毒素産生性獲得，*Salmonella* 属菌の O 抗原の変異，ファージ吸着能の変化などがある．本現象は必ずしも溶原化に伴わず，増殖状態でも起こることがあり，ファージ変換ともいう．これに対して，細菌の保有するある形質（栄養要求性，糖分解性，抗原性，薬剤耐性など）が他の細菌にファージにより移される現象を形質導入といい，ファージが感染した細菌の DNA の一部を偶発的に取り込んで粒子となり，次に感染した細菌に移し入れることにより起きる．

6.11 ウイルスの分類

ウイルスが発見されたころのウイルスの理化学的性質としては，濾過性であることが唯一わかっていただけで，ウイルスを分類するのには，病原性，臓器指向性，疫学的性状や伝播形式に依拠していた．その後，ウイルスの構造や成分に関する知見が増し，さらに発見されるウイルスの数が飛躍的に増加することにより，ウイルスの分類命名に混乱が生じ，それを解決することが必要となった．

国際ウイルス分類委員会（International Committee on Taxonomy of Viruses：ICTV）は，そのような背景のもと，統一的分類体系をつくり出すための組織で，1966 年に国際ウイルス命名委員会として発足し，現在まで 8 回のウイルス分類の報告を出している．本分類は，主にカプシドの対称性やエンベロープの有無といったビリオンの形態や大きさと，核酸の種類（DNA か RNA か，1 本鎖か 2 本鎖か），大きさ，本数というウイルスゲノムの性状を基本としている．第 8 次報告（2005 年発行）によれば，3 目（order），95 科（family），11 亜科（subfamily），164 属（genus），1,950 以上の種（species）が記載されており，これには脊椎動物をはじめ，無脊椎動物，植物，真菌，細菌などのウイルスも含まれている．また，ICTV のホームページから最新の情報を得ることもできる．

ウイルス種は，「共通の複製様式をもち，かつ固有の生態学的位置を占め，複数の性状を共有するウイルス集団」である．ニューカッスル病ウイルスのように「何々病ウイルス」という名前がウイルス種名となる場合も多いが，個々のウイルス名が種なのか株なのかという判別が難しいことも少なくない．

ウイルス属は，共通の性状を有するウイルス種で，他の属のウイルスから区別されるものから構成され，その属名の語尾には“*-virus*”が付けられる．ウイルス属は，他の分類群を決める際の基準となる場合が多いが，属を設ける際の基準はウイルス科によって異なる．代表的な種が基準種（type species）として定められる．

ウイルス科は，共通の性状を有するウイルス属で，他の科のウイルスから区別されるものから構成され，その科名の語尾には“*-viridae*”が付けられる．ウイルス科は，本分類システムにおいて基準的役割を果たしており，大部分のウイルス科は，異なるビリオン形態，ゲノム構造，複製様式を有している．*Poxviridae* 科，*Herpesviridae* 科，*Parvoviridae* 科，*Paramyxoviridae* 科には亜科が設けられており，亜科名の語尾には“*-virinae*”が付けられる．

ウイルス目は，共通の性状を有するウイルス科から構成され，その目名の語尾には“*-virales*”が付けられる．これまでに，動物のウイルスが含まれるウイルス目には，*Bornaviridae* 科，*Filoviridae* 科，*Rhabdoviridae* 科，*Paramyxoviridae* 科からなる *Mononegavirales* 目と，*Coronaviridae* 科と *Arteriviridae* 科からなる *Nidovirales* 目の 2 目が承認されている．

ウイルス目，科，属，種の分類学名は，大文字で始めてイタリック体で表記するが，正式に承認された分類名ではないウイルス名にはイタリック体と大文字は用いずに表記する．たとえば，狂犬病ウイルスの分類上の正式な全表記は，species *Rabies virus*，genus *Lyssavirus*，family *Rhabdoviridae*，order *Mononegavirales* となる．また，生物分類名に用いられる二命名法は用いられない．

図 6.23 に，脊椎動物に感染するウイルスの分類とビリオン形態の模式図を示した．

a．分 類 基 準

以下に，ウイルス分類に用いられる項目を列記する．

① 形態学： ビリオンの大きさと形状，ペプロマーの有無と性状，エンベロープの有無，カプシドの対称性と構造．

② 物理化学的および物理的性状： ビリオンの分子質量，ビリオンの塩化セシウム（CsCl）やショ糖における浮上密度，ビリオンの沈降係数，pH 安定性，熱安定性，2 価陽イオン（Mg^{2+}，Mn^{2+}）安定性，脂質溶剤安定性，界面活性剤安定性，放射線安定性．

③ ゲノム： 核酸型（DNA か RNA か），ゲノムの塩基（対）数，1 本鎖か 2 本鎖か，直鎖状か環状か，プラス鎖かマイナス鎖かアンビセンスか，分節数と大きさ，塩基配列，反復配列の存在，異性体の存在，GC 含量，5′ 末端キャップ構造の有無

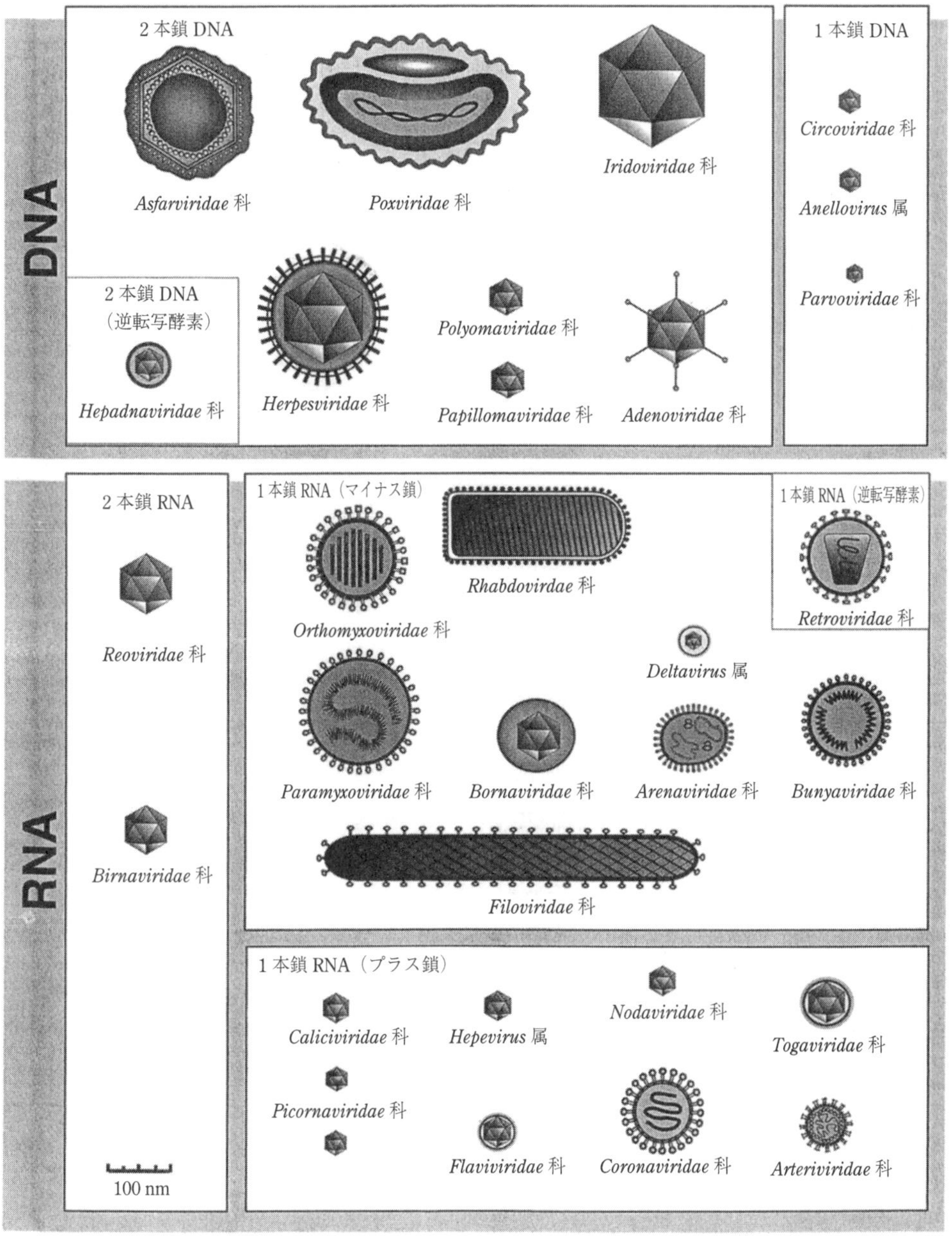

図 6.23　脊椎動物に感染するウイルスの分類とビリオン形態の模型図(Fauquet *et al*., 2005を改変)

とタイプ, 5′末端共有結合タンパク質の有無, 3′末端のポリA配列の有無.

④タンパク質：　構造タンパク質の数・大きさ・機能, 非構造タンパク質の数・大きさ・機能, タンパク質の特徴的機能の詳細(転写酵素, 逆転写酵素, 血球凝集素, ノイラミニダーゼおよび融合活性など), アミノ酸配列, タンパク質の糖鎖付加, リン酸化, ミリスチン酸化, エピトープ地図.

⑤脂質と炭水化物：　組成, 性状など.

⑥ゲノムの構造と複製：　ゲノム構造, 複製様式, 読み枠(ORF)の数と位置, 転写性状, 翻訳性状, ビリオンタンパク質の蓄積の部位, ビリオン組み立ての部位, ビリオンの成熟と放出の部位と性状.

⑦抗原性状：　血清学的関係.

⑧生物学的性状：　自然宿主域, ベクター, 分布地域, 病原性, 組織指向性, 病理, 組織病理.

これらの性状のうち, ①〜⑥は安定した基本的ウイルス性状であるので，科や属といったウイルス分類の基本的段階に主に用いられる．⑦と⑧の項目はさらに細分化するために用いられ，抗原性状は種を決める際によく用いられている．また，全体として，ウイルスゲノムの分子系統樹に基づく分類方法が近年重視されており，核酸レベルでの比較が分類の基準として重要視される傾向が増している．

生物学的性状は現在の分類においては，その重要性はかつてほどではなくなっているが，多種の動物を宿主とする多種のウイルスが原因となる病気を対象とする獣医学や家畜衛生学においては重要で，以下に分類例を示す．

［例 1］ 節足動物媒介性ウイルス（arthropod-borne virus，アルボウイルス）は，蚊やダニなどの吸血性節足動物が媒介して，感染が脊椎動物に起こるウイルス群で，本ウイルス群を含むウイルスとしては，*Reoviridae* 科の *Orbivirus* 属と *Coltivirus* 属，*Rhabdoviridae* 科の *Ephemerovirus* 属，*Orthomyxoviridae* 科の *Thogotovirus* 属，*Bunyaviridae* 科の *Orthobunyavirus* 属と *Nairovirus* 属と *Phlebovirus* 属，*Flaviviridae* 科の *Flavivirus* 属，*Togaviridae* 科の *Alphavirus* 属の RNA ウイルスがあげられ，DNA ウイルスとしては，*African swine fever virus*（アフリカブタコレラウイルス）のみが知られている．

［例 2］ 腫瘍原性ウイルスは，自然感染もしくは実験感染において腫瘍を起こしうるウイルス群であり，DNA ウイルスでは *Herpesviridae* 科，*Hepadnaviridae* 科，*Poxviridae* 科，*Polyomaviridae* 科，*Papillomaviridae* 科，*Adenoviridae* 科に，RNA ウイルスでは *Retroviridae* 科に所属するウイルスに見つけられている．

［例 3］ 組織指向性による分類では，腸管ウイルスは *Rotavirus* 属や *Enterovirus* 属など，呼吸器ウイルスは *Rhinovirus* 属や *Paramyxoviridae* 科などのウイルスに多く認められ，向神経性ウイルスとしては *Rabies virus*, *Japanese encephalitis virus* などがあげられる．

b. 代表的検査法

①ビリオン形態： 電子顕微鏡による観察が一般的であるが，結晶化されたウイルスについては，X 線回折法も用いられている．

②浮上密度： CsCl やショ糖を用いた濃度勾配超遠心法により求める．

③核酸型： ウイルスは，ゲノムとして DNA または RNA のどちらか 1 種類を有しており，両方をもつウイルスはない．そこで，DNA ウイルスと RNA ウイルスの 2 つに大分される．その検査法としては，以下の方法が知られている．

・5′-iodo-2′-deoxyuridine（IDU）のような DNA 合成阻害剤でウイルス感染細胞を処理する．DNA ウイルスは増殖が抑制されるが，RNA ウイルスの増殖は影響を受けない．

・ウイルスゲノムの DNA または RNA 分解酵素に対する感受性．

・放射性同位元素で標識したチミジンまたはウリジンのウイルスゲノムへの取り込みを調べ，取り込まれるのがチミジンならば DNA ウイルス，ウリジンならば RNA ウイルスである．

④ビリオンの大きさ： 電子顕微鏡観察，濾過試験，超遠心法の 3 種類の方法が知られている．

・陰性染色したサンプル（通常，精製ウイルス）を電子顕微鏡を用いて観察し，ビリオンの直径を測定する．

・種々の孔径の濾過膜でウイルス液を濾過し，ウイルスが通過する最小の孔径と通過しない最大の孔径を求め，ビリオンの大きさを推定する．

・超遠心沈降速度法による沈降係数から計算する．

⑤塩基配列の解析： ウイルスゲノムの一部を適当なプラスミドにクローンニングまたはポリメラーゼ連鎖反応（PCR）で増幅し，それを鋳型として dideoxy 法に基づく反応を行い，DNA シーケンサーにより塩基配列を決定することが多い．RNA をゲノムとするウイルスの場合は逆転写酵素により cDNA にしてから解析を行う．得られた塩基配列をもとにウイルス間の相同性の比較や分子系統樹解析を行う．タンパク質をコードしているゲノム領域の場合は，塩基配列から推定されるアミノ酸配列を比較解析することも重要である．

⑥抗原性状： 中和試験，血球凝集阻止反応（hemagglutination inhibition：HI 反応），補体結合反応（complement fixation：CF 反応），ゲル内沈降反応などの各種血清反応により，ウイルス間の血清学的関連性を検査する．

7. 感 染 と 免 疫

7.1 感　染　論

どのような動物も自然環境下で生育する限り，微生物感染を免れない．微生物の感染を受けた宿主動物は，ある場合には全く悪影響をこうむることなく微生物を駆逐し，時には共存する．またある場合は，微生物の増殖によってさまざまの悪影響をこうむる．感染を受けた個体や，その個体の属する群にとって問題となるのは悪影響の程度であるので，感染論は感染症論と考えてよい．微生物感染を受けた宿主が発症するかどうかは，微生物側の問題（感染量，毒力）と宿主側の問題（免疫力）のバランスに依存し，両者の関係を宿主-寄生体関係（host-parasite relationship）と呼ぶ．

a．感染症と伝染病

微生物の感染によって，宿主が生理的な障害を受け，また，形態（組織）学的に何らかの病的変化を起こした場合，感染症（infectious disease）と呼ぶ．これに対し，増殖した微生物が宿主から排泄され，ほかの宿主に感染，発症させた場合を伝染病（communicable または contagious disease）と呼ぶ．感染宿主体内で増殖し，菌の産生する毒素によって発症する破傷風は，菌の直接伝播によってほかの個体が発症することはきわめてまれであるので，感染症であっても伝染病とは呼ばない．したがって，伝染病は感染症であるが，伝染病でない感染症も存在する．

b．感 染 と 発 症

微生物が宿主の体表に付着しても，容易に感染は起こらない．皮膚は感染抵抗性を示すバリアーであるし，粘膜上皮も線毛により異物を排除しようとする．感染が成立するには，微生物（細菌）が宿主の細胞に付着（adherence）ないし粘着し，増殖を開始する，すなわち定着（colonization）する必要がある．ウイルスの場合は，細胞に吸着（adsorption）した後，侵入（invasion）しなければ増殖は起こらない．微生物の感染により，宿主が生理的・組織学的変化をきたすことを顕性感染（apparent infection）といい，無症状のまま経過して発病に至らない場合を不顕性感染（inapparent infection）という．微生物の病気を起こす能力（病原性：pathogenicity または毒力：virulence）が弱くても，宿主側の防衛力が低下することにより，不顕性から顕性感染に変わる場合がある（日和見感染：opportunistic infection）．したがって，ほとんどの微生物は病原体（pathogen）たりうる．不顕性感染ないしは顕性感染から回復した宿主動物が病原体を保有し，排泄することにより，周囲に感染を広げる場合，保菌動物または病原体保有動物（キャリアー：carrier）と呼ぶ．

通常，微生物は効率的かつ永続的増殖を行えるものが取捨選択されていくので，自然宿主では毒力を減じる方向に向かうことが多い．herpesvirus はすべての脊椎動物に分布し，自然宿主に潜伏感染（latent infection）することによって，宿主とともに進化していると考えられている．また，retrovirus は自然宿主のゲノム DNA に自身のゲノムを組み込むことによって，持続感染（persistent infection）を起こす．

c．感染の経路と経過

1） 感 染 源

病原体を保有し，ほかの個体への感染の源となるものを感染源（source of infection）という．感染源として一般的なものは感染動物で，分泌物・排泄物や体液に含まれる微生物によって感染が広がる．また，これらによって汚染された飼料，水，土壌，空気なども感染源となりうる．病原体が自然界で維持される住み処を病原巣（レゼルボア：reservoir），保有体などと呼ぶ．

2） 感 染 経 路

病原体は，感染源を介して宿主動物における種々の経路（侵入門戸）から侵入する．

i） 経口感染（消化器感染）　感染源のうち，病原体に汚染された分泌物・排泄物，飼料，水など，動物が直接口にするものを介して感染が成立する．また，動物飼育者の手に付着した病原体を口にして感染する場合もある．大部分の腸内細菌や，腸管系ウイルスなどがこれらの経路で侵入する．腸内細菌は腸管上皮細胞に付着，定着し，腸内で増殖し，あるものは毒素を産生して下痢や腸炎を起こす．腸管系ウイルスは，酸と胆汁塩酸に抵抗性のものが多く，腸管上皮細胞で局所的に増殖を起こして腸炎を起こすもの（*Rotavirus*，*Norovirus*，*Sapovirus*，adenovirus など）や，腸管上皮細胞で一次増殖し，その後体内で二次増殖するもの（*Poliovirus*，*Hepatitis A virus* など）がある．

ii） 経気道感染（呼吸器感染）　病原体が呼吸器官（鼻腔，咽喉頭，上部気道）を経由して侵入し，呼吸器の粘膜上皮細胞に感染する．*Haemophilus*，*Klebsiella*，*Pasteurella* などの肺炎起因菌や influenza virus, paramyxovirus などが代表的な病原体である．病原体を含む感染動物の咳，くしゃみ，鼻汁が水滴状になり，飛沫（droplet）となってほかの動物の呼吸器に侵入する．飛沫は空気中で乾燥して，さらに小さな微粒子の飛沫核（droplet nuclei）を形成し，空気によって運ばれ経気道感染を起こす（空気伝播）．経口感染と同様に，呼吸器に限局して増殖するものと，粘膜上皮細胞で一次増殖して体内で二次増殖する結果，全身感染を起こす場合がある．

iii） 皮膚感染・泌尿生殖器感染　皮膚は表面を角質層で覆われ，微生物感染の障壁として働く．しかし，傷を負った場合，角質層下の細胞層が露出し，病原体の感染を許す場合がある．また，泌尿生殖器においても，交尾や，なめる，咬むなどの行為によって直接接触感染を起こすことがある．*Staphylococcus*，*Clostridium tetani* などは皮膚の創傷を介して侵入し，皮膚炎や破傷風を起こす．*Rabies virus* は咬傷によりウイルスが侵入し，神経末端に感染し，上行性に中枢神経組織に到達する．*Campylobacter fetus*，*Brucella suis* などは生殖器感染を起こす．

iv） 経胎盤感染・垂直感染　血液中に含まれる病原体が胎盤を通過して胎子に感染する経胎盤感染（transplacental infection）または胎内感染（intrauterine infection），産道を通過する際に感染する産道感染（genital tract infection），母乳を通じて感染する母子感染を総称して，垂直感染（vertical infection）という．保育中の接触を通じた感染も含める場合があるが，一般に保育中の母子感染は，水平感染（horizontal infection）に区分される．鳥類では，卵を介する垂直感染を介卵感染（in-egg infection）という．

v） ベクターによる感染　ヒトおよび動物の感染症のうち，蚊，ダニなどの吸血性節足動物によって媒介されるものを節足動物媒介性疾病（arthropod-borne disease）と呼ぶ．ダニが媒介するリケッチア症，蚊やダニなどが媒介するアルボウイルス感染症が知られている．ベクター（媒介動物：vector）である節足動物は，吸血に際して宿主の血中に存在する病原体を取り込み，体内で病原体を増殖させる．ほかの感受性動物を吸血することによって病原体を伝播し，感染を成立させる．血中に存在する病原体が直接，または，口吻や脚などに付着した病原体が伝播する場合，機械的伝播といい，節足動物媒介性とは区別する．人獣共通感染症（ゾーノシス：zoonosis）として位置づけられる感染症が多く，自然界では，保有体である脊椎動物とベクターの間に多様な病原体の伝播サイクルがみられる．

3） 体 内 伝 播

病原体が宿主体内に侵入した後，侵入部位にとどまる場合（局所感染：local infection）と，病原体がリンパ管（リンパ行性拡散），血管（血行性拡散），神経系に侵入して全身に伝播される場合（全身感染：systemic infection）とがある．

創傷部の皮膚から侵入する poxvirus や papillomavirus などは，侵入局所で増殖して局所に病変を形成する．呼吸気道から侵入する influenza virus や消化管から侵入する *Rotavirus* などは通常，呼吸器や消化器における局所感染の段階でとどまる．

病原体が全身性に拡散する場合，まず侵入部位またはその周辺のリンパ節で増殖し，血流中に侵入して体内の各器官へ到達する．細菌性感染では，血液中に菌が循環している状態を菌血症（bacteremia）という．また，一次感染または二次感染を起こした臓器，組織の病巣から絶えず菌が血中に流出して，さらに全身に病巣を形成する状態を敗血症（septicemia）と呼ぶ．敗血症を起こす代表的な菌としては，*Bacillus anthracis*，*Pasteurella multocida*, *Yersinia pestis* などがある．

これに対し，ウイルス感染ではこの状態をウイルス血症（viremia）といい，ウイルスがリンパ節で増殖して血流により全身に伝播され（第一次ウイルス血症），肝臓，脾臓，骨髄などでさらに増殖して，中枢神経や呼吸器など，ほかの標的器官に伝播される（第二次ウイルス血症）．ウイルス血症の状態にあるウイルスは，血漿中に浮遊している場合と，赤血球，白血球，血小板などの血液細胞に付着したり，細胞内に存在する場合とがある．白血球やマクロファージなどの血液細胞にウイルスが感染したウイルス血症は，*Measles virus* の感染の特徴であり，*Alphavirus*，*Flavivirus*，ウイルス血症を起こす *Enterovirus* は，血漿中に遊離した状態で存在する．

神経親和性のウイルスは，ウイルス血症により血液-脳関門を介して中枢神経系に伝播される場合が多いが，中枢神経感染のもう一つの重要な経路は，末梢神経を経由する経路である．*Rabies virus* は軸索を，特に神経-筋肉接合部の軸索末端から侵入して上行性に伝播し，脊髄神経から脳に到達する．一方，Herpes simplex virus や Varicella-zoster virus などの多くの herpesvirus は，神経節などに潜伏感染していたウイルスが再活性化に際し，下行性の神経伝播によって生殖器や皮膚に病変を形成することもある．

d．細菌の病原性

感染した宿主を発症させる細菌側因子を病原因子といい，侵襲性（invasiveness）や毒素産生性（toxigenicity）がある．病原性（pathogenicity）とはこれらを総合した言葉である．病原性に似た言葉に，毒力または菌力（virulence）がある．毒力は同一菌種の菌株間において，同一の感受性宿主に対する病原性の強さを比較する場合に用いる．したがって，毒力は実験的に定量することができ，最小致死量（minimal lethal dose：MLD）あるいは50％致死量（LD_{50}）などで表される．また，出現した病巣の数や程度のような測定可能な病理学的変化を指標として行われることもあり，宿主に対する影響を量的に示す場合に用いられる．

1）侵　襲　性

細菌が宿主の侵入門戸に定着したり，体内に侵入し生体各部に運ばれて組織に定着，増殖する能力を侵襲性という．侵襲性に関与する因子には，次のようなものがある．

i）定着因子　グラム陰性菌の多くは，付着に関与する線毛（pili または fimbriae）を有している．毒素原性大腸菌（enterotoxigenic *Escherichia coli*：ETEC）は，小腸粘膜上皮細胞に付着して増殖し，外毒素（exotoxin）である腸管毒（エンテロトキシン：enterotoxin）を産生することによって下痢を起こす．この場合，大腸菌線毛のアドヘジン（adhesin）が定着因子（colonization factor）となる．毒素原性大腸菌ではブタに特異的な線毛抗原 F 4（K 88），ウシに特異的な線毛抗原 F 5（K 99）が知られている．*Neisseria gonorrhoeae* や *Corynebacterium renale* などは，線毛が生体の粘膜上皮細胞へ付着し，増殖する．

ii）食菌抵抗性　ある種の細菌は，好中球やマクロファージの食作用（ファゴサイトーシス：phagocytosis）に抵抗性を示す菌体表層物質を有する．*Streptococcus pneumoniae* の多糖からなる莢膜，*Bacillus anthracis* の D-グルタミン酸からなるポリペプチド莢膜，*Streptococcus pyogenes* の M タンパク質，黄色ブドウ球菌（*Staphylococcus aureus*）のプロテイン A（protein A）などがある．

iii）血清抵抗性　ある種のグラム陰性菌は血清中の補体により殺菌されるが，病原性グラム陰性菌は補体に殺菌されないものが多い．これを血清抵抗性という．グラム陰性菌では，外膜を構成するリポ多糖（lipopolysaccharide：LPS）の O 側鎖が欠落した R 型菌は，補体により殺菌されやすく，O 側鎖をもった LPS からなる S 型菌は補体によって殺菌されない．

iv）鉄の取り込み能力　細菌の増殖に必須の鉄を獲得するためには，トランスフェリン，ヘモグロビンなどの鉄結合性タンパク質から鉄を取り込む能力が必要となる．腸管外感染大腸菌，*Salmonella*, *Shigella* は，鉄のキレート物質であるエロバクチン（aerobactin）を菌体外へ分泌し，エロバクチン-鉄結合体として受容体を介して宿主から菌体内に取り込んでいる．この鉄の取り込み能力は，細菌の重要な侵襲因子の一つと考えられている．

v）菌体外酵素　多くの細菌は，組織への侵入と拡散に関与すると考えられる菌体外酵素を分泌する．

Staphylococcus，*Clostridium*，*Streptococcus* などは，ヒアルロニダーゼ（hyaluronidase）を産生する．この酵素は拡散因子（spreading factor）とも呼ばれ，結合組織中のヒアルロン酸を分解し，組織中への侵入と拡散を促進する．

コアグラーゼ（coagulase）は，黄色ブドウ球菌を主とする一部の *Staphylococcus* 属菌が産生する酵素で，血漿を凝固し，菌体の表面に線維素の網を形成することによって白血球による食作用に抵抗する．

ストレプトキナーゼ（streptokinase）は，多くの溶血性 *Streptococcus* 属菌が産生するもので，血漿のタンパク質分解酵素を活性化して線維素を分解し，組織内での菌の拡散を促進する．

ストレプトドルナーゼ（streptodornase）は，*Streptococcus pyogenes* が産生し，DNA の分解や，組織球や白血球の溶解によって侵入性を高める．

このほか，コラゲナーゼ（collagenase），溶血素（hemolysin），ロイコシジン（leukocidin），アグレッシン（agressin）などの菌体外酵素が知られている．

vi） 細胞侵入性 *Shigella* や組織侵入性大腸菌（enteroinvasive *E. coli*：EIEC）は，大腸粘膜上皮細胞に侵入して，これらを壊死させ，周辺の上皮細胞へ侵入，拡散する能力をもつ．

2） 毒素産生性

多くの病原細菌は，宿主の器官の障害や組織の破壊を引き起こす毒素（toxin）を産生する．毒素は，外毒素（exotoxin）と内毒素（endotoxin）に分けられる（表 7.1）．外毒素を産生する性質を毒素原性（toxigenicity）という．

i） 外毒素 外毒素の成分は，タンパク質あるいはポリペプチドで，強い免疫原性をもち，抗毒素抗体によりその毒素活性が中和される．また，加熱により容易に失活する．外毒素をホルマリンで不活化すると，毒性はないが免疫原性を有するトキソイド（toxoid）になる．トキソイドおよびトキソイドの高度免疫血清（抗毒素）は，それぞれ外毒素に対する予防と治療に用いられる．外毒素は特定の組織や細胞に強い毒性を示し，作用部位から神経毒，腸管毒，細胞毒などに分類できる．また，タンパク質毒素の中には，構造と機能の面から A-B 毒素（A-B toxin）と称されるものがある．すなわち，毒素が 2 つのサブユニットからなり，B サブユニットは標的細胞に結合する役割を有し，A サブユニットは毒素の酵素活性を担う．

表 7.1 外毒素と内毒素

性状	外毒性	内毒素
存在場所	菌体外に分泌あるいは遊離	グラム陰性菌の細胞壁外膜構成成分
毒性	非常に強い	弱い
化学組成	タンパク質あるいはペプチド	リポ多糖
熱安定性	加熱により変性，失活しやすい	耐熱性で，失活しにくい
抗原性	強い（抗毒素産生）	弱い（抗毒素は産生されない）
トキソイド化	ホルマリンでトキソイド化される	トキソイド化は起こらない

Clostridium tetani によって産生される破傷風毒素（tetanus toxin）と，*C. botulinum* によって産生されるボツリヌス毒素（botulinus toxin）は，代表的な神経毒である．

破傷風毒素は，創傷深部の組織で産生された毒素が中枢神経系に運ばれ，脊髄における運動中枢を亢進させて筋肉の強直性痙攣を起こす．ボツリヌス毒素は食品を介して摂取され，胃および小腸から吸収された毒素が神経末端におけるアセチルコリンの放出を阻害して呼吸麻痺を起こす．大腸菌，*Vibrio cholerae*，*Staphylococcus* などは腸管内で腸管毒を産生し，食中毒，下痢を起こす．

Corynebacterium diphtheriae が産生するジフテリア毒素は，タンパク質合成を阻害して心筋や神経細胞に毒性を示す．

ii） 内毒素 内毒素はグラム陰性菌の細胞壁に組み込まれているリン脂質-多糖-タンパク質の複合体，LPS が本態である．LPS は多くのグラム陰性菌に共通のコア多糖，血清学的特性を決定する O 多糖，毒性に関与するリピド A の 3 成分からなっている．カブトガニ（*Limulus polyphemus*）の血球抽出液がゲル化する性質を応用したリムルステストが，微量の内毒素を検出する方法として用いられている．

内毒素は外毒素に比べて毒性が弱いが，大量に血中に入ると末梢血の循環障害，血圧の降下などを引き起こし，ショック状態になる（内毒素ショック）．また，内毒素は発熱作用があり，B 細胞の活性化，補体の活性化など，多様な生物活性を示す．

e. ウイルスの病原性

ウイルス感染症における症状や機能の障害は，最終的には細胞に対してウイルスが及ぼす効果と，それに対する宿主側の反応の総和として起こる．ウイルス側要因として感染ウイルス量や感染部位があげられ，同じウイルスがほぼ同一条件で飼育された遺伝学的に均一な動物に感染する場合でも，ある個体は発症し，別の個体は発症しないことがしばしば観察される．これに，宿主側要因である宿主動物の年齢，性別，免疫の状態，品種の違いなどが加味されると，各個体における感染後の転帰は個体ごとに異なるものとなる．一般的に，少量のウイルスでも感染が成立し，発症率が高く，宿主に対して強い変化を引き起こすウイルスを病原性が強いという．

以下に，病原性に関与する要因をあげる．

1) ウイルスの体内伝播

ウイルスが細胞に感染する際は，受容体を介して細胞に吸着する．したがって，局所感染を起こすウイルスは局所の細胞特有な受容体を利用するのに対し，全身感染を起こすウイルスは普遍的に存在する細胞表面分子を受容体としたり，複数の受容体を利用する．粘膜上皮細胞に局所感染するウイルスは，通常，管腔側表面から出芽し，隣接の細胞に感染を広げるが，基底膜側に出芽する変異ウイルスが出現すると全身感染につながる場合がある．体内に侵入したウイルスは，血流（ウイルス血症）やリンパ液を介し，また，神経細胞内を経て全身性に伝播される．節足動物媒介性ウイルスは直接血中に侵入し，一次増殖部位の細胞で増殖した後，血液を介して二次増殖部位に到達する．

2) 細胞病原性

細胞内に侵入したウイルスは増殖を開始し，さまざまな変化を細胞に与える．ウイルスが感染細胞に与える影響には，細胞変性効果（cytopathic effect : CPE），タンパク質合成の停止，細胞融合，細胞表面のウイルス抗原，封入体，感染細胞の腫瘍化（それぞれの内容については，6.2 節の f 項を参照）などがある．

感染細胞が変性を受ける場合，壊死（necrosis）とアポトーシス（apoptosis）が知られる．壊死は，細胞の腫脹や溶解，ミトコンドリアや細胞構造の崩壊を特徴とし，ウイルス増殖のための物理的損傷やウイルス産生タンパク質の毒性によって起こる．アポトーシスは，プログラム化された細胞の自殺で，ウイルス産生タンパク質が細胞のアポトーシス経路を活性化することによる核 DNA の断片化，核の凝縮，細胞の縮小・円形化，断裂などを特徴とする．

3) インターフェロンの抑制

最近，多くのウイルスでインターフェロン（interferon : IFN）産生を抑制するウイルス産生タンパク質の存在が知られるようになってきた（たとえば influenza virus の NS 1 タンパク質や，paramyxovirus の V タンパク質など）．細胞内のインターフェロン産生経路は複雑で，アポトーシス経路とも関連があり，両タンパク質ともアポトーシス抑制の働きがあることも報告されている．

7.2 抗 原 と 抗 体

a. 抗　　原

免疫系によって異物（非自己）と認識され，特異的免疫応答を引き出す物質を抗原という．特異的免疫応答は，その機能面から大きく 2 つに分けることができる．生体内に侵入した異物に特異的に反応（結合）する血清タンパク質，免疫グロブリン（immunoglobulin : Ig）（抗体）を産生する液性免疫とリンパ球を活性化し，侵入した異物と特異的に反応するリンパ球，感作リンパ球を増殖させる細胞性免疫である．また，免疫応答によって形成された抗体は，立体構造の相補性によって特異的な抗原と結合する．つまり，抗原とは生体内に侵入，あるいは取り込まれることにより，抗体産生やリンパ球の活性化・増殖を引き起こし，また，産生された抗体や感作リンパ球と特異的に反応する物質である．

1) 抗原の種類と基本的性質

タンパク質，多糖，脂質や核酸など，免疫系に非自己と認識される物質はすべて抗原になりうる．抗体や感作リンパ球と特異的に結合する抗原上の部位をエピトープ（epitope）もしくは抗原決定基（antigen determinant）といい，通常，抗原は複数のエピトープをもつ．ウイルスや細菌，原虫などはさまざまなタンパク質あるいは多糖や脂質からなっているため，さまざまなエピトープをもち，それらと対応するさまざまな抗体の産生を引き起こすことになる．

抗原には，抗体産生やリンパ球の活性化・増殖を引き起こす性質（免疫原性）と，抗原-抗体反応（沈降反応，凝集反応，補体活性化反応など）を引き起こす性質（反応原性）がある．免疫原性と反応原性両方を示す抗原を完全抗原，免疫原性を示さず反応原性のみを示すものを不完全抗原あるいはハプテン（hapten）と呼ぶ．免疫系が抗原決定基を異物（非自己）として認識できる場合，そして，物質の分子量が十分に大きい場合，その物質は免疫原性（抗原性）がある．ハプテンとは，より低い分子量の物質であり，抗体と特異的に反応できるが，他の分子，通常はタンパク質（キャリアータンパク質）と結合して初めて抗体産生を誘導する．一般に，タンパク質は高い免疫原性をもち，多糖の免疫原性は低い．分子量の大きな抗原ほど抗原決定基の数が多いため，免疫原性が高くなると考えられる．核酸と脂質は抗原性が低く，単独では免疫原性を示さず，不完全抗原である．

通常，抗原の免疫原性は，その抗原と免疫動物の種類や個体によって異なり，動物系統発生学的にかけ離れたものほど高く，近縁なものほど低い．しかし，個体間の遺伝的多様性によって構造に相違がある物質は，同じ動物種であっても免疫原性を示すことがあり，同種抗原と呼ばれる．血液型物質，主要組織適合遺伝子複合体（major histocompatibility complex：MHC）抗原，免疫グロブリンなどは，同種抗原である．さらに，水晶体タンパク質やサイログロブリンのように，同じ個体の物質でも，その個体に対して免疫原性を示すものを，自己抗原と呼ぶ．一方，フォルスマン抗原や，ヒト血液型A物質などのように，近縁関係にない生物間で保存されている抗原は，異好性抗原と呼ばれる．

2) 抗原性に影響を及ぼす要因

抗原性は，その抗原の基本的な理化学的性状のほか，免疫生物学的特性などによっても変化する．

抗原は，免疫成立におけるT細胞介在性の有無によってT細胞依存抗原（T cell-dependent antigen：B細胞が活性化して抗体産生を引き起こすためにT細胞の関与が必要な抗原）とT細胞非依存抗原（T cell-independent antigen：T細胞の関与なしにB細胞を活性化し抗体産生を引き起こすことができる抗原）に区別される．多くの抗原では，B細胞が抗体産生細胞に分化するためにT細胞の補助を必要とするが，デキストラン，リポ多糖（LPS），フラジェリンポリマー，肺炎双球菌（*Streptococcus pneumoniae*）多糖体のように抗原分子上に反復配列をもつものは，T細胞の補助なしで直接B細胞受容体に結合し，抗体応答を引き起こす．

スーパー抗原（super antigen）は，タンパク質性のT細胞活性化因子で，細菌由来，ウイルス由来，植物由来のものが知られている．通常，タンパク質抗原は貪食細胞に取り込まれ，プロセッシング（タンパク質分解酵素による断片化）を受けた後，細胞膜表面の主要組織適合遺伝子複合体（MHC）分子上に提示される．これに対してスーパー抗原は，プロセッシングを受けることなく細胞表面のMHCクラスII分子の，抗原結合部位とは異なる部位に直接結合し，さらにT細胞表面のT細胞受容体Vβ領域にも直接結合することによって，免疫学的な特異性にかかわりなくT細胞を活性化する．

細菌性スーパー抗原には，エルシニア菌（偽結核菌）が産生するYPM，黄色ブドウ球菌（*Staphylococcus aureus*）が産生する毒素性ショック症候群毒素（TSST-1）や腸管毒素（SEA～SEH），A群レンサ球菌性発熱毒素（SpeA～SpeF）などがある．その多くは感染症の病原因子（外毒素）で，外毒素によるT細胞の過剰活性化が発症に関与する．水溶性の単純タンパク質で，組織培養系で強いT細胞活性化作用を示し，実験動物に投与したときはT細胞依存性の毒性を示すが，ジフテリア毒素やVero毒素などのような標準的細胞毒素と異なり，直接の細胞傷害活性は示さない．ウイルス性スーパー抗原はあまり多く知られておらず，マウス乳がん原性内在性レトロウイルスや，狂犬病ウイルス，Epstein-Barrウイルスに存在するといわれているが，遺伝子が特定されていない．植物性スーパー抗原には，イラクサの根茎のレクチン（urtica dioica agglutinin：UDA）がある．

3) 免疫学的特異性と抗原性の変化

抗体の抗原結合部位の構造は，抗原の立体構造部位と厳密に相補的に形成されるため，ある特定抗原の生体内侵入により産生された抗体は強い特異性（specificity）をもち，その抗原と全く同一か，類似のエピトープをもつものでなければ反応しない．いくつかの抗原が，ある1つの抗体で認識されるとき，これらの抗原は，免疫学的に相同であるという．

ウイルス，細菌，原虫などの微生物では，環境の変化によって抗原変異を起こし，その性状が変化することは珍しくない．抗生物質耐性菌の出現などはその1例であるが，抗原をコードする遺伝子に突然変異が起こることにより抗原性が変わり，変化した環境により適応したクローンが選択的に増殖することが可能となる．遺伝子の連続的あるいは不連続的変異により抗原の構造が変化することによって，宿主の免疫反応を逃れる微生物も存在する．インフルエンザウイルスにおける抗原変異はよく知られており，流行株を特定あるいは予想した上でワクチン製造しなければならないなど防疫上の障害となっている．また，ヒト免疫不全ウイルス（human immunodeficiency virus：HIV）のように抗原変異を起こしやすい微生物では，ワクチン開発そのものがきわめて困難なものになっている．

b．抗　　体

抗体とは，抗原上の特定の構造（エピトープまたは抗原決定基）を認識し結合する，血清中の主にγグロブリン画分に存在する糖タンパク質であり，免疫グロブリン(Ig)とも呼ばれる．脊椎動物の生体内に抗原が侵入すると，その抗原に特異的に結合する受容体をもつB細胞がマクロファージなどの抗原提示細胞（antigen presenting cell：APC)により活性化されたヘルパーT細胞(helper T cell：Th細胞）との相互作用のもとで活性化・増殖・分化して抗体産生細胞である形質細胞(plasma cell）となり，抗体（antibody：Ab）を産生，分泌する．抗体は抗原との結合に際し，非常に高い特異性を示し，生体は膨大な種類の抗原に対応できるだけのきわめて多様な抗体を産生することができる．抗体が引き起こす抗原-抗体反応に関連して沈降素(沈降反応)，凝集素(凝集反応)，補体結合抗体（補体結合反応：complement fixation, CF反応），抗毒素（毒素抗毒素中和反応）などと呼ばれることがある．

1）免疫グロブリン分子の基本構造

免疫グロブリンは，S-S結合（ジスルフィド結合）で連結した4本のペプチド鎖からなる巨大な糖タンパク質である．抗体は，約50～70 kDaの2本のH鎖（heavy chain）と約25 kDaの2本のL鎖（light chain）で構成される（図7.1）．S-S結合で結合した2本のH鎖それぞれにL鎖が1本ずつS-S結合によって結合した型が，抗体の基本構造となっている．H鎖，L鎖とも，ポリペプチド鎖が折り畳まれて立体構造をとる構造単位，ドメイン構造を形成している．L鎖には2つの，H鎖には4つ(IgM，IgE，IgYは5つ)のドメインが存在する．N末端側のドメインは抗体分子ごとにアミノ酸配列が異なり，抗体の特異性・多様性を担う領域で，可変部(variable region：V領域)と呼ばれる．それ以外のC末端側のドメイン（L鎖では1つ，H鎖では3～4つ)は，抗体間でのアミノ酸配列の違いはほとんどみられず，定常部(constant region：C領域)と呼ばれる．可変部の中にはアミノ酸の置換率が特に高い領域が3か所見つかっており，超可変部(hypervariable region)

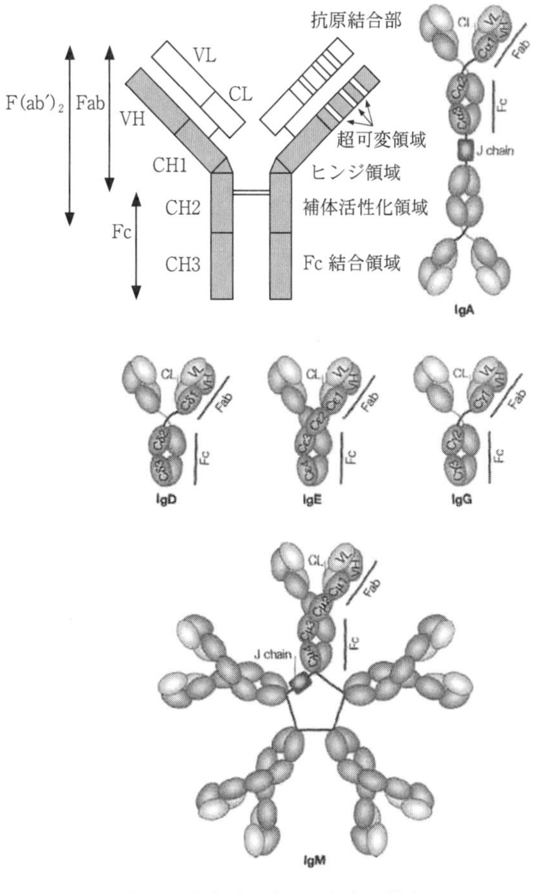

図 7.1 免疫グロブリン（Ig）の構造
Nature Reviews, **3**：1-12（2002）より引用.

もしくは相補性決定部位(complementarity determining region：CDR) と呼ばれる.

H 鎖と L 鎖が結合し対になっている部分を Fab (Fragment, antigen binding), それより C 末端側の H 鎖 2 本が対になっている部分を Fc (Fragment, crystalline) という. いくつかのクラスの抗体には, H 鎖の定常部, C_H1 と C_H2 ドメインの間にはヒンジ部 (hinge region) と呼ばれる可動性のあるポリペプチド領域が存在して, Fab がある程度開くことができるように蝶番のような役割を果たしており, 抗原と効率よく結合できるようになっている. 免疫グロブリン分子は, パパインやペプシンなどのタンパク質分解酵素消化によりヒンジ部近傍の S-S 結合前後で切断され, Fab と Fc に分かれる. Fc には Fc 受容体や補体の結合部位があり, 抗体の生物学的な作用を担っている.

免疫グロブリン分子上の, 動物種に共通な抗原性 (抗原型) はアイソタイプ (isotype) と呼ばれ, 血液型や MHC のように同種異型個体に免疫原性を発揮する抗原性 (抗原型) をアロタイプ (arotype) という. また, 抗体の可変部は抗体ごとに構造が異なっており, それぞれ抗原性が異なっている. これをイディオタイプ (idiotype) といい, 抗体可変部の多様性を示す抗原決定基をイディオタイプ決定基 (イディオトープ：idiotope) という.

2) 免疫グロブリンクラスとその生物活性

哺乳動物では 5 種類の免疫グロブリンクラス (IgM, IgG, IgA, IgD, IgE) があり, さらに IgG と IgA など (およびヒトの IgM, イヌの IgE) にサブクラスが存在する. 鳥類のグロブリンクラスは 4 種類 (IgM, IgY, IgA, IgD), は虫類・両生類で 2 種類 (lgM, IgY または IgG), 魚類で 1 種 (IgM) が知られている (表 7.2). H 鎖には各グロブリンクラス固有の構造があって μ, δ, γ, υ, ε, α 鎖がそれぞれ, IgM, IgD, IgG, IgY, IgE, IgA クラスに対応する. L 鎖はすべてのクラスに共通の κ 鎖と λ 鎖からなる.

免疫グロブリンの生物活性は, クラスによってそれぞれ異なる特徴がある (表 7.3).

i) IgM 通常, H 鎖の C_H4 ドメインを J 鎖で連結した五量体 (約 900 kDa) で存在する. 抗原結合部が 10 個あることから, 大型粒子状の赤血球や細菌などの抗原を凝集する能力が著しく強く, 補体結合性 (補体活性化能), ウイルス中和能, 可溶性抗原沈降能も強い. 血中濃度は免疫グロブリンの約 3～10% を占めるが, 通常, その産生は感染初期の一過性であり, 半減期も約 5～10 日と短い. 魚類の IgM は通常四量体で Fc ドメインを欠くものがある. 構造上の特徴として, 他のクラスの抗体がもつヒンジ部を欠く.

ii) IgG 単量体 (150～170 kDa) で, 2 個の抗原結合部をもつ. 強力な可溶性抗原の沈降能, 粒子状抗原の凝集能, 補体結合性 (補体活性化能), 毒素やウイルスの中和能をもつ. また, Fc 受容体を細胞表面に発現する食細胞 (ファゴサイト：phagocyte) (好中球, 単球, マクロファージなど) は細菌などの抗原に結合した IgG の Fc ドメインを介して効率よく細菌を取り込み, 殺菌する. このように, 微生物に結合して食菌作用を受けやす

表 7.2 免疫グロブリン (Ig) のサブクラス

動物種＼クラス	IgM	IgG	IgA	IgE	IgD
ウシ	IgM	IgG1, IgG2a, IgG2b	IgA	IgE	−
ヒツジ	IgM	IgG1, IgG2, IgG3	IgA1, IgA2	IgE	−
ウマ	IgM	IgGa, IgGb, IgGc, IgG(B), IgG(T)a, IgG(T)b	IgA	IgE	?
ブタ	IgM	IgG1, IgG2a, IgG2b, IgG3, IgG4	IgA1, IgA2	IgE	IgD
イヌ	IgM	IgG1, IgG2a, IgG2b, IgG2c	IgA	IgE1, IgE2	IgD
ネコ	IgM	IgG1, IgG2, IgG3	IgA1, IgA2	IgE	?
ウサギ	IgM	IgG	IgA	−	−
マウス	IgM	IgG1, IgG2a, IgG2b, IgG3	IgA1, IgA2	IgE	IgD
ヒト	IgM1, IgM2	IgG1, IgG2, IgG3, IgG4	IgA1, IgA2	IgE	IgD
ニワトリ	IgM	IgY1, IgY2, IgY3	IgA	−	IgD
カメ	IgM (四量体)	IgY	−	−	−
カエル	IgM (四量体)	IgY	−	−	−
コイ	IgM (四量体)	−	−	−	−

表 7.3 動物免疫グロブリン（Ig）の一般生物性状

Ig クラス	IgM	IgG	IgY	IgA	IgE	IgD
分子量（kDa）	970	150〜170	180（ΔFc：120）	160（分泌型：360）	190〜200	184
沈降係数	19S	7S	7S	7S（11S）	8S	7S
電気泳動（移動度）	β	γ	γ	β-γ	β-γ	γ
H 鎖	μ	γ	ν	α	ε	δ
H 鎖のドメイン数	5	4	5（3）	4	5	5
L 鎖	κ・λ	κ・λ	κ・λ	κ・λ	κ・λ	κ・λ
補体の活性化						
（古典経路）	+	+*	−	−	−	−
（第 2 経路）	−	−	−	+*	−	−
単核球結合性	−	+*	−	−	−	−
肥満細胞結合性	−	−	−	−	+	−
プロテイン A 結合性	−	+*	−	−	−	−
合成部位	脾 / リンパ節	脾 / リンパ節	脾 / リンパ組織	腸管 / 気道	腸管 / 気道	脾 / リンパ節
一次抗体産生応答開始 / ピーク時（日）	2〜5/5〜14	3〜7/7〜21	3〜7/7〜21	3〜7/7〜21	3〜7/7〜21	3〜7/7〜21
血中濃度（g/l）	1.5〜3.0	16.6〜22.0	3.0〜7.0	0.3〜2.5	（0.02〜0.5 mg）（イヌ：23〜42 mg）	（3〜40 mg）
半減期（日）	5〜10	10〜23	5	6	1〜5	2〜8

*Ig サブクラスによっては陰性.

くする活性（オプソニン活性）を示す．また，Fc 受容体をもつナチュラルキラー（NK）細胞などは同様な機序でがん細胞やウイルス感染細胞に接着し，破壊する（抗体依存性細胞傷害：7.3 節 d 項参照）. IgG 産生は IgM に引き続き起こり，血中濃度は免疫グロブリンの約 70〜80% を占める. 半減期は約 10〜23 日と長く，感染防御に重要な役割を果たす．同一抗原の 2 回目の曝露による二次免疫応答では，IgG は初回曝露よりも速やかに，より高力価で産生される. IgG はヒト，サル，ウサギなどでは胎盤を通過して胎子に移行し，また，ウシ，ブタ，ウマなどでは初乳を介して新生子に取り込まれ，免疫機構が十分に発達していない幼若動物の免疫に移行抗体として重要な役割を果たす.

iii） IgY 鳥類と，は虫類・両生類にのみ存在する，機能的に哺乳動物の IgG に相当する免疫グロブリンだが，IgG とは交差しない．H 鎖の定常部 υ 鎖は 4 ドメインで構成されている．ヒンジ部の可動性が弱く，哺乳動物補体の活性化能や哺乳動物 Fc 受容体への結合能，プロテイン A への結合性を欠く．胎子への抗体移行は卵黄囊経由による. 鳥類での血中濃度は免疫グロブリンの約 60 % を占め，その半減期は約 5 日である.

iv） IgA 血清 IgA と分泌型 IgA の 2 種類が存在する. 血中 IgA は IgG に類似した単量体であるが，消化器・呼吸器・生殖器粘膜面の分泌物中や乳汁中では J 鎖（joining chain）と呼ばれるタンパク質と結合して，二量体の分泌型 IgA として存在する．二量体 IgA は腸管上皮細胞の基底側細胞膜上の受容体（polymeric immunoglobulin receptor：pIgR）に結合して細胞内に取り込まれた後，細胞内を輸送され腸管内腔に面する細胞膜上に再び表出される．そこで pIgR の細胞外領域が切断され，残存した pIgR 断片である分泌成分（secretory component：SC）を結合した secretory IgA（sIgA）として腸管内腔に分泌される. SC は消化管内のタンパク質分解酵素による分解から IgA を保護しており，分泌型 IgA は粘膜面などの局所免疫で重要な役割を果たす．また，乳汁中，特に初乳（colostrum）に多く存在し，若齢獣の感染防御にかかわる. 分泌型 IgA は二量体であるため抗体活性が強いが，補体の古典経路を活性化せずオプソニン活性も示さない．血中濃度は免疫グロブリンの約 10〜20% で，半減期は約 6 日である.

v） IgE H 鎖の定常部が 4 つのドメインからなる単量体で，ヒンジ部を欠く．通常，血中濃度は微量であるが，アレルギーや寄生虫感染症によって増加する．呼吸器，消化器粘膜やリンパ節で産生され，I 型アレルギーのアナフィラキシ一反応に関与する．レアギン(reagin)とも呼ばれる．IgE は IgE 受容体（Fcε 受容体）を介して肥満細胞，好塩基球と結合しており，侵入した特異的抗原（アレルゲン）が IgE に結合すると細胞内顆粒を放出し(脱顆粒)，ヒスタミン，セロトニンなどの化学的メディエーターを分泌する．半減期は 3 日前後である．

vi） IgD　単量体として血中にごく微量存在する抗体で，ヒンジ部の細長い構造が特徴的である．生物学的機能は明らかではないが B 細胞表面に発現していることから，抗原受容体としてあるいは B 細胞の分化に関与している可能性が示唆されている．酵素による分解を受けやすく，半減期は最も短い（3 日前後）．

3） 主要動物の抗体特性

動物種によって存在する免疫グロブリンのクラスとサブクラスは異なる(表 7.2 参照)．また，胎盤構造の違いから，胎盤を介した抗体移行の有無も動物種により異なる．

ウシで認められる免疫グロブリンクラスは，IgM，IgG，IgA，IgE である．胎盤構造(結合織-絨毛型胎盤：4～5 層）から，胎盤を介した胎子への抗体移行は起こらず，母ウシの抗体は初乳を介して産子へ移行する．初乳を含め乳中の主要な免疫グロブリンは IgG である．また，ウシ抗体はモルモット補体 C 1 との結合性が弱く，IgG の *Staphylococcus* プロテイン A 結合性は強い．

ウマで認められる免疫グロブリンクラスは，IgM，IgG，IgA，IgE のほか，IgG のサブタイプである IgG (T) と IgG (B) がある．胎盤構造（上皮-絨毛型胎盤：6 層）から，胎盤を介した胎子への抗体移行は起こらず，抗体は初乳を介して産子へ移行する．初乳中には IgG，IgG(T)，IgA が多く，常乳中には IgA が多い．IgA と IgG （T） はモルモット補体活性化能および IgG のプロテイン A 結合能をもたない．

ブタで認められる免疫グロブリンクラスは，IgM，IgG，IgA，IgD，IgE である．胎盤構造(上皮-絨毛型胎盤：6 層）から，胎盤を介した胎子への抗体移行は起こらず，抗体は初乳を介して産子へ移行する．初乳の主要な免疫グロブリンは IgG であり，常乳では IgA と IgG である．モルモット補体活性化能および IgG のプロテイン A 結合性を有する．

イヌで認められる免疫グロブリンクラスは，IgM，IgG，IgA，IgE である．胎盤構造(内皮-絨毛型胎盤：3～4 層)から，胎盤を介した IgG 抗体の移行が起こる．初乳の主要な免疫グロブリンは IgG であり，常乳では IgA と IgG である．モルモット補体活性化能および IgG のプロテイン A 結合性を有する．

ネコで認められる免疫グロブリンクラスは，IgM，IgG，IgA，IgE である．胎盤構造(内皮-絨毛型胎盤：3～4 層)から，胎盤を介した IgG 抗体の移行が起こる．初乳を含め乳中の主要な免疫グロブリンは IgG である．IgG のプロテイン A 結合性を有する．

マウスで認められる免疫グロブリンクラスは，IgM，IgG，IgA，IgE である．胎盤構造(血液-内皮型胎盤：1 層)から，胎盤を介した IgG 抗体の移行が起こる．また，乳汁中の主要な抗体は IgG である．モルモット補体活性化能および IgG のプロテイン A 結合性を有する．

ウサギで認められる免疫グロブリンクラスは，IgM，IgG，IgA である．出生前の抗体移行は卵黄嚢経由で，胎盤構造（血液-内皮型胎盤：1 層）から，卵黄嚢経由で IgG 抗体の移行が起こる．初乳中の主要な抗体は IgG と IgA であるが，母親からの抗体はほとんど胎盤経由で移行する．モルモット補体活性化能および IgG のプロテイン A 結合性を有する．

ニワトリで認められる免疫グロブリンクラスは，IgM，IgY，IgA，IgD である．IgY は哺乳動物 IgG と非交差性であるが，機能的に哺乳動物の IgG に相当する主要な免疫グロブリンである．発育卵（胚）への抗体移行は，IgY の卵黄嚢経由で起こる．モルモット補体活性化能，IgG のプロテイン A 結合性および哺乳動物 Fc 受容体への結合能をもたない．

その他の動物種における免疫グロブリンの特性については不明な点が多いが，IgM をもつ点では共通している．無脊椎動物は免疫グロブリンをもたない．

カメやカエルで認められる免疫グロブリンクラスは，IgM と IgY であり，IgY は鳥類 IgY と交差性を示すとされている．発育胚への移行抗体は卵黄嚢経由で，モルモット補体活性化能は陰性である．

コイで認められるの免疫グロブリンクラスは，四量体のIgMのみであり，移行抗体は卵黄嚢経由で，モルモット補体活性化能は陰性とされている．

c. 抗体産生の機序

1) 歴史的背景

1890年の北里柴三郎とBehringによる血清療法という画期的な発見によって，抗原（antigen）とそれを認識し排除する抗体（antibody）の概念が確立された．さらに，Landsteinerによって，芳香族化合物（ジニトロフェノールなど）のように本来抗原となりえない低分子物質をタンパク質に結合させた物質を抗原として用いると，結合させたタンパク質のみに対する抗体とは別に低分子物質に対する抗体も産生されることが明らかにされた．このことから，抗体が結合するのは抗原分子全体ではなく，抗原分子の一部分（特定の抗原決定基）であることが初めて確認された．また，22名の血液を互いに混合したとき，血液が固まる（凝集する）組み合わせと固まらない組み合わせがあることを発見し，ヒトの血液が現在のA，B，O型に当たる3つのグループに分けられることを明らかにし，免疫系が病原微生物などの異物だけでなく自己と同種の抗原も認識し，攻撃しうるということを示した．

1900年に提唱されたEhrlichの側鎖説は，細胞の表面には抗原物質と結合可能な多様な受容体（側鎖）があり，その1つが外来性抗原と結合すると，細胞はその受容体のみを多量に産生して，側鎖すなわち抗体を体液中に放出するというものであった．

1920年ごろには，抗原物質が細胞内に取り込まれると抗原決定基が鋳型となって抗体分子が折り畳まれるという鋳型説や，細胞内に取り込まれた抗原が細胞核DNAに突然変異を起こし，この指令により抗体グロブリンが産生されるという指令説が提出された．

しかし，1957年にBurnetがクローン選択説（clonal selection theory）を提出し，これが現在でも基本的に正しい説とされている．クローン選択説とは，生体にはあらかじめ，あらゆる抗原を特異的に認識する抗体をもつB細胞クローン群（単一細胞に由来する遺伝的に全く同一な細胞群で，1つのクローンが1種類の抗体を産生する）が存在し，ある抗原が生体内に侵入すると多数のクローンの中からその抗原を認識するクローンのみが急激に増殖し，抗体をつくる形質細胞になるという説である．B細胞表面の受容体タンパク質に特異的な抗原が結合するとその細胞は増殖し，受容体と同じ結合部位をもつ抗体を生産するようになるというものである．

2) モノクローナル抗体（単クローン抗体）

分子量の大きな抗原には，上に述べたように分子表面に抗原決定基が複数あるため，それぞれの抗原決定基に対して独立に特異的な抗体ができる．これを多クローンの（ポリクローナル：polyclonal）免疫応答という．したがって，単クローン抗体（モノクローナル抗体：monoclonal antibody）という言葉は，単一の抗原決定基だけを認識する抗体をいう．通常，このような抗体は自然免疫で得られることはない．動物をある抗原で免疫することによって作製した抗血清には，抗原の多数の抗原決定基に対するさまざまな抗体がつくられるからである．1種類のB細胞クローンは1つの抗原決定基に対する1種類の抗体のみを産生するのであるから，多種類の特異抗体を含む抗血清は多数のB細胞クローンの産生した抗体の集まりであり，このような抗体をポリクローナル抗体という．特定の1つの抗原決定基に対する特異抗体だけを分離して得ることができれば，タンパク質などの分析や精製，病原体の同定，疾病診断など，さまざまな研究に有用である．1つの抗体産生細胞を大量に増殖させることができれば1つの抗原決定基に対応する1種類の特異抗体を大量に得ることが可能であり，このような1つのB細胞クローンから産生された抗体をモノクローナル抗体という．しかし，抗体産生細胞を生体内から取り出して*in vitro*で無限に増殖させることはできない．そこで，抗体産生細胞を腫瘍細胞と融合させて，抗体産生能をもったまま無限に増殖できる細胞，ハイブリドーマ（hybridoma）を作製する技術が開発された．

まず，目的の抗原で動物を免疫した後，摘出した脾臓などのリンパ組織から調整した抗体産生細胞と，同種動物の骨髄腫または形質細胞腫由来の株化細胞（ミエローマ：myeloma）とを電気刺激やポリエチレングリコール（PEG）を用いて融合させて，融合細胞を作製する．次に，作製した多数の融合細胞から目的の抗原（抗原決定基）と反応する抗体を産生しているハイブリドーマをスクリーニングして選び出し，最終的に1個のハイブリドーマ由来の細胞集団を得ることができる（クローニング）．このようにして1つの免疫グロブリンクラスおよびサブクラスに属し，1つの抗原決定基を認識するモノクローナル抗体を得ることができる．

3)　抗原の生体内への侵入

ウイルス，細菌，原生動物などの病原体は，空気とともに呼吸器から，食物とともに消化器から，あるいは傷口を通って体表から侵入する．動物の皮膚に傷口がなければ，通常の病原体は体表面から侵入することはできない．また，気管の表面は粘液で覆われており，呼吸の際に吸い込まれた病原体の多くはここで捕捉される．食物とともに胃に入った病原体は，胃液の強力な塩酸と酵素によってほとんどが破壊される．これらの障壁を突破して体内へ侵入した病原体は，マクロファージによって貪食され排除されるとともに，抗原提示細胞による抗原の提示を受けて免疫反応を惹起する引き金となる．

高力価の抗体産生あるいは感染症の予防の目的で人為的に抗原を投与することを，免疫処置（immunization）あるいは予防接種（vaccination）という．一般的には，非経口的（parenteral）に抗原を投与することにより動物生体に抗原刺激を与えて，免疫応答を誘導する．抗原刺激の強さは，抗原物質の性状や抗原の投与量，抗原刺激期間（抗原刺激の持続期間や抗原の投与回数，抗原投与の間隔）によって異なる．投与抗原量が少なくても抗原刺激が一定の期間持続すれば有効な免疫応答が得られるため，免疫アジュバントと呼ばれる徐放剤とともに投与することが多く，また一定の間隔をあけて複数回接種する．免疫アジュバントとともに投与された抗原は，エマルジョンとして投与部分に滞留し，徐々に漏出して長期間抗原刺激を持続する．流動パラフィンに抗酸菌の菌体成分を添加したFreundの完全アジュバント（complete adjuvant），抗酸菌の菌体成分を添加しないFreundの不完全アジュバント（incomplete adjuvant）は，古くから用いられている効果の高いアジュバントである．

4)　抗原処理・抗原提示とT細胞活性化（図7.2）

免疫系の抗原排除能は，MHC遺伝子産物によって大部分が決定される．MHC分子は免疫細胞

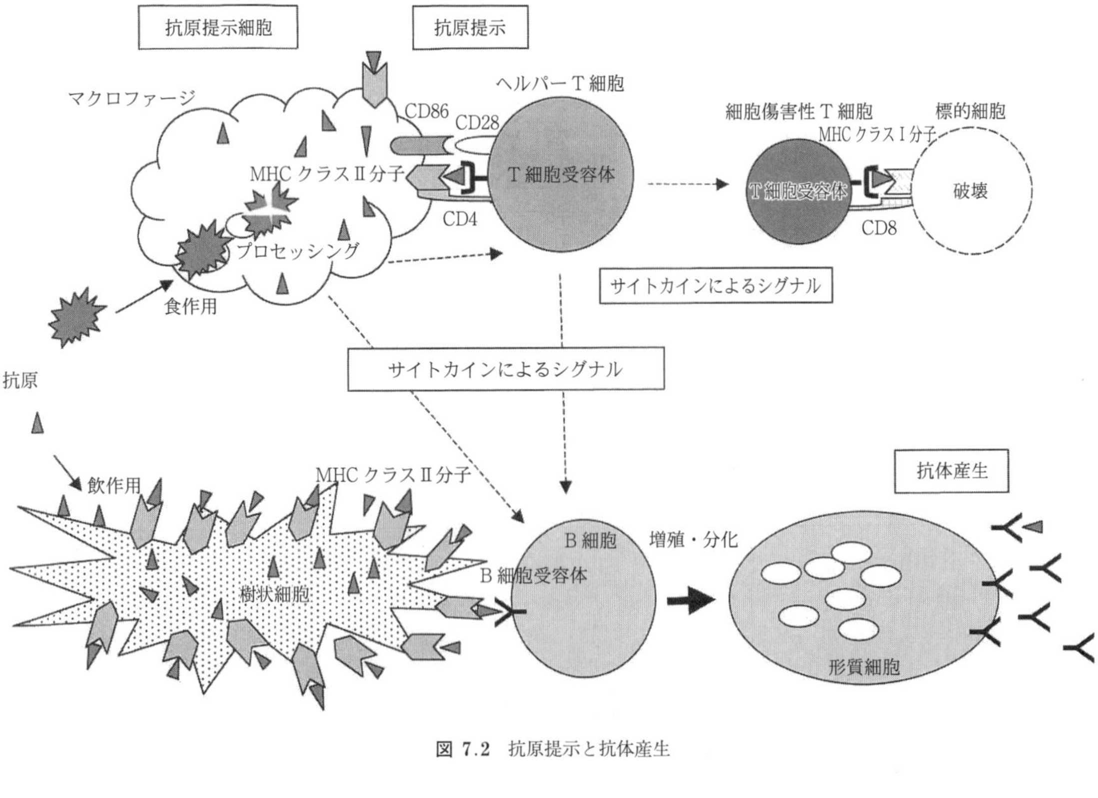

図 7.2　抗原提示と抗体産生

による抗原の認識にきわめて重要な役割を果たしている．MHC分子にはクラスIとクラスIIの2種類が存在する．MHCクラスI分子はほとんどすべての細胞で発現し，ウイルス感染を受けた細胞などでウイルス感染に対する感染防御に関係している．一方，MHCクラスII分子はB細胞，マクロファージ系細胞，活性化T細胞など異物の排除や感染防御に関係する特別な機能をもった細胞でのみ発現している．ウイルス感染を受けた細胞で増殖したウイルス粒子などの内在性抗原は断片化され，MHCクラスI分子と結合した後，細胞表面に発現する．抗原はMHCクラスI分子に捕捉され細胞表面に提示されて初めて，細胞傷害性T細胞（cytotoxic T lymphocyte：CTL，キラーT細胞）により認識される．一方，体内に侵入した細菌などの異物抗原（外来性抗原）はマクロファージ系の細胞や樹状細胞（dendritic cell：DC）などに飲作用（ピノサイトーシス：pinocytosis），食作用（ファゴサイトーシス：phagocytosis）などのエンドサイトーシスによって取り込まれる．取り込まれた抗原がタンパク質の場合は，タンパク質分解酵素によりペプチド断片にまで消化され，CPL（compartment for peptideloading）と呼ばれる特殊なコンパートメント内でMHCクラスII分子と結合し，細胞膜に輸送されて表出する．このペプチドの抗原性が，抗原-MHCクラスII分子複合体に対して特異的な受容体をもっているヘルパーT細胞（Th細胞）へと伝達される．

T細胞は，末梢血リンパ球の70〜80%を占め，胸腺（thymus）で分化，成熟することからT細胞と名づけられた．T細胞はMHC分子と結合するT細胞受容体（T cell receptor：TCR）を細胞表面にもち，TCRとしてα鎖とβ鎖のヘテロ二量体を発現している$\alpha\beta$T細胞と，γ鎖とδ鎖のヘテロ二量体を発現している$\gamma\delta$T細胞の2種類に分類される．骨髄から胸腺に移動した前駆細胞は，自己のMHC分子に抗原なしに強く反応するTCRをもつクローンおよび全く反応しないクローンが排除され，さらに自己抗原に対して強い親和性をもつクローンが排除されて，分化・成熟したT細胞として末梢へと出ていく．胸腺から出たT細胞は，細胞表面マーカーであるcluster of differentiation（CD抗原）のうちCD4もしくはCD8のどちらか片方をTCRとともに発現している．これらの分子はTCRとMHC分子との結合を強める役割を果たしている．CTLでは，CD8がMHCクラスI分子の，Th細胞では，CD4がMHCクラスII分子の非多型領域と結合することで，T細胞に抗原情報が伝達される．

抗原提示細胞上のMHCクラスII分子-ペプチド複合体と強く結合できたTh細胞は，細胞表面にCD40L（ligand）分子を発現し，抗原提示細胞上のCD40分子を介してシグナルを伝える．活性化された抗原提示細胞はナイーブなT細胞の第1回目の活性化に必要な副刺激分子，CD80/CD86を細胞表面に発現し，Th細胞表面のCD28分子に結合する．

TCRを介するシグナルとCD28を介する副刺激とを同時に受けたT細胞は初めて活性化し，分裂・増殖する．CD8陽性T細胞はその過程で成熟し，細胞質内にパーフォリン（parforin）やグランザイム（granzyme）などを含んだ細胞傷害顆粒をもつCTLになる．CD4陽性T細胞は，Th1またはTh2のパターンを示すサイトカイン産生細胞へと分化する．Th細胞は，局所のマクロファージなどによる抗原刺激を受けてサイトカインを産生し，CTLはウイルスに感染した標的細胞などを破壊する．

Th細胞は，その産生するサイトカインの違いから，Th1細胞とTh2細胞に分けられる．Th1細胞は，IL（インターロイキン）-2，IL-12，IFN（インターフェロン）-γなどのサイトカインを産生し，NK細胞，好中球，マクロファージを活性化して主に細胞性免疫にかかわる．Th2細胞は，IL-4，IL-5，IL-6，IL-10などを産生し，B細胞の抗体産生を促して，液性免疫にかかわる．

5) B細胞の分化と活性化（図7.2参照）

B細胞は，末梢血リンパ球の5〜10%を占め，形態学的にはT細胞と区別できない．骨髄の造血幹細胞から分化したB前駆細胞（pre-B cell）は，鳥類ではファブリキウス嚢（Bursa Fabricius）で，さらに分化，成熟する．B細胞の名前の由来は，このBursa Fabriciusである．哺乳動物にはファブリキウス嚢が存在しないが，相同器官である回腸粘膜のパイエル板などで分化し，膜型IgM（＝抗原受容体sIg）をB細胞受容体（B cell receptor：BCR）として発現している成熟B細胞となる．B細胞クローンは，特異的な抗原がBCRに結合すると活性化し，抗体産生細胞である形質細胞に分化する．

自然界の大部分の抗原はT細胞依存性であり，B細胞の抗体産生にはAPCがMHCクラスII分子とともに提示した抗原と反応したTh細胞から分泌されるIL-2, IL-4, IL-5, IL-6などのサイトカインの作用を必要とする．また，自身が抗原提示細胞であるB細胞がMHCクラスII分子に提示した抗原を，Th細胞がTCRを介して認識して結合したT細胞は，B細胞上に発現したCD 40やCD 80/86分子を介してB細胞にさまざまなシグナルを送り，B細胞の分化・抗体の産生を誘導する．また，Th細胞から分泌されるサイトカインの作用を受け，分化・増殖したB細胞が後述のクラススイッチと呼ばれる免疫グロブリン遺伝子の変化を起こし，IgM産生からIgG, IgAなどのさまざまなクラスの抗体を分泌するようになる．

一方，a項で述べたように，フラジェリンやリポ多糖（LPS）のようなT細胞非依存性抗原では，T細胞の関与なしでB細胞の分化・抗体産生が起こる．

6）免疫グロブリン遺伝子再編成と特異抗体産生

未熟なB細胞のBCR (pre-BCR)に抗原が結合すると，免疫グロブリン遺伝子の可変領域および定常領域の再編成が誘導され，抗原情報に対応した単一クラスの抗体のみを産生するようになる．個々のB細胞がそれぞれ1種類の抗原決定基に対応する1種類の抗体しか産生しないことを考えると，膨大な数の抗原に対応するだけのきわめて多様なB細胞クローンが存在しなければならない．このような抗体の多様性は，免疫グロブリン遺伝子群が再構成(rearrangement)され，膨大な組み合わせで発現されることによる（図7.3）．

すでに述べたように，免疫グロブリンはH鎖とL鎖から構成されている．免疫グロブリンのH鎖可変部（抗原結合部ドメイン）を支配する遺伝子群は，V (variety)-D (diversity)-J (joining) 領域の順に，それぞれが複数の遺伝子を保有して並んでいる．免疫グロブリン遺伝子が活性化されるとV, D, J遺伝子群からそれぞれ遺伝子が1つずつ選択されて結合し，VDJ結合遺伝子となる．その組み合わせは膨大なものであり，選択されなかった遺伝子群は脱落する．L鎖可変部を支配する遺伝子群はD領域を欠くが，同様の機構でV, J領域の遺伝子群から1個ずつ選択されてVJ結合遺伝子となる．この組み合わせによって生ずる抗体タンパク質は，1つのB細胞でただ1つに決定され，抗体の数と同じ数のB細胞クローンが存在することになる．たとえば，マウスのH鎖可変部ドメインは約1,000個のV遺伝子，12個のD遺伝子，4個のJ遺伝子から，L鎖可変部ドメインは約300個のV遺伝子，5個のJ遺伝子からそれぞれ1個ずつの遺伝子が選ばれて活性化遺伝子複合体を形成し，膨大な種類の抗原に対応する特異抗体を産生することが可能となる．免疫グロブリン遺伝子は父母両者に由来する染色体上に乗ってい

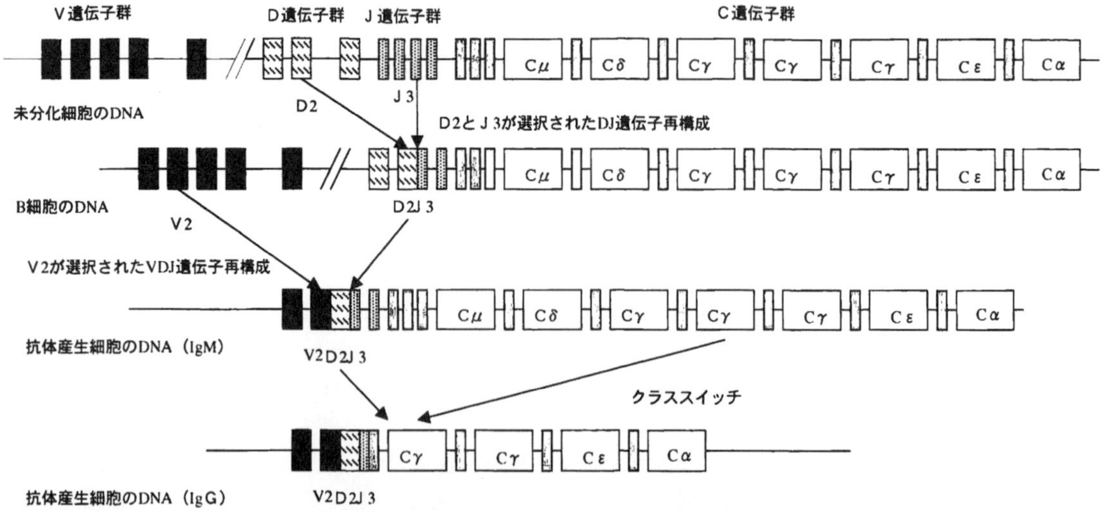

図 7.3　免疫グロブリンH鎖遺伝子再構成

るが，どちらか一方の染色体で遺伝子の再構成が成功すると残った染色体上の遺伝子の再構成は停止する．また，L 鎖では κ 鎖 (kappa chain) 遺伝子の再構成が成功すると λ 鎖 (lambda chain) 遺伝子の再構成は進まない．このようにして 1 つの B 細胞は 1 種類の抗体のみを産生するようになる．

ニワトリでは，H 鎖可変部に約 100 個の V 領域偽遺伝子，1 個の V 遺伝子，16 個の D 遺伝子，1 個の J 遺伝子が，L 鎖可変部には約 25 個の V 偽遺伝子，1 個の V 遺伝子，1 個の J 遺伝子があり，これらの遺伝子群によって抗体産生が支配されているが，ニワトリやウサギでは，遺伝子変換 (gene conversion) という相同組換えの一種が起こることによって，抗体遺伝子の多様性を獲得している．同じ免疫グロブリンスーパーファミリーに属する TCR 遺伝子も，同様なシステムで多様性を獲得している．

H 鎖可変部 (抗原結合部ドメイン) の遺伝子群 V-D-J 領域に続いて定常部を決める C 領域遺伝子群が，Cμ, Cδ, Cγ, Cε, Cα の順に並んでいる．可変部の遺伝子が再構成されると V 領域の構造は 1 つに決まるが，抗体のアイソタイプを決定する H 鎖の C 領域は変わりうる．

免疫グロブリン遺伝子の再構成が行われた後，Th 細胞からのサイトカイン刺激などにより，抗原に対する特異性を保持したまま，異なったクラスの免疫グロブリンが分泌・産生されることを，クラススイッチという．B 細胞はまず定常部 μ 遺伝子をもつ IgM 分子を細胞表面に発現し，これが抗原を認識すると，IgG, IgE, IgA などの異なるクラスの抗体を産生するように変化する．可変部は変化せず，定常部が変化することによる．すなわち，H 鎖可変部をコードする V-D-J 遺伝子の下流に免疫グロブリン定常部遺伝子 μ (IgM)，δ (IgD)，γ (IgG)，ε (IgE)，α (IgA) 鎖があり，どの遺伝子が発現するかによって免疫グロブリンのクラスが決定されている．

7) 抗体産生応答と免疫記憶

抗原が生体内に侵入してから抗体が検出されるようになるまでには，ある程度の時間を必要とする．今までに出会ったことのない抗原が初めて生体に侵入すると，通常 2〜5 日後に IgM 抗体が出現し，2 日以内にピークに達する．IgG および IgA は IgM に数日遅れて出現し，IgG が増加するに伴って半減期の短い IgM は急激に減少する．代わって IgG が血中抗体の大部分を占めるようになり，抗原刺激後 3 週間前後でピークに達する．宿主の免疫反応により生体内の抗原が排除されると免疫反応は終息に向かい，新たな抗体の産生は低下する．産生された抗体も体内抗原と結合して消費・排除されるのに伴い，徐々に減少する (図 7.4)．このような初回抗原刺激による免疫応答を，一次免疫応答という．

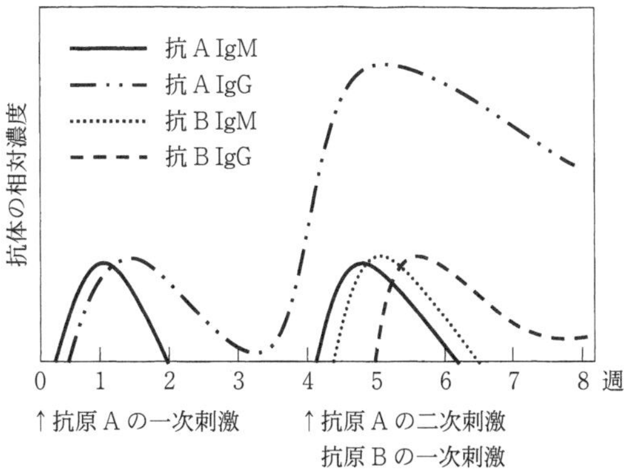

図 7.4 一次応答と二次応答

一次抗体産生応答の後に同一抗原による二次刺激を与えると，生体は速やかに，また，一次免疫応答のときよりも多量に IgG 抗体を産生する．この血中 IgG 抗体は一次免疫応答のときよりも高力価で長期間持続し，抗体活性 (抗原との親和力) もはるかに強力であることが特徴であり，この反応を二次免疫応答という．また，免疫応答にみられる二次抗原刺激によるこのような効果を，追加免疫効果もしくはブースター効果 (booster effect) という．

この二次免疫応答は，一次応答で活性化・増殖・分化した B 細胞系，ならびに T 細胞系の一部が B_M 細胞 (memory B cell) および T_M 細胞 (memory T cell) と呼ばれる記憶細胞として免疫系組織内に残り，二次抗原刺激に対して速やかに幼若化し，分裂・増殖して抗体産生などの免疫応答を引き起こすことによる．これを免疫記憶 (immunological memory) という．

不活化ワクチンやトキソイドを一定の間隔を置いて複数回接種する「追加免疫」は，ブースター効果による予防効果向上を期待する二次免疫応答の原理に基づいている．

8) 抗体産生の調節

ウイルスや細菌感染が起こると，生体は一連の免疫反応を引き起こし，侵入した病原体を排除しようとするが，免疫反応が過剰かつ無制限に起こり続けると，病的な状態となる．そのため，抗原が生体内から排除された後には，抗体産生などの免疫反応は終息に向かう必要がある．生体は，免疫系を活性化するだけでなく，速やかに抑制するシステムも備えており，過剰な免疫反応が続かないように調節している．

血中の抗体は抗原と結合することによって消費されて減少するとともに，IgG と結合した抗原が B 細胞上に発現している抗原受容体と Fcγ 受容体の両者を介して B 細胞に結合することによって引き起こされるネガティブフィードバック調節により，B 細胞による抗体産生が抑制される．

免疫グロブリンの抗原結合部は，対応する抗原に特異的な立体構造を示し，イディオタイプ決定基（イディオトープ）として認識されて対応する抗体（抗イディオタイプ抗体）が産生される．抗原刺激によって特定の抗体が大量に産生されると，そのイディオタイプに対する抗体（抗イディオタイプ抗体）の産生が促され，最初のイディオタイプ抗体を産生するリンパ球集団は抑制される．このような反応が次々と起こり免疫反応の ON/OFF が調節されているという仮説をイディオタイプネットワーク説といい，1974 年に Jerne らによって提案された．

また，以前から免疫応答の負の調節を行う T 細胞，サプレッサー T 細胞（suppressor T cell）の存在が指摘されてきたが，近年，制御性 T 細胞（regulatory T cell）としてその性状が明らかとなってきた．活性化した CD 4^+ CD 25^+ T 細胞の中に，T 細胞の増殖を抑制する IL-10 や TGF（形質転換増殖因子）-β などを介して IFN-γ の産生を抑制し，抗原提示細胞の活性化を抑える機能を有する細胞群が見つかった．しかし，この細胞群以外にも抗原特異的に T 細胞機能を負に制御する細胞も確認されており，制御性 T 細胞の全体像やその制御機構の詳細は未だ不明である．

9) 免 疫 寛 容

正常な免疫系は，感染微生物など外来抗原に対してのみ応答し，自己抗原（自己の生体構成成分）に対しては応答しない．これを自己寛容（self tolerance）という．このように，特定の抗原に対する特異的免疫応答が欠落あるいは抑制された状態を免疫寛容（immune tolerance）という．すべての抗原に対する応答が弱い，もしくは失われている場合は免疫不全と呼ばれ，免疫寛容とは異なる病的な状態である．免疫寛容は，免疫系の重要なシステムの一つであり，これが破綻し，自己抗原を攻撃するようになった状態が自己免疫疾患である．免疫寛容の成立には，骨髄や胸腺などの一次リンパ組織における制御と，脾臓やリンパ節などの二次リンパ組織における制御が関与している．前者を中枢性寛容（central tolerance），後者を末梢性寛容（peripheral tolerance）という．中枢性寛容は，免疫細胞の発生過程における抗原特異的クローン排除（clonal deletion：自己反応性クローンの排除）などによって獲得される．

T 細胞の免疫寛容は，胸腺で特定の抗原（自己抗原）に強く反応する免疫細胞クローンが排除される，あるいは末梢で機能が抑制されることによって成立する．T 細胞不応答（T cell anergy）は，末梢性寛容の一種で，抗原刺激に対して反応・増殖できない状態をさす．たとえば，T 細胞の活性化には TCR からのシグナルだけでなく CD 28 などの共刺激分子を介したシグナルが必要であるが，共刺激の非存在下で抗原が TCR に結合すると，T 細胞は活性化せず逆に不応答（アネルギー：anergy）となる．

B 細胞系の寛容は，骨髄内で T 細胞よりも早いステージで獲得される．抗原受容体の発現に失敗した細胞は，この段階で死滅する．次に，骨髄内で自己抗原と強く反応するような受容体を発現している B 細胞が死滅する．この 2 段階の選択の結果生き延びることができた B 細胞は，自己抗原と反応しない抗原受容体を細胞表面にもつこととなり，結果として自己寛容が成立する．未熟 B 細胞が自己抗原に弱く反応する抗原受容体を発現している場合，その未熟 B 細胞は抗原に不応答となる．不応答状態に陥ると，抗原特異的 T 細胞によっても活性化されない．低親和性で単価の自己抗原に対する抗原受容体を発現している未熟 B 細胞では，成熟 B 細胞へと分化するが自己抗原が存在しても全く反応しない「免疫学的無視」状態を起こすことがある．また，抗原刺激のみで Th 細胞の介助のない場合には，成熟 B 細胞寛容が起こる．また，極端に高濃度の抗原にさらされた場合，あるいはごく少量の抗原で持続的に刺激された場合には免疫寛容に陥ることがある．

遺伝子の半分が父親由来のため，母親にとって胎子は異物である．異物である胎子を長期間体内に存在させるため，母親は胎子に対して免疫寛容状態をつくり出すが，その詳細な機構は未だ不明である．哺乳動物では妊娠中に母親の免疫から胎子を保護するため，細胞性免疫を低下させている．一方，胎盤では Th 2 機能を活性化して Th 1 機能を抑制している．その結果，子は Th 1 機能低下，Th 2 機能優位の状態で産まれてくる．

自己寛容を獲得するため，まだ外来抗原に出会う前の発生段階に出会った抗原は自己と判断し，免疫反応を起こさないような機構が働いている．そのため，その時期に外来抗原にさらされると，その抗原に対して免疫寛容となる．

d．補　　体

抗体発見後まもなく，細菌に対する新鮮な抗血清には殺菌作用（溶菌作用）があることが見出された．新鮮抗血清のもつこの溶菌活性は，56°C 30 分間加温することで失われる（血清の非働化）が，細菌を凝集する活性は残っていることから，新鮮血清中には溶菌を引き起こす熱に弱い（易熱性），抗体以外の成分が存在することが明らかとなった．抗体を補助して溶菌を引き起こすことから，この血清成分は補体と名づけられた．現在では，補体は溶菌活性だけでなくさまざまな作用をもつことが知られている．主な補体の作用として，肥満細胞などからの炎症メディエーター放出作用，貪食細胞に対する抗原のオプソニン化作用，細胞傷害作用の 3 つがあげられる．補体が活性化する過程で形成される C 3 a，C 4 a，C 5 a は局所に炎症を引き起こすことからアナフィラトキシン（anaphylatoxin）と呼ばれる．また，C 5 a は白血球走化因子として働き，感染局所へ好中球などの

表 7.4 補体成分および調節タンパク質

成分名		分子量（Da）	血中濃度（μg/ml）	生成断片
古典経路	C1q	410	70～300	
	C1r	83	34～100	
	C1s	85	30～80	
	C4	204	350～600	C4a, C4b, C4c, C4d
	C2	102	15～30	C2a, C2b
	C3	190	1,200～1,500	C3a, C3b, C3c, C3d, C3f, C3g, C3dg, C3d-K, iC3b
細胞膜侵襲複合体	C5	196	70～85	C5a, C5b
	C6	125	60～70	
	C7	120	55～70	
	C8	150	55～80	
	C9	66	50～160	
第2経路	B 因子	100	140～240	Ba, Bb
	P 因子	224	20～30	
	D 因子	24	1～2	
レクチン経路	MBL	540	1	
	MASP-1	94		
	MASP-2	76		
調節因子	C4BP	550	250	
	C1INH	105	180～275	
	H 因子	150	300～560	
	I 因子	100	34～50	
	ビトロネクチン	83	150～500	
	J 因子	20	2.6～8.2	

MBL：マンノース結合レクチン，MASP：MBL-associated serine protease，C4BP：C4 結合タンパク質，C1INH：C1 エステラーゼ阻害因子．

食細胞を動員する.

1) 補体成分

補体とは，不活性型前駆体として血清中に存在する免疫系を補助するタンパク質の一群であり，補体第1成分（complement　1：C 1）～第9成分（C 9）およびB因子，D因子など20種類以上のタンパク質から構成される（表7.4）．補体成分の合成場所は必ずしも明らかではないが，肝臓やマクロファージは補体の活性化経路にかかわるさまざまな成分を産生しており，また，好中球や血管内皮細胞はC 3を産生している．補体タンパク質は血清タンパク質の約10％を占める易熱性の不安定なタンパク質であり，その中でC 3が最も高濃度（約1.5 mg/ml）である．補体の生物活性は，補体因子以外にさまざまな補体制御因子やさまざまな細胞表面に発現している補体受容体によって調節，発揮されている．

2) 補体活性化

補体活性化には3つの経路があり，古典経路，第2経路（代替経路），レクチン経路と呼ばれている（図7.5）．活性化が開始されると一連のカスケード反応を起こし，生理活性物質の放出を促進して炎症を引き起こし，また，細胞膜侵襲複合体（membrane attack complex：MAC）を形成するなどの作用を生じる．

i） 補体活性化古典経路　特異的免疫反応によって生じた抗原-抗体複合体によって活性化される経路である．C 1 qの6個の単量体のうち2分子が，2分子のIgGまたは1分子の五量体IgM分子のFc部に結合することで開始されるが，補体の活性化の効率はIgMの方がIgGよりはるかに高い．IgGが古典経路を引き起こす強さは，IgG 3，IgG 1，IgG 2の順に高く，IgG 4は補体と結合しない．IgGもしくはIgMと結合すると，C 1 q分子の立体構造が変化し，C 1 r前駆体からC 1 r

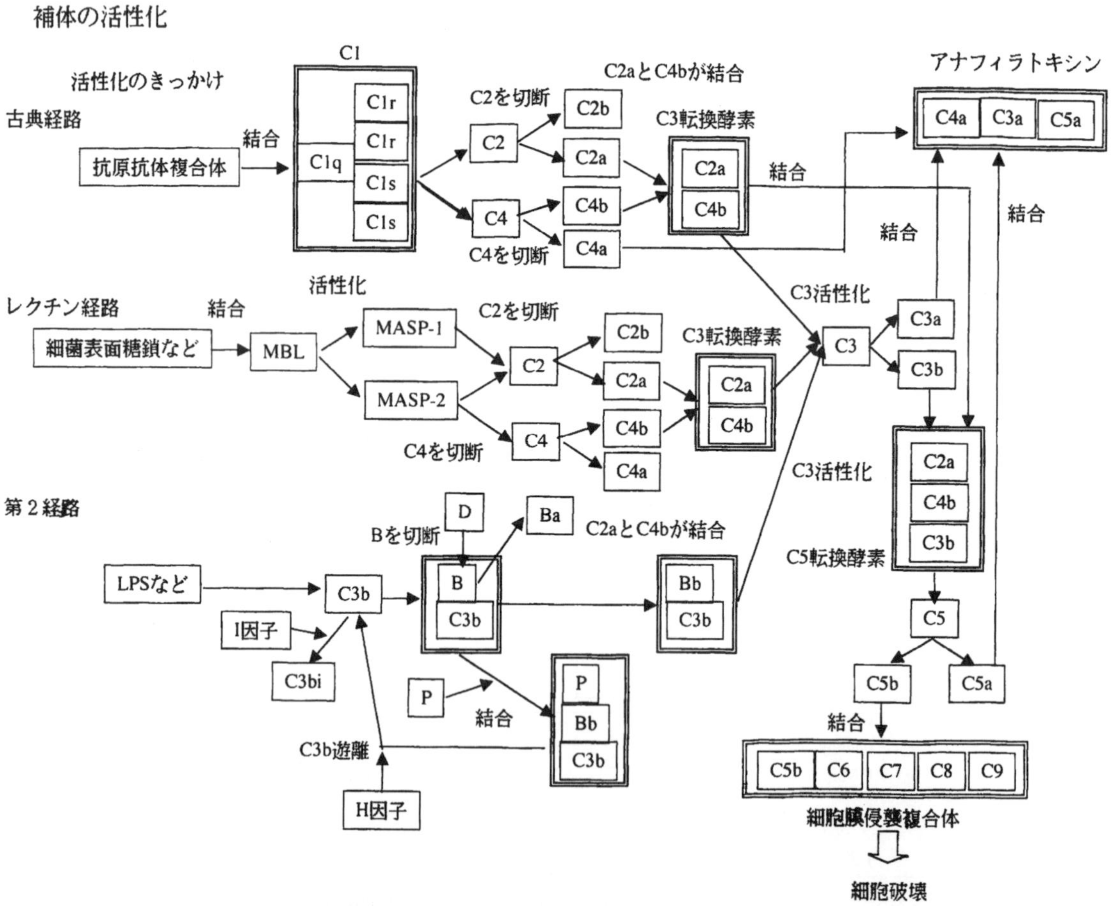

図 7.5　補体活性化経路と補体系の制御

へと自己触媒作用による活性化が連鎖的に起こる．C1rはC1s分子内の結合を切断して活性化C1sを産生する．活性化C1sは，C4を切断してC4aとC4bに，遊離のC2を切断してC2aとC2bに，C4b-C2複合体のC2を切断してC4b-C2a複合体と遊離C2bに分解する．C4b-C2a複合体が古典経路のC3変換酵素(convertase)であり，C3を切断してC3aとC3bにする．一部のC3bがC4b-C2a複合体に結合し，C5転換酵素であるC4b-C2a-C3b複合体を形成する．C3bはC5からC9までの溶解反応にとって重要であるのみでなく，免疫複合体に沈着してオプソニン（opsonin）としても機能する．

古典経路は，抗体に依存しない機序によっても活性化されうる．DNAやRNAは直接C1qと反応して古典経路を活性化することができると考えられている．C反応性タンパク質（C-reactive protein：CRP)は抗体が存在しなくても古典経路の活性化を導くことができる．近年，古典経路の成分なしにC3を切断するC1バイパス経路が解明されてきた．後述するレクチン経路はその一つである．

ii） 第2経路（代替経路）　第2経路の活性化には抗体を必要とせず，いくつかの成分の関与でC3は活性化される．酵母細胞壁，コブラ毒，腎炎因子，LPS，凝集したIgAなどによって引き起こされた非特異的（先天的）免疫応答によって活性化される．代替経路ではC1, C4, C2の活性化を経ずにC3が切断される．この経路はわずかな量のC3がC3aとC3bに自然分解されることに依存するが，この機序は未だ十分に解明されていない．C3bはB因子の基質となり，C3b-B複合体が産生される．D因子（血漿中の活性型酵素)はB因子を分解し，C3b-Bb複合体を産生する．P因子（プロペルジン）は，C3b-Bb複合体を安定化する．C3b-Bb複合体およびC3b-Bb-P複合体は，代替経路におけるC3転換酵素である．分解されたC3から生じたC3bが結合しC5転換酵素であるC3b-Bb-C3b複合体を形成する．代替経路は，いくつかのステップにおいて，1個の分子で多くの基質を活性化できるため，補体が急速に活性化する．

iii） レクチン経路　近年発見されたレクチン経路は，血清レクチンの一つであるマンノース結合レクチン（mannose-binding lectin：MBL）が病原体表面の糖鎖に結合して補体が活性化される経路である．レクチン経路は，自然免疫において重要な役割を担っており，進化的には古典的経路より古いと推定される．また，この経路は古典経路に構造的・機能的に類似している．MBLはC1qに構造的に類似しており，MBL-associated serine protease（MASP）は，C1rやC1sに類似したセリンプロテアーゼである．レクチン経路が活性化されると，C4とC2が限定分解を受け，古典経路と同じC3転換酵素C4b-C2a複合体が形成されてC3の直接的な分解が起こる．血清にはフィコリンと呼ばれるレクチンが存在する．フィコリンは，コラーゲン様ドメインとフィブリノーゲン様ドメインをもち，アセチルグルコサミンに結合性である．最近，ヒト血清フィコリンにMASPとsmall MBL-associated protein(sMAP)が結合して補体系を活性化することが明らかになり，フィコリンによる補体活性化もレクチン経路と見なされるようになった．

最終的に，3つの経路によってC3転換酵素が活性化してC3が分解された後，C5転換酵素が形成される．C5転換酵素はC5をC5aとC5bとに分解してMACを形成する．C6がC5bと結合し，次にC7が結合してC5b-C6-C7複合体が膜や脂質二重層に付着する．次にC8が，最終的にC9が結合してC5b-C6-C7-C8-C9複合体をつくり，これが実質的な細胞溶解を起こして標的細胞を破壊する．

3） 補体受容体

補体は，さまざまな細胞の上に発現している補体受容体を介してその生物活性を発現する．CR1(CD35)はC3b受容体として働き，C3転換酵素の不活化，オプソニン作用，免疫複合体の排除などに働く．CR2（CD21）はB細胞活性化に関与し，Epstein-Barrウイルスの受容体としての作用も有する．CR3(Mac-1, CD11b/CD18)はiC3b受容体として働くインテグリンファミリーで，iC3bで覆われた細菌の食細胞への接着を促進し，貪食作用を媒介する．CR4（CD11c/CD18）は，食細胞のほかに血小板上に発現しており，CR3と同様の機能を有する．C3aとC5aの受容体(C3aR, C5aR）は，肥満細胞，好酸球，好塩基を含む多くの細胞上に発現しており，食細胞の貪食作用を促進するだけでなく，局所の炎症反応を惹起するアナフィラトキシン作用を媒介する．C1q受容体は，免疫複合体を食細胞と接着させる．

4）　補体系制御因子（表7.4参照）

補体の活性化が必要以上に継続的に起こると，補体の経常的な不足や過剰な炎症反応など，生体に不利な状態を引き起こすことになる．そのため，補体系の活性化はさまざまな物質によって調節されている．

古典経路はC1エステラーゼ阻害因子(C1INH)によって調節されている．C1INHはClrとClsに結合し，これらのタンパク質を不活性化する．同様に，J因子もC1活性を阻害する．C4BP(C4結合タンパク質)はC3転換酵素であるC4b-C2a複合体からC4bを乖離させ，不活性化する．細胞表面に発現している崩壊促進因子(decay accelerating factor：DAF, CD55）はC3転換酵素の形成を阻害し，CR1は解離を促進，失活させる．Sタンパク質（ヴィトロネクチン）や細胞膜上に発現しているHRF（20 kDa-homologus restriction factor, CD59）は，MACの形成を阻害する．

第2経路のC3b-Bb複合体はP因子によって安定化される．一方，H因子や細胞膜上に発現しているDAFはB因子と競合してC3bに結合することによって，C3b-Bb複合体をC3bとBbとに分解する．I因子はC3bを分解し，H因子はI因子を補助してC3bの分解を促進する．

7.3　抗原–抗体反応

抗体は対応する抗原と結合するが，この反応はきわめて特異性が高い．したがって，動物体内に特定の微生物（抗原）と反応する抗体が存在すれば，その動物が過去にその微生物と接したことがあることを示す．逆に，下痢をした動物の糞便内に，下痢を起こす特定の微生物に対する抗体と反応する微生物が検出されれば，その微生物が下痢の原因微生物である可能性が示唆されることになる．このように，動物体内に存在する抗体や抗原を検出することができれば，感染症の診断や動物の免疫状態(接種したワクチンの効果があったか，感染の危険性があるか）などを知ることが可能となる．

抗原と抗体が特異的に反応すると，沈降反応，凝集反応，補体の関与した溶血反応などのさまざまな反応を引き起こす．このような反応を，抗原–抗体反応と呼び，それぞれの反応で関与する免疫グロブリンのクラスなどに相違がみられる（表7.5）．抗原–抗体反応は，*in vitro*（試験管，マイクロプレート内やスライドグラス上）において肉眼で確認できるものもあるが，感度よく抗体や抗原の存在を証明するには，きわめて微量の抗原–抗体反応を，酵素を用いた発色や発光・蛍光色素・放射性同位元素(radioisotope：RI)などを用いて増幅し，検出することが必要となる．

表7.5　抗原–抗体反応の類型とその感度

反応の種類	抗原：その性状	抗体：免疫グロブリン活性				反応特性	抗体検出感度（ng/ml）
			IgM	IgG	IgA		
不溶性複合体形成反応系							
沈降反応	沈降原：可溶性	沈降素	+	+++	±	沈降線形成	20,000
凝集反応	凝集原：粒子状	凝集素	+++	++	+	凝集塊形成	50
補体関与反応系							
免疫細胞傷害	RBCなどの細胞	溶血素	+++	++	−	細胞破壊	0.05
補体結合反応（CF反応）	可溶性/粒子状抗原	CF抗体	++	+++	−	補体消費測定	5
中和反応系							
毒素中和反応	毒素：可溶性	抗毒素	++	+++	+	毒素作用を中和	60
ウイルス中和反応	ウイルス：感染性微粒子	中和抗体	+++	+++	++	ウイルス増殖を阻止	0.05
赤血球凝集阻止反応（HI反応）	HA抗原：可溶性	HI抗体	+++	++	++	赤血球凝集を阻止	0.5
一次結合反応系							
蛍光抗体法（FA法）	可溶性・粒子状抗原	抗体	+++	+++	+++	蛍光色素標識による	10
酵素結合免疫吸着測定法(ELISA法)	可溶性・粒子状抗原	抗体	+++	+++	+++	酵素標識による	0.5
ラジオイムノアッセイ（RIA）	可溶性・粒子状抗原	抗体	+++	+++	+++	放射性同位元素標識による	0.05

a. 抗原-抗体反応の特異性と反応条件

抗原-抗体反応の特異性は，抗原の抗原決定基（エピトープ）と対応する抗体の V_L・V_H からなる超可変部位を含む抗原結合部位により規定されており，抗原と抗体の結合は水素結合，疎水結合，ファンデルワールス力などのさまざまな非共有結合による．

反応液中の塩濃度やpH，反応温度は抗原-抗体反応に影響を及ぼす．反応の至適pH域は7.0付近（6～8）で，これは免疫グロブリンの等電点に近い．また，至適反応温度は一般に37℃付近であるが，低温で強く反応する抗体の存在も知られている．

b. 交差反応

抗原-抗体反応は高い特異性を特徴とするが，時に抗原Aで免疫することによって得られた抗体が，異なる抗原Bと反応することがある．このような反応を交差反応といい，交差反応を示す2つの異なる抗原AとBが共通の抗原決定基をもつか，あるいは抗原AとBのもつ抗原決定基の中に構造のきわめて類似したものが存在することが原因と考えられる．たとえば，イバラキウイルス感染牛の血清は，ブルータングウイルス診断のためのゲル内沈降反応で高率に交差反応を起こすことが知られている．

c. 抗原-抗体反応における抗原・抗体の最適比

抗原-抗体反応において効率的に抗原-抗体反応物が形成されるためには，抗原と抗体の量的な関係が非常に重要となる．特に，抗原や抗体を定量的に検出・測定する場合には，抗原，抗体，検査法によってはさらに補体の量的関係が，定量結果や感度に大きく影響する．

特に沈降反応では，抗原量が多すぎても抗体量が多すぎても沈降物が十分に形成されず，場合によっては全く沈降物が形成されないこともある．このように，抗原と抗体の量比に大きな偏りがあるために抗原-抗体反応が抑制される現象を，地帯現象（zone phenomenon）といい，沈降物が最も多く形成される抗原と抗体の混合比を最適比（optimal proportion）という（図7.6）．抗体過剰域を前地帯（prozone），抗原過剰域を後地帯（post-zone）と呼ぶこともある．沈降反応ほどではないが，凝集反応にも同様の現象がみられる．

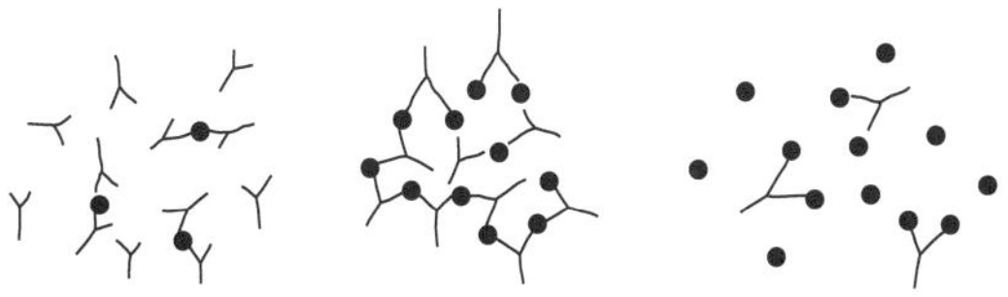

図 7.6 抗原-抗体反応の地帯現象と最適比

最適比を見逃すことなく最もよい条件で抗原-抗体反応を行うには，

① 一定量の抗原を用い，抗体を段階希釈してそれぞれの組み合わせで抗原-抗体反応を起こさせる抗体減量法，

② 一定量の抗体を用い，抗原を段階希釈してそれぞれの組み合わせで抗原-抗体反応を起こさせる抗原減量法，

③ 抗原，抗体とも段階希釈し，それぞれの組み合わせで抗原-抗体反応を起こさせるボックスタイトレーション，

などの方法がある．

抗体過剰域では，被検血清中に存在する何らかの阻害因子（インヒビター）が抗原-抗体反応を抑制することがあり，カオリン処理などによる阻害因子の除去が必要な場合もある．

以下に，試験管内抗原-抗体反応の種類を示す．

1) 沈降反応

きわめて小さなタンパク質，多糖，ハプテンなどの可溶性抗原は，対応する特異抗体と結合すると，肉眼で観察できる沈降物を形成する．このような抗原-抗体反応を沈降反応といい，沈降反応を引き起こす抗原を沈降原，抗体を沈降素と呼ぶ．沈降反応は，抗原や抗体の検出，同定や性状解析に用いられ，また，沈降物を形成した抗原-抗体反応液に光を当ててその散乱光を測定することにより，抗原-抗体複合物を定量することもできる（ネフェトメトリー，免疫比朧（ひろう）法）．先述のように，沈降反応は抗原が多すぎても抗体が多すぎても沈降物の形成が抑制される（地帯現象）．抗原減量法で沈降反応を行った際に，最も反応が効率よく起こり多量の沈降物を形成する抗原量と抗体量の比を，Dean & Webbの最適比という．

沈降反応を起こさせる場によって，沈降反応は以下のように分類することができる．

i） 混合法　試験管内において抗血清と抗

原液を直接混合すると，抗体量または抗原量に応じた抗原-抗体複合体を形成する．その沈降物の量をネフェトメトリーにより定量することができ，細菌の毒素（あるいはそのトキソイド）やCRP，免疫グロブリン量など，血漿タンパク質の定量などに応用される．破傷風毒素，ジフテリア毒素やそのトキソイドとウマ抗毒素血清を混合すると絮(綿)状沈降物が形成され，毒素の定量や抗毒素血清の力価測定に用いられる．

ii） 重層法　細いガラス管(沈降試験管，直径2～3 mm)に抗血清を入れ，その上に抗原液を静かに重層すると，数分以内に両液の境界面に白い沈降輪が形成され，抗原-抗体反応の有無を観察することができる．このような沈降反応を重層法といい，獣医学領域では主に炭疽の診断に用いられる（アスコリーテスト）(図7.7 (a))．炭疽感染が疑われる斃死動物の脾臓などの臓器乳剤を，加熱抽出・濾過して被検抗原とし，沈降試験管に入った炭疽診断用沈降反応血清（炭疽菌に対する抗血清）上に被検抗原を静かに重層すると，陽性であれば数分で境界に白い沈降輪が形成される．

iii） ゲル内沈降反応　寒天やアガロースなどのゲルを支持体として抗原と抗体を拡散させ，支持体内で沈降反応を起こさせる方法をゲル内沈降反応といい，ゲル内拡散法 (gel diffusion)，免疫拡散法 (immunodiffusion) とも呼ばれる．最もよく用いられるゲル内沈降反応法は，オクタロニー (Ouchterlony) 法といい，スライドグラス上に作製した寒天ゲル板に一定間隔で小孔をあけ，抗血清と抗原液をそれぞれに入れると，抗原と抗体は濃度勾配を形成しながらゲル内を拡散し，両者が最適比で出会った部位に白い沈降線を形成する(図7.7(b))．このように，ゲル層で隔てた抗原と抗血清の両者を拡散させる方法を，二重免疫拡散法という．出現した沈降線の数や位置のパターンから複数の反応系（複数の抗原-抗体反応）を検出することが可能で，大まかな抗原の量や分子量の大小を知ることができる．手技も単純であることから，ブルセラ感染症などの細菌感染症やウマ伝染性貧血，ウシ白血病などウイルス感染症のスクリーニングや補助的診断に応用される．その他，抗原・抗体のどちらか一方をゲル内に溶かし込んでおき，他方を拡散させる一元（単純）免疫拡散法があり，試験管内で一元免疫拡散法を行うOudin法と，スライドグラス上に抗血清を溶かし込んだゲル板を作製し小孔をあけて抗原を入れて拡散させる単純放射免疫拡散法 (single radial immunodiffusion) が用いられる．

血清のようにさまざまなタンパク質を含む抗原とそのような抗原を免疫することによって得られた抗血清を用いてゲル内沈降反応を行うと，多数の沈降線が重なって形成されることから，解析が困難となる．このような抗原・抗体を解析するには，免疫電気泳動法 (immunoelectrophoresis) が用いられる．同法は，電気泳動法と二重免疫拡散法を組み合わせた方法で，ガラス板上に作製したゲルにあけた小孔に抗原を添加，電気泳動することよりに抗原を分離し，電流と平行に作製した溝に抗血清を添加すると，抗体と分離された抗原が拡散して沈降線を形成する．一方，抗体を含むゲルにあけた小孔に抗原を入れ，抗原を電気泳動させると抗原量に応じて長短のロケット状沈降線を形成する．このような，一元免疫拡散法と電気泳動法を組み合わせたロケット免疫電気泳動法

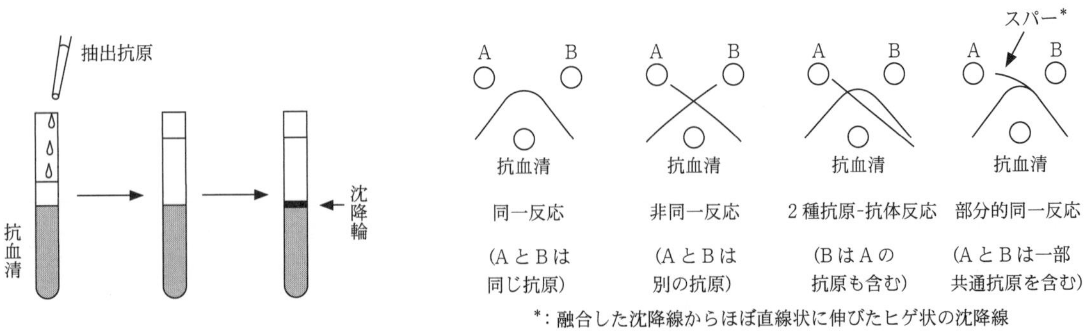

(a) 重層法　　(b) オクタロニー法における沈降線パターン

図 7.7　沈降反応

重層法とゲル内沈降反応（二重免疫拡散法）における沈降線の形成．

(Laurell 法) では，濃度の明らかなコントロール抗原との比較から短時間に抗原の定量が可能である．

2) 凝 集 反 応

細菌や赤血球などの比較的大きな粒子状抗原が対応する特異抗体に結合すると，抗体を介して粒子状抗原が大小さまざまな凝集塊を形成する．このような反応を凝集反応 (agglutination reaction) といい，この抗原-抗体反応物は，スライドグラス上に大小さまざまな凝集塊として，あるいは試験管の管底に膜状物として，観察することができる (図 7.8)．凝集反応を引き起こすこのような粒子状抗原を凝集原 (agglutinogen) といい，通常，複数のエピトープをもつ．凝集反応にかかわる抗体を凝集素 (agglutinin) と呼ぶが，沈降反応などを引き起こす抗体と同様の IgG, IgM, IgA などからなる．凝集反応は微量の特異抗体の検出や定量，抗原の検出や細菌の同定・型別などに応用されている．

i） 直接凝集反応　細菌や赤血球のような粒子状抗原に特異抗体が直接結合・架橋して凝集塊を形成するものを直接凝集反応 (direct agglutination) といい，凝集原の種類によって，細菌凝集反応，赤血球凝集反応などという．定性的な抗原-抗体反応検出法としては，スライドグラス上で抗原と抗血清や被検血清を混和し，凝集塊形成を数分以内に判定するスライド凝集反応 (ためし凝集反応，載せガラス法，急速凝集反応) があり，診断用抗原液を用いた細菌感染症の簡易診断，細菌の同定や血清型別および血液型の判定などに用いられている (図 7.8(a))．雛白痢やマイコプラズマ感染症の診断では，市販の診断用抗原液と被検血液を混和する全血凝集反応が用いられている．一方，定量的凝集反応は試験管凝集反応 (同図 (b)) といい，試験管や 96 穴マイクロプレートなどを用いて被検血清の段階希釈系列を作製し，一定量の抗原を加えて一晩反応させて抗体価 (凝集価) を測定するもので，凝集を引き起こす最大血清希釈を抗体価とする．サルモネラ感染症における Widal 反応や，ブルセラ感染症 (ブルセラ凝集反応)，リケッチア感染症 (Weil-Felix 反応) など，さまざまな細菌感染症の診断に利用されている．

ii） 間接抗グロブリン試験　IgG 抗体の中には粒子状抗原に結合しても凝集反応を起こさないものがあり，このような抗体を不完全抗体という．粒子状抗原と不完全抗体が結合して凝集がみられない場合，抗免疫グロブリン抗血清を加えると不完全抗体と結合した粒子状抗原を凝集させることができる．このような粒子状抗原と不完全抗体の結合を検出する凝集反応を間接クームス試験 (indirect Coombs test) といい，用いる抗免疫グロブリン抗血清をクームス血清という．細菌やウイルス感染症の診断に用いられることがある．

iii） 受身 (間接) 凝集反応　凝集反応として観察することができないきわめて小さな抗原や可溶性抗原を赤血球やラテックス粒子などの担体粒

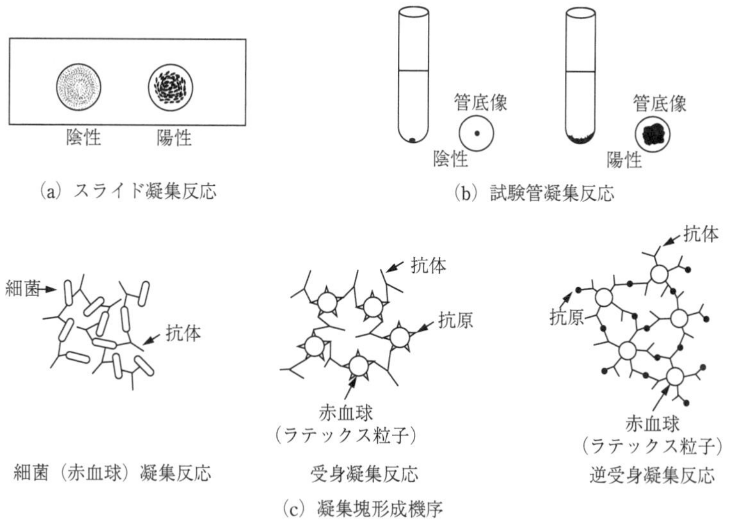

(c) 凝集塊形成機序

図 7.8　凝集反応像と凝集塊形成機序

子表面に固着させると，抗原の固着した担体は抗原を介して特異抗体と結合・架橋して凝集し，抗原-抗体反応を肉眼的に観察することができるようになる．このような抗体検出法を受身凝集反応あるいは間接凝集反応(passive or indirect agglutination)といい，担体粒子として赤血球あるいはラテックス粒子を用いる場合を受身赤血球凝集反応，ラテックス凝集反応という．一方，同様に担体粒子に特異抗体を固着させて，被検サンプル中の抗原を検出する検査法は，逆受身凝集反応という（図7.8(c)）．

iv） 赤血球凝集反応と赤血球凝集抑制試験

インフルエンザウイルスなど，多くのウイルスが赤血球凝集能をもつことが知られており，獣医学領域でもニューカッスル病ウイルス，日本脳炎ウイルス，狂犬病ウイルス，パルボウイルスなどの重要な病原ウイルスが，さまざまな動物の赤血球を凝集する．この反応を赤血球凝集反応(hemagglutination reaction)といい，ウイルスのもつ赤血球凝集素（hemagglutinin：HA）によって引き起こされる．赤血球凝集素価（HA価）は，ウイルス粒子数と相関することから簡便なウイルス力価の測定に応用され，また，ウイルスによって反応温度，至適pHや凝集する赤血球の動物種などの反応条件が異なることから，ウイルスの同定などに応用された．

赤血球凝集能をもつウイルスに抗ウイルス血清を反応させると，ウイルスによる赤血球凝集が阻止される．この反応を利用して，被検血清中の抗ウイルス抗体（赤血球凝集阻止抗体：hemagglutination inhibition antibody，HI抗体）量を測定することができる．この反応は赤血球凝集阻止反応（hemagglutination inhibition：HI反応）と呼ばれ，抗ウイルス血清中に含まれる抗HA抗体(HI抗体）がウイルスのHA抗原と特異的に結合して赤血球凝集が阻害されるために引き起こされる．ウイルス以外にも，赤血球凝集能をもつマイコプラズマやヘモフィルス感染症（伝染性コリーザ）の診断に応用される．

3） 中 和 反 応

ウイルスや毒素などに抗血清（特異抗体）を反応させると，ウイルスの感染性や毒素の活性が消失する．酵素やホルモンの生物活性も，同様に特異抗体によって阻害され，このような反応を中和反応といい，中和反応を起こす抗体を中和抗体という．

i） ウイルス中和反応　ウイルス液に抗ウイルス血清を加えて反応させるとウイルスの感染性は失われ，ウイルスの感受性動物あるいは感受性細胞に対する感染は阻止される．このような反応をウイルス中和反応（virus neutralization）といい，中和反応を起こす抗体をウイルス中和抗体という．中和抗体価は，一定量のウイルス液に段階希釈した非働化抗血清を混合し反応させた後，この混合液を感受性細胞や動物，発育鶏卵などに接種して感染の有無を判定することにより測定する．50%感染阻止を起こす抗血清の最大希釈倍率を求める中和試験（50%中和量：ND_{50}）や，培養細胞でのプラック形成を50%以上減少させる最大希釈倍率を測定する50%プラック減少法などが用いられる．ウイルス中和抗体には補体の存在下で中和力価が上昇するものがあり，これを補体要求性中和抗体（complement-requiring neutralizing antibody）という．

ii） 毒素中和反応　ジフテリア毒素，破傷風菌毒素などの細菌外毒素や，蛇毒などの活性は，それぞれの特異抗体（抗毒素）によって中和されて失活する．このような反応を毒素中和反応または毒素・抗毒素中和反応という．抗毒素血清は，致死量以下の毒素を投与あるいはホルムアルデヒド処理などで抗原性を保持したまま毒素活性を失わせたトキソイドによって免疫することにより，作製される．毒素中和反応は通常，毒素感受性動物への接種試験により検出する．一定量の毒素に抗毒素血清の段階希釈した抗毒素を加えて反応後，感受性動物に投与し，無毒化された程度を調べて毒素および抗毒素の力価を測定する．また，毒素の同定や毒素型別などにも応用される．大腸菌（*Escherichia coli*）のVero毒素など培養細胞で毒性検査が可能な毒素，酵素活性をもつ毒素（*Clostridium perfringens*の産生するレシチナーゼなど）や溶血毒（溶レン菌のストレプトリジン-Oなど）は，*in vitro*で毒素中和反応を検出することができる．

4） 補体の関与する抗原-抗体反応

抗体が抗原と結合すると抗体のFc部分の立体構造が変化し，補体(C1q)が抗体のFc部分にある補体結合部位(C_H2領域)に結合して補体活性化のカスケード反応を起こす(古典経路)．また，細菌感染などでは補体は抗体非依存的に活性化（第2経路)されて，活性化された補体は種々の生物活性を示す．これらの反応を利用して，被検サンプル中の抗体量あるいは抗原量を測定することができる．反応に用いられる補体は一般にモルモット新鮮血清で，補体の活性化には Mg^{2+} および Ca^{2+} が必要である．補体の古典経路を活性化する抗体(補体結合抗体：complement fixation antibody, CF 抗体)は IgM，IgG 1, IgG 2, IgG 3 であり，補体結合性は IgM は強く IgG ではやや弱い．IgG での補体の活性化には抗原に近接して結合した 2 分子が必要とされる．また，鳥類の抗体はモルモット補体（C 1）非結合性であり，反応系に鳥類の C 1 を加える必要がある．

i）補体依存性細胞傷害反応　細菌や原虫，赤血球や白血球などの細胞性抗原に CF 抗体が特異的に結合すると，補体が古典経路を経て活性化され，細胞膜侵襲複合体（MAC）を形成して細胞破壊などを起こす．赤血球を抗原としてその特異抗体を作用させ，さらに補体を加えると補体が活性化されて赤血球膜を傷害し，溶血が起こる．この反応を免疫溶血反応（immune hemolysis），このような抗体を溶血素（hemolysin）といい，補体結合反応（complement fixation：CF 反応）の指標（残存補体の検出系）として用いられる．抗原が細菌の場合には，免疫溶菌反応(immune bacteriolysis)，同反応を引き起こす抗体を溶菌素(bacteriolysin)といい，主にグラム陰性菌の外膜に傷害を起こして殺菌する．また，細菌などでは抗体非依存的に第 2 経路を経て補体の活性化が起こり，溶菌反応が惹起される．これらの反応を，補体依存性細胞傷害反応（complement-dependent cytotoxicity：CDC）という．

ii）補体結合反応　可溶性抗原あるいは粒子状抗原に特異抗体が結合し免疫複合体ができると，結合した抗体の Fc 部に補体（C 1）が付着し，古典的経路を介して補体の活性化が起こる．抗原-抗体反応が起こるとその量に応じて補体が消費されることを利用して，被検血清中の抗体量を測定する試験を補体結合反応（CF 反応）という．段階希釈した被検血清に一定量の抗原と一定量の補体を加え，補体の消費量を定量することによって間接的に抗原-抗体反応の量を推定するが，免疫複合体に補体が結合し消費されたか否かを直接肉眼的に観察することはできない．そこで，残存補体量を可視化するために抗赤血球抗体（溶血素）を反応させた赤血球（感作赤血球）を反応系に加え，残存補体による溶血反応を検出する．多量の補体が残っていれば感作赤血球と反応して溶血を起こし，補体が完全に消費されていれば溶血は起こらない．つまり，被検血清中に十分な抗体があれば補体は消費され溶血は起こらず(CF 反応陽性，抗体陽性)，抗体がなければ補体は残存して感作赤血球と反応し溶血が起こる（CF 反応陰性，抗体陰性）．CF 反応は抗原-抗体複合体に補体を加えて反応させる第 1 相と，その後に感作赤血球を加えて溶血反応により残存補体を検出する第 2 相の 2 つの反応からなる(図 7.9)．CF 反応は比較的鋭敏な反応であり，ウシのブルセラ感染症などさまざまな感染症の診断に用いられる．その感度は当然，添加する補体の量に大きく左右され，加える補体

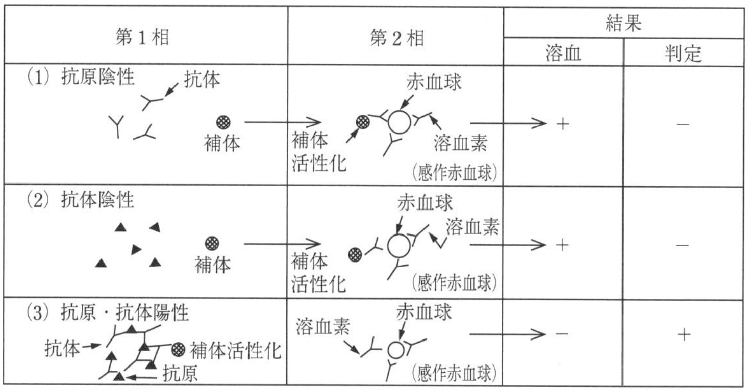

図 7.9　補体結合反応（CF 反応）検出の機序

量が少ないほど残存補体の量は少なくなるため感度は高くなるが，少なすぎれば非特異的な補体の失活により疑陽性あるいは誤った陽性の判定を下すことになる．また，CF 反応にも抗原量と抗体量の最適比があり，特に抗原過剰の場合には補体活性が大幅に抑制されることがある．

iii）免疫粘着反応　抗原，抗体，補体を反応させて補体結合免疫複合体を形成させ，そこに霊長類の赤血球を加えると，この複合体は補体の活性化により産生された C 3 b を介して CR 1（C 3 b 受容体）をもつ霊長類の赤血球に吸着・架橋し，赤血球を凝集する．この現象を利用して，試験管内で抗原・抗体・補体・赤血球を反応させ，管底像を観察して凝集を判定することにより微量の抗体や抗原を検出することが可能であり，この反応を免疫粘着反応（immune adherence reaction）という．この反応は，CF 反応と異なり，添加する補体量が多いほど感度が上がる．このような補体結合免疫複合体は，同様な機序で CR 1 受容体をもつ非霊長類の血小板，単球やマクロファージ，顆粒球，リンパ球などにも付着する．

iv）膠着反応　正常ウシ血清中に含まれるコングルチニン（C 型レクチン，β-グロブリン）は，補体の活性化により C 3 b から分解・産生される iC 3 b と結合し，補体結合免疫複合体を凝集する．この反応を膠着反応（immune conglutination）といい，たとえば感作赤血球（免疫複合体）では活性化・産生されて赤血球表面に沈着した補体成分 iC 3 b とコングルチニンが結合し，感作赤血球を凝集する．この反応を利用して，免疫複合体の検出・定量やウイルスの血清学的診断に用いられることもある．

5）莢膜膨化反応

莢膜を有する菌に莢膜特異抗体を作用させると，莢膜抗原と抗体の複合体が形成されて莢膜層が膨化し，不透明となって観察が容易になる．これを莢膜膨化反応（capsule swelling reaction）といい，肺炎球菌などの莢膜型別に応用される．

6）標識抗体を用いた検査法

抗体または抗原を，蛍光色素，ある種の酵素，フェリチンあるいは放射性同位元素（RI）などの識別可能な物質であらかじめ標識しておき，それらの標識抗体または標識抗原を用いて抗原-抗体反応を行うと，使用した標識物質を検出・定量することによって，抗原-抗体複合体の細胞や組織での局在，抗原-抗体反応の有無や抗原あるいは抗体の量をかなり正確に知ることができる．この検査法は抗原-抗体反応に基づくため特異性が高く，使用する標識物質によってはきわめて感度が高いという特徴をもつ．

i）蛍光抗体法　特定の波長の紫外線を照射することにより蛍光を発する FITC（fluorescein isothiocyanate：黄緑色蛍光）やローダミン B（rhodamin B：赤橙色蛍光）などの蛍光物質を特異抗体にあらかじめ結合させた蛍光標識抗体を作製し，この蛍光標識抗体を用いて微生物や感染細胞内（あるいは表面）のウイルス抗原，細胞や塗抹標本，組織標本中の特定の抗原を検出する技術を，蛍光抗体法（fluorescent antibody technique：FA 法）という．

蛍光顕微鏡下で観察すると，標識抗体と結合した抗原の存在や局在を蛍光として感度よく検出することができる．標的抗原に直接結合する特異抗体に蛍光色素を結合した蛍光標識抗体を直接，組織切片や細胞などの被検サンプルに反応させた

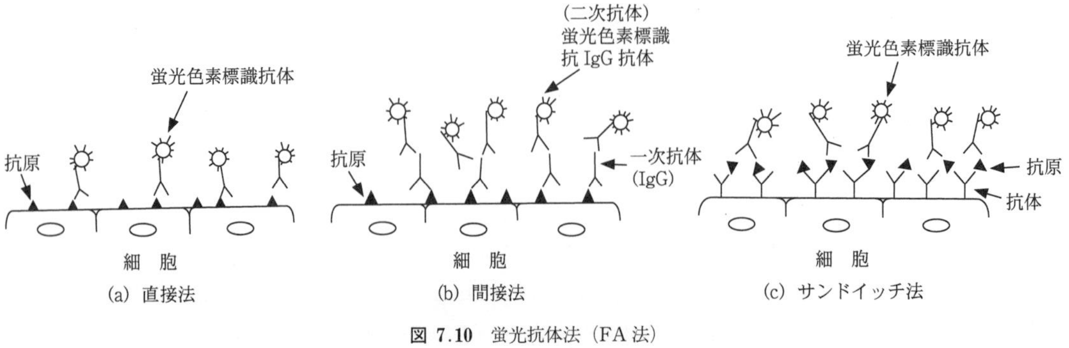

図 7.10　蛍光抗体法（FA 法）

後，遊離標識抗体を洗浄・除去して蛍光顕微鏡下で観察すると，抗原の存在部位のみに蛍光標識特異抗体が結合し，蛍光を発する（図 7.10(a)）．この方法は直接（蛍光抗体）法と呼ばれ，各種細菌・原虫・ウイルス感染症の診断，特に凍結切片やスタンプ標本中の病原体抗原の検出に利用される．

FA 法のうち最もよく用いられる方法は，非標識特異抗体（一次抗体）を用いて被検サンプル上の抗原と抗原-抗体反応を起こさせた後に遊離一次抗体を洗浄・除去し，次いで，たとえば蛍光標識抗 IgG 抗体（二次抗体）を反応させることで抗原を間接的に蛍光検出する方法で，間接（蛍光抗体）法と呼ばれる（図 7.10(b)）．間接法のメリットは，抗原ごとに標識抗体を作製する必要がなく，一次抗体を作製した動物種が同じであれば二次抗体は異なる抗原間でも共用することができること，また，1 つの抗原に結合する蛍光色素量が多いため，直接法よりも感度が高いことなどがあげられる．その他，標識抗補体(C 3)抗体で抗原-抗体-補体複合体を検出する補体法などがまれに抗原検出に応用される．

また，特定の抗原に対する組織中の抗体や抗体産生細胞の検出には，抗原液による処理後に標識抗体液で染色するサンドイッチ法が用いられる（図 7.10(c)）．

また，緩衝液などに浮遊させた細胞を目的の抗原に対する蛍光標識抗体で染色し，細胞膜表面の抗原を検出して陽性細胞の割合を算出したり，陽性細胞だけを分取することを可能にするフローサイトメトリー(flowcytometery) と呼ばれる技術が，さまざまな分野で用いられている．たとえば，CD 4，CD 8，CD 34 などのさまざまな細胞表面抗原を蛍光標識抗体を用いて染色してリンパ球サブセットを識別し，造血幹細胞など特定の機能をもつ細胞を分取するなどの応用が進んでいる．

ii） 酵素抗体法　蛍光色素の代わりにある種の酵素で標識した抗体（酵素標識抗体）を用いて抗原あるいは抗体を検出・定量する検査法を，酵素抗体法（enzyme immunoassay : EIA）という．標識に用いられる酵素には，西洋ワサビペルオキシダーゼ(HRPO)，アルカリホスファターゼ(ALP)，β-ガラクトシダーゼなどがあり，それぞれの酵素に対応する基質・発色系の呈色反応量を測定することにより，被検サンプル中の抗原あるいは特異抗体の量を定量することができる．

たとえば最もよく用いられるペルオキシダーゼでは，抗原-標識抗体結合物に過酸化水素（H_2O_2）と基質を添加すると，H_2O_2 は抗体に結合したペルオキシダーゼにより分解されて活性酸素を産生する．産生された活性酸素が基質を酸化することにより発色するが，この発色量は抗原と結合した標識抗体の量に比例する．この発色の有無によりサンプル中の抗原あるいは特異抗体を検出し，吸光度を測定することにより定量することができる．基質としては 3, 3′-ジアミノベンジジン (DAB)，2, 2′-アジノービス（3-エチルベンゾチアゾリン-6-スルホン酸，ABTS）やオルソフェニレンジアミン（OPD）などの発色基質が汎用されるが，発光性基質を用いた化学発光酵素免疫測定法なども行われることがある．

医学・獣医学領域において，特異抗体あるいは抗原の検出に最もよく用いられる検査法の一つが固相法の非競合的な酵素結合免疫吸着測定法(enzyme-linked immunosorbent assay：ELISA 法)である．ELISA 法による抗体測定法では，主に間接法が用いられる（図 7.11(a)）．ポリスチレン性の 96 穴マイクロプレートやビーズ（固相）に目的の抗原を結合させておき，そこに被検サンプル液，たとえば希釈したウシ被検血清などを加えると，ウシ被検血清中に抗原に対する特異抗体が存在する場合には抗原-抗体反応が起こる．十分洗浄して結合していない抗体を洗い流した後に，酵素標識抗ウシ IgG ヤギ抗体（二次抗体）を加えて反応させ，洗浄後に基質を加えると発色によりウシ被検血清中の抗原特異的 IgG を検出・定量することができる．二次抗体を酵素標識抗ウシ IgM ヤギ抗体に変えれば，ウシ被検血清中の抗原特異的 IgM を検出・定量することができる．間接法の利点は，FA 法と同様，抗原ごとに標識抗体を作製する必要がないことである．また，抗原と抗体の特異的結合に酵素標識抗体と非標識抗体を競合させて抗体価を測定する競合法（competitive binding assay）が用いられることもある．固相法での抗原の検出・定量法には，特異抗体と酵素標識抗体によるサンドイッチ法が用いられる（図 7.11(b)）．

また，EIA を用いることにより細胞や組織切片上の抗原を酵素反応による発色として検出し，そ

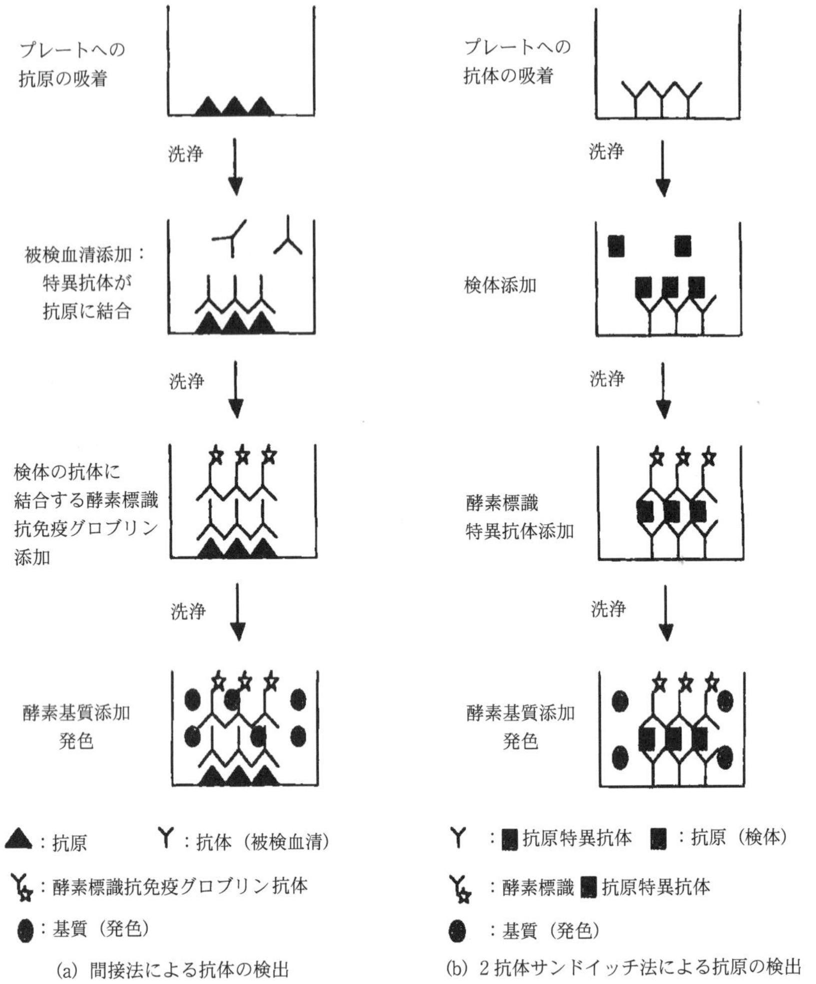

図 7.11　ELISA 法による抗体・抗原の検出

の局在を確認することができる．FA 法と同様に，抗原と反応した一次抗体を酵素標識した二次抗体と基質で検出する間接法がよく用いられる．その他，抗原-一次抗体-非標識二次抗体複合体の二次抗体 Fab にペルオキシダーゼ-抗ペルオキシダーゼ免疫複合体を結合させる peroxidase-anti-peroxidase (PAP) 法や，アビジンとビオチンの親和性がきわめて高いことを利用し，ビオチン標識二次抗体と酵素標識ビオチン-アビジン複合体を用いた間接法であるアビジン-ビオチン-酵素複合体法（avidin-biotinylated enzyme complex technique：ABC 法），酵素標識ストレプトアビジンを用いる方法などが汎用される．

iii）免疫ブロット法　無数のタンパク質を含む被検サンプル中から特定のタンパク質だけを抗原-抗体反応を利用して検出する免疫ブロット法（immunoblotting method）として，ウエスタンブロット法が汎用される．被検サンプル中のさまざまなタンパク質をドデシル硫酸ナトリウム（ラウリル硫酸ナトリウム：sodium dodecyl sulfate, SDS）-ポリアクリルアミドゲル電気泳動法（polyacrylamide gel electorophoresis：PAGE）などにより分離し，ゲルからポリビニリデンフルオライド（PVDF）膜やニトロセルロース膜上に転写させる．この，分子量によって分離されたタンパク質のラダー（梯子状のバンド）を写し取った膜に，目的とする抗原 A に対する特異抗体（たとえば，抗 A マウス IgG，一次抗体）を反応させて洗浄した後，一次抗体に対する酵素標識二次抗体（たとえば，HRP 標識抗マウス IgG ヤギ抗体）を反応させ，さらに基質を反応させて抗 A 抗体が結合した目的の抗原 A に対応するバンドだ

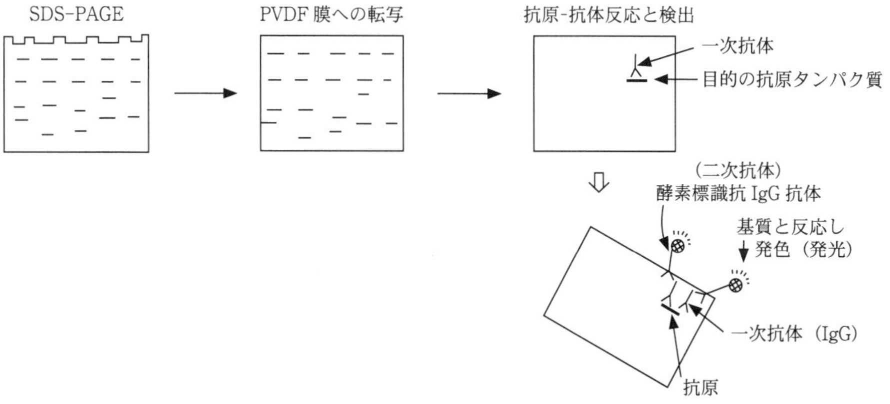

図 7.12　ウエスタンブロット法

けを発色や発光により検出することができる（図 7.12）．ウエスタンブロット法はウシ海綿状脳症（BSE）の確定診断（異常型プリオンタンパク質の検出）に用いられており，また，HIV タンパク質を転写した膜に被検血清を反応させ，HIV の抗原タンパク質と反応する抗体を検出する HIV 検査法になど応用されている．

iv） ラジオイムノアッセイ　ラジオイムノアッセイ（radio immunoassay：RIA）は，放射性同位元素（RI：^{125}I，^{14}C，^{3}H など）で標識した抗体または抗原を用いて抗原や抗体を検出・定量する検査法であり，放射免疫測定法ともいう．RI の放射活性量を測定することからきわめて感度が高く，各種ホルモンなどの微量物質の定量などに用いられるが，特定の施設（RI を扱うための施設，RI 施設）内で実験を行う必要がある．抗原の定量法としては，競合法（competitive binding assay）がよく用いられる．RI 標識抗原（エストロジェン（E）など）と被検抗原 E を一定量の抗 E 抗体と反応させると，RI 標識抗原 E と被検抗原 E が競合的に抗 E 抗体に結合する．被検抗原 E の量が増加すれば，抗 E 抗体に結合できる RI 標識抗原 E の量は低下することになる．適量の RI 標識抗原 E に段階希釈した非標識抗原 E を混合して一定量の抗 E 抗体と反応させ，抗 E 抗体と結合した RI 標識抗原 E と遊離の RI 標識抗原 E の比活性を測定した標準曲線を作成し，比較することによって，被検抗原 E の量を測定することができる．そのほかに抗原の測定法としては ELISA 法と同様に，RI 標識抗体を用いたサンドイッチ法，抗体量の測定には RI 標識二次抗体を用いた間接法などが用いられる．

v） 免疫組織学的検査法　前述のように，FA 法や EIA を用いて組織・細胞中の微量抗原を検出し，その局在を明らかにすることが可能であるが，そのほかの免疫組織学的検査法（immunohistological technique）としては，免疫電子顕微鏡法（immunoelectron microscopy）がある．電子密度が高く電子線を反射する物質で標識（重金属標識法）した二次抗体を用いて，間接法により目的の抗原を電子顕微鏡下で検出，局在を明らかにする方法であり，金コロイド標識二次抗体を用いる金コロイド法や金コロイド銀増感法などがよく用いられる．金コロイド標識抗体と結合した抗原存在部位は電子線が通過できず，黒い点として観察され，微生物学領域では電子顕微鏡でのウイルス抗原の検出などに用いられる．

そのほかに，水酸化鉄ミセルを含む鉄貯蔵タンパク質であるフェリチンで標識した二次抗体を用いるフェリチン抗体法がある．また，ペルオキシダーゼで標識二次抗体を用いた間接法で免疫複合体形成させた後に基質である 3,3′-ジアミノベンジジン（DAB）を作用させると，酸化 DAB が形成され，抗原局在部位に沈着する．酸化 DAB は組織固定液のオスミウム酸と結合してオスミウム黒（OsO_2）となり，電子密度の高い標識粒子として観察されるが，最近は使用されることは少ない．

d．抗体・補体の関与する細胞性免疫反応

抗体または補体が微生物やウイルス感染細胞，腫瘍細胞に結合することによって細胞性免疫の活性が促進されることがあり，その細胞性反応を試

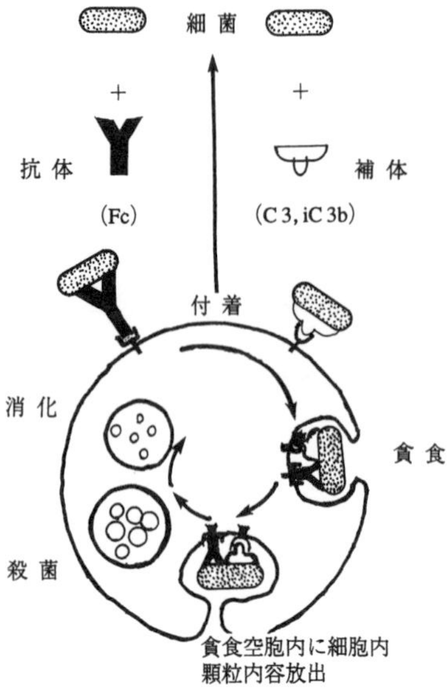

図 7.13　オプソニン化と食菌作用模型

験管内で検査することもできる．一方，抗体や補体が結合することにより感染が増強されるウイルスも知られている．

1)　オプソニン試験

好中球やマクロファージなどの食細胞には，細菌や真菌などの微生物や異物を取り込み，殺菌・分解する能力があり，これを食作用という．血清中に存在し，このような微生物に結合して食作用を受けやすくする物質をオプソニン（opsonin）という．免疫グロブリン(IgG，IgM)や補体(C 3 b, iC 3 b)が主要なオプソニンであり，これらによって食作用を受けやすくなることをオプソニン化という(図 7.13)．食細胞は，細胞表面に存在する Fcγ 受容体（FcγR III：CD 16，IgG Fc に対する受容体）または補体受容体（CR 1 や CR 3，C 3 b および iC 3 b 受容体）を介してオプソニン化された微生物などの異物を認識・結合し，効果的に貪食する．オプソニン効果は，被検血清に一定量の細菌，食細胞，補体を加えて反応後に食細胞の食菌数を測定するなどにより調べることができる．

2)　抗体依存性細胞傷害

Fcγ レセプター（FcγR III：CD 16）をもつナチュラルキラー細胞（NK 細胞），キラー細胞（K 細胞），好中球，好酸球やマクロファージなどのエフェクター細胞は，IgG が結合した腫瘍細胞，ウイルス感染細胞，原虫などの標的細胞に Fcγ 受容体を介して結合して標的細胞を傷害する．

抗体依存性細胞傷害（antibody-dependent cell-mediated cytotoxicity：ADCC）による細胞傷害活性は，

① あらかじめ標的細胞を ^{51}Cr などの RI で標識しておき，反応後に上清に遊離された放射活性を測定する，

② 傷害を受けた細胞から放出される細胞由来物質（たとえば，乳酸脱水素酵素（乳酸デヒドロゲナーゼ）：lactate dehydrogenase, LDH）の活性を測定する，

③ 生細胞の代謝活性を測定することにより傷害を受けた細胞の割合を知る methyl thiazolyl tetrazolium assay（MTT 法），

などにより測定することができる．

3)　抗体・補体による感染の増強

トガウイルス（デング熱/デング出血熱ウイルス，西ナイルウイルスなど）やコロナウイルス（ネコ伝染性腹膜炎ウイルス）などある種のウイルスはウイルスと結合した IgG の Fc 部を介して Fcγ 受容体を発現しているマクロファージなどの細胞に効率的に感染することが知られている．また，エボラウイルスでは抗原（糖タンパク質：glycoprotein, GP）-抗体免疫複合体に結合した補体成分 C 1 q を介して C 1 q 受容体を発現しているさまざまな細胞に感染することが報告されており，これらの感染症に対するワクチンの開発を困難なものにしている．このような作用を，抗体依存性感染増強（antibody-dependent enhancement：ADE）という．

7.4　細 胞 性 免 疫

細胞性免疫とは，元来，抗体が関与する免疫システム（体液性免疫）に対応する概念であり，細胞が主として関与する免疫システムに対してこの用語が用いられてきた．免疫状態にある個体からリンパ球を移入することにより他の個体に免疫状態を移入（受身免疫）できることから，抗体のみならず細胞成分が免疫反応に関与することが明らかにされてきた．しかしながら，現在の免疫学における知見では，体液性免疫と細胞性免疫を明確に区切ることはできなくなってきている．すなわち，抗体産生においても T 細胞やマクロファージ

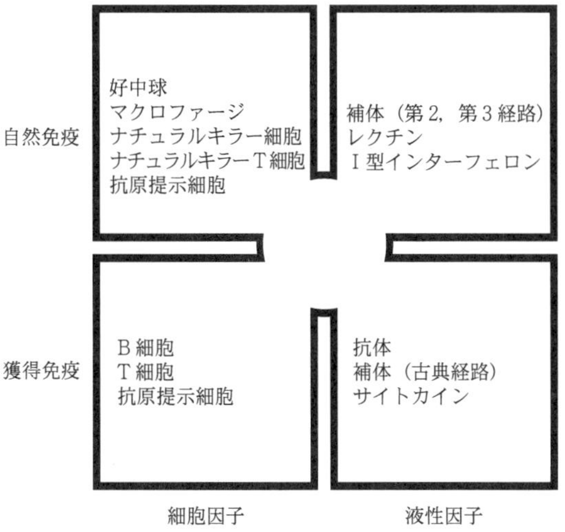

図 7.14 生体防御システムの概要

動物は，感染初期の防御反応を担う自然免疫（先天免疫）と，より高度に発達した獲得免疫のシステムを備えている．それぞれに液性因子と細胞性因子が関与し，生体に侵入した病原体を排除する役割を負っている．しかしそれぞれが完全に独立して働くわけではなく，各要素間での相互作用があり，全体として統合され協調して働くシステムとなっている．

の関与が必要である一方，抗体が介在する細胞性免疫反応も存在し，サイトカインと呼ばれる一群の可溶性分子も免疫担当細胞の分化，成熟，活性化の過程や，免疫ネットワークの調整に重要な役割を果たしている（図 7.14）．

a．**特異的免疫**（獲得免疫）**と非特異免疫**（自然免疫）

病原体に対して特異的に作用し，これを排除する獲得免疫の成立には，少なくとも数日を要し，それ以前の初期の感染防御には，自然免疫系が重要な役割を果たしている（表 7.6）．自然免疫系には，細胞性因子として，好中球，マクロファージ，ナチュラルキラー（NK）細胞が関与し，液性因子として抗菌ペプチド，補体，レクチン（糖鎖認識タンパク質）などが関与する．サイトカインの一種であるインターフェロン（interferon：IFN）-α もウイルス感染に対する初期防御に重要である．自然免疫に関与する細胞はその表面に Toll 様受容体（Toll-like receptor：TLR）を有し，微生物の糖鎖などのパターンを認識し反応する（表 7.7）．自然免疫は初期防御に重要な役割を果たすほか，獲得免疫に必要な抗原情報を受け渡す役割を果たしている．特に，皮下に存在するランゲルハンス（Langerhans）細胞，マクロファージなどの抗原提示細胞は，細胞内で抗原（タンパク質）を処理して細胞表面に提示すると同時に，抗原刺激を受けて活性化し，リンパ節に移動して T 細胞に情報を受け渡す（図 7.15）．

表 7.6 自然免疫と獲得免疫の比較

特性	自然免疫	獲得免疫
系統発生	無脊椎〜脊椎動物	脊椎動物
感染後の発動時期・持続	感染直後〜数日	数日後〜
特異性	低（パターン認識）	高
認識分子	核酸，糖鎖，タンパク質，ペプチド，脂質	タンパク質（主に），糖鎖
認識受容体	Toll 様受容体（TLR）	T 細胞受容体，抗体
免疫学的記憶	無	有（時に生涯）

表 7.7 Toll 様受容体（TLR）とその認識分子

TLR	主な認識分子	局在
TLR-4	リポ多糖（LPS：グラム陰性菌） ウイルスエンベロープタンパク質 マンナン（酵母）	細胞表面
TLR-1，2，6	リポペプチド（マイコプラズマなど） リポタイコ酸（連鎖球菌）	細胞表面
TLR-3	ウイルス 2 本鎖 RNA	細胞内部（エンドソームなど）
TLR-5	鞭毛（フラジェリンタンパク質）	細胞表面
TLR-9	CpG 配列（細菌ゲノム DNA） ウイルス DNA	細胞内部（エンドソームなど）
TLR-7，8	ウイルス 1 本鎖 RNA	細胞内部（エンドソームなど）

TLR-1, 2, 6 は時に複合体とし，リガンド認識（TLR-1/2，TLR-2/6）．

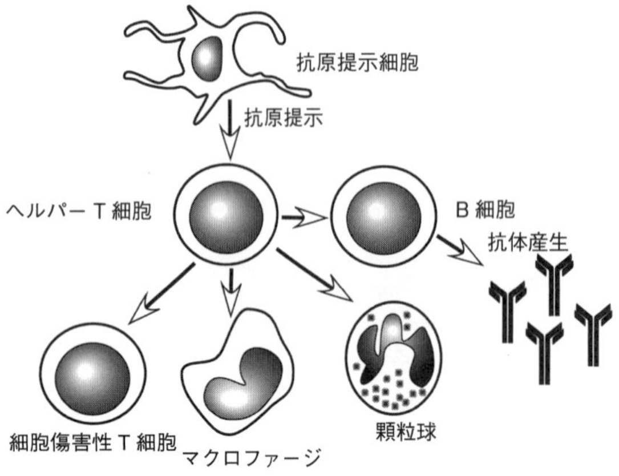

図 7.15 細胞性免疫の概要

抗原提示細胞（マクロファージ，樹状細胞，B細胞など）でタンパク質抗原は処理され，細胞表面に提示される．抗原情報はヘルパーT細胞に伝達される．ヘルパーT細胞はサイトカインを分泌することにより，各種細胞の活性化（時には抑制）を引き起こし，免疫反応システムをコントロールする．

b. 細胞性免疫に関与する細胞

1) 造血幹細胞

造血幹細胞は，胎生期の卵黄嚢，肝臓，脾臓，骨髄に存在し，生後は骨髄にのみみられる細胞で，種々の分化増殖因子の作用を受けて免疫系細胞と血液系細胞に分化する．すなわち，赤血球，巨核細球（血小板），顆粒球，単核食細胞（単球，マクロファージ），リンパ球が造血幹細胞に由来する．

2) 単核食細胞

単核食細胞は，末梢血液中では単球として循環しているが，リンパ性臓器では定着性の貪食細胞として存在する．本来，老化した細胞，異物の貪食によりこれらを排除する機能を有するが，動物体内に侵入した病原体の貪食により初期の感染防御に重要な役割を果たしている．さらに，異物を処理し，その抗原情報を他の細胞に伝えるなど，液性免疫，細胞性免疫においても本細胞系の存在が重要である（図7.15参照）．

単核食細胞は，食作用により，一定サイズ以上の病原体を取り込む．抗体が結合した微生物はより効率的に食細胞に取り込まれる．病原体を取り込んだ食胞（ファゴソーム：phagosome），リソソーム（lysosome）と融合し，それに含まれている各種殺菌性分子（リゾチーム，抗菌ペプチド，活性酸素系）の作用を受けて殺菌，消化，処理される．また，マクロファージはIFN-γにより活性化され，より強力な殺菌能を発揮する．

3) リンパ球

リンパ球は，一次リンパ器官（胸腺，生後の骨髄など）で産生され，末梢を循環し，一部は二次リンパ組織（脾臓，リンパ節など）に移行する．リンパ球やそのほかの体細胞は細胞表面に固有のマーカー分子を発現しており，分化や活性化の状態のマーカーなどとして利用されている．マーカー分子にはそれぞれにCD（cluster of differentiation）番号が付けられており，たとえばCD 4はヘルパーT細胞（Th細胞）のマーカーとされている．それぞれのCD抗原に対してはモノクローナル（単クローン）抗体が作製されており，リンパ球の分別などに利用されている．

T細胞は，骨髄の幹細胞に由来するリンパ球であり，胸腺において分化・成熟する細胞の一群で，マーカーとなるCD 3分子を有する．また，表面にT細胞受容体（T cell receptor：TCR）を発現し，標的細胞表面の，主要組織適合遺伝子複合体（MHC）クラスIあるいはクラスII分子とそこに提示されるペプチド断片（抗原）を認識する．

i） ヘルパーT細胞 T細胞のうち，他の免疫系細胞の介助を行うものをヘルパーT細胞（Th細胞）と呼ぶ．ヘルパーT細胞はさらにその機能により，I型（Th 1）とII型（Th 2）の2タイプに分けられる．Th 1細胞はインターロイキン（interleukin：IL）-4, 5, 6, 10などを産生し，B細胞による抗体産生に主に関与している．Th 2細胞はIL-2，インターフェロン（IFN）-γを産生し，細胞傷害性T細胞（キラーT細胞）の誘導，マクロファージの活性化などに関与している（図7.15参照）．

ii） 細胞傷害性T細胞 ウイルス感染細胞などを標的として攻撃し，これを殺傷するT細胞を細胞傷害性T細胞（キラーT細胞）と呼ぶ．標的細胞表面に提示される抗原（ペプチド）を認識し，パーフォリン，グランザイムという分子を細胞内から放出し，標的細胞をアポトーシス（apoptosis）に至らしめる．また，Fas，腫瘍壊死因子（tumor necrosis factor：TNF）受容体を介して標的となる細胞をアポトーシスに陥らせる（図7.16）．

4) 抗原提示細胞

T細胞によりタンパク質性抗原が認識されるためには，抗原となるタンパク質はペプチドに断

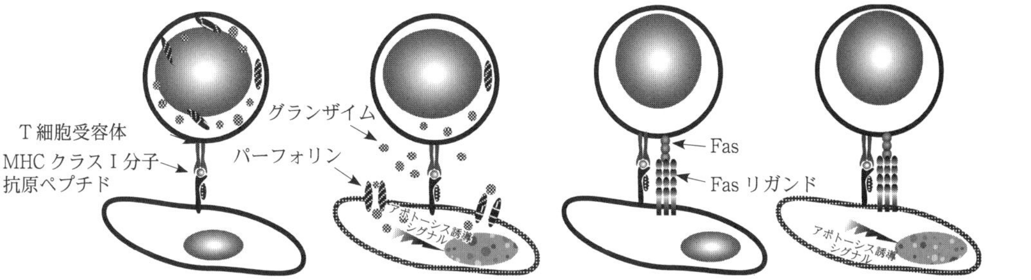

図 7.16 細胞傷害性 T 細胞（キラー T 細胞）による標的細胞傷害

ウイルス感染細胞などウイルス抗原（ペプチド）が MHC クラスⅠ分子により表出されている細胞（標的細胞）は，それを認識するキラー T 細胞により殺傷される．その方法には次の 2 種類がある．

① キラー T 細胞が標的細胞を認識し結合した場合，グランザイムとパーフォリンが放出される．パーフォリンは標的細胞膜に結合した後，小孔を形成し，グランザイムが細胞質内に送り込まれる．グランザイムはタンパク質分解酵素であり一連のアポトーシスのシグナル系を活性化させ標的細胞を死に至らせる．

② CD 4 陽性 T 細胞はグランザイムとパーフォリンを保有しないため，Fas シグナルを経由して標的細胞を死に至らせる．CD 8 陽性 T 細胞も本経路で標的細胞を傷害することも知られている．アポトーシスのシグナル系の活性化の引き金となるのは T 細胞表面の Fas 結合分子（Fas リガンド）と標的細胞の Fas である．

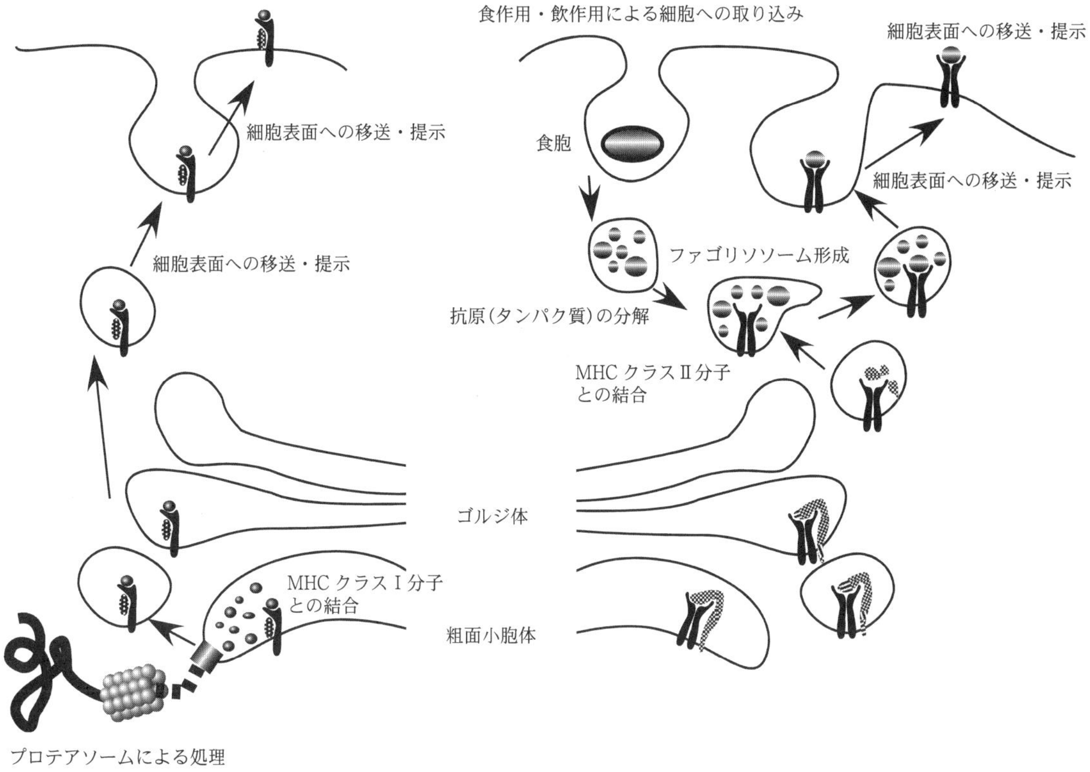

(a) 細胞内抗原（内在性抗原：ウイルス，
細胞内寄生原虫・細菌）

(b) 細胞外抗原（外来性抗原：細菌，真菌）

図 7.17 抗原提示細胞による抗原処理と抗原提示

病原体などの抗原は，抗原提示細胞による一連のプロセスを経て T 細胞，B 細胞に情報が伝達される．その処理のされ方には，次の 2 通りの経路がある．

(a) 細胞内抗原：細胞質内に存在する抗原（ウイルスタンパク質など）は，プロテアソームと呼ばれる小器官によりペプチドに分解され，ペプチド転送因子（transporter associated with antigen processing : TAP）を通って粗面小胞体内に搬入される．そこで MHC クラスⅠ分子と結合して，小胞体輸送により細胞表面に輸送される．

(b) 細胞外抗原：細胞に食作用，飲作用により取り込まれた抗原は，エンドソーム内でペプチドに分解される．一方，MHC クラスⅡ分子は，粗面小胞体から小胞輸送される過程で抗原結合部位をマスクしている分子（インバリアント鎖）が分解され，抗原ペプチドで結合できるようになる．エンドソームと融合し，そこで抗原ペプチドと結合して，細胞表面に輸送される．

片化され，さらにクラスⅠまたはⅡのMHC分子へ結合後，それらとともに細胞表面に提示される必要がある．抗原提示細胞は，この過程をきわめて効率的に行う細胞集団であり，皮膚，リンパ節，粘膜上皮・固有層に存在し，その由来は多様である．マクロファージ，皮膚のランゲルハンス細胞，樹状細胞（dendritic cell：DC），B細胞などが抗原提示能を有する．抗原処理と提示には2つの経路があり，抗原の細胞内存在部位により処理のされ方が異なる(図7.17)．ウイルスは細胞内で増殖することから，その抗原は細胞質内に存在し，原則としてプロテアソーム（proteasome）で処理された後，粗面小胞体に取り込まれ，MHCクラスⅠ分子と会合して提示される．細菌など細胞外から食作用などにより取り込まれた抗原はエンドソーム内で分解され，MHCクラスⅡ分子と結合し，提示される．クラスⅠあるいはⅡのMHC分子に提示された抗原ペプチドは，それぞれCD8陽性あるいはCD4陽性T細胞のTCRにより認識され，抗原情報がT細胞に伝達される（図7.18）．

5) ナチュラルキラー細胞

ナチュラルキラー(NK)細胞は，自然免疫系で働く細胞傷害活性を有する細胞で，がん細胞やウイルス感染細胞などを認識し，攻撃する．TCRや表面Igを欠いている．T細胞のように特異的に標的細胞上の抗原を認識するのではなく，MHC発現を欠いた細胞を攻撃する．

6) ナチュラルキラーT細胞

ナチュラルキラーT(NKT)細胞とは，NK活性をもつ細胞で，TCRを発現する細胞群である．抗原認識の特異性は低いとされ，抗酸菌の脂質などを認識する．ある種の糖脂質により活性化される，ウイルス感染細胞や細菌感染細胞，がん細胞などを殺す．さらにサイトカインを分泌し，NK細胞やT細胞を活性化する能力も備える．

c. 細胞性免疫に関連する細胞表面分子

1) 主要組織適合遺伝子複合体

主要組織適合遺伝子複合体(MHC)とは，移植片拒絶反応に関与する抗原として解析が進められてきた，きわめて多型性に富む分子であり，クラスⅠとクラスⅡに分類される．動物種により呼称が異なり，マウスではH-2，ヒトではHLA，ウシではBoLAと呼ばれている．自己・非自己，感染の有無など，細胞相互の認識に重要な役割を果たしており，MHCクラスⅠ分子はCD8陽性キラーT細胞に抗原情報を提示する．一方，MHCクラスⅡ分子はCD4陽性T細胞に抗原を提示し，それぞれの細胞反応を引き起こす．

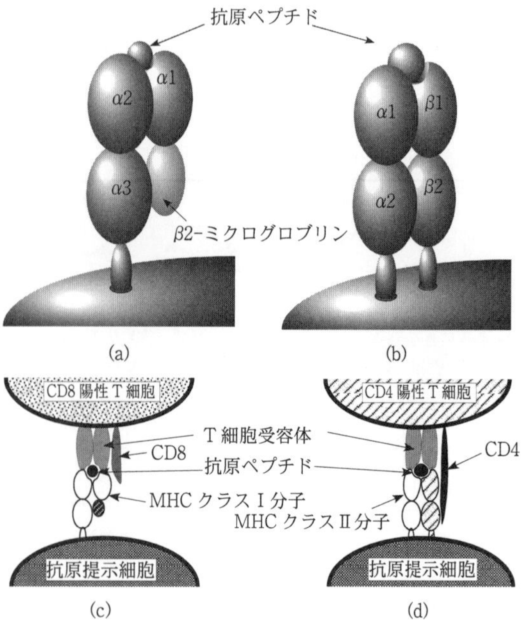

図 7.18 MHCクラスⅠ分子，MHCクラスⅡ分子の構造とT細胞による抗原認識

(a) MHCクラスⅠ分子：α1～3の3つのドメインからなるα鎖とβ2-ミクログロブリンが非共有結合で会合し，膜貫通ドメインを介して細胞表面に結合している．抗原ペプチド(8～10のアミノ酸残基数）はα1-2ドメイン間のポケットに結合する．

(b) MHCクラスⅡ分子：それぞれ2つのドメイン(α1-2，β1-2)からなるα，β鎖が会合し，それぞれの膜貫通ドメインを介して細胞表面に結合している．抗原ペプチドは，α1-β1ドメイン間のポケットに結合する．ポケットはMHCクラスⅠ分子のそれより大きく，10以上のアミノ酸残基からなるペプチドが提示される．

(c) MHCクラスⅠ分子に提示された抗原ペプチドは，CD8T細胞のT細胞受容体（TCR）により認識される．このとき，MHC分子の一部も認識されることから，MHC拘束性が生ずる．CD8分子はTCRの抗原認識を介助する．

(d) MHCクラスⅡ分子に提示された抗原ペプチドは，CD4T細胞のTCRにより認識される．このとき，MHC分子の一部も認識されることから，MHC拘束性が生ずる．CD4分子はTCRの抗原認識を介助する．

2) T細胞受容体

T細胞受容体（TCR）とは，T細胞表面に発現される分子で，抗原ペプチドを結合したMHC分子を認識する．α鎖とβ鎖から構成されるTCRを発現するαβ型T細胞が獲得免疫に関与している(図7.18参照)．一方，γ鎖とδ鎖のTCRを

発現する $\gamma\delta$ 型 T 細胞は，皮下や粘膜など，ウシでは末梢血に多く存在し，感染初期の防御に関与していると考えられている．

3) CD 抗原

TCR 以外に，CD 4 あるいは CD 8 分子が細胞表面に発現されており，それぞれ TCR と MHC の結合を介助している（図 7.18 参照）．CD 4 は MHC クラスII分子の β 2 ドメインに結合することが知られている．

d. サイトカイン

サイトカインとは，細胞間相互作用を行う液性因子で細胞性免疫の種々の局面で重要な役割を果たしており，免疫系細胞のみならず，血管内皮細胞や上皮系細胞などの増殖，抑制，活性化などに関与している．インターフェロン（IFN），インターロイキン（IL），細胞増殖因子機能や産生細胞種により大別され，100 以上の分子がサイトカインファミリーに属している（表 7.8）．その活性は，特異的な受容体を介して，細胞内にシグナルが伝達され，細胞増殖，分化，走化性などを誘導する．Ｉ型インターフェロンは感染初期におけるウイルス増殖を抑制する．

表 7.8 主要なサイトカインとその作用

分子		主な産生細胞	主な標的細胞	主な作用
インターフェロン類	IFN-α	白血球，上皮細胞	細胞全般	抗ウイルス活性，抗腫瘍活性
	IFN-β	上皮細胞	細胞全般	抗ウイルス活性
	IFN-γ	T 細胞，NK 細胞	白血球，T 細胞	マクロファージ活性化
インターロイキン類	IL-1	マクロファージ	T 細胞，B 細胞	炎症反応誘導
	IL-2	T 細胞	T 細胞	T 細胞・マクロファージ活性化
	IL-4	T 細胞	B 細胞	B 細胞増殖
	IL-6	T 細胞，B 細胞	B 細胞	B 細胞分化，炎症反応誘導
	IL-12	マクロファージ	T 細胞	Ｉ型ヘルパー T 細胞（Th1 細胞）誘導

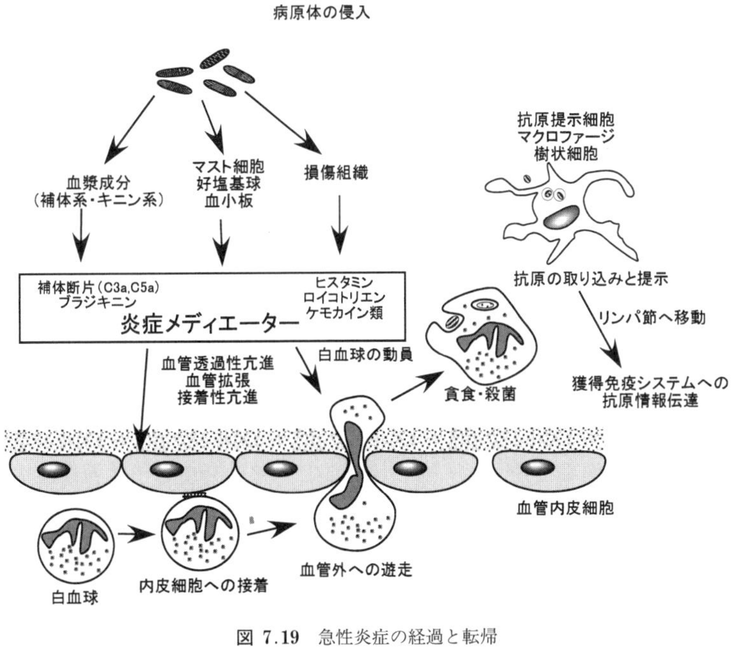

図 7.19 急性炎症の経過と転帰

病原体の侵入により，細胞・血漿因子が活性化され，炎症メディエーターが放出される．炎症メディエーターは血管内皮細胞に作用し，血管拡張，透過性亢進などを起こす．ケモカインなどは白血球に対して走化性分子として作用し，白血球は炎症局所に動員され，病原体を処理する．病原体の抗原情報は抗原提示細胞を介して獲得免疫システムに受け渡される．

e. 感染に対する細胞性の生体防御反応

1) 炎　　症

病原体が生体に侵入した際に炎症と呼ばれる生体反応が起き，排除する．炎症の引き金となるものは細胞あるいは血漿成分に由来する炎症メディエーターであり，その作用により炎症局所への血流と，血管透過性が増大する．さらに局所には白血球が遊走し，病原体を排除する．病原体の抗原情報は抗原提示細胞を通して獲得免疫システムへと受け渡される（図 7.19）．

2) 獲得免疫反応

細胞外に存在する病原体に対しては抗体が作用し，受容体との結合を阻害して感染性を失わせたり（中和），オプソニン化により，食細胞に効率的に取り込ませることができる．しかし，細胞内で増殖する微生物の感染に対しては，細胞性免疫が中心的な役割を果たす．ウイルスは細胞内で増殖するため，その抗原は内在性抗原であり，標的となる抗原（ペプチド）は細胞内での処理を経て，クラスⅠに提示される（図 7.19 参照）．結核菌，ブルセラ菌など細胞内寄生病原体は，食細胞に取り込まれた後も，殺されることなく生存，増殖する．宿主細胞が感染の足がかりとなっており，食細胞の移動に伴い感染が全身に拡大する．結核菌など食作用により食細胞に受動的に取り込まれる場合と，赤痢菌，サルモネラ菌などのように能動的に細胞に侵入する場合がある．食胞あるいはエンドソーム内に取り込まれた微生物の抗原は MHC クラスⅡ分子に提示され，Th 細胞に情報が伝達される．

7.5 過　敏　症

前もって自然あるいは人為的に抗原が投与されている個体に改めて同一の抗原が接種（侵入）された場合（この場合は免疫といわず感作という），本来の生体防御の免疫ではなく，個体に傷害を与えるような反応が起こる．これを過敏症（hypersensitivity）と呼び，現在ではアレルギー（allergy）と同じ意味と考えられている．

過敏症は，反応機序や反応発現までの時間の違いから，4 つの型に分けられる．反応発現まで数時間のものを即時型（immediate type）といい，これには，IgE 結合肥満細胞が関与するアナフィラキシー（anaphylaxis）型反応（Ⅰ型），補体が関与する細胞傷害型反応（Ⅱ型），抗原-抗体複合体に対する免疫複合型反応（Ⅲ型）（Arthus 反応など）が含まれる．発現まで 24～72 時間を要するものは遅延型（delayed type）（Ⅳ型）と呼ばれ，T 細胞が関与する．

a. 即時型過敏症

1) アナフィラキシー型反応（Ⅰ型アレルギー）

IgE（あるいはある種の IgG）が，肥満細胞（マスト細胞）あるいは好塩基球の表面に存在する抗体分子の Fc（Fc 受容体：FcRI）に吸着すると，細胞表面で抗原-抗体反応が起こり，それが刺激となって肥満細胞から脱顆粒が起こる．顆粒中のヒスタミン，セロトニン，ブラジキニンなどが放出され，平滑筋の収縮や血管透過性の亢進，粘液分泌亢進，白血球遊走などが短時間（数分～数十分）のうちに起こる．アナフィラキシーを起こす原因物質（アレルゲン）は，食物由来のタンパク質や牛乳，さらに花粉，真菌，寄生虫，ダニなどの微小昆虫などが知られている．アナフィラキシーでの症状は，蕁麻疹，アトピー性皮膚炎，気管支喘息，鼻アレルギー，アレルギー性結膜炎，消化管アレルギー，枯草熱，抗生物質ショックなどがある．

アレルゲンと IgE 抗体が Fc 受容体に結合してヒスタミンを放出する機序として，次のように考えられている．Fc 受容体は，図 7.20 のようで，α 鎖（45 kDa）は糖鎖が結合し，表面に露出している．ここに IgE の Fc 部分が結合し，そこに抗原（アレルゲン）が結合する．その後細胞内のホスホリパーゼ C（PLC），ホスホリパーゼ A，ホスホリパーゼ D などの酵素活性を高め，細胞中の Ca^{2+} 濃度の上昇が起こり，脱顆粒と細胞膜融合，続いてヒスタミンなどの血管作動性アミンや各種プロテアーゼの分泌が起こる．

i) Ⅰ型アレルギー発現の原因

① アナフィラキシー反応にかかわる IgE 抗体の発現および抑制に T 細胞が働く．そのうち抑制に働くサプレッサー T 細胞が欠失すると IgE の発現を抑えることができなくなり，必要以上の IgE が発現され続け，アナフィラキシーが起こりやすくなる．

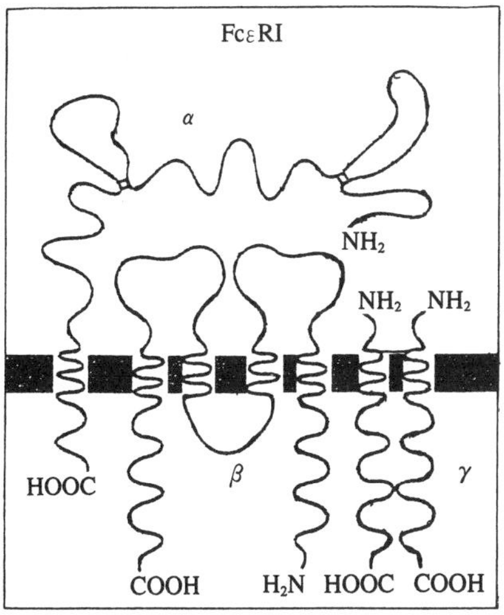

図 7.20 Fc 受容体（FcRI）

② 肥満細胞が放出しアナフィラキシーを起こす原因となる化学物質（ヒスタミン，プロスタグランジン，ロイコトリエン）は，炎症作用を抑えるフィードバック機構を働かせるようになることが，近年明らかになってきた．このフィードバック機構が十分に働かないときに，激しいアナフィラキシーが起こる．

③ 環境の汚染物質である SO_2，酸化窒素化合物，ディーゼル排気ガス，空気中の灰分などは，粘膜の透過性を亢進させてアレルゲンの侵入を容易にし，その結果 IgE の産生を亢進し，アナフィラキシーが起きやすくなる．

ii）臨床症状　アナフィラキシーのショック症状は動物の種類によって異なるのが特徴で，アレルゲンとなる抗原の種類は影響しない．各動物における症状の特徴は，以下のとおりである．

・モルモット：　呼吸平滑筋の痙攣．
・ウサギ：　肺動脈平滑筋の攣縮．
・イヌ：　肝静脈平滑筋の収縮．

アナフィラキシーの起こりやすさも，動物によって異なる．

・モルモット：　最も起こりやすい．
・ウサギ：　モルモットより起こりにくい．
・イヌ：　ウサギより起こりにくい．
・ラット，マウス：　普通の方法では起こりにくい．

抗原を静脈注射することによって全身性症状を起こす場合を，全身アナフィラキシーと呼ぶ．また，感作された個体に少量の抗原を皮内注射すると 30 分以内に局所に発赤や丘疹が現れることがあり，これを局所アナフィラキシーと呼ぶ．これは，後述するIII型の Arthus 反応より早く発現する．

① Schultz-Dale 反応：　アナフィラキシーを起こした動物の平滑筋（子宮あるいは腸管）を取り出し，リンゲル液中で再び抗原を作用させると強い収縮が起こる反応のこと．

② Prausnitz-Küstner 反応：　アトピー性疾患の患者の血清を健康なヒトに皮内注射し，24 時間後にその局所に抗原を再び皮内注射すると 30 分以内に発赤がみられる反応のこと．

③ 薬剤による即時型過敏症：　投与される薬剤と個体の血清タンパク質が結合して完全抗原となって抗体産生を刺激し，抗体が産生され，再び投与された薬剤と血清の複合体と反応する．

動物では花粉(ブタクサなど)，塵埃，羽毛，ダニ，真菌などの吸入によるアレルギーによって，蕁麻疹，皮膚の発赤，腫脹，気管支喘息，鼻炎，鼻漏，結膜炎，流涙などが知られている（ウシ，ウマ，イヌ，ネコにみられる）．食物アレルギーとして，ジャガイモアレルギー(ウシ)，ダイズタンパク質アレルギー(ウシ，ブタ)，*Salmonella* Pullorum 感染におけるアナフィラキシーショック(ニワトリ)，肺虫，回虫，条虫などの寄生虫感染によるアレルギー性皮膚炎や呼吸器障害などが知られている．

この種の動物にアレルゲンを少量ずつ繰り返し投与して症状を軽減させることを，脱感作という．

2）細胞傷害型反応（II型アレルギー）

細胞表面抗原，組織抗原，細胞や組織の表面に結合している外来抗原に，それに対する抗体(IgG および IgM)が結合し，さらにその抗原-抗体複合体に活性化した補体が結合し，細胞融解を引き起こして細胞傷害が起こるアレルギーのことである．抗原-抗体-補体複合体が細胞を傷害する機構は，古典経路の標的細胞上の C 5 b, 6, 7, 8, 9 の結合による細胞融解と，代替経路の活性化によって形成される C 3 b が標的細胞(組織)に固着することによる細胞融解という 2 つがある．

II型において関与する抗体は，ある特定の組織や細胞に存在する抗原に対して反応するので，傷害は特定の細胞，組織に限られる．

i）II型アレルギー発現の原因　食細胞上

のFc受容体に抗体が結合するとアラキドン酸が遊離し，炎症にかかわるプロスタグランジン，ロイコトリエンを産生する物質を増加させる．また，補体系を活性化させ食細胞を誘導し，炎症反応を進展させる．

食細胞（好中球）は，Fc受容体とC3受容体を介して細菌を捕捉し，リソソーム内の酵素によってその細菌を破壊するが，標的抗原が食しきれない細胞（たとえば基底膜）の場合は，リソソーム内の酵素を細胞外に放出し，周囲の細胞を傷害することになる．

① 新生子溶血性黄疸：　血液型不適合妊娠の結果産生された，同種抗体が原因となる．特にヒトの場合，Rh抗原のない（Rh^-）母親がRh^+の胎子を出産するとき，胎子の赤血球が胎盤を通して母親に移り，母親の免疫系に認識され，母親にRh^+抗体ができる．第2子以降，母親のRh^+抗体が胎子に作用し，Rh^+の抗原-抗体反応が起こり（補体も関与），新生子に溶血が起こり，黄疸になる．

3)　免疫複合型反応（III型アレルギー）

通常，抗原-抗体複合体は網内系細胞によって処理・除去されるが，抗原が大量かつ持続的に存在すると，抗体（IgGあるいはIgM）も多く産生され，複合体は大きな塊となり，処理されず細胞や組織に沈着し，それに補体が関与して過敏症が起こる．

この反応は，大きく3つの型に分けられる．

① 抗原が持続的に存在する場合：　α溶血性レンサ球菌や*Staphylococcus*属菌による細菌性心内膜炎，三日熱マラリア（原虫疾患），ウイルス性肝炎などの持続性の感染のため，免疫反応は弱いが慢性的に免疫複合体が形成され組織に沈着する．

② 自己免疫疾患の場合：　自己抗原に対する自己抗体の産生によって起こる免疫複合体が，組織へ沈着する．

③ 外気に触れる局所で免疫複合体が形成される場合：　カビ，植物，動物の抗原物質を持続的に吸入していると肺に免疫複合体ができ，沈着する．

i）　III型アレルギー発現の原因　免疫複合体によりいろいろな炎症過程が現れる．補体系の活性化によるC3aやC5a（アナフィラトキシン）の産生による組織傷害，肥満細胞や好塩基球からのアミンの遊離による血管透過性の亢進などが起こる．II型アレルギーと同様に食細胞が免疫複合体を貪食しようとするが貪食が困難な場合，リソソーム酵素が外部に放出され，周囲の細胞や組織に傷害を与える．III型アレルギーはII型アレルギー（細胞傷害型）と似ているが，一番の違いはII型は特定の細胞の表面での反応に比して，III型の抗原-抗体複合体は血流中を流れ，沈着した臓器で反応が起こることである．

① Arthus反応：　免疫された動物の皮内あるいは皮下に同じ抗原を接種すると4～10時間後に炎症性の浮腫，出血がみられ，ついには壊死を起こす現象のことである．抗原-抗体複合体が小血管壁に沈着し，補体の関与を受けて，血管壁が傷害を受けるために起こる．

② 血清病（ジフテリアや破傷風の抗毒素血清）：　免疫血清を数回接種すると，蕁麻疹様発疹，発熱，浮腫，リンパ節の腫脹，関節の腫脹と痛み，タンパク質尿などの症状が現れる現象のことである．現在では異種の動物からの抗血清を投与することは少なくなっている．

③ その他：　糸球体腎炎，慢性関節リウマチ，結節性動脈周囲炎，全身性紅斑性狼瘡，脈絡髄膜炎などがIII型として考えられる．動物では関節リウマチ（イヌ，ネコ），紅斑性狼瘡（イヌ），高γグロブリン血症様のアレルギー反応（ネコ白血病，ネコ伝染性腹膜炎），イヌ糸状虫感染犬の糸球体腎炎などがある．

b.　遅延型過敏症（IV型アレルギー）

感作された個体が抗原に接触した後，アレルギー症状の出現までに数時間ないし数日を要する型の過敏症（アレルギー）のことを，遅延型過敏症と呼び，a項の即時型過敏症が免疫グロブリンが関与していたのと異なり，T細胞がこの現象の主体となる．化学物質との接触によって起こる接触性アレルギー（contact allergy）と，結核をはじめとする多くの細菌，真菌，ウイルス，寄生虫の感染症から始まる感染アレルギー（allergy of infection）とに分けられる．

1)　接触性アレルギー

いろいろな薬物が繰り返し皮膚に接触すると，最終的に皮膚炎を起こす（48～72時間後）．このアレルギーを起こす薬物は，ピクリン酸，ホルマリン，ニッケル，クロム，いろいろな金属，化粧品，色素，抗生物質など，きわめて多方面にわたっている．それらは本来抗原性のないハプテンであるが，繰り返し皮膚に接触することによって，その部分のタンパク質と結合し，異種タンパク質として抗原性をもつようになると考えられる．

接触性アレルギーは，本来表皮に起こる現象であり，主として真皮層で引き起こされるツベルクリン型（後述）とは異なっている．

濾胞樹状細胞由来のランゲルハンス（Langerhans）細胞は，接触性アレルギーを引き起こすときの主要な抗原提示細胞で，胸腺皮質抗原であるCD 1 MHC クラスII抗原および Fc と補体に対する受容体をもっている．ハプテン-タンパク質結合物を取り込んだランゲルハンス細胞は，それらを処理し，MHC クラスII分子に乗せて $CD4^+$ 陽性リンパ球に対して抗原を提示する．抗原刺激を受けた $CD4^+$T 細胞が浸潤してサイトカインを放出し，リンパ球やマクロファージを集束させ，局在させる．この結果，皮膚の湿疹，浮腫などの細胞傷害がみられるようになる．

2)　ツベルクリン型過敏症

結核に感染したことがある生体の皮膚にツベルクリン（結核菌由来のリポタンパク質）を注射すると，48～72 時間後からその生体は局所発赤，発熱や吐気を伴った反応を示す．ツベルクリンの刺激を受けた感作 T 細胞からさまざまなリンホカインが放出され，マクロファージを活性化させ，遊走させる．また，顆粒球ならびにリンパ球が接種局所に浸潤し，集束を起こすようになる．その結果，活性化したマクロファージはプロスタグランジンや活性酸素などを産生し，好塩基球はヒスタミンなどを放出して，血漿滲出やフィブリン析出を伴う細胞傷害を起こし，線維芽細胞や毛細血管の増殖による局所発赤や硬結を呈する．

ツベルクリン型皮内反応は，以下のような感染症の診断に用いる．

- ツベルクリン反応：　結核
- マレイン反応：　ウマ鼻疽
- レプロミン反応：　ハンセン病
- ブルセリン反応：　ブルセラ病
- 伊東-Reemstierna 反応：　軟性下疳
- フライ反応：　鼠径リンパ肉芽腫症
- その他の真菌症や接触性アレルギー

3)　肉芽腫形成過敏症

臨床的に最も重要な遅延型過敏症である．マクロファージ系細胞が容易に分解処理できずに残った細胞内増殖菌体や，他の抗生物質が長く存在する場合，肉芽腫形成が起こる．一過性の抗原刺激で起こされるツベルクリン型とは異なる．

抗原刺激を受けてから反応までの時間は 4 週間くらいであり，臨床所見は皮膚または肺の硬結である．組織学的には，類上皮細胞，巨細胞，マクロファージからなる肉芽腫である．

7.6　自己免疫と免疫不全

a．自　己　免　疫

本来は生体の自己臓器に対する抗体は産生されないはずであるが，何らかの理由で自己に対する抗体がつくられてしまうことがある．これを自己免疫という．自己臓器の抗体が産生されても必ずしも病気に関係するわけではないが，生体に障害が生ずる場合，自己免疫疾患となる．

1)　自己免疫の成立

Burnet のクローン選択説では，自己のタンパク質に対する抗体を産生するリンパ球は発生の過程で消失するはずであるが，後日，自己の臓器のタンパク質に対する抗体が産生されることがある．これらの理由は，① 非自己を認識する B 細胞クローンの免疫グロブリン遺伝子の V 領域（可変部）に突然変異が起こるため，② 正常の生体にも自己抗体産生 B 細胞クローンが存在するためなどと考えられている．

上述したように，自己抗体が産生され，それが生体内に存在しても臓器に障害が生じるとは限らない．そこで，Mackay および Burnett らは，臨床的見地から，以下に述べられるような共通な特徴が認められる場合，自己免疫疾患の診断の基準とした．

① 免疫グロブリンの濃度が正常の上限である 1.5 g/100 ml 以上であること，

② 自己抗体が検出できること，

③ 病変部位に免疫グロブリンあるいはその誘導体物質が存在すること，

④ リンパ球や形質細胞の浸潤が病変部に認め

られること，

⑤免疫抑制剤が有効であること，

⑥1つ以上の自己免疫疾患は同じ個体に出現すること，

などである．

2)　自己免疫疾患の要因

i）クローン性リンパ球活性化　特異的な抗原とは関係なく多クローンのB細胞を刺激し，活性化させ，抗体を産生させることがある．

たとえば，大腸菌（*Escherichia coli*）に対するリポ多糖（LPS）などである．

ii）免疫制御系の異常　自己免疫疾患の発症には，特異的ヘルパーT細胞の出現とその活性化，また，特異的サプレッサーT細胞の機能低下あるいは減少などの免疫抑制系の異常が関与している．

たとえば，実験的に新生子期に胸腺を摘出したマウスやラットでの器官特異的な自己免疫疾患，特に自己免疫性卵巣炎，精巣炎，胃炎，甲状腺炎などである．

iii）自己抗原の修飾とT細胞の誘発　化学的に修飾されたり部分的に変性した自己成分が自己に免疫原性を示すようになることから起こる．また，修飾された自己抗原がヘルパーT細胞を誘発し，自己抗原と反応するB細胞を増殖分化させると考えられる．

たとえば，α-メチルドーパミン，ハイドララジン，プロカインアミドなどの投与で，抗赤血球自己抗体や抗核抗体が産生される．また，ペニシアミンの投与後，重症筋無力症や天疱瘡様の症状が出現することがある．

iv）交差反応抗原　自然界には，ヒトの成分と抗原的に交差反応性をもつ多くの物質や微生物により，自己に対する抗体が産生されることがある．

たとえば，溶レン菌と心臓や脳細胞の抗原，大腸菌と大腸粘膜の上皮細胞の抗原，*Mycoplasma mycoides* 抗原とウシの肺組織抗原，*M. hyopneumoniae* 抗原とブタの肺組織抗原，*Leptospira interrogens* 抗原とウマの角膜抗原などである．

v）隔絶抗原の免疫系への露出　免疫系とは隔離された状態で分化した臓器細胞が，外傷，ウイルス感染，毒性物質の侵入などによって免疫系に露出されたときにその細胞に対する自己抗体が産生されることがある．

たとえば，交感性眼炎などである．

vi）主要組織適合遺伝子複合体（MHC）クラスII分子の発現　ある細胞に偶然MHCクラスII分子が発現されると，結果的に抗原提示細胞の働きをし，その細胞に対する自己抗体が産生される．

たとえば，橋本病では甲状腺濾胞上皮にMHCクラスII分子が産生されている．

3)　動物の自己免疫疾患

i）I型アレルギー

・ウシ，ウマのミルクアレルギー：　搾乳不良による乳汁中のα-カゼインの血中への流入のために起こる．

ii）II型アレルギー

・ウシ，ウマ，イヌ，ネコ，ヒトの自己免疫性溶血性貧血．

・ウマ，イヌ，ネコ，ヒトの自己免疫性血小板減少症．

・イヌ，ネコの自己免疫性筋無力症．

・ウシ，イヌの自己免疫性精巣炎．

・ニワトリ，イヌ，ヒトの自己免疫性甲状腺炎．

いずれも，これらの自己抗体による疾患である．

iii）III型アレルギー

・イヌ，ネコ，マウス，ヒトの全身性エリテマトーデス．

・イヌ，ヒトの慢性関節リウマチ．

・ミンクのアリューシャン病．

これらはいずれも自己抗体と生体抗原が結合したその結合体が生体の特定部に沈着する．

iv）IV型アレルギー

・イヌ，ネコ，ヒトでのリンパ性甲状腺炎：　細胞性細胞傷害反応により神経細胞やインシュリン産生細胞を破壊する．

b. 免 疫 不 全

免疫不全とは，免疫担当細胞の異常や欠損のため免疫反応，つまり体液性免疫あるいは細胞性免疫に障害が出ることである．結果として感染に対する抵抗性がなくなることが多い．先天的なもの（原発性）と後天的なもの（続発性）がある．

1)　原発性免疫不全

i）体液性免疫不全　免疫系細胞と造血系細胞の分化の段階での異常である．

①B細胞の異常： B細胞の分化過程でグロブリン遺伝子の再構成に異常が起こり，B細胞の分化成熟が阻害され，グロブリンの産生が起こらなくなる．

たとえば,伴性無γグロブリン血症などである．

②T細胞の異常： T細胞のクローンの消失，T細胞抗原受容体の遺伝子の再構成の異常などによるT細胞の機能障害からくる免疫不全である．

ii） 細胞性免疫不全 T細胞の機能障害により細胞性免疫が不全となることがある．これは，胸腺の欠損や異常による．

たとえば，胸腺欠損症として，ヌードマウスやヌードラットのほか，ヒトのDiGeorge症候群での胸腺欠損ないし胸腺低形成症がある．

iii） 複合免疫不全 造血系の幹細胞の分化障害により，体液性および細胞性免疫ともに異常を示す重度の免疫不全のことである．重症複合免疫不全は，幹細胞の分化不全および欠損でグロブリン濃度の低下，グロブリンのクラススイッチの異常などの細胞性免疫不全を起こす．

iv） 食細胞機能異常 食細胞系の異常，つまり，顆粒球，単球，マクロファージの機能不全である．

v） 補体異常 血中の補体異常による免疫不全である．

たとえば，ウマ，ヒト，イヌの補体欠損症がある．

2） 続発性免疫不全

本来正常な機能をもつ免疫系が，後天的・二次的な感染，栄養失調，代謝異常，悪性腫瘍，免疫抑制剤，放射線照射などで傷害を受け，免疫不全になることをいう．

i） 感 染 あるウイルス感染によりT細胞が機能障害を起こす．

たとえば，ヒト免疫不全ウイルス（human immunodeficiency virus：HIV）は，CD4陽性細胞のほとんどすべてを破壊し，免疫不全を起こす．

ii） 栄養失調 亜鉛（Zn）欠乏症によってT細胞の機能低下を起こす．

iii） 代謝異常 腎不全の場合,血中の免疫抑制因子の代謝異常を起こし，その結果，免疫担当細胞の機能低下を起こすことがある．

iv） 悪性腫瘍 腫瘍が免疫系の細胞を破壊することによって，免疫不全が起こる．

v） 免疫抑制剤 免疫抑制剤は,抗体産生の抑制やナチュラルキラー（NK）細胞の抗体依存性細胞傷害作用（ADCC：7.3節のd項参照）活性を低下させる．

vi） 放射線照射 放射線照射による造血系細胞の障害が起こる．

vii） 妊 娠 母獣は妊娠期間中にある種の免疫抑制物質を産生し，免疫学的に異型抗原としての胎子に対する免疫反応を抑制し，妊娠を維持しているといわれている．

各　論

1. 細　　　菌

〔A〕 スピロヘータ類

スピロヘータ類は，運動性のあるらせん状の細菌で，直径 0.1〜3.0 μm，長さ 5〜250 μm の単細胞からなる．スピロヘータ類の外膜は多層膜からなり，外鞘（outer sheath）あるいは外細菌被膜（outer cell envelope）と呼ばれる．らせん状の細胞質円筒（protoplasmic cylinder）を軸糸（axial fibril あるいは axial filament）と呼ばれるペリプラスム鞭毛(periplasmic flagellum)が取り巻いている．軸糸の数は細胞あたり 2〜100 本の範囲にあり，菌種によって異なる．軸糸の一端は，細胞質円筒の一端近くに挿入されていて，菌の運動に関与する．スピロヘータ類の軸糸は構造的・化学的に他の細菌の鞭毛に似ているが，軸糸が外膜により囲まれている点で，他の細菌の鞭毛とは異なる．したがって，スピロヘータ類は，液体培地中で，他の細菌のように外の環境と直接触れ合う鞭毛がなくても移動することができる．スピロヘータ類は液体中で，蛇行，縦軸に沿った回転，屈曲といった，3 種の運動型を示す．また，スピロヘータ細胞は比較的高稠液の環境で運動を行うが，一般の外鞭毛をもった細菌は粘稠液中では動かない．スピロヘータ類には嫌気性菌，培養できる嫌気性菌，好気性菌，化学的異栄養性菌がある．order（目）*Spirochaetales* は，系統分類学的に *Spirochaetaceae*，*Brachyspiraceae*（提唱中），*Leptospiraceae* の 3 つの family（科）に分けられる．*Spirochaetaceae* 科には，*Borrelia* 属，*Brevinema* 属，*Cristispira* 属，*Treponema* 属，*Spironema* 属，*Spirochaeta* 属の 6 属，*Brachyspiraceae* 科には，*Brachyspira* 属の 1 属，*Leptospiraceae* 科には，*Leptospira* 属と *Leptonema* 属の 2 属がある．これらは，自然界に自由に生息するもの，動物やヒトに寄生しているものがある．このうち特に家畜の届出法定伝染病の原因として知られている *Brachyspira* 属と *Leptospira* 属について記載した．

A.1　Family *Brachyspiraceae*（提唱中）

a.　Genus *Brachyspira*（旧属名：*Treponema*, *Serpulina*）

Brachyspira 属には 8 菌種（*B. hyodysenteriae*（ブタ赤痢スピロヘータ），*B. innocens*，*B. aalborgi*，*B. alvinipulli*，*B. ibaraki*，*B. intermedia*，*B. murdochii*，*B. pilosicoli*）が報告されている．

（1）　*B. hyodysenteriae*

B. hyodysenteriae は，腸管感染によって出血性，粘血性のブタ赤痢を起こす．屠畜場でブタ赤痢が確認（診断）されたらそのブタは廃棄されるため，養豚家にとっては大きな経済的損失となる．下痢便を暗視野顕微鏡で観察すると，大型のらせ

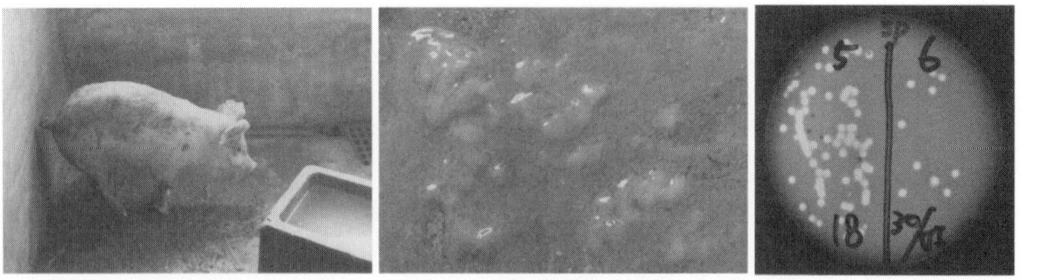

(a)　　(b)　　(c)

図 1.1　ブタ赤痢

(a) 発症，(b) ブタの赤痢便，(c) ブタ赤痢菌（*B. hyodysenteriae*）のコロニーと溶血（5, 6 はそれぞれブタ赤痢便の 10^5, 10^6 希釈をさす）．

ん状の細胞が多数，活発に動くのが観察される（図1.1，1.2）．ブタ以外にマウスやニワトリに感受性があり，実験また野生の齧歯類からも分離されている．血清反応としては，直接蛍光抗体法，受身溶血反応，菌体凝集反応，顕微鏡凝集反応，多糖抗原を用いた酵素免疫測定法がある．現在，*B. hyodysenteriae* には11血清群が知られている．抗生物質に対する感受性についてはリンコマイシンやマクロライド系薬剤の高い耐性（最小発育阻止濃度（minimum inhibitory concentration：MIC＞100）を認め，耐性の広がりを示唆している．現在使用されている薬剤の中ではvalnemulinの薬効が高いようである．ブタ赤痢スピロヘータのマクロライド耐性について，23S rRNAの2,058塩基位置のA-Tの塩基転位（transition）変異（点変異）や2,062塩基位置のA-Cのtransversion変異（点変異）が耐性に関係している．ブタ赤痢スピロヘータによる下痢は，スピロヘータが上皮細胞を破壊し，そのため，大腸腸管からの吸収が廃絶すること，さらにスピロヘータが長期間上皮に定着することによって上皮の成熟細胞が剥離することによって，絨毛が伸長し，陰窩が深くなり，その結果，未成熟細胞が多くなり，分泌が増える．

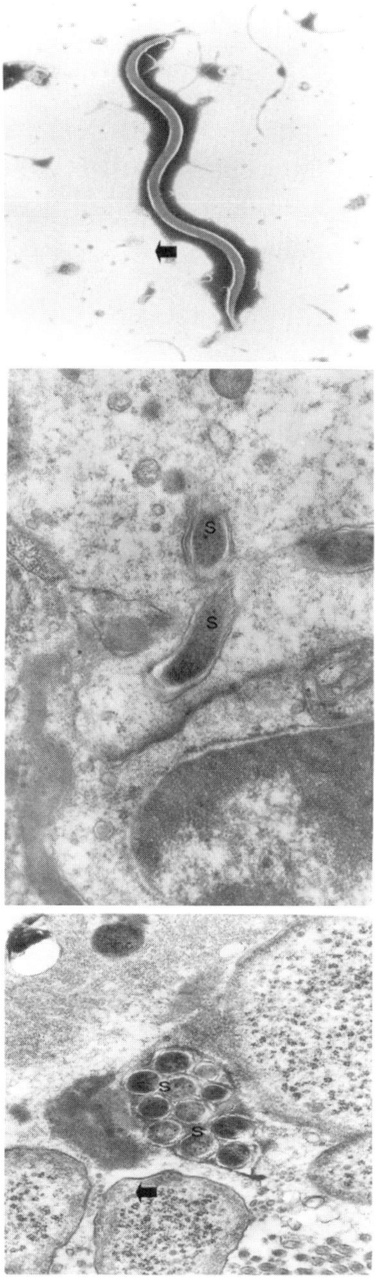

図 1.2 *B. hyodysenteriae* とその感染組織
S は *B. hyodysenteriae* を示す．

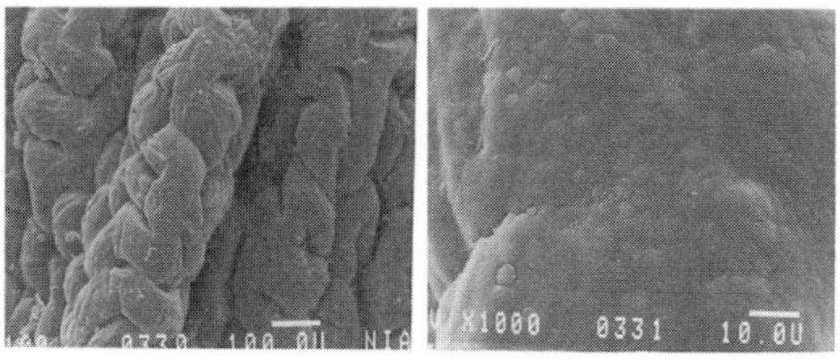

(a)

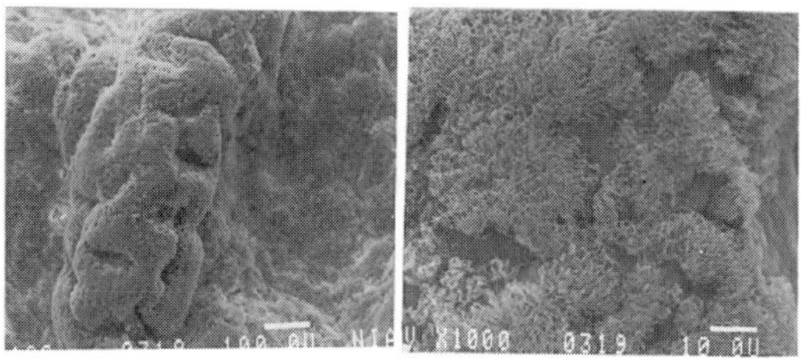

(b)

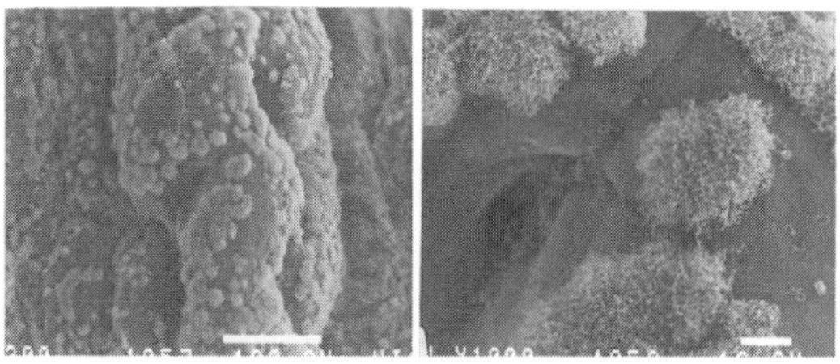

(c)

図 1.3 *B. pilosicoli* 感染幼雛盲腸
(a) 非感染盲腸上皮，(b) 感染1週目，(c) 感染2～3週目．それぞれ，右は左の10倍拡大走査型電子顕微鏡写真．

(2) *B. pilosicoli*

Brachyspira 属には数多くの種が報告され，人獣共通感染症（ゾーノーシス）の観点から注目を浴びるに至った菌種がある．特にヒトの *B. pilosicoli* 感染症はその腸管病変は激しく，下痢を呈し，粘液を混じている．下痢は長期間続き，激しい腹痛を起こすようである．この症状はブタでも観察され，下痢便中に粘液や血液を混じている．本菌の宿主域は広く，哺乳動物，鳥類，ヒトにも感染が報告されている．また，イヌからヒトへの感染も起こりうる．日本でも *B. pilosicoli* のイヌとブタからの分離の報告がなされた．*B. pilosicoli* の同定には 16S rRNA の塩基配列検索が有効で，170～180 番目の間に－－TTTTTT の特異的配列があることが同定の条件である．病原性については，幼雛を用いた感染実験で *B. pilosicoli* の盲腸上皮への定着と，病変形成の起きることが確認された（図 1.3）．一方，日本人における *B. pilosicoli* の感染がかなりあることが明らかになってきた．

A.2 Family *Leptospiraceae*

レプトスピラは直径 0.1～0.15 μm，長さ 6～10 μm で細長く，らせん状，運動性を有する好気性のグラム陰性菌である．栄養状態の悪いとき，レプトスピラは非常に伸長するが，塩濃度の高いときや長期間培養で直径 1.5～2.0 μm の球形を呈する．2 分裂で増殖し，アニリン系色素で薄く染まる．生きた菌は暗視野顕微鏡下で観察することができる．レプトスピラの培養には，哺乳動物の血清やアルブミンが用いられる．レプトスピラの細胞構築物質として外膜は細胞壁やペプチドグリカン複合体を囲み，菌体細胞の両端から内鞭毛が伸びている．

本科には *Leptospira* 属と *Leptonema* 属がある．*Leptospira* 属は *L. interrogans*, *L. kirshneri*, *L. noguchii*，*L. santarosai*，*L. borgpetersenii*, *L. weilii*，*L. wolbachii*，*L. inadai*，*L. meyeri*, *L. biflexa* の 10 種と 4 つの遺伝種からなっている．*Leptonema* 属は *L. illini* 1 種である．

これらのうち，*L. interrogans* が最も多く人獣共通感染症を起こし，その宿主域も広く，ヒト，イヌ，ネズミ，モルモット，ハムスター，ウシ，ウマ，ブタ，その他野生動物への感染が知られている．ヒトでは *L. icterohaemorrhagiae* 感染症としてワイル病（Weil disease）が知られている．ブタでは繁殖障害の原因の一つとなっている．この病気は世界のブタ生産地でその発症が報告されて，北半球ではこの病気による経済的損失がよく知られている．豚群間での感染はそれほど目立った症状はないが，繁殖豚群に持ち込まれた場合，流産や，出産間際の死産，ひね豚，早産などが発生する．

レプトスピラは保菌豚の腎臓や生殖器官に長くとどまり，宿主から排泄された場合，暖かくて湿度が高いと長期生存が可能である．この病気の伝播は直接・間接に保菌豚との接触による．感染豚や他の動物から非感染豚への伝播を遮るのは難しい．レプトスピラ症はブタの飼育に携わるヒトの職業的人獣共通感染症でもある．日本のブタのレプトスピラ症は 10.9% との報告もある．ブタのレプトスピラ症では，その発生は未経産豚や 1 産豚（0－1 産豚）が最も多く，また，妊娠 81 日齢以後の場合が最も多く観察されている．

日本では家畜のレプトスピラ症は届出伝染病となり *L. pomona*，*L. canicola*，*L. icterohaemorrhagiae*, *L. grippotyphosa*, *L. hardjo*, *L. australis*, *L. autumnalis* の 7 血清型菌が指定されている．血清群の決定や疫学調査には交差凝集反応が用いられ，それによって血清群に分けられ，さらに，凝集素吸収試験によって血清型に再分類される．その結果として，23 の血清群と 212 の血清型が認められている．遺伝子型による分類は再現性があり，レプトスピラの分類のための推奨された方法で，DNA-DNA の相同関係（DNA ハイブリダイゼーション）で，70% から 5% までに分けられる（70% 以下で新種とする）が，現在も血清型別が唯一公式に認められた方法である．*Leptospira* 属の GC 含量は 35～41 モル% で，菌種によって異なる．ゲノムの大きさは 3,100～5,000 kbp である．

1) 疫 学

ブタのレプトスピラ症の疫学は大変複雑で，病原性菌としてリストアップされた血清型菌の感染が主として考えられる．現在のところ，少数の血清型菌が養豚地帯で流行している．ブタのレプトスピラ症は，保菌豚から正常豚へ，また他の保菌動物（齧歯類など）から正常豚に感染する．ブタが保菌する血清型菌としては海外では *L. pomona*，*L. australis*，*L. tarassovi* の血清群に属する血清型菌が主で，ブタで起きる感染には *L. canicola*，*L. icterohaemorrhagiae*，*L. grippotyphosa* の関与がよく知られている．*L. pomona* は世界で最もよく分離される血清型菌である．この血清型菌の感染は，ブタのレプトスピラ症のモデルとして取り上げられてきた．このレプトスピラは，特に感染豚の腎臓にとどまり，持続感染し，尿中に菌を排泄する．感染経路としては，① 感染豚の導入，② 汚染環境による曝露，③ ブタ以外の感染動物との接触などが考えられる．中でも，保菌豚からの感染は最も一般的な経路である．感染豚の尿中のレプトスピラは，排泄された土や水（pH がややアルカリ）中ではより長く生きる．初乳は産後間もない子ブタに能動免疫を賦与する．豚群での流行で症状の現れる場合の多くが，① 離乳以来隔離飼育された豚群に外から新たに再導入された場合，② 非感染豚群から慢性期にある保菌豚群に導入された若い雌ブタで観察される．

i） *L. canicola* 感染　*L. canicola* 血清群に属する菌は，少なくとも 11 か国でブタから分離されてきた．しかしブタでの *L. canicola* 感染の疫学的動態は，現在なお不明の点が多い．この感染においては，イヌが保菌宿主として認められ，おそらくベクター（vector）の役割をしている．わが国においても伊藤ら（1986）がブタの早死産を観察し，*L. canicola* に対する異常な抗体上昇を観察した．

ii） *L. icterohaemorrhagiae* 感染　*L. icterohaemorrhagiae* 血清群の感染の血清学的証明は多くの国々で報告されているが，ブタからの分離についての報告はない．血清型 *L. copenhageni* や *L. icterohemorrhagiae* がかかわっていると思われる．すなわち，*L. copenhageni* や *L. icterohaemorrhagiae* 感染の場合は，感染した齧歯類の尿に汚染された環境を介して非感染豚群に感染する．ブタからブタへの感染はそれほど激しいものではないとする報告もある．保菌豚からのレプトスピラの排泄は長くて 35 日程度とされている．*L. icterohaemorrhagiae* の場合，尿からの感染率はそれほど高くなく，0.4～0.7％ 程度とする報告がある．

2） 病　原　性

自然感染の主要なルートは明らかではなく，眼，口，鼻などの粘膜を介して起きると考えられている．膣を介した感染の可能性もある．感染雌ブタの乳からの感染は実験的に証明されている．感染豚の凝集抗体価はさまざまで，時には 1：100,000 に達することもある．その抗体価は数年間検出可能である．レプトスピラは，妊娠豚，流産豚，早産豚の子宮にみられ，出産後期の子宮は内感染を起こす．病変はすべての感染で小血管の上皮の膜の変化が認められる．急性のレプトスピラ症では肉眼病変はない．慢性のレプトスピラ症では腎臓に限局し，散在的に小白斑が充血斑のまわりにしばしば認められる．組織的には進行性巣状性間質性腎炎にかかわる病変である．

3） 診　　断

日本ではワクチンが接種されていないため，血清診断が有効である．その血清反応には，一般に，生菌を用いた溶菌凝集反応（一般に暗視野顕微鏡凝集反応と呼ぶ）が用いられ，溶菌と同時に凝集の程度を観察できることから，他の菌の凝集反応より信頼性が高い．世界保健機関（WHO）の推奨の標準血清反応で，1：100 が有意な抗体価として示されてきた．他の血清反応として酵素免疫測定法（enzyme immunoassay：EIA）があるが，診断方法として公に認められた方法ではない．

4） 分　　離

分離は非常に難しく，時間がかかる．しかし，腎臓からの分離は疫学的動態を調べる上で大切である．分離用の被検材料は 4℃ で保存する．尿については，pH が分離のための重要な因子である．培養は半固形（0.1～0.2％ 寒天）ウシ血清アルブミンに Tween 80 か，Tween 80 および Tween 40 を加えた培地を用いる．ウサギの血清を 0.4～2％ 程度加えることも時には必要かもしれない．供試材料中の雑菌を排除するには選択薬剤として 5-fluorouracil，nalidixic acid，および 7 薬剤（fosfomycin, rifamycin, polymyxin, neomycin, 5-fluorouracil，bacitracin，actidione）の混合培地を用いる．しかし，分離率はそれら抗菌剤で抑制され，低下する．5-fluorouracil を 200～500 μg/ml 添加した培地は輸送用に用いる．培養は 29～30℃ で 12 週間かかる．26 週間かかった例もある．発育を暗視野顕微鏡で 1～2 週間おきに観察する必要がある．

5) 予防と対策

感染豚から正常豚への伝播を断つか，別の動物(たとえば齧歯類)からのブタへの感染を防ぐ手段を講じる．レプトスピラ症の防除法として，抗生物質による治療と飼養管理が重要で，日本にワクチンはない．最も効果のある抗生物質はストレプトマイシンである．25 mg/kg･体重を接種するか，飼料添加テトラサイクリン 800 g/t･飼料を経口的に与えると，保菌豚から菌を除去することができる．

A.3 Family *Spirochaetaceae*

Spirochaetaceae 科には *Borrelia* 属, *Brevinema* 属, *Cristispira* 属, *Treponema* 属, *Spironema* 属, *Spirochaeta* 属の 6 属がある．

Borrelia 属には 4 種あり，中でも *B. burgdorferi* はヒトのライム病の原因菌として知られている．人獣共通感染症である．

Brevinema 属には 1 種ある．short tailed shrew mouse や white footed mouse の組織や血液から分離されている．

表 1.1 *Campylobacteraceae* 科（*Campylobacter*

菌種	菌形態	活性			亜硝酸塩還元	H_2S 産生（TSI 培地）	加水分解			発育									H_2 あるいはギ酸塩の要求（微好気）	感受性		鞭毛	
		オキシダーゼ	カタラーゼ	ウレアーゼ			馬尿酸	インドキシル酢酸塩	N_2 固定活性	15℃	25℃	42℃	胆汁酸（1.5%）	NaCl（13.5%）	グリシン（1%）	好気（30℃）	微好気（5～10% O_2）	嫌気（37℃）		ナリジキシン酸（30 μg）	セファロシン（30 μg）	付着位置	数
C. fetus subsp. *fetus*	H	+	+	−	−	−	−	−	−	−	+	v	+	−	+	−	+	+	−	R	S	M	1
C. fetus subsp. *venerealis*	H	+	+	−	−	−	−	−	−	−	+	−	−	−	−	−	+	+	−	R	S	M	1
C. hyointestinalis subsp. *hyointestinalis*	H	+	+	−	−	+	−	−	−	−	+	+	+	−	+	−	+	v	−	R	S	M	1
C. hyointestinalis subsp. *lawsonii*	H	+	+	−	ND	+	−	−	−	−	−	+	−	−	v	−	+	w	−	R	ND	M	1～2
C. jejuni subsp. *jejuni*	H	+	+	−	−	−	+	+	−	−	−	+	+	−	+	−	+	−	−	S	R	A	1
C. jejuni subsp. *doylei*	H	+	v	−	−	−	v	+	−	−	−	w	+	−	+	−	+	−	−	S	S	A/M	1
C. coli	H	+	+	−	−	−	−	+	−	−	−	+	+	−	+	−	+	−	−	S	R	A	1
C. lari	H	+	+	v	−	−	−	−	−	−	−	+	+	−	+	−	+	v	−	R	R	A	1
C. showae	T	+	+	−	+	+	−	+	−	−	−	+	−	−	v	−	+	+	ND	R	S	M	2～5
C. rectus	T	−	−	−	+	+	−	+	−	−	−	v	−	−	+	−	v	+	−	S	S	M	1
C. curvus	H	+	−	−	+	+	−	+	−	−	−	+	+	−	+	−	+	+	−	R	S	M	1
C. concisus	H	+	−	−	+	+	−	−	−	−	−	+	+	−	+	−	+	+	+	R	R	M	1
C. mucosalis	H	+	−	−	+	+	−	−	−	−	+	+	+	−	+	−	+	+	+	R	S	M	1
C. sputorum	H	+	−	−	+	+	−	−	−	−	−	+	+	−	+	−	+	+	−	S	S	M	1
C. gracilis	T	−	−	−	+	+	−	+	−	−	−	+	v	ND	+	−	v	+	−	R	ND		0
C. helveticus	H	+	−	−	ND	−	−	+	−	−	−	+	v	v	v	−	+	−	ND	S	S	A	1
C. upsaliensis	H	+	w	−	+	−	−	+	−	−	−	+	+	−	+	−	+	+	−	S	S	A/M	1
C. hominis	T	+	−	−	−	−	−	−	−	−	−	v	v	v	+	−	+	−	−	R	ND		0
C. lanienae	H	+	+	−	+	−	−	−	−	−	−	+	−	−	−	−	+	w	ND	R	ND	A	1
A. cryaerophilus	H	+	+	−	+	−	−	+	−	+	+	−	−	−	−	+	+	+	−	S	v	A	1
A. skirrowii	H	+	+	−	−	−	−	+	−	+	+	v	−	−	+	+	+	+	ND	S	S	A	1
A. butzleri	H	+	w	−	−	−	−	+	−	+	+	v	+	+	+	+	+	+	ND	S	R	A	1
A. nitrofigilis	H	+	++	v	−	−	−	+	+	+	+	−	+	+	−	−	+	−	−	S	v	A	1

+：陽性, −：陰性, ++：強陽性, w：弱陽性, v：菌株によって異なる．ND：調べられていない．H：S 字状～らせん状，T：直線状，

Crstispira 属には1種あり，二枚貝（カキ）から分離されている．

Treponema 属には8種とその他未決定の種がある．この属の菌種は嫌気性，宿主寄生型の細菌で，その一部はヒトに対し病原菌である．中でも *T. pallidum* はヒトの梅毒の原因菌である．

Spirochaeta 属には8種あり，通性嫌気性または絶対嫌気性で，水中や海水環境で自由生活する．

Spironema 属には1種（*S. culicis*）あり，蚊から分離された新しいスピロヘータである．

〔B〕 らせん菌類

桿菌の中には，菌体が湾曲したもの，らせん状にねじれたものが存在する．このような菌をらせん菌と総称する．さまざまな菌種が含まれるが，ここでは動物に病原性を示す4属について記載する．

属と *Arcobacter* 属菌種の鑑別性状，宿主，病原性

DNA の GC 含量（モル%）	主な宿主	主な分離部位	主な疾病	関連疾病
33～35	ウシ，ヒツジ	流産胎子，腸管	伝染性流産	敗血症（ヒト）
33～34	ウシ	生殖器，包皮	不妊症，死産，流産	
33～36	ブタ，ウシ	小腸（ブタ），糞便（ウシ）		腸炎（ヒト，子ウシ）
31～33	ブタ	胃		
30～33	ニワトリ，各種鳥類，ウシ，ヒツジ，各種動物	糞便，盲腸，正常菌叢（ニワトリ）	食中毒（ヒト）	下痢，流産（ヒツジ），敗血症・Guillan-Barré 症候群（ヒト），肝炎（ニワトリ）
30～31	ヒト	糞便，胃粘膜		
30～33	ブタ，ウシ，ヒツジ	糞便，盲腸，正常菌叢（ブタ）	食中毒（ヒト）	腸炎（ブタ）
30～33	カモメ，各種海鳥	糞便，盲腸，正常菌叢	食中毒（ヒト）	
44～46	ヒト	歯肉溝		
42～46	ヒト	口腔		歯周病
45～46	ヒト	歯根		歯槽膿漏，敗血症
34～38	ヒト	口腔，糞便		歯周病，歯肉炎，下痢
36～38	ブタ	小腸		
30～31	ヒト	口腔，正常菌叢		
44～46	ヒト	歯肉溝		
34	ネコ，イヌ	糞便		
32～36	ネコ，イヌ	糞便		下痢
32～33	ヒト	糞便		
36	ヒト	糞便		
28～30	ウシ，ブタ，ヒツジ	流産胎子，包皮，糞便（ブタ），生乳（ウシ），血液・下痢便（ヒト）	流産	流産，下痢
29～30	ウシ，ブタ，ヒツジ	流産胎子，下痢便，包皮（ウシ）		下痢，流産（ブタ）
28～29	ブタ，ウシ，ヒト	下痢便，流産胎子（ブタ）		
28～29	塩水湖沼植物	根		

R：耐性，S：感受性，A：両極毛性，M：単極毛性，A/M：あるいは M.

B.1 Genus *Campylobacter*

1) 定義と分類

グラム陰性，細短桿菌（直径 0.2〜0.8 μm，長さ 0.5〜5.0 μm），らせん状（一部の菌種は直線状）で，運動性（極鞭毛）を有する．微好気性，オキシダーゼ陽性，炭水化物非分解性である．DNA の GC 含量は 29〜47 モル% である．

Campylobacter（カンピロバクター）属は，現在 16 菌種 6 亜種が知られている．*Arcobacter*（アーコバクター）属（4 菌種）とともに *Campylobacteraceae* 科に属する（表 1.1）．

2) 特　　徴

ほとんどの菌種の形態は S 字状あるいはコンマ状であるが，いくつかの菌種は直線状である．菌体の一端あるいは両端に 1 本の極鞭毛をもち，コークスクリュー様の回転運動をする．*C. showae* は一端に数本の束状鞭毛をもち，また *C. hyointestinalis* は培養条件により鞭毛の数が変動する．*C. gracilis* および *C. hominis* は鞭毛を欠く．微好気条件（5〜10% O_2）下で最もよく発育するが，嫌気条件下で発育する菌種も多い．普通寒天培地には発育しにくく，ブルセラ培地あるいは血液寒天培地上に 37℃ で 2〜3 日間培養すると，半透明灰〜白色の非溶血性集落（直径 1〜2 mm）を形成する．菌株によってはムコイド型の扁平集落を形成するものもある．培養が古くなると球形化する特徴をもち，非運動性となる．炭水化物は利用せず，エネルギーはアミノ酸，脂肪酸などの酸化によって獲得する．*C. jejuni* と *C. coli* は，菌体の易熱性 H 抗原（Lior 型）と可溶性耐熱性 O 抗原（Penner 型）により多数の血清型に分けられ，疫学指標として利用される．

Arcobacter 属菌の一般性状は，*Campylobacter* 属菌と類似しているが，15℃ 発育，好気性発育（*A. nitrofigilis* を除く）などによって鑑別される．

3) 病 原 性

Campylobacter 属菌は一般に，動物の腸管，生殖器，口腔などに常在する．*C. fetus* subsp. *fetus* はウシとヒツジに伝染性流産を起こし，*C. fetus* subsp. *venerealis* はウシの流産，伝染性不妊症を起こす（ウシとヒツジのカンピロバクター症）．*C. hyointestinalis* および *C. mucosalis* はブタの急性の貧血，血便を伴う増殖性出血性腸炎，また，回腸粘膜に著しい肥厚を伴う腸腺腫症の病変部から高頻度に分離されたことから，本症の原因菌と考えられていたが，*Lawsonia intracellularis*（B.4 節参照）が原因菌であることが判明し，両菌種は二次感染菌と考えられている．

C. jejuni subsp. *jejuni*，*C. coli*，*C. lari* は 42℃ でよく増殖することから，好熱性カンピロバクターと呼ばれ，ヒトに散発性および集団下痢症（食中毒）を起こす．*C. jejuni* の病原因子として，組織侵入性，腸管毒（エンテロトキシン）産生，細胞毒素産生が明らかにされている．

B.2 Genus *Helicobacter*

1) 定　　義

グラム陰性桿菌（直径 0.2〜1.2 μm，長さ 1.5〜10.0 μm），らせん状，微好気性，運動性（有鞘の叢毛性鞭毛），無芽胞，オキシダーゼ陽性，カタラーゼ陽性，炭水化物非分解性で，DNA の GC 含量は 24〜48 モル% である．

2) 分類と特徴

Helicobacter（ヘリコバクター）属は培養できない菌種も含めると 25 菌種に分類されている（表 1.2）．ヒトやサルなどの霊長類，イヌなどのペット動物（伴侶動物），マウスなどの実験動物，ニワトリなどの鳥類の消化管に分布する．主に胃粘膜に定着し，ウレアーゼ陽性，胆汁酸感受性の菌種や腸管に定着し，ウレアーゼ陰性，胆汁酸抵抗性菌種の 2 群に大別される．

有鞘鞭毛が特徴的で，*Campylobacter*，*Arcobacter*，*Spirillum* との鑑別点となる．*H. felis* などにはペリプラスム線維と呼ばれる線維構造物が存在する．

3) 病 原 性

H. pylori は最も代表的な病原菌で，ヒトの胃炎や十二指腸潰瘍の患部生検材料から分離され，これらの疾患および胃がんとの関連性が指摘されている．ヒト以外の動物の胃や消化管からも同属菌が分離され，病原性を示すものもある．また，患者血清中に抗体が認められ，本菌に有効な抗生物質が胃潰瘍の治療に有効である．本菌はウレアーゼを産生し，尿素を分解してアンモニアを生成し，

表 1.2 *Helicobacter* 属菌種の鑑別性状と宿主

菌種	活性			鞭毛			ペリプラスム線維	GC 含量（モル%）	主な宿主
	ウレアーゼ	カタラーゼ	硝酸塩還元	鞘	付着位置	数			
H. pylori	+	+	−	+	M	4〜8	−	36〜39	ヒト，サル
H. acinonychis	+	+	−	+	A	2〜5	−	29.9	チーター
H. aurati	+	+	−	+	A	7〜10	+	ND	ハムスター
H. bilis	+	+	−	+	A	3〜14	+	ND	マウス
H. bizzozeronii	+	+	+	+	A	10〜20	−	ND	イヌ
H. bovis	+	ND	ND	ND	A	4〜	ND	ND	ウシ
H. canadensis	−	+	+	−	A,M	1〜2	−	ND	ヒト
H. canis	−	−	−	+	A	2	−	48.2〜48.8	イヌ，ヒト
H. cholecystus	−	+	+	+	M	1	−	ND	ハムスター
H. cinaedi	−	+	+	+	A	2	−	37〜38	ヒト
H. felis	+	+	+	+	A	14〜20	+	42.5	ネコ，イヌ
H. fennelliae	−	+	−	+	M	2	−	37〜38	ヒト
H. ganmani	−	−	+	−	A	2	−	ND	マウス
H. hepaticus	+	+	+	+	A	1	−	ND	マウス
H. mesocricetorum	−	+	+	−	A	2	−	ND	ハムスター
H. muridarum	+	+	−	+	A	10〜14	+	34	マウス，ラット
H. mustelae	+	+	+	+	P	4〜8	−	36〜41	フェレット
H. nemestrinae	+	+	−	+	M	4〜8	−	24	サル
H. pametensis	−	+	+	+	A	1	−	38	カモメ，ブタ，野鳥
H. pullorum	−	+	+	−	M	1	−	33.8〜35.1	ニワトリ，ヒト
H. rodentium	−	+	+	−	A	2	−	ND	マウス
H. salomonis	+	+	+	+	A	10〜23	−	ND	イヌ
H. suis	+	ND	ND	ND	A	〜6	−	ND	ブタ
H. trogontum	+	+	+	+	A	5〜7	−	ND	ラット
H. typhlonius	−	−	+	+	A	2	−	ND	マウス

+：陽性，−：陰性，ND：調べられていない，A：両極毛性，M：単極毛性，P：周毛性．

胃酸を中和することによって増殖を可能にすると考えられている．その他のビルレンス因子として定着因子，空胞化毒素（VacA），毒素関連タンパク質（CagA）などがあり，胃粘膜の障害には複数の因子が関与する．

B.3 Genus *Spirillum*

1) 分類と病原性

Spirillum（スピリルム）属で唯一の病原細菌種は *S. minus*（鼠咬症スピリルム）であるとされていたが，現在では分類学的位置は確定されていない．従来 *S. minus* とされていた菌種はグラム陰性らせん状桿菌（直径 0.2〜0.5 μm，長さ 3〜5 μm）で，菌体の両極に叢毛性鞭毛をもち，運動性があるとされている．人工培地での培養が困難で，性状解析が進んでいないため分類できない状況にある．ヒトはネズミなどの咬傷により感染する（鼠咬症（鼠咬熱：rat-bite fever），鼠毒）．

B.4 Genus *Lawsonia*

1) 定義と分類

グラム陰性湾曲桿菌（直径 0.3〜0.4 μm，長さ 0.5〜2.0 μm）で，直線状を示す場合もある．微好気性，偏性細胞内寄生菌である．DNA の GC 含量は 34 モル% である．

Lawsonia（ローソニア）属は現在，*L. intracellularis* の 1 菌種のみで，*Desulfovibrionaceae* 科に属する．

2) 病 原 性

L. intracellularis は，ブタに増殖性腸炎を起こす．臨床所見の違いから，慢性型の病型を増殖性腸炎あるいは腸腺腫症，急性型の病型を増殖性出

血性腸炎として区別することが多い．増殖性腸炎は，離乳後肥育豚に発生し，臨床症状は少なく，発育不良，食欲不振，まれに軽度の下痢がみられる．増殖性出血性腸炎は，肥育中期～後期あるいは繁殖豚に発生し，急激な腸管内出血と重度の貧血がみられる．

3) 診　断

人工培地による培養は困難で，病変材料を培養細胞に接種し，菌分離を行う．蛍光抗体法(fluorescent antibody technique : FA法)，酵素結合免疫吸着測定法（enzyme-linked immunosorbent assay : ELISA法)，DNAの検出などがある．病理組織学的所見は粘膜の肥厚，粘膜上皮の腺腫様過形成が特徴である．また，過形成した上皮細胞内にはWarthin-Starry染色あるいは電子顕微鏡による観察により，本菌種が多数みられる．

〔C〕 グラム陰性好気性桿菌・球菌

C.1 Genus *Brucella*

1) 定　義

グラム陰性の小桿菌（直径0.5～0.7 μm，長さ0.6～1.5 μm)，非運動性，好気性または微好気性，無芽胞，無莢膜，カタラーゼ陽性，通常オキシダーゼ陽性で，ブドウ糖を酸化し（ペプトン培地では糖から酸を産生しない)，DNAのGC含量は57.9～59モル%である．

2) 分　類

Brucella（ブルセラ）属菌は従来，*B. melitensis*（マルタ熱菌)，*B. abortus*（ウシ流産菌)，*B. suis*（ブタ流産菌)，*B. ovis*（ヒツジ流産菌)，*B. canis*（イヌ流産菌)，*B. neotomae*（サバクキネズミ流産菌）の6菌種に分類されてきた．しかし，これらは遺伝学的類似性が高いことから，1985年に*B. melitensis*の1菌種にまとめられ，従来の種はすべて生物型（biovar）として扱われることになり，*B. melitensis* biovar *abortus*のように記載される．しかし，医学あるいは獣医学領域における混乱を避けるため，便宜上従来のまま種として扱うことが国際的に認められている．従来の記載による種および生物型の鑑別性状は，表1.3のとおりである．

3) 特　徴

普通寒天培地には発育しにくく，ブルセラ培地，トリプトン培地などが用いられる．血清あるいは血液を加えて発育を増強させる．*B. abortus*と*B. ovis*は微好気性で，初代分離には10% CO_2の添加を必要とする．37℃での3～7日間培養で集落を形成する．

*B. abortus*と*B. melitensis*は共通抗原をもち，それぞれの抗血清を交差吸収して得た単相抗*B. abortus*血清，単相抗*B. melitensis*血清，*B. ovis*の抗血清（抗R（rough）型血清）を用いた凝集反応で特異抗原型に分けられる(表1.3参照)．抗R型血清は*B. abortus*と*B. melitensis*のR型変異株も凝集する．*Brucella*属菌は*Yersinia enterocolitica* O 9などの種々の病原細菌と共通抗原をもち，交差反応する．

4) 病 原 性

各菌種にはそれぞれ通常の自然宿主があり（表1.3参照)，これらの自然宿主からヒトおよび他の動物に感染する．野生の反芻動物（バイソン，スイギュウ，ジャコウウシ，シカ，カモシカ，ヒツジなど)，肉食獣(オオカミ，キツネ，クマ，ヤマネコなど)，齧歯類（ウサギ，ネズミなど）に幅広い感染がある．また，クジラ，シャチ，イルカなどの海生哺乳動物にも感染がある．牧野，草地，河川，湖沼，海岸などを共有する家畜と野生動物間では交差感染が起こり，ヒトの感染源となる．動物では胎盤の炎症，胎子感染による流産，乳房感染，精巣炎，不妊などの繁殖障害や関節炎などが起こり，ヒトにはマルタ熱，波状熱，敗血症などの熱性疾患，全身感染症を起こす（人獣共通感染症)．ブルセラ病の自然感染は，経口，経皮，交尾，粘膜感染などすべての経路で成立し，動物間のみならず感染動物からヒトへの感染もほぼ同様の経過による．菌は感染部位のリンパ節で増殖後，血流を介して全身に分布する．また，菌は好中球およびマクロファージ内で殺菌されずに増殖できる(通性細胞内寄生菌)．妊娠動物が感染した場合，他の臓器に比較して，胎盤および胎子において著しい菌の増殖がみられる．胎盤での菌の増殖は栄養膜巨細胞において特異的に観察され，栄養膜巨細胞の機能が菌の感染によって阻害されることが

表 1.3 *Brucella* 属菌種の鑑別症状，宿主，疾病

菌種および生物型		CO_2 要求	H_2S 産生	オキシダーゼ反応	(20 μg/ml)		酸化による分解												ファージによる溶菌（RTD）			単相抗血清による凝集			主な自然宿主	疾病
					チオニン培地発育	塩基性フクシン培地発育	L-アラニン	L-アスパラギン	L-グルタミン酸	L-アルギニン	L-シトルリン	DL-オルニチン	L-リシン	D-リボース	D-キシロース	D-ガラクトース	D-グルコース	*meso*-エリスリトール	Tb	wb	Bk_2	抗 *B. abortus* 血清	抗 *B. melitensis* 血清	抗 R 型血清		
B. melitensis	1	−	−	+	+	+	+	+	+	−	−	−	−	−	−	−	+	+	−	−	+	−	+	−	ヤギ，ヒツジ	流産（ヤギ，ヒツジ） 散発的流産と乳への排菌（ウシ） マルタ熱（ヒト）
	2	−	−	+	+	+	+	+	+	−	−	−	−	−	−	−	+	+	−	−	+	+	−	−	ヤギ，ヒツジ	
	3	−	−	+	+	+	+	+	+	−	−	−	−	−	−	−	+	+	−	−	+	+	+	−	ヤギ，ヒツジ	
B. abortus	1	(+)	+	+	−	+	+	+	+	−	−	−	−	+	−	+	+	+	+	+	+	+	−	−	ウシ	流産と精巣炎（ウシ） 散発的な流産（ヤギ，ヒツジ，ブタ） 滑液嚢炎（ウマ） 波状熱（ヒト）
	2	(+)	+	+	−	−	+	+	+	−	−	−	−	+	−	+	+	+	+	+	+	+	−	−	ウシ	
	3	(+)	+	+	+	+	+	+	+	−	−	−	−	+	−	+	+	+	+	+	+	+	−	−	ウシ	
	4	(+)	+	+	−	(+)	+	+	+	−	−	−	−	+	−	+	+	+	+	+	+	−	+	−	ウシ	
	5	−	−	+	+	+	+	+	+	−	−	−	−	+	−	+	+	+	+	+	+	−	+	−	ウシ	
	6	−	(+)	+	+	+	+	+	+	−	−	−	−	+	−	+	+	+	+	+	+	+	−	−	ウシ	
	7	−	(+)	+	+	+	+	+	+	−	−	−	−	+	−	+	+	+	+	+	+	+	+	−	ウシ	
	9	−	+	+	+	+	+	+	+	−	−	−	−	+	−	+	+	+	+	+	+	−	+	−	ウシ	
B. suis	1	−	+	+	+	(−)	v	−	−	+	+	+	+	+	+	+	+	+	−	+	+	+	−	−	ブタ	流産，精巣炎，関節炎，脊椎炎，不妊（ブタ） 波状熱（ヒト）
	2	−	−	+	+	−	−	±	±	+	+	+	−	+	+	+	+	+	−	+	+	+	−	−	ブタ，野ウサギ	
	3	−	−	+	+	+	v	−	+	+	+	+	+	+	+	−	+	+	−	+	+	+	−	−	ブタ	
	4	−	−	+	+	(−)	−	−	+	+	+	+	+	+	+	−	+	+	−	+	+	+	+	−	トナカイ	
B. neotomae		−	+	−	−	−	v	+	+	−	−	−	−	v	−	+	+	+	PL	+	+	+	−	−	サバクキネズミ*	非病原性**
B. ovis		+	−	−	+	(−)	v	+	+	−	−	−	−	−	−	−	−	−	−	−	−	−	−	+	ヒツジ	精巣上体炎，散発的流産
B. canis		−	−	+	+	−	v	−	+	+	+	+	+	+	−	v	+	v	−	−	−	−	−	+	イヌ	流産，精巣上体炎，椎間板・脊椎炎，雄の永久不妊症，波状熱（ヒト）

（ ）：ほとんどの株，v：菌株によって異なる．RTD：routine test dilution，Tb：Tbilisi ファージ，wb：Weybridge ファージ，Bk_2：Berkeley ファージ．

*ほかの動物種から未分離．

**マウスに高い感受性，致死性および結節形成．

流産の一誘因となっている．この栄養膜巨細胞を介して菌が胎子に感染する．感染動物は流産や分娩時，また，乳汁中から大量の菌を排泄し，感染は急速に広がり，ヒトにも感染する．

C.2 Genus *Bartonella*

1) 定　義

グラム陰性小桿菌（直径 0.5～0.6 μm，長さ 1 μm）であるが，グラム染色性は弱い．好気性で，線毛を有する．DNA の GC 含量は 37～41 モル% である．

2) 分類と特徴

Bartonella（バルトネラ）属は 15 菌種あり，*B. henselae* などヒトに病原性を示すものが 6 菌種ある．宿主の赤血球内に寄生する．人工培養は難しく，5% CO_2 環境下，血液（ウサギ，ヒツジ，ウマ）添加培地を用いて培養が可能とされている．20～37°C で 7～21 日培養することにより発育が確認できる．一般的な培地およびマッコンキー培地には発育しない．内皮細胞株を用いた培養法も併用される．多くの保菌動物および媒介生物が存在すると考えられている．

3) 病 原 性

B. henselae は，ヒトのネコひっかき病の原因菌である．ヒトへの感染は保菌ネコによる搔傷あるいは咬傷による．また，日和見的にヒトの敗血症，細菌性血管腫症，紫斑病の原因となる．

B. bacilliformis は，ヒトのオロヤ熱とペルー疣（両疾患を一括してカリオン病と呼ぶ）の原因菌である．南米のアンデス山脈に分布し，サシチョウバエにより媒介される．

B. quintana は，ヒトの塹壕熱の原因菌である．シラミが媒介する．

C.3 Genus *Burkholderia*

1) 定　義

グラム陰性無芽胞桿菌（直径 0.5～1.0 μm，長さ 1.5～4.0 μm），カタラーゼ陽性，非運動性あるいは運動性で，運動性菌は単毛性または叢毛性である．DNA の GC 含量は 59～69.6 モル% である．

表 1.4　病原性 *Burkholderia* 属菌の主要性状

菌種	鞭毛数	運動性	ゼラチン液化性	利用能 リボース	キシロース	エリスリトール
B. mallei	0	−	+	−	+	−
B.pseudomallei	>1	+	+	+	−	+

2) 分　類

Burkholderia（バルクホルデリア）属は 19 菌種あり，獣医学に関係する菌種として *B. mallei*（鼻疽菌）と *B. pseudomallei*（類鼻疽菌）がある．これ以外のほとんどの菌種は，植物に対する病原菌である．

3) 生化学的性状

B. mallei は，非運動性で継代すると多形性を示す．Löffler のメチレンブルー液，フェノール（石炭酸）フクシン液に好染する．好気的に発育し，グリセリンまたは血液を培地中に添加することにより発育が促進される．マッコンキー寒天培地には発育しない．培養 48 時間後の集落は S (smooth) 型，帯黄色集落であるが，培養を続けると褐色となる．生化学的活性は弱く，わずかにブドウ糖およびサリシンを遅く分解する．リトマス牛乳を微弱に赤変する．

B. pseudomallei は *B. mallei* に類似した性状であるが，1 本以上の鞭毛を有し，運動性を示す．また，菌形はやや短く太い．集落は R (rough) 型からムコイド型とさまざまである．主な生物学的性状を表 1.4 に示した．

4) 病 原 性

B. mallei はウマの鼻疽（glanders, Rotz）の原因菌で，ヒトにも感染する（人獣共通感染症）．ウマのほかにラバやロバに，そのほか，イヌやトラなどの肉食動物も感染する．感染馬は慢性に経過し，鼻腔，気道粘膜，リンパ節，各臓器，皮膚に特徴的な鼻疽結節（黄色乾酪様膿を含む）および潰瘍をつくる．病変の出現部位により肺鼻疽，鼻疽，皮疽の 3 病型に区分されている．東欧およびアジアの一部に発生が報告されているが，日本での発生はない．菌を雄モルモットの腹腔に接種すると，2～3 日後に精巣が発赤腫大する（Straus 反

応).

B. pseudomallei は主として熱帯地方の土壌および水環境中に生息し，ヒトや広い範囲の哺乳動物に類鼻疽 (melioidosis) を起こす．敗血症型と，臓器やリンパ節などに乾酪性小結節をつくる慢性型がある．日本での発生はない．

5) 診　　断

病的材料から菌の分離を図る．*B. mallei* では菌の培養濾液を濃縮した液（マレイン：mallein）をモルモットに点眼または皮下接種し，アレルギー反応（マレイン反応）により診断する．

C.4 Genus *Bordetella*

1) 定　　義

グラム陰性微小球桿菌（直径 0.2～0.5 μm，長さ 0.5～1.0 μm)，偏性好気性，運動性は菌種により異なる．糖の分解性を欠く．

2) 分　　類

Bordetella（ボルデテラ）属は 7 菌種からなり，ヒトに病原性を示す *B. pertussis*（百日咳菌）と *B. parapertussis*（パラ百日咳菌)，動物に病原性を示す *B. bronchiseptica*（気管支敗血症菌）と *B. avium* を含む．DNA の GC 含量は 66～70 モル% である．類似菌属との鑑別性状を表示した (表 1.5)．

表 1.5 動物の *Bordetella* 属菌と類似菌属の鑑別性状

菌種（属）	偏性好気性	マッコンキー培地での発育	発育因子（X/V）	溶血性	糖分解性	リトマス牛乳のアルカリ化	ウレアーゼ
B. bronchiseptica	+	+	−	+	−	+	+
B. avium	+	+	−	+	−	+	−
Haemophilus	−	−	+	−	+	−	+～−
Pasteurella	−	−*	−	−*	+	−	−

+：陽性，−：陰性．

**Pasteurella haemolytica* は（+）．

表 1.6 *B. bronchiseptica* の菌相と主要性状

相	菌形態	鞭毛	線毛	莢膜	溶血性	抗K凝集性	抗O凝集性	赤血球凝集性	壊死活性
1	球桿	−	+	+	+	+	−	+	+
2	球～桿	+	+	+～−	+	+	+	+～−	+～±
3	短桿	+	−	−	−	−	+	−	−

+：陽性，−：陰性．

3) 生化学的・血清学的性状

B. bronchiseptica は周毛性鞭毛を有し，継代や培養により相変異を起こす．病巣からの新鮮分離菌（第 1 相菌）は莢膜，線毛，溶血性，赤血球凝集性，毒素産生性を有し，ビルレンスが強い．継代株（第 3 相菌）ではこれらの性状を失い，毒力を欠く (表 1.6)．分離当初は普通寒天培地に発育不良である．マッコンキー寒天培地に発育する．硝酸塩を還元し，ウレアーゼ，カタラーゼ，オキシダーゼは陽性である．

B. avium は *B. bronchiseptica* に類似した性状を示すが，ウレアーゼ陰性，オキシダーゼが遅れて陽性となる．

B. bronchiseptica の抗原物質として，莢膜または外膜抗原 (K)，線毛抗原 (HA)，鞭毛抗原 (H)，細胞壁リポ多糖抗原（O）が知られている．

4) 病　原　性

B. bronchiseptica は動物の気道粘膜上皮絨毛に線毛や莢膜物質により付着，増殖し，病原性を示す．一般に幼若動物が発症し，二次感染を受けると重症化する．ブタの萎縮性鼻炎の原因菌で，易熱性の皮膚壊死毒素 (dermonecrotic toxin：DN-T) によって鼻甲介骨や上顎骨の萎縮を起こし，鼻甲介骨や顔面の変形をきたす場合がある．毒素 (DNT) 産生性の *Pasteurella multocida* が重感染すると，重篤な症状を呈する．その他，イヌのボルデテラ症や実験動物の流行性肺炎を起こす．

B. avium はシチメンチョウ，アヒル，ガチョウ，ニワトリの雛に，鼻気管炎，気嚢炎，気管支肺炎，結膜炎などを起こす．

C.5 Genus *Taylorella*

1) 定　　義

グラム陰性短桿菌 (直径 0.7 μm，長さ 0.7～1.8 μm)，非運動性，カタラーゼ陽性で，オキシダーゼ陽性，DNA の GC 含量は 36.5 モル% である．

2) 分類と特徴

Taylorella (テイロレラ) 属には *T. equigenitalis*

の1菌種のみが所属している．普通寒天培地には発育しないが，ユーゴンチョコレート寒天培地で微好気条件下2～4日間培養で発育する．菌の分離にはストレプトマイシンあるいはアムホテリシンBを添加した選択培地が併用される．発育には5～10%のCO_2を要求するが，XおよびV因子を要求しない．炭水化物から酸を産生せず，一般の生化学性状試験はほとんど陰性である．

3）病　原　性

T. equigenitalis はウマ類にのみ病原性があり，雌雄の生殖器に分布する．伝染性子宮炎を起こす．伝染力は非常に強く，雌ウマは保菌雄ウマと交配後2～10日で子宮内膜炎，頸管炎，膣炎が起こり，膣からの滲出液排出がみられる．また一時的に不妊あるいは流産を起こすことがある．菌は子宮炎の快癒後も陰核窩などに長期間保菌され，感染源となる．種雄ウマは感染雌ウマと交配後，無症状のまま包皮腔や尿道窩に保菌し，感染を媒介する．

C.6　Genus *Francisella*

1）定　　義

グラム陰性桿菌（直径0.2～0.7 μm，長さ0.2～1.7 μm），好気性，非運動性，無芽胞，極染色性，多形性，カタラーゼ弱陽性，オキシダーゼ陰性で，DNAのGC含量は33～36モル%である．

2）分類と特徴

Francisella（フランシセラ）属には *F. tularensis*（野兎（やと）病菌）と *F. philomiragia* の2菌種がある．2菌種の生化学的鑑別性状として硫化水素産生とゼラチン水解があげられ，前者は2性状とも陰性，後者は陽性である．*F. tularensis* はさらに *F. t.* subsp. *tularensis*，*F. t.* subsp. *holarctica*，*F. t.* subsp. *mediasiatica*，*F. t.* subsp. *novicida* の4亜種に分類される．菌の発育にはシスチンとヘモグロビンを必要とし，培養には卵黄培地，システイン加ブドウ糖血液寒天培地などが用いられる．特に培養が古くなると著しい多形性を示す．

3）病　原　性

野兎病は，北米やロシアなど主に北半球で発生し，日本では北海道，東北，関東地方に多くみられる．*F. tularensis* subsp. *tularensis* は4亜種の中で最も病原性が強く，北米に分布する．その他の亜種は病原性が比較的弱く，ヨーロッパ，アジア，日本，北米に分布する．*F. tularensis* は100種以上の動物および河川，湖沼から分離されている．野ウサギ，野ネズミ，リス，ビーバー，モグラなど野生齧歯類に感染があり，ヒトやその他の動物は，ダニ類，蚊，ノミなどを介して経皮的に，また食肉を介して経口的あるいは経気道的に感染する．ヒトでは無傷の皮膚からも容易に接触感染する特徴があり，狩猟や野ウサギの調理に際して感染する．本菌は通性細胞内寄生性で，感染部位の局所リンパ節で増殖後，敗血症を起こし，悪寒，発熱，関節痛などの症状がみられる．リンパ節や肝臓などの腫脹や，特徴的な結節や壊死病巣をつくる．

C.7　Genus *Legionella*

1）定　　義

グラム陰性好気性桿菌（直径0.3～0.9 μm，長さ2～20 μm），1～2本の鞭毛をもち，運動性がある．発育に，システイン，メチオニン，鉄塩を要求する．発育至適pHは6.9±0.1で，DNAのGC含量は38～52モル%である．

2）分類および特徴

Legionella（レジオネラ）属には，*L. pneumophila* およびその他42菌種がある．*L. pneumophila* はさらに *L. p.* subsp. *pneumophila*，*L. p.* subsp. *fraseri*，*L. p.* subsp. *pascullei* の3亜種，細胞壁リポ多糖抗原（O）により16型に分類される．一般の細菌培養用培地には発育せず，培地中の発育阻害物質を吸着除去するために活性炭を添加した，特殊な培地を用いて培養する．眼にみえる程度に発育するには，3～4日を要する．

3）病　原　性

本来は，水および土壌の常在菌である．基礎疾患をもつ患者や老人に呼吸器感染する．レジオネラ症は臨床症状からレジオネラ肺炎（在郷軍人病）とポンティアック熱に大別される．冷房用冷却水などが感染源となり，その飛沫の吸引により感染する．最も多く検出される原因菌種は *L. pneumophila* である．健康なヒトおよび家畜には病原性がない．モルモットは感受性を示し，患者材料の腹腔内接種により斃死する．

C.8 Genus *Pseudomonas*

1) 定　　義

グラム陰性短桿菌(直径 0.5〜1.0 μm, 長さ 1.5〜5.0 μm), 好気性, オキシダーゼ陽性, ブドウ糖を酸化的に分解する. 単毛性あるいは叢毛性の鞭毛をもち, 運動性がある. 莢膜と芽胞を欠く.

2) 分　　類

Pseudomonadaceae (シュードモナス) 科は 8 属からなり, 動物の消化管, 土壌, 水中など自然界に広く分布する. このうち動物に病原性を示すものは *Pseudomonas* 属の *P. aeruginosa* (緑膿菌) および魚類に病原性を示す数種である.

3) 生化学的・血清学的性状

P. aeruginosa は普通寒天培地でよく発育し, 特異的な臭気を呈する. 水溶性のピオシアニン (緑色色素) やピオルビン (赤色色素) を産生する株が多い. 4℃ では発育せず, 41℃ でも発育できる. DNA の GC 含量は 67.2 モル% である. 耐熱性の O 抗原により, 血清学的に少なくとも 17 型に分けられる.

P. fluorescens はピオシアニン産生性を欠き, ピオベリジン (蛍光性黄緑色) を産生する. ゼラチンを液化し, 4℃ で発育するが, 41℃ では発育しない. DNA の GC 含量は 59.4〜61.3 モル% である.

4) 病 原 性

P. aeruginosa は自然界, 動物の皮膚, 腸管に常在し, 易感染性宿主に病原性を示す日和見感染症の原因菌である. 多くの消毒剤や抗生物質に対して抵抗性が強く, 菌交代症を起こす. 動物ではミンクの出血性肺炎, ブタの皮膚炎, 各臓器の化膿性疾患, 敗血症の原因となる. 本菌はジフテリア毒素に類似した作用をもつ外毒素 A (exotoxim A), エラスターゼ, プロテアーゼなど各種酵素を産生する. これらのタンパク質は, 菌のビルレンス因子と考えられている.

P. fluorescens は自然界に分布し, 食品の腐敗に関係する. また, *P. anguilliseptica* や *P. putida* などとともに魚類 (ブリ, タイなど) に敗血症, 潰瘍, 出血などを起こす.

C.9 Genus *Moraxella*

1) 定　　義

グラム陰性好気性桿菌 (直径 1.0〜1.5 μm, 長さ 1.5〜2.5 μm), 無芽胞, 非運動性, オキシダーゼ陽性, 糖分解性で, インドール, クエン酸利用は陰性である. 多くの株が溶血性を示す. DNA の GC 含量は 40.0〜47.5 モル% である.

2) 分　　類

Moraxellaceae (モラクセラ) 科は, *Moraxella* 属, *Acinetobacter* 属, *Psychrobacter* 属の 3 属からなる. *Moraxella* 属は 14 菌種が知られているが, 動物に病原性を示すものは *M. bovis* のみである.

3) 生化学的性状

M. bovis は, グラム陰性短桿菌で, 双球菌状を呈することもある. 莢膜と線毛を有し, 鞭毛を欠く. カタラーゼ産生は菌株により異なる. 硫化水素, ウレアーゼ, 硝酸塩還元性を欠く. 集落型と線毛の有無により,

① R 型集落で, やや大きく扁平で培地中に食い込んで発育し, 菌体に線毛が多いもの,

② S 型集落で, やや小さく隆起し培地の中への食い込みがなく線毛が認められないもの,

③ 上記の中間型,

の 3 型に分けられる.

リトマス牛乳をアルカリ化し, 凝固, 液化する. ゼラチナーゼ, プロテアーゼ, 卵黄反応, Tween 80 分解性, 線維素溶解性を示す. マッコンキー寒天培地には発育しない.

4) 病 原 性

M. bovis は, 健康なウシの眼または鼻孔から分離される. ウシの急性もしくは慢性伝染性角結膜炎の原因となる. 集団飼育中の放牧牛に多発し, 伝播力が強い. 流涙, 眼瞼腫脹, 角膜混濁, 潰瘍などの症状がみられる. 発症初期には白眼が淡紅色になり, いわゆるピンクアイ状態になる. *M. bovis* 菌液接種では実験的に感染しないことが多いが, 接種前に紫外線を眼に照射することにより容易に感染が成立する. 日照, 塵埃, 乾燥なども発病の誘因となる. 溶血性と線毛がビルレンス因子として注目されている.

M. ovis は, ヒツジあるいはウシの伝染性角結

膜炎から分離されることがあるが，その病原性は弱いか，ほとんどないとされている．

C.10 Genus *Acinetobacter*

1) 定　　義

グラム陰性短桿菌(直径 0.9～1.6 μm, 長さ 1.5～2.5 μm), 極染色性, 偏性好気性で, 莢膜を有し, 芽胞を欠く．カタラーゼ陽性，オキシダーゼ陰性で，糖を酸化的に分解または非分解である．DNA の GC 含量は 38～47 モル% である．

2) 分類および生化学的性状

Acinetobacter（アシネトバクター）属菌は，普通寒天培地およびマッコンキー寒天培地に発育する．類似菌の *Moraxella*, *Brucella*, *Pseudomonas*, *Bordetella* とは，非運動性，オキシダーゼ陰性，マッコンキー寒天培地での発育，ペニシリン抵抗性，色素非産生性などにより鑑別される．

3) 病 原 性

本菌は下水および土壌の常在菌で一般に病原性はないが，まれにヒトに日和見感染を起こす．家畜からの検出例もある．日本ではニワトリの死ごもり卵から検出されたことがある．

C.11 Genus *Flavobacterium*

1) 定　　義

グラム桿菌（直径 0.5～1.0 μm，長さ 3 μm），好気性，無芽胞，無莢膜，非運動性，カタラーゼおよびオキシダーゼ陽性で，DNA の GC 含量は 31～40 モル% である．

2) 分　　類

Flavobacterium（フラボバクテリウム）属は 65 菌種あり，自然界に広く分布している．獣医学に関係する菌種として *F. branchiophilum*，*F. psychrophilum*，*F. columnare* など，魚類に感染症を起こすものがある．

3) 病 原 性

F. branchiophilum は，サケ科魚類の細菌性鰓病の原因菌である．菌は水中，底土に存在し，環境条件の悪化（アンモニア濃度上昇，溶存酸素量低下，過密飼育など）により発病する．日本ではニジマス，ヤマメ，アマゴなどの幼稚魚期に本病が多発する．

F. psychrophilum は，細菌性冷水病の原因菌である．サケ科魚類，アユ，コイ科魚類，フナ，ウナギなどにみられる．

F. columnare は，淡水魚類のカラムナリス病の原因菌である．コイ科魚類，ウナギ，アユ，サケ科魚類などにみられ，鰓，口腔周辺，尾などに潰瘍を形成する．

C.12 Genus *Neisseria*

1) 定　　義

グラム陰性好気性球菌(直径 0.6～1.9 μm)，非運動性，カタラーゼおよびオキシダーゼ陽性，インドール産生性で，糖を酸化的に分解する．DNA の GC 含量は 48～56 モル% である．

2) 分　　類

N. gonorrhoeae（淋菌），*N. meningitidis*（髄膜炎菌）と，その他 17 種がこの属に含められる．

3) 生化学的性状

菌形はソラマメ状で，半球状の 2 個の球菌が対をなし，相対する面は平面で接する．株により莢膜を有する．栄養要求性は厳しく，血液（チョコレート）寒天培地または Müller-Hinton 培地を用い，5～10% CO_2 の条件下で培養する．一般に熱，乾燥への抵抗性は弱く，培地上でも数日で死滅する．黄色色素非産生，非溶血性，硝酸塩還元性を欠く．*N. meningitidis* および *N. gonorrhoeae* の性状はおおむね同一であるが，前者はマルトース分解性，後者は非分解性である．

4) 病 原 性

N. gonorrhoeae は，ヒトの淋病の原因菌で，男性の尿道，女性の尿道および子宮頸管部に炎症を起こす．

N. meningitidis は，ヒトの流行性脳脊髄膜炎の原因菌となり，健康なヒトの咽喉頭部に常在する．*Neisseria* 属菌は家畜に病原性を欠くとされているが，病的材料から検出されることがある．

〔D〕 グラム陰性通性嫌気性桿菌

グラム陰性通性嫌気性桿菌の一般的な性状を表1.7に示す．

Enterobacteriaceae 科（腸内細菌科），*Vibrionaceae*（ビブリオ）科，*Aeromonadaceae*（エロモナス）科，*Pasteurellaceae*（パスツレラ）科，および所属科未定のその他（*Streptobacillus* 属など）に分かれる．大部分が幅 0.3～1.0 μm，長さ 1.0～3.5 μm の直桿状～湾曲（コンマ状）～多形性の桿菌群で，腸管感染症，日和見感染症，食中毒など重要な病原性菌種を含み，好・嫌気呼吸，発酵を行う通性嫌気性状により，他のグラム陰性桿菌と区別される．

科間は菌の形態・配列に加え，オキシダーゼ反応性（*Enterobacteriaceae* 科のみ陰性），水性由来（*Vibrionaceae* 科，*Aeromonadaceae* 科），非運動性（*Pasteurellaceae* 科）など，表現形質や生化学的一次鑑別性状から大別される．

D.1 Family *Enterobacteriaceae*

1) 定義・分類・一般的性状（表 1.8）

グラム陰性の通性嫌気性，無芽胞性桿菌．脊椎動物腸管内に常在し，腸内菌叢の一部を構成し，昆虫類，果実，野菜，穀物，顕花植物，土壌・水など広く自然界に寄生的，腐生的に分布している．現在 49 属を含むが，医学・獣医学的には腸管感染症の原因となる *Escherichia*, *Salmonella*, *Shigella*, *Yersinia*, *Klebsiella*, *Edwardsiella* の 6 属が重要で，ほかに主に日和見感染菌として *Enterobacter*, *Citrobacter*, *Serratia*, *Proteus*, *Morganella*, *Providencia* の検出がある．基準種は，大腸菌（*Escherichia coli*）．

本科細菌は，栄養要求性が単純なため，比較的容易に分離・培養が可能で，世代時間は一般に短く，またしばしば遺伝子操作の応用対象になる．

通常，幅 0.8～1.2 μm，長さ 2～6 μm の直桿菌群だが，*Serratia*, *Proteus*, *Providencia*, *Morganella* は小型で，*Yersinia* はさらに形態・極染色性など *Pasteurellaceae* 科に類似している．

莢膜，線毛をもつ株が多い．ほとんどの菌属が周毛性鞭毛を形成する．*Shigella*, *Klebsiella*, その他一部の菌種は鞭毛を形成しない．

共通の性状としてオキシダーゼ陰性，ブドウ糖の発酵的分解と酸およびガス（H_2+CO_2）産生性，硝酸の亜硝酸還元能をもつ．本科では，特異的酵素系によるアスパラギン酸族生合成を行う．

2) 血清型別（表 1.9）

本科の分類では，菌種以下の区別がしばしば必要となる．このため，さまざまな型を用いた細分類が行われ，これを型別（typing）という．特定の抗原にのみ反応する血清（因子血清）による凝集反応を利用した血清型別が，最も用いられている．血清型別の基礎となる本科細菌の主な抗原には，以下がある．一部はビルレンスと直接関連する．

i） O 抗原　菌体抗原．外膜のリポ多糖（lypopolysaccharide : LPS）であり，100°C 2 時間半，121°C 1 時間の加熱に耐熱性を示す．O 抗原性の差は糖鎖を構成する糖の種類や配列の相違で生ずる．完全な O 抗原をもつ菌集落は S 型となるが，一部あるいはすべての糖鎖の脱落で R 型集落に変わる（S-R 変異）．O 凝集反応は，比較的固着性の強い凝集塊を形成する．

ii） K 抗原　莢膜抗原．*Klebsiella* で典型的．酸性多糖性で，陰性に荷電している．100°C の加熱（時間不定）で，一部または全部が菌体から遊離する．厚さは構成する糖分子の大きさと関係するが，菌体外周の酸性多糖抗原はすべて K 抗原として扱う．O 抗原を被覆しているため，K 抗原保有菌では，O 凝集反応が阻害される．

iii） H 抗原　鞭毛抗原．鞭毛成分のフラジェリンタンパク質で，100°C の加熱により破壊され，また変異で失われる（H-O 変異）．H 凝集反応は，絮（じょ）（綿）状（floccular）凝集塊を形成する．*Salmonella* の H 抗原では，2 つの遺伝子に基づく 2 種の抗原構造が，交互に高頻度で出現（相変異：phase variation）し，抗体による生体防衛反応からの回避を行う．

iv） M 抗原　K 抗原の表面を，さらにヒアルロナン（hyaluronan）の覆った莢膜抗原をいう．M 抗原保有株はムコイド株（mucoid strain）といい，集落は粘稠性をもつ．易熱性で，株間での M 抗原性に差はない．変異で失われる（M-N 変異）．

表 1.7 *Enterobacteriaceae*, *Vibrionaceae*,
共通性状：グラム陰性，通性嫌気性，

科名	大きさ	形態	鞭毛	存在範囲
Enterobacteriaceae（腸内細菌科）	0.4〜0.7×1.0〜3.0 μm	直桿菌	周毛（一部属・種で無鞭毛）	通常陸生，動植物・鳥類（必須ではない）寄生性
Vibrionaceae（ビブリオ科）	0.3〜0.7×1.0〜3.0 μm	直桿〜湾曲（コンマ状）桿菌	極毛（少数で無鞭毛，時に周毛）	通常水生，海水・汽水域，非寄生性（一部寄生性）
Aeromonadaceae（エロモナス科）	0.3〜1.0×1.0〜3.5 μm	直桿菌	極毛（*A.salmonicida* のみ無鞭毛）	通常水生，淡水域，非寄生性（一部寄生性）
Pasteurellaceae（パスツレラ科）	0.2〜0.4×0.3〜1.0 μm	直桿菌だが，球桿菌様から小桿菌まで多形性を示す	無鞭毛	通常陸生，動植物・鳥類寄生性

v） F 抗原　線毛および類似する菌体表層のタンパク質抗原をさす．

vi） 共通抗原（enterobacterial common antigen：ECA，Kunin 抗原）　本科の大部分の菌体に，通常ハプテンとして存在する耐熱性抗原．アセチルグルコサミンと D-mannosaminuronic acid（ManNUA）および酸の重合体である．このほか，リポ多糖の R コア（R core）部分など，本科の細菌には，複数の ECA が存在している．

3） 一般的検査方法

非選択培地（普通寒天，血液寒天，BTB 乳糖寒天（Drigalski 改良型）など）と選択培地（SS 寒天，マッコンキー培地，EMB 培地など）を併用する．

出現集落を確認培地（TSI，SIM，クリグラー培地など）で選択し，4 種の生化学的性状テスト（インドール，メチルレッド，VP 反応，クエン酸利用能）の組み合わせである IMViC システム，カタラーゼ，オキシダーゼ，ウレアーゼ，KCN 発育抑制，ゼラチン液化，デオキシリボヌクレアーゼ（DNase）産生など生化学的性状試験を施し，同定する．

必要に応じ，血清型，ファージ型別などで細分類を行う．病原性大腸菌や赤痢菌では血清型別を，*Salmonella enterica* serovar Typhi および *S. enterica* serovar Paratyphi ではファージ型別を，*Shigella sonnei* では化学型別（バクテリオシン）を併用する場合がある．また，パルスフィールドゲル電気泳動法（pulsed-field gel electrophoresis：PFGE）による遺伝子型別，ポリメラーゼ連鎖反応（PCR）による毒素産生遺伝子などの選択的な迅速検出・診断も行われる．

乳糖の発酵分解性について，重要な病原性細菌である *Salmonella*，*Shigella* が陰性を示すのに対し *Escherichia* の陽性を示す点で，疫学的見地から本科菌属の重要な鑑別点と見なされている．*Klebsiella*，*Enterobacter*，*Citrobacter* は，乳糖分解陽性を示すため，大腸菌型細菌（coliform bacteria）と呼ばれ，*Escherichia* とは IMViC システム（*E. coli* ＋＋－－）で鑑別される．

4） 相　関　性

生化学的性状に基づく従来の本科の菌属分類は，DNA 相同性検査の結果とほぼ一致している．本科に所属する菌属の GC 含量は，37〜63 モル％と広いが，各属に含まれる菌種間での相違は少ない．属間は相互にほぼ 20％ 以上の DNA 相同性を示すが，*Proteus*，*Yersinia*，*Providencia* はそれぞれ 20％ 以下で，近縁菌種と考えられる（表 1.10）．

病原性からみると，*Escherichia* に比べ *Salmonella* は一般に動物とヒトのどちらかに，また *Shigella* は霊長類に，それぞれ病原性を示す．しかしこれら 3 属の DNA 相同性は高く（70％ 以上），

Aeromonadaceae, *Pasteurellaceae* の特徴と一次鑑別
桿菌，無芽胞性で，莢膜をもつ（例外あり）.

オキダーゼ	ブドウ糖発酵からのガス産生	普通寒天培地上での発育状況	Na^+要求性	特徴的性状	代表菌種
−	＋（CO_2,H_2）	＋	−	オキシダーゼ陰性，ブドウ糖からの酸，ガス産生性	*Escherichia coli*
＋	−	＋	＋（一部属・種で弱）	好アルカリ性発育（pH7.2〜8.6）	*Vibrio cholerae*
＋	−	＋	−	ブドウ糖，白糖，乳糖分解性	*Aeromonas hydrophila*
＋（しばしば弱反応）	−	大部分非発育	−	非運動性，有機窒素要求性	*Pasteurella multocida*

本来１属と考えられ，疾患の重要性から，「危険名」として各菌属に分けられている．大部分の *Salmonella* 株は宿主特異性が低く，多くの動物種（ヒトや鳥類を含む）の腸管内に生息する．株間の類縁性が高く，*S. enterica*（あるいは *S. choleraesuis*）および *S. bongori* の２菌種のみからなり，亜種・血清型（serovar）で細分類する（*S. enterica* serovar Typhi：*S.* Typhi（簡略型），*S. enterica* serovar Dublin：*S.* Dublin など）．*Shigella* は，4 種の血清型（生物型）に区分されている（*S. dysenteriae*, *S. flexneri*, *S. boydii*, *S. sonnei*）が，実質上，1 菌種と見なしうる（表 1.11）．

a．Genus *Escherichia*

1）定義と一般的性状

Escherichia（エシェリキア）属は，通性嫌気性，無芽胞性，周毛性のグラム陰性菌（幅 0.4〜0.8 μm，長さ 1〜3 μm）で，通常莢膜を形成するが，非形成株も出現する．動物やヒトの腸管内の寄生性・共生性細菌で，糞中細菌の約 0.1〜0.2%（10^{11}〜10^{13} 個/日・排泄）を占める．DNA の GC 含量は 50〜53 モル%．5 菌種あるが，大腸菌（*E. coli*）以外すべて環境細菌．室温培養で数週間，土壌や水中でも数か月生存する．パスツリゼーション（pasteurization）は有効だが，耐性株がある．化学的消毒には弱い．

普通寒天培地に発育し，灰白色，円形，湿潤性の集落を形成する．液体培地中では混濁発育し，一部は沈殿する．

ここでは，大腸菌について記述する．

リシン・オルニチンデカルボキシラーゼ（脱炭酸酵素）およびインドール陽性，硫化水素（H_2S）産生・クエン酸利用・ウレアーゼ・KCN 各陰性．ブドウ糖発酵で酸・ガス産生．IMViC システムは＋＋−−．乳糖発酵による酸産生陽性．世代時間は約 1 時間だが，好条件下では 20 分．

鞭毛非形成性，ブドウ糖発酵で酸のみ産生・ガス非産生性を示す株は，暫定的に Alkalescens-Disper 群と呼称される場合がある．この群には，下痢原性大腸菌の一種である後述の腸管組織侵入性大腸菌（EIEC）が含まれる．

通常，日和見的感染をするが，他菌種に比べ，一次的・二次的病因となる頻度は圧倒的に多い．大腸菌の原発性感染には，腸管内感染の下痢原性大腸菌症，腸管外感染，非特異的な日和見感染症がある．家畜の初生獣または幼獣に多発する傾向をもつ．

2）分　類

血清型は，原則として O（173 種），H（56 種），K（103 種）抗原の組み合わせにより記述し（例：O 4：K 12：H 1），抗原構造ともいう．さらに F 抗原（12 種以上）を用いて分類する場合もある．該

表 1.8　*Enterobacteriaceae* 科の主要細菌

属名	*Escherichia*	*Salmonella*	*Shigella*	*Edwardsiella*	*Yersinia*	*Klebsiella*
鞭毛	V	+	−	+	−	−
ブドウ糖からのガス産生	+	V	−	+	V	V
白糖分解	V	−	−	−	V	V
アドニット分解	V	−	−	−	−	+
VP 反応	−	−	−	−	−	V
クエン酸塩利用	V	V	−	−	−	V
リシンデカルボキシラーゼ	+	V	−	+	−	V
オルニチンデカルボキシラーゼ	V	V	V	+	V	−
アルギニン加水分解	V	V	V	−	−	−
フェニルアラニン脱アミノ反応	−	−	−	−	−	−
インドール	+	−	V	+	V	V
硫化水素産生	−	V	−	+	−	−
ウレアーゼ	−	−	−	−	V	V
デオキシリボヌクレアーゼ	−	−	−	−	−	−
アラビノース	+	V	V	−	V	+
イノシット	−	V	−	−	V	−
乳糖	V	−	−	−	V	V
マンニット	+	+	V	−	+	+
メリビオース	V	V	V	−	V	+
ソルビット	V	+	V	−	V	+
トレハロース	+	V	V	−	+	+
キシロース	+	V	−	−	V	+
β-ガラクトシダーゼ	+	−	V	−	V	V
KCN	−	−	−	−	−	+
主な疾患	病原性大腸菌症 子ウシ下痢症 ウシ乳房炎 ブタ・ニワトリの大腸菌症 大腸菌性食中毒	ウシのサルモネラ症 ウマのパラチフス 雛白痢 家禽チフス ニワトリのパラチフス 齧歯類のサルモネラ症 ヒトのチフス サルモネラ性食中毒	赤痢	淡水魚のエドワージエラ症 腸管外感染 （日和見感染）	ブタのエルシニア症 齧歯類・ウサギ・霊長類・家畜・イヌ・ネコ・シカなどの仮性結核 サケ科魚類のレッドマウス病（赤口病） ペスト エルシニア性食中毒	ウシ乳房炎 ウマのクレブシエラ感染

表 1.9　*Enterobacteriaceae* 科菌種に用いられる型別の種類

種類	呼称	内容
biovar	生物型	生化学的・生理学的特徴に基づく細分類
phagovar	ファージ型	ファージ感受性の相違に基づく細分類
serovar	血清型	抗原性の相違に基づく細分類
pathovar	病原型	病原性の相違に基づく細分類
chemovar	化学型	細胞の化学組成，化学的産物に基づく細分類
morphovar	形態型	形態の特徴に基づく細分類

表 1.10　*Escherichia* 属，*Salmonella* 属，*Shigella* 属各菌の生化学的性状

性状	*Escherichia*	*Salmonella*	*Shigella*
動物への病原性	V	V	+
運動性	V	+	−
ブドウ糖からのガス産生	+	+	−
乳糖分解	+	−	−
クエン酸利用	−	+	−
トリプトファンからのインドール産生	+	−	V
β-ガラクトシダーゼ産生	+	−	V
平均的な GC 含量（モル%）	50～54	50～54	50～54

の主な生化学的性状

Enterobacter	*Citrobacter*	*Serratia*	*Proteus*	*Providencia*	*Morganella*	*Hafnia*
+	+	+	+	+	+	+
+	+	V	V	V	V	+
+	V	V	V	V	−	V
V	V	V	−	V	−	−
+	−	+	V	−	−	V
+	+	+	V	+	−	V
V	−	V	−	−	−	+
+	V	V	V	−	+	+
V	V	−	−	−	−	−
−	−	−	+	+	+	−
−	V	V	V	+	+	−
−	V	−	V	−	−	−
V	V	−	+	V	+	−
−	−	+	V	−	−	−
+	+	V	−	−	−	+
V	−	V	−	V	−	−
V	V	V	−	−	−	−
+	+	+	−	V	−	+
+	V	V	−	−	−	−
V	+	V	−	−	−	−
+	+	+	V	V	V	+
+	+	V	+	−	−	+
+	+	+	−	−	−	+
V	V	V	+	+	+	+
肺炎・尿路感染（日和見感染）	尿路感染・下痢（日和見感染）	日和見感染	尿路感染（日和見感染）	尿路感染・下痢（日和見感染）	尿路感染（日和見感染）	腸管外感染

当抗原のない場合には，省いて記述する（例：O 157：H 7, K 抗原を欠く）. K 抗原は耐熱性の B 型と易熱性の A および L 型とがあり，病原性株は B 型が多い.

一般に大腸菌の病原性と血清型との関連性は低いとされる. 病原性大腸菌株が，特定の O 血清群に偏る傾向を示す理由は明らかでない.

3) 病 原 性

ヒト，動物に腸管内感染して下痢や腸炎を起こす大腸菌群を下痢原性大腸菌（diarrheagenic *E. coli*：表 1.12）と呼び，病原機序から次の 5 種に大別する.

i） 腸管病原性大腸菌（enteropathogenic *E. coli*：EPEC）　*eaf*（EPEC adherence factor）プラスミドにより，付着用線毛（bundle-forming pilus：BFP）を形成し，小腸粘膜上皮細胞に限局型接着（localized adhesion）を行う. *eae* 遺伝子などの発現により，絨毛消失，細胞膜傷害，アクチン重合による上皮細胞骨格傷害など A/E（attaching and effacing）病変を進行させ，サルモネラ性急性胃腸炎様の，非毒素性の下痢を起こす. ブタの浮腫病の原因菌の一つと考えられている.

ii） 腸管毒素原性大腸菌（enterotoxigenic *E. coli*：ETEC）　*cfa*（colonization factor antigen)プラスミドにより，腸管細胞付着因子をつくり，F 抗原である接着性線毛（抗原番号 F 4（旧 K 88）：子ブタ，子ウシ，子ヒツジ由来株に発現，F 5（旧 K 99）および F 6（旧 987 p）：ともに子ブタ由来株のみに発現，F 5 および F 41：子ウシ由来株に発現）とともに，回腸部上皮細胞を中心として付着する．

ent プラスミドにより易熱性腸管毒（heat-

表 1.11　*Enterobacteriaceae* 科の菌属の病原性の例

菌属	菌種	主な病原性	主な疾患
Escherichia	*E. coli*	腸管感染症 非腸管感染症	下痢原性大腸菌症，食中毒など 大腸菌症（子ウシ，ブタ，ニワトリ）など
Salmonella	*S. enterica*	チフス性疾患 敗血症 食中毒	チフス（ヒト），パラチフス（ウマ，ニワトリ，ブタ，ヒト） ウシのサルモネラ症（ウシ，ブタ，齧歯類） 雛白痢 家禽チフス
Shigella	*S. dysenteriae* *S. flexneri* *S. boydii* *S. sonnei*	腸管感染症	赤痢（ヒト，霊長類）
Yersinia	*Y. enterocolitica* *Y. pseudotuberculosis* *Y. ruckeri* *Y. pestis*	腸管感染症 非腸管感染症 敗血症 全身性疾患	ブタのエルシニア症 仮性結核（齧歯類，ウサギ類，霊長類） サケ科魚類の感染症 ペスト（齧歯類，ヒト）
Edwardsiella	*E. tarda*	敗血症	魚類のエドワージエラ症
Klebsiella	*K. pneumoniae*	肺炎，関節炎，不妊	ウマのクレブシエラ症
Citrobacter	*C. freundii*	乳房炎，日和見感染	ウシ乳房炎，ブタ無乳性症候群，泌尿器感染
Enterobacter	*E. cloacae* *E. aerogenes*	日和見感染	
Serratia	*S. marcescens* *S. liquefaciens*		
Proteus	*P. mirabils* *P. vulgaris*		
Providencia	*P. alcalifaciens* *P. stuartii*		
Hafnia	*H. alvei*		
Plesiomonas	*P. shigelloides*	食中毒	

表 1.12　下痢原性大腸菌で出現頻度

名称	略称	ヒト	動物	動物の疾患	他の代表的抗原構造
腸管病原性大腸菌	EPEC	O26, O55, O86, O111, O114, O119, O125, O126, O127, O128, O142			
腸管毒素原性大腸菌	ETEC	O6,O8,O15, O25, O27, O63, O78, O115, O139, O141, O148, O153, O159, O167	O8, O9, O20 O8, O9, O149 O139, O141	ウシ下痢 ブタ下痢 ブタ浮腫病	F5 F4 F4, F5, F6, F41
腸管組織侵入性大腸菌	EIEC	O28ac, O111, O112ac, O124, O136, O143, O144, O152, O164			
腸管出血性大腸菌	EHEC	O5, O26, O103, O111, O121, O145, O157	O5	子ウシ赤痢	H7(O157)
腸管付着性大腸菌	EAEC	O44, O127, O128		ニワトリ大腸菌症	
その他		O1, O2, O78			

腸管病原性大腸菌（EPEC）の一部は，特異な細胞付着様式をもつため，腸管付着性大腸菌（EAEC）として区分する．

labile enterotoxin：LT, 60℃ 10分で失活し，LT 1 (LTh) と LT 2 (LTp) がある)，耐熱性腸管毒 (heat-stable enterotoxin：ST, 100℃ 30分に耐熱で，ST 1 a, ST 1 b, ST 2 がある)を産生する．

毒素は，細胞内のグアニル酸シクラーゼに作用し cGMP (ST)，cAMP (LT) の過剰産生を起こし，非血便性の水様性下痢 (コレラ様) を起こす．発症菌数は 10^7～10^9 個/ml を要する．子ウシでは ST 1 a による 2 週齢までの症例が多い．ST は，プラスミド以外にトランスポゾン性でも起こる．LT の一部 (LT 2) は，染色体性に支配されている．乳呑みマウス胃内投与法 (infant mouse assay) (ST)，Y-1 副腎細胞試験 (LT) などで確定証明する．

iii) 腸管組織侵入性大腸菌 (enteroinvasive *E. coli*：EIEC)　赤痢菌 (*Shigella*) の場合と酷似する大型プラスミド (120～140 MDa) 上にある *invA*, *invE*, *ipaH* などビルレンス遺伝子産物により，主に大腸上皮細胞内に侵入・増殖し，細胞を破壊する．腹痛や潰瘍のほか，粘血便・膿血便，潰瘍形成など，赤痢類似症状を呈する．*Shigella* とほぼ同一・近縁な外膜タンパク質 (outer membrane protein：OMP)をもち，同様にリシンデカルボキシラーゼ陰性，乳糖非/遅発酵性，非運動性を示す．*Shigella* よりも酸に弱く，発症には 1 万倍程度多い菌数 (10^6 個/ml 程度) を要し，また血清型からも区分される．De test (ウサギ腸管試験)，Sereny test (モルモット結膜試験) で陽性を示す．

iv) 腸管出血性大腸菌 (enterohemorrhagic *E. coli*：EHEC)　*Shigella dysenteriae* 血清型 1 の産生する志賀毒素 (Shiga toxin：Stx) と基本的に同一な Vero 毒素 (VT) を産生し，VTEC, STEC (Shiga toxin-producing *E. coli*) ともいう．Vero 毒素は，ファージ介達性毒素で，遺伝子情報は溶原化バクテリオファージの一種 (ラムボイドファージ：lamboid phage) が担う．VT 1 (Stx 1：Stx とアミノ酸 1 個のみ相違) と VT 2 (Stx 2：Stx と 56% アミノ酸相同性) とがある．

いずれも細胞膜糖脂質 (Gb 3) を受容体とし，大腸細胞質膜面から小胞体に達してアポトーシス (apoptosis) を誘発する．このため Gb 3 の豊富な大腸，腎，脳で出血性大腸炎，溶血性尿毒症症候群 (hemolytic uremic syndrome：HUS)，急性脳症を起こす．EHEC では血清型 O 26, O 103, O 111, O 121, O 145, O 157 などを多く認め，分離菌株の分子型別は PFGE で行われる．EHEC はウシやヒツジなどの反芻動物には不顕性感染する．

v) 腸管付着性大腸菌 (enteroadherent *E. coli*：EAEC)　EPEC 型大腸菌の一部だが，小腸粘膜細胞表面，培養細胞 (HEp-2, HeLa) 表面に凝集性，局在性，拡散性の特異的付着を行う特徴をもつ．

(1) 凝集付着性大腸菌 (enteroaggregatrive *E. coli*：EAggEC)

大型プラスミド (60～80 MDa) に基づく AAF/1 線毛 (aggregative adherence fimbriae 1) で，小腸粘膜に付着する．ETEC とは異なる耐熱性腸管毒 EAST 1 (EAggEC heat-stable enterotoxin 1) 産生により，EPEC 感染と類似する非血便性・水様性で，しばしば持続性の下痢を起こす．HEp-2 細胞，HeLa 細胞に AAF/1 線毛で，凝集性に付

の高い主な O 血清型

特異的産生物	病原機序	下痢
付着用線毛 (BFP) A/E 病変，*eae* 遺伝子産物	プラスミド	下痢，発熱など，非特異症状
ST1 ST2, LT ST2, LT CFA	プラスミド 一部トランスポゾン，染色体	水様性下痢
Shigella 類似の外膜タンパク質 *invA*, *invE*, *ipaH* 産物	プラスミド	下痢 (粘血便)，発熱，吐気，腹痛，嘔吐
Stx1, Stx2	バクテリオファージ	血便，発熱，吐気，腹痛
	プラスミド	EPEC に類似

着する．

(2) 均一付着性大腸菌 (diffusely adherent *E. coli*：DAEC) **と局在性付着大腸菌** (locally adherent *E. coli*：LAEC)

DAECは，線毛性接着因子タンパク質であるアドヘジン (adhesin) を2種類つくり，小腸粘膜上皮細胞の表面全面に均一な接着を行い，乳児に非血便性下痢をもたらす．fluorescent actin-staining (FAS) assay (陰性) などから，EPECと異なる定着様式をもつと考えられている．

4) 大腸菌による動物感染症

i) 新生子ウシの大腸菌性敗血症　生後数日内で，初乳摂取に乏しい新生子ウシに好発する．典型症状を欠くが，急性死亡経過をとる場合が多い．

ii) 子ウシの大腸菌性下痢，ウシの大腸菌症

生後1週間内の子ウシ，哺乳牛や成牛の下痢．新生子では初乳摂取と関連する．主にST 1 a産生性ETECに基づく．酸臭ある白痢(新生子)～黄色の水溶性下痢を突発するが泥状便，粘血便の場合もある．脱水，アシドーシス，虚脱などを起こし，予後不良．

iii) 大腸菌性乳房炎　高度に汚染 (10^6個/g以上) された環境下で，高温・多湿時期や分娩前後の抵抗性低下期に急性，甚急性に起きる．泌乳期乳牛の乳房乳槽に感染し，腫脹，疼痛，乳汁成分劣化などを起こす．回復後も泌乳停止や乳質劣化する場合が多い．

一定量以上の感染死菌体由来の内毒素 (endotoxin)が，血中に入ると起立不能，水様性下痢，乳房壊死，全身性出血，凝固変化など内毒素ショックを起こす．

iv) ブタの大腸菌症　早発性(生後1週間以内)の新生期下痢・敗血症，遅発性(生後8～30日以内) の離乳後下痢，浮腫病 (腸管毒血症：眼瞼，下腹部に浮腫)・大腸菌性敗血症 (生後31～60日以内) に大別される．早発性では敗血症，浮腫病では即時型アナフィラキシーを，甚急性～急性に起こし，いずれも死亡率が高い (70～100%)．また，離乳後下痢の場合，死亡率は20%程度だが，慢性化して，ひね豚など発育不良を起こす．

ブタの大腸菌症は，主にF 4(旧K 88 ab，K 88 ac)，F 5，F 6，F 41抗原を保有しているETEC (O 139，O 141など)株の感染で起こり，これら抗原に対する母ブタの抗体保有状況が，発症に関連している．新生期下痢・敗血症と離乳後下痢は同腹子に，浮腫病は散発的に栄養不良子ブタに，発生しやすい．

v) ニワトリの大腸菌症　主に中雛，ブロイラーでの腸管外感染が問題となる．急性敗血症例が多く，呼吸器感染から下痢などを起こし，死亡する．ほかに亜急性漿膜炎型，慢性肉芽腫型，関節炎型，眼球炎型，呼吸器型，皮膚型などの発症形式を示す．血清型O 78，O 1，O 2株が分離されるが，血清型と病原性との関連性は明確でない．腸管内感染例では，出血性腸炎が散発する．マイコプラズマと混合感染すると，気嚢炎の重要な要因となる．

b. Genus *Salmonella*

1) 定義と一般的性状

Salmonella (サルモネラ) 属は，グラム陰性の通性嫌気性，無芽胞性，周毛性 (ただし血清型Gallinarum-Pullorumのうちbiovar Gallinarumは鞭毛非形成，本属で唯一非運動性) の桿菌 (幅0.5～0.8 μm，長さ1.0～3.5 μm)．ほとんどの株が，莢膜あるいは莢膜様物質をつくる．脊椎動物の消化管に寄生している．6亜種7型 (I，II，III a，III b，IV，V，VI)に分類される．温血動物には亜種I，冷血動物には亜種II～VIが主に生息する．

亜種Iの各血清型の示す宿主特異性は低いが，一部に厳密な宿主特異性と病原性とをもつ血清型(たとえば，*Salmonella* serovar Abortusequi：ウマのみに感染し，病原性を示す) を含む点が，*Escherichia*と異なっている．

通性細胞内寄生性で，特に，マクロファージ以外に，上皮細胞のような非貪食性の細胞へも侵入する．*Shigella*と異なり細胞を破壊せず，強力な腸管毒も産生しない．感染の成立には，10^5～10^6個以上の菌が必要となる．

菌細胞は耐熱性，抗菌剤・消毒薬などに対する耐性をもたない．しかし亜セレン酸，胆汁酸塩，特定の色素 (中性紅，ブリリアントグリーンなど) の抗菌作用には，特異的に抵抗性を示し，これら試薬は，サルモネラの選択培養に利用されている．

普通寒天培地に好発育し，液体培地では非沈殿性の均等混濁発育を示す．

リシン・オルニチンデカルボキシラーゼ陽性，インドール陰性，カタラーゼ・硫化水素産生・ウレアーゼ各陽性，オキシダーゼ・KCN 培地での発育陰性，IMViC システムは－＋－＋．乳糖発酵による酸産生陰性．

クエン酸利用・ブドウ糖発酵による酸・ガス産生はともに陽性だが，*S.* Typhi は，ともに陰性を示す重要な例外である．また，*S.* Gallinarum，*S.* Abortusequi，一部の *S.* Choleraesuis は，例外的に大腸菌（*Escherichia coli*）との鑑別点である硫化水素産生性について，大腸菌同様に陰性を示す．また，*S.* Abortusequi（ウマパラチフス菌）は，クエン酸利用性も陰性を示す．DNA の GC 含量は，50～53 モル%．

2) 分　類（表 1.13）

菌種分類より血清型別を先行させた Kaufmann-White 分類（亜属 I ～IV，OH 抗原）に代わり，現在，本属として *Salmonella enterica*（*S. choleraesusuis*）と，以前亜種群 V（*S. e.* subsp. *bongori*）であった *S. bongori* の 2 菌種が規定されている．*S. enterica* は 6 亜種（*S. e.* subsp. *enterica*，*S. e.* subsp. *salamae*，*S. e.* subsp. *arizonae*，*S.* subsp. *diarizonae*，*S.* subsp. *heutenae*，*S. e.* subsp. *indica*）からなる．

本属菌種の表記は菌種，亜種名，血清型（ローマン体），生物型（ローマン体）の順に記す．たとえばチフス菌，雛白痢菌は，それぞれ正式には *Salmonella enterica* subsp. *enterica* serovar Typhi および *Salmonella enterica* subsp. *enter-*

表 1.13 *Salmonella enterica* subsp. *enterica* の主な菌種

菌種	亜種	血清型の例	主な疾患	亜種群	菌名
S. enterica	subsp. *enterica*	serovar Abortusequi	子ウシのパラチフス，ウマの伝染性流産		ウマ流産菌
		serovar Abortusovis	子ヒツジのパラチフス，ヒツジの伝染性流産		ヒツジ流産菌
		serovar Choleraesuis	子ブタのパラチフス		ブタコレラ菌
		serovar Dublin	子ウシのパラチフス		子ウシのパラチフス
		serovar Enteritidis	ヒト食中毒		腸炎菌
		serovar Gallinarum-Pullorum			
		biovar Pullorum	雛白痢	I	雛白痢菌
		biovar Gallinarum	家禽チフス（トリチフス）		トリチフス菌
		serovar Paratyphi A	ヒトのパラチフス		パラチフス A 菌
		serovar Paratyphi B	ヒトのパラチフス		パラチフス B 菌
		serovar Paratyphi C	ヒトのパラチフス		パラチフス C 菌
		serovar Sendai	ヒトのパラチフス		
		serovar Typhi	ヒトのチフス		チフス菌
		serovar Typhimurium	ネズミのパラチフス，ウシ・ウマ・ヒツジ・ブタの幼獣および雛のパラチフス		ネズミチフス菌
		serovar Typhisuis	子ブタのパラチフス		ブタチフス菌
		など			
	subsp. *salamae*			II	
	subsp. *arizonae*			IIIa	
	subsp. *diarizonae*			IIIb	
	subsp. *heutenae*			IV	
	subsp. *indica*			VI	
S. bongori				V	

ica serovar Gallinarum-Pullorum biovar Gallinarum と記さねばならない．しかし，*Salmonella* Typhi，*S.* Typhi，*S.* serovar Typhi，*S.* biovar Gallinarum，*S.* Gallinarum などと略記されることも多い．

3) 病 原 性

温血動物を犯す *S. enterica* 亜種 I 群（subsp. *enterica*）各血清型の感染では，主に幼獣が感染を受け，チフス性疾患，敗血症，急性胃腸炎のいずれかを発症する．

成獣感染ではほとんど発症せず，無症候に保菌または一時的排菌状態に陥る．

しかし成獣でも何らかの一次疾病に罹患していると，菌は宿主体内で増殖し，疾病を悪化させる．たとえばウマ，ヒツジのサルモネラ性伝染性流産は，妊娠による全身抵抗性の低下を一次的原因としている．

チフスは，亜急性全身感染症で，経口感染により回腸リンパ組織パイエル板（Peyer's patches）を経て血行性に全身感染を起こす．熱発，全身性衰弱を示すが，消化器症状自体は比較的軽微である．*S.* Typhi（ヒトチフス菌）はヒトのみを犯し，その感染症を腸チフスという．*S.* Typhi 以外の血清型で，ヒトおよび動物の特定宿主に感染してチフス症状を起こす場合，パラチフスという．

チフス，パラチフス，敗血症などでの全身症状は，菌の細胞内侵入機構に基づき発生する．本属の病原性遺伝子は，一部プラスミド性の場合もあるが，そのほとんどすべてが染色体上の pathogenicity island-1，-2（SPI-1，SPI-2）などに集中して存在し，種々の病原性タンパク質を産生する．すなわち接着線毛で腸管に接着後，リンパ節 M 細胞などを通じて粘膜マクロファージ内に侵入，食胞-リソソーム（ファゴソーム：phagosome）の融合抑制と殺菌性ポリペプチド（defensin）抵抗タンパク質の産生などにより溶菌をエスケープし（食菌抵抗性），食胞内，不完全化した食胞-リソソーム内部で増殖する．食胞内の pH 低下には酸抵抗因子，鉄抵抗因子を産生し対応する．*Salmonella* S 型菌の LPS 糖鎖は長く，補体付着による細胞膜侵襲複合体（membrane attack complex：MAC）形成はより遠位で起こり，リゾチーム性溶菌から免れやすい（血清耐性）．マクロファージ内で増殖した菌は，侵入因子により，腸管上皮細胞内にも侵入，腸管上皮内増殖因子を産生し，増殖する．腸管上皮およびマクロファージ内での菌増殖に対する反応として，全身症状が起こる．

本属によるチフス感染にかかわる *S. enterica* subsp. *enterica* 血清型は，病原性と宿主域とから 4 群に大別できる．

① ヒトにのみ感染し，チフスや敗血症を起こす主な血清型：　*S.* Typhi（チフス菌），*S.* Paratyphi A（パラチフス A 菌），*S.* Sendai.

これらの菌は，食中毒の原因にはならない．

② ヒト以外の特定動物にチフスを起こし，それ以外の動物に感染すると敗血症，急性胃腸炎を起こす主な血清型：

・*S.* Abortusequi（子ウマのパラチフス，ウマの伝染性流産・敗血症）

・*S.* Abortusovis（子ヒツジのパラチフス，ヒツジの伝染性流産・敗血症）

・*S.* Dublin（子ウシのパラチフス，ウシの流産・敗血症）

・*S.* Gallinarum-Pullorum biovar Gallinarum（成鶏の家禽チフス・敗血症）

・*S.* Gallinarum-Pullorum biovar Pullorum（雛白痢・敗血症）

・*S.* Typhisuis（子ブタのパラチフス・敗血症）

・*S.* Choleraesuis（子ブタのパラチフス・敗血症，その他の動物での敗血症・急性胃腸炎）

・*S.* Typhimurium（ネズミのパラチフス・敗血症，その他の動物での敗血症・急性胃腸炎，子ウシ，子ウマ，子ヒツジ，雛のパラチフス）

・*S.* Enteritidis（ネズミのパラチフス・敗血症，その他の動物での敗血症・急性胃腸炎，子ウシ，子ウマ，子ヒツジ，雛のパラチフス）

③ 特定の宿主域がなく，動物やヒトに急性胃腸炎を起こすことのある血清型：　①，②以外のすべての *S. enterica* subsp. *enterica*（亜群 I）の血清型.

④ 冷血動物の腸内細菌叢を構成し，一部はは虫類，両生類，動物のサルモネラ症の原因となる場合のある血清型：　*S. enterica* subsp. *enterica* 以外の *S. enterica* subsp.（亜群 II，III a，III b，IV，VI）．*S. e.* subsp. *salamae*，*S. e.* subsp. *arizonae* は，敗血症，急性胃腸炎の原因となる．

なお，*S. bongori* も冷血動物から分離される．

本属による重症性敗血症では，*S.* Choleraesuis

を原因とする場合が最も多く，*S.* Typhimurium, *S.* Enteritidis, *S.* Heidelberg も分離される．しかし一次的原因があり宿主抵抗性の低下している場合の日和見感染では，血清型に区別がない．

S. Typhi, *S.* Paratyphi A 以外の血清型株の感染で起こる急性胃腸炎をサルモネラ症（サルモネラ食中毒）といい，ヒトにおいて種々の血清型で発生するが *S.* Typhimurium, *S.* Enteritidis, *S.* Infantis などの分離例が多い．

4） 血清型別（表 1.14，1.15）

O, H 抗原解析が詳細に行われ，2,500 種以上に血清型別されている（Kauffmann-White 分類）．*Salmonella* の血清型別は，分類学上ではなく，疫学上の見地から重要で，感染経路の解明におけるほとんど唯一の同定指標として用いられている．

まず，多価抗血清と単因子（群）血清とから O 抗原を決定する．H 抗原は第 1 相を決定し，抗体でその産生を抑制した後，第 2 相を決定する．Kauffmann-White による抗原式は，O：H 1：H 2 の順に記す．

5） 動物への病原性

i） ウマパラチフス　*S.* Abortusequi 感染によるウマの敗血症性疾患．妊娠馬には伝染性流産，雄ウマには精巣炎・関節炎，子ウマには敗血症・関節炎・慢性下痢症を起こす．集団発生例が多い．ウマ飼養頭数の減少と衛生環境の改善から減少しつつあるが，流産は散発的に継続発生している．

ii） ウシのサルモネラ症　*S.* Typhimurium, *S.* Dublin, *S.* Enteritidis による感染症．保菌牛の糞便で汚染された水，飼料や，子宮・産道などから感染し，腸炎（下痢），敗血症，起立不能，関節炎，流産など，消化器系，神経系，生殖器系，呼吸器系を犯す急性・慢性の腸炎．生後 1 か月以内の子ウシは，ほとんどが敗血症で死亡する．発熱，悪臭ある水様性下痢，粘血便を出し，泌乳量は低下する．*S.* Dublin 感染は，肉牛（黒毛和種）の早・流産の重大原因となる．菌は環境中で 1〜6 か月生残するとされ，近年では，従来の子ウシの罹患例に加え，成牛感染が増加している．人獣共通感染症（ゾーノシス）．

iii） ブタのサルモネラ症　生後 4 か月までの子ブタの敗血症で，*S.* Choleraesuis, *S.* Typhisuis, *S.* Typhimurium などにより経口的・経気道的に感染し，集団発生する日和見感染での発生もみられる．感染経路は，保菌豚の導入，齧歯類，野鳥，汚染飼料など多様．全身感染では下痢，体表面の鬱血を呈し，数日内に敗血症死する．離乳期子ブタでは腸管感染型に陥りやすく，悪臭ある泥状便・粘血便を数日〜数週排泄し，死亡しない場合でも発育不良となる．

iv） 雛白痢と家禽チフス　鳥類を特定宿主とする *S.* Gallinarum-Pullorum のチフス型感染症．ニワトリ，アヒル，ウズラ，シチメンチョウの家畜伝染病．汚染受精卵による（in-egg 型）介卵感染で，広範に伝播する．*S.* Gallinarum-Pul-

表 1.14 *Salmonella* 属菌の血清型の生化学的性状

血清型（血清-生物型）	運動性	ブドウ糖からのガス産生	クエン酸	リシン	オルニチン	D-酒石酸	硫化水素	アラビノース	キシロース	麦芽糖	トレハロース	ズルシット	ラムノース
S. Abortusequi	+	+	−	+	+	+	−	+	+	+	+	+	d
S. Abortusovis	+	+	−	+	+	+	−	−	d	+	−	d	−
S. Choleraesuis	+	+	d	+	+	+	d	−	+	+	−	−	+
S. Typhisuis	+	+	−	−	+	−	−	+	+	+	+	+	d
S. Gallinarum	−	−	−	+	−	+	+	d	+	+	+	d	d
S. Pullorum	−	+	d	+	+	−	d	d	+	d	+	+	+
S. Typhi	+	−	−	+	−	+	+	−	d	+	+	d	−
S. Paratyphi A	+	+	−	−	+	−	−	+	−	+	+	+	+
S. Sendai	+	+	−	d	+	−	−	+	(+)	+	+	+	d
その他の *Salmonella*	+	+	+	+	+	+	+	+	+	+	+	+	+

d：菌株によって異なる．

表 1.15 *Salmonella enterica* subsp. *enterica* の抗原構造の例（Kauffmann-White 抗原表の一部）

O 血清群（旧呼称）*	血清型**	O 抗原***	H 抗原	
			第 1 相	第 2 相
O2（A）	Paratyphi A	1，2，12	a	[1，5]
O4（B）	Paratyphi B	1，4，[5]，12	b	1，2
	Stanley	1，4，[5]，12，27	d	1，2
	Derby	1，4，[5]，12	f，g	[1，2]
	Agona	1，4，12	f，g，s	−
	Typhimurium	1，4，[5]，12	i	1，2
O7（C1，C4）	Paratyphi C	6，7，[Vi]	c	1，5
	Choleraesuis	6，7	[c]	1，5
	Braenderup	6，7，14	e，h	e，n，z_{15}
	Montevideo	6，7，14	g，m，[p]，s	[1，2，7]
	Thompson	6，7，14	k	e，n，x
	Virchow	6，7	r	1，2
	Infantis	6，7，14	r	1，2
	Bareilly	6，7，14	y	1，5
	Tennessee	6，7，14	z_{29}	[1，2，7]
O8（C2，C3）	Narashino	6，8	a	e，n，x
	Newport	6，8，20	e．h	1，2
	Lichfield	6，8	l，v	1，2
O9（D1）	Sendai	1，9，12	a	1，5
	Typhi	9，12，[Vi]	d	−
	Enteritidis	1，9，12	g，m	[1，7]
	Panama	1，9，12	l，v	1，5
	Salamae	1，9，12	l，w	e，n，x
	Gallinarum	1，9，12	−	−
O3，10（E1，E2，E3）	Anatum	3，10，[15]，[15，34]	e，h	1，6
	Meleagridis	3，10，[15]，[15，34]	e，h	1，w
	London	3，10，[15]	l，v	1，6
	Give	3，10，[15]，[15，34]	[d]，l，v	1，7
	Weltevreden	3，10，[15]	r	z_6

*以前 O50 まではアルファベットにより表現されていたが，現在はすべて O 抗原名で呼ばれる．
**表中，大文字で始め，ローマン体表記している血清型は，すべて *S. enterica* の血清型である．
***O 抗原での下線は，バクテリオファージの溶原化により得られる場合を示す．
[ ] は，欠けている場合のあることを示す．
Vi：莢膜多糖体（K）抗原．

lorum は，biovar Gallinarum（ズルシット発酵陽性），biovar Pullorum（同陰性）に生物型別される．biovar Gallinarum は，成鶏で雛白痢類似の症状を示す家禽チフスの原因菌だが，発生はない．しかし，biovar Pullorum による雛白痢は，しばしば問題となる．雛は嗜眠状態で，白色粘稠性下痢を起こし，感染後 1〜3 週ごろまで急性敗血症による死亡が続く．中雛感染では関節炎，全眼球炎による失明などが発生する．成鶏感染では一般に無症状の保菌鶏となり，保菌卵を産卵するとともに産卵低下する．発症する場合，泥状下痢や無毛部の鬱血などを示し，死亡例も起こる．

v）ニワトリパラチフス　*S.* Gallinarum-Pullorum 以外の血清型による家禽や鳥類の消化器系感染症．他の温血動物やヒトにも感染し，腸炎や食中毒を起こす人獣共通感染症でもある．*S.* Typhimurium，*S.* Enteritidis，*S.* Agona，*S.* Infantis などが多い．雛白痢類似症状を示し，中大雛，成鶏では不顕性感染が多く，保菌鶏となる．保菌鶏の糞便による卵表面汚染による（on-egg 型）介卵感染と，*S.* Typhimurium，*S.* Enteritidis などによる腸管外感染で卵巣や膵臓に菌が滞留する in-egg 型介卵感染とを起こす．これらの 2 血清型については，届出伝染病として扱われる．

vi） 齧歯類のサルモネラ症　*S.* Typhimurium，*S.* Enteritidis などの血清型の自然感染により，チフス様疾患，敗血症，胃腸炎症状を起こす．ラットやマウスでの例が多いが齧歯類は全般に高い保有率をもつと考えられている．不顕性感染も起こし，サルモネラ症全般の汚染源として重要である．

vii） ヒトのチフス，サルモネラ症（食中毒）

S. Typhi，*S.* Paratyphi A，*S.* Sendai はヒトのみを特有な宿主として感染し，チフス，パラチフスを起こす．サルモネラ症（食中毒）は，他の血清型による感染で，ほとんどすべて食中毒として発症する．

viii） *S. enterica* subsp. *enterica* 以外のサルモネラ感染　亜種II，III a，III b に属する *S. enterica* subsp. *salamae*，*S. e.* subsp. *arizonae*，*S. e.* subsp. *diarizonae* は，は虫類（ヘビ，カメ，トカゲなど）や両生類（特にカエル）の腸管の常在菌で，*S. e.* subsp. *heutenae*（亜種IV），*S. e.* subsp. *indica*（亜種VI）も見出される．これらの動物に対して胃腸炎や感染症の原因となるが，他の動物への汚染源となる点も重要で，*S. e.* subsp. *arizonae* による動物，鳥類，ヒトへの感染が発生している．

c. Genus *Shigella*

1） 定義と分類（表 1.16）

Shigella（シゲラ）属は，グラム陰性の通性嫌気性，無芽胞性，無鞭毛性（大腸菌との鑑別点）の桿菌（幅 0.4～0.6 μm，長さ 1～3 μm）で莢膜形成はまれ．付着性の線毛も形成しない．ヒトおよび他の霊長類における赤痢（二類感染症）の原因菌で，他の動物種には病原性をもたない．*S. dysenteriae*，*S. flexneri*，*S. boydii*，*S. sonnei* の 4 菌種を含むが，厳密には生物型（あるいは生物血清型）と同義であり，「亜群」（subgroup）の分類も用いられる．

表 1.16　*Shigella* 属菌の分類

亜群	菌種	血清型	生化学的性状	
			マンニット分解	乳糖分解
A	*S. dysenteriae*	1～12 型	−	−
B	*S. flexneri*	1～6 型，X，Y 変異株	＋	−
C	*S. boydii*	1～18 型	＋	−
D	*S. sonnei*	無	＋	＋′

通性細胞内寄生性で，EIEC や *Salmonella* と同様に，マクロファージおよびそれ以外の，上皮細胞のような非貪食性の通常細胞へも侵入するが，それらは *Shigella* 側からの貪食誘導に基づく．この侵入能力はプラスミド（200～220 kbp）のコードする *Ipa* 遺伝子産物の作用であり，重要なビルレンス因子の一つである．染色体性にもビルレンス因子をもつ．亜群 A（*S. dysenteriae*）の 1 型（志賀菌）のみは，外毒素の志賀毒素（Stx）を産生する．病原性は亜群 A，B，C の順に強く，亜群 D は比較的低い．

菌は酸耐性性が高く，比較的少ない菌数（強毒株の場合 10^1～10^2 個の摂取）で感染が成立する．菌の耐熱性，抗菌剤・消毒薬などへの自然耐性は高くない．

普通寒天培地に好発育する．液体培地では非沈殿性の均等混濁発育を示す．

リシン・オルニチンデカルボキシラーゼ陰性（大腸菌との鑑別点）．カタラーゼ陽性．オキシダーゼ・インドール・硫化水素産生・クエン酸利用・ウレアーゼ・KCN 各陰性，ブドウ糖発酵によるガス産生陰性．鞭毛非形成性．

マンニット分解能，ラクトース分解能によって 4 亜群（A～D）に分けるが，亜群 A のみマンニットを分解せず，亜群 D のみ乳糖を遅れて分解する点で区別する．亜群 B および C は生化学的性状から区別しがたく，血清学的に分ける．DNA の GC 含量は 50～52 モル%．

S. dysenteriae（血清型 1 志賀菌）は，定常的にカタラーゼ陰性を示す．

2） 病　原　性

経口的に入ると下部腸管で増殖しつつ，大腸，直腸のリンパ節上の M 細胞から粘膜下に侵入する．マクロファージに貪食を誘導し，その中で増殖・破壊後，周囲の吸収性上皮細胞にはエンドサイトーシスを誘導して，侵入する．細胞質に移行し，増殖・分裂を繰り返しつつ，隣接細胞に水平感染を繰り返す．感染を受けたマクロファージ，上皮細胞は，盛んにサイトカイン（IL-8，IL-1 β など）を産生し，感染部位に強度の炎症が起こり，膿・粘血便性下痢，腸管組織の糜爛，潰瘍を形成する．

Shigella は，鞭毛ももたず細胞外では運動性がない．しかし細胞質内では，菌体タンパク質 icsA が，細胞骨格（アクチン：actin）を再構成・再重合して積み上げ，移動する．

3）血清型別

H および K 抗原がないので，O 抗原により菌型を分ける．亜群 A，C，D の O 抗原はそれぞれ特異的だが，亜群 B（*S. flexneri*）のみは，型抗原（1～6，X，Y）と，群抗原（2～4，6～8）を用いる．亜群 A～C の多くは大腸菌（*E. coli*）と共通抗原をもつ．亜群 D（*S. sonnei*）抗原型は 1 相（野生型）と，2 相（R 化型）しかないので，その産生するコリシンを用いたコリシン型別（colicin typing）により菌型を区別する．

4）動物感染症

i）霊長類（ヒト以外）**の細菌性赤痢**　汚染飼料，飲水から経口感染後，2～9 日の潜伏期の後発症するが，無症状の場合も多い．水様性，粘液性，粘血性，膿粘血性の下痢を発し，嘔吐，元気消失をみる．発症個体は，2 週間以内に死亡する場合が多い．大腸に限局した粘膜の肥厚，浮腫，充出血，偽膜性炎症，潰瘍性炎症を起こす．無症候の場合，長期間保菌状態となり，日和見的に発症する場合がある．軽症性の *S. boydii*, *S. sonnei* 感染では保菌化例が多い．

d. Genus *Yersinia*

1）定義と分類（表 1.17）

Yersinia（エルシニア）属は，グラム陰性の通性嫌気性，無芽胞性，温度依存性に鞭毛形成性（*Y. pestis* は常に非形成）の球～卵円形桿菌（幅 0.5～0.8 μm，長さ 2 μm），莢膜形成性，新鮮株は極染色性．現在 11 菌種を含むが，主な病原菌種は *Y. pestis*（ペスト菌），*Y. pseudotuberculosis*（仮性結核菌），*Y. enterocolitica*（腸炎エルシニア：5 種の生物型を含む），*Y. ruckeri*．病原性菌種はすべて Ca^{2+} 要求性で，培地中に不足すると増殖が遅く，集落形成も縮小し，分離株の病原性検出の指標になる．温度範囲 0～43℃ で増殖可能だが，至適温度は 26～28℃．鞭毛形成菌種は至適温度域で鞭毛を形成するが，35℃ 前後では形成しない．集落も至適温度域付近では S 型集落をつくるが，35～37℃ では R 型集落となる．広範な発育可能温度域は，大腸菌などにはない性質で，生残性向上への寄与が考えられる．なお *Y. enterocolitica* は，DNA 相同性から細分類され，5 つの生物型を含む（表

表 1.17 *Yersinia* 属の病原性菌種の性状

菌種	*Y. pestis*	*Y. pseudotuberculosis*	*Y. enterocolitica*	*Y. ruckeri*
運動性（25℃）	−	+	+	+
運動性（37℃）	−	−	−	−
カタラーゼ	+	+	+	+
オキシダーゼ	−	−	−	−
インドール	−	−	d	−
リシンデカルボキシラーゼ	−	−	−	+
オルニチンデカルボキシラーゼ	−	−	+	+
ウレアーゼ	−	+	+	−
エスクリン分解	+	+	−	−
ブドウ糖発酵によるガス産生	−	−	−	−
酸産生				
ブドウ糖	+	+	+	+
ラクトース	−	−	d	−
アラビノース	+	+	+	−
ラムノース	−	+	−	−
サリシン	d	d	d	−
スクロース	−	−	+	−
22～30℃での VP 反応	−	−	d	d
病原性				
宿主	ヒト	齧歯類，ウサギ	ブタ，齧歯類，イヌ，ヒト	サケ科魚類
疾患	ペスト	仮性結核	胃腸炎，食中毒	敗血症（赤口病）

d：菌株によって異なる．

表 1.18 *Y. enterocolitica* の生物型

生物型	1	2	3	4	5
リパーゼ	+	−	−	−	−
DNA 分解	−	−*	−*	+	+
インドール	+	d	−	−	−
D-キシロース	+	+	+	−	d
スクロース	+	+	+	+	d
D-トレハロース	+	+	+	+	−
硝酸塩還元	+	+	+	+	−

+および−：90%以上が陽性および陰性（28℃ 72 時間培養）.
d：菌株によって異なる.
*一部の菌株が，72 時間以後に陽性.

1.18）.

通性細胞内寄生性（facultative intracellular parasitic）で，EIEC や *Salmonella*，*Shigella* と同様に，マクロファージおよびそれ以外の，上皮細胞のような非貪食性の通常細胞へも侵入する．それらはプラスミド性の貪食誘導に基づき，染色体は細胞付着に関連するタンパク質などの産生を行う．

Yersinia の抵抗性は比較的弱く，直射日光（数時間），低温殺菌，フェノール（石炭酸）消毒などで死滅するが，寒冷抵抗性は強い．

普通寒天培地に発育するが遅く，24 時間で微小，粘稠性集落をつくる．通性嫌気性だが，ブイヨン培養は均質・混濁発育し，数日後には絮（綿）状塊が浮遊，沈殿する．マッコンキー寒天，CIN 寒天などで分離できるが，菌数の少ない場合には，リン酸緩衝液を用いた低温増菌を行う．

カタラーゼ陽性，インドール・オキシダーゼ・ブドウ糖からのガス産生はほとんどの場合陰性．鞭毛形成菌種は 35℃ 以上で鞭毛非形成．ラクトースを発酵しない．アラビノース，ラムノース，サリシン，スクロース（白糖，ショ糖）発酵性は，菌種に依存する．*Y. ruckeri* のみ，リシンデカルボキシラーゼ陽性．O_2 感受性を示す場合があり，微好気培養が好ましい．DNA の GC 含量は 46〜47 モル%．

2） 病 原 性

病原性は，*Yersinia* 共通プラスミド（pYV プラスミド：70〜75 kbp，45 kbp プラスミドなど）と染色体とにより支配されるが，プラスミドを喪失すると病原性はなくなる．プラスミドは *Ysc*（*Yersinia* secretion 分泌系），*Yop*（*Yersinia* outer membrane protein，エフェクタータンパク質），*Lcr*（low calcium response），*LcrV*（low calcium response virulence），*Yad*（*Yersinia* adhesin）遺伝子をコードし，それらのタンパク質が産生されると，アドヘジンにより血清抵抗性と腸管付着性を獲得する一方，アクチンを傷害し，貪食抑制，炎症性サイトカイン分泌抑制などにより，細胞侵入を可能とするように機能する．

染色体は，外膜タンパク質（outer membrane protein：OMP）として invasin や，細胞表層タンパク質 PsaA（pH six antigen A）をつくり，細胞内への侵入や，破壊され酸性度の亢進した細胞内での活動を支えると考えられている．

Yersinia の非病原性菌は各種動物，環境に分布するが，病原性菌の分布は限られ，幼若豚，イヌ，ネコ，ネズミの保菌率は高い．

3） 血 清 型 別

Y. pseudotuberculosis，*Y. enterocolitica*，*Y. ruckeri* は各々 O，K，H 抗原をもつが，主に O 抗原群で型別を行う．*Y. pseudotuberculosis* はまず 15 群に大別し，1，2，4，5 群をさらに数亜群に分けて，現在 21 血清群としている．分離される血清型は地域で異なり欧米では 1〜3 型だが，日本では種々分離され，また動物では 3，4 b，1 b，5 b，5 a，2 b が多く検出されている．比較的感受性の高いサル罹患例では血清型 4 b，3，1 b，6 が分離されている．*Y. enterocolitica* は 51 群が区別される．O 3，O 5，O 27，O 9 が世界的に分布し関節炎を多発している．特に病原性が強くマウス感染で致命的敗血症を起こす O 8 は，北米に限局していたが，近年日本でも野ネズミ，ヒトから分離されている．*Y. pestis* の LPS は，O 特異的側鎖を欠き常時 R 型で，単一血清型をとる．

4） 動物感染症

i） ブタのエルシニア症　*Y. enterocolitica*，*Y. pseudotuberculosis* 感染による幼若豚（生後 2〜7 か月齢）の多様な消化器性疾患．敗血症や関節炎に進行する場合もあるが，通常は軽度の下痢症状．*Y. enterocolitica* 血清型 O 3（生物型 3 または 4），O 5，O 27（生物型 2），O 9（生物型 2）をよく分離する．肥育豚での保菌率が高い．*Y. entrocolitica* 血清型 O 9 は，*Brucella melitensis* biovar Abortus と抗原交差するため，血清型 O 9 を検出した場合には，ブルセラ症も疑う．

ii) 仮性結核　*Y. pseudotuberculosis* により，サル，ウサギやモルモットなどの齧歯類，イヌ，ネコ，鳥類など多くの動物が感染する消化器～全身性疾患．多くの場合不顕性だが，発症すると結節性紅斑，腸炎，腸間膜リンパ節，肝，脾などの多発性壊死巣形成，敗血症などを発し，死亡例も多い．全身性症状の発現に，スーパー抗原であるYPMa（*Y. pseudotuberculosis* derived mitogen a）タンパク質が関与する．ブタ，ヒツジで不顕性に保菌し，野生動物（野ネズミ，シカ，イノシシ，野ウサギ，野鳥）からも分離される．ヒトでは血清群1～6，10群が集団発生（血清型4 a，5 a，5 b）する（人獣共通感染症）．

iii) ペスト　*Y. pestis* 感染による齧歯類およびヒトの急性疾患で人獣共通感染症．サル，ネコ，ウサギも感染する．一類感染症．*Yersinia* 共通プラスミド産物（YOPs）のほかに，プラスミド性のタンパク質性莢膜抗原，プラスミノーゲン活性化プロテアーゼ，バクテリオシンのペスチシン（異種菌抑制），V（菌体内）およびW（菌体外）タンパク質，コアグラーゼなどを産生し，食細胞の殺菌作用に抵抗性する．

菌はネズミノミ体内で増殖し，吸血時に感染する．リンパ節で，好中球に破壊されるが，マクロファージ内では大増殖し，数日の潜伏期の後，炎症性リンパ節腫大と発熱（腺ペスト）を発する．末期に溶菌内毒素による散発性血管内凝固を起こし，ショック死する（敗血症ペスト）．肺胞マクロファージへの菌感染で始まるペスト性肺炎（肺ペスト）は，伝播力，死亡率がきわめて高い．死菌ワクチンがあり，腺ペストに有効である．

iv) エルシニア性食中毒　*Y. enterocolitica* 感染では，下痢・腹痛から敗血症まで多様な臨床症状をとる．乳幼児は下痢，幼小児は虫垂炎類似炎・回腸末端炎・腸間膜リンパ節炎など，青少年以上では関節炎などが加わり，結節性紅斑や敗血症など複雑化する．発熱割合は高いが，高熱例は少ない．*Y. pseudotuberculosis* 感染も乳幼児に多く，発熱を必発し，軽度の下痢，腹痛，嘔吐などの腹部症状を示す．発疹，紅斑，咽頭炎もしばしば観察する．頸部リンパ節，肝，脾の腫大などに進む場合もあるが，予後良好の例が多い．

v) サケ科魚類のレッドマウス病（enteric red-mouth disease）　*Y. ruckeri* によるサケ科魚類の敗血症性疾患．外観上口部周辺，口腔内，鰭基部，眼球周囲などに皮下出血を生じ，肝，膵，幽門垂や後部筋肉内で点状出血をみる．各臓器に多発性壊死巣を形成し，敗血症死する．体表に病巣をもつ個体との接触により水平的に経皮感染し，垂直感染は知られていない．水温13～15℃での潜伏期は5～10日とされ，温度の上昇（20℃以上）で感染率は高まる．血清型O 1，O 6などが分離されている．

e. Genus *Klebsiella*

1) 定義と一般的性状（表1.19）

Klebsiella（クレブシエラ）属は，グラム陰性の好気性～通性嫌気性，無芽胞性，鞭毛非形成性（*Enterobacteriaceae* 科では *Shigella* 属と本属のみ）のやや大型な桿菌（幅0.3～1.5 μm，長さ0.6～6.0 μm），莢膜形成．6菌種，3亜種（*K. pneumoniae*（肺炎桿菌），*K. ozaenae*（臭鼻症菌），*K. rhinoscleromatis*（鼻硬腫菌）からなる．動物の腸管や上部気道に寄生するが，環境中（土，水，植物表面など）にも非寄生的に存在する．

染色体上の *cps*（capsular polysaccharide）遺伝子により，菌体周囲に2層の厚い耐熱性の莢膜をつくり，乾燥防護性，食菌抵抗性を高めている．他の莢膜保有菌同様，ビルレンスは，莢膜多糖の量に依存している．莢膜により腸管細胞表面に凝集的に吸着し，線毛を形成して，腸管，尿路，気道への吸着を行う．

普通寒天培地上に好発育し，白色，粘稠性（ムコイド型）の大型集落をつくる．

カタラーゼ陽性，ブドウ糖および他の糖を発酵的分解陽性，通常ガス産生陽性．ウレアーゼ陽性（例外あり），KCN培地での発育・VP反応・クエン酸利用各陽性．インドール・オキシダーゼ・MR反応・オルニチンデカルボキシラーゼ各陰性，フェニルアラニン陰性．運動性陰性．DNAのGC含量は39～41モル％である．

2) 病　原　性

プラスミド上の遺伝子（*rmpA*）により，莢膜層外層に水和した多糖層を形成し，ムコイド化とビルレンスの高度化を行う．染色体性，プラスミド性のアドヘジン遺伝子（*mrkD*）を有し，尿路系，呼吸器系上皮細胞への定着を行う．消化管上皮へは，莢膜多糖が凝集性定着に，プラスミド性の29

表 1.19 *Klebsiella* 属菌の各生物型の性状

菌種	*K. pneumoniae*			*K. oxytoca*
	K. pneumoniae	*K. ozaenae*	*K. rhinoscleromatis*	
10℃での発育	−	−	−	+
インドール	−	−	−	+
VP 反応	+	−	−	+
MR 反応	−	+	+	−
クエン酸利用	+	d	−	+
マロン酸利用	+	−	+	d
KCN 培地での発育	+	+	+	+
フェニルアラニン分解	−	−	−	−
リシンデカルボキシラーゼ	+	d	−	+
オルニチンデカルボキシラーゼ	−	−	−	−
ブドウ糖発酵からのガス産生	+	d	+	+
乳糖からの酸産生	+	(+)	d	+
乳糖（44.5℃）発酵からのガス産生	+	−	−	−
白糖からの酸産生	+	d	+	+
ラクトース	+	d	−	+
マンニット	+	+	+	+
ウレアーゼ	+	d	−	+
ゼラチン液化	−	−	−	+
硫化水素産生	−	−	−	−
色素産生	−	−	−	+
病原性	ウシの乳房炎 子ウマの肺炎・敗血症 ウマの化膿性子宮炎・子宮蓄膿症 ウマの不妊・流産	日和見感染	日和見感染	日和見感染 （ヒト出血性腸炎）

（+）：遅れて分解，d：菌株によって異なる．

その他の菌種：

・*K. terrigena*，*K. planticola*：ともに，自然界から分離され，10℃で発育，44.5℃で乳糖からガスを産生しない．

・*K. mobilis*：運動性をもつ．

・*K. granulomatis*：ヒト性病の原因菌とされる．

kDa アドヘジンが均一性定着に，それぞれ関与すると考えられている．抗菌剤の存在下では，薬剤の浸透性を低下させた新たなポーリン（porin）を形成し，耐性化する．

3) 血清型別

O 抗原 12 種，K 抗原 82 種に分かれる．K 抗原はグルクロン酸ヘキソース，6-デオキシヘキソースを含み，耐熱性で，121°C 2 時間の加熱で破壊されない．O 抗原の解析が困難なため，K 抗原のみで型別する．病原性は K 1，K 2 で最も強く，K 4，K 5 が次ぐとされる．

4) 動物感染症の例

i） クレブシエラ性乳房炎　*K. pneumoniae* に汚染された敷わらなどから，泌乳期の乳牛が感染する．周産期や暑熱などで易感染状態にある宿主で多い．死菌菌体の内毒素ショックにより，播種性血管内凝固（disseminated intravascular coagulation）などから甚急性・急性の壊疽性乳房炎を発症する．予後不良．

ii） ウマのクレブシエラ感染　子ウマの敗血症型感染，雌ウマの子宮蓄膿症および化膿性子宮内膜炎，不妊・妊娠馬の流・早産を起こす．*K. pneumoniae* 莢膜抗原 K 1 株が多い．

f. Genus *Edwardsiella*

Edwardsiella（エドワージエラ）属（表 1.20）は，グラム陰性の好気性～通性嫌気性，無芽胞性，周毛性鞭毛形成性の桿菌（幅 0.5～0.8 μm，長さ 1.0～3.5 μm）．莢膜は形成するが薄い．3 菌種（*E. tarda*，*E. hoshinae*，*E. ictaluri*）を含み，*E. tarda* は，冷血動物の腸内菌叢として常在寄生している．まれに温血動物からも分離され，腸管感染症（下痢），腸管外感染症（敗血症，チフス様疾患，腹膜炎，創傷感染）などとの関連を疑われるが，因果

表 1.20 *Edwardsiella* 属菌の主な生化学的性状

菌種	*Edwardsiella*			*Escherichia coli*	*Salmonella*	*Shigella*
	E.tarda	*E.hoshinae*	*E.ictaluri*			
カタラーゼ	+	+	+	+	+	+
オキシダーゼ	−	−	−	−	−	−
ウレアーゼ	−	−	−	−	−	−
インドール	+	−	−	+	−	D
MR 反応	+	+	−	+	+	+
VP 反応	−	−	−	−	−	−
クエン酸塩の利用	−	−	−	−	+	−
硫化水素産生	+	−	−	−	+	−
リシンデカルボキシラーゼ	+	+	+	+	+	−
オルニチンデカルボキシラーゼ	+	+	d	d	+	D
運動性	+	+	−	+	+	−
マロン酸塩の利用	−	+	−	−	−	−
ブドウ糖発酵からガス産生	+	d	d	+	+	−
β-ガラクトシダーゼ	−	−	−	+	−	D
酸産生						
アラビノース	−	−	−	+	+	D
ラクトース	−	−	−	+	−	−
マンニット	−	+	−	+	+	+
メリビオース	−	−	−	+	+	D
ラムノース	−	−	−	+	+	D
ソルビット	−	−	−	+	+	D
トレハロース	−	+	−	+	+	+
キシロース	−	−	−	+	+	−
病原性	魚類のエドワージエラ症	不明（トカゲ，フラミンゴ，ツノメドリに寄生）	ナマズの急性敗血症			

＋および−：90％以上が陽性および陰性（28℃72 時間培養）．
d：菌株によって異なる．
D：属内の菌種によって異なる．

関係は明らかでない．*E. tarda* は，魚類に感染してエドワージエラ症を起こす．

E. tarda による魚類のエドワージエラ症は，全身性敗血症で，腎・肝の主にどちらか一方に膿瘍を形成する例が多い．ウナギではパラコロ病という．腎の腫大，化膿巣の開裂で，肛門部がしばしば拡大突出する．肝腫大では前腹部に著明な発赤腫脹が起こり，時に腹腔穿孔する．養鰻場での汚染源は飼料のイトミミズと考えられている．高水温期（25〜30°C）で多発する．*E. tarda* は，O 抗原 17 種，H 抗原 11 種が同定されている．

g. そ の 他

Citrobacter（シトロバクター）属は，クエン酸利用・硫化水素産生各陽性を示し，腸管以外にも広く分布する．*C. freundii* は，代表的な日和見感染菌で，O 抗原の一部が *Escherichia*，*Salmonella* と一致する株，K 抗原が serovar Typhi と区別不能なビルレンス（vilurence：Vi）抗原を保有する株などを含み，家畜にも感染する．

Enterobacter（エンテロバクター）属，*Serratia*（セラチア）属，*Hafnia*（ハフニア）属は，いずれも VP 反応陽性を示し，生態的に *Klebsiella* と類似するが，運動性陽性などで区別する．*E. cloacae*，*E. aerogenes* は，耐性化しやすい二次感染菌で家畜からも検出される．*H. alvei* の一部の株は EPEC と同様な *eae* 遺伝子を保有し，ヒトで同様な症状を起こす場合がある．*S. marcescens* は，ヒトの院内感染菌種として，*S. liquefaciens* は易感染家畜に対する敗血症，肺炎，尿路感染などに関係する．

Plesiomonas（プレジオモナス）属は，無莢膜性，オキシダーゼ・カタラーゼ各陽性，極毛と周毛と 2 種類の鞭毛で運動する *P. shigelloides* のみを含

む．淡水生細菌で，魚介類，両生類，は虫類体内で認めるが，家畜や小動物の腸管からも分離される．O 抗原 96 種，H 抗原 48 種を区別し，O 抗原の一部（O 11，O 17，O 22，O 23，O 54，O 57）は，*Shigella* と共通する．コレラ毒素様毒素，耐熱性腸管毒（ST）を産生し，温血動物が摂取すると下痢や腸炎を起こす場合がある．

Proteus（プロテウス）属，*Providencia*（プロビデンシア）属，*Morganella*（モルガネラ）属は，アミノ酸を分解し，アンモニアを産生する．*Providencia* 属のみウレアーゼをもたない．*Proteus* 属は，著明な拡散集落をつくる（クモリ形成：swarming，Hauchbildung）．*P. mirabilis*，*P. vulgaris*，*Prv. alcalifaciens*，*M. moarnii* などが，ヒトや動物の主に尿路系に対し，日和見感染を起こす．

D.2　Family *Vibrionaceae*

1）定　　義（表 1.21）

グラム陰性の通性嫌気性，無芽胞性桿菌．海水〜汽水域〜淡水域に分布する水生桿菌．大部分は動物に非寄生性であり，6 属（*Vibrio*，*Photobacterium*，*Enhydrobacter*，*Shewanella*，*Salinivibrio*，*Listonella*）を含む．*Vibrio* 属，*Listonella* 属が魚類，甲殻類，二枚貝に病原性を示し，ヒトの感染症・食中毒の原因となる．

0.4〜0.7 μm，長さ 1.4〜2.2 μm の直桿〜湾曲状の桿菌で，通常極毛性，時に周毛性鞭毛を形成する．オキシダーゼ陽性で，ブドウ糖を唯一もしくは最初のエネルギー源として発酵的に分解するが，*Shewanella* 属のみ特異的に糖非発酵性．

原則的に Na^+（NaCl 濃度で 3% 程度）を発育に要求する（好塩性：halophism）．これまで本科に含まれていた *Aeromonas*（エロモナス）属は後述の *Aeromonadaceae*（エロモナス）科に分かれたが，便宜的に本科に含め記述される場合がある．また，*Plesiomonas*（プレジオモナス）属は先述の *Enterobacteriaceae* 科（腸内細菌科）に移動した．

a．Genus *Vibrio*（表 1.22）

1）定義・分類・一般的性状

Vibiro（ビブリオ）属は，海洋〜汽水域で常在分布している非寄生性の無芽胞，有鞭毛性桿菌で，耐塩性〜好塩性状を示す．通常無莢膜性．菌体は湾曲（0.5〜1 回転）するが，腸炎ビブリオ（*V. parahaemolyticus*）は直桿菌形をとる．

本属菌種の大部分は，鞭毛が細胞壁外膜の伸びた鞘に覆われる特異な有鞘性極毛（sheathed flagella）をもち，活発に運動（vibration）する．腸炎ビブリオは周毛性を示す．腸炎ビブリオの周毛性鞭毛は，継代培養では比較的早期に失われる．

発育に Na^+ を要する（5〜15 mM（ミリモル）から 600〜700 mM：0.5〜3% 程度の NaCl 濃度に相当）が，必要濃度は菌種で異なる．至適 pH はアルカリ域（pH 8.2〜8.6）で至適温度 37℃（発育域 25〜40℃）だが 10℃ でも生残する．

大小 2 本の環状染色体（腸炎ビブリオでは，3.2×10^6 bp，1.9×10^6 bp）をもち，大染色体に病原性や生存機能など主要情報の多くがコードされる．

オキシダーゼおよびリシン・オルニチンデカルボキシラーゼ各陽性，ブドウ糖を発酵的に分解するが，非ガス産生性で *Enterobacteriaceae* 科と区別される．DNA の GC 含量は 38〜51 モル% である．

2）病　原　性

i）*V. cholerae* とコレラ　主として汽水域に分布する，霊長類に特異的なコレラ（二類感染症）の原因菌種．血清型 O 1，O 139 に分類される株（*V. cholerae* serovar O 1，serovar O 139）

表 1.21　*Vibrionaceae* 科菌属の特徴

菌属	*Vibrio*	*Photobacterium*	*Enhydrobacter*	*Shewanella*	*Salinivibrio*	*Listonella*
有鞘性鞭毛	+	−	−	−	−	−
鞭毛	単〜叢極毛，両毛，周毛	単〜叢極毛	無鞭毛	単〜叢極毛	単〜叢極毛	単〜周毛
Na^+要求性	+	+	−	+	+	+
GC 含量（モル%）	38 〜 51	40 〜 44	66	44 〜 47	44 〜 47	43 〜 46
病原性	魚介類					魚類・ウナギ
分布	淡水・海洋	海洋	淡水	淡水・海洋	海洋	海洋

表 1.22 *Vibrio* 属各菌種

菌種	*V. cholerae* O1	*V. cholerae* non-O1	*V.mimicus*	*V. parahaemolyticus*	*V. fluvialis*	*V. furnissii*
抗 O1 血清	+	−	−	−	−	−
NaCl 濃度 0%	+	+	+	−	−	−
3%	+	+	+	+	+	+
8%	−	−	−	+	d	d
オキシダーゼ	+	+	+	+	+	+
VP 反応	d	d	−	−	−	−
ブドウ糖からのガス産生	−	−	−	−	−	+

d：菌株によって異なる.

のうち，コレラ毒素 (cholera toxin：CT) 産生株がコレラを起こす．感染性の O 1 株の病原性は，classical (アジア型：非溶血型)，eltor (El Tor：溶血型) の 2 生物型に分けられ，現在は eltor 型が多い．

非 O 1 血清型をもつコレラ原因株 (non-O 1 *V. cholerae*) は，non-cholera vibrio, non-agglutinable (NAG) vibrio という．近年流行の増加している NAG ビブリオ O 139 型は，O 1 と同等の病原性を示すが，他の NAG ビブリオは一般に感染性胃腸炎や散発型下痢を主徴とし，病原性の低い場合が多い．

コンマ状の湾曲菌形で，好塩性は弱く，ビブリオ中で唯一，NaCl 無添加培地で発育可能．通常，0.5〜1% NaCl 濃度を至適とし，8% では増殖できない．増菌にはアルカリ性ペプトン水を用い，白糖分解陽性により TCBS (thiosulfate citrate bile sucrose) 培地上で，*V. alginolyticus* と同様に黄色集落を形成し，*V. parahemolyticus* と区別できる．コレラを起こす菌株は，自然界ではバイオフィルム (biofilm) を形成し，存続している．

ii) コレラ毒素の作用機序 胃内の酸性刺激により毒素関連遺伝子群が発現し，熱ショックタンパク質 htpG の調節を受ける．線毛により小腸粘膜上皮細胞に接着，表層感染後，コレラ毒素 (CT) のみ粘膜細胞内に入る．CT は A-B 毒素 (A-B toxin) の一種で，*ctxAB* オペロンのコードする A (1 分子)，B (5 分子) の 2 サブユニットが A 2 フラグメントで結合している．B サブユニットが粘膜細胞表面の受容体 asialo GM 1 に結合後，毒素本体である A 1 フラグメントが，細胞の ADP (adenosine diphosphate) ribosilation factors により運ばれ，アデニル酸シクラーゼの Gs 調節ユニットを ADP-リボシル化し，不可逆的 Cl^- 分泌亢進・Na^+ 吸収阻害により水分とイオンの漏出を誘導して，激しい水様性下痢を発症し，しばしば致命的となる．

iii) 腸炎ビブリオと食中毒 *V. parahaemolyticus* は，海水域〜汽水域に分布し，海産魚介類の経口摂取後 6〜24 時間程度で下痢，腹痛，嘔吐，発熱などを発症する感染 (あるいは感染毒素) 型食中毒の原因菌種の一つ．*V. cholerae* と異なり 0% NaCl では発育せず，1〜8% を要し，好塩菌と呼ばれる．10% NaCl では発育しない．単極毛性の桿菌で，25°C 培養ではしばしば周毛形成を行う．白糖非分解性で TCBS 培地上集落は黄変しない．倍加時間 (世代時間) は短く (15〜20 分)，海水温 20°C 前後で分裂が増進する．至適 pH 7.4〜8.2，至適温度 30〜37°C とされる．ヒト腸炎由来株では膜穿孔性の耐熱性溶血タンパク質毒の TDH (thermostable direct hemolysin) および TRH (TDH-related hemolysin) を産生する場合がある．近年，O 3：K 3，O 3：K 6，O 3：K 29，O 4：K 68，O 1：K? (型別不能) 各型の感染が世界的に認められる．O 3：K 6 株は，至適条件では 8 分程度で増殖する．

iv) 魚介類の病原性菌種など

(1) *V. tubiashii* と *V. alginolyticus*

マガキ，ホタテ，ハマグリなど二枚貝の幼生に致命的感染を起こす．

(2) *V. ordalii*

サケ科やアユ科魚類の全身性出血，膿瘍形成の原因菌種．クルマエビやカニなど甲殻類の感染症原因菌として *V. harveyi* (エビ)，*V. parahaemolyticus*，*V. logei* (エビとカニ) などがある．

b. Genus *Listonella*

1) 定義と分類

Listonella (リストネラ) 属は，単極毛〜周毛性鞭毛の湾曲状細胞で，海洋に分布する．*L. anguil-*

の主な特徴

V. holisae	*V. alginolyticus*	*V. vulnificus*	*V. metschnikovii*	*V. damsela*	*V. cincinantiensis*	*V. carchariae*
−	−	−	−	−	−	−
−	−	−	−	−	−	−
+	+	+	+	+	+	+
−	+	−	d	−	d	−
+	+	+	−	+	+	+
−	+	−	+	+	−	d
−	−	−	−	−	−	−

larum と病原性の不明な *L. pelagia* を含む．発育に 1～2% の NaCl を要し，至適温度は 18°C で，40°C 以上では発育できない．オキシダーゼ・硝酸塩還元・インドール・VP 反応各陽性．ブドウ糖から酸産生，ガス非産生．白糖・マルトース・トレハロース・D-マンノース分解各陽性．0% NaCl では発育できない．

2) 病 原 性

i) *L. anguillarum* と魚類感染症　海水魚（ウナギを含む）や海水性動物における壊死性筋肉炎や皮下出血を伴う敗血症の原因菌種．15°C 以上への水温上昇が発症を誘発するとされる．二枚貝の幼生感染は致命的となる．1～2% NaCl 要求性で，TCBS 培地には発育不良な場合が多く，BTB-Teepol（ドデシル硫酸ナトリウム：sodium dodecyl sulfate, SDS）培地が用いられる．

D.3 Family *Aeromonadaceae*

すべて淡水域に分布し，13 菌種からなる *Aeromonas*（エロモナス）属のみを含む．幅 0.3～1.0 μm，長さ 1.0～3.5 μm の無芽胞性，通性嫌気性桿菌で，定型的菌種はすべて有鞘性の極単毛～極叢毛を形成する．魚類およびヒトの主な病原性菌種は現在 4 種で，鞭毛の有無により 2 群に分ける．鞭毛を形成しない非定型の病原性エロモナスは 1 菌種（*A. salmonicida*）で（5 亜種）魚類のみに病原性を示す．鞭毛を形成する定型病原性エロモナスは 3 菌種（*A. hydrophila*, *A. sobria*, *A. caviae*）で，感染範囲が広く，魚類以外に両生類，は虫類感染症の原因菌となる．ヒト臨床材料からも分離され，下痢症，日和見性敗血症，創傷感染などと関連する．3 菌種とも食中毒に関連して分離され，2 菌種（*A. hydrophila*, *A. sobria*）が食中毒菌に指定されている．5～45°C で発育するが，至適温度は 30～35°C．TCBS 培地では発育できない．

a. Genus *Aeromonas*

1) 定義・分類・一般的性状（表 1.23）

ブドウ糖，白糖，乳糖を分解し，オキシダーゼ陽性を示す．*A. hydrophila*, *A. sobria* は，ブドウ糖からガス産生する．鑑別培地（TSI, LIM 培地）で本属菌の示す性状は大腸菌（*Escherichia coli*）に類似するので，オキシダーゼ試験，デオキシリボヌクレアーゼ（DNase）試験が必要である．*V.*

表 1.23 *Aeromonas* 属菌の性状

菌種	*A. salmonicida*	*A. hydrophila*	*A. sobria*	*A. caviae*
運動性	−	+	+	+
病原性	魚類	魚類・食中毒	魚類・食中毒	魚類・ヒト
オキシダーゼ	+	+	+	+
鞭毛	単極毛	単極毛	単極毛	単極毛
グルコースからのガス産生	d	+	+	−
VP 反応	−	+	d	−
白糖分解（酸）	d	+	+	+
ブドウ糖	d	+	+	+
乳糖	d	+	+	+
マンニット	d	+	+	+
アラビノース	d	+	−	+

d：菌株によって異なる．

cholerae, *V. fluvialis* と共通抗原をもつ．分類上，*Enterobacteriaceae* 科（腸内細菌科）と *Vibrionaceae*（ビブリオ）科との中間に位置する．

淡水域，汽水域で分布する．溶血毒である aerolysin, HlyA, 他の消化器毒素性菌属と共通する易熱性腸管毒(LT)，耐熱性腸管毒(ST)，プロテアーゼ，接着因子など複数の毒素・酵素を外分泌し，主に魚類に病原性を示すとともに動物の下痢症原因となる．近年，*A. hydrophyla* では，魚類細胞内寄生が知られ，病原性との関連が検討されている．

2) 病 原 性

i) *A. salmonicida* とサケ科魚類の疾患

鞭毛を形成しない非定型的エロモナス．ビルレンス因子として各種のプロテアーゼを産生する．感染宿主は比較的限定的で，サケ科(サケ，マス)の筋肉，内臓に膨隆患部（セッソウ：furunculosis）を形成し，進行すると体表部まで穿孔，出血，膿瘍化する非定型エロモナス症(セッソウ病)，コイ科の紅斑性皮膚炎（穴あき病：hole disease），非定型エロモナス症（コイの新型穴あき病：new hole disease），ウナギ科のウナギの非定型エロモナス症（頭部潰瘍病）などの感染症原因菌種である．

ii) *A. hydrophila* と魚類の疾患　定型的エロモナスで，広範な魚類，水生生物に分布する．ウナギの運動性エロモナス症 B(鰭赤病)，コイの運動性エロモナス症 B（赤斑病）などの敗血症，運動性エロモナス症 A（立鱗病，ポップアイ）などの感染症の原因菌種．魚類の敗血症は，日和見感染として発生する場合が多い．また大腸菌と類似の腸管毒による食中毒を起こす場合がある．

iii) その他　*A. soblia* はヒト食中毒の原因菌として指定（Popoff 分類）されている．食中毒では *A. soblia* 以外に *A. caviae*，*A. trota* などの分離される場合もある．

D.4 Family *Pasteurellaceae*

グラム陰性の通性嫌気性，鞭毛非形成性，無芽胞性桿菌．動物・鳥類寄生性である．6 属あり，*Haemophilus*（ヘモフィルス）属，*Actinobacillus*（アクチノバチルス)属，*Pasteurella*(パスツレラ）属が主要菌属で，動物・鳥類の感染症の原因菌種を含む．

比較的小型（幅 0.3〜1.0 μm，長さ 1〜2 μm）の直桿菌で，フィラメント状〜球桿菌状など多形性を示す場合も多い．菌属・菌種ごとに複雑な栄養要求性を示すが，共通して有機窒素を必要とする．オキシダーゼ反応陽性を示すが，しばしば弱い．主要菌属間の遺伝子相同性は 30% 程度で，属間の区分は，発育因子要求性の有無や生化学的性状に基づく．

a. Genus *Haemophilus*

1) 定義・分類・一般的性状（表 1.24）

幅 0.3〜0.5 μm，長さ 0.5〜1.0 μm の小型球桿菌で多形性を示し，培地上ではしばしば種々の長さの細胞が混在する(モールス信号様発育)．主に動物の咽喉頭，上部気道粘膜表面に常在する．

発育に血球成分の X 因子(ヘミン：hemin)，補酵素である V 因子（NAD（nicotinamide adenine dinucleotide：ニコチンアミドアデニンジヌクレオチド）もしくは NADP（NAD-phosphate)）の 2 因子の一方，もしくは双方を要求し，分類の主要根拠となる．V 因子のみを要求する場合，菌種は“*para-*”を付けて命名される．X 因子要求性は，プロトポルフィリン（protoporphyrin）合成酵素欠損，V 因子要求性は nicotinamide adenine mono-nucleotide 合成酵素欠損にそれぞれ基づく．X 因子は好気呼吸関連酵素群と関連するため，嫌気下での X 因子要求性が低下する．一般に培養初期の微好気条件（5〜10% CO_2）は発育を増進させる．X および V 因子供給のため，破壊赤血球を含むチョコレート寒天を一般に用いる(ウマ，ウサギ血液寒天では発育する場合がある)．胆汁酸感受性で，マッコンキー培地で発育できない．

黄色ブドウ球菌（*Staphylococcus aureus*）は，V 因子産生性をもち，周囲にヘモフィルスを発育させる（衛星現象：satellite phenomenon)．*S. aureus* β 毒素産生株はその溶血活性により，V 因子供給量を増すため，衛星現象でのヘモフィルス集落は増大する．

糖を発酵的に分解し酸を産生するが，ガス非産生性．莢膜(S 型集落形成)は多糖に加えタイコ酸を含み，形成される場合はビルレンス因子となって宿主定着性，食菌抵抗性に関与する．莢膜形成菌の集落は，斜光照射に蛍光反射(iridescence)を示す．一般に病原性は莢膜保有株で強いが，莢膜

表 1.24 *Pasteurellaceae* 科菌属の特徴

菌属	*Haemophilus*	*Actinobacillus*	*Pasteurella*	*Mannheimia*	*Phocoenobacter*	*Lonepinella*	*Histophilus somni*
溶血性	d	d	−	d	−	−	d
GC 含量（モル%）	37 ～ 44	40 ～ 43	40 ～ 45	39 ～ 43	38 ～ 42	38 ～ 40	37 ～ 38
X，V 因子要求性	+	+ (*A. pleuropneumoniae* 生物型 1)	−	−	−	−	−
極染色性	−	+ (*A. pleuropneumoniae*) ～染色性不均一	+	+	−	−	−
形態	直桿菌， 小球～線維状， 多形性	直桿菌， 小球状～線維状， 多形性	直桿菌， 小球～卵状， 多形性	直桿菌， 小球～卵状， 多形性	直桿菌， 小球～卵状， 多形性	直桿菌， 小球～卵状， 多形性	直桿菌， 小球～卵状， 多形性
粘着性集落形成	−	+	d	−	−	−	−
オキシダーゼ	+	d	D	+	+	−	+
ウレアーゼ	d	+	d	−	−	−	−
カタラーゼ	−	+	+	+	−	−	−
VP 反応	−	−	−	−	+	+	−
インドール	d	−	+	−	−	−	+
硝酸塩還元	+	+	+	+	+		
胆汁酸存在下（マッコンキー寒天）での発育	−	+	−	−	−	−	−
ブドウ糖	+	+	+	+	+	+	+
トレハロース	−	d	d	−	−	−	−
白糖	−	+	+	+	−	d	−
マルトース	+	+	D	D	−	+	−
D-マンノース	d	d	+	−	−		d

d：菌株によって異なる，D：しばしば弱.

血清型別は不明瞭な場合が多く，生物型分類が行われる．菌体の表層タンパク質が細胞接着(adhesion)にかかわるが，莢膜保有株は代わりに線毛に依存する．付着・定着にかかわるこれらタンパク質はアドヘジン（adhesin）と総称されている．リポ多糖(LPS)が敗血症に関与する．*H. influenzae* の LPS は脂質成分より糖質成分に富む．

2) 病 原 性（表 1.25）

i） *H. parasuis* とブタのヘモフィルス感染症（Glässer 病）　V 因子要求性．莢膜非形成株では桿菌～線維状の種々の形態をとるが，莢膜形成株の大部分は球桿菌状をとる．非溶血性衛星現象，ウレアーゼ・オキシダーゼ各陰性，カタラーゼ陽性を示す．現在 1～15 血清型（ゲル内沈降反応）あり，強毒（1，5，10，12～14 型），弱毒（2，4，15 型），それ以外に分けられる．DNA 型別で，ビルレンス株に特定の遺伝子配列が示唆されている．外膜タンパク質（OMP）が病原性に関与し，ビルレンス株は SDS-PAGE で生物型IIに分類される．同定には PCR，ELISA 法も用いられる．

表 1.25 *Haemophilus* 属の主な動物病原性菌種

菌種	*H. influenzae*	*H. parainfluenzae*	*H. parasuis*	*H. paragallinarum*	*H. somnus**
X，V 因子要求性	X，V	V	V	V	−
CO_2 発育促進	+	d	+	+	+
オキシダーゼ	+～d	+～d	−	+	+
カタラーゼ	+	D	+	−	−
寄生宿主	ヒト	霊長類	ブタ	家禽	ウシ
主な疾患	急性呼吸器～ 全身感染症	IgA 腎症	Grässer 病	伝染性コリーザ	伝染性血栓栓塞性 髄膜脳脊髄炎

**Histophilus somni*（*Haemophilus somnus* から移動）.

d：菌株によって異なる，D：しばしば弱.

SPF感染では致死率が高く，それ以外のブタでは線維素性漿膜炎，線維素性間節炎および髄膜炎を主徴とするGlässer病，急性肺炎，急性敗血症を起こす．内毒素性の血管内凝固による各組織の微小栓塞はしばしば致命的となる．幼若群で感受性が高い．

ii） *H. paragallinarum* と伝染性コリーザ　V因子要求性．比較的発育が遅く，初期培養には5% CO_2 を必要とする．栄養要求性が厳しく，培養に高栄養培地を要する．菌体抗原型別はA, B, Cの3種に分かれるが，AおよびC型の菌体抗原使用の免疫効果が高い．ニワトリ赤血球凝集性抗原をもち，HI反応で7型に分かれる．特異的なPCR，ELISA法も使用される．カタラーゼ陰性．伝染性コリーザは，幼若の産卵鶏，肉鶏に鼻汁漏出，顔面の腫脹，流涙，食欲廃絶，下痢を起こし，成長不全，産卵低下・停止などを起こす．ニワトリ体内で変異を頻発するため，鼻汁，眼窩洞，鼻汁のみから菌分離を行う．

iii） *Histophilus somni* とウシの感染症　*Haemophilus somnus* は，XおよびV因子を要求せず，その他の性状から *Histophilus somni*（1属1種）に新分類された．チョコレート寒天で球桿菌～多形性に好発育するが，培養初期に5% CO_2 を要し，48～72時間で，淡黄色の小型集落を形成する．特に幼若牛などの導入後，数週間内で発熱，食欲不振～四肢麻痺，時に運動失調を交え，昏睡，死亡する伝染性血栓栓塞性髄膜脳脊髄炎（infectious thromboembolic menigoencephalomyelitis：TME）の原因となる．健康個体の雌雄生殖器に保菌されているが，発症との関連は明らかではない．ビルレンス因子として細胞付着性線毛，食細胞抵抗性，免疫グロブリン（immunogloblin：Ig）結合性タンパク質の産生などが知られている．

iv） *H. influenzae* とヒトの感染症　XおよびV因子要求性．毒素非産生性で，莢膜の抗食菌作用がビルレンスの原因の一つで，莢膜抗原で6型，生物型で8型（I～VIII）に分かれる．急性全身感染症（小児）および各種慢性呼吸器疾患の二次感染菌として知られる．有莢膜株集落は蛍光反射を示す．*H. influenzae* の内毒素が，主なビルレンス因子として作用する．

b. Genus *Actinobacillus*

1) 定義・分類

主に動物の口腔内，咽喉頭～上部気道，生殖器などの粘膜表面に常在している．幅0.4～0.5 μm，長さ0.5～1.0 μmの小型球桿菌で，線維状など種々の大きさの細胞を含み，多形性を示す．培養初期の微好気培養（5～10% CO_2）は発育を増進させる．*A. pleuropneumoniae* 以外の菌種はV因子要求性をもたず，チョコレート寒天，3%血清加トリプトソイ寒天など高栄養培地に粘稠性集落を形成する．培養は37℃で48時間を要する．また，本科中唯一，ほとんどの菌種がマッコンキー寒天培地上に発育する．

糖を発酵的に分解し酸を産生するが，非ガス産生性．ウレアーゼおよびカタラーゼ各陽性．莢膜形成は菌株によるが，形成される場合にはビルレンス因子の一つとして宿主定着性，食菌抵抗性に関与する．通常散発的な日和見感染（主にブタ），組織内感染（主にウシ）を起こすが，集団感染例も知られる．特にブタでの垂直感染被害が大きい．

2) 病 原 性（表1.26）

i） *A. pleuropneumoniae* とブタの線維素性胸膜肺炎　健康豚の扁桃部に常在している．

表1.26 *Actinobacillus* 属の主な動物病原性菌種

菌種	*A.lignieresii*	*A.pleuropneumoniae*	*A.suis*	*A.equuli*
V因子要求性	−	＋(一部陰性)	−	−
溶血性（ヒツジ血液寒天）	−	＋(ウシ，ヒツジ血球)	−	−
CAMPテスト	−	＋	−	−
CO_2 発育促進	＋	＋	＋	＋
トレハロース	−	−		＋
乳糖	＋	−		＋
寄生宿主	ウシ，ヒツジ	ブタ	ブタ	ウマ
主な疾患	慢性化膿性増殖性炎	線維素性胸膜炎	子ブタの敗血症，ひね豚，関節炎	化膿性腎炎，敗血症（子ウマ），流死産（妊娠馬）

子ブタへの感染は敗血症を起こし，しばしば死亡する．3か月齢以上のブタへの肺感染では凝固壊死，水腫，線維素性血栓などの急性～甚急性，局所型の胸膜肺炎を発症するが，慢性化する場合もある．V因子要求性の生物型1を病原株とし，非要求性の生物型2では発症しない．外毒素(exotoxin)のApx毒素と莢膜がビルレンスに関与し，莢膜抗体により1～12型に分けられる．溶血毒素を産生し，血液寒天培養でβ溶血を示す．β溶血性は継代培養で消えるが，赤血球膜（セラミド）(ceramide cerebroside)結合タンパク質産生が続くため，黄色ブドウ球菌（*S. aureus*）との間での溶血を起こす(CAMPテスト陽性)．日本では2型，5型，1型の順に多いが，近年分離株の血清型は多様化傾向および耐性化傾向を示す．

対応血清型死菌，Apxトキソイド，LPS投与，Appワクチンなどによる予防を行う．

ii） *A. suis* と子ブタの急性敗血症・関節炎　*A. suis* は，ブタの扁桃や上部気道に常在している．主に幼若豚が日和見感染，もしくは垂直感染により発症する．新生子（生後数日内）感染は急性敗血症により突発的に死亡し，胎子は死流産する．やや日齢を過ぎた子ブタは死亡しないが成長不良となり，3か月齢程度の子ブタでは関節炎を発症する．病豚からは比較的容易に菌分離が可能．*A. pleuropneumoniae* のApx 1に類似する毒素を比較的少量産生し，ビルレンス因子の一つと考えられている．予防法は確立していない．

iii） *A. lignieresii* とウシの慢性化膿性増殖性炎　*A. lignieresii* は，ウシの口内，第一胃内，ヒツジの第一胃内に常在する．*A. pleuropneumoniae* と比べやや長菌体．咀嚼時に飼料中の異物などにより生ずる外傷から口内や上部気道より侵入し，リンパ節で増殖する．感染はリンパ流によって広がり，頭頸部，肩部周辺皮下，肺，下顎部軟部組織内に化膿性肉芽腫を好発する．病変部は多量の菌を含み，水や飼料を汚染して集団発生の原因となるので，罹患牛の隔離を要する．慢性化すると，菌体周囲に組織成分が沈着し，好中球，類上皮細胞層および結合組織層が囲む硫黄顆粒(sulfur granule, rosette)を形成する（慢性化膿性増殖性炎）．放線菌症でも類似の硫黄顆粒形成をみるが，より小型．舌症例はしばしば硬化（木舌：wooden tongue）し，顕著な流涎，嚥下困難を示す．飼養管理による予防措置と，可能な場合は外科的処置により対応する．

iv） *A. equuli* と仔馬病　*A. equuli* は，ウマの腸管，扁桃部，気管支粘膜の常在菌．日和見感染する．生後間もない子ウマに敗血症を起こし，慢性化すると化膿性腎炎，化膿性関節炎をつくる．成馬感染では敗血症，化膿性腎炎，心内膜炎，髄膜炎，肺気腫などを発し，妊娠馬の子宮内感染では流死産をもたらす．飼養管理による予防措置を施す．

c．Genus *Pasteurella*

1） 定義・分類・一般的性状

温血動物や鳥類の口腔内，咽喉頭～上部気道，消化器の粘膜表面に偏性寄生的に常在する．幅0.3～1.0 μm，長さ1～2 μmの小型球桿～多形性菌で，単在～短連鎖に分離される．新鮮分離株は極染色性を示す．微好気培養（5～10% CO_2）による発育促進効果は本属では明瞭でない．莢膜形成菌は培地上でムコイド型か水溶性ムコイド型，もしくは斜光照射に蛍光反射する蛍光型の粘稠性集落をつくる．非莢膜形成株菌は非蛍光型もしくは青型集落を形成する．宿主内では通常莢膜をつくるが，継代により容易に喪失する．このため，培地上の莢膜形成菌の集落内で，一部細胞が莢膜喪失変異を起こして増殖すると，蛍光集落やムコイド型集落中から，青色集落など非莢膜性集落が別途形成（解離集落：dissociation）される場合がある．

特定の発育因子を要求しないが，有機窒素が必要で，高タンパク質含有培地（5%ヒツジ血液トリプトソイ寒天など）に好発育し，普通寒天では発育しない場合が多い．胆汁酸感受性で，マッコンキー培地には発育できない．糖を発酵的に分解して酸を産生，非ガス産生性．22～44℃で発育可能だが，至適温度37℃．オキシダーゼ（しばしば弱陽性）・カタラーゼ・硝酸塩還元各陽性，インドールは大部分の株で陽性（*Mannheimia* では陰性）．ゼラチン液化・ウレアーゼ・アラビノース分解各陰性．

莢膜は，外膜中の外膜タンパク質（OMP）および産生ノイラミニダーゼとともに宿主定着能と食菌抵抗性に関連し，敗血症の病原性にはOMPやリポ多糖（LPS）が関与する．萎縮性鼻炎由来の

P. multocida は，ビルレンス因子として，皮膚壊死毒素（DNT：112〜160 kDa）を産生する．易熱性，プロテアーゼ感受性のタンパク質分子で，骨芽細胞破壊と破骨細胞およびその骨吸収活性を増大させ，鼻中隔など軟部骨組織の顕著な破壊をもたらす．培養細胞は DNT 感作後で構造変化，細胞内の ATP や cAMP の濃度，DNA やタンパク質産生量に変動を示さず，作用機構は明確化していない．

2）*P. multocida* の病原性（表 1.27）

P. multocida subsp. *multocida*, *P. m.* subsp. *septica*, *P. m.* subsp. *gallicida* の 3 亜種を含むが，*P. m.* subsp. *multocida* が代表的株である．

莢膜多糖抗原 A, B, C, D, E, F の 5 型，LPS 抗原の酸処理で 12（Namioka & Murata），加熱処理で 16（Heddleston）に型別され，これら血清型の組み合わせで株を表記する．

広範な哺乳動物，鳥類の気道，口腔内常在菌で，健康なイヌでは 50% 以上，ネコでは 70% 以上が保菌すると考えられている．野生動物，家禽，家畜，小動物などに血清型や宿主で異なる多様な病原性を示す．*P. multocida* の動物・鳥類に対する疾患は，敗血症を主徴とする一次的感染症と，宿主の抵抗性減弱による日和見感染として主に呼吸器症状を主徴とする二次的感染症に大別される．

i）主な一次的感染症

（1）出血性敗血症（haemorrhagic septicemia）

家畜法定伝染病で，ウシおよびスイギュウが主に莢膜抗原 B 株（東南アジア），E 株（アフリカ）などの急性感染を受け，流涙，流涎，呼吸困難の後，横臥，死亡する．全身性の皮下および内臓粘膜・漿膜に点状出血をみる．甚急性では無症候で死亡する場合がある．

（2）家禽コレラ（fowl cholera）

家畜伝染病で，家禽，種々の鳥類に，主に莢膜抗原 A 株の急性感染により，立毛，発熱，食欲廃絶，下痢，脱水死，敗血症死を起こす．関節，肉垂，肢などに腫脹を起こして慢性化する場合がある．死菌ワクチンで予防可能．家禽コレラワクチンは，Pasteur により実験的につくられた最初のワクチンである．

ii）主な二次的感染症

（1）ブタ萎縮性鼻炎とブタのパスツレラ性肺炎

ブタ萎縮性鼻炎（swine atrophic rhinitis：AR）は，*Bordetella bronchiseptica* を主原因とする届出伝染病で，*P. multocida* 莢膜抗原 A および D 型に属する DNT 産生性株の二次的感染により，症状が悪化し，重篤例では「鼻曲がり」を確認できるまでに至る．血清型の異なる株間での DNT 性状の相違は少ない．患部の *Bordetella* と *Pasteurella* は，相互に集落形成誘導因子を分泌し，共生的に存在する．死菌ワクチンおよび DNT トキソイドで予防可能．

ブタのパスツレラ性肺炎は，莢膜抗原 A および D 型毒素非産生性 *P. multocida* の日和見感染により発生する．実験的には本菌単独での肺炎再現はできず，主にマイコプラズマなど他の微生物の先行感染のあった場合のみ定着，発症すると考えられる．過密飼育，輸送，他の基礎疾患のある場合に発生し，肥育豚に多発傾向がある．急性例では肺炎症状から呼吸困難〜死亡する．慢性例では発咳を主徴とし，発育不良を起こして衰弱死する場合が多い．ワクチンは実用化されていないが，マイコプラズマ肺炎の防除により予防を行う．

表 1.27 *Pasteurella* 属，*Mannheimia* 属の主な動物病原性菌種

菌種	*P. multocida*	*P. pneumotropica*	*P. trehalosi*	*M. haemolytica*
溶血性（ヒツジ血液寒天）	−	+	+	+
インドール	+	+	−	−
マンニット	+	−	+	+
トレハロース	D	+	+	−
D-アラビノース	−	−	−	+
キシロース	d	−	−	+
エスクリン	−	−	+	−
ウレアーゼ	−	+	−	−
ブドウ糖からのガス産生	−	−	−	−

d：菌株によって異なる，D：しばしば弱．

（2） ヒトのパスツレラ症

主にイヌおよびネコ由来の血清型不特定な *P. multocida* による咬傷，掻傷感染，濃密接触によりヒト（および他の動物）に炎症，化膿性炎，壊死性炎を起こす．一般に家畜由来株に比べ低病原性であるが，基礎疾患のある場合には敗血症を起こす場合がある．*P. canis*，*P. dogmatis*，*P. stomatitis* なども原因菌種とされる．

3） その他のパスツレラおよびマンヘイミア

（1） ウシの肺炎（輸送熱）

長距離輸送，過密飼育，急激な温度変化などとともに反芻動物の上部気道に常在する *Mannheimia haemolytica* 血清型 A 1（*P. haemolytica* 生物型 A），*P. multocida* の単独あるいは複合感染を受けたウシ（主に子ウシ）で発生する．気管内の他細菌，マイコプラズマの増殖により重篤化する．*M. haemolytica* 感染が重要で，*P. multocida* は二次的要因である．複合感染によるウシ呼吸器症候群（bovine respiratory disease complex）の一つ．ワクチン，換気，栄養状態の維持により予防できる．

（2） ヒツジとヤギのパスツレラ症

ヒツジとヤギの成獣では *M. haemolytica*（A 2，A 6，A 7，A 9）による肺炎を起こす．*P. trehalosi* は，ヒツジにのみ病原性をもち敗血症を併発した滲出性肺炎を起こし，子ヒツジで致命率が高い．いずれもウイルス，マイコプラズマの先行感染で悪化する．

（3） 実験動物のパスツレラ症

P. multocida によるウサギの慢性鼻炎（スナッフル：snuffle），*P. pneumotropica* によるマウスおよびラットの肺炎，結膜炎，化膿性疾患が知られる．両菌種は，ウレアーゼ反応の相違で分けられる．スナッフルでは，内耳炎（斜頸），結膜炎，肺炎，敗血症などを起こし，舎内では慢性的なくしゃみや発咳で菌が飛散し，感染は早期に拡大する傾向をもつ．衛生状態の悪い飼養条件，外傷，他の基礎疾患などから日和見感染で発生する．*P. pneumotropica* は，マウス，モルモット，ラット，ハムスターなどの肺炎から二次的感染菌としても分離される．イヌの上部気道にも常在し，咬傷による炎症起因菌となる場合がある．

D.5 そ の 他

a. Genus *Streptobacillus*

1） 定義・分類・一般的性状

Streptobacillus（ストレプトバチルス）属は，所属科は未定で，*S. moniliformis* のみ含む．ラットやマウスの上部気道，鼻腔，口腔内に常在する．大型（幅 0.3～0.7 μm，長さ 1～5 μm）の多形性桿菌で，菌体の一部が膨隆，延長して数珠状（moniliform），フィラメント状に連鎖する．栄養要求性が厳しく，発育には培地に腹水，血液，血清などの添加を必要とし，培地上では中央に nipple をもつ目玉焼状（中凸状）の集落を形成する．継代で自然に L 型菌（L-form bacteria）を生ずる．培養初期に微好気条件（5～10% CO_2）を必要とする．

莢膜非形成性，非溶血性，カタラーゼ・オキシダーゼ・硝酸塩還元各陰性．糖を発酵的に分解，ガス非産生．アルギニン，エスクリンをわずかに分解する．DNA の GC 含量は 24～26 モル% である．

2） 病 原 性

ラットなどのネズミ類や保菌動物による咬傷，汚染食料摂取や汚染水の水系伝染により，同一病型の熱性疾患である鼠咬症（鼠咬熱：rat-bite fever，Haverhill fever，erythema arthriticum epidemicum）を起こす．他の原因菌である *S. minor* 感染に比べ，*S. moniliformis* 感染では化膿例が少ない．1 週間程度の潜伏期の後，悪寒，回帰熱が起こり，数日で関節炎，麻疹様発疹をみる．約 1 割の感染者では心内膜炎，肺炎，肝炎などを発症する．テトラサイクリンなど抗生物質の対症療法が行われる．

〔E〕 グラム陰性嫌気性無芽胞桿菌・球菌

最新の“Bergey's Manual”（第 2 版）では，16S rRNA の塩基配列に基づいて分類されているが，それによると，旧版で *Bacteroides* 属に分類されていた多くの菌が新しい科と属に再分類されている．新分類では family *Bacteroidaceae*（バクテロイデス科）として genus *Bacteroides* と genus

Anaerohabdus, family *Rikenellaceae*（リケネラ科）として genus *Rikenella* が，family *Porphyromonadaceae*（ポルフィロモナス科）として genus *Porphyromonas*, family *Prevotellaceae*（プレボテラ科）として genus *Prevotella* がそれぞれ分類されている．また，*Bacteroides* 属とは門（phylum）・綱（class）レベルで異なる fusobacteria は，family *Fusobacteriaceae*（フソバクテリア科）として genus *Fusobacterium* と genus *Leptotrichia* が分類されている．

E.1 Family *Bacteroidaceae*

Bacteroidaceae（バクテロイデス）科を代表するのは genus *Bacteroides*（バクテロイデス属）であり，ヒトを含む動物の消化管の主要な常在菌である．

a. Genus *Bacteroides*

1) 定　義

グラム陰性，偏性嫌気性の桿菌で，芽胞非形成である．糖分解性，タンパク質分解性で，リポ多糖（LPS）はヘプトースと 2-ケト-3-デオキシオクトン酸（KDO）を欠く．主要代謝産物は酢酸とコハク酸，その他，プロピオン酸や乳酸を少量産生する．20% 胆汁酸の存在下で発育する（増殖が促進されるものもある）．DNA の GC 含量は 39～48 モル% である．

2) 分　類

Bacteroides 属は，*Bacteroides fragilis* グループと呼ばれる *B. fragilis*, *B. caccae*, *B. distasonis* などの菌種で構成される．このほか，*B. coagulans* や *B. ureolyticus* など，*B. fragilis* グループとは性質がやや異なる数菌種が含まれるが，いずれ再分類される可能性がある．

B. fragilis は直径 1 μm，長さ 2～8 μm，両端鈍円のグラム陰性桿菌．線毛があり，赤血球凝集性を有する．カタラーゼとオキシダーゼを産生し，酸素毒性に比較的抵抗性を示す．ウマ血液寒天上では，直径 1～3 mm の光沢を帯びた半透明の円形集落を形成する．培地中の X 因子（ヘミン：hemin）は本菌の発育を促進するほか，代謝にも影響を与える．多くの菌株は莢膜を形成し，ビルレンス因子の一つとなっている．この菌のもつ膿瘍形成能力は，莢膜成分で増強される．

3) 病　原　性

ヒトや動物の日和見感染の原因菌となるほか，二次感染菌として膿瘍などから分離される．腸管毒（エンテロトキシン）産生株は enterotoxigenic *Bacteroides* fragilis（ETBF）として知られ，幼獣に下痢を引き起こす．

b. Genus *Porphyromonas*

1) 定　義

主要代謝産物は正酪酸，酢酸である．わずかながらプロピオン酸，イソ酪酸，イソ吉草酸を産生する．インドールを産生する．硝酸塩を還元しない．デンプン，エスクリンを加水分解しない．DNA の GC 含量は 46～54 モル% である．

2) 分　類

旧 *Bacteroides* 属の中で，糖非分解性で黒色色素産生性をもつ菌種を *Porphyromonas*（ポルフィロモナス）属として移した．属名は，ポルフィリンをもつ菌という意味である．*P. gingivalis*, *P. asaccharolyticus* など，10 菌種以上が知られている．*P. gingivalis* は，血液寒天上に直径 1～3 mm の平滑凸レンズ上の光沢性集落を形成し，時間経過とともに周辺から中央に向かってしだいに黒味を帯びてくる．炭水化物は菌の増殖を促進しないが，プロテオースペプトンや酵母エキスなどの窒素含有物により，増殖が促進される．

3) 病　原　性

ヒトや動物の口腔内に生息し，歯周炎の原因となる．

c. Genus *Prevotella*

口腔や上部気道に生息するグラム陰性，偏性嫌気性の多形性桿菌である．

1) 定　義

非運動性で，芽胞は形成しない．糖分解性，タンパク質分解性である．主要代謝産物は酪酸，酢酸，乳酸で，その他，少量のプロピオン酸やコハク酸，ギ酸を産生する．DNA の GC 含量は 39～48 モル% である．

2) 分　類

かつて *Bacteroides melaninogenes* グループと呼ばれた菌種や新菌種を含め 19 菌種以上が知られている．血液寒天培地上に淡褐色～黒色の集落を形成する．多くの菌種が発育にX因子とメナジオン（ビタミンK）を要求する．

P. melaninogenica は，直径 0.5〜0.8 μm，長さ 0.9〜2.5 μm で，両端鈍円の短桿菌である．*melaninogenica* とは本来メラニン産生を意味する語句であるが，本菌の黒色はメラニンではなくプロトヘミンの蓄積による．20% 胆汁酸により本菌の発育は阻止される．ウサギ血液加寒天上に直径 0.5〜2 mm の褐色〜黒色の正円形で隆起した集落を形成する．嫌気度要求は弱く，〜4% 程度の O_2 分圧なら増殖する．

3) 病 原 性

ヒツジやウシの趾間腐爛，ウシの肝膿瘍，ブタ，イヌ，ネコの軟部組織の膿瘍などから分離されるが，通性嫌気性菌やその他の嫌気性菌との混合感染のことが多い．

E.2 Family *Fusobacteriaceae*

Fusobacteriaceae（フソバクテリア）科は，グラム陰性の無芽胞嫌気性菌で，鞭毛はない．基準種は両端が尖った紡錘形であるが，すべての菌種が紡錘形というわけではない．

a. Genus *Fusobacterium*

1) 定 義

Fusobacterium（フソバクテリウム）属は，グラム陰性，無芽胞偏性嫌気性の桿菌で，主要代謝産物は正酪酸，酢酸，乳酸で，その他，少量のプロピオン酸やコハク酸，ギ酸を産生する．LPS にヘプトースおよび KDO を含む．DNA の GC 含量は 25〜39 モル%である．

2) 分 類

現在知られる 14 菌種のうち，医学・獣医学領域で重要なのは *F. nucleatum* と *F. necrophorum* である．

F. necrophaorum は壊死桿菌として知られ，ウシの肝膿瘍や趾間腐爛の原因菌となる．多形性桿菌で，乳酸からプロピオン酸を産生，インドールを産生し，血液寒天上で明瞭な β 溶血を示す．ニワトリ赤血球凝集性を示す *F. necrophorum* subsp. *necrophorum* と凝集性のない *F. n.* subsp. *funduliforme* の 2 亜種に分類される．前者はウシの肝膿瘍などの病巣部から，後者は主に消化管から分離される．

b. Genus *Leptotrichia*

Leptotrichia（レプトトリキア）属は，*L. buccalis* の 1 菌種のみである．直径 0.8〜1.5μm，長さ 5〜15 μm の桿菌で，両端が尖っているか丸みを帯びている．GC 含量は 25 モル%．分離時は嫌気性であるが，多くはその後 CO_2 存在下で好気的条件でも発育する．グラム陰性菌であるが，培養初期には陽性に染まることがある．ブドウ糖から主として乳酸を産生し，少量の酢酸とコハク酸を生成する．ヒトの口腔，尿道から分離される．病原性はほとんどないが，免疫が低下した患者で感染例がある．

E.3 Family *Cardiobacteriaceae*

Cardiobacterium 属，*Sutonella* 属，*Dichelobacter*（ディケロバクター）属からなる．

このうち家畜に病原性を有するのは *Dichelobacter* 属の *D. nodsus* である．本菌は，*Bacteroides* 属から 1 属 1 菌種として新設されたグラム陰性の偏性嫌気性菌である．非運動性で多形性を示す．炭水化物からの酸あるいはガスの産生はない．硝酸塩を還元せず，硫化水素を産生する．ゼラチン，カゼイン，アルブミンを加水分解し，クックドミート培地の肉片を消化する．分離培養にはヒツジやウシの蹄の粉末を加えた寒天培地を用いる．寒天培地上の集落は線毛形成の有無により周辺が円滑〜鋸歯状，顆粒状，粘液状など，異なる性状を示す．

ヒツジやウシの趾間腐爛，ウシ趾間皮膚炎の原因菌である．*F. necrophorum* の発育や侵襲性を促進する耐熱性可溶性因子を産生し，混合感染がみられる．一般にヒツジ由来株は線毛を保有しビルレンスが強いが，ウシ由来株は線毛が少なくビルレンスも弱い．

E.4 Family *Veillonellaceae*

Veillonellaceae（ベイヨネラ）科は，グラム陰性，

偏性嫌気性，非運動性，オキシダーゼ陰性の球菌で，*Veillonella* 属，*Acidaminococcus* 属，*Megasphaera* 属の3属からなる．*Veillonella* 属は主にプロピオン酸と酢酸，*Acidaminococcus* 属は酪酸と酢酸，*Megasphaera* 属はイソ酪酸，酪酸，吉草酸，カプロン酸をそれぞれ産生する．

Veillonella 属は，ヒトをはじめとする動物の口腔や腸内に生息し，ヒトでは *V. parvula* が日和見感染の原因菌として手術後の菌血症患者や混合感染の患者から分離される．

Acidaminococcus 属は，動物の消化管内に分布し，ヒトではしばしば *A. fermentans* が通性菌や他の嫌気性菌とともに膿瘍から分離される．

Megasphaera 属は，家畜やヒトの腸内常在菌である．

〔F〕 グラム陽性球菌

F.1 Family *Staphylococcaceae*

1) 定 義

グラム陽性，無芽胞で，不規則な集塊（ブドウの房状）をつくる．カタラーゼ陽性で，通性嫌気性または嫌気性である．ブドウ糖を発酵し，非運動性である．6.5% NaCl 加寒天培地に発育する．

2) 分 類

Staphylococcaceae（スタフィロコッカス）科は，*Staphylococcus* 属，*Gemella* 属，*Macrococcus* 属，*Salinicoccus* 属の4属からなるが，病原性を有するのは *Staphylococcus* 属菌（ブドウ球菌）のみである．

Staphylococcus 属菌は，自然界に広く分布しており，生体外では空気，土壌，酪農品などから分離される．動物では皮膚，鼻咽腔粘膜，腸管内に常在する．化膿性菌の代表であるが，病原性を示さないものもある．*S. aureus*（黄色ブドウ球菌），*S. epidermidis*（表皮ブドウ球菌），*S. hyicus*，*S. intermedius* など，30菌種以上に分類されている．

主な菌種の分類に利用される生化学的性状を表1.28に示した．このような菌種の分類には，コアグラーゼ，プロテインAの産生性のほか，マンニット分解性，デオキシリボヌクレアーゼ(DNase)産生性，キシロース分解性など，多くの生物学的性状が用いられる．分離菌の詳細な解析に当たっては，生物型別，コアグラーゼ型別，ファージ型別，遺伝子型別などが応用される．

3) 血清学的・生化学的性状

i） 抗原性　多糖抗原（タイコ酸）が型特異抗原になる．タンパク質抗原としてはプロテインAが代表的である．プロテインAの保有率は動物由来株では低く，コアグラーゼ陰性株ではみられない．*S. aureus* では，莢膜の抗原性により分類することができる．

ii） 生化学的性状　多くの糖を分解して酸を産生するが，ガスは産生しない．ブドウ糖を発酵し，乳酸をつくる．*S. aureus* の多くがマンニット分解性を示す．カタラーゼ陽性，オキシダーゼ陰性で，DNA分解酵素を産生する．タンパク質分解酵素を産生する．*S. aureus* が産生する酵素の多くは耐熱性である．*S. aureus* はコアグラーゼを産生するが，プロテインA産生は菌株による．

4) 特 徴

無芽胞の病原菌のうちでは抵抗力の強い菌で，60℃ 30分間の加熱に耐える．至適発育温度は35～40℃であるが，20℃近くでも発育可能である．4℃の培地上で数か月間，乾燥状態でも2～3か月間生存可能である．1% フェノール（石炭酸）中では15分間程度生存するが，アニリン系色素に対しては感受性が高い．多くの菌は耐塩性で，10% 食塩加培地でも発育可能である．分離には，耐塩性を利用した培地（マンニット食塩培地，卵黄加食塩培地など）が用いられる．溶血毒素を産生する菌では，血液寒天培地上の集落周囲に溶血環がみられる．*S. aureus* は水に不溶性のカロチン様の色素を産生するため，集落が着色し，白（白色ブドウ球菌），黄（黄色ブドウ球菌），レモン色（レモン色ブドウ球菌）を呈する．色素の産生は20～24℃での培養が最もよいが，色素産生性は変異しやすい．

5) 病 原 性

コアグラーゼ陽性の *S. aureus* が最も病原性が強い．各種動物およびヒトに化膿性炎症，食中毒，毒素性ショック症候群や表皮剝脱性皮膚炎などを起こす．コアグラーゼ陰性菌の病原性は弱く，日和見感染の原因菌になる．*Staphylococcus* 属は薬

表 1.28 臨床上重要な *Staphylococcus* 属菌の生化学的性状

菌種	1	2	3	4	5	6	7	8	9	10
色素産生	+	−	d	−	+	−	d	−	d	d
コアグラーゼ	+	−	−	d	−	+	−	−	−	−
クランピング因子	+	−	−	−	−	d	(+)	+	−	−
耐熱性デオキシリボヌクレアーゼ	+	−	−	+	−	+	−	+	−	−
溶血性	+	−	(+)	−	−	d	w	−	−	(ds)
アルカリホスファターゼ	+	+	−	+	+	+	−	+	−	−
アセトイン産生	+	+	+	−	−	−	+	+	+	+
アルギニン加水分解	+	+	+	+	+	+	−	+	−	d
β-ガラクトシダーゼ	−	−	−	−	−	+	−	(+)	+	−
ノボビオシン感受性	−	−	−	−	−	−	−	−	+	−
炭水化物からの酸産生										
トレハロース	+	−	+	+	+	+	+	d	+	+
マンニトール	+	−	d	−	d	(d)	−	−	d	d
マンノース	+	(+)	−	+	+	+	+	+	−	−
ツラノース	+	(d)	(d)	−	d	d	(d)	−	+	(d)
キシロース	−	−	−	−	−	−	−	−	−	−
セロビオース	−	−	−	−	−	−	−	−	−	−
マルトース	+	+	+	−	d	−	+	−	+	(+)
スクロース	+	+	+	+	+	+	+	−	+	+

1：*S. aureus* subsp. *aureus*, 2：*S. epidermidis*, 3：*S. haemolyticus*, 4：*S. hyicus*, 5：*S. chromogenes*, 6：*S. intermedius*, 7：*S. lugdunensis*, 8：*S. schleiferi* subsp. *schleiferi*, 9：*S. saprophyticus* subsp. *saprophyticus*, 10：*S. warneri*.

+：90％以上陽性, −：90％以上陰性, d：11～89％が陽性, （ ）：反応が遅い, w：反応が弱い, ds：亜種を分類する試験, ND：未検査．

剤耐性を獲得しやすく，ペニシリン系のメチシリンに耐性を示すものをメチシリン耐性黄色ブドウ球菌（methicillin resistant *S. aureus*：MRSA）といい，ヒトの院内感染の主要原因菌になっている．また，近年はMRSAの特効薬であるバンコマイシンに耐性を示す菌（vancomycin resistant *S. aureus*：VRSA）も出現してきている．

6） ビルレンス因子

i） 莢 膜　*Staphylococcus* 属で莢膜をもつ菌は多くないが，食細胞に対する抵抗性を示す．

ii） 定着因子　定着因子の候補としてリポタイコ酸が推定され，宿主（細胞）側の受容体としてはフィブロネクチンが考えられている．

iii） 溶血毒　動物の赤血球を破壊する毒素で，4種類（$\alpha, \beta, \gamma, \delta$）がある．$\delta$ 毒素と β 毒素の本体は，ホスホリパーゼおよびホスホリパーゼCである．動物由来株には γ 毒素や δ 毒素を産生するものが多く，ヒト由来株には α 毒素や β 毒素を産生する株が多い．

iv） ロイコシジン　白血球を破壊する毒素で，ウサギとヒト以外の白血球には作用しない．

v） 腸管毒（staphylococcal enterotoxin：SE）　耐熱性（100℃ 30分間の加熱により不活化しない）のタンパク質からなる毒素で，嘔吐中枢を刺激して激しい嘔吐を引き起こす．抗原性の違いにより多くの血清型に分けられている．SEは細菌性スーパー抗原として主要組織適合遺伝子複合体（major histocompatibility complex：MHC）クラスII分子に結合し，T細胞を活性化する．

vi） 表皮剥脱性毒素（exofoliative toxin：ET）　*S. aureus*, *S. hyicus*, *S. intermedius* などが産生する．抗原性の違いにより複数の血清型に分けられている．*S. aureus* ETは熱傷様皮膚症候群，*S. hyicus* ETはブタ滲出性表皮炎，*S. intermedius* ETはイヌの膿皮症の原因となる．

vii） 毒素性ショック症候群毒素（toxic shock syndrome toxin-1：TSST-1）　スーパー抗原の一つで，発熱，発疹，落屑，低血圧，多臓器不全，ショック症候群などを起こす毒素である．

viii） コアグラーゼ　血漿を凝固させる作用をもつタンパク質であるが，酵素活性はもたない．

ix） クランピング因子　フィブリノーゲンに直接作用して，フィブリンを析出する作用を有する．

x） スタフィロキナーゼ　血清中のプラスミノーゲンを活性化してプラスミンを生じる．

xi) その他の酵素 DNase, ホスファターゼの産生は, *S. aureus*, *S. hyicus*, *S. intermedius* に多い. リパーゼを産生する株もあり, 卵黄寒天培地上で混濁帯を形成する.

a. Genus *Staphylococcus*

(1) *S. aureus* (黄色ブドウ球菌)

耐塩性菌で, 10% NaCl存在下での発育はよいが, 15% NaCl存在下では発育が少し劣る. 発育可能温度域は10～45°Cであるが, 至適発育温度は30～37°Cである.

・ビルレンス因子: コアグラーゼ, プロテインA, 溶血毒, SE, ET, 耐熱性DNaseなどの産生がみられる. これらの因子の組み合わせによりさまざまな病変(化膿症, 食中毒, 剝脱性皮膚炎, 毒素性ショック症候群)を起こす.

・化膿症: 莢膜, コアグラーゼ, クランピング因子, 細胞毒(溶血毒, ロイコシジン), その他の酵素類が関与していると推定されるが, その発症機構は不明である.

・食中毒: 食品内で産生されたSEの摂取により起こる.

・剝脱性皮膚炎: ETを産生する菌株の感染により起こる.

・毒素性ショック症候群: TSST-1を産生する菌株の感染により起こる.

・病原性: *S. aureus* は本来, 動物およびヒトの化膿性疾患の原因菌であり, ウシの乳房炎あるいはニワトリの化膿性疾病の総称であるブドウ球菌症の原因菌になる.

(2) *S. epidermidis* (表皮ブドウ球菌)

皮膚および粘膜に常在する非病原性菌であるが, 宿主の抵抗性が減弱したときに二次感染を起こす(日和見感染). 7.5% NaCl存在下での発育はよいが, 10% NaCl存在下では発育が劣る. 発育可能温度域は15～45°Cであるが, 至適発育温度は30～37°Cである.

・ビルレンス因子: コアグラーゼは産生しない. 溶血毒を産生するが, その溶血活性は弱い.

(3) *S. intermedius*

S. aureus と *S. epidermidis* との中間的な性状を示す. 12.5% NaCl存在下でも発育できる. 発育可能温度は15～45°Cであるが, 至適発育温度域は30～40°Cである.

・ビルレンス因子: コアグラーゼは産生するが, クランピング因子の産生は菌株により異なる. 一般的に溶血毒(β溶血毒を産生するが, ハト由来の菌株はα溶血毒)を産生し, SEおよびETを産生する菌もある.

・病原性: イヌの外耳炎, 膿皮症, 産道感染, 乳房炎, 創傷感染などの原因になる. 乳牛, ウマ, ブタ, ハトなどの動物からも分離される.

(4) *S. hyicus*

10%以上のNaCl存在下では発育できない. 発育可能温度域は15～40°Cであるが, 至適発育温度は30～35°Cである.

・ビルレンス因子: コアグラーゼの産生は弱いが, 24～56%の菌株がコアグラーゼを産生する. クランピング因子および溶血毒は産生しない. SEおよびETを産生する菌もある.

・病原性: 生後1か月齢以内の子ブタに滲出性表皮炎を起こす. 化膿性多発性関節炎や流産胎子などからも分離される. また, ウシの乳房炎から検出されることがある.

F.2 Family *Streptococcaceae*

1) 定 義

グラム陽性球菌で, 無芽胞である. 2連または鎖状に連なる. カタラーゼ陰性である. 通性嫌気性で, 非運動性である. ブドウ糖を発酵する. 6.5% NaCl加寒天培地に発育しない.

2) 分 類

Streptococcaceae (ストレプトコッカス)科は, *Streptococcus* 属, *Lactococcus* 属, *Acetoanaerobium* 属, *Oscillospira* 属, *Syntrophococcus* 属の5属からなるが, 病原性を有するのは *Streptococcus* (レンサ球菌)属と *Lactococcus* 属の一部である.

レンサ球菌の分類と同定には, 溶血性と群抗原が重要な指標になる. なお, レンサ球菌は現在50菌種以上に分類されている.

主な菌種の生化学的性状による分類例を表1.29に示した.

・溶血性: 溶血性の観察には, ヒツジあるいはウマの血液を加えた血液寒天培地を用いる. 溶血性は, 使用する血液の動物種により異なる. 溶血性には, 境界不明瞭で緑色を帯びた不完全溶血

表 1.29 臨床上重要な *Streptococcus* 属とその類縁菌の生化学的性状

菌種	1	2	3	4	5	6	7	8	9	10	11	12	13	14	15	16
Lancefield の血清群	A	B	C	C	C	C	G	不明	E,P,U,V	D,R,S	−	−	−	D	D	−
胆汁酸塩（40%）耐性	−	d	−	−	−	−	−	−	d	+	d	−	d	+	+	+
溶血性	β	$\beta(\alpha)$	α	β	β	β	β	α, β	(β)	α	γ	α	γ	α	α	α
馬尿酸の加水分解	−	+	−	−	−	−	−	−	−	−	−	−	−	−	−	+
エスクリンの加水分解	d	−	−	−	−	−	+	+	D	+	+	d	d	+	+	+
アルギニンの加水分解	+	+	+	+	+	+	+	−	+	+	−	d	−	−	−	+
CAMP テスト	−	+	−	−	−	−	−	−	−	−	−	−	−	−	−	−
炭水化物からの酸産生																
イヌリン	−	−	−	−	−	−	−	−	−	+	+	d	d	d	−	−
ラクトース	+	d	+	d	−	+	−	−	d	+	+	+	+	+	−	−
マンニトール	−	−	−	−	−	−	−	+	+	−	+	−	+	d	−	+
ラフィノース	−	−	−	−	−	−	−	−	−	−	+	+	d	ND	−	−
サリシン	+	d	d	ND	+	ND	+	+	+	+	+	−	−	+	d	+
トレハロース	+	+	+	+	−	−	−	+	+	+	+	+	d	d	ND	+

1：*S. pyogenes*, 2：*S. agalactiae*, 3：*S. dysgalactiae* subsp. *dysgalactiae*, 4：*S. dysgalactiae* subsp. *equisimilis*, 5：*S. equi* subsp. *equi*, 6：*S. equi* subsp. *zooepidemicus*, 7：*S. canis*, 8：*S. iniae*, 9：*S. porcinus*, 10：*S. suis*, 11：*S. mutans*, 12：*S. pneumoniae*, 13：*S. sorbinus*, 14：*S. bovis*, 15：*S. equinus*, 16：*Lactococcus garvieae*.

+：90%以上陽性，−：90%以上陰性，d：11〜89%が陽性，(　)：少数例の反応，ND：未検査.

(α 溶血）と，境界明瞭な透明帯を生じる完全溶血（β 溶血）がある．また，溶血を全く示さないものを γ 溶血という．溶血性により，α 溶血性レンサ球菌（α 溶レン菌），β 溶血性レンサ球菌（β 溶レン菌），γ 溶血性レンサ球菌（非溶血性レンサ球菌）に分類されている．α 溶レン菌は，本来呼吸器や口腔の常在菌であるが，呼吸器感染や血液感染の原因になることもある．β 溶レン菌は，家畜とヒトに病原性を示す菌種のほとんどすべてを含む．

・群抗原：　Lancefield が血清群分類に用いた細胞壁多糖（C 物質）のことで，現在，A〜V（I，J は除く）の各群抗原が知られている．群抗原は従来 β 溶レン菌の分類指標に使用されていたため，大多数の β 溶レン菌は群抗原により分類できる．ただし，レンサ球菌には群抗原をもつものともたないものがあるため，分類上の意義は限定されている．

3) 特　　徴

発育至適温度は 37℃付近で，大部分が通性嫌気性である．呼吸能力を欠き，エネルギー調達は糖のホモ乳酸発酵によるため，糖を含まない培地では生育できない．アミノ酸やビタミンなどの栄養素を要求する場合が多い．溶血性を分類の指標とするため血液寒天培地を一般に用いる．β 溶血に関与する溶血毒には，ストレプトリジン-O および-S がある．

4) 血清学的性状

Lancefield A 群菌は，さらに型特異抗原（M および T 抗原）により細分化される．本血清型と病原性および宿主域との間には密接な関係がある．

・M 抗原：　細胞壁表層のタンパク質性成分で，耐熱性，トリプシン感受性である．

・T 抗原：　易熱性でトリプシンに対して抵抗性を示す．

S. pneumoniae は，Lancefield の血清群分類と別に，莢膜抗原により血清型が細分化されている．

5) 病　原　性

レンサ球菌は化膿性菌であり，多種動物に種々の症状を示す感染症を起こす．また，多くのレンサ球菌は動物やヒトの上部気道または腸管内の正常細菌叢の一つとして存在している．

a. Genus *Streptococcus*

(1) *S. pyogenes*（化膿レンサ球菌）

Lancefield の A 群に属する．A 抗原は N-アセチルグルコサミンとラムノースからなるが，抗原決定基は N-アセチルグルコサミンに存在する．発育至適温度は 37℃で，培養には栄養豊富な血液寒天培地が常用される．

・溶血性：　典型的な β 溶血を示す．血液寒天上の集落は莢膜ヒアルロン酸産生量が多いムコイド型（粘液状），ムコイド型が古くなり乾燥したマット型（つや消し），ヒアルロン酸産生量が少ないか欠如した場合のグロッシー型（光沢）の3型に区別される．

・特徴： β溶血性のほかに同定上重要な性質は，バシトラシン感受性であり，この2つの性状で他の菌種と区別できる．

・抗原性： 最も重要な特異型抗原はM抗原で，病原性との関連が深い．抗M抗体は感染防御作用を示す．また，一部のT抗原は特定のM抗原と一緒に検出できるが，病原性との関連は不明である．

・病原性： 多彩な病原性を示すが，基本的には化膿性炎症を起こす．ヒトの化膿性，炎症性疾患に関係し，猩紅熱，丹毒，産褥熱，急性腎炎などの原因になる．本菌の産生する外毒素や酵素として，ストレプトリジン（溶血毒），ストレプトキナーゼ，DNase，ヒアルロニダーゼ，発赤毒，プロテイナーゼなどがあるが，猩紅熱における発赤毒の役割以外はほとんど不明である．

（2） *S. agalactiae*

Lancefield のB群に属する．B抗原はラムノース，N-アセチルグルコサミンとガラクトースからなり，主要抗原はラムノースに存在する．

・溶血性： 多くの菌株がβ溶血を示すが，溶血環が狭く，時にはα溶血または非溶血のこともある．β溶血を示す溶血毒はO，Sのいずれとも異なる．簡易検査法としてCAMPテストがある．

・CAMPテスト： *Staphylococcus* の溶血毒素によるヒツジおよびウシ赤血球の不完全溶血を完全溶血にする物質（CAMP因子）の産生の有無を検索するテストをいう．

・特徴： 馬尿酸塩を加水分解する点，バシトラシンに対して感受性を示さない点で，他の菌種と区別できる．また，40％胆汁酸塩を含む培地中でも発育できる．

・病原性： ウシの慢性レンサ球菌性乳房炎の原因菌になる（学名の由来は *agalactiae*＝absence of milk である）．ヒトに対しては非病原性で，女性の膣に正常菌として分布しているが，成人に尿路感染症，髄膜炎，肺炎を起こすこともある．

（3） *S. dysgalactiae* subsp. *dysgalactiae*

Lancefield のC群に属し，β溶レン菌に分類される．37℃では生育できるが，10℃あるいは45℃，6.5％ NaCl，10％胆汁酸塩の存在下，pH 9.5あるいは60℃ 30分間の処理といった条件下では生育できない．

・病原性： ウシのレンサ球菌性乳房炎，ブタのレンサ球菌症，子ヒツジの関節炎などの原因になる．また，マウスに弱い病原性を示す．ウシのフィブリンに対するフィブリノリジンを産生する．

（4） *S. dysgalactiae* subsp. *equisimilis*

Lancefield のC群に属し，α溶レン菌に分類される．OあるいはS溶血毒を産生する菌株がある．

・病原性： ブタのレンサ球菌症，ウマの腺疫様感染症を起こすが，ヒトへの感染が多い．

（5） *S. equi* subsp. *equi*（腺疫菌）

Lancefield のC群に属し，β溶レン菌に分類される．普通培地には発育しないが，血清添加培地では発育する．発育最低温度は約20℃である．OあるいはS溶血毒とは異なる溶血毒を産生する．

・病原性： 集団飼育の子ウマに多発する腺疫の原因菌である．

（6） *S. equi* subsp. *zooepidemicus*

Lancefield のC群に属し，β溶レン菌に分類される．

・病原性： ウマの腺疫様疾患，ウシのレンサ球菌性乳房炎，家禽や小鳥の急性敗血症型感染症，モルモットの敗血症などの原因になる．

（7） *S. porcinus*

Lancefield のE，P，U，V群に属し，β溶レン菌に分類される．

・病原性： ブタのレンサ球菌症の原因菌で，頸部リンパ節の膿瘍，肺炎，敗血症などを起こす．

（8） *S. pneumoniae*（肺炎レンサ球菌）

Lancefield の群抗原はないが，α溶血性を示す．細胞壁由来抗原としてC物質（Lancefield 抗原とは異なる）とMタンパク質がある．C物質は血清中の急性相反応タンパク質（C反応性タンパク質：C-reactive protein，CRP）と結合する．厚い多糖の莢膜があり，ビルレンス因子（抗食菌因子）として働く．莢膜物質により血清型が分類されている．2連球菌で，連鎖が短く，肺炎双球菌とも呼ばれる．

・特徴： 1％デオキシコール酸塩（胆汁酸塩）溶液で溶菌を起こす点が，α溶レン菌と異なる．イヌリン発酵性，オプトヒンに対する感受性（発育阻止）などを示す．

・病原性： ヒトの肺炎の原因菌の一つで，初生獣に強い病原性を示し，急性敗血症を起こす．ラットやモルモットの線維素性化膿性肺炎の原因菌である．

(9) *S. suis*

LancefieldのD, R, S群に属し，α溶レン菌に分類される．

・病原性： ブタのレンサ球菌症の原因菌で，髄膜炎，関節炎，肺炎，心内膜炎などを起こす．

(10) その他のレンサ球菌と感染症

*S. iniae*および*Lactococcus garviae*は魚類，特にブリにレンサ球菌症を起こす．

F.3 Family *Enterococcaceae*

1) 定　　義

グラム陽性の球菌で，無芽胞である．短い鎖状に連なる．カタラーゼ陰性である．通性嫌気性で，非運動性または運動性である．ブドウ糖を発酵する．6.5% NaCl加寒天培地に発育する．

2) 分　　類

Enterococcaceae（エンテロコッカス）科は，*Enterococcus*属（腸球菌属），*Melissococcus*属，*Tetragenococcus*属，*Vagococcus*属の4属からなるが，病原性を有するのは*Enterococcus*属菌と*Melisococcus*属菌の一部である．これらの菌は，形態学的には*Streptococcus*属菌と区別できない．

*Enterococcus*属には，*E. faecalis*，*E. faecium*，*E. avium*，*E. gallinarum*など，約20菌種が含まれる．*Melissococcus*属の病原性菌としては，*M. pluton*がある．

主な菌種の生化学的性状による分類例を表1.30に示した．

3) 血清学的・生化学的性状

血清学的には，Lancefieldの群抗原Dをもつ．胆汁酸塩とエスクリンの分解能を示すため，エスクリン寒天培地で発育する．

4) 特　　徴

熱抵抗性(60℃ 30分)が強い．6.5% NaCl加寒天培地，pH 9.6, 10℃あるいは45℃の各条件下で生育可能である．発育条件が*Streptococcus*属とは明らかに異なる．

5) 病 原 性

*Enterococcus*属菌，特に*E. faecalis*や*E. faecium*はヒトおよび動物の腸管内に常在し，日和見感染の原因になる．また，家禽や小鳥の急性敗血症型感染症（鳥類のレンサ球菌症）は*Entero-*

表 1.30 *Enterococcus*属菌とその類縁菌の生化学的性状

菌種	1	2	3	4	5	6	7	8
Lancefieldの血清群	D	D	D, Q	D	D	D	D	D
色素産生	−	−	−	−	+	+	−	−
胆汁酸塩（40%）耐性	+	+	+	+	+	+	+	−
食塩(6.5%NaCl）耐性	+	+	+	+	+	+	+	−
運動性	−	−	−	+	+	−	−	−
溶血性	γ, β	α, γ	α	β	α, γ	γ	γ, α, β	ND
好気発育	+	+	+	+	+	+	+	−
嫌気発育	+	+	+	+	+	+	+	+
馬尿酸の加水分解	d	d	d	+	−	−	d	−
エスクリンの加水分解	+	+	+	+	+	+	+	−
アルギニンの加水分解	+	+	−	+	+	+	+	−
炭水化物からの酸産生								
イヌリン	−	d	d	+	+	−	−	−
スクロース	+	+	+	+	+	+	−	−
マンニトール	+	+	+	+	+	+	−	−
ラフィノース	−	d	−	+	+	d	−	−
ソルビトール	+	d	+	−	d	d	−	−
ラクトース	+	+	+	+	+	+	+	−
トレハロース	+	+	+	+	+	+	d	−

1：*E. faecalis*, 2：*E. faecium*, 3：*E. avium*, 4：*E. gallinarum*, 5：*E. casseliflavus*, 6：*E. mundtii*, 7：*E. durans*, 8：*Melissococcus pluton*.
+：90%以上陽性，−：90%以上陰性，d：11～89%が陽性，ND：未検査．

coccus 属菌，特にニワトリでは *E. faecalis* により起こる．ヨーロッパ腐蛆病は *Melissococcus pulton* により起こる．近年バンコマイシン耐性腸球菌（vancomycin resistant *Enterococcus*：VRE）が院内感染の原因菌として重用視されている．

F.4　Family *Micrococcaceae*

1）定　　義

グラム陽性で，無芽胞である．不規則な集塊（ブドウの房状）をつくる．カタラーゼ陽性で，好気性である．ブドウ糖非発酵である．

2）分　　類

Micrococcaceae（ミクロコッカス）科は，*Micrococcus* 属，*Arthrobacter* 属，*Bogoriella* 属，*Demetria* 属，*Kocuria* 属，*Leuconobacter* 属，*Nesterenkonia* 属，*Renibacterium* 属，*Rothia* 属，*Stomatococcus* 属，*Terracoccus* 属の 11 属からなるが，病原性を有するのは *Renibacterium* 属菌の一部のみである．これらの菌は，形態学的には *Staphylococcus* 属菌と区別できない．

3）生化学的性状

ブドウ糖を酸化する（ブドウ糖から酸を産生しない）．リゾスタフィン抵抗性，リゾチーム感受性，アルギニンを加水分解しない．エリスロマイシン存在下でグリセロールから好気的に酸を産生する性質により *Staphylococcaceae* 科と区別できる．

4）特　　徴

食塩耐性は 5% 以下である．したがって，マンニット食塩培地には発育しにくい．

5）病 原 性

Micrococcus 属菌には病原性はない．唯一，*Renibacterium salmoninarum* がサケ科魚類に細菌性腎臓病を起こす．

〔G〕 グラム陽性有芽胞桿菌

G.1　Genus *Bacillus* と類縁菌

1）分　　類

Bacillus（バシラス）属は，*Bacillaceae*（バシラス）科の 8 菌属の一つであり，従来 *Bacillus* 属に含まれていた菌の一部は，*Paenibacillaceae*（パエニバシラス）科の *Paenibacillus* 属と *Brevibacillus* 属に移行された．

これらの菌はグラム陽性，好気性または通性嫌気性の長大桿菌で，芽胞を形成する．これらの菌は土壌，塵埃，汚水，植物などの環境に広く分布しており，*Bacillus* 属には 100 種以上，*Paenibacillus* 属および *Brevibacillus* 属にも多くの菌種が知られている．これらの菌群のうちで医学および獣医学で重要な菌種は，ヒト，草食獣，ブタなどに炭疽を起こす *Bacillus anthracis*（炭疽菌），食中毒や日和見感染症を起こす *B. cereus*（セレウス菌），腸炎などを起こすいくつかの菌種（*B. subtilis*, *B. licheniformis*, *B. pumilus*, *Brevibacillus brevis* など）がある．さらに，昆虫の病原性菌で生物農薬として使用されており，また，ヒトや動物に対しても日和見感染症を起こす *B. thuringiensis* およびミツバチの病原菌として重要な *Paenibacillus larvae* subsp. *larvae*（アメリカ腐蛆病菌）などがある．

主な菌種の生化学的性状による分類例を表 1.31 に示した．

2）形　　態

Bacillus 属，*Brevibacillus* 属，*Paenibacillus* 属菌は，グラム陽性（幼若培養菌）の長大桿菌（直径 0.5～1.5 μm，長さ 1.2～10.0 μm）で，芽胞を形成する．また，これらの菌のほとんどは周毛性鞭毛を有しており，運動性を示す．しかし，鞭毛形成能を欠く非運動性の菌種も少数みられる．

B. anthracis は生体内ではほとんどすべてが連鎖し，菌体の端が角張った特徴的な「竹節状」を呈しており，鞭毛形成能を欠く非運動性菌である．また，5～10% CO_2 存在下で培養するとポリグル

表 1.31 臨床上重要な *Bacillus* 属とその類縁菌の生化学的性状

菌種	1	2	3	4	5	6	7	8
菌体の直径 (μm)	0.8	0.8	0.7	1.4	1.3	1.4	0.8	0.9
菌の連鎖	−	d	−	+	+	+	d	−
運動性	+	+	+	+	−	+	+	+
莢膜	−	−	−	−	+	−	−	−
芽胞								
位置と形態	VX	VX	VX	VX	VX	VX	VX	VX
芽胞部菌体の膨大	−	−	−	−	−	−	+	+
嫌気発育	−	+	−	+	+	+	+	−
50℃での発育	+	+	d	−	−	−	−	−
カゼインの加水分解	+	+	+	+	+	+	+	+
デンプンの加水分解	+	+	−	+	+	+	−	+
硝酸塩還元	+	+	−	+	+	+	d	+
炭水化物からの酸産生								
アラビノース	−	−	−	−	−	−	−	−
キシロース	+	−	+	−	−	−	−	−
マンニトール	+	−	+	−	−	−	d	d
ガラクトース	d	+	+	−	−	−	d	−
マンノース	+	+	+	−	−	d	+	−
サリシン	+	+	+	+	−	d	+	−

1：*B. subtilis*, 2：*B. licheniformis*, 3：*B. pumilus*, 4：*B. cereus*,
5：*B. anthracis*, 6：*B. thuringiensis*, 7：*Paenibacillus larvae* subsp. *larvae*,
8：*Brevibacillus brevis*.
＋：90%以上陽性, −：90%以上陰性, d：11〜89%が陽性, ND：未検査,
T：端立芽胞, U：中立芽胞, V：中立／準端立芽胞, X：卵円形芽胞,
Y：円形芽胞．

タミン酸からなる莢膜を形成し，これを Rabiger 染色およびギムザ染色により確認することができる．

3) 性　　状

これらの菌は一般的な培地に通常の培養条件下でよく発育し，特に O_2 存在下では良好に増殖する．カタラーゼ陽性，オキシダーゼ不定の性状を示し，DNA の GC 含量は 32〜69 モル% である．

4) 病 原 性

Bacillus 属とその類縁菌は自然界に広く存在し，直接ヒトや動物に感染（多くは日和見感染）を起こすか，食物を汚染して食中毒を起こす．

これらの菌の中で最も病原性の強い菌は *B. anthracis* である．本菌のビルレンス因子としては，莢膜と外毒素が重要である．莢膜は 60 MDa プラスミドに支配されており，抗食菌因子として作用し，感染の成立に関与する．他方，*B. anthracis* の産生する外毒素は，モルモットやウサギへの皮内注射によって浮腫を起こし，マウスへ静脈内注射することにより致死活性を示す．本毒素の産生は 110 MDa プラスミドに支配されている．この外毒素には異なる抗原活性を有する易熱性の3つのタンパク質成分，すなわち，浮腫因子 (edema factor：EF)，防御抗原 (protective antigen：PA)，致死因子 (lethal factor：LF) が認められている．EF，PA，LF は単独では毒性を示さないが，EF と PA の混合皮内注射によりモルモット，マウス，ラットに浮腫を，LF と PA の混合静脈内注射により致死作用を示す．このほか，*B. cereus* も病原細菌として認められており，本菌は「食物内毒素型」食中毒の起因物質である嘔吐毒および「生体内毒素型」食中毒を起こす下痢原性の腸管毒（エンテロトキシン）を産生する．さらに，溶血毒(セレオリジン)，ホスホリパーゼ C (レシチナーゼ)なども産生し，ヒトや動物の感染症の発現に関与する．ミツバチにアメリカ腐蛆病を起こす *P. larvae* subsp. *larvae* はタンパク質分解酵素を産生し，これがビルレンス因子の一つとなる．

(1) *B. anthracis*（炭疽菌）

B. anthracis は，草食獣（ウシ，ウマ，ヒツジなど)，ブタ，ヒトなどに感染し，急性敗血症性の炭疽 (anthrax) を起こす．体温の高い鳥類には感染しにくい．本病は人獣共通感染症（ゾーノーシ

ス）の代表的なものである．

本菌の至適発育温度は35〜37℃で，普通寒天培地で良好な発育を示し，集落辺縁および表面は粗造な縮毛状（R（rough）型），灰白色の集落を形成し，鏡検すると桿状の長連鎖状を呈している．液体培地で培養すると一様に混濁させることなく，絮（じょ）（綿）状の沈殿物を呈して発育する．芽胞は楕円形または卵円形で菌体のほぼ中央に形成され，菌体を膨隆させることはない．本芽胞は生育条件が悪くなると形成され，動物体内ではほとんど形成されることはなく，空気に触れると形成される．

B. anthracis の栄養型細胞は，通常の殺菌法で容易に死滅する．また，本芽胞は熱に対して比較的弱く，100℃10分程度の加熱でほとんど死滅する．しかし，乾燥や消毒薬に対して抵抗性は高く，獣毛や皮膚などに付着した芽胞は数年間生存する．炭疽が疑われる獣畜からの検体採取を行う場合，抗生物質投与前に無菌的に行うことが重要であり，特に血液は必ず採材する．さらに死体の場合，脾臓を採取することも重要である．本菌の分離には血液寒天培地が用いられ，病原性試験としてはマウス致死試験が行われる．

B. anthracis と類似菌の鑑別には，以下に示す方法が用いられる．

・*B. anthracis* は，普通寒天培地などで好気性培養した場合，莢膜形成はみられないが，10〜20％血清加寒天培地を用いて10％ CO_2 存在下で培養した場合，莢膜形成が認められる．

・*B. anthracis* はペニシリン（0.5〜0.05 u/ml）含有培地で短時間（3〜4時間）培養すると，細胞壁の合成が阻害され，桿状の菌体が膨化して真珠状に変化し，球形のプロトプラストとして顕微鏡下で観察される（パールテスト）．

・炭疽の疑われる材料から分離した菌株を平板培地に接種し，その上に γ ファージを1滴（1〜100 RTD（routine test dilution）力価）滴下し，一定時間培養すると，*B. anthracis* は溶菌斑を形成する（ファージテスト）．

・耐熱性特異抗原（血液および脾臓から加熱抽出した莢膜抗原）と炭疽診断用血清を用いた沈降反応（重層法）によって抗原と血清の境界部に白濁環を形成することを調べる（アスコリー反応）．炭疽では，本反応は陽性を示す．

・病変材料（乳剤）をマウスまたはモルモットに皮下接種し，接種部位に膠様浸潤がみられ，24〜36時間で敗血症を呈する場合，炭疽を疑う．

① ウシの炭疽：　ウシの炭疽では，出血，血液の凝固不全を特徴とする症状を呈す．

本症は，炭疽菌芽胞が創傷，経口および吸入などにより体内に侵入して発芽した後，全身のリンパ節，脾臓で増殖し，莢膜の形成と毒素産生によって甚急性敗血症を呈して発生する．潜伏期は1〜5日とされている．

炭疽の予防としては，弱毒生菌ワクチン（無莢膜弱毒変異株である34F株を用いた芽胞ワクチン）が用いられている．

② ウマの炭疽：　ウマの炭疽菌に対する感受性はやや低く，一般に急性の咽頭炎型を呈する．急性敗血症型を呈して死の転帰をとるものは少ない．

③ ブタの炭疽：　ブタの炭疽菌に対する感受性は比較的低く，一般に急性の咽頭炎型または腸炎型を呈し，喉頭または腸間膜リンパ節に浮腫と出血の病変を示す．急性敗血症型を呈して死の転帰をとるものはまれである．

④ ヒトの炭疽：　ヒトの炭疽の中で最も多い病型は皮膚炭疽（膿疱形成）であり，手足の小創傷から感染する．重傷例では敗血症へ移行する．また，芽胞の付着した塵埃を吸い込むと肺に感染し（肺炭疽），肺門リンパ節を経て血中に侵入して敗血症を呈して高い致死率を示す．腸炭疽はまれであるが，感染した場合は腸炎から敗血症へ移行する．

（2） その他の *Bacillus* 属菌・類縁菌と感染症

① 食中毒：　*B. cereus* は一般に食品の腐敗や変敗を起こすことが知られているが，中には食中毒を起こすものがある．本菌は *B. anthracis* に類似しているが，運動性陽性，パールテスト陰性，γ ファージ非感受性などにより区別できる．

本食中毒には嘔吐型と下痢型があり，嘔吐型食中毒は潜伏期1〜5時間で，悪心や嘔吐を主症状とし，食品中に産生された耐熱性（121℃90分に耐性）の嘔吐毒（1,153 Daのペプチド）によって起こり，「食物内毒素型」食中毒に分類される．他方，下痢型食中毒は潜伏期8〜16時間で腹痛や下痢を主症状とし，本菌に汚染された食品を摂取した後，本菌が腸管内で増殖することにより，56℃5分で失活する易熱性エンテロトキシン（heat-labile enterotoxin：LT）(49,000 Da のタンパク質)を産生し，本毒素によって下痢，腹痛が起こる．このほか，*B. subtilis*，*B. licheniformis*，*B. pumilis*，*B. brevis*，*B. thuringiensis* による腸炎も報告されている．

② 日和見感染症： *B. cereus* はウシ乳房炎（壊疽性乳房炎），流産などの日和見感染症を，またヒトに対しても外傷や術後感染をし，敗血症を引き起こす．その他，急性結膜炎，出血性全眼炎，心内膜炎，ガス壊疽様感染症なども起こす．

③ アメリカ腐蛆病（American foulbrood）：

P. larvae subsp. *larvae*（アメリカ腐蛆病菌）は，運動性（周毛性鞭毛）を有する連鎖状桿菌で，楕円または卵円形の芽胞を形成するが，これは膨大して胞子嚢（sporangium）となる．本菌はチアミン加培地で良好に増殖し，平滑，灰白色の光沢のある小集落を形成する．7% 食塩加培地では発育しない．カゼイン水解陽性，ゼラチン液化，マンニトールおよびデンプン分解陰性の性状を示す．

本菌はミツバチの孵化後 2 日以内の蜂蛆に経口感染し，腐蛆病を起こす．本菌の感染蛆死体を牛乳培地に接種して培養するとカゼインを水解し，透明化を起こす．

G.2 Genus *Clostridium*

1）分　　類

Clostridiaceae（クロストリジウム）科は，*Clostridium* 属を含む 11 菌属からなるが，このうち病原性を示すのは *Clostridium* 属菌のみである．本属菌はグラム陽性，偏性嫌気性の長大桿菌で，芽胞を形成する．主として土壌，汚水・汚泥，動物腸管内などに生息しており，150 菌種以上が知られている．

医学・獣医学にとって重要なものは，10 数菌種である．なお，最近，Tyzzer 病の原因菌が本属に移行され，*Clostridium piliforme* と再命名された．主な菌種の生化学的性状による分類例を表 1.32 に示した．

2）形　　態

Clostridium 属菌は，長大桿菌（直径 0.6〜2.4 μm，長さ 1.3〜19.0 μm）で，栄養型細胞はグラム陽性であるが，長時間培養菌または保存菌などではグラム陰性に染まりやすい．芽胞は卵円形

表 1.32 臨床上重要な *Clostridium* 属菌の生化学的性状

菌種	1	2	3	4	5	6	7	8	9	10	11	12
運動性	−	+	+	+	+	+	+	+	+	+	+	+
芽胞												
位置と形態	UX	UX	VX	VX	UX	UX	VX	VX	VX	VX	TY	VX
芽胞部菌体の膨大	+	+	+	+	+	+	+	w	+	+	+	w
37℃での発育	+	+	+	+	+	+	+	+	+	+	+	+
硝酸塩還元	d	+	d	d	d	d	−	−	−	−	−	−
インドール	−	−	−	−	−	−	−	+	−	−	+	−
ゼラチン液化	+	−	+	+	+	+	+	+	+	d	+	+
カゼインの加水分解	−	−	−	−	+	−	−	+	+	−	−	+
ウレアーゼ	−	−	−	−	d	−	−	+	d	−	−	+
卵黄反応												
ホスホリパーゼ C	+	+	−	−	−	−	+	+	−	−	−	−
リパーゼ	−	−	−	−	+	+	+	−	+	−	−	−
炭水化物からの酸産生												
グルコース	+	+	+	+	+	+	+	+	+	+	−	−
ラクトース	+	+	+	+	−	−	−	−	−	−	−	−
スクロース	+	+	+	−	d	d	−	−	−	−	−	−
サリシン	−	+	−	d	−	−	−	−	−	−	−	−

1：*C. perfringens*，2：*C. barati*，3：*C. chauvoei*，4：*C. septicum*，5：*C. botulinum*（A，B，F），6：*C. botulinum*（C，D，E），7：*C. novyi*，8：*C. sordellii*，9：*C. sporogenes*，10：*C. difficile*，11：*C. tetani*，12：*C. histolyticum*.

+：90%以上陽性，−：90%以上陰性，d：11 〜 89%が陽性，w：弱反応，T：端立芽胞，U：中立芽胞，V：中立 / 準端立芽胞，X：卵円形芽胞，Y：円形芽胞．

〜球状を示し，偏在性または端在性に形成され，通常，菌体より膨隆して胞子嚢を形成する．

菌体の両端はほとんどの菌種が鈍円形であり，単在性〜短連鎖性を呈する．一般に，栄養型菌は周毛性鞭毛を形成し，運動性を有するが，鞭毛形成能を欠く非運動性菌もみられる．ガス壊疽や食中毒を起こすウェルシュ菌（*C. perfringens*）は鞭毛形成能を欠き，非運動性であるが，莢膜形成能は有する．

3）性　　状

Clostridium 属菌は偏性嫌気性であるが，嫌気性要求の高いものから少量の O_2 存在下でも増殖を示すものまでさまざまみられる．本菌属の培養には一般に GAM（Gifu anaerobic agar medium）および血液寒天培地などが用いられ，嫌気ジャーを用いて酸素除去法（ガスパック法）や混合ガス（85% N_2，10% H_2，5% CO_2）などの置換法が行われる．また，還元剤の添加により酸化還元電位（Eh）を−0.2 V 以下に調整したチオグリコール酸培地，また，肝々ブイヨン培地も使用される．

Clostridium 属菌の病原菌の多くは O_2 感受性であるが，*C. histolyticum* および *C. perfringens* は O_2 耐性である．

本属菌は，カタラーゼ陰性，メトロニダゾール感受性を示し，タンパク質分解および糖発酵のどちらも強い活性を示す菌群と，どちらの活性もほとんど示さない菌群，さらに，いずれかの活性のみを示す菌群に大別される．DNA の GC 含量は多くの菌が 22〜34 モル% であるが，40〜55 モル% を有する菌種もみられる．

4）病 原 性

Clostridium 属菌は，嫌気的な条件下で生息しており，その芽胞は長期間生存し，好条件になれば増殖して感染性を呈する．本属菌による疾病は，いずれも菌体外毒素が関与しており，① 破傷風のような神経性疾患，② 気腫疽，悪性水腫，ガス壊疽などの疾患，③ ボツリヌス毒素およびウェルシュ菌エンテロトキシンによる食中毒などの疾患に大別される．

このうち，破傷風毒素やボツリヌス毒素などは菌体内に前駆体物質が形成され，菌体の融解によって毒素活性を現す．それ以外の多くの毒素は，菌体内で産生されると同時に菌体外に放出される．

a．*C. tetani* と破傷風

破傷風（tetanus）の原因となる *C. tetani*（破傷風菌）は，やや大型の長桿菌（直径 0.4〜1.2 μm，長さ 3〜8 μm）で鞭毛（周毛性）を有し，端在性の芽胞（菌体より大きい「太鼓のバチ状」）を形成する．嫌気度の高い培養法が必要である．

本菌は破傷風毒素（破傷風痙攣毒：tetanospasmin）と溶血毒（tetanolysin）を産生する．痙攣毒は末梢神経から脊髄前角，延髄の神経細胞のガングリオシドに結合し，その一部が細胞内に入ってアセチルコリンの分泌を増加させ，強直性痙攣を起こす．本毒素はきわめて強い毒性を有し，1 mg でマウス約 1,000 万匹を致死させることができる．

本毒素に対する感受性はウマが最も高く，鳥類は低感受性である．潜伏期は平均 4〜5 日であるが，1〜2 週間の長時間を要して発症することもある．ウマでは咬筋の痙攣，強直による牙関緊急，鼻翼開張，頸部筋の強直，軀幹部痙攣，四肢関節の屈曲不能，尾の挙上を呈し，急性例のものでは 12 日前後，亜急性例では 12 週間前後に死の転帰をとる．

予防としてはトキソイドの注射，治療には抗毒素血清による血清療法が有効である．ウシ，ヒツジ，ヤギ，ブタ，イヌ，サル，ヒトなどにも感染し，致死を示す．

b．ガス壊疽菌群と感染症

1）気 腫 疽

気腫疽（black leg）の原因となる *C. chauvoei*（気腫疽菌）は，偏在性芽胞を形成し，ゼラチン液化，コラーゲン非分解，乳糖発酵，白糖発酵を示す．反芻動物（ウシ，ヒツジ，ヤギなど）に感染して，典型的なガス壊疽（無痛性気腫）症候を起こす．また，実験動物（マウス，モルモット）に感染し，致死性の外毒素を産生する．

本感染症は 1〜5 日の潜伏期後に発病し，24 時間以内に急性・熱性疾患を起こし，致死を呈する．本菌は皮膚や粘膜面の深部外傷により感染し，筋組織に病巣を形成し，増殖するとともに外毒素を産生して，皮下組織内に気疱や浮腫病変を起こす．

本症の予防には，気腫疽死菌ワクチンが有効である．また，悪性水腫菌（*C. septicum*，*C. novyi* を含む *Clostridium* 属菌）の 3 種混合ワクチンお

よび3種混合トキソイドも予防効果を示す．

2) 悪性水腫

C. septicum（悪性水腫菌）は，*C. chauvoei* の性状と類似しているが，白糖非分解性である．本菌は主にウシとヒツジに感染し，皮下組織の水腫と組織壊死を主徴とする急性・熱性疾患（悪性水腫：malignant edema）を起こす．

本感染症は，組織侵襲性のガス壊疽疾患菌群（*C. septicum* のほかに，*C. novyi*, *C. perfringens*, *C. sordellii* など）の感染によって起こる．ウマ，ブタ，ヒトにも感染するが，ウシやヒツジでは種々の毒素により毒素血症を呈し，死の転帰をとるものが多い．潜伏期は1〜5日で，多くは発病後24時間以内に死亡する．ヒトの場合はガス壊疽と呼ぶ．

3) *C. perfringens*（ウェルシュ菌）感染症

C. perfringens（直径0.6〜2.4 μm，長さ1.3〜19.0 μm）は非運動性の酸素耐性菌であり，生体内または血清加培地で増殖した場合，莢膜を形成する．一般に，芽胞（中在性・端在性芽胞を形成）は形成されにくい．本菌はゼラチン液化，カゼイン分解，ホスホリパーゼC（レシチナーゼ）産生，乳糖・麦芽糖・白糖を発酵し，牛乳培地中で多量のガスを産生して増殖する（嵐の発酵：stormy fermentation）．

C. perfringens は，主要な致死毒素（α，β，ε，ι）を産生し，その産生性から5型（A，B，C，D，E型）に区別される．A型菌はα毒素，B型菌は大量のβ毒素のほかにαおよびε毒素，C型菌は大量のβ毒素のほかにα毒素，D型菌は大量のε毒素のほかにα毒素，E型菌は大量のι毒素のほかにα毒素を産生する．

本感染症は，その発症機序，病型により，次の4種に区別される．

① ガス壊疽（gas gangrene）：　本症は主に，A型菌による筋組織の浮腫，壊死，ガス産生と全身性中毒症候を主徴とする．ウシ，ヒツジ，ヤギ，ウマ，ブタ，ヒトの創傷などに本菌および *C. chauvoei*，*C. novyi*，*C. septicum*，*C. sordellii*，*C. sporogenes*，*C. histolyticum* などが混合感染した場合に発生する．

② 出血性胃腸炎（hemorrhagic gastroenteritis）：　*C. perfringens* が腸管に感染すると，壊死性・出血性病変を起こす．このうち，A型菌はイヌに感染して，嘔吐，血便，循環障害などを呈し，発病後24時間以内に死の転帰をとるものもある．B型およびC型菌は，新生子ウシに出血性壊死性腸炎（hemorrhagic necrotic enteritis）を，D型菌と時にC型菌は，肥育牛に毒素血症を起こす．また，A型およびC型菌は，ニワトリに壊死性腸炎（necrotic enteritis）を起こす．

③ エンテロトキセミア（enterotoxemia）：　本症は，腸管に本菌が感染・増殖し，産生する各種毒素を吸収することで毒素血症を呈する疾患である．新生子ヒツジおよびヒトではB型およびC型菌により急性出血性胃腸炎（子ヒツジ赤痢：lamb dysentery）を起こし，ヒツジおよびヤギではC型菌による腹膜炎，筋炎，急性毒血症を主徴とするstruck（Romney marsh disease）を惹起する．新生子ブタではC型菌，肥育豚ではまれにA型およびD型菌によって毒素血症を起こす．子ウマではA型菌などにより腸炎や毒血症を起こすことも認められている．

④ 食中毒：　*C. perfringens* A型およびC型菌，まれにD型菌は，芽胞形成時に産生するエンテロトキシンによりヒトに食中毒を起こす．

本食中毒は食品内に汚染し，増殖した菌（多くは10^5 CFU/g以上）を摂取し，腸管内で本菌が芽胞形成時に産生するエンテロトキシンの作用によって起こる「生体内毒素型」食中毒である．潜伏期は8〜20時間で，腹痛，下痢を主徴とする．

4) *C. novyi* 感染症

C. novyi は毒素産生により，A型（α，γ，δ，ε毒素），B型（α，β，ζ，η，θ毒素），C型（γ毒素）に区別されている．B型菌はヒツジの肝臓に感染し，急性経過を示す伝染性壊死性肝炎（infectious necrotic hepatitis）を起こす．

5) Tyzzer病

Tyzzer病（Tyzzer's disease）は，実験動物（マウス，ウサギ），イヌ，ネコ，ウマ，ウシ，野生動物（サル，齧歯類）などへの感染が認められているが，その多くは無症状であり，剖検時に軽度の病変を示す程度である．肝臓の微小壊死巣および回腸部や盲腸部に出血性壊死，水腫を形成する．

本病の原因菌は *C. piliforme* である．本菌はグラム陰性，多形性の長桿菌で，周毛性鞭毛を有し，芽胞を形成する．偏性細胞寄生性で，肝細胞，腸上皮細胞，心筋細胞などに増殖し，また，感染材料を副腎皮質ホルモン投与マウスに接種すると，継代が可能である．しかし，人工培地による分離はできない．

本菌は染色(グラム, ギムザ, periodic acid-Schiff (PAS)，メセナミン銀染色など）により鏡検で観察することができる．また, 血清学的診断法として補体結合反応（CF 反応)，酵素結合免疫吸着測定法(ELISA 法)，蛍光抗体法(FA 法) などがある．

c．*C. botulinum*（ボツリヌス菌）

1） *C. botulinum* と食中毒

C. botulinum は，嫌気度要求性の厳しい周毛性鞭毛を有する長大桿菌（直径 0.5～1.6 μm，長さ 1.6～9.4 μm) であり，偏在性芽胞を形成する．ボツリヌス毒素を産生し，その抗原特異性により 7 種(A，B，C，D，E，F，G 型)に区別されている．

C. botulinum は，培養性状や細胞壁の糖により 4 群に区別されている．第 I 群は細胞壁の糖としてブドウ糖を含み，すべての A 型菌とタンパク質分解性の B 型および F 型菌が属する．第II群は細胞壁にブドウ糖とガラクトースを含み，すべての E 型菌とタンパク質非分解性の B 型および F 型菌が属する．第III群は細胞壁にアラビノースとガラクトースを含み，C 型および D 型菌が属する．第IV群には G 型菌が属する．第 I 群の芽胞は耐熱性が高く (湿熱 120°C 5 分で死滅)，第II群は 80°C 6 分, 第III群は 100°C 15 分で死滅する．G 型菌は芽胞形成不良である．

ボツリヌス中毒（botulism）は典型的な「食物内毒素型」食中毒で，食品中に産生されたボツリヌス毒素 (主に A，B，E 型菌) を摂食することにより生じる．なお，本菌の芽胞を成人が摂取しても腸管内では増殖しないが，乳児(2 週齢～6 か月齢が多い）が摂取した場合，増殖して「生体内毒素型」食中毒を起こす (乳幼児ボツリヌス症)．ボツリヌス毒素は腸管から吸収され，血液により運ばれて，神経-筋接合部に作用し，コリン作動性シナプスからのアセチルコリンの遊離を抑制することにより，視神経麻痺や筋肉麻痺などの弛緩性麻痺を起こす．最終的には嚥下・発声困難，呼吸困難を呈して死の転帰をとる．本毒素は細菌毒素の中で最も強い毒性を有するが，動物種によって毒素感受性は異なり，ヒト，ミンク，鳥類は特に強い感受性を示す．

2） 鳥類のボツリヌス中毒

鳥類は，ボツリヌス毒素に高い感受性を有し，特にニワトリとキジは A 型および B 型毒素，時にアヒルなどで C 型毒素の神経毒作用により，特徴的な頸部麻痺を起こして致死的経過を辿る．ニワトリでは頭部を地面に垂れ下げる特徴的な症状 (limber neck) を呈する．鳥類の腸管内では *C. botulinum* が増殖して毒素産生を示すことも認められている．

〔H〕 グラム陽性無芽胞桿菌

グラム陽性無芽胞桿菌には, 短桿菌から長桿菌, あるいは分岐状と，形態学的に多様性に富んだ菌属が含まれている．獣医学上重要な菌には，*Listeria* 属，*Erysipelothrix* 属，*Renibacterium* 属，*Corynebacterium* 属，*Actinomyces* 属，*Arcanobacterium* 属，*Mycobacterium* 属，*Nocardia* 属，*Rhodococcus* 属，*Dermatophilus* 属などが含まれる．このうち *Listeria* 属と *Erysipelothrix* 属は DNA の GC 含量が 36～40 モル% と少ないのに対し，他の菌属は 50 モル% 以上と高く，*Mycobacterium* 属では 62～70 モル% にも達する．

H.1 Genus *Listeria*

1） 定　　義

グラム陽性の通性嫌気性桿菌で, 運動性を有し，カタラーゼ陽性，オキシダーゼ陰性である．ブドウ糖を発酵する．

2） 分　　類

Listeria 属は，自然界に広く分布し，ヒトおよび各種動物の糞便，土壌，水，サイレージなどから分離される．本属には，*L. monocytogenes* をはじめ 8 菌種が含まれる(表 1.33)．このうちヒトを含む動物に病原性を示すのは，*L. monocytogenes*，*L. ivanovii*，*L. seeligeri*，*L. innocua*，*L. welshimeri* の 5 菌種である．

3） 特　　徴

広い発育温度域 (4～45°C) と pH 域 (pH 5.5～9.6) をもち，10% NaCl，40% 胆汁酸に耐性を示

表 1.33 *Listeria* 属の各菌種と *Erysipelothrix rhusiopathiae* の主な性状

菌種	4℃発育	カタラーゼ	溶血	CAMP テスト		糖の利用（酸産生）			
				S. aureus	*R. equi*	Gal	α-m-D-man	Xyl	Rha
L. monocytogenes	+	+	β	+	d	−	+	−	+
L. innocua	+	+	−	−	−	−	+	−	d
L. ivanovii	+	+	−	−	+	−	−	+	−
L. seeligeri	+	+	−	(±)	−	−	d	+	−
L. welshimeri	+	+	−	−	−	−	+	+	d
E. rhusiopathiae	−	−	α	·	·	+	−	−	−

+：大部分の菌株が陽性，−：大部分の菌株が陰性，d：菌株により異なる．
S. aureus：*Staphylococcus aureus*（黄色ブドウ球菌），*R. equi*：*Rhodococcus equi*，
Gal：ガラクトース，Xyl：キシロース，α-m-D-man：α-メチル-D-マンノシド，
Rha：ラムノース．

す．至適培養温度は 30～37℃ である．20～25℃ で培養すると 4～6 本の周毛性鞭毛を発現し，運動性を示すが，37℃ では鞭毛はほとんどみられないため，運動性は不明瞭となる．分離当初，菌形態は多形性を示すものが多く，*Corynebacterium* 属や *Streptococcus* 属と見誤ることがある．感染動物体内では球菌状を呈する．普通寒天培地でも発育するが，酵母エキスを加えた培地では特に良好な発育を示す．4℃ でも徐々に増殖し，1 週間ほどで集落を形成する．5% ヒツジまたはウサギ血液寒天培地上では，狭い β 溶血環を示す．半固形培地では，培地表面下に傘状発育（subsurface umbrella-shaped growth）を示す．CAMP テストは *L. monocytogenes* と *L. ivanovii* の鑑別に有効である．細胞壁を構成するペプチドグリカンのテトラペプチドの 3 番目のアミノ酸はジアミノピメリン酸で，細胞壁多糖が菌体抗原（O 抗原）となる．さらに，鞭毛抗原（H 抗原）を組み合わせて 16 種の血清型に分類される．ただし，*L. ivanovii* に特異的な血清型 5 以外は菌種特異的でない．

4） 病　原　性

家畜やヒトに病原性を示すのは，*L. monocytogenes* と *L. ivanovii* である．本菌は通性細胞内寄生菌で，各種動物，特に幼獣や鳥類に病原性を示す．本菌は食細胞の殺菌に抵抗し，マクロファージ内で増殖可能な細胞内寄生性細菌である．細胞への付着と侵入に関与する ActA や internalisin，食胞（phagosome）から細胞質内へ菌が脱出する際に分泌される listeriolysin-O などのビルレンス因子が知られている．

反芻動物では，本菌に汚染されたサイレージを，また，愛玩動物（伴侶動物，ペット）やヒトでは本菌に汚染された乳製品，食肉加工品，魚介類，野菜などを経口的に摂取することにより感染する．腸の上皮細胞に侵入した菌は，肝臓や脾臓のマクロファージで増殖する．宿主の飼育環境や菌の侵入門戸の違いにより，脳炎，死流産，敗血症など異なる症状を引き起こす．脳炎型（ウシやヒツジに多い）では口腔内の傷から三叉神経を介して中枢神経に上行感染する．流産は，感染した母親から胎盤を介して胎子に感染することにより起こる．急性敗血症は，反芻動物の幼若獣でしばしばみられる．

実験動物では，ウサギ，モルモット，マウスが感受性を有する．ウサギに本菌を感染させると末梢血中に単球が増加することから，*monocytogenes* の菌名が付けられた．

ヒトでは，妊婦が感染することにより，流産や胎子敗血症などの新生子感染（周産期リステリア症）が，また高齢者や免疫不全を伴うヒトが日和見感染して髄膜炎や敗血症を起こす．

5） 診　　断

敗血症型では血液，脳炎では髄液をそれぞれ血液寒天に接種し，10% CO_2 35℃ 培養する．他の細菌汚染が考えられる材料では，市販のリステリア用選択分離培地と低温（5～10℃）長期培養による増菌培養を行った後，血液寒天平板に移植して分離する．前述のビルレンス因子をコードする遺伝子を標的としたポリメラーゼ連鎖反応（PCR）による検出も可能である．

H.2 Genus *Erysipelothrix*

1) 定　　義

グラム陽性で，通性嫌気性のやや湾曲した細小桿菌（直径 0.2～0.5 μm，長さ 0.5～2.5 μm）である．芽胞を形成せず，鞭毛も線毛もない．莢膜を保有する．

普通寒天培地上（2 日間培養）で小露滴状集落を形成する．カタラーゼ，オキシダーゼともに陰性である．ブドウ糖を酸化する．

2) 分　　類

Erysipelothrix（エリジペロスリックス）属は，かつて *E. rhusiopathiae*（ブタ丹毒菌）の 1 菌種のみであると考えられてきたが，DNA-DNA 相同性の研究から *E. rhusiopathiae* の一部は新たに *E. tonsillarum* として分類された．最近はさらに *E. inopinata* が新菌種として提案されている．

3) 特　　徴

培地に血液，ブドウ糖，Tween 80 などを添加すると発育が促進される．敗血症（急性）型の症例から分離される菌は単在または 2 連鎖で，透明平滑で光沢のある正円形の S 型集落を形成し，血液寒天培地上で不明瞭な α 溶血を示す．一方，慢性型の症例から分離される菌または継代株は細長くて，長連鎖するものが多く，灰白色不正円形で扁平，表面は粗造で辺縁が鋸歯状の R 型集落を形成する．SIM（sulfate indole motility）培地で硫化水素（H_2S）を産生するが，インドールは陰性である．ゼラチン高層培地で穿刺培養（25℃ 以下）すると，（試験管洗浄用の）ブラシ状発育がみられる．ただし，ゼラチンを液化することはない．TSI（triple sugar (lactose, glucose, sucrose) iron agar）培地に接種すると H_2S 産生がみられる．

ペプチドグリカンの耐熱性抗原とウサギ免疫血清で行うゲル内沈降反応により，26 の血清型と，反応性を欠く N 型に分類される（本属菌は鞭毛をもたないので H 抗原はない）．

4) 病　原　性

ブタのほか，種々の哺乳動物，鳥類，水生動物などに感染する．*E. rhusiopathiae* から独立した *E. tonsillarum* もブタ丹毒の原因菌となりうるが，中心となるのはやはり *E. rhusiopathia* である．とはいえ，血清型と菌種の関係は一定ではない．ただ一般に敗血症型からは 1 a 型菌，蕁麻疹型からは 2 型菌，慢性型症例からは 1 a，1 b，2 型菌が多く分離される傾向がみられ，それらはほぼ *E. rhusiopathia* に属する．前述の *Listeria* 属菌同様，この菌も人獣共通感染症（ゾーノーシス）の原因となる．

本属菌は，ブタ以外ではウシやヒツジに多発性関節炎を，ヒトに類丹毒を，ニワトリやシチメンチョウに敗血症を引き起こす．

5) 診断・予防

敗血症型では血液から，その他の病型では病変部から菌を分離し，同定を行う．

H.3 Genus *Renibacterium*

1) 定　　義

グラム陽性の好気性で，非運動性の短桿菌（直径 0.3～1.3 μm，長さ 1.0～1.5 μm）である．莢膜をもたず，芽胞もつくらない．カタラーゼ陽性，糖類非分解で，DNA の GC 含量は 53 モル% である．

2) 特　　徴

多形性で異染小体をもつなど，菌形態が *Corynebacterium* 属に類似するが，ミコール酸を欠き，それらとは明瞭に区別される．*Renibacterium*（レニバクテリウム）属は，発育にシステインを要求し，血液あるいは血清によって増強される．至適発育温度は 15～18℃ で，20～30 日間培養すると集落を形成する（遅発育性）．30℃ では発育できない．

3) 病　原　性

R. salmoninarum は，サケ科魚類の腎臓に膿瘍を形成する（細菌性腎臓病）．本病は北米やヨーロッパ，それにわが国のサケ，ニジマス，イワナに発生する致命的な感染症で，感染魚の腹部は膨隆し，腎臓の腫大ならびに出血，灰白色の壊死性膿瘍の形成がみられる．本菌は通性細胞内寄生菌で，菌体表面は疎水性が強く，宿主細胞への付着と侵入を助長する．

H.4 Genus *Lactobacillus*

1) 定義・分類・特徴

Lactobacillus 属（乳酸桿菌）には，ヒトおよび

動物の腸内常在細菌で，畜産工業にとって重要な細菌が含まれる．一般に乳酸菌(lactic acid bacteria)と呼ばれるものは，*Lactobacillus* 属をはじめ，グラム陽性桿菌である *Bifidobacterium* 属，グラム陽性球菌である．*Lactococcus* 属や *Pediococcus* 属などを含む，糖を発酵する際に大量の乳酸を産生する細菌の総称であり，細菌分類学上の名称ではない．分類学上，*Lactobacillus* 属は現在，55 菌種 11 亜種に分類され，いわゆる乳酸菌の中でも最大の菌属である．DNA の GC 含量は 32～53 モル％と幅が広く，将来再分類される可能性がある．

本属の菌は *Streptococcus* 属と同様，酸素を呼吸代謝における水素受容体とはせず，糖を乳酸発酵する．糖から乳酸のみを産生する偏性ホモ発酵菌，乳酸のほかに酢酸や CO_2 を産生する偏性ヘテロ発酵菌，条件によりヘテロ発酵を行う通性ヘテロ発酵菌とがある．ヒトおよび動物の口腔には *L. casei* や *L. fermentum* が，腸管では *L. acidophilus* や *L. salivarius*, *L. fermentum* が，膣では *L. acidophilus* や *L. casei* が，常在菌叢を形成している．肉および肉製品には *L. brevis* や *L. farciminis* などが，生乳および乳製品には *L. casei*，*L. plantarum*，*L. buchneri* などが常在し，有用菌として環境の浄化や風味，保存性などに関与している．ヨーグルト発酵で知られる *L. bulgaricus*（ブルガリア菌）は，*L. delbrueckii* の亜種である．

2） 病 原 性

L. rhamnosus や *L. plantarum* などが細菌性亜急性心内膜炎から，*L. gasseri* が尿路性敗血症から，それぞれ分離されたことがあるが，本菌属の動物に対する病原性は不明である．

H.5 Genus *Bifidobacterium*

1） 定義・分類・特徴

形態がＶ字状，棍棒状など多形性を示すグラム陽性の偏性嫌気性桿菌．一般的に乳酸菌といわれる細菌の仲間で，ビフィズス菌として知られている．無芽胞，非運動性，カタラーゼ陰性．ヘテロ乳酸発酵菌であるが，bifidum pathway により 2 モルのブドウ糖から 2 モルの乳酸と 3 モルの酢酸を産生し，ガスの産生がみられないのが特徴である．*B. bifidum* のほか 7 種類以上の菌種が知られており，それらはすべてヒトを含む動物の消化管の常在菌である．

2） 病 原 性

病原性は知られていない．一部の菌種はヨーグルトなどの乳製品に利用されるほか，家畜や家禽の発育促進のため飼料添加剤として用いられる．ヒトでもビフィズス菌製剤が整腸作用や下痢予防の目的で利用されている．

H.6 Genus *Mycobacterium*

1） 定義と分類

このグループは細胞壁に特有の成分ミコール酸を含み，高い GC 含量(62～72 モル％)の DNA をもつ．後述の *Corynebacterium* 属，*Nocardia* 属と，*Rhodococcus* 属と近縁の細菌集団である．好気性のグラム陽性桿菌で，鞭毛，莢膜，芽胞を形成しない．脂質やミコール酸などの脂肪酸に富む細胞壁をもつため，通常のグラム染色では染まりが悪く，特異な染色性（抗酸性）と動物に特異な炎症（結核症）をもたらす．増殖倍加時間は菌種により異なるが 2～20 時間以上で，集落形成に 2 日～8 週間を要する．抗酸菌は結核菌群とそれ以外の非結核性抗酸菌に大別され，結核菌群以外の培養可能な抗酸菌を一括して非結核性抗酸菌(non-tuberculous mycobacteria：NTM)または非定型抗酸菌（atypical mycobacteria）と呼ぶ．NTM は，発育速度から集落形成に 7 日以上を要する遅発育菌と，7 日以内に集落を形成する迅速発育菌とに分けられる．また，遅発育菌は集落の着色の違いにより，① 光発色性，② 暗発色性，③ 非発色性とに分けられる．Runyon はこれらの性状に基づき抗酸菌を分類している(表 1.34)．現在では，新菌種が増えたこともあって，旧来の Runyon 分類では対応できない抗酸菌種もある．しかし，発育温度域，発育速度，集落の着色性の 3 性状は，現在でも臨床材料から分離する際の抗酸菌の大まかな鑑別の目安となっている．

2） 特 徴

抗酸性の本態は，脱色作用に対する抵抗性である．抗酸菌を含むほとんどの細菌は，媒染剤（通常はフェノール（石炭酸））と加温処理によってアニリン色素を細胞壁に捕捉させることができる．

表 1.34 Runyon による *Mycobacterium* 属の分類と各菌種の物理的・生化学的性状

群別 発育	群別 Runyonの分類	菌種	小川培地上の集落 発育 温度(℃) 25	37	45	集落 7日以内	光発色性	暗発色性	発育色性	ナイアシン産生	硝酸塩還元	Tween80水解	ウレアーゼ産生	耐熱性カタラーゼ
遅発育菌	結核菌群	*M. tuberculosis*	−	+	−	−	−	−	S	+	+	−	+	−
		M. microti	−	+	−	−	−	−	S	+	−		+	−
		M. bovis	−	+	−	−	−	−	S	−	−	−	+	−
		M. africanum	−	+	−	−	−	−	S	V	V		+	−
	非結核性抗酸菌群 I	*M. kansassi*	+	+	−	−	+	−	S	−	+	+	+	+
	I	*M. simiae*	+	+	−	−	+	−	S	+	−	−	+	+
	I	*M. marinum*	+	+*	−	−	+	−	S	−	−	+	+	V
	II	*M. scrofulaceum*	+	+	V	−	+	+	S	−	−	−	+	+
	II	*M. gordonae*	+	+	−	−	+	+	S	−	−	+	−	+
	III	*M. avium*	V	+	+	−	−	−	S	−	−	−	−	+
	III	*M. intracellulare*	V	+	V	−	−	−	S	−	−	−	−	+
	III	*M. tarrae*	+	+	−	−	−	−	S	−	+	+	−	+
	III	*M. ulcerans*	V**	−	−	−	−	−	S	−	−	−	−	+
	III	*M. xenopi*	−	+	−	−	−	−	S	−	−	−	−	+
迅速発育菌	IV	*M. chelonae*	+	+	−	+	−	−	R	V	−	V	+	V
	IV	*M. fortuitum*	+	+	−	+	−	−	R	−	+	V	+	+
	IV	*M. phlei*	+	+	+***	+	−	+	R	−	+	+		+
	IV	*M. smegmatis*	+	+	+	+	−	−	R	−	+	+		+
特殊栄養要求菌・培養不能菌		*M. paratuberculosis*	+	+	−	−	−	−	S	−	−	V	−	V
		M. lepraemurium	培養不能											
		M. leprae	培養不能											

V：菌株によって異なる，S：遅発育，R：迅速発育．
*初代分離では 37℃で発育せず，**28℃で発育せず，***52℃でも発育可．

そこに強酸アルコールを作用させると，抗酸菌以外の細菌では色素が細胞壁から離脱してしまう（脱色）．しかし，抗酸菌の細胞壁はこれに抵抗する性質をもつ．こうした細胞壁を有することで，抗酸菌は一般細菌に比べ乾燥に強く，酸やアルカリにも耐える．この性質を利用して菌の分離培養する際に，検査材料を水酸化ナトリウム溶液や硫酸水で前処理することが行われる．温度に対する抵抗性は，芽胞のように強いというわけではないが，喀痰内のヒト結核菌が 100°C で 5 分以上，牛乳中の菌が 60°C で約 1 時間，70°C でも 10 分程度生残する．抗酸菌に対し，両性界面活性剤やビグアニド類の消毒効果はほとんど期待できない．ヨウ素系あるいは塩素系消毒薬でさえ，短時間処理では菌は殺されない．消毒アルコール中でさえも，数分以上耐える．

1998 年，強毒ヒト型結核菌 H 37 Rv 株のゲノムの全塩基配列が決定され，4,411,529 bp 中に，3,924 個の遺伝子が存在することが明らかとなった．解析の結果，同菌はすべての必須アミノ酸，ビタミン，補酵素などはすべて自前で合成する能力を有していること，脂質代謝に関連する多くの遺伝子が非常に多い（約 250）といった特徴をもつことがわかった．実際，結核菌の細胞壁は脂質成分に富み，ミコール酸，スルホリピド，リン脂質などからなる．ミコール酸は総炭素数が約 80 の高級脂肪酸で，このミコール酸 2 分子とトレハロースが結合したものはコードファクターと呼ばれ，ビルレンス因子の一つである．また，ペプチドグリカン-アラビノガラクタン-ミコール酸の結合物は，結核菌の細胞骨格であり，Freund のアジュバントの主成分でもあり，免疫増強活性や種々のサイトカイン誘導活性をもっている．ウシ型結核菌（*Mycobacterium bovis*）は，ヒト型結核菌に類似するが，分離当初の人工培地上での発育は不良（dysgonic）で，ナイアシン試験でヒト型結核菌と区別される

(ウシ型菌は陰性) ほか，T 2 H (thiophen-2-carboxylic acid hydrazide) に対する感受性もヒト型菌より高い．BCG (Bacille de Calmette et Guérin) はパスツール研究所の Calmette と Guérin が *M. bovis* の強毒株をウシ胆汁加バレイショ培地に 13 年間 230 代にわたり継代して確立した弱毒菌 Pasteur 株を始祖としており，志賀 潔博士(赤痢菌の発見者) が日本に持ち帰ったもので，わが国では結核予防ワクチン (日本 Tokyo 株) として用いられている．

3) 分離・培養

抗酸菌の分離培養や純培養に用いる固形培地としては，卵をベースとしたものと寒天をベースにしたものと 2 種類ある．前者には小川培地やハロルド培地が，後者には Middlebrook 7 H 10 や 7 H 11 がある．炭素源としてグリセリンやブドウ糖を，また，窒素原としてグルタミン酸やアスパラギンを加える．また大量培養やツベルクリンタンパク質を得るためにグリセリンブイヨンやソートン (Sauton) などの液体培地を用いることがあるが，これらの培地では培養液の表面に菌膜をつくって増殖する．Tween 80 は，グリセリン添加固形培地上で発育不良の抗酸菌の増殖を促進する作用があり，また，液体培地に添加すると菌の疎水性を減弱させ，液中で均等発育させる作用もある．一方，ある種の脂肪酸は，抗酸菌の発育に対して発育阻害作用をもつため，そうした脂肪酸を含む寒天をベースにした培地では，阻害物質を中和する目的で血清やアルブミンを加える．

小川培地上では 2～3 週間培養で灰白色の S 型集落を形成する．培養期間を長くすると集落は大きくなり，淡黄色～黄色となる．小川培地上での発育が非常に悪い菌株がある (特に分離当初) が，その場合は Tween 80 を培地に加えると発育が促進される．*M. avium* の亜種であるヨーネ菌 (*M. avium* subsp. *paratuberculosis*) は，一般に用いられる抗酸菌分離培地 (小川培地など) には発育せず，他の抗酸菌のアルコール抽出物(マイコバクチン)を添加した培地(ハロルド培地)でないと発育しない．ハンセン病の原因菌である *M. leprae* は人工培地では培養できないため，菌株の維持には免疫不全マウスやアルマジロなどが用いられる．

4) 病 原 性

結核菌群，ヨーネ菌は保菌動物から伝播するが，その他の抗酸菌は動物体内の常在菌の一部となっているか，あるいは土壌や水などの自然環境に広く分布する．抗酸菌の感染症は，ヒト，家畜，伴侶動物を含めた多くの哺乳動物，鳥類，は虫類，魚類に至るまでさまざまな報告例がある．表 1.35 に，新菌種も含め，ヒトおよび動物に対し病原性を有する抗酸菌種を示す．結核菌群の中で，家畜，とりわけウシに対して強い病原性を示すのは *M. bovis* である．菌は動物からヒトへ，あるいはヒトから動物へ感染しうる．感染した母ウシの乳 (生乳) を飲んだ子ウシまたはヒトが感染するケースが最も多く，次いで咳とともに排出された菌を含むエアロゾルを吸引して感染するケースが多い．集団飼育において，共通の餌槽や飲水槽は感染の危険率を高める要因となる．

非結核性抗酸菌の中で家畜 (家禽) に強い病原性を有するのは，*M. avium* のグループである．*M. avium* subsp. *avium* (トリ型結核菌) は，元来ニワトリを含む鳥類に強い病原性を示し，鳥類の個体間で感染が成立する．*M. intracellulare* と生化学的性状が酷似するため，一時，*M. avium-intracellulare* complex と呼ばれたこともあるが，両菌種は遺伝学的には全く異なる．強毒株は，ウサギや鳥類への実験的静脈感染により敗血症を起こさせることができる (*M. intracellulare* に対し，これらの動物は抵抗性を示す)．*M. avium* subsp. *hominissuis* は，自然界すなわち水や土壌中に存在するものと考えられているが，中にはアメーバの細胞内で増殖しているものもある．これらの菌がブタやヒトに感染し，非定型抗酸菌症を起こす．これらの菌のヒトへの感染は自然界から起こり，ヒト-ヒト間の感染は認められない．ヨーネ菌は，ウシ，ヒツジ，ヤギなどの反芻動物に慢性腸炎(ヨーネ病：Johne's disease) を起こす．

M. avium の発育至適温度は 37～42℃ と，高温域でよく発育する．自然抵抗性を支配する *NRAMP1* 遺伝子の機能異常を示す一部の近交系マウスもまた，*M. avium* をはじめいくつかの非結核性抗酸菌種に高い感受性を示す．

M. marinum は，海水魚や淡水魚に感染し，肝臓，脾臓，腎臓などに結節性病変をつくる (魚類結核)．ヒトでは水産業従事者に感染例が多く，皮膚に難治性の肉芽腫や潰瘍を形成する．プールでの感染事例もある．

表 1.35 ヒトおよび動物に対して病原性を有する *Mycobacterium* 属菌種

(a) 遅発育性，発育温度域が狭いヒト型結核菌群

菌種	宿主（疾病）
M. tuberculosis	ヒト，サル（結核），オウム（結核様病変）
M. africanum	ヒト（結核）
M. bovis	ウシ，ヒト（結核）
M. microti	ハタネズミ（結核）
M. caprae	ヤギ（結核）
M. pinnipedii	アザラシ（結核）

(b) 遅発育性，光発色性の集落を形成する抗酸菌

菌種	宿主（疾病）
M. kansasii	ヒト（肺結核類似病変），ウシ，シカ，ブタ（結核様疾病）
M. simiae	サル（リンパ節における肉芽腫病変），ヒト（肺に結核様病変）
M. marinum	魚類（結核結節），水生哺乳動物，両生類（播種性の肉芽腫病変），ヒト（皮膚肉芽腫，潰瘍）

(c) 遅発育性，暗発色性の集落を形成する抗酸菌

菌種	宿主（疾病）
M. scrofulaceum	ブタ，ウシ，ヒト（リンパ節の結節病変）
M. farcinogenes	ウシ科動物（皮膚およびリンパ節の結節性病変，膿瘍）

(d) 遅発育性，非発色性の集落を形成する抗酸菌

菌種	宿主（疾病）
M. avium complex	
M. a. subsp. *avium*	家禽をはじめとする多くの鳥類（いわゆる鳥類の結核）
M. a. subsp. *hominissuis*	ヒト（肺結核類似病変），ブタ（腸管リンパ節の結節性病変）
M. a. subsp. *silvaticum*	野鳥（播種性の結節性病変）
M. a. subsp. *paratuberculosis*	ウシ，ヒツジ，ヤギ，その他反芻動物（ヨーネ病，進行性慢性腸炎）
M. intracellulare	ヒト（肺結核類似病変），ブタ，ウシ（腸管リンパ節の結節性病変）
M. genavense	野鳥（播種性の結節性病変），ヒト（日和見感染）
M. ulcerans	ヒト（皮膚の無痛性壊死性潰瘍），ネコ（結節性潰瘍性皮膚病変）
M. xenopi	ネコ（結節性潰瘍性皮膚病変），ブタ，ヒト（リンパ節の結節性病変）

(e) 迅速発育性の抗酸菌

菌種	宿主（疾病）
M. chelonae	魚類（播種性結節性病変），カメ（結核様病変），ウシ，ネコ，ブタ（結節性潰瘍性病変）
M. fortuitum	ウシ，ブタ，ヒト（リンパ節の肉芽腫病変），ネコ（皮膚の潰瘍性化膿性肉芽腫性病変）
M. porcinum	ブタ（リンパ節における肉芽腫病変）
M. elephantis	ゾウ（肺の膿瘍）
M. phlei	ネコ（皮膚の結節性潰瘍性病変）
M. smegmatis	ウシ，ネコ（潰瘍性皮膚病変）

(f) 人工培地での培養がきわめて難しい，または培養できない抗酸菌

菌種	宿主（疾病）
M. lepraemurium	ネズミ（鼠らい），ネコ（リンパ節における肉芽腫病変）
M. leprae	ヒト（ハンセン病），アルマジロ（らい様病変）

5) 診　　断

発症個体については材料を採取し，細菌学的検査（抗酸染色と菌の分離培養）を行う．分離菌については，物理的・生化学的諸性状，さらに分子遺伝学的手法などによって菌種同定を行う．DNA ハイブリダイゼーションを応用した診断キットは結核菌群といくつかの非結核性抗酸菌を判別することができる．*M. tuberculosis* や *M. avium* では

表 1.36 *Corynebacterium* 属菌と *Arcanobacterium pyogenes* の性状

菌種	オキシダーゼ	カタラーゼ	異染小体	溶血	血清による発育促進	酸化（O）/発酵（F）	カゼイン	硝酸塩還元	アルギニン加水分解	ウレアーゼ	CAMPテスト	ゼラチン液化
C. diphtheriae	−	+	+	+	+	F	−	+	−	−	·	−
C. bovis	+	+	+	−	+	*	−	−	−	−	·	−
C. renale	−	+	+	d	+	F	+	−	+	+	+	−
C. pilosum	−	+	+	−	·	F	−	+	·	+	−	·
C. cystitidis	−	+	+	−	·	F	−	−	·		−	·
C. pseudotuberculosis	−	+	+	d	+	F	−	**	+	+	·	·
C. kutscheri	−	+	+	−	+	F	−	+	−	d	·	−
A. pyogenes	−	−	d	+	+	F		−	·	−	·	+

*：ウシ胎子血清を加えた培地ではF，**：ウシ由来株は陽性，d：菌株により異なる．

各菌種の染色体DNA中に含まれる固有の挿入配列（*M. tuberculosis* ではIS 6110）をポリメラーゼ連鎖反応（PCR）で検出するという方法もある．同居個体にはツベルクリン皮内反応（ヨーネ病ではヨーニン反応）を行い，陽性であれば感染を疑う．ヨーネ病の場合は，感染個体の血清中に含まれる抗体を酵素結合免疫吸着測定法（ELISA法）により検出することもできる．

H.7 Genus *Corynebacterium*

1) 定　　義

直径0.5〜0.6 μm，長さ2〜4 μm，分岐状〜松葉状の，グラム陽性で無芽胞の通性嫌気性桿菌である．非運動性で，カタラーゼ陽性，オキシダーゼ陰性である．

2) 特　　徴

まっすぐかやや湾曲し，しばしば一端が棍棒状に膨らんだグラム陽性桿菌である．属名中の *coryne* は棍棒を意味する．芽胞と鞭毛はなく，異染小体を有する．後述の *Mycobacterium* 属や *Nocardia* 属とはきわめて近縁の細菌で，3者とも菌体成分にミコール酸（mycolic acid）とコードファクター（cord factor, trehalose-6-6′ dimycolate）をもつ．*Corynebacterium*（コリネバクテリウム）属のミコール酸は炭素数 C_{28}〜C_{36} で，*Mycobacterium* 属（C_{80} 前後）や *Nocardia* 属（C_{48}〜C_{58}）に比べて短いコリネミコール酸（coryne-mycolic acid）である．コードファクターは，結核菌では感染時の侵襲性と免疫賦活の上で重要な因子であるが，*Corynebacterium* 属では類似糖脂質としてコリネミコール酸とコリネミコレイン酸を1：1に含むコードファクターをもつ．

3) 分　　類

Corynebacterium 属は25以上の菌種を含み，動物界に広く分布する．獣医学上重要な菌種とそれらの主要な鑑別点を表1.36に示す．

（1） ウシの尿路コリネバクテリウム（*C. renale*, *C. cystitidis*, *C. pilosum*）

3菌種が知られており，健康な雌ウシの外陰部や膣（前庭），雄ウシの包皮内に分布している．妊娠や分娩が誘引となり，菌が上行性に侵入，膀胱内で増殖して感染が成立，さらに上行して尿管炎や腎盂腎炎を起こす．特に病原性が強いのは，*C. renale* と *C. cystitidis* である．*C. renale* は，グラム陽性で，線毛を有する通性嫌気性の松葉状桿菌である．莢膜と鞭毛はなく芽胞形成能もない．3菌種のうち本菌のみがCAMPテスト陽性である．また，*C. renale* は牛乳培地においてこれをアルカリ化し，カゼインを分解する．尿素培地におけるウレアーゼ反応は陽性である．普通寒天培地で発育し，黄白色の集落を形成する．溶血性はない．

（2） ヒツジ偽結核菌（*C. pseudotuberculosis*）

ウレアーゼ陽性で，*Rhodococcus equi* と相乗溶血作用を示す．ヒツジ，ヤギの仮性結核の原因菌である．本病は世界各国で発生がみられる．日本では北海道で飼育されているヒツジの約40%が罹患しているといわれる．皮膚創傷または口腔内感染し，付近のリンパ節に化膿巣をつくる．毛刈りが主要な感染の機会となる．膿瘍部分を血液寒天培地に接種すると弱い溶血環を伴った集落を形成する．血清診断として，菌が産生する外毒素を抗原としたゲル内沈降反応やELISA法が用いられる．

（3） ネズミコリネ菌（*C. kutscheri*）

マウスやラットの主要臓器に化膿性壊死性病巣を形成する．ハムスターやモルモットにも病巣を形成する．消化管に常在化した本菌が免疫抑制により増殖し，リンパ節や血液を経て臓器に移行し，敗血症性の化膿性壊死性病巣を形成する．

（4） ジフテリア菌（*C. diphtheriae*）

1883年にKlebsがジフテリア偽膜の切片標本に菌を見出し，1884年にLöfflerがKochの条件を適応して病原菌であることを証明した．1888年にRouxとYersinが培養濾液中に易熱性の毒素（ジフテリア毒素）を発見し，これが細菌の外毒素第1号となった．1890年にBehringと北里がモルモットに熱変性毒素を注射して免疫血清をつくり，ジフテリア血清療法を確立した．さらに1951年にFreemanが毒素産生遺伝子は溶原化ファージにより運ばれていることを発見した．

ジフテリア菌は，一端または両端が膨大し，まっすぐまたはやや湾曲した直径0.3～0.8 μm，長さ1～8 μmの桿菌である．莢膜や鞭毛はなく，芽胞形成能もない．菌体内にポリホスフェートを主体とする異染小体（Babes-Ernst小体）をもつ．培養菌は棍棒状，樹枝状，顆粒状などの変形形態を呈する．好気性～微好気性で嫌気条件下でも発育しうる．検体からの菌分離にはヒツジ血球を用いた血液寒天にシスチンと亜テルル酸カリウムを加えた培地（CTBA培地）を使用する．同培地上でジフテリア菌は光沢を帯びた黒色～灰色の微小集落を形成する．ウマがまれに自然感染する．実験的にはサル，ウサギ，モルモット，イヌ，ネコ，ニワトリの咽頭や気管に菌を接種すると偽膜をつくる．本毒素に対し最も感受性の高いのはモルモットで，0.1 μg/kgのジフテリア毒素を接種すると18～96時間で死亡する．マウスやラットはほとんど感受性を示さない．

4） 診　　断

血液寒天培地または選択培地による菌分離を行う．分離菌は，生化学的性状，CAMPテストなどにより同定できる．ウシの尿路コリネバクテリウムでは菌体を1%デオキシコール酸ナトリウムで処理して得た上清を抗原とし，寒天ゲル内沈降反応を行うことにより，ウシ血清中の抗体を検出することができる．ヒツジ偽結核菌やネズミコリネ菌ではELISA法による診断が可能である．

H.8 Genus *Propionibacterium*

1） 定義と分類

グラム陽性桿菌で，無芽胞，非運動性である．嫌気性ないし酸素抵抗性（aerotolerant）で，*Corynebacterium*属のような多形性を示す．ブドウ糖からプロピオン酸と酢酸を生成する．カタラーゼ陽性で，DNAのGC含量は53～67モル%である．*P. acnes*，*P. freudenreichii*など，10菌種が知られている．

2） 病　原　性

*P. acnes*は皮膚プロピオニバクテリウムと呼ばれ，ヒトや動物の皮膚，口腔，鼻腔などに常在する．基礎疾患をもつヒトや動物の膿瘍や血液から*P. lymphophilum*や*P. acnes*がしばしば分離されるが，その病原的意義は不明である．本属菌のうち*P. freudenreichii*などがチーズなどの乳製品から分離されるが，これらには病原性はない．

H.9 Genus *Actinomyces*

1） 定　　義

グラム陽性で微好気性～嫌気性の分岐状桿菌．直径0.2～1.2 μmのまっすぐ，またはやや湾曲した長さ10～50 μmまたはそれ以上のフィラメント状まで，さまざまな菌形態がある．鞭毛，芽胞，莢膜を欠く．非抗酸性，カタラーゼ陰性で，ブドウ糖を発酵する．

2） 分　　類

本属の菌は，分岐した菌糸体（mycelium）をつくる．菌糸体の菌糸は後に球菌～短桿菌状の小片に分かれ，それらは分生子（conidia）の機能をもつ．放線菌症の原因となる*Actinomyces*属菌は，*A. bovis*と*A. israelii*である．口腔や腸管に常在する．病巣や膿汁中に0.2～2 mmの黄色ないし褐色の硫黄顆粒（sulfur granule, rosette）またはドルーゼ（druse）と呼ばれる顆粒が肉眼的に認められる．顆粒を押しつぶして鏡検すると，中心部にはグラム陽性の分岐した菌糸が網状構造をなし，辺縁にはエオジン好性の棍棒体（club）が放射状に配列する．ブレインハートインフュージョン血液寒天培地で37℃2〜14日間，嫌気培養する．2〜3日で肉眼的に微小集落が観察され，7〜14日培養すると成熟した集落形態をとる．成熟集落は直径1〜2mmのR型，白色または灰白色不透明の不整円形で，時に隆起して臼歯状を呈する．

H.10 Genus *Arcanobacterium*

1) 定　　義

グラム陽性桿菌で，カタラーゼ陰性である．

2) 分類と菌の性状

Arcanobacterium pyogenes は，古くは *Corynebacterium* 属に分類され，1982年からは *Actinomyces* 属に移され，1997年になって16S rRNAの遺伝子配列から *Arcanobacterium*（アルカノバクテリウム）属となった通性嫌気性の微小桿菌である．発育に血清または血液を要求する．血液寒天培地に接種すると37℃48時間培養できわめて小さな半透明の正円形集落が発育し，周囲を完全溶血帯が取り囲む（β 溶血）．この溶血素はチオール活性化溶血毒素に属する．プロテアーゼをもつので，凝固血液を溶解し，ゼラチンを液化する．

3) 病 原 性

本菌はブタ飼育環境に常在し，ブタの扁桃からしばしば分離される．肢蹄や皮膚創傷部より侵入し，感染する．また，密飼いや栄養バランスの不適により生じる「尾かじり」による咬傷からも感染する．ブタ，ウシ，ヒツジ，ヤギ，ウマの体のあらゆる箇所に膿瘍を形成する（特に皮下膿瘍は触診すると波動感があり，切開すると白色クリーム様の膿が流出する）．ウシの夏季乳房炎や肝膿瘍，ヒトの髄膜炎や心内膜炎からも分離される．

4) 診　　断

牛乳培地に接種すると，培地を酸化，凝固，次いで液化していくのが観察される．病変形成に重要な役割を果たすのは，これら溶血毒素とプロテアーゼである．本菌のプロテアーゼは感染動物の体内でも産生されるので，動物は抗プロテアーゼ抗体をつくる．これを証明することにより，感染を診断することが可能である．

H.11 Genus *Nocardia*

1) 定　　義

グラム陽性で，好気性の分岐状桿菌である．弱抗酸性，カタラーゼ陽性，オキシダーゼ陰性で，無芽胞，非運動性である．

2) 分類と生化学的性状

Nocardia（ノカルジア）属は，土壌に生息する菌で，直径0.5〜1.2 μm の分岐した菌糸体からなり，断裂して桿状または球状になる．形態学的に本属に類似する *Actinomyces* 属とは異なり，好気的発育をする．発育期の一部において抗酸性を示すが，*Mycobacterium* 属に比べて染色性は弱く，仮性菌糸を形成する点から *Mycobacterium* 属と容易に区別できる．ハートインフュージョン血液寒天培地上で，分離当初は白色ひだ状不整集落を形成するが，継代するごとにしだいに黄色〜橙色を呈するようになる．培地に固着する傾向がある．*N. asteroides* は45℃でも発育する．*N. farcinica* はラムノースを利用し，酸を産生する．*N. brasiliensis* はゼラチンを液化し，チロシンおよびカゼイン分解性を示す．

3) 病 原 性

ウシをはじめとする家畜，イヌやネコなどの伴侶動物，ブリ，カンパチ，シマアジ，ヒラメなどの魚類にも感染し，ノカルジア症の原因となる．進行性の慢性化膿性肉芽腫を形成する．病巣膿汁中には菌塊を欠き，病巣の石灰化もみられない．魚類における病型には，体表部や内臓の結節型，鰓結節型の2型がある．*N. brasiliensis* は，ヒトの菌腫（mycetoma）の原因となる．

4) 診　　断

肉芽腫，膿瘍など病変部をスライドグラスに塗抹，グラム染色にてグラム陽性の線維状菌体を確認する．また，病変部を含む検査材料を血液寒天培地に接種し，数日間好気的に培養を行って菌を分離する．

H.12 Genus *Rhodococcus*

1) 定 義

グラム陽性の無芽胞桿菌で，弱抗酸性，多形性，非運動性，有莢膜である．

2) 分類と特徴

土壌，汚水，糞便の腐生菌．*Rhodococcus*（ロドコッカス）属の17菌種のうち，獣医学上重要なものは*R. equi*である．*R. equi*は，1923年にMagnussonによりスウェーデンの子ウマから初めて菌が分離された．多形性を示す桿菌で，カタラーゼおよびウレアーゼ陽性，硝酸塩を還元する．集落はS型ないしムコイド型で，その色調は培養2〜3日後に白色から淡桃色へ，さらに培養を続けると黄褐色へと変化する．本菌の*equi*因子（本態はホスホリパーゼC）は*Corynebacterium pseudotuberculosis*や*Listeria monocytogenes*に対して相乗溶血作用を示す（CAMPテスト）．

3) 病 原 性

病原性は，80〜90 kbpのプラスミドによって支配されている．プラスミド上には，毒力関連タンパク質抗原（virulence-associated protein antigen）をコードする*Vap*遺伝子が存在する．*VapA*は15〜17 kDaのタンパク質抗原をコードしており，この遺伝子プラスミドをもつ株は強毒株で，子ウマに化膿性肺炎や腹腔内膿瘍，関節炎や骨髄炎を起こす．一方，*VapB*は20 kDaのタンパク質抗原をコードし，この遺伝子をもつ菌株は中等度毒力株（または無毒株）で，主にブタの下顎リンパ節から分離される．本菌は，ヒトのAIDS患者にみられる日和見感染の原因菌でもあるが，ヒト患者からは強毒株と中等度毒力株の両方が分離される．

本菌による子ウマの感染症は，1〜3か月齢以内の子ウマに，化膿性気管支肺炎や潰瘍性腸炎，付属リンパ節炎を引き起こし，致命的な感染症である．まれに反芻動物（ウシ，ヒツジ，ヤギ），ブタ，野生動物に感染する．急性例では強毒株は肺胞マクロファージ内で殺菌されず増殖する細胞内寄生性を示す．

4) 診 断 法

感染馬からの菌の分離と培養菌から抽出した可溶性抗原を用いたELISA法による診断が可能である．

H.13 Genus *Actinobaculum*

Actinobaculum（アクチノバクルム）属は，グラム陽性で無芽胞の嫌気性桿菌で，*A. suis*，*A. urinale*，*A. schaalii*の3菌種よりなる．このうち*A. suis*は，従来*Eubacterium suis*あるいは嫌気性コリネバクテリウム（*Corynebacterium suis*）と呼ばれていた．*A. suis*は，雄ブタの包皮粘膜に常在し，交尾の際に雌ブタの膣，膀胱，腎盂に侵入して炎症（膀胱炎，腎盂腎炎）を起こす．

H.14 Genus *Dermatophilus*

1) 分類と生化学的性状

Dermatophilus（デルマトフィルス）属は，*D. congolensis*の1菌種のみである．グラム陽性で通性嫌気性の，分岐性で菌糸状の発育を示す細菌である．菌糸は縦と横の両方向に断裂（分裂）して球菌状の集塊となる．断裂した細胞は鞭毛をもち，運動性の胞子（遊走子）となる．遊走子は感染体であり，発育の基本となる．採材した病巣部を直接鏡検することにより，グラム陽性の菌糸様ならびに球菌状断裂菌体を確認することが診断の決め手となる．グラム陽性，非抗酸性で，カゼインおよび尿素を分解する．

2) 病 原 性

本菌は，ウシをはじめとする家畜，イヌ，ネコ，ヒトにも感染し，滲出性表在性皮膚炎あるいは痂皮形成炎を起こす．本病はデルマトフィルス症（dermatophilosis）はじめ，ストレプトトリコーシス（streptotrichosis），ランピーウール（lumpy wool），増殖性皮膚炎（strawberry foot-rot）などと呼ばれる．罹患動物との接触または有棘植物や吸血昆虫を介して感染する．病巣部が雨などで濡れると遊走子が泳ぎ出して個体間の感染を広げる．熱帯〜亜熱帯地域における栄養不良牛（特に，生後1年未満の幼若牛）に好発する．成牛では不顕性感染も多い．

3) 診 断

病変をギムザ染色し，鏡検により特徴的なフィラメント様菌体を確認する．採材した病巣部を蒸留水に浸漬して30〜60分放置すると，液表面に遊走子が集まるのでこれを釣菌，血液寒天培地や血清寒天培地を用いて10% CO_2 存在下で培養すると，やや褐色味を帯びたR型の集落が発育してくる．血液寒天培地上では β 溶血がみられる．

2. リケッチアとクラミジア

2.1 Family *Rickettsiaceae*

本科には，*Rickettsia* 属と *Orientia* 属の 2 属がある．

a. Genus *Rickettsia*

1） 定義と特徴

直径 0.3～0.5 μm, 長さ 0.8～2.0 μm のグラム陰性の好気性菌である．宿主細胞がなければ増殖しない．ヒトの発疹チフス，紅斑熱の原因菌が含まれる．菌体構造は，他のグラム陰性菌に類似している．発育鶏卵培養，組織および細胞培養した菌体の染色には，ギムザ染色が用いられる．

2） 抗 原 構 造

本属の抗原構造は分類のために重要である．最も古い血清試験に Weil-Felix 反応がある．これは *Proteus* OX 19, OX 2, OXK の 3 株がリケッチア感染患者の血清と類属凝集反応するため，診断に用いられてきたものであるが，現在では用いられない．

現在は蛍光抗体法（fluorescent antibody technique : FA 法）や酵素抗体法（enzyme immunoassay : EIA）により血清学的診断が行われる．

3） 培　　養

リケッチアは発育鶏卵の卵黄嚢で培養される．鶏胚線維芽細胞，マウス L 細胞，BHK 細胞も頻繁に用いられる．

4） リケッチア病

本属は，感染細胞内での増殖様式から次の 2 群に分けられる（表 2.1）．

i） 発疹チフス群　本群には，*R. prowazekii*，*R. typhi*，*R. canada* がある．

R. prowazekii は発疹チフスの病原体で，シラミによって伝播される．再発性チフスに関係する (Brill-Zinsser 病) ほか，ヒトの突発性のチフスの病原体でもある．発疹チフスの媒介節足動物はヒトシラミ（*Pediculus humanus*）である．高い力価の抗体を保有するヒトの血液をシラミが吸血した場合でも，腸管中のリケッチアはよく増殖するといわれる．モルモットは高い感受性を有するが症状は比較的軽く，1 週間程度続く発熱によってのみ感染を知ることができる．コットンラット（*Sigmodon hispidis*）も高い感受性を有するが，発病と斃死は 3×10^6 個を超える生菌が接種されたときのみみられる．本症は東欧，アジアの一部，中南米，北米に分布する．日本では戦後まもなく，多数の患者が発生した．DNA の GC 含量は，28.5～29.7 モル% である．

R. typhi は，Mooser によって初めて分離されたもので，モルモットやマウスに対する病原性は，*R. prowazekii* よりも強い．*R. prowazekii* とは異なり，ラットで数か月間持続感染する．ラットや他の齧歯類は一次保菌動物である．ネズミシラミ（*Polyplax* spp.）やラットノミ（*Xenopsylla cheopis*）は，ラット間のリケッチアの主要媒介動物である．ヒトのノミ（*Pulex irritans*）およびヒトシ

表 2.1 主なリケッチア病

疾患	原因菌	脊椎保菌動物	媒介体	介卵伝達	宿主
伝染性チフス					
classical	*R. prowazekii*	ヒト	シラミ	−	ヒト，シラミ
sylvatic（森林）	*R. prowazekii*	東飛びリス	ノミ	−	ヒト，シラミ
地方病チフス	*R. typhi*	ラット，オポッサム，ネコ	ノミ	−	ヒト
地方病チフス様疾患	*R. felis*	オポッサム，ネコ	ノミ	−	ヒト
ヤブチフス	*O. tsutsugamushi*	ネズミ	ダニ	+	ヒト
ロッキー山紅斑熱	*R. rickettsii*	さまざまな野生の哺乳動物	ダニ	+	ヒト（イヌ，ヒツジ）
Q 熱	*Coxiella burnetii*	多くの哺乳動物（鳥類，魚類）	節足動物，ダニ，昆虫	?	ヒト（反芻動物）

R : *Rickettsia*，*O* : *Orientia*.

ラミは高い感受性を有する．この病群には *R. canada* 感染症も含まれる．

ii）紅斑熱群 本群には，*R. rickettsii*，*R. sibirica*，*R. conorii*，*R. parkeri*，*R. australis*，*R. akari*，*R. montana*，*R. rhipicephali* がある．ダニが媒介する．自然宿主として，野生のネズミやウサギなどが知られている．*R. rickettsii* はロッキー山紅斑熱，*R. sibirica* は北アジアマダニ熱，*R. conorii* はボタン熱，*R. australis* はクインズランドマダニチフス，*R. akari* はリケッチア痘の病原体である．

b．Genus *Orientia*

本属の菌種として，*O. tsutsugamushi* のみが知られている．*O. tsutsugamushi* の菌体は，長さが平均 1.2 μm で，一般に 1.5 μm を超えない．ギムザ染色される．発育鶏卵の卵黄嚢では増殖しにくいので，培養細胞が用いられる．病原性の株をマウス腹腔内に接種した場合，腹膜炎ならびに脾腫を起こし，10～24 日で死亡する．ヒトの場合，皮膚病変が特徴で，発疹，感染幼ダニの刺し口の痕跡，さまざまな器官の毛細血管の病変などが観察される．ツツガムシ病は地方散発性で，日本，ロシア，朝鮮半島，台湾，アメリカなどの各地にみられる．

2.2 Family *Anaplasmataceae*

a．Genus *Anaplasma*

本属の菌は反芻動物の赤血球中にみられ，ギムザ染色で濃青紫色に染まる，直径 0.3～1.0 μm の封入体として観察される．節足動物によって伝播され，反芻動物にのみ寄生し，宿主を貧血させる．DNA の GC 含量は 51 モル% と報告されている．本属には *A. marginale*，*A. centrale*，*A. caudatum*，*A. ovis* がある．それらの性状を表 2.2 に示した．

表 2.2 *Anaplasma* 属菌種の性状

菌類	宿主	赤血球での主な寄生部位	封入体	疾患
A. marginale	ウシ	辺縁部	−	急性(激しい)アナプラズマ症
A. centrale	ウシ	中心部	−	弱いアナプラズマ症
A. caudatum	ウシ	辺縁部	＋	弱いあるいは強いアナプラズマ症
A. ovis	ウシ，シカ，ヤギ	辺縁部	−	弱いあるいは強いアナプラズマ症

b．Genus *Aegyptianella*

ロマノフスキー法で染色された塗抹標本では，直径 0.3～4.0 μm の紫色の細胞質内封入体としてみられる．家禽および野鳥にのみ寄生する．節足動物によって伝播される．本属には，エジプチアネラ症の原因菌である *A. pullorum* の 1 菌種のみが含まれる．

c．Genus *Ehrlichia*

本属は球菌状あるいは楕円形で，感受性哺乳動物の白血球の細胞質内で増殖する．媒介動物はダニ．運動性はない．イヌ，ウシ，ヒツジ，ヤギ，ウマ，ヒトに病原性を示す．DNA の GC 含量は知られていない．基準種は，*E. canis* である．*E. canis* はイヌエーリキア症の病原体，*E. risticii* はウマのポトマック熱の病原体，*E. equi* はウマエーリキア症の病原体，*E. sennetsu* はヒトの腺熱リケッチア症の病原体である．*E. phagocytophila* はヒツジのダニ熱の原因となる．

d．Genus *Cowdria*

本属は，*C. ruminantium* の 1 菌種のみからなる．ヒツジ，ヤギ，ウシおよび野生の反芻動物の心嚢水腫の原因となる．球形～楕円形の多形性桿菌で細胞質内で増殖するが，核内では増殖しない．反芻動物の血管内皮細胞の細胞質の空胞内に集塊を形成して存在する．

e．Genus *Neorickettsia*

本属には，*N. helminthoeca* の 1 菌種のみ存在する．小球菌状～桿菌状の多形性を呈する．イヌ科のリンパ組織の細網内皮細胞の細胞質内で増殖する．グラム陰性で，運動性がない．無細胞培地や発育鶏卵では増殖しない．テトラサイクリンに対し感受性である．イヌ科の動物が吸虫（*Nanophetus salmincola*）のメタセルカリアの寄生する魚類を食して感染する致死率の高い疾病で，アメリカの西海岸でのみ発生する．

f. Genus *Wolbachia*

本属には2菌種が存在し，それらは *W. pipientis* と *W. persica* である．節足動物を宿主とし，ヒトや動物に対する病原性は不明．

2.3 その他（リケッチア類似菌）

本書では *Legionellales* 目へ *Coxiellaceae* 科として移動した *Coxiella* 属を，便宜的にここで扱う．

a. Genus *Coxiella*

直径0.2〜0.4 μm，長さ0.4〜1.0 μmの短桿菌で，宿主の細胞質の空胞内で増殖する．発育鶏卵の卵黄嚢でよく増殖する．化学物質やリケッチアが死ぬような温度に対して強い抵抗性を示す．ダニやさまざまな哺乳動物に広く分布する．DNAのGC含量は，〜43モル%である．本属には，*C. burnetii* の1菌種が存在するのみである．本菌はQ熱の病原体で哺乳動物とダニに感染環をもつ．

b. Genus *Rickettsiella*

本属には，*R. poilla*，*R. grylli*，*R. chironomi* の3菌種がある．節足動物が宿主である．

2.4 Family *Chlamydiaceae*

本科は *Chlamydia* 属と *Chlamydophila* 属からなり，外膜に科特異的リポ多糖を共通抗原としてもつ（表2.3）．

a. Genus *Chlamydia*

本属には，*C. trachomatis*，*C. suis*，*C. muridarum* の3菌類が属する．

エネルギー代謝系を全く保有しない．基本小体では，チトクロームCオキシダーゼおよびDNA依存性RNAポリメラーゼのみを保有する．基本小体は核酸16%，タンパク質64%，脂質19%から構成されている．ムラミン酸とジアミノピメリン酸は，基本小体および網様体には検出されるに足るだけの量が存在しない．

b. Genus *Chlamydophila*

1) 分　類

従来 *Chlamydia* 属に置かれていた *C. psittaci* は，*Chlamydophila psittaci*，*C. abortus*，*C. felis*，*C. caviae* の4菌種として本属へ移動した．また，かつて *Chlamydia* 属に含まれた *C. pneumoniae* と *C. pecorum* も本属へ移動した．いずれの感染症も，テトラサイクリンが有効である．

表 2.3 クラミジア（*Chlamydiaceae* 科）の分類と病原性

属	種	宿主	病原性
Chlamydia	*C. trachomatis*	ヒト	性行為感染症，眼疾患，肺炎の原因菌
	C. suis	ブタ	不明
	C. muridarum	マウス，ハムスター	不明
Chlamydophila	*C. psittaci*	鳥類，哺乳動物	ほとんどすべての鳥類に感染し，不顕性感染，幼鳥や時として成鳥に致命的な全身感染．ヒトのオウム病
	C. abortus	鳥類，哺乳動物	*C. psittaci* に近縁．ヒツジ，ヤギ，ウマ，ウシ，ウサギ，モルモット，マウス，ブタに流産
	C. felis	ネコ	ネコの結膜炎および上部気道炎
	C. caviae	モルモット	封入体結膜炎
	C. pneumoniae	ヒト，コアラ，モルモット	ヒトの呼吸器疾患および循環器疾患，コアラでは眼疾患および泌尿生殖器疾患
	C. pecorum	哺乳動物，コアラ	多様な病原性．反芻動物では不顕性感染，コアラでは眼疾患および泌尿生殖器疾患

2) 病 原 性

鳥類のクラミジア病では，体腔，気嚢，臓器表面の線維素性漿膜炎が特徴である．肺，脾臓，肝臓は腫大し，鬱血している．顕微鏡的には線維性壊死が認められ，単球や異染色性白血球がある．反芻家畜のクラミジア感染には，菌種による2種の感染形態がある．その一つは *C. psittaci* による流産で，もう一つは *C. pecorum* による多発性関節炎，多発性漿膜炎，脳炎，腸管感染症である．ウシやヒツジの生殖器や腸管から分離された株は，脳脊髄炎，多発性関節炎，結膜炎から分離されたものとは抗原的に異なっている．実際，*C. psittaci* や *C. pecorum* は表現形として区別できない．

以下に，本属による病気について示した．診断などについては，項末にまとめて記す．

i） 鳥類のクラミジア病（avian chlamidiosis, ornithosis, psittacosis） シチメンチョウの被害が最も大きい．潜伏期が長く，菌を曝露後，発症に数週間を要する．初徴は不顕性で，体重減，緑黄色尿，ゼラチン様糞便の排泄がある．卵の生産は減じる．病気の程度は菌の病原性（毒性）による．罹患率は5〜80％で，致死率は1〜30％である．ガチョウとアヒルは時々感染し，ニワトリは感染しない．それらの症状はハトやオウムで顕著である．*C. psittaci* が主原因となる．

ii） クラミジア性流産（chlamydial abortion） 未感染雌ヒツジやヤギで起きる．ウシでも散発的に発生する．雌ヒツジでは予兆もなく妊娠後期に起きる．ウシでも同じような経過をする．*C. abortus* が主原因となる．

iii） クラミジア性肺炎（chlamydial pneumonias） ネコ，ヒツジ，ヤギ，ウシで起こり，しばしば激しく，あるいは一部は混合感染する（ヒツジの流行性肺炎，輸送熱）．*C. pneumonia* が主原因となる．

iv） クラミジア性多発性関節炎（chlamydial polyarthritis） 子ヒツジや子ウシでよく起きる．子ヒツジ病（stiff lamb disease）では，罹患率は80％で，致死率は1％以下である．子ウシでは，全身性合併症や高い致死率になる．*C. pecorum* が主原因となる．

v） クラミジア性角膜炎（chlamydial conjunctivitis） ウシ，イヌ，ブタ，モルモット，コアラでの報告があるが，中でもネコや子ヒツジでの発生が多い．急性や長期にわたる慢性経過をとる．すなわち，多発性関節炎，二次合併症，角膜炎，角膜潰瘍が観察される．*C. pecorum* や *C. felis* が主原因となる．

vi） 散発性牛脳脊髄炎（sporadic bovine encephalomyelitis：SBE） 熱病で，主に若齢のウシが感染する．運動，姿勢，行動が阻害される．軽い咳，鼻汁，下痢がみられる．病日は数日〜数週間にわたり，罹患牛の死亡率は50％に達する．発症牛の症状は数か月続き，新しい感染も起きる．腸管感染は若齢動物，特に子ウシでみられる．*C. pecorum* が主原因となる．

3） 治療と予防

テトラサイクリンはクラミジア感染の治療薬として有効である．鳥類には，飼料添加する．流産した雌ヒツジには筋肉内注射を20 mg/kg・体重の濃度で2週間間隔で長期間投薬する．子ヒツジの場合は関節炎を防ぐために経口的に150〜200 mg/kg・体重を投薬する．ペットの鳥類には0.5 mg/g・飼料のテトラサイクリンを含んだ飼料（キビ）を与える．

ワクチンの効果はさまざまである．ホルマリン処理菌体は地方病のヒツジの流産を予防するのに効果がある．ニワトリにワクチンは使われていない．汚染物の素早い処理や感染動物の隔離は，ヒツジの流産を駆除するのに役に立つ．

3. マイコプラズマ

マイコプラズマは，人工培地に発育可能な最小の無細胞壁バクテリアである．ヒトおよび動物，植物，昆虫を宿主とするものが含まれ，増殖にステロールを要求するものがある．マイコプラズマと総称される *Mollicutes* 綱は，次のように目(order)，科（family)，属（genus）に細分される．

〔A〕 Order *Mycoplasmatales*

Mycoplasmatales 目は，ヒトおよび動物を宿主とする．発育にステロールを要求する．

A.1 Family *Mycoplasmataceae*

Mycoplasmataceae 科には，以下の属が含まれている．

a. Genus *Mycoplasma*

1) 定義と特徴

① ゲノムサイズが 600～1,350 kbp で，その GC 含量は 23～40 モル%である．

② ブドウ糖の発酵もしくはアルギニンの加水分解，あるいはその両方を行う．

③ 発育至適温度は 37℃ である．

2) 分類と種の鑑別

Mycoplasma（マイコプラズマ）属の主な菌種ならびにそれらの生物学的性状，宿主および関与疾病は，表 3.1 に示すとおりである．種の同定は血清学的試験により行われる．表 3.1 では参考のために，*Ureaplasma*（ウレアプラズマ）属と *Acholeplasma*（アコレプラズマ）属の菌種についても並記した．

3) 各種動物の代表的マイコプラズマとマイコプラズマ病

（1） *M. mycoides* subsp. *mycoides*

菌体は，液体培地中で長いフィラメント状に分岐し，多形性を呈する．本亜種には小型集落(small colony：SC）株と大型集落（large colony：LC）株と呼ばれる 2 つの生物型がある．SC 株も LC 株も菌体表面に莢膜を形成する．莢膜成分のガラクタンは強い毒性を有する．SC 株は牛肺疫（contagious bovine pleuropneumonia：CBPP）の病原体で，ウシおよびスイギュウに感染すると致命的な胸膜肺炎を起こす．LC 株はウシに対する病原性が弱いが，ヤギに感染すると胸膜肺炎，関節炎，乳房炎を引き起こす．牛肺疫に罹患したウシは，体内に本菌を長期間にわたり保有するため，保菌牛となって本病の感染源となる．本菌の噴霧経鼻感染試験により自然感染と同様の疾病を起こすことができる．皮下接種によって接種局所に炎症性の腫脹を起こし，壊死性小瘤をつくり，ウシは発熱その他の一般的症状を呈する．マウス，ラット，モルモット，ウサギは通常感受性を有さないが，寒天あるいはムチンと混合して接種すると，マウスおよびウサギは感染し，接種局所に腫脹，壊死などが起こる．牛肺疫は現在，わが国をはじめ，多くの国では根絶されたが，アフリカ，ポルトガル，インド，ロシアなどにおいては地方病的に散発している．

（2） *M. bovis*

ウシの乳房炎や関節炎の原因の一つとされる．本菌による乳房炎は，慢性で年余にわたり持続し，乳汁中に絶えず菌が排泄される．肉用子ウシに多発する肺炎の原因ともなる．また，血液，関節液，腹腔臓器，生殖器，呼吸器などや流産胎子からも検出されることがある．本菌による乳房炎は，アメリカやヨーロッパで広く認識されている．

（3） *M. bovigenitalium*

雄ウシの精液や包皮に常在し，交配や授精を介して雌の生殖器に伝播するといわれるが，生殖器に対する病原性や繁殖障害との関連は知られていない．乳房炎の原因となる．

（4） *M. mycoides* subsp. *capri*

本菌は *M. mycoides* subsp. *mycoides* に類似の性状を有し，補体結合反応（complement fixation：CF 反応)，間接血球凝集反応，ゲル内沈降反

表 3.1 主なマイコプラズマの由来とその性状

菌種	宿主	寄生部位	関与疾病	主な生物学的性状				
				血清要求性	ブドウ糖分解	アルギニン分解	テトラゾリウム塩還元（好気性/嫌気性）	フィルム，スポットの産生
M. mycoides subsp. *mycoides*		気道・肺	牛肺疫	＋	＋	－	＋/＋	－
M. bovigenitalium		腟・乳房	乳房炎	＋	－	－	－/＋	＋
M. bovirhinis		鼻腔・肺		＋	＋	－	＋/＋	－
M. bovoculi		眼		＋	＋	－	＋/＋	－
M. bovis	ウシ	乳房・関節	乳房炎・関節炎	＋	－	－	＋/＋	－
M. dispar		肺		＋	＋	－	＋/＋	－
M. alkalescens		血清		＋	－	＋	－/－	－
M. arginini		鼻腔・生殖器		＋	－	＋	－/＋	－
U. diversum		肺	肺炎	＋	－	－	－/－	－
M. agalactiae	ヤギ・ヒツジ	乳房・関節	無乳症・関節炎	＋	－	－	＋/＋	＋
M. mycoides subsp. *capri*	ヤギ	肺・関節	胸膜肺炎	＋	＋	－	＋/＋	－
M. capricolum subsp. *capripneumoniae*	ヤギ	肺	胸膜肺炎	＋	＋	－		－
M. hyorhinis		鼻腔・肺	多発性漿膜炎・関節炎・肺炎	＋	＋	－	＋/＋	－
M. hyopneumoniae	ブタ	肺	マイコプラズマ性肺炎	＋	＋	－	－/w	
M. hyosynoviae		関節・鼻腔	関節炎	＋	－	＋	－/－	＋
M. canis		気道・腟		＋	＋	－	－/＋	－
M. spumans		気道・腟		＋	－	＋	－/－	－
M. maculosum	イヌ	気道・腟		＋	－	＋	－/＋	＋
M. edwardii		気道・腟		＋	＋	－	－/＋	＋
M. cynos		気道・腟		＋	＋	－	w/＋	＋
M. felis		腟・眼・口腔		＋	＋	－	－/＋	－
M. gateae	ネコ	口腔・鼻腔・腟		＋	－	＋	－/w	－
M. feliminutum		口腔		＋	－	－	－/＋	
M. pulmonis	マウス・ラット	鼻腔・肺	肺炎	＋	＋	－	－/＋	＋
M. neurolyticum	マウス	肺・鼻腔・眼・肺	rolling disease（実験的）	＋	＋	－	－/＋	－
M. arthritidis	ラット	関節	関節炎・膿瘍	＋	－	＋	－/－	－
M. caviae	モルモット	脳・腟		＋	＋	－	－/d	
M. gallisepticum		気道・気嚢	慢性呼吸器病	＋	＋	－	＋/＋	－
M. iners		気道		＋	－	＋	－/－	＋
M. synoviae	鳥類	関節・気道	滑膜炎・呼吸器病	＋	＋		－/w	
M. gallinarum		気道		＋	－	＋	＋/＋	＋
M. meleagridis		気嚢・副鼻腔	副鼻腔炎	＋	－	＋	－/＋	－
M. anatis				＋	＋	－	－/＋	＋
M. pneumoniae		肺	異型肺炎	＋	＋	－	＋/＋	－
M. hominis		咽頭・腟・尿道		＋	－	＋	－/－	－
M. salivarium		口腔・咽頭		＋	－	＋	－/w	＋
M. fermentans		腟		＋	＋	＋	－/＋	－
M. orale		咽頭		＋	－	＋	－/－	－
M. buccale	ヒト	咽頭		＋	－	＋	－/＋	－
M. faucium		咽頭		＋	－	＋	－/－	－
M. lipophilum		咽頭		＋	－	＋		
M. primatum		臍		＋	－	＋	－/－	－
M. genitalium		泌尿生殖器		＋	＋	－		－
U. urealyticum		泌尿生殖器		＋	－	－	－/－	－
A. laidlawii	下水・各種動物・鳥類	口腔・呼吸器・生殖器・眼・精液		－	＋	－	±/＋	－
A. granularum	ブタ	鼻腔		－	＋	－	±/＋	－
A. axanthum	ウシ	気道		－	＋	－	＋/＋	－
A. modicum	ウシ	気道・生殖器		－	＋	－	＋/＋	－
A. abactoclasticum	ウシ	第一胃		＋	＋			

M.：*Mycoplasma*，*U.*：*Ureaplasma*，*A.*：*Acholeplasma*.
w：弱反応，d：嫌気性試験行わず.

応で共通抗原が認められるが，発育阻止試験，代謝阻止試験により区別される．寒天培地上で直径4 mm に達する大きな集落を形成する．液体培地で乳白色発光（opalescence）がみられる．凝固血清を液化する．溶血性がある．オレイン酸（約50 μg/ml）の培地への添加により菌形の糸状化が促進される．ヤギの伝染性胸膜肺炎（contagious caprine pleuropneumonia：CCPP）の病原体である．CCPP は *M. mycoides* subsp. *mycoides* の LC 株や *M. capricolum* subsp. *capripneumoniae* によっても起こり，その病変はウシの牛肺疫に酷似する．本病はアフリカ，インド，トルコ，地中海諸国，南米などで発生がみられている．

（5） *M. agalactiae*

菌体は糸状で，短いものから長いものまであり，多形性を示す．集落は比較的小さく，典型的な nipple を形成する．集落はウシ，モルモットの血球を吸着する．タンパク質分解性はない．ヒツジやヤギの伝染性無乳症（contagious agalactia）の原因となる．本病の伝播は牛肺疫より容易で，罹患した雌は出産後に乳房炎を発症する．しばしば，関節炎を起こす．また，10〜20% に角膜炎，虹彩炎，膿性結膜炎などがみられる．本病は，地中海沿岸地方，スイス，ロシア，イラン，パキスタン，インドなどに存在する．

（6） *M. hyopneumoniae*

菌体は球状から短糸状の多形性を示す．偏性好気性であるが，栄養要求については明らかでなく，人工培地での初代分離が困難なことがある．固形培地での集落は大小不同で一定せず，一般にきわめて微小（3〜5 日培養で直径 0.02〜0.1 mm，7〜10 日培養で直径 0.4 mm）で，nipple を形成せず，フィルムおよびスポットを産生しない．溶血性はない．ブタ流行性肺炎（swine enzootic pneumonia：SEP）の罹患豚から初めて分離されたもので，現在ではブタのマイコプラズマ性肺炎（mycoplasmal pneumonia of swine：MPS）の原因として確定している．MPS はきわめて罹患率の高い感染症であるが，死亡率は低い．臨床症状は間欠性あるいは持続性の乾性咳嗽を特徴とするが，不顕性感染を呈するものが多く，また，元気で食欲が衰えないため発見が難しい．本菌のみの単独感染の場合は，軽微な疾病であるが，二次感染（*M. hyorhinis*，*Pasteurella multocida*，*Actinobacillus pleuropneumoniae* など）を伴うときは，現存の肺病変を著しく悪化させて重度の臨床所見を現し，飼料効率および成長率が低下するので経済的損失が大きくなる．また，子ブタの場合は死亡率が上昇する．本病は罹患豚の呼吸器からの飛沫によって伝播する．ブタの年齢に関係なく感染し，季節に関係なく発生する．本病の診断は一般に，発生状況，臨床所見および病理所見によって行われている．血清学的診断法として CF 反応と酵素結合免疫吸着測定法（enzyme-linked immunosorbent assay：ELISA 法）が用いられている．本病は世界各地に広く分布し，日本でも発生している．死菌ワクチンが実用化されている．

（7） *M. hyorhinis*

菌体は短い糸状で，時に分岐する．ブドウ糖を分解し，酸を産生する．タンパク質分解性と血球吸着性はない．アンジオテンシンに対する受容体をもつ．菌株によって *Staphylococcus* 属菌による衛星現象がみられる．ブタの鼻腔常在菌として知られ，特に幼若豚の鼻腔からは高率に分離されるが，呼吸器病との関連性は知られていない．別の病原体による感染を受けるなどの条件が整うと，時としてブタに多発性漿膜炎（polyserositis），多発性関節炎（polyarthritis），中耳炎などを引き起こす．伝染性萎縮性鼻炎やマイコプラズマ性肺炎の多発している群では，幼若豚に多発性漿膜炎や多発性関節炎がみられ，これらの病変部から本菌が分離され，局所に特異抗体も証明される．本菌を 6 週齢以下の幼豚の腹腔内あるいは静脈内に実験的に接種すると，自然例と同様の多発性漿膜炎（心膜炎，腹膜炎，胸膜炎）や多発性関節炎がみられる．本菌によるこれらの疾病は，幼若豚のみを犯す．菌株間に菌力の差異がみられる．近年，ヒトの腫瘍（胃がん）組織からも検出されている．

（8） *M. hyosynoviae*

菌体は糸状ないし球状で，多形性を呈する．フィルムおよびスポットを産生する．ブタの急性滑膜炎（acute synovitis），関節炎の原因となる．本菌による関節炎は体重 40 kg 以上のブタにみられ，多発性漿膜炎を伴わず，急性の跛行を示す．本菌が関節に感染していても，臨床症状を示さないものもある．

（9） *M. gallisepticum*

涙滴状の菌形を呈し，先端にブレブ（bleb）と呼ばれる構造がみられる．ブドウ糖を分解し，酸を産生する．タンパク質分解性を欠く．モルモットおよびシチメンチョウの赤血球を凝集する．固形培地での発育はやや遅く，集落形成に1週間以上を要することがある．固形培地上の集落は赤血球，気管上皮細胞，HeLa細胞，精子などを37℃で吸着するが，この吸着反応は特異抗体により阻止される．また，吸着に関与する受容体はノイラミニダーゼにより破壊される．ニワトリおよびシチメンチョウの慢性呼吸器病（chronic respiratory disease：CRD），また，シチメンチョウの副鼻腔炎（sinusitis）の原因となる．シチメンチョウはニワトリよりも感受性が高く，経卵垂直感染が成立し，脳炎を起こす場合もある．本菌に単独感染したものは軽い鼻炎と眼窩下洞炎が起こる程度で，粘膜の肥厚と粘液の貯留が認められる．ほかの細菌，マイコプラズマ，ウイルスと混合感染を起こすと，症状や病変が顕著になる．二次感染を起こす細菌としては *Pasteurella multocida*, *Haemophilus gallinarum*，大腸菌（*Escherichia coli*），マイコプラズマとしては *M. gallinarum*, *M. synoviae* などが，また，ウイルスとしては *Newcastle disease virus*, *Infectious bronchitis virus* などがあげられる．伝播は羅患鶏の排泄物や汚染塵埃による気道感染あるいは介卵感染により起こる．羅患鶏の診断には，載せガラス凝集反応（全血法）が使われている．本病は日本のみならず，世界各国に広く浸潤している．

(10) *M. synoviae*

球状の菌形でルテニウムレッドにより染まる莢膜様物質をもつ．ブドウ糖を分解する．シチメンチョウの赤血球を凝集する．発育にニコチンアミドアデニンジヌクレオチド（nicotinamide adenine dinucleotide：NAD）を要求する点で一般のマイコプラズマと異なる．固形培地上の集落は血球凝集性を欠く．本菌はニワトリ，シチメンチョウの伝染性滑膜炎（infectious synovitis）の原因とされているが，呼吸器に対する親和性が強く，*M. gallisepticum* と同様にCRDを引き起こすことが知られている．診断には，載せガラス凝集反応が行われる．わが国をはじめ，世界各地に存在する．

(11) *M. meleagridis*

血球凝集性や血球吸着性はない．フィルムおよびスポットの産生はまれに卵黄培地でみられるが，ウマ血清添加培地ではみられない．本菌はシチメンチョウの気嚢炎（air sacculitis）の原因とされるが，関節膜炎がみられる場合もある．本菌に感染した種卵は死ごもりとなったり，初生雛の矮小化を招く．宿主特異性が強く，シチメンチョウ以外の鳥類からは分離されていない．

(12) *M. iowae*

シチメンチョウの気道，口腔，総排泄腔の常在マイコプラズマで，実験的に孵化卵への接種により致命的感染が起きる．

(13) *M. pulmonis*

球桿菌様ないしフィラメント状の菌形を呈する．ブドウ糖を分解し，酸を産生する．タンパク質分解性はない．固形培地上の集落は表面が顆粒状もしくは空胞状で，中心部のnippleがやや不明瞭である．集落は血球吸着性を有するが，その受容体はノイラミニダーゼにより破壊されない．フィルムおよびスポットを産生する．本菌はマウスおよびラットに感染し，ネズミ呼吸器マイコプラズマ症（murine respiratory mycoplasmosis）の原因となるが，多くは不顕性である．マウスの系統により感受性に差があることが知られている．また，本菌に不顕性感染をしている実験用齧歯類は，局所および全身の免疫系が影響を受けるため，実験が攪乱されるので注意を要する．

(14) *M. arthritidis*

桿菌様ないしフィラメント状の菌形で，多形性を呈する．ゼラチンを液化するが，カゼインあるいは凝固血清は液化されない．血球吸着性はない．ラットの化膿性多発性関節炎（purulent polyarthritis）の原因となるが，マウスの自然例は知られていない．強力なスーパー抗原活性を有する．

(15) *M. neurolyticum*

菌体は短桿菌様ないし長い糸状で，多形性を呈する．タンパク質分解性はない．ブドウ糖を分解し，酸を産生する．菌体外毒素（神経毒：neurotoxin）を産生する．血球吸着性はない．実験的にマウスに培養濾液を静脈内接種すると，1～2時間で樽を転がすような回転運動をして，24時間以内に死亡する（rolling disease）．自然発症例は知られていない．

(16) *M. pneumoniae*

菌体は球桿菌様ないし短い糸状を呈する．タンパク質分解性はない．集落は正円ドーム形で，フィルムおよびスポットを産生しない．集落には血球吸着性があり，これは特異抗体により阻止される．血球吸着に関与する受容体はノイラミニダーゼにより破壊される．ヒトの原発性異型肺炎(primary atypical pneumonia）の病原体である．

b．Genus *Ureaplasma*

1）定義と特徴

①ゲノムサイズが760～1,170 kbpで，そのGC含量は27～30モル%である．

②尿素を加水分解する．

2）分類と種の鑑別

尿素を二酸化炭素とアンモニアに分解して，培地のpHを高める．寒天培地上で微小集落（直径0.01 mm程度）を形成する．種の同定は血清学的試験に基づく．

3）ヒトと動物のウレアプラズマ

Ureaplasma（ウレアプラズマ）属の分布は広く，各種動物の咽喉頭，口腔，上部気道，泌尿生殖器などから分離されているが，病気との関連が確認されているものは少ない．

（1） *U. diversum*

子ウシの肺炎の原因の一つとされている．

（2） *U. gallorale*

鳥類の口腔由来．

（3） *U. felinum*

ネコの口腔由来．

（4） *U. cati*

ネコの口腔由来．

（5） *U. canigenitalium*

イヌの口腔および生殖器由来．

（6） *U. urealyticum* と *U. parvum*

ヒトの非淋菌性尿道炎患者から分離され，不妊，新生児の低体重および全身性エリテマトーデスなどの原因としても疑われている．

〔B〕 Order *Entomoplasmatales*

Entomoplasmatales 目は，節足動物および植物を宿主とする．

B.1 Family *Entomoplasmataceae*

Entomoplasmataceae 科の発育至適温度は，30°Cである．

a．Genus *Entomoplasma*

1）定義と特徴

①発育にステロールを要求する．

②ゲノムサイズが790～1,140 kbpで，そのGC含量は27～29モル%である．

2）代表的な菌種

Entomoplasma（エントモプラズマ）属には，以下の菌種が含まれる．

（1） *E. ellychniae*

ホタル（*Ellychnia corrusca*）から分離された．

（2） *E. lucivorax*

ホタルから分離された．

b．Genus *Mesoplasma*

1）定義と特徴

①発育にステロールを要求しない．

②ゲノムサイズが870～1,100 kbpで，そのGC含量は27～30モル%である．

2）代表的な菌種

Mesoplasma（メゾプラズマ）属には，以下の菌種が含まれる．

（1） *M. entomophilum*

植物（*Bidens* sp.）の表面および昆虫の腸内容から分離された．

（2） *M. florum*

亜熱帯性植物から分離されたが，その後，シカバエからも分離された．

B.2 Family *Spiroplasmataceae*

a．Genus *Spiroplasma*

1）定義と特徴

①対数増殖期にらせん形態を示す．

②発育至適温度が30～37℃である．

③ブドウ糖を発酵し，多くはアルギニンを加水分解する．

④発育にステロールを要求する．

⑤ゲノムサイズは940～2,200 kbpで，そのGC含量は27～30モル%である．

2) 代表的な菌種

*Spiroplasmataceae*科の*Spiroplasma*（スピロプラズマ）属には，以下の菌種が含まれる．

(1) *S. citri*

ヨコバイにより媒介され，カンキツ類を黄化・萎縮させ，エンドウやソラマメを萎凋・枯死させる．

(2) *S. mirum*

ダニから分離され，マウスおよびラットの脳内接種により，実験的に白内障(cataract)を起こさせる．

〔C〕 Order *Acholeplasmatales*

*Acholeplasmatales*目は，動物，植物，昆虫を宿主とする．発育にステロールを要求しない．

C.1 Family *Acholeplasmataceae*

a. Genus *Acholeplasma*

1) 定義と特徴

①ゲノムサイズが1,500～1,650 kbpで，そのGC含量は26～36モル%である．

②発育至適温度が30～37°Cである．

③細胞質膜にNADHオキシダーゼが存在する．

④NAD依存性の乳酸デヒドロゲナーゼ（乳酸脱水素酵素）をもつ．

2) 代表的な菌種

*Acholeplasmataceae*科，*Acholeplasma*（アコレプラズマ）属には，以下の菌種が含まれる．

(1) *A. laidlawii*

各種動物をはじめ下水からも分離される．カロチノイド合成能がある．

(2) *A. granularum*

ウマ，ブタから分離される．カロチノイド合成能がある．

(3) *A. axanthum*

ウシ，ウマ，ブタから分離される．カロチノイド合成能を欠く．

〔D〕 Order *Anaeroplasmatales*

*Anaeroplasmatales*目は，偏性嫌気性である．ウシ，ヒツジ，ヤギの第一胃に生息する．

D.1 Family *Anaeroplasmataceae*

*Anaeroplasmataceae*科のゲノムサイズは1,500～1,600 kbpである．

a. Genus *Anaeroplasma*

1) 定義と特徴

①ゲノムのGC含量は29～34モル%である．

②発育にステロールを要求する．

2) 代表的な菌種

Anaeroplasma（アネロプラズマ）属には，以下の菌種が含まれる．

(1) *A. abactoclasticum*

ウシ，ヒツジ，ヤギの第一胃から分離される．バクテリアの溶解性を示す．

(2) *A. varium*

ウシ，ヒツジ，ヤギの第一胃から分離される．

b. Genus *Asteroleplasma*

1) 定義と特徴

①ゲノムのGC含量は40モル%である．

②発育にステロールを要求しない．

2) 代表的な菌種

Asteroleplasma（アステロールプラズマ）属には，以下の菌種が含まれる．

(1) *A. anaerobium*

ウシ，ヒツジ，ヤギの第一胃から分離される．

〔E〕 培養できないマイコプラズマ

培養が成功していないマイコプラズマは，形態とゲノム解析によってのみ認識できるもので，hemoplasmaとphytoplasmaと呼ばれるものが該当する．

（1） **hemoplasma**（ヘモプラズマ）

hemoplasmaは学問的な呼称ではないが，これまでリケッチアと考えられていたものを中心に，マウスのGrey Lung病の病原体などがこれに含められている．*Anaplasmataceae*科のうち，*Haemobartonella*属と*Eperythrozoon*属に含まれていたいくつかの菌種が*Mycoplasma*属へ移された．これらはいずれも赤血球に寄生することから，hemoplasma（ヘモプラズマ）または住血マイコプラズマと呼ばれている．hemoplasmaは，脾摘後にしばしば出現して，溶血性貧血を伴う場合があるため，血液塗抹標本ではHowell-Jolly小体との鑑別がほとんど不可能である．これまでに報告されているhemoplasmaを表3.2に示す．

（2） **phytoplasma**

クワ萎縮病の病原体を検索中に，罹病植物の篩管内に電子顕微鏡により初めて発見された．同様の微生物は各種罹病植物の篩部組織に次々と見出されて，いずれも培養が不可能なため，マイコプラズマ様微生物（mycoplasma-like organisms：MLO）と総称されてきた．これらの微生物は形態学的に*Mollicutes*綱の特性を備えていることから，これらを‘*Candidatus* Phytoplasma’と命名し，マイコプラズマとして扱っている．現在では被子植物の黄化性障害の多くが昆虫により媒介されたphytoplasmaの感染によることが知られている．phytoplasmaは16S rRNAの比較から少なくとも20群に分けられ，系統進化的には*Mycoplasmatales*目よりも*Acholeplasmatales*目に近縁であるとされている．

表 3.2 代表的なhemoplasma（住血マイコプラズマ）とその宿主

新学名	宿主	旧名称
M. haemofelis	ネコ	*H. felis*
‘C. Mycoplasma haemominutum’	ネコ，イヌ	
‘C. Mycoplasma turicensis’	ネコ	
M. haemocanis	イヌ	*H. canis*
‘C. Mycoplasma haematoparvum’	イヌ	
M. wenyonii	ウシ	*E. wenyonii*
M. suis	ブタ	*E. suis*
M. ovis	ヒツジ，ヤギ	*E. ovis*
M. haemomuris	マウス	*H. muris*
M. coccoides	マウス	*E. coccoides*
‘C. Mycoplasma ravipulmonis’	マウス	Grey Lung agent
‘C. Mycoplasma haemodidelphidis’	オポッサム	
‘C. Mycoplasma haemolamae’	アルパカ	

M.：*Mycoplasma*，*C.*：*Candidatus*，*H.*：*Haemobartonella*，*E.*：*Eperythrozoon*.

4. 真　　菌

動物真菌性疾患の原因菌を，酵母形真菌，二形性真菌，子嚢菌門とその関連糸状菌，接合菌門，その他の真菌，また真菌に分類されないが従来から取り扱っているクロミスタ卵菌門，原生動物，緑藻植物門に大別する（表 4.1）．

表 4.1 動物真菌感染症・真菌中毒症とその原因菌（括弧内は有性生殖による形態（テレオモルフ））・原因マイコトキシンと罹患動物

(a) 酵母形真菌

① *Candida* カンジダ属	
C. albicans	哺乳動物：カンジダ症（汎発性，乳房炎），鳥類：カンジダ症（嗉嚢炎）
C. glabrata	ヒト：カンジダ症（トルロプシス症）
C. guilliermondii, C. kefyr, C. krusei, C. parapsilosis	哺乳動物：カンジダ症
C. rugosa	ウシ：乳房炎
C. sake	マス：マス鼓脹症
C. tropicalis	哺乳動物：カンジダ症（ウシ・ブタ：乳房炎・口内炎・前胃炎）
② *Cryptococcus* クリプトコッカス属	
C. neoformans var. *neoformans* (*Filobasidiella neoformans* var. *neoformans*)	ネコ・イヌ・ウシ・ブタ・ヒト：クリプトコッカス症
C. neoformans var. *gattii* (*F. neoformans* var. *bacillispora*)	ネコ・イヌ・ウシ・ブタ・ヒト：クリプトコッカス症
③ *Malassezia* マラセチア属	
M. pachydermatis	イヌ・ネコ：マラセチア症
M. globosa, *M. furfur*, *M. slooffiae*, *M. sympodialis*	ヒト：癜風
④ *Trichosporon* トリコスポロン属	
T. cutaneum (＝*beigelii*)	ヒト・サル・ウマ：白色砂毛

(b) 主要な二形性真菌類

① *Histoplasma* ヒストプラズマ属	
H. capsulatum var. *farciminosum*	ウマ・ロバ・ラバ：仮性皮疽（伝染性リンパ管炎，ファルシミノズム型ヒストプラズマ症）
H. capsulatum var. *capsulatum* (*Ajellomyces capsulatus*)	イヌ・ネコ・ヒト：カプスラーツム型ヒストプラズマ症
H. capsulatum var. *duboisii* (*A. capsulatus*)	ヒト・ヒヒ：ズボアジイ型ヒストプラズマ症
② *Coccidioides* コクシジオイデス属：*C. immitis*	イヌ・ネコ・ヒト：コクシジオイデス症
③ *Paracoccidioides* パラコクシジオイデス属：*P. brasiliensis*	アルマジロ・ヒト：パラコクシジオイデス症
④ *Blastomyces* ブラストミセス属：*B. dermatitidis* (*Ajellomyces dermatitidis*)	イヌ・ネコ・ヒト：ブラストミセス症
⑤ *Sporothrix* スポロトリクス属：*S. schenckii*	ウマ・ロバ・ウシ・イヌ・ヒト：スポロトリコーシス

(c) 子嚢菌門

① *Ascosphaera* アスコスファエラ属：*A. apis*	ミツバチ：チョーク病
② *Pneumocystis* ニューモシスチス属：*P. carinii*	齧歯類・哺乳動物・ヒト：ニューモシスチス肺炎
③ 皮膚糸状菌群	
・*Microsporum* 属	
M. canis var. *canis*	イヌ・ネコ・齧歯類・ヒト：皮膚糸状菌症
M. canis var. *distortum*	イヌ・ネコ・サル・ヒト：皮膚糸状菌症
M. equinum	ウマ：皮膚糸状菌症
M. gallinae	鳥類：皮膚糸状菌症
M. gypseum	ウマ・イヌ・ネコ・齧歯類・ヒト：皮膚糸状菌症
M. nanum	ブタ：皮膚糸状菌症
・*Trichophyton* 属	
T. equinum	ウマ・イヌ：皮膚糸状菌症
T. mentagrophytes var. *mentagrophytes*	齧歯類・イヌ・ネコ・ヒツジ・ヤギ・ウシ・ウマ・ブタ・ヒト：皮膚糸状菌症
T. verrucosum	ウシ・ヒツジ・ヤギ・イヌ・ヒト：皮膚糸状菌症
・*Epidermophyton* 属：*E. floccosum*	ヒト：皮膚糸状菌症
④ *Aspergillus* 属	ウシ・ネコ・ヒト：パツリン中毒（patulin）
*A. clavatus**	鳥類・哺乳動物・魚類：アフラトキシン中毒（aflatoxin B，G，M），アスペルギルス症
*A. flavus**	鳥類・哺乳動物：アスペルギルス症，真菌性流産，ウシ：震顫症候群（fumitremorgin A）
*A. fumigatus**	ウシ・ヒツジ：クマリン中毒（スイートクローバー中毒：coumarins）
*A. nidulans**	鳥類・哺乳動物：アスペルギルス症，ヒツジ・ヒト：ステリグマトシスチン中毒（sterigmatocystin）
*A. niger**	鳥類・哺乳動物：アスペルギルス症
*A. ochraceus**	ブタ・ウシ・ヒツジ・イヌ・ニワトリ：ネフロトキシン中毒，オクラトキシン中毒（ochratoxin A，B）
A. oryzae var. *microsporus**	ウシ：黴麦芽根中毒（maltoryzine）
*A. parasiticus**	鳥類・哺乳動物・魚類：アフラトキシン中毒（aflatoxin B，G，M），アスペルギルス症
A. terreus	鳥類・哺乳動物：アスペルギルス症
*A. versicolor**	ヒツジ・ウサギ：ステリグマトシスチン中毒（sterigmatocystin）

表 4.1 (続き)

⑤ *Penicillium* 属	
*P. citreonigrum**	イヌ・ネコ・ヒト：シトレオビリジン中毒 (citreoviridin)
*P. citrinum**	ブタ・イヌ：ネフロトキシン中毒, シトリニン中毒 (citrinin)
P. commune	ウシ・ラット・ヒト：ペニシリウム症
*P. crustosum**	ウシ・ヒツジ・ブタ：震顫症候群 (penitrem A, B)
*P. cyclopium**	ウシ・ヒツジ・ブタ：震顫症候群 (cyclopiazonic acid, penitrem A)
*P. expansum**	ウシ・ネコ：パツリン中毒 (patulin)
*P. implicatum**	ブタ・イヌ：ネフロトキシコーシス, シトリニン中毒 (citrinin)
*P. islandicum**	ヒト：黄変米中毒 (cyclochlorotine, islanditoxin)
P. marneffei	ヒト：ペニシリウム症
*P. patulum**	ウシ・ネコ・ヒト：パツリン中毒 (patulin)
*P. roqueforti**	ウシ・ネコ・ヒト：パツリン中毒 (patulin)
*P. rubrum**	ブタ・ヒツジ・ウシ・イヌ・ニワトリ：ルブラトキシン中毒 (rubratoxin A, B)
*P. rugulosum**	ヒト：黄変米中毒 (rugulosin)
⑥ *Fusarium* 属	ウシ・ヒツジ：トリコテセン中毒 (fusarenon X, nivalenol)
*F. dimerum**	ブタ・ウシ・ニワトリ：過発情性症候群 (ゼアラレノン中毒：zearalenone), ウシ・ブタ：トリコテセン中毒 (deoxynivalenol)
*F. graminearum** (*Gibberella zeae**)	ウマ：フモニシン中毒 (fumonisin B1, B2)
*F. moniliforme**	ウシ・ヒツジ：トリコテセン中毒 (nivalenol, fusarenon X)
*F. nivale**	ネコ・イヌ・ヒト：ポアエフサリン中毒 (poaefusarin)
*F. poae**	ウマ・イヌ・ネコ・ヒト：眼真菌症, クルマエビ：鰓黒病, ウシ・ヒト：イポメアニン中毒 (ipomeanine)
*F. solani** (*Nectria haematococca**)	ブタ・ウシ・ヒツジ・ウマ・ニワトリ・ネコ・イヌ・魚類：トリコテセン中毒 (T-2 toxin)
*F. sporotrichioides** (=*tritinctum**)	ウシ・ヒツジ・ニワトリ・シチメンチョウ：スポロフサリン中毒 (sporofusarin), ブタ・ウシ・ニワトリ：過発情性症候群 (zearalenone)
⑦ 黒色真菌	
・ *Cladophialophora bantiana, C. carrionii*	ヒト・ウマ・イヌ・オウム：クロモミコーシス (黒色真菌症)
・ *Exophiala jeanselmei*	ヒト・ウマ・イヌ・オウム：クロモミコーシス (黒色真菌症), フェオヒフォミコーシス (黒色菌糸症)
E. moniliae	ヒト・ウマ・イヌ・オウム：クロモミコーシス (黒色真菌症)
・ *E. dermatitidis*	ヒト・ウマ・イヌ・オウム：クロモミコーシス (黒色真菌症), フェオヒフォミコーシス (黒色菌糸症)
・ *Scolecobasidium* (*Ochroconis*) *humicolum*	海産魚類稚魚：オクロコニス症
(d) 接合菌門	
Absidia corymbifera	ウシ・ブタ・ウマ・イヌ・ネコ・ニワトリ・ヒト：ムコール症, ウシ：真菌性流産
Mucor racemosus	ウシ・ブタ・ウマ・イヌ・ネコ・ニワトリ・ヒト：ムコール症, ウシ：真菌性流産
M. ramosissimus	ヒト：ムコール症
Rhizomucor pusillus	ウシ・ブタ・ウマ・イヌ・ネコ・ニワトリ・ヒト：ムコール症, ウシ：真菌性流産
Rhizopus arrhizus	ウシ・ブタ・ウマ・イヌ・ネコ・ニワトリ・ヒト：ムコール症, ウシ：真菌性流産
R. microsporus var. *microsporus*, *R.m.* var. *oligosporus*, *R.m.* var. *rhizopodiformis*	ウシ・ブタ・ウマ・イヌ・ネコ・ニワトリ・ヒト：ムコール症, ウシ：真菌性流産
R. oryzae, R. stolonifer	ウシ・ブタ・ウマ・イヌ・ネコ・ニワトリ・ヒト：ムコール症, ウシ：真菌性流産
Saksenaea vasiformis	ウシ・ブタ・ウマ・イヌ・ネコ・ニワトリ・ヒト：ムコール症, ウシ：真菌性流産
Mortierella wolfii	ウシ・ブタ・ウマ・イヌ・ネコ・ニワトリ・ヒト：ムコール症, ウシ：真菌性流産
(e) ツボカビ門	
Batrachochytrium dendrobatidis	両生類 (カエル)：皮膚感染症
(f) クロミスタ卵菌門	
① *Saprolegniales* 目	
Saprolegnia diclina	サケ・ウナギ・アユ・コイ：外部寄生性ミズカビ病, サケ：内臓真菌症
S. ferax	サケ・ウナギ・アユ・コイ：外部寄生性ミズカビ病, サケ：内臓真菌症, アユ・フナ・ボラ：真菌性肉芽腫症
Achlya flagellata	サケ・ウナギ・アユ・コイ：外部寄生性ミズカビ病
Aphanomyces piscicida	アユ・フナ・キンギョ：真菌性肉芽腫症, 外部寄生性ミズカビ病
Branchiomyces demigrans, B. sanguinis	ウナギ・コイ：ブランキオミセス症
② *Salilagenidales* 目	
Haliphthoros milfordensis	エビ類・カニ類：ハリフトロス症
③ *Pythiales* 目	
Lagenidium callinectes	エビ類・カニ類：ラジェニジウム症
Pythium insidiosum (=*gracile*)	ウマ・ロバ：ピチウム症
(g) 原生動物	
Ichthyophonus hoferi	ブリ・サケ・ニジマス：イクチオホウナス症
Rhinosporidium seeberi	ウマ・ラバ・イヌ・ウシ・ヒト：リノスポリジウム症
Dermocystidium koi	コイ：デルモシスチジウム症
D. anguillae	ウナギ：デルモシスチジウム症
(h) 緑藻植物門	
Prototheca zopfii	ウシ・イヌ・ネコ：プロトテカ症
P. wickerhamii	ヒト・イヌ・ネコ：プロトテカ症
P. salmonis	サケ：プロトテカ症

*マイコトキシン産生菌.

〔A〕酵 母 形 真 菌

A.1 Genus *Candida*

Candida（カンジダ）属は，不完全菌類の出芽菌綱・*Cryptococcales*（クリプトコッカス）目の出芽型分生子形成菌群に属する酵母様菌である．酵母形細胞は無色性の球状・楕円形～伸長形を呈し，多極出芽により増殖する．出芽痕は多極狭幅性である．出芽細胞から発芽管が伸長して偽（仮性）菌糸（pseudohyphae）を形成し，出芽型分生子（出芽細胞）を生ずる．炭水化物の発酵能・同化能は同一菌種で一定であり，鑑別に利用される．本属菌種で有性世代の明らかにされたものは，子嚢菌門に分類される．本属菌種によって起こる真菌症をカンジダ症（candidosis, candidiasis）という．*C. albicans* が最も病原性が強く厚膜胞子を形成，発芽管試験陽性で血清型抗原（マンノースオリゴマー）パターンにより 2 型（A および B）に区分される（表 4.2，図 4.1）．鳥類は感受性が強く消化器粘膜上皮細胞の増生を起こす．哺乳動物に対しても *C. albicans* が最も病原性が強い．その他，*C. tropicalis*, *C. kefyr*, *C. krusei*, *C. parapsilosis*, *C. guilliermondii*，*C. rugosa*，*C. lusitaniae*，*C. lipolytica* なども起病性を示す．ウシでは口腔カンジダ症・前胃炎・乳房炎を起こし，ブタでは口腔・食道・胃の疾患を起こす．イヌ・ネコ・サル・ヒトでは皮膚・消化管・肺の感染および全身感染も生ずる．魚類ではマス類で *C. sake* による鼓脹症の発生がある．

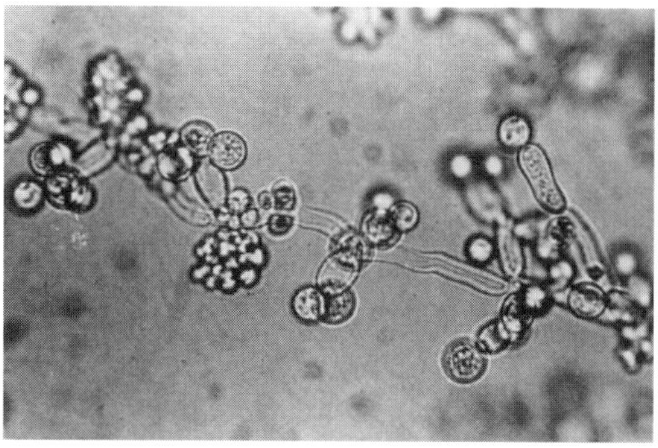

図 4.1 *Candida albicans* の出芽型分生子と厚膜胞子

A.2 Genus *Cryptococcus*

Cryptococcus（クリプトコッカス）属は，不完全菌類の出芽菌綱・*Cryptococcales* 目に属する酵母様菌であり，多極出芽により増殖するが菌糸をつくらない．グルクロノキシロマンナンを主成分とする莢膜をもち集落は粘稠性を示す．偽菌糸の形成は通常認められない．生化学的特徴としては，ウレアーゼおよび DNA 分解酵素陽性である．動

表 4.2 主要酵母様真菌種の鑑別性状

性状 / 菌種	集落		SD ブイヨン		CMA 培地		発酵能				同化能				ウレアーゼ
	SDA 培地	血液培地	菌膜	ガス	厚膜胞子	偽菌糸	G	M	S	L	G	M	S	L	
Candida 属		（溶血）													
C. albicans	乳白色 S 型	−/+	−	−	+	発育良好	F	F	a	−	+	+	+	−	−
C. tropicalis	クリーム状周縁樹状	−	+	+	−	発育良好	F	F	F	F	+	+	+	−	−
C. kefyr	クリーム状	−	−	−	−	形成不良	F	−	F	F	+	−	+	+	−
C. krusei	乳白扁平乾燥	−	+	−	−	発育良好	F	−	−	−	+	−	−	−	−
C. parapsilosis	クリーム状	−	−	−	−	形成良好	F	a	a	F	+	+	+	−	−
C. rugosa	暗白色 / 灰黄色	−	±	−	−	発育良好	−	−	−	−	+	−	−	−	−
C. guilliermondii	クリーム状	−	±	−	−	発育良好	a	−	a	−	+	+	+	−	−
Cryptococous 属															
C. neoformans	粘稠性乳褐色	−	−	−	−	−	−	−	−	−	+	+	+	+	+
Malassezia 属															
M. pachydermatis	発育不良	−	−	−	−	−	−	−	−	−	+	−	−	−	+

SDA：Sabouraud's dextrose（glucose）agar（サブローデキストロース（グルコース）寒天），SD：Sabouraud's dextrose broth（サブローデキストロース（グルコース）ブロス），CMA：corn meal agar（コーンミール寒天），G：glucose（ブドウ糖），M：maltose（麦芽糖），S：sucrose（ショ糖），L：lactose（乳糖）．
+：陽性，−：陰性，F：発酵，a：ガス非産生．

物病原菌としては，*C. neoformans* var. *neoformans* と *C. n.* var. *gattii* があり，担子菌類酵母(basidiomycetous yeast)に分類される．有性世代の出芽細胞には雌雄異体性（a，α）の半数体と，まれに雌雄同体性(a，a)の倍数体が存在する．莢膜(K)抗原は4種(A，B，C，D)に区別され，*C. n.* var. *neoformans* は血清型A，D，ADに，*C. n.* var. *gattii* はB，C，BCに，型別される．感染症の診断には莢膜抗原が使用される．動物から動物への連鎖感染は認められない．本属は鳥類，特にハトの糞に好んで腐生する傾向があり，感染源として注目されている．本菌による真菌症をクリプトコッカス症(cryptococcosis)と呼び，亜急性・慢性の病型をとる．ネコ，イヌ，ウシ，ブタ，ヒトに感染して皮膚，肺，中枢神経を犯し，ネコでは致命的な脳感染を起こす．

A.3　Genus *Malassezia*

Malassezia(マラセチア)属は，不完全菌類の出芽菌綱・*Cryptococcales* 目・出芽型分生子形成菌群に所属する酵母様菌であり，担子菌門に分類される．本属の発育には脂質が必要であるが，*M. pachydermatis* は要求しない．増殖は単極性反復出芽による．母細胞はフィアライド状を呈し，一般に出芽・分裂では広幅性出芽痕および瘢痕性カラーレットを形成する．至適発育温度は35～37℃で，25℃での発育は弱い．糖類の発酵能はない．*M. pachydermatis* はイヌやネコの外耳道に付着生息して外耳炎の原因となる．*M. globosa*，*M. furfur*，*M. slooffiae*，*M. sympodialis* などは人体皮膚の脂腺の多い部位に感染して癜風(でんぷう)(tinea versicolor）を起こす．慢性症例では血中抗体の上昇を認める．

A.4　Genus *Trichosporon*

Trichosporon（トリコスポロン）属は，不完全菌類であり，近年，担子菌門系酵母様菌とされる．*T. cutaneum*（*beigelii*）は，ウシに重度の乳房炎を起こす．本属は最近再分類されているので，菌種名は再検討の必要性がある．

〔B〕 二 形 性 真 菌

二形性真菌のうち重要な *Histoplasma*（ヒストプラズマ）属，*Blastomyces*（ブラストミセス）属，*Coccidioides*（コクシジオイデス）属は子嚢菌門の *Onygenales*（オニゲナ）目に，*Sporothrix*（スポロトリクス）属は *Ophiostomatales*（オフィオストマ）目に分類される．

B.1　Genus *Histoplasma*

網内系細胞寄生性菌で組織相および37℃培養では酵母形，細胞内で莢膜保有の出芽像を示し，25～30℃培養では菌糸型集落を生ずる．気中菌糸の形成が旺盛で菌糸は有隔性．単細胞性・無色・球状のアレウリオ型分生子を形成する．動物病原菌として *H. capsulatum* var. *farciminosum*，*H. c.* var. *capsulatum*，*H. c.* var. *duboisii* の3亜種が知られ，後2菌種の有性世代は *Ajellomyces* 属に分類される．

H. c. var. *farciminosum* による仮性皮疽は本菌によるウマ，ロバ，ラバの慢性感染症であり，伝染性リンパ管炎を起こす届出伝染病である．

H. c. var. *capsulatum* によるカプスラーツム型ヒストプラズマ症は，現在も世界的にみられ，南北アメリカの大河流域での発生が多い．多くの動物が感染し，呼吸器や網内系組織が犯される．わが国での発生例が報告されている．

H. c. var. *duboisii* によるズボアジイ型ヒストプラズマ症は，主にヒトやヒヒの皮膚や骨に肉芽腫および化膿性病変を形成する．

B.2　Genus *Coccidioides*

不完全菌類の二形性菌であって，菌糸は有隔性で気菌糸を生じ，内分節型分生子と介在性厚膜胞子を多数形成し，組織内では内生胞子を多数生じて放出する．動物病原菌として *C. immitis* がある．南北アメリカの乾燥地帯の土壌中に分布し，胞子の感染力は非常に強く，空気感染する．コクシジオイデス症（coccidioidomycosis）を起こす．危険度の高い真菌であるので，培養は専門機関に依頼する．

B.3　Genus *Paracoccidioides*

Paracoccidioides（パラコクシジオイデス）属は，不完全菌類の糸状菌綱・アレウリオ型分生子形成菌群に属する二形性菌であり，37℃培養ならびに組織内では酵母形発育を示し，多極出芽により小型芽細胞をいくつか付け，船の舵輪状となる．25℃培養では菌糸型集落を形成する．動物（ヒト）病原菌として *P. brasiliensis* がある．

B.4　Genus *Blastomyces*

不完全菌類の糸状菌綱・アレウリオ型分生子形成菌群に属する二形性菌で，37℃培養で酵母形，25℃培養では菌糸型集落を形成する．菌糸はまばらな隔壁を有し，大型胞子（厚膜胞子）を形成する．病原菌として *B. dermatitidis* があり，有性世代は *Ajellomyces dermatitidis* である．ブラストミセス症（blastomycosis）の発生は北米に限局し，主に肺感染症を起こす．

B.5　Genus *Sporothrix*

不完全菌類の糸状菌綱・シンポジオ型分生子形成菌群に属する二形性真菌で，菌糸はよく分岐し，有隔性で，分生子を形成する．寄生菌の組織形は細胞外寄生性である．動物病原菌として *S. schenckii* がある．自然界に広く分布し，特に植物の棘による刺傷でスポロトリコーシス（sporotrichosis）を皮膚・リンパ系を犯す慢性疾患で潰瘍の形成が特徴的である．

〔C〕子　嚢　菌　門

C.1　Genus *Ascosphaera*

Ascosphaera（アスコスファエラ）属は，*Ascosphaerales*（アスコスファエラ）目（ハチノスカビ目）に分類される糸状菌で，有性的に形成される子嚢胞子は胞子球に内生するが，胞子球は胞子嚢内に形成される．無性胞子・分生子は非形成．*A. apis* は，ミツバチ幼虫のチョーク（ブルード）病（chalk brood disease）の原因である．

C.2　Genus *Pneumocystis*

Pneumocystidaceae（ニューモシスチス）科の *Pneumocystis*（ニューモシスチス）属は，人工培地で培養されないが栄養形としてのアメーバ状のトロホゾイトと厚壁性の嚢子シストの生活環を有する．成熟嚢内にはスポロゾイトを内蔵し，トロホゾイトとなり増殖するほか，接合してシストを形成する．*P. carinii* は易感染性個体の齧歯類，哺乳動物，ヒトに間質性肺炎を主徴とするニューモシスチス肺炎を起こす．ヒト由来株について *P. jirovecii* が種名として提案されている．

C.3　皮膚糸状菌群

皮膚糸状菌群（dermatophytes）は，ケラチン組織（皮膚・被毛・爪）寄生性の糸状菌群であり，主要菌属は，*Microsporum* 属（小胞子菌），*Trichophyton* 属（白癬菌），*Epidermophyton* 属（表皮菌）の3つである．菌糸は有隔壁性で，無性胞子として大小のアレウリオ型分生子を形成する（図4.2）．*Microsporum* 属および *Trichophyton* 属で有性世代が確認されたものは，子嚢菌門・オニゲナ目・*Arthroderma* 属に分類される．

皮膚糸状菌によって起こる真菌症を皮膚糸状菌症（dermatophytosis）または白癬（ringworm）

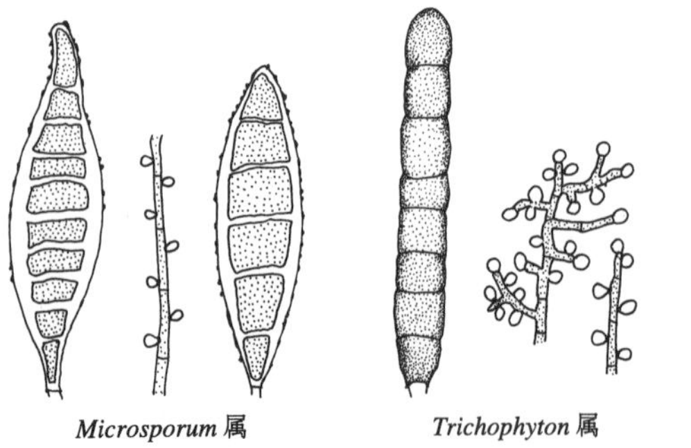

図 4.2　*Microsporum* 属と *Trichophyton* 属のアレウリオ型分子（大分生子と小分生子）

と呼ぶ．臨床獣医学上，特に重要な菌種は，*M. canis*，*M. equinum*，*M. gypseum*，*T. equinum*，*T. mentagrophytes*，*T. verrucosum* の 6 種である．*M. canis*，*M. equinum*（*M. gypseum*）が被毛に寄生した場合，Wood 灯で黄緑色蛍光を発す．皮膚糸状菌は系統分類学とは別にその宿主域および伝播性によって 3 グループに分けられる．各種動物に強い寄生性を有するものが好獣性真菌（zoophilic fungi）で，これに属するものとして *M. canis* var. *canis*，*M. canis* var. *distortum*，*M. equinum*，*M. gallinae*，*M. nanum*，*T. mentagrophytes* var. *mentagrophytes*，*T. verrucosum*，*T. equinum* があり，動物から動物，時にはヒトへも伝播する（好人獣性真菌：anthropozoophilic fungi）．また，好人性真菌（anthropophilic fungi）は元来ヒト寄生性のもので，ヒトからヒトへ伝播し，時に動物にも伝播感染する菌種で，*E. floccosum*，*M. audouinii*，*M. ferrugineum*，*T. rubrum*，*T. mentagrophytes* var. *interdigitale*，*T. schoenleinii*，*T. tonsurans*，*T. violaceum*，*T. megninii* などがある．土壌中に分布生存し，動物やヒトへの感染源となるものを好土壌性真菌（geophilic fungi）といい，*M. gypseum*，*M. fulvum*，*M. nanum*，*T. ajelloi*，*T. terrestre* がこれに属する．

a．Genus *Microsporum*

大分生子は多細胞性の先端の尖った紡錘形で，

表 4.3　*Microsporum* 属の主要菌種の鑑別性状

性状＼菌種		*M. canis*	*M. gallinae*	*M. gypseum*	*M. nanum*
SDA集落	発育	速やか	速やか，NH_4NO_3 要求	速やか	速やか
	表面	綿状～粉状	綿状～ビロード布状	マット状	マット状
		黄色	溶性紅色，中心隆起	肉桂色，中心隆起	肉桂白色，中心隆起
	裏面	光輝赤褐色	深紅色	赤褐色～黄色	赤色～褐色
形態	大分生子	紡錘状，多数	棍棒状，多数	短紡錘状，多数	卵形，多数
	小分生子	単純，少数	単純，少数	単純，少数	単純，少数
	厚膜胞子	＋	－	＋	＋
	変形菌体	まれにらせん菌糸	－	まれにらせん菌糸	－
有性型		*Arthroderma otae*	－	*A. incurvatum* *A. gypseum*	*A. obtusum*

表 4.4　*Trichophyton* 属の主要菌種の鑑別性状

性状＼菌種		*T. mentagrophytes*	*T. equinum*	*T. simii*	*T. verrucosum*
SDA集落	発育	速やか	速やか，カゼイン，ニコチン酸要求	速やか	遅くてカゼイン，チアミン（ビタミン B_1），イノシトール（ビタミン B_1 複合体）要求
	表面	綿状～粒～粉状	綿状	ビロード布状	綿状～蠟様
		白色	白色～黄褐色	中心隆起	白色～橙黄色
	裏面	黄褐色，時に赤色	淡黄色	無色，後に帯紫褐色	橙黄色
形態	大分生子	まれで腸詰状	まれで腸詰状	円柱紡錘状，多数	僅少かなし
	小分生子	多数	多数	単純性多数	少数
	厚膜胞子	＋	－	－	＋
	変形菌体	＋	＋	＋	＋
有性型		*Arthroderma benhamiae* *A. vanbreuseghemii*	－	*A. simii*	－

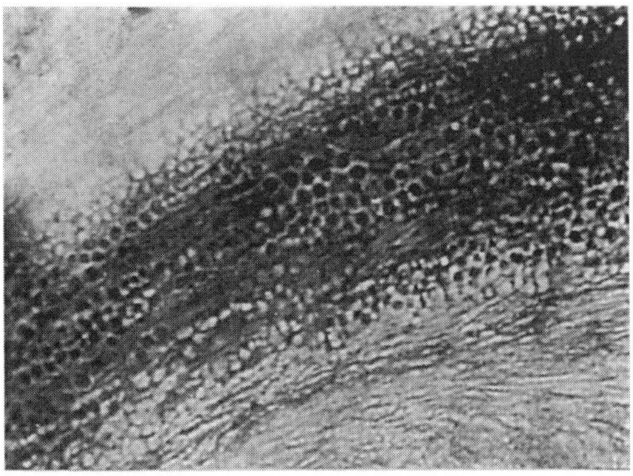

図 4.3 *Trichophyton verrucosum* の大胞子菌型被毛感染

側壁は隔壁より厚く表面粗造または有棘性であり，多数形成される．小分生子は単細胞性の根棒状で，菌糸壁に少数着生する．一般に動物の皮膚・被毛に寄生する．動物病原菌は，*M. canis* var. *canis*，*M. canis* var. *distortum*，*M. gypseum*，*M. equinum*，*M. gallinae*，*M. nanum* などがある（表 4.3）．

b．Genus *Trichophyton*

大分生子は少数または欠如するが，先端鈍円の棍棒状～腸詰状の単～多細胞性分生子であって，壁は薄く表面平滑．小分生子は形成多く，球状または棍棒状単細胞性分生子で，単純性またはブドウの房状に着生する．動物の皮膚・被毛・爪を犯す．動物病原菌には，*T. mentagrophytes*，*T. verrucosum*，*T. equinum* などがある（表 4.4，図 4.3）．

c．Genus *Epidermophyton*

大分生子は先端鈍円・棍棒形の 3～4 細胞性であって，側壁は薄く表面平滑．分生子柄に単生または群生する．ヒトの皮膚・爪に感染する *E. floccosum* がある．

C.4　Genus *Aspergillus*

Aspergillus（アスペルギルス）属は，フィアロ型分生子を形成する糸状菌（麹カビ）であって，分生子柄先端が類球状となった頂嚢（vesicle）上に一段性で徳利状のフィアライド，または二段性でメツラ（基底硬子：metula）上のフィアライドから分生子が連鎖，着生・着色して観察される（図 4.4）．菌糸は有隔性で分生子柄ともに無色性である．有性世代は，子嚢菌門・不整子嚢菌類・*Eurotiales*（ユウロチウム）目に分類される．本属による感染症をアスペルギルス症（aspergillosis）と呼び，一般に *A. fumigatus* が最も病原性が強く，原発性呼吸器感染で炎症性肉芽腫病変を特徴とし，時に全身感染型となる．そのほか，*A. flavus*，*A. nidulans*，*A. niger*，*A. terreus* などが原因となる（表 4.5）．鳥類は感受性が高く，主に気嚢・肺・気管支の急性型である．哺乳動物では，呼吸器感染のほか，ウシでは全身感染・真菌性流産，また，ウマでは，*A. nidulans* による喉嚢感染などがある．真菌中毒症（マイコトキシン中毒）としては，アフラトキシン，ステリグマトキシン，オクラトキシン，パツリン，マルトリジン，トレモルゲンによるものがある．特にアフラトキシン産生菌には，*A. flavus*，*A. parasiticus*，*A. oryzae* var. *microsporus* などがある（表 4.1 参照）．

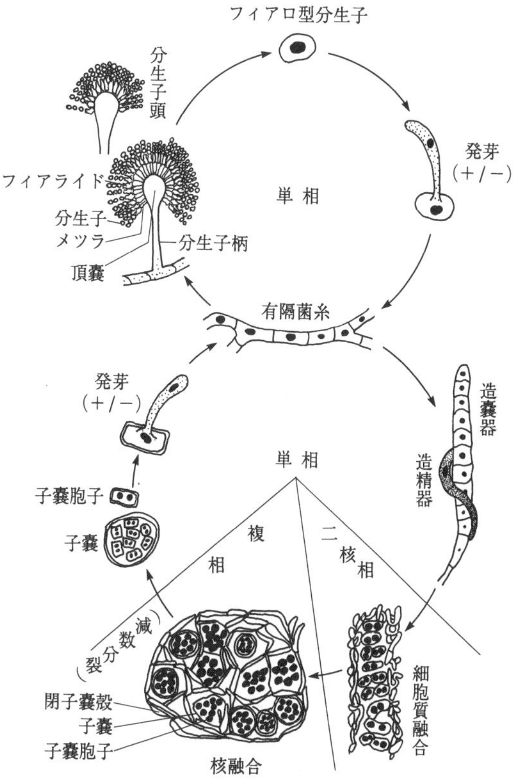

図 4.4 *Aspergillus* 属（*Emericella* 属などのアナモルフ）の生活環

表 4.5 *Aspergilluis* 属の主要菌種の鑑別性状

性状＼菌種		*A. fumigatus*	*A. terreus*	*A. niger*	*A. nidulans*	*A. flavus*
集落	発育	良好	良好	良好	良好	良好
	表面	青緑色	肉桂色	黒褐色～黒色	緑色	黄緑色
	裏面	無色～黄土色	黄色～褐色	無色～淡黄色	紫紅色	無色
頂嚢		フラスコ形 20～30 μm	半球状 10～16 μm	球状 / 亜鈴状 20～100 μm	半球状 8～10 μm	半球状 10～30 μm
分生子柄	上部	緑色調	無色	黄褐色	桃褐色	無色
	表面	平滑	平滑	平滑で厚壁	平滑	粗造
	長さ	100～300 μm	100～250 μm	200～400 μm	60～130 μm	400～1,000 μm
	幅	上部で大	ほぼ同一	ほぼ一様 頂嚢移行部で狭	上部でやや太	ほぼ同一
分生子頭		緻密円柱状	円柱状	球状か放射状	短円柱状	放射状か円柱状
小柄		一段性	二段性	二段性（一段性あり）	二段性	一段性か二段性
	フィアライド	6～8×2～3 μm	5.5～7.5×1.5～2 μm	6～10×2～3 μm	5～6×2～2.5 μm	7～10×2.5～3 μm
	メツラ	－	5～7×2～3 μm	20～30×6～8 μm	5～6×23 μm	7～10×3～4 μm
	頂嚢	上半分に生ずる	上 2/3 に生ずる	全周に生ずる	上部に生ずる	全周に生ずる
分生子		球状 2～3 μm	やや楕円で平滑 1.5～2.4 μm	球状で粗面 / 小棘状 2.5～4 μm	球状で粗面 約 3 μm	球状で粗面 3～5 μm
有性型		なし	なし	なし	*Emericella nidulans* 閉子嚢殻：球状で黄色 120～175 μm 子嚢胞子：レンズ状で平滑紫紅色	なし

C.5　Genus *Penicillium*

Penicillium（ペニシリウム）属は，不完全菌類の糸状菌綱・フィアロ型分生子形成菌群に属する糸状菌で，分生子頭の構造に特徴があり，分生子柄の先端がいく段かに分岐して箒状体（penicillus）を形成する．単細胞性・無色性のフィアロ型分生子は分生子柄分枝端のフィアライドから連鎖状に外生する（図 4.5）．有性世代は子嚢菌門・不整子嚢菌類・ユウロチウム目に分類される．本属の真菌（マイコトキシン）中毒症には，ルブラトキシン，パツリン，トレモルゲンなどが関与している（表 4.1 参照）．また，*P. marneffei* によるヒトの全身感染症がある．

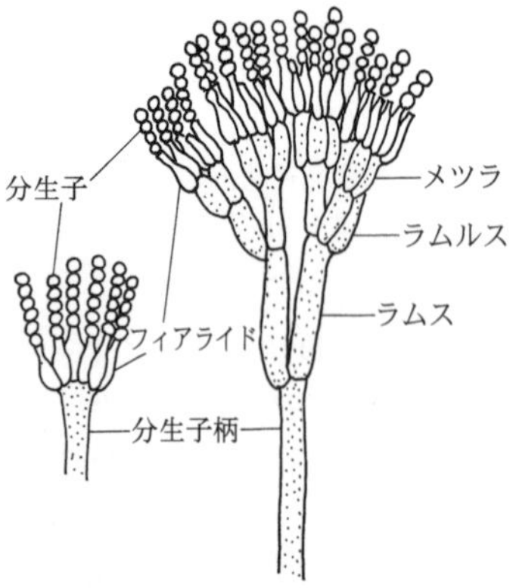

図 4.5　*Penicillium* 属の分生子頭

C.6　Genus *Fusarium*

Fusarium（フサリウム）属は，不完全菌類の糸

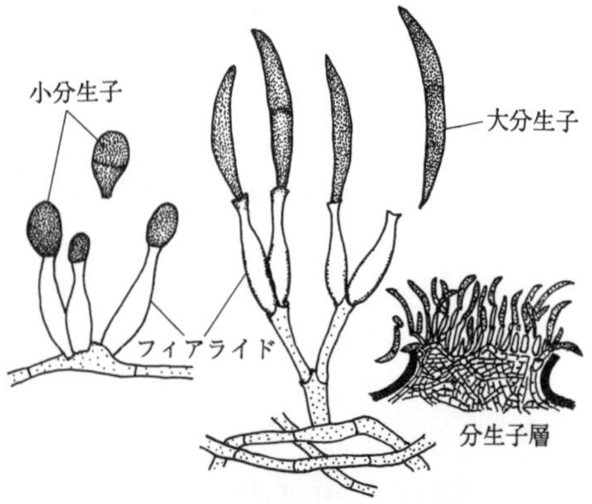

図 4.6　*Fusarium* 属のフィアロ型分生子

状菌綱・フィアロ型分生子形成菌群に属する糸状菌で，菌糸は有隔性で植物体表層に寄生し，分生子層を形成する．大型のフィアロ型分生子は 2〜6 細胞性で三日月状に湾曲し，小分生子は単細胞性．赤色色素を形成するものがある（図 4.6）．有性世代は子嚢菌門・核菌綱・ボタンタケ目に分類される．本属では，マイコトキシン（トリコテセン，ゼアレノン，イポモノール）による中毒症が重要であり，ゼアレノンは内分泌攪乱物質（環境ホルモン）としてエストロジェン様作用をもつ（表 4.1 参照）．また，*F. solani* による眼真菌症や，クルマエビの鰓黒病がある．

C.7 黒 色 真 菌

不完全菌類で，メラニン色素を細胞壁に有する黒色真菌のうち，*Cladophialophora* 属は出芽型分生子を形成し，連鎖する．*C. bantiana* は，クロモミコーシス（黒色真菌症）の原因になり，ヒト，ウマ，イヌの皮膚に慢性増殖性肉芽腫を起こす．

Exophiala 属は，アネロ型分生子を形成して，自然界に広く分布し *E. jeanselmei*，*E. dermatidis* などがヒト，ウマ，イヌの皮膚クロモミコーシスの原因となる．

Fonsecaea 属は，シンポジオ型および出芽型分生子を形成して自然界に広く分布し，*F. pedrosoi*，*F. compacta* などがヒトにクロモミコーシスを起こす．

Scolecobasidium（*Ochroconis*）属は，シンポジオ型分生子を形成して自然界に広く分布し，*S. humicolum*，*S. tshawytschae* などは海生魚類稚魚の内臓や体表に感染する．

〔D〕 接 合 菌 門

D.1 Order *Mucorales*

Mucorales（ムコール）目（ケカビ目）の無隔性菌糸はよく発達し，有性的に接合胞子を形成するほか，無性胞子として胞子嚢胞子を胞子嚢・小胞子嚢・分節胞子嚢内に形成するか，単細胞性の分生子を外生する．本菌目には，*Mucoraceae*（ムコール）科の *Absidia* 属，*Mucor* 属，*Rhizomucor* 属，*Saksenaea* 属や，*Mortierellaceae* 科の *Mortierella* 属などがある（図 4.7，表 4.6，4.7）．*Mucorales* 目は自然界に広く分布し，特に湿った乾草・飼料でよく増殖して，胞子嚢胞子が吸入・摂取による感染源となる．*Mucoraceae* 科，さらに *Mucorales* 目菌による感染症をムコール症（mucormycosis）といい，原因菌種が特定できない場合，接合菌門（*Zygomycota*）による感染という意味で接合菌症（zygomycosis）と呼ぶ．本症病変では大型無隔菌糸の血管内発育像が特徴で，特に反芻動物の消化管系に肉芽腫と潰瘍を形成したり胎盤感染による流産を伴うほか，中枢神経系，皮膚および全身感染がある．有効な抗菌剤はアムホテリシン B のみである．

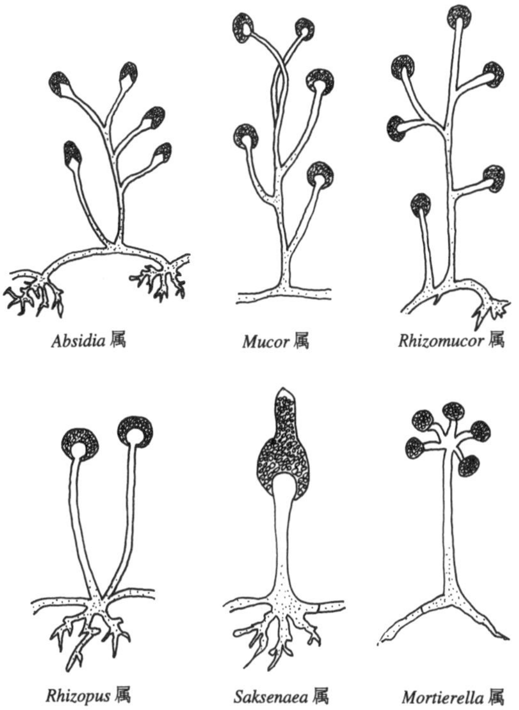

図 4.7 *Mucorales* 目の真菌属

〔E〕 ツ ボ カ ビ 門

ツボカビ門は，真菌の中で唯一，遊泳細胞を生活環に形成する．このうち *Batrachochytrium dendrobatidis* は，脊椎動物に唯一，起病性がある．両生類，特にカエルの皮膚感染症の原因菌で，種によっては致命的である．

表 4.6 *Absidia*，*Rhizomucor*，*Mucor* 属の主要菌種の鑑別性状

性状＼菌種	*A. corymbifera*	*R. pusillus*	*M. racemosus*
発育	37℃で速やか	37℃で速やか	37℃で速やか
集落	羊毛状，白色後に灰色	フェルト状，白～帯褐色	羊毛状，白～帯黄灰色
菌糸	無隔壁性：幅 9～15 μm 気菌糸，匍匐枝形成	無隔壁性：幅 7～10 μm 気菌糸の高さ：<1 mm	無隔壁性：幅 8～20 μm 気菌糸の高さ：0.5～4 cm
仮根	匍匐枝膨大部に生じ無色 幅 12 μm，長さ 370 μm	痕跡的	－
無性型：胞子嚢柄	房状分岐 4～8×450 μm	直立，1～2 本直角分岐 180～8×450 μm	単軸房状分岐
無性型：支嚢	ロート状	－	－
無性型：柱軸	ヘラ状 / 円錐状，16～27 μm 表面平滑 / 小針状突起 灰色～褐色	亜球状～球状，無色 14～35×15～45 μm	西洋梨状
無性型：胞子嚢	西洋梨状，無色～灰色 20～35×45～60 μm 破裂後カラー・小胞子嚢あり	球状，暗灰色～黄褐色 60～80 μm	球状，黄褐色 20～70 μm
無性型：胞子嚢胞子	球状～亜球状，表面平滑 2～3×3～6 μm	球状，無色，表面平滑 3～5 μm	球状～楕円形 4～5×5～8 μm
無性型：厚膜胞子	－	－	多数形成
接合胞子	球状，表面粗～有棘性 40～80 μm	球状，有棘性，黒褐色	球状，有棘性，黒褐色 70～80 μm

表 4.7 *Rhizopus* 属の主要菌種の鑑別性状

性状＼菌種	*R. microsporus*		*R. oryzae*
	var. *rhizopodiformis*	var. *microsporus*	
発育	37℃で速やか	37℃で速やか	37℃で速やか
集落	フェルト状，白色 後に帯褐色銀灰色	クモの巣状 白色後に灰色	羊毛状 灰白色後に暗褐灰色
菌糸	無隔壁性 気菌糸の高さ：0.5～1 cm	無隔壁性	無隔壁性 匍匐枝形成
仮根	胞子嚢柄基部に生ずる	胞子嚢柄基部に生ずる	胞子嚢柄基部に生ずる
無性型：胞子嚢柄	群生 120～125 μm	単生後に群生	長くて分岐，帯褐色 12～15×600～1000 μm
無性型：柱軸	亜球状 50～75 μm	楕円形 31～41×45～51 μm	亜球状 / 球状～卵円形 50～90 μm 表面平滑帯褐色
無性型：胞子嚢	球状，褐色～黒色 60～1,100 μm	球状 30～115 μm	球状～亜球状，黒色 90～150 μm，有棘性
無性型：胞子嚢胞子	球状～楕円形，無色 5～6 μm	球状～多角状，表面平滑 4 μm	円柱状 / 楕円形～多角状 5～8×7～9 μm
無性型：厚膜胞子	－	レモン状（25×35 μm）～ 球状（20 μm）	球状（10～24 μm）～ 円柱状（8～16×13～24 μm）
接合胞子	?	－	－

〔F〕 クロミスタ卵菌門

F.1 Order *Saprolegniales*

Saprolegniales 目（ミズカビ目）は，水生菌で卵胞子と遊走子の形成を特徴とし，菌糸は無隔性・雌雄同体性で有性生殖に当たっては造卵器と造精器の分化に伴い，卵球と精子の受精によって球状の中心位性卵胞子を形成する．外部寄生性ミズカビ病は，ウナギ，サケ科魚類，コイなどに好発し，原因菌としては *Saprolegnia diclina*，*S. ferax* のほか，*Achlya flagellata* や *Aphanomyces* spp. などの場合が多い．内部寄生性ミズカビ病としてはサケの内臓真菌症，*S. diclina* または *S. ferax* とアユの *Aphanomyces piscicida* による真菌性肉芽腫症がある．ブランキオミセス症（branchiomycosis）は *Branchiomyces* 属菌によってコイ科魚類や養殖ウナギなどの温水生淡水魚に起こる感染症であって，*B. sanguinis* はコイやウナギの鰓に，*B. demigrans* はパイクやテンチの鰓に，感染を起こす．本症は，水温 20℃ 前後の夏季に富栄養の場合に好発する．

F.2 Order *Salilagenidales*

Salilagenidales 目（クサリフクロカビ目）は，卵胞子非形成で遊走子を形成する水生菌である．*Haliphthoros* 属の *H. milfordensis* はエビ類，カニ類，アワビの卵・幼生の鰓や脚体表に寄生感染してハリフトロス症（haliphthorosis）を起こす．

F.3 Order *Pythiales*

Pythiales 目（フハイカビ目）は，卵胞子・遊走子形成を特徴とし，菌糸は無隔壁で菌糸端頂嚢内に遊走子を形成する．*Lagenidium* 属の *L. callinectes* は 15～25℃ 増殖性であって，エビ類，カニ類の卵・幼生に感染してラジェニジウム症（lagenidiosis）を起こす．*Pythium insidiosum* は 37℃ 増殖性で，単蹄類に感染し，顆粒性皮膚炎を主徴とするピチウム症（pythiosis）を起こす．

〔G〕 原 生 動 物

偽粘菌綱（*Mesomycetozoea*）に分類される *Ichthyophonus hoferi* は，イクチオホウナス症（ichthyophonosis）の原因となり，ニジマス，サケ，ブリの肝・脾・腎に肉芽腫を形成し，腹部膨満を起こす．有効な治療法はない．

Rhinosporidium seeberi は，培養不能で多くの動物種に感染し，組織内に胞子嚢として生育し，胞子嚢胞子を内生・充満する．

Dermocystidium 属の菌糸体は，遊走子非形成で球状胞子を多数内生する．魚類病原菌として，*D. koi* はコイ，*D. anguillae* はウナギにデルモシスチジウム症（dermocystidiosis）を起こす．

〔H〕 緑 藻 植 物 門

Prototheca（プロトテカ）属は，緑藻植物門のトレボウクシア藻綱の *Chlorella* 属と類縁の藻で内生胞子形成の増殖環をもつが，葉緑素非保有で，遊走細胞を形成しない．25～37℃ で増殖し，サブローデキストロース（グルコース）寒天（Sabouraud's dextrose (glucose) agar：SDA）培地で白色・クリーム状の酵母様コロニーを形成する．大型胞子嚢に 4～8 個の娘細胞を有し，樹液，糞便，排水処理水槽，淡水，海水などに分布している．*P. zopfii*，*P. wickerhamii* が動物病原性を示し，ウシの乳房炎，イヌの血様下痢・失明，ネコやヒトの皮膚感染症などのプロトテカ症（protothecosis）を起こす．また，*P. salmonis* はサケ科魚類に感染することがある．アムホテリシン B，ナイスタチン，ミコナゾールなどが有効である．

5. ウ イ ル ス

〔A〕 DNA ウイルス

A.1 Family *Poxviridae*

1) 学名の由来

天然痘の皮膚症状（pox＝pock＝pustule）に由来する．

2) 性　　状

① 線状の 2 本鎖 DNA（dsDNA）1 分子（130〜375 kbp）をゲノムとする．

② レンガ形または卵形の大きなビリオンで，レンガ形粒子は 220〜450nm×140〜260nm×140〜260 nm，卵形粒子は長さ 250〜300 nm×幅 160〜190 nm）である．

③ カプシドは複合型である．

④ 複雑な構造の外被（エンベロープ）を有する．

⑤ 1〜2 個の側体（lateral body）をもつ．

⑥ エーテル耐性の属と感受性の属がある．エーテル耐性のものもクロロホルムには感受性である．

⑦ 細胞質内で増殖し，好塩基性の細胞質内封入体（ビリオンの形成部位）のほか，あるものは好酸性の細胞質内封入体（ビリオンの蓄積部位）をも形成し，時に巨細胞が出現する．

ビリオンには 30 以上の構造タンパク質と，DNA 依存 RNA ポリメラーゼをはじめ，数種の核酸関連酵素が含まれる．*Poxviridae*（ポックスウイルス）科に属するウイルスの増殖はすべての細胞質内で行われる．外被は，管状もしくは球状のリポタンパク質の集合体（レンガ形ビリオン）またはらせん状のフィラメント（卵形ビリオン）で構成された膜で，その外側がタンパク質で覆われている．このため，通常のエンベロープをもつウイルスと異なり，エーテル耐性のものもあるが，感染の際に宿主細胞と融合を起こして侵入する点で両者は共通している．ゲノム DNA は両末端に逆向きの反復配列をもつ．またゲノムの両末端はそれぞれ共有結合により閉鎖（terminal cross-like）している．

［1］ Subfamily *Chordopoxvirinae*

Chordopoxvirinae（コルドポックスウイルス）亜科は，脊椎動物を宿主とする．ゲノムの GC 含量は 30〜64 モル％である．約 20 種の主要抗原がビリオンに存在し，1 つが本亜科内の共通抗原である．また，各属内には共通抗原があり，血清学的にかなり交差する．特異抗原，宿主域，ビリオン形態に基づいて 8 属に分けられる．

a. Genus *Orthopoxvirus*

ゲノムサイズは約 170〜250 kbp．ビリオンはレンガ形で，エーテル耐性．糖タンパク質の血球凝集素（hemagglutinin）を産生し，シチメンチョウおよびニワトリの赤血球を凝集する．本属ウイルスは，培養細胞や実験動物における宿主域は広いが，自然界では種特異性が比較的強く固有宿主にのみ感染する．

（1） *Variola virus* (variola major, smallpox virus：ヒトの痘瘡（天然痘）ウイルス) **および *Alastrim virus*** (variola minor：アラストリムウイルス)

両者は性状がほとんど同じで，ヒトに対する病原性を異にするだけである．天然痘では死亡率が平均 20〜30％ から 70％ 以上に及ぶことがあるが，アラストリムは症状も軽く，死亡率は 1％ 内外である．動物実験として最も適しているのは発育鶏卵漿尿膜接種で，接種後 72 時間で直径 1 mm 以上の盛り上がったポック（pock）を生じ，定量にも用いられた．天然痘は 1979 年に世界中から消滅した．

（2） *Cowpox virus* (牛痘ウイルス)

ウシのほか，ヒト，ネコ，齧歯類にも感染する．発育鶏卵漿尿膜上のポックは出血性で赤くなる．

（3） *Vaccinia virus* (ワクチニアウイルス)

自然界に本来存在したものでなく，痘苗製造用に作出されたワクチン株で，*Cowpox virus* の白色変異株という説と，痘瘡ウイルス由来という説がある．痘瘡ウイルスより宿主域が広く，ウサギ，ウシ，ヒツジの皮膚でもよく増殖する．発育鶏卵漿尿膜上では，48～72 時間で痘瘡ウイルスより大きく，中央壊死部脱落による噴火口様の穴をもった直径 2～3 mm のポックをつくる．Buffalopox virus（水牛痘ウイルス）および Rabbitpox virus（ウサギ痘ウイルス）は *Vaccinia virus* に含まれる．

（4） ***Ectromelia virus***（エクトロメリアウイルス）＝Mousepox virus（マウス痘ウイルス）

いろいろな経路からマウスに感染し，多くは不顕性感染となるが，しばしば四肢の壊死，脱落（エクトロメリア）を起こす．実験用マウスのコロニーに大流行し，実験が攪乱されることがある．

（5） ***Monkeypox virus***（サル痘ウイルス）

ヒトを含む霊長類や齧歯類に感染する．

（6） ***Raccoonpox virus***（アライグマ痘ウイルス）

（7） ***Camelpox virus***（ラクダ痘ウイルス）

ラクダの口唇，鼻に発痘が出現し，粘膜へと広がる．

（8） ***Volepox virus***（ハタネズミ痘ウイルス）

（9） ***Teterapox virus***（アフリカアレチネズミ痘ウイルス）

b．Genus *Parapoxvirus*

ゲノムサイズは 130～150 kbp. ビリオンは卵形で，エーテル感受性．有蹄類を宿主とするが，ヒトへ感染するものもある．

（1） ***Orf virus***（オルフウイルス）＝Contagious pustular dermatitis virus（ヒツジの伝染性膿疱性皮膚炎ウイルス）＝Contagious ecthyma virus（伝染性膿瘡ウイルス）

ヒツジおよびヤギに伝染性膿疱性皮膚炎を引き起こす．肉眼病変は主に，口唇部，口腔，顔面，乳頭，蹄間部などに出現する．病変部が脱落，付着，汚染した餌や飼育施設などは長期にわたって感染源となる．

（2） ***Bovine papular stomatitis virus***（ウシ丘疹性口炎ウイルス）

ウシの口およびその周辺に丘疹病変が生じる．

（3） ***Pseudocowpox virus***（偽牛痘ウイルス）＝Milker's nodule virus（搾乳者結節ウイルス）＝*Paravaccinia virus*

ウシの乳頭に丘疹病変が生じる．ヒトが搾乳時に感染し，発痘する．

（4） ***Parapoxvirus of red deer in New Zealand***

（5） ***Squirrel parapoxvirus***（リスパラポックスウイルス）

（6） **その他の未確定のもの**

・Chamois contagious ecthyma virus（カモシカ膿痂疹ウイルス）

・Sealpox virus（アザラシ痘ウイルス）

・Auzduk disease virus＝Camel contagious ecthyma virus（ラクダ膿痂疹ウイルス）

c．Genus *Avipoxvirus*

ゲノムサイズは約 300 kbp. ビリオンはレンガ形で，大部分はエーテル耐性．鳥類を宿主とし，属内のウイルスは抗原的に交差するが，中和交差はしないものがある．直接接触や節足動物により機械的に伝播される．

（1） ***Fowlpox virus***（鶏痘ウイルス）

病変がニワトリの無羽部の皮膚に発痘する皮膚型と口腔粘膜に起こる粘膜型がある．

（2） ***Canarypox virus***（カナリア痘ウイルス）

（3） ***Juncopox virus***（ヒワ痘ウイルス）

（4） ***Pigeonpox virus***（ハト痘ウイルス）

（5） ***Psittacinepox virus***（オウム痘ウイルス）

（6） ***Quailpox virus***（ウズラ痘ウイルス）

（7） ***Sparrowpox virus***（スズメ痘ウイルス）

（8） ***Starlingpox virus***（ムクドリ痘ウイルス）

（9） ***Turkeypox virus***（シチメンチョウ痘ウイルス）

（10） ***Mynahpox virus***（キュウカンチョウ痘ウイルス）

（11） **その他の未確定のもの**

・Crowpox virus（カラス痘ウイルス）

・Peacockpox virus（クジャク痘ウイルス）

・Penguinpox virus（ペンギン痘ウイルス）

d. Genus *Capripoxvirus*

ゲノムサイズは約154 kbp. ビリオンはレンガ形で *Vaccinia virus* より細長く，エーテル感受性. 有蹄類を宿主とし，節足動物による機械的な伝播とともに，接触，経口，飛沫感染によっても伝播する.

（1） *Sheeppox virus* （羊痘(よう)ウイルス）

重症の場合は全身に発痘が生じる. 軽症の場合，病変は無毛部に限局される.

（2） *Goatpox virus* （ヤギ痘ウイルス）

羊痘ウイルスときわめて近縁であり，症状も同様である.

（3） *Lumpy skin disease virus* （ウシの塊皮病ウイルス）＝Neethling virus

ウシおよびスイギュウにおいて，発熱とともに皮膚結節を形成する.

e. Genus *Leporipovirus*

ゲノムサイズは約160 kbp. ビリオンはレンガ形でエーテル感受性. ウサギやリスを宿主とし，直接接触や節足動物により機械的に伝播される. 自然宿主においては限局性の良性腫瘍をつくる.

（1） *Myxomapox virus* （ウサギ粘液腫ウイルス）

ウサギの全身の粘膜と皮膚の境界部皮下にゼラチン様腫瘤を形成する. 死亡率は高い.

（2） *Hare fibroma virus* （野兎(やと)線維腫ウイルス）

（3） *Rabbit fibroma virus* （ウサギ線維腫ウイルス）＝Shope fibroma virus （ショープ線維腫ウイルス）

（4） *Squirrel fibroma virus* （リス線維腫ウイルス）

f. Genus *Suipoxvirus*

ゲノムサイズは約175 kbp. ビリオンはレンガ形. ブタを宿主とする. 細胞質内封入体形成と核の空胞化を特徴とする.

（1） *Swinepox virus* （豚痘ウイルス）

耳や腹股部に発痘病変を生じ，痂皮形成後，治癒する. 全身症状はほとんどない.

g. Genus *Molluscipoxvirus*

ゲノムサイズは約188 kbp. ビリオンはレンガ形. ヒトを宿主とし，*Chordopoxvirinae* 亜科の他属のウイルスとは抗原的に異なる. 交接感染（venereal infection）や接触感染により伝播し，巨細胞や細胞質内封入体を形成する.

（1） *Molluscum contagiosum virus* （ヒトの伝染性軟疣腫ウイルス）

h. Genus *Yatapoxvirus*

ゲノムサイズは約146 kbp. *Vaccinia virus* と同形のビリオンだが，2層のエンベロープを有する. 単核球からなる腫瘍状の病変を皮膚につくる.

（1） *Yaba monkey tumor virus* （ヤバサル腫瘍ウイルス）

アカゲザルやカニクイザルを自然宿主とする.

（2） *Tanapox virus*

i. 本亜科に属するその他の未分類のウイルス

・California harbor seal poxvirus （カルフォルニア港アザラシ痘ウイルス）

・Dolphin poxvirus （イルカ痘ウイルス）

［2］ Subfamily *Entomopoxvirinae*

Entomopoxvirinae（エントモポックスウイルス）亜科には，昆虫を宿主とするウイルスが含まれる. 本亜科ウイルスは，*Chordopoxvirinae* 亜科とは血清学的に交差せず，また脊椎動物では増殖しない.

poxvirusによるヒトや動物の病気の特徴は，皮膚に発疹様斑紋を生じることである. 多くの病気は比較的軽度であるが，ウサギ痘やマウス痘はヒトにおける天然痘と同じように宿主に致命的である. *Myxomapox virus* はオーストラリアで害獣としての野ウサギの生物学的駆除に用いられたことがある. poxvirusにより形成される細胞質内封入体は古くから光学顕微鏡により観察されており，*Fowlpox virus* による好酸性封入体はBollinger小体（Bollinger body），また *Vaccinia virus* による好塩基性封入体はGuarnieri小体と呼ばれた. Bollinger小体の内部にはさらにBorrel小体と呼ばれる基本小体がみられ，これは今日，ウイルス粒子そのものであることが知られている.

A.2 Family *Asfarviridae*

1）学名の由来

African swine fever and related virus の頭文字.

2）性　　状

① 線状の dsDNA 1 分子（170～190 kbp）をゲノムとする.

② 直径 70～100 nm の核タンパク質のコアをもつ.

③ カプシドは直径 172～191 nm の正二十面体で，カプソメア数は 1,892～2,172 である.

④ エンベロープで包まれ，ビリオン直径は 175～215 nm である.

⑤ エーテル，クロロホルムに感受性である.

⑥ ウイルスの増殖は細胞質で行われる.

⑦ 酸耐性で，60°C 30 分で不活化される.

ゲノムの両端に逆向きの反復配列をもつ．またゲノム両端はそれぞれ共有結合により閉鎖している．ウイルス粒子内に DNA 依存 RNA ポリメラーゼとともに DNA 依存 DNA ポリメラーゼを有する．したがって，DNA の複製もウイルス由来の DNA ポリメラーゼによって細胞質内で行われる．培養細胞に感染すると巨細胞形成と血球吸着反応を示す.

a．Genus *Asfivirus*

（1）*African swine fever virus*（アフリカブタコレラウイルス）

アフリカでは，野生のイボイノシシが不顕性感染している．ブタが感染すると発病する．感染豚では中和抗体は検出されないといわれているが，逆の報告もあり，その生物学的な意義については明らかでない．熱性感染症で，臨床症状，病理所見はブタコレラに類似する．わが国での発生は現在のところ認められない.

A.3 Family *Iridoviridae*

1）学名の由来

昆虫の感染組織に集積したウイルス粒子が青紫～赤紫色の虹色（iridos＝iridescent）に輝くことによる.

2）性　　状

① 線状の dsDNA 1 分子（140～303 kbp）をゲノムとする．一部のウイルスでは別に短い核酸をもつ.

② 直径 120～350 nm の正二十面体粒子である.

③ カプソメアは約 1,500 と推定されている.

④ 脊椎動物ウイルスには宿主由来のエンベロープがあるが，感染には必要なものではない．節足動物ウイルスはエンベロープを欠く.

⑤ 脊椎動物ウイルスはエーテル感受性，節足動物ウイルスはエーテル耐性である.

⑥ pH 3～10 で安定．熱に弱い.

Iridoviridae（イリドウイルス）科に属するウイルスは，魚類，両生類，昆虫から多数が分離されている．脊椎動物ウイルスのゲノム DNA は，ウイルス由来の DNA メチル転移酵素によりシトシンがメチル化されるものが多い.

a．Genus *Lymphocystivirus*

魚類にリンホシスチス病を起こすウイルスが含まれる.

（1）*Lymphocystis disease virus 1*（ヒラメリンホシスチス病ウイルス）

体表面に黒色疣状突起物を形成する.

（2）*Lymphocystis disease virus 2*（コガレイリンホシスチス病ウイルス）

（3）その他の未確定のもの

・Goldfish virus 1

b．Genus *Ranavirus*

成熟したカエルに対しては病原性がないが，オタマジャクシでは致命的感染を起こす.

（1）*Frog virus 3*（カエルウイルス 3）

（2）*Epizootic haematopoietic necrosis virus*（流行性造血器壊死症ウイルス）

（3）*European catfish virus*（ヨーロッパナマズウイルス）

c．Genus *Megalocytivirus*

（1）infectious spleen and kidney necrosis virus（伝染性脾臓腎臓壊死ウイルス）

A.4 Family *Herpesviridae*

1) 学名の由来

感染動物の神経の走行に沿って発疹が匍匐(herpes＝creeping) する様子にちなむ.

2) 性　　状

① 線状の dsDNA 1 分子(125～240 kbp)をゲノムとする.

② カプシドは正二十面体 (直径 100～110 nm) である.

③ カプソメア数は 162 である.

④ エンベロープで包まれ, ビリオン直径は 120～200 nm である.

⑤ エーテル感受性である.

⑥ ヌクレオカプシドは核内で組み立てられ, 核膜通過時にエンベロープを獲得する.

⑦ 熱感受性, 熱に弱い.

⑧ 核内封入体をつくる.

Herpesviridae (ヘルペスウイルス) 科のウイルスは, 生物学的 (宿主域, 増殖速度, 細胞病変, 潜伏感染の様相) および理化学的性状に基づいて, 3 亜科に分けられ, 相互に共通抗原をもたない.

［1］ Subfamily *Alphaherpesvirinae*

一般に宿主域が広く, 培養細胞では強い細胞変性効果 (cytopathic effect : CPE) を伴って急速に増殖する. 神経節に潜伏感染することがある. ゲノムは L 鎖と S 鎖が 1 個ずつ共有結合しており, 両鎖が倒置することがあるため, 独特の異性体 (isomer) 構造をとる.

a. Genus *Simplexvirus*

L 鎖と S 鎖の両端に逆向きの反復配列があり, 4 種類の異性体構造をとりうる.

(1) ***Cercopithecine herpesvirus 1*** (オナガザルヘルペスウイルス 1)＝B virus (B ウイルス)＝Herpesvirus simiae (サルヘルペスウイルス)

自然宿主であるマカカ (*Macaca*) 属のサルは通常不顕性感染であるが, ウイルスを保有しているので注意して取り扱う必要がある. ヒトでは神経症状を呈し, 死亡することがある.

(2) ***Cercopithecine herpesvirus 2*** (オナガザルヘルペスウイルス 2)＝SA 8 virus

(3) ***Saimiriine herpesvirus 1*** (リスザルヘルペスウイルス 1)＝Marmoset herpesvirus (キヌザルヘルペスウイルス)＝Herpesvirus tamarinus

(4) ***Ateline herpesvirus 1*** (クモザルヘルペスウイルス 1)

(5) ***Bovine herpesvirus 2*** (ウシヘルペスウイルス 2)＝Bovine mammilitis virus (ウシ乳頭炎ウイルス)＝Pseudolumpy skin disease virus (仮性塊皮病ウイルス)＝Allerton virus

乳頭あるいは広範囲の皮膚に結節を形成する.

(6) ***Human herpesvirus 1, 2*** (ヒトヘルペスウイルス 1, 2)＝Herpes simplex viruses 1, 2

(7) ***Macropodid herpesvirus 1*** (ワラビーヘルペスウイルス 1)＝Parma wallaby herpesvirus

(8) ***Macropodid herpesvirus 2*** (ワラビーヘルペスウイルス2)＝Docropsis wallaby herpesvirus

b. Genus *Varicellovirus*

S 鎖の両端のみに逆向きの反復配列がみられ, 2 種類の異性体構造をとりうる.

(1) ***Suid herpesvirus 1*** (ブタヘルペスウイルス 1)＝Aujeszky's disease virus (オーエスキー病ウイルス)＝Pseudorabies virus (仮性狂犬病ウイルス)

本来の宿主はブタとイノシシであるが, 多くの家畜, ペット動物(伴侶動物), 野生動物に自然感染する. 幼豚においては感染によって高率で発病し, 神経症状を呈し, 急性致死する. 成豚では発症は少ない. 妊娠豚での感染では効率に死流産を引き起こす. 他の herpesvirus と同じく潜伏感染するため, 不顕性感染した一見健康なブタが感染源となる.

(2) ***Bovine herpesvirus 1*** (ウシヘルペスウイルス 1)＝Infectious bovine rhinotracheitis (IBR) virus (ウシ伝染性鼻気管炎ウイルス)

主に上部呼吸器症状および結膜炎を呈し, 流産, 髄膜脳炎, 下痢などさまざまな症状を示す. 生殖器に感染した場合, 膣炎および亀頭包皮炎を引き起こす.

(3) ***Bovine herpesvirus 5*** (ウシヘルペスウ

イルス 5)＝Bovine encephalitis herpesvirus（ウシ脳炎ヘルペスウイルス）

（4） *Equid herpesvirus 1* (Equine herpesvirus 1：ウマヘルペスウイルス 1)＝Equine abortion herpesvirus（ウマ流産ヘルペスウイルス）

子ウマの初感染では一過性の鼻肺炎を呈し，妊娠馬の感染で流死産を引き起こす．

（5） *Equid herpesvirus 4*（ウマヘルペスウイルス 4)＝Equine rhinopneumonitis virus（ウマ鼻肺炎ウイルス）

ウマに鼻肺炎および流死産を引き起こす．

（6） *Equid herpesvirus 8*（ウマヘルペスウイルス 8)＝Asinine herpesvirus 3（ロバヘルペスウイルス 3)

（7） *Equid herpesvirus 9*（ウマヘルペスウイルス 9)＝Gazelle herpesvirus（ガゼルヘルペスウイルス）

（8） *Canid herpesvirus 1* (Canine herpesvirus：イヌヘルペスウイルス)＝Canine tracheobroncheitis virus（イヌ気管気管支炎ウイルス）

新生犬に全身性，出血性の病状を呈し，死亡率は高い．成犬では呼吸器疾患，生殖器疾患を起こすが，軽度である．

（9） *Felid herpesvirus 1* (Feline viral rhinotrancheitis virus：ネコウイルス性鼻気管炎ウイルス）

上部気道炎などの呼吸器疾患のほかに皮膚炎，膣炎，神経症状，流産などを起こすこともある．幼猫の死亡率は高い．

(10) *Bubaline herpesvirus 1*（スイギュウヘルペスウイルス 1)

(11) *Caprine herpesvirus 1*（ヤギヘルペスウイルス 1)＝Goat herpesvirus（ヤギヘルペスウイルス）

(12) *Cervid herpesvirus 1*（シカヘルペスウイルス 1)＝Red deer herpesvirus

(13) *Cervid herpesvirus 2*（シカヘルペスウイルス 2)＝Reindeer herpesvirus

(14) *Cercopithecine herpesvirus 9*（オナガザルヘルペスウイルス 9)＝Simian varicella herpesvirus（サル水痘ヘルペスウイルス)＝Medical lakemacaque herpesvirus

(15) *Human herpesvirus 3*（ヒトヘルペスウイルス 3)＝Varicella-zoster virus（水痘・帯状疱疹ウイルス）

(16) *Equid herpesvirus 3*（ウマヘルペスウイルス 3)＝Coital exanthema virus（ウマ媾疹ウイルス）

交尾感染し，雌雄とも外部生殖器に紅色丘疹を生じる．

(17) その他の未確定のもの

・Equid herpesvirus 6（ウマヘルペスウイルス 6)＝Asinine herpesvirus 1（ロバヘルペスウイルス）

c. Genus *Iltovirus*

（1） *Gallid herpesvirus 1*（ニワトリヘルペスウイルス 1)＝Infectious laryngotracheitis virus（ニワトリ伝染性喉頭気管炎ウイルス）

ニワトリの急性呼吸器病であり，激しい呼吸器症状と喀血を伴う．

d. Genus *Mardivirus*

（1） *Gallid herpesvirus 2*（ニワトリヘルペスウイルス 2)＝Marek's disease virus type 1（マレック病ウイルス 1 型）

ニワトリやウズラに脚麻痺などの神経疾患，さまざまな臓器に悪性リンパ腫を生じる．ワクチンにより制御された最初のウイルス性腫瘍疾病である．

（2） *Gallid herpesvirus 3*（ニワトリヘルペスウイルス 3)＝Marek's disease virus type 2（マレック病ウイルス 2 型）

非病原性であり，ワクチンとして用いられている．

（3） *Meleagrid herpesvirus 1*（シチメンチョウヘルペスウイルス 1)＝Turkey herpesvirus

マレック病ウイルス 2 型と同様に非病原性であり，マレック病のワクチン株として用いられている．

e. 本亜科に属するその他のウイルス

・*Psittacid herpesvirus 1*（オウムヘルペスウイルス）

［2］ Subfamily *Betaherpesvirinae*

Betaherpesvirinae（ベータヘルペスウイルス）亜科は培養細胞でよく増殖するが，CPE は巣状で緩

やかに進行し，増殖速度も遅い．巨細胞を形成し(cytomegalia)，封入体をつくる．未分化のリンパ系細胞に持続感染する．唾液腺や腎臓に潜伏感染することがある．動物においても，培養細胞においてこのウイルスは種特異性が強い．

a．Genus *Cytomegalovirus*

（1） ***Human herpesvirus 5***（ヒトヘルペスウイルス5）＝Human cytomegalovirus（ヒトサイトメガロウイルス）

（2） ***Cercopithecine herpesvirus 5***（アフリカミドリザルヘルペスウイルス）

（3） ***Cercopithecine herpesvirus 8***（アカゲザルサイトメガロウイルス）

（4） **その他の未確定のもの**

・Aotine herpesviruses 1，3（ヨザルヘルペスウイルス1，3）

b．Genus *Muromegalovirus*

（1） ***Murid herpesvirus 1***（ネズミヘルペスウイルス1）＝Mouse cytomegalovirus（マウスサイトメガロウイルス）

（2） ***Murid herpesvirus 2***（ネズミヘルペスウイルス2）＝Rat cytomegalovirus（ラットサイトメガロウイルス）

c．Genus *Roseolovirus*

（1） ***Human herpesvirus 6***（ヒトヘルペスウイルス6）

乳児の突発性発疹の原因とされる．

（2） ***Human herpesvirus 7***（ヒトヘルペスウイルス7）

d．本亜科に属するその他のウイルス

・Caviid herpesvirus 2（モルモットヘルペスウイルス2）＝Guinea pig cytomegalovirus（モルモットサイトメガロウイルス）

［3］ Subfamily *Gammaherpesvirinae*

Gammaherpesvirinae（ガンマヘルペスウイルス）亜科はリンパ芽球で増殖し，特にB細胞またはT細胞に親和性が強い．CPEは示さない．リンパ組織に潜伏感染することがある．腫瘍原性ヘルペスウイルスが含まれる．

a．Genus *Lymphocryptovirus*

B細胞に対して親和性を示す．

（1） ***Human herpesvirus 4***（ヒトヘルペスウイルス4）＝Epstein-Barr virus（EBV：エプスタイン・バーウイルス）＝Infectious mononucleosis virus（伝染性単核症ウイルス）＝Burkitt's lymphoma virus（バーキットリンパ腫ウイルス）＝Nasopharyngeal carcinoma virus（鼻咽頭がんウイルス）

（2） ***Cercopithecine herpesvirus 12***（Baboon herpesvirus：ヒヒヘルペスウイルス）

（3） ***Pongine herpesvirus 1***（Chimpanzee herpesvirus：チンパンジーヘルペスウイルス）

（4） ***Pongine herpesvirus 2***（オランウータンヘルペスウイルス）

（5） ***Pongine herpesvirus 3***（ゴリラヘルペスウイルス）

b．Genus *Rhadinovirus*

（1） ***Alcelaphine herpesvirus 1***（オオカモシカヘルペスウイルス1）＝Malignant catarrhal fever virus（ウシ悪性カタル熱ウイルス）＝Wildbeest herpesvirus

終宿主であるウシ，スイギュウ，シカ科動物にカタル炎を起こす．レゼルボア（reservoir：病原巣）であるヌーから主に接触感染により終宿主に感染し，致死率は高い．

（2） ***Alcelaphine herpesvirus 2***（オオカモシカヘルペスウイルス2）＝Hartebeest malignant catarrhal fever virus（オオカモシカ悪性カタル熱ウイルス）

（3） ***Ovine herpesvirus 2***（ヒツジヘルペスウイルス2）＝Sheep associated malignant catarrhal fever virus（ヒツジ悪性カタル熱ウイルス）

終宿主であるウシ，スイギュウ，シカ科動物にカタル炎を起こす．レゼルボアであるヒツジから主に接触感染により終宿主に感染する．終宿主は感染源にならない．

（4） ***Bovine herpesvirus 4***（ウシヘルペスウイルス4）

（5） ***Equid herpesvirus 2***（ウマヘルペスウイルス2）＝Equine cytomegalovirus（ウマサイトメガロウイルス）＝Slow-growing equine herpesvirus（遅増殖性ウマヘルペスウイルス）

(6) ***Equid herpesvirus 5*** (Equine herpesvirus 5：ウマヘルペスウイルス 5)

(7) ***Equid herpesvirus 7*** (ウマヘルペスウイルス 7)＝Asinine herpesvirus 2 (ロバヘルペスウイルス 2)

(8) ***Athline herpesvirus 2*** (クモザルヘルペスウイルス 2)＝Herpesvirus ateles

(9) ***Saimiriine herpesvirus 2*** (クモザルヘルペスウイルス 2)＝Herpesvirus saimiri

(10) ***Murid herpesvirus 4*** (ネズミヘルペスウイルス 4)

(11) ***Human herpesvirus 8*** (ヒトヘルペスウイルス8)＝Kaposi's sarcoma-associated herpesvirus

(12) ***Hippotragine herpesvirus 1*** (レイヨウヘルペスウイルス 1)

(13) **その他の未確定のもの**

・Leporid herpesvirus 1 (ウサギヘルペスウイルス 1)＝Cottontail rabbit herpesvirus (ワタオノウサギヘルペスウイルス)

・Leporid herpesvirus 2 (ウサギヘルペスウイルス 2)＝Herpesvirus cuniculi

・Leporid herpesvirus 3 (ウサギヘルペスウイルス 3)＝Herpesvirus sylvilagus

・Marmomid herpesvirus 1 (ウッドチャックヘルペスウイルス)

c. 本亜科に属するその他のウイルス

・*Callitrichine herpesvirus 1* (キヌザルヘルペスウイルス 1)＝Herpesvirus sanguinus

［4］ 本科に属するその他の未分類ウイルス

(1) **Anatid herpesvirus 1** (アヒルヘルペスウイルス 1)＝Duck plaque herpesvirus (アヒルペストウイルス)＝Duck viral enteritis virus (アヒル腸炎ウイルス)

アヒル，ガチョウ，ハクチョウなどに呼吸器疾患や下痢を起こす．急性経過で致死率も高い．

(2) **Callitrichine herpesvirus 2** (キヌザルヘルペスウイルス 2)＝Marmoset cytomegalovirus

(3) **Caviid herpesviruses 1, 2** (モルモットヘルペスウイルス 1)＝Guinea pig herpesviruses 1, 2

(4) **Cercopithecine herpesvirus 3** (オナガザルヘルペスウイルス 3)＝SA 6 virus

(5) **Cercopithecine herpesvirus 4** (オナガザルヘルペスウイルス 4)＝SA 15 virus

(6) **Cercopithecine herpesvirus 10** (オナガザルヘルペスウイルス 10)

(7) **Cercopithecine herpesvirus 13** (オナガザルヘルペスウイルス 13)＝Herpesvirus cyclopis

(8) **Chelonid herpesvirus 1** (カメ灰色斑病ウイルス 1)

稚亀に多発し，致死率は高い．頸部，四肢表面に灰白色隆起病変を示す．

(9) **Columbid herpesvirus** (ハトヘルペスウイルス)

(10) **Cricetid herpesvirus** (ハムスターヘルペスウイルス)

(11) ***Ictalurid herpesvirus 1*** (ナマズヘルペスウイルス 1)

アメリカ合衆国南部，中米のアメリカナマズの稚魚に多発し，致死性出血性感染症を起こす．所属亜科未定の *Ictalurivirus* 属に置かれている．

(12) **Murid herpesvirus 3** (ネズミヘルペスウイルス 3)＝Mouse thymic herpesvirus

(13) **Murid herpesviruses 5, 6** (ネズミヘルペスウイルス 5，6)

(14) **Ovine herpesvirus 1** (ヒツジヘルペスウイルス 1)＝Sheep pulmonary adenomatosis associated herpesvirus

(15) **Ranid herpesvirus 1** (カエルヘルペスウイルス 1)

(16) **Salmonid herpesvirus 1** (サケヘルペスウイルス 1)

稚魚は致死性である．

(17) **Salmonid herpesvirus 2** (サケヘルペスウイルス 2)

稚魚は致死性であり，腫瘍原性がある．

(18) **Suid herpesvirus 2** (ブタヘルペスウイルス 2)＝Swine cytomegalovirus (ブタサイトメガロウイルス)＝Inclusion body rhinitis virus (封入体鼻炎ウイルス)

新生豚では呼吸器症状を呈し，死亡することもあるが，成豚では軽症，不顕性感染で終わる．

一般に herpesvirus は固有宿主との共存により

自然界に存続している．したがって，その感染の特徴は，初感染，再感染に加えて，体内で潜伏感染しているウイルスにより回帰発症を起こすことである．ヒトの herpes simplex virus は神経節に潜伏感染し，宿主側の免疫の低下，個体に対する物理的刺激などによって再活性化することが知られている．

herpesvirus の重要な性状の一つは，自然宿主からほかの宿主へ感染したとき，その病原性が著しく変化することである．たとえば，Aujeszky's disease virus は成豚では不顕性感染するが，ウシやヒツジには致命的脳炎を起こす．B virus も，サルではヒトにおける human herpesvirus と同様な病原性を示すが，これがヒトに感染すると脳脊髄炎を起こしてほとんど確実に致命的となる．

A.5 Family *Adenoviridae*

1) 学名の由来

感染者のアデノイド（adenoid）組織から初めて分離されたことによる．

2) 性　　状

① 線状の dsDNA 1 分子（26～45 kbp）をゲノムとする．

② 直径 70～90 nm の正二十面体粒子である．

③ カプソメア数は 252（240 個はヘクソン：hexon，12 個はペントン：penton）である．

④ エンベロープを欠く．

⑤ エーテル，酸に抵抗性である．

⑥ マウスおよび鳥類由来のもの以外は一般に血球凝集性を示す．

⑦ 熱に弱く，2 価陽イオンは熱感受性を高める．

⑧ 核内で増殖し，ブドウの房状の特徴的 CPE と好塩基性核内封入体を形成する．

Adenoviridae（アデノウイルス）科に属するウイルスは，哺乳動物由来の *Mastadenovirus* と鳥類由来の *Aviadenovirus* の 2 属に分けられる．両者はゲノムサイズでも差がある．ビリオンの頂点以外に並ぶカプソメアであるヘクソンの内側には属特異共通抗原があり，これら 2 属を補体結合反応（complement fixation：CF 反応），ゲル内沈降反応により区別することができる．またビリオンの頂点に位置するカプソメアであるペプトンベースから突出する糖タンパク質のファイバー（fiber）は型特異抗原として働く．交差中和試験による抗体価の比が 16 より大きい場合は異なる血清型としている．8～16 の場合は交差血球凝集阻止反応（hemagglution inhibition：HI反応）や理化学的・生物学的性状を考慮して血清型別としている．

新生ハムスターに対して腫瘍原性であるウイルスや培養細胞を形質転換（transformation）するウイルスがある．

ウイルスゲノムは両末端に 50～200 bp の逆向きの相補的塩基配列をもつため，熱変性の直後，アニーリング（annealing）を行うとフライパンの柄（panhandle）のような環状構造をとる．また，ゲノム DNA の両方の 5′ 端には型特異タンパク質が共有結合しており，DNA 合成のプライマーとして働く（protein priming mechanism）．

a. Genus *Mastadenovirus*

ゲノム分子量は 20～25 MDa，GC 含量は 40～63 モル％である．

（1） *Canine adenovirus*（イヌアデノウイルス）

Infectious canine hepatitis virus（イヌ伝染性肝炎ウイルス）＝Canine adenovirus 1 と Infectious canine laryngotracheitis virus（イヌ伝染性喉頭気管炎ウイルス）＝Canine adenovirus 2 を含む．イヌ伝染性肝炎は Canine adenovirus 1 を原因ウイルスとし，主に子イヌに肝炎を主徴とする急性疾患を起こす．嘔吐，腹痛，下痢などの症状を伴う．イヌ伝染性喉頭気管炎は Canine adenovirus 2 に起因し，いわゆる“kennel cough”の病原体の一つとなっている．両ウイルスは抗原性が異なる．

（2） *Bovine adenovirus A～C*（ウシアデノウイルス A～C）

Bovine adenovirus A～F の感染により，ウシアデノウイルス病を起こす．子ウシの多発性関節炎や虚弱症候群の主因と考えられる．肺炎や下痢などを起こす．日本で分離された袋井株は強毒株として知られ，高熱や激しい下痢を起こす．

（3） *Porcine adenovirus A～C*（ブタアデノウイルス A～C）

子ブタが発症しやすく，呼吸器症状，消化器症状などを認める．1～2 か月齢の幼若豚では致死率が高く，顕著なカタル性腸炎を認めることが多い．成豚では無症状感染が多い．

(4) *Equine adenovirus A*，*B*（ウマアデノウイルス A，B）

主に子ウマに発症し，呼吸器症状，消化器症状を呈する．アラブ種で遺伝的に免疫不全の子ウマでは致死率が高い．不顕性感染も多く，一般的には致死率は低い．

(5) *Ovine adenovirus A*，*B*（ヒツジアデノウイルス A，B）

子ヒツジが発症しやすく，呼吸器症状や消化器症状を認める．

(6) *Murine adenovirus A*（ネズミアデノウイルス A）

(7) *Human adenovirus A〜F*（ヒトアデノウイルス A〜F）

(8) その他の未確定のもの

・Goat adenovirus（ヤギアデノウイルス）

・Murine adenovirus B（ネズミアデノウイルス B）

・Guinea pig adenovirus（モルモットアデノウイルス）

・Ovine adenovirus C（ヒツジアデノウイルス C）： (5) 参照．

・Simian adenovirus（サルアデノウイルス）

b． Genus *Aviadenovirus*

ゲノムサイズは約 30 MDa，GC 含量は 54〜59 モル% である．

(1) *Fowl adenovirus A*（ニワトリアデノウイルス A）＝Chicken embryo lethal orphan virus（CELO ウイルス）

3 週齢以下のボブホワイトウズラに急性致死性呼吸器病を起こす．日本での発生はない．

(2) *Fowl adenovirus B〜E*（ニワトリアデノウイルス B〜E）

常在ウイルスで一般に病原性は低いが，一部の病原性の高いウイルスがニワトリに封入体肝炎あるいは心膜水腫症候群を起こす．

(3) *Goose adenovirus*（ガチョウアデノウイルス）

(4) その他の未確定のもの

・Duck adenovirus B（アヒルアデノウイルス B）

・Pigeon adenovirus（ハトアデノウイルス）

・Turkey adenovirus B（シチメンチョウアデノウイルス B）

c． Genus *Atadenovirus*

(1) *Bovine adenovirus D*（ウシアデノウイルス D）

a 項の (2) 参照．

(2) *Duck adenovirus A*（Egg drop syndrome virus：産卵低下症候群ウイルス）

本来はアヒルを宿主とするウイルスで，ニワトリの産卵低下と卵殻異常卵の産出を特徴とする．

(3) *Ovine adenovirus D*（ヒツジアデノウイルス D）

(4) その他の未確定のもの

・*Bovine adenovirus E*，*F*（ウシアデノウイルス E，F）： a 項の (2) 参照．

d． Genus *Siadenovirus*

(1) *Turkey adenovirus A*（Turkey hemorrhagic enteritis virus：シチメンチョウ出血性腸炎ウイルス）＝Marble spleen disease（大理石脾病）

4 週齢以上のシチメンチョウに出血性腸炎を起こす．キジの大理石脾病の原因ウイルスと同一である．

adenovirus は，しばしば不顕性感染を起こすので，ヒトおよび各種動物を通じて，患者や患畜から本ウイルスが分離されても，また抗体が上昇していても，それがただちに疾病の原因と即断できないことに注意を要する．

A.6 Family *Polyomaviridae*

1) 学名の由来

ポリオーマ（polyoma）を誘発することによる．

2) 性　　状

① 環状の dsDNA 1 分子（約 5 kbp）をゲノムとする．

② 直径 40〜45 nm の正二十面体粒子である．

③ カプソメア数は 72 である．

④ エンベロープを欠く．

⑤ エーテル，酸に抵抗性である．

⑥ 熱に比較的安定で，2 価陽イオンを加えると易熱性になる．

ビリオン内部でウイルス DNA は宿主由来のヒストンタンパク質とともにクロマチン様構造を形成する．一般に自然宿主には不顕性感染をするが，新生ハムスターに対しては腫瘍原性である．自然宿主由来の培養細胞は許容細胞として働くため溶解感染（lytic infection）を起こすが，ウイルスが複製できない非許容細胞では形質転換を起こす．本ウイルスにより形質転換した細胞では，ウイルスゲノムの初期遺伝子だけが働くので，T 抗原（tumor antigen）のみが発現する．血球凝集性を示すものがある．

a．Genus *Polyomavirus*

（1） ***Bovine polyomavirus***（ウシポリオーマウイルス）

（2） ***Murine polyomavirus***（マウスポリオーマウイルス）

（3） ***Murine pneumotropic virus***（Kilham polyomavirus：ネズミ肺親和性ウイルス）

（4） ***Rabbit kidney vacuolating virus***（ウサギ腎空胞形成ウイルス）

（5） ***Simian virus 40***（SV 40：サル腎細胞空胞化ウイルス）

（6） ***Simian virus 12***

（7） ***African green monkey polyomavirus*** = B-lymphotropic polyomaviurs

（8） ***BK polyomavirus***

（9） ***JC polyomavirus***

（10） ***Baboon polyomavirus 2***（ヒヒポリオーマウイルス 2）

（11） ***Budgerigar fledgling polyomavirus***（セキセイインコ雛ポリオーマウイルス）

（12） ***Hamster polyomavirus***（ハムスターポリオーマウイルス）

A.7 Family *Papillomaviridae*

1） 学名の由来

papilloma（乳頭腫）を誘発することによる．

2） 性　　状

① 環状の dsDNA 1 分子（6.8～8.4 kbp）をゲノムとする．

② 直径 55 nm の正二十面体粒子である．

③ カプソメア数は 72 である．

④ エンベロープを欠く．

⑤ エーテル，酸に抵抗性である．

⑥ 熱（50℃ 1 時間）に比較的安定である．

ビリオン内部でウイルス DNA は，宿主由来のヒストンタンパク質とともにクロマチン様構造を形成する．自然宿主に乳頭腫をつくる．ウイルスは乳頭腫の角化細胞に存在する．感受性のある培養細胞が知られていない．

a．Genus *Alphapapillomavirus*

（1） ***Human papillomavirus***（ヒト乳頭腫ウイルス）

b．Genus *Betapapillomavirus*

（1） ***Human papillomavirus***

c．Genus *Gammapapillomavirus*

（1） ***Human papillomavirus***

d．Genus *Deltapapillomavirus*

（1） ***Bovine papillomavirus 1***（ウシ乳頭腫ウイルス 1）

Bovine papillomaviruses 1，2 を含む．ウシ乳頭腫ウイルスは 1～6 型に型別される．1，2，5 型は皮膚に線維性の乳頭腫を，3 および 6 型は皮膚や乳頭に上皮性の乳頭腫を，4 型は消化器や膀胱に扁平上皮性の乳頭腫を形成する．通常は自然治癒する．

（2） ***Deer papillomavirus***（シカ乳頭腫ウイルス）

（3） ***European elk papillomavirus***（ヨーロッパオオシカ乳頭腫ウイルス）

（4） ***Ovine papillomavirus***（ヒツジ乳頭腫ウイルス）

e．Genus *Epsilonpapillomavirus*

（1） ***Bovine papillomavirus 5***（ウシ乳頭腫ウイルス 5）

Bovine papillomavirus 5 を含む．d 項の（1）参照．

f. Genus *Zetapapillomavirus*

(1) *Equine papillomavirus 1* (ウマ乳頭腫ウイルス 1)

g. Genus *Kappapapillomavirus*

(1) *Cottontail rabbit papillomavirus* (ワタオノウサギ乳頭腫ウイルス)

h. Genus *Lambdapapillomavirus*

(1) *Canine oral papillomavirus* (イヌ口腔乳頭腫ウイルス)

i. Genus *Xipapillomavirus*

(1) *Bovine papillomavirus 3* (ウシ乳頭腫ウイルス 3)

Bovine papillomaviruses 3, 4, 6 を含む. d 項の (1) 参照.

A.8 Family *Circoviridae*

1) 学名の由来

環状 (circular conformation).

2) 性　状

① 環状のマイナス鎖 1 本鎖 DNA (ssDNA) 1 分子 (1.7〜2.3 kb) をゲノムとする.

② 直径 12〜26.5 nm の正二十面体粒子である.

③ エンベロープを欠く.

④ 熱抵抗性である.

Circoviridae (サーコウイルス) 科に属するウイルスは, 感染後に環状の dsDNA となり, 宿主細胞の核内で増殖する.

a. Genus *Circovirus*

(1) *Porcine circovirus-1* (ブタサーコウイルス 1)

ブタに対する病原性は知られていない.

(2) *Porcine circovirus-2* (ブタサーコウイルス 2)

抗体はブタに広く分布している. 離乳後多臓器性発育不良症候群の原因と考えられている. リンパ組織球内にブドウの房状の細胞質内封入体, 間質性肺炎などがみられる.

(3) *Beak and feather disease virus* (オウムの嘴・羽毛病ウイルス)

オウム類に嘴および羽毛の発育異常を示す. ファブリキウス嚢の障害により, 細菌, 真菌の二次感染を招き, 1〜3 年で斃死する. 組織学的には過角化症で, 嘴, 羽, ファブリキウス嚢に核内封入体が観察される.

b. Genus *Gyrovirus*

(1) *Chicken anemia virus* (ニワトリ貧血症ウイルス)

c. Genus *Anellovirus*

所属科未定の floating genus であるが, *Circoviridae* 科の *Gyrovirus* 属とともに *Anelloviridae* を新設して, そこにおさめることが提案されている.

(1) *Torque teno virus* (TT ウイルス)

霊長類に対する病原性をもつ.

A.9 Family *Parvoviridae*

1) 学名の由来

ウイルス粒子が小さい (parvus＝small) ことにちなむ.

2) 性　状

① 線状の ssDNA 1 分子 (4〜6 kb) をゲノムとする.

② 直径 18〜26 nm の正二十面体粒子である.

③ カプソメア数は 32 といわれる.

④ エンベロープを欠く.

⑤ エーテル, 酸などに対する抵抗性が強い.

Parvoviridae (パルボウイルス) 科に属するウイルスは, 増殖のためにヘルパーウイルスを必要とするものがある.

[1] Subfamily *Parvovirinae*

脊椎動物を宿主とする.

a. Genus *Parvovirus*

マイナス鎖 ssDNA (約 5 kb) をゲノムとしてもち, 細胞周期の S 期に依存した DNA 合成が核内で行われる. ゲノム両端に分子内相補的塩基配列を有するため, 末端が Y 字形のヘアピン構造をとりうる．培養細胞に特徴的な CPE を起こし，核内封入体を形成する．血球凝集能をもつものが多い．中和試験，HI 反応，CF 反応では種間の交差は認められないが，蛍光抗体法（fluorescent antibody technique：FA 法）で交差するものがある．

（1） ***Feline panleukopenia virus***（ネコ汎白血球減少症ウイルス）＝Feline parvovirus

特異免疫のないネコは感受性であり，子ネコでは重症で死亡率が高い．発熱，嘔吐，下痢，総白血球数の減少を特徴とする．妊娠猫が感染すると胎子の死流産，小脳形成不全による運動失調が顕在化する．

本ウイルス種にはミンクに激しい下痢を呈し，汎白血球減少を主徴とする mink enteritis virus（ミンク腸炎ウイルス）のほか，canine parvovirus（イヌパルボウイルス）が含まれる．イヌパルボウイルスは 1970 代後半に世界的に蔓延し，主に子イヌに致命的感染症を起こす．ネコ汎白血球減少症と同様に消化器症状と白血球減少を特徴とし，死流産，心不全による突然死も起こす．

（2） ***Porcine parvovirus***（ブタパルボウイルス）

妊娠豚が感染により異常産，不妊などの繁殖障害を起こす．妊娠していないブタでは不顕性感染となると考えられてきたが，離乳後多臓器性発育不良症候群の原因として *Porcine circovirus-2*（ブタサーコウイルス 2）との混合感染が示唆されている．

（3） ***Chicken parvovirus***（ニワトリパルボウイルス）

（4） ***Racoon parvovirus***（アライグマパルボウイルス）

（5） ***Lapine parvovirus***（ウサギパルボウイルス）

（6） ***Kilham rat virus***（キルハムラットパルボウイルス）

新生子ラットやハムスターに小脳形成不全などを起こす．

（7） ***Minute virus of mice***（マウス微小パルボウイルス）

新生子ハムスターに病原性を示す．

（8） ***Mouse parvovirus 1***（マウスパルボウイルス 1）

（9） ***H-1 parvovirus***

ヒトに由来し，新生子ラットやハムスターに小脳形成不全などを起こす．

（10） ***HB parvovirus***

ヒトに由来し，新生子ハムスターに病原性を示す．

（11） ***LUIII virus***

（12） ***RT parvovirus***

（13） ***Tumor virus X***

Parvovirus 属にみられる S 期依存性の増殖は，動物細胞の DNA ポリメラーゼが S 期に活性を示すことと関連があるとされている．したがって parvovirus は分裂の盛んな組織に高い親和性をもつため，病変は骨髄細胞や腸管上皮細胞に多くみられることになる．ネコ汎白血球減少症やミンク腸炎はその好例である．

b. Genus *Dependovirus*

Duck parvovirus と *Goose parvovirus* 以外は adenovirus や herpesvirus のヘルパー機能に依存して増殖する．ゲノムサイズは約 4.7 kb．ビリオンにはプラス鎖，マイナス鎖の一方が同等の確率で包み込まれる．このためビリオンから核酸を抽出すると双方の鎖が対合して 2 本鎖となることがある．ゲノムの両末端に逆向きの相補的塩基配列を有するので，複製の過程でフライパンの柄のような環状構造をとると思われる．病原性は明らかでない．

（1） ***Adeno-associated virus 1～6***（AAV：ヒトのアデノ随伴ウイルス）

（2） ***Avian AAV***（トリアデノ随伴ウイルス）

（3） ***Bovine AAV***（ウシアデノ随伴ウイルス）

（4） ***Canine AAV***（イヌアデノ随伴ウイルス）

（5） ***Duck parvovirus***（バリケンパルボウイルス）

（6） ***Equine AAV***（ウマアデノ随伴ウイルス）

（7） ***Goose parvovirus***（ガチョウパルボウイルス）

1 週齢未満のガチョウの雛に致命的性感染症を起こす．

（8） ***Ovine AAV***（ヒツジアデノ随伴ウイルス）

c. Genus *Erythrovirus*

ゲノムサイズは約 5.5 kbp. ビリオンにはプラス鎖，マイナス鎖の一方が同等の確率で包み込まれ *Dependovirus* 属と類似しているが，ヘルパー機能に依存せずに増殖できる.

(1) *Human parvovirus B 19＝Erythema infectiosum virus* (ヒトの伝染性紅斑ウイルス)＝Fifth disease virus

(2) *Simian parvovirus* (サルパルボウイルス)

(3) その他の未確定のもの

・Chipmunk parvovirus (シマリスパルボウイルス)

d. Genus *Amdovirus*

(1) *Aleutian mink disease virus* (ミンクアリューシャン病ウイルス)

ミンクに免疫異常・アレルギー疾患を起こす. 致死率は高い. 成獣では通常慢性経過をとり，死亡する. アリューシャン系ミンクでは潜伏期や経過は短く，病状は重い. フェレットでは死亡はまれである.

e. Genus *Bocavirus*

(1) *Bovine parvovirus* (ウシパルボウイルス)＝hemoadsorbing enteric (HADEN) virus

不顕性感染が多い. 下痢，呼吸器症状，結膜炎を主徴とする. 子ウシで発症する.

(2) *Canine minute virus* (イヌ微小ウイルス)

［2］ Subfamily *Densovirinae*

Densovirinae (デンソウイルス) 亜科は，節足動物を宿主とする. ゲノムサイズは 4〜6 kb. ヘルパーウイルスを必要としない. ビリオンにはプラス鎖，マイナス鎖のいずれか一方が同等の確率で包み込まれる.

〔B〕 逆転写型 DNA/RNA ウイルス

B.1 Family *Hepadnaviridae*

1) 学名の由来

肝向性 (hepatotropism) のある DNA ウイルスにちなむ.

2) 性　状

① 部分的に 1 本鎖領域のある環状の 2 本鎖 DNA (dsDNA) 1 分子をゲノムとする. マイナス鎖は完全な長さ (3.0〜3.2 kb) をもつが，プラス鎖の長さは一定しない (1.7〜2.8 kb).

② 直径 40〜48 nm の球形ビリオンで，密度は 1.25 g/ml である.

③ カプシドは正二十面体 (直径 27〜35 nm) で，カプソメア数は 180 である.

④ エンベロープをもつ. ネガティブ染色ではペプロマー (peplomer) は認められない.

⑤ エーテルや界面活性剤に感受性である.

⑥ DNA 依存 DNA 合成および RNA 依存 DNA 合成を行う DNA ポリメラーゼを有し，細胞内で複製する過程でプラス鎖 RNA を鋳型としてマイナス鎖 DNA が合成される.

Hepadnaviridae (ヘパドナウイルス) 科に属するウイルスは，感染細胞内で不完全なプラス鎖 DNA をビリオン由来の DNA ポリメラーゼにより修復し，完全な環状の dsDNA となる. 続いてマイナス鎖 DNA を鋳型として細胞由来の RNA ポリメラーゼによりプラス鎖 RNA が合成される. プラス鎖 RNA はタンパク質合成を行うとともに，ウイルス由来の逆転写活性をもつ DNA ポリメラーゼによりマイナス鎖 DNA に転写される. さらにこの DNA を鋳型としてプラス鎖 DNA が合成されるが，完成する途中でビリオンが構成されて細胞から放出されるため，一部のみが dsDNA となる. 本科に属するウイルスは，宿主の違いにより，2 属に分けられている.

a. Genus *Orthohepadnavirus*

哺乳動物を宿主とする. 個々のウイルスの宿主

特異性は高い．プラス鎖DNA上に4個の読み枠(open reading frame：ORF)をもち，エンベロープタンパク質をコードするS遺伝子，ポリメラーゼタンパク質をコードするP遺伝子，コアタンパク質をコードするC遺伝子，非構造タンパク質をコードするX遺伝子をもつ．3種類のエンベロープタンパク質が形成され，大きさからL(large)タンパク質，M(middle)タンパク質，S(small)タンパク質と呼ばれている．

(1) *Hepatitis B virus* (ヒトのB型肝炎ウイルス)

ヒトに急性・慢性肝炎，肝硬変，肝がんを誘発する．完全粒子はDana粒子(Dana particle)と呼ばれることがある．感染者血清中に検出されるビリオン表面の抗原(antigen：Ag)はAustralia AgまたはHBs(hepatitis B surface)Ag，コア抗原はHBc(hepatitis B core)Agと呼ばれる．HBsAgは8亜型(ayw, ayw_2, ayw_3, ayw_4, ayr, adw_2, adw_4, adr)に分けられる．直径20 nm程度の小型球形や，長さ数百nmに達する管状の形態をとる不完全粒子が出現する．*Orthohepadnavirus* 属の基準種．

(2) *Woodchuck hepatitis virus* (ウッドチャック肝炎ウイルス)

ウッドチャック(*Marmota monax*)に感染し，高率に肝がんを誘発する．

(3) *Ground squirrel hepatitis virus* (ジリス肝炎ウイルス)

ビーチージリス(*Spermophilus beecheyi*)に感染してウイルス血症を起こし，肝がんを誘発することもある．

b. Genus *Avihepadnavirus*

鳥類を宿主とする．ビリオンは直径46〜48 nm．プラス鎖DNA上のORFは3個または4個で，S, P, C, X遺伝子の中のX遺伝子を欠くものがある．エンベロープタンパク質の中のMタンパク質が欠損している．

(1) *Duck hepatitis B virus* (アヒルB型肝炎ウイルス)

ペキンダック(*Anas domesticus*)由来．アヒルにウイルス血症を起こすが，肝がんとの関係は不明．*Avihepadnavirus* 属の基準種．

(2) *Heron hepatitis B virus* (サギB型肝炎ウイルス)

B.2 Family *Retroviridae*

1) 学名の由来

逆転写酵素(reverse transcriptase)をもつことによる．

2) 性　状

① 線状プラス鎖の1本鎖RNA(ssRNA)(7〜11 kb)をゲノムとする．コア内にはこのゲノムが2本存在し二量体を形成している．

② 直径80〜100 nmの球形ビリオンである．

③ 球形または複合型のカプシド内にらせん状のリボ核タンパク質がおさめられている．

④ エンベロープをもち，表面に約8 nmの糖タンパク質の突起がある．

⑤ エーテル感受性で，熱に弱い．

⑥ 多くが腫瘍原性を有する．

Retroviridae (レトロウイルス)科のウイルスは，2分子の相同のssRNAからなる二倍体ゲノムをもち，両者は5′端で約20塩基の反復配列により水素結合で対合している．両RNA分子は5′端にキャップ構造(cap structure)を，3′端にはポリA配列を有するプラス鎖である．ウイルスゲノムの基本構造は5′-*gag*-*pro*-*pol*-*env*-3′の順に構造遺伝子を配置している．*gag* 遺伝子はコアタンパク質を，*pro* 遺伝子はプロテアーゼを，*pol* 遺伝子は逆転写酵素とインテグラーゼを，*env* 遺伝子はエンベロープ上の糖タンパク質をコードしている．ウイルスRNAの5′端近くに種特有の転移RNA(tRNA)分子が結合して，これが逆転写反応のプライマーとなる．エンベロープ上の糖タンパク質は，感染性に関与している型特異抗原で，中和試験により検出される．コアタンパク質は，種間の共通抗原性をもつ．

本科ウイルスの中には，ゲノムにがん遺伝子(*onc*)をもつものと欠くものがある．肉腫ウイルスや急性白血病ウイルスのもつ *onc* は，宿主起源の遺伝子といわれる．一般に，*onc* を組み込まれたウイルスは増殖に必要な遺伝子を欠失して，単独では増殖性のない欠損ウイルスとなる場合が多い．がん遺伝子を欠くリンパ性白血病ウイルス(lymphatic leukemia virus)は，動物に感染すると長い潜伏期を経て腫瘍を誘発する．感染した細胞内で逆転写酵素により合成される dsDNA（プロウイルス）の両端には末端反復配列（long terminal repeat：LTR）と呼ばれる 350～1,300 b の反復配列がみられる．この LTR 領域には転写に関連した塩基配列が存在するだけでなく，宿主ゲノムへのプロウイルスの組み込みに関与する酵素の認識部分が含まれる．精製されたウイルス RNA に感染性はないが，感染細胞から抽出されたプロウイルスには感染性がある．retrovirus の中には宿主から離れて水平感染する外在性レトロウイルス（exogenous retrovirus）と，通常は宿主細胞のゲノム内にプロウイルスとして存在し，生殖細胞を介して子孫に伝わり，何らかの要因により発現してくる内在性レトロウイルス（endogenous retrovirus）がある．

電子顕微鏡による観察で，細胞質内にみられる未熟粒子を A 型粒子と呼び，出芽した A 型粒子がビリオン内で偏在しているものを B 型粒子，B 型粒子よりもエンベロープ上のペプロマーが短いものを D 型粒子と呼ぶ．細胞質内には粒子を認めないが，出芽して形成されたビリオンの中央にコアが位置しているものを C 型粒子と呼ぶ．*Retroviridae* 科のウイルスは，*Orthoretrovirinae* と *Spumaretrovirinae* の 2 亜科に分類され，前者は 6 属に分かれ，後者は 1 属である．

［1］ Subfamily *Orthoretrovirinae*

a．Genus *Alpharetrovirus*

ゲノムは約 7.2 kb．LTR は約 350 b．遺伝子は 5′-*gag*-*pro*-*pol*-*env*-3′ の形で配列しているが，それらの一部が *onc* 遺伝子と置換されている．鳥類を宿主とする．形態は C 型粒子．宿主域や抗原性の違いで A，B，C，D，E の 5 亜群に分けられる．

（1） *Avian leukosis virus* （ニワトリ白血病ウイルス）

増殖性を有するが *onc* 遺伝子をもたない．*Alpharetrovirus* 属の基準種．

（2） *Rous sarcoma virus* （ラウス肉腫ウイルス）

onc 遺伝子をもち，増殖性もある．

onc 遺伝子をもつ増殖性欠損ウイルスとして，*Avian carcinoma Mill Hill virus 2*，*Avian myeloblastosis virus*，*Avian myelocytomatosis virus 29*，*Avian sarcoma virus CT10*，*Fujinami sarcoma virus*（藤浪肉腫ウイルス），*UR2 sarcoma virus*，*Y73 sarcoma virus* などが報告されている．

b．Genus *Betaretrovirus*

ゲノムは約 10 kb．LTR は約 1,300 b．*onc* 遺伝子を欠くがスーパー抗原（super antigen）遺伝子 *sag* をもち，5′-*gag*-*pro*-*pol*-*env*-*sag*-3′ の形で配列している．形態は B 型または D 型粒子．

（1） *Jaagsiekte sheep retrovirus* （ヤークジークテヒツジレトロウイルス）＝ovine pulmonary adenocarcinoma virus（ヒツジ肺腺腫ウイルス）

ヒツジに肺がんを誘発する．D 型粒子．

（2） *Langur virus* （ヤセザルのラングールウイルス）

D 型粒子．

（3） *Mason-Pfizer monkey virus* （アカゲザルのメイソン-ファイザーサルウイルス）

D 型粒子．

（4） *Mouse mammary tumor virus* （マウス乳がんウイルス）

マウスにホルモン依存性の乳がんを誘発する．B 型粒子．*Betaretrovirus* 属の基準種．

（5） *Squirrel monkey retrovirus* （リスザルレトロウイルス）

D 型粒子．

c．Genus *Gammaretrovirus*

C 型粒子．ビリオン表面にスパイクをもつ．ゲノムは約 8.3 kb．LTR は約 600 b．5′-*gag*-*pro*-*pol*-*env*-3′ の形で配列しているが，それらの一部が *onc* 遺伝子と置き換わると，増殖能を欠損したプロウイルスとして宿主ゲノムに組み込まれて存在する内在性レトロウイルスも検出されている．哺乳動物，鳥類，は虫類と宿主の違いにより 3 群に分類されている．哺乳動物を宿主とする増殖能をもつウイルスとして，下記のものが報告されている．

（1） *Feline leukemia virus* （ネコ白血病ウイルス）

A，B，C の 3 群に分けられる．

（2） *Gibbon ape leukemia virus* （テナガザル白血病ウイルス）

（3） *Guinea pig type-C oncovirus* （モルモットＣ型オンコウイルス）

（4） *Murine leukemia virus* （マウス白血病ウイルス）

Gammaretrovirus 属の基準種.

（5） *Porcine type-C oncovirus* （ブタＣ型オンコウイルス）

これらウイルスと関連のある *onc* 遺伝子をもち，増殖能欠損型ウイルスが，ネコ，マウス，サルから分離されている.

ニワトリ類を宿主とするウイルスとして, *Chick syncitial virus*（幼雛シンシチウムウイルス）, *Reticuloendotheliosis virus*（鳥類の細網内皮症ウイルス）, *Trager duck spleen necrosis virus*（トレイガーアヒル脾臓壊死ウイルス）が報告されている.

d. Genus *Deltaretrovirus*

Ｃ型粒子. ゲノムは約 8.3 kb. LTR は約 550～750 b. *onc* 遺伝子を欠く. ゲノム上に転写活性化遺伝子（*tax*）とビリオンタンパク質発現調節遺伝子（*rex*）をもつ. 腫瘍発症までに長期の潜伏期間を有することが多い.

（1） *Bovine leukemia virus* （ウシ白血病ウイルス）

ウシやヒツジのＢ細胞を腫瘍化する. *Deltaretrovirus* 属の基準種.

（2） *Primate T-lymphotropic virus 1* （霊長類Ｔリンパ球向性ウイルス 1）

human T-lymphotropic virus 1（ヒトＴリンパ球向性ウイルス 1）および simian T-lymphotropic virus 1（サルＴリンパ球向性ウイルス 1）は本種内の亜種.

（3） *Primate T-lymphotropic virus 2* （霊長類Ｔリンパ球向性ウイルス 2）

human T-lymphotropic virus 2（ヒトＴリンパ球向性ウイルス 2）, simian T-lymphotropic virus 2（サルＴリンパ球向性ウイルス 2）, simian T-lymphotropic virus-PP（サルＴリンパ球向性ウイルス PP）は本種内の亜種.

（4） *Primate T-lymphotropic virus 3* （霊長類Ｔリンパ球向性ウイルス 3）

simian T-lymphotropic virus 3（サルＴリンパ球向性ウイルス 3）および simian T-lymphotropic virus-L（サルＴリンパ球向性ウイルス L）は本種内の亜種.

e. Genus *Epsilonretrovirus*

魚類を宿主とする外在性レトロウイルス. Ｃ型粒子. ゲノムは 11.7～12.8 kb. LTR は 500～650 b.

（1） *Walleye dermal sarcoma virus* （ウオールアイ肉腫ウイルス）

Epsilonretrovirus 属の基準種.

（2） *Walleye epidermal hyperplasia virus 1* （ウオールアイ皮膚過形成ウイルス 1）

（3） *Walleye epidermal hyperplasia virus 2*

perch hyperplasia virus（パーチ過形成ウイルス）, snakehead retrovirus（ライギョレトロウイルス）は本属に仮分類されている.

f. Genus *Lentivirus*

棒状のコアをもつ. ゲノムは約 9.2 kb. LTR は約 600 b. 腫瘍原性はない. 短期間に抗原変異を繰り返し，宿主の免疫能を逃れて持続感染する. ゲノム上にいくつかの転写活性化遺伝子とビリオンタンパク質発現調節遺伝子をもつ. 宿主および血清学的に 5 群に分けられている.

1） 霊長類レンチウイルス群

（1） *Human immunodeficiency virus 1* （ヒト免疫不全ウイルス 1）

長期の持続感染を経てＴ細胞や単球を破壊し，ヒトに免疫不全を起こす. *Lentivirus* 属の基準種.

（2） *Human immunodeficiency virus 2* （ヒト免疫不全ウイルス 2）

（3） *Simian immunodeficiency virus* （サル免疫不全ウイルス）

2） ウシレンチウイルス群

（1） *Bovine immunodeficiency virus* （ウシ免疫不全ウイルス）

3） ウマレンチウイルス群

（1） *Equine infectious anemia virus* （ウマ伝染性貧血ウイルス）

ウマ属（*Equis*）に回帰性の発熱，貧血を起こす.

4） ネコレンチウイルス群

（1） *Feline immunodeficiency virus* （ネコ免疫不全ウイルス）

5) ヒツジ・ヤギレンチウイルス群

(1) ***Caprine arthritis encephalitis virus*** (ヤギ関節炎脳脊髄炎ウイルス)

幼山羊に肺炎や脳脊髄炎を，成山羊に関節炎を起こす．

(2) ***Visna/maedi virus*** (ビスナ/マエディウイルス)

ヒツジに肺炎や脳炎，四肢の麻痺を起こす．

[2] Subfamily *Spumaretrovirinae*

細胞質内でビリオンが形成されて出芽し，コアはビリオンの中央に位置する．ゲノムは約 11 kb．LTR は霊長類を宿主とするものは約 1,700 b，家畜を宿主とするものは 950〜1,400 b．腫瘍原性はなく，感染細胞に形質転換も起こさない．動物に不顕性の持続感染をし，培養細胞で多核巨細胞や空胞化巨細胞を形成する．病原性は明らかでない．ゲノム上に転写活性化遺伝子とビリオンタンパク質発現調節遺伝子をもつ．

a. Genus *Spumavirus*

(1) ***Simian foamy virus*** (サルフォーミーウイルス)

Spumavirus 属の基準種．

(2) ***Bovine foamy virus*** (ウシフォーミーウイルス)＝bovine syncytial virus (ウシ巨細胞ウイルス)

(3) ***Equine foamy virus*** (ウマフォーミーウイルス)

(4) ***Feline foamy virus***(ネコフォーミーウイルス)＝feline syncytial virus (ネコ巨細胞ウイルス)

さまざまなサルから foamy virus が分離されている．これまでに *Macaque simian foamy virus* (simian foamy virus 1) (マカクザルフォーミーウイルス)，*African green monkey simian foamy virus* (simian foamy virus 3) (アフリカミドリザルフォーミーウイルス)，simian foamy virus, human isolate(サルフォーミーウイルスヒト分離株)，simian foamy virus, chimpanzee isolate(サルフォーミーウイルスチンパンジー分離株) などが報告されており，それらは simian foamy virus group (サルフォーミーウイルス群) としてまとめられている．

〔C〕 RNA ウイルス

C.1 Family *Reoviridae*

1) 学名の由来

respiratory enteric orphan の頭文字．発見された当初は呼吸器や腸管から分離されるも，病気との関連が不明であったことを orphan (孤児) にたとえられた．

2) 性 状

① 直鎖状の 2 本鎖 RNA (dsRNA) 10〜12 分子をゲノムとする (分節ゲノム)．

② 直径 60〜80 nm の正二十面体対称のビリオンである．

③ 主に 2 重の立方対称性カプシド(外殻，内殻) からなる．

④ エンベロープを欠く．

⑤ エーテル耐性である．

⑥ 細胞質内で増殖し，細胞質内封入体を形成するものが多い．

各分節はおおむね単シストロン性 (monocistronic) で一部複数の読み枠 (ORF) を有する．プラス鎖 RNA の 5′ 端にキャップ構造，両鎖とも 3′ 端にはポリ A 配列はない．*Reoviridae* (レオウイルス) 科ウイルスは，細胞に吸着・侵入後，外殻を失った粒子の状態で，子孫ウイルスためのmRNA 合成を行う．細胞質内には viroplasm または virus inclusion body と呼ばれる構造が形成され，ウイルスの mRNA 合成，ゲノム複製や粒子形成が行われていると考えられている．

本科は 12 属から構成されるが，そのうち脊椎動物に感染するものは以下の 6 属で，他の 6 属は節足動物や植物を宿主とするものである．遺伝子再集合体の形成の可否が種を決める際に重要だが，抗原性や塩基配列の相同性ならびに宿主域なども考慮される．

a. Genus *Orthoreovirus*

ビリオンの内殻は直径 60 nm で，12 の塔状の突起を有している．外殻は直径 85 nm でビリオンの表面は600の指状の突起で覆われている．ゲノム分節数は10で,そのうち7分節が構造タンパク質を2分節が非構造タンパク質を残りの1分節は双方のタンパク質をコードしている．*Mammalian orthoreovirus* 以外は感染細胞に巨細胞を形成する．

（1） *Mammalian orthoreovirus* (哺乳動物オルトレオウイルス)

主要な血清型(中和試験とHI反応で)は3つある．構造タンパク質のλ2とσ3は種特異的抗原である．血清型特異抗原はσ1タンパク質にあり，σ1は細胞への吸着を担い，赤血球凝集素でもある．宿主域は広く，ヒトをはじめ各種動物(サル, ウシ，ヒツジ，ブタ，イヌ，ネコ，齧歯類など)から分離される．主に呼吸器や腸管に病気を起こす．

（2） *Avian orthoreovirus* (トリオルトレオウイルス)

宿主域は鳥類に限定, 5～11の血清型がある．血球凝集性はない．ニワトリの関節炎や腱鞘炎の原因となる．

（3） *Baboon orthoreovirus* (ヒヒオルトレオウイルス)

（4） *Nelson Bay orthoreovirus* (オオコウモリオルトレオウイルス)

（5） *Reptilian orthoreovirus* (は虫類オルトレオウイルス)

b. Genus *Orbivirus*

ビリオンは直径90 nmで，内部のコア粒子の最大径は73 nmである．ゲノムの分節数は10で，7種のウイルスタンパク質 (VP 1～VP 7) によりビリオンは構成される．コア粒子表面にVP 7の三量体が環状に配置したカプソメアが電子顕微鏡で観察されることが名前 (orbis＝ring or circle) の由来である．コア粒子はVP 3で構成されるサブコアで裏打ちされており，その内部に分節RNAと各種酵素活性を有するVP 1，VP 4，VP 6がおさめられている．ビリオンの外殻はVP 2とVP 5の各三量体で構成されている．VP 2は細胞への吸着を担い，中和抗体を誘導して型特異抗原となっている．脊椎動物と節足動物で増殖し，さまざまな吸血節足動物により伝播し，感受性動物にウイルス血症を伴う激しい感染を起こすものもある．21種のウイルスが含まれており，主な種を以下にあげる．

（1） *Bluetongue virus* (ブルータングウイルス)

24血清型があり，ヌカカが媒介するヒツジ，ヤギ，ウシの国際重要伝染病の原因となる．

（2） *African horse sickness virus* (アフリカ馬疫ウイルス)

9血清型があり，主にヌカカが媒介する死亡率の高いウマの伝染病の原因となる．

（3） *Epizootic hemorrhagic virus* (流行性出血熱ウイルス)

10血清型/株があり, ヌカカが媒介し, ウシに嚥下障害を主徴とするイバラキ病の原因ウイルスが本種に含まれる．

（4） *Equine encephalosis virus* (ウマ脳症ウイルス)

7血清型がある．

（5） *Palyam virus* (パリアムウイルス)

13血清型/株があり，ヌカカが媒介するウシの流行性異常産（チュウザン病）の原因ウイルスが本種に含まれ，カスバウイルスとも呼ばれる．

（6） その他

Changuinora virus，*Chenuda virus*，*Chobar Gorge virus*，*Corriparta virus* など．

c. Genus *Rotavirus*

ビリオンは，3重のカプシドをもつ直径100 nmの球形で，表面には60個のペプロマーがみられる．外部カプシドを構成しているカプソメアが車輪状に配列しているため，この名 (rota＝wheel) が付いた．ゲノム分節数は11．最内層カプシドはVP 2で構成される．中間層はVP 6，外部カプシドはVP 7とVP 4で構成される．VP 4は二量体でペプロマーを形成し，赤血球凝集素でもある．VP 6の抗原性により，*Rotavirus*（ロタウイルス属)はA～Gの7群に分けられ, A～Eは種として分類されている．各種（群）はVP 7とVP 4の抗原性の違いに基づき血清型別される．トリプシン処理でVP 4が開裂し（VP 5とVP 8)，感染性が増強される．腸管に指向性を有し，主に幼獣の下痢症の原因となる．非構造タンパク質のNSP 4は，腸管毒（エンテロトキシン：enterotoxin）として作用することが知られている．

(1) *Rotavirus A* (ロタウイルスA)

VP7の抗原性により15のG血清型，VP4の抗原性により14のP血清型または遺伝子配列によりP遺伝子型に分けられ，GタイプとPタイプの組み合わせで型別がなされる．多くの哺乳動物と鳥類から検出され，その頻度も本属の他のウイルスより高い．種間伝播も知られている．

(2) *Rotavirus B* (ロタウイルスB)

ヒト，ブタ，ウシ，ヒツジ，ラットに（成人や成獣にも）感染する．

(3) *Rotavirus C* (ロタウイルスC)

ブタ，まれにヒトに感染する．

(4) *Rotavirus D* (ロタウイルスD)

家禽にのみ感染する．

(5) *Rotavirus E* (ロタウイルスE)

ブタにのみ感染する．

(6) その他の未分類のもの

・Rotaviruses F，G： ともに家禽にのみ感染する．

d. Genus *Coltivirus*

ゲノムの分節数は12，ビリオンの直径は60～80 nmで，2重のカプシドをもつ．

(1) *Colorado tick fever virus* (コロラドダニ熱ウイルス)

2血清型があり，北米の高地にみられる人獣共通感染症（ゾーノーシス）の病原体で，ダニや蚊が媒介する．

(2) *Eyach virus* (アイアッチウイルス)

ヨーロッパに分布し，病気との関係は不明．

e. Genus *Seadornavirus*

ゲノムの分節数は12．主に蚊から分離されるが，神経症状を呈するヒトから分離されたことがある．Banna virus（バンナウイルス）など3種が分類されている．

f. Genus *Aquareovirus*

直径約80 nmのビリオンで，形態学的に*Orthoreovirus*属に類似する．ゲノムの分節数は11．魚介類を宿主とし，水平伝播する．魚類および哺乳動物の培養細胞に感染して巨細胞を形成する．*Aquareovirus*（アクアレオウイルス）*A*～*F*の6種に分類されている．

C.2 Family *Birnaviridae*

1) 学名の由来

ゲノムの性状（2分節のdsRNA）から，2を意味するbiとrnaを組み合わせたもの．

2) 性　　状

① 直鎖状のdsRNA 2分子（分節Aは3.0～3.3 kbp，分節Bは2.7～2.9 kbp）をゲノムとする．

② 直径約60 nmの正二十面体対称のビリオンである．

③ カプシドは単層である．

④ エンベロープを欠き，エーテル耐性である．

⑤ 60℃1時間に耐性である．

⑥ pH 3～9で安定である．

分節Aには構造タンパク質のVP2前駆体およびVP3と非構造タンパク質でプロテアーゼのVP4に加えて，機能不明のVP5がコードされている．分節BにはVP1がコードされおり，RNA依存性RNAポリメラーゼである．各分節にはVP1が結合している．VP2には中和抗体のエピトープがある．*Birnaviridae*（ビルナウイルス）科には，以下の3属が含まれている．

a. Genus *Avibirnavirus*

鳥類にのみ感染する．

(1) *Infectious bursal disease virus* (IBDV：伝染性ファブリキウス嚢病ウイルス)＝Gumboro disease virus（ガンボロ病ウイルス）

鳥類のファブリキウス嚢のB細胞に親和性をもち，感染したニワトリは免疫能，特に抗体産生が抑制される．血清型が2つあり，1型がニワトリに病原性を有しているのに対して，2型は非病原性である．

b. Genus *Aquabirnavirus*

魚類，軟体動物(二枚貝)，甲殻類にのみ感染する．

(1) *Infectious pancreatic necrosis virus* (IPNV：伝染性膵臓壊死症ウイルス)

感染したサケ科幼若魚に急性の胃腸炎と膵臓の壊死を起こす．

(2) *Tellina virus*

二枚貝に感染する．

（3） *Yellowtail ascites virus*

ブリの幼魚に感染する．

c. Genus *Entomobirnavirus*

昆虫（ショウジョウバエ）を宿主とする．

C.3 Family *Bornaviridae*

1） 学名の由来

1885年にドイツのボルナ村のウマに発生した本ウイルスの致命的流行により，ボルナ病と名づけられたことに由来する．

2） 性　　状

① マイナス鎖の1本鎖RNA（ssRNA）1分子（8.9 kb）をゲノムとする．

② 直径約90 nmの球形のビリオンである．

③ エンベロープを有する．

④ 核内で転写・複製する．

⑤ 有機溶剤や界面活性剤処理ならびにpH 5以下で不活化される．

Mononegavirales 目に属し，ゲノムには少なくとも6個のORF（N，X，P，M，G，L）が含まれ，一部は重複している．ゲノムRNAを鋳型として3か所の転写開始部位から多種類のmRNAが転写され，その一部はスプライシングを受け，ウイルスタンパク質が翻訳される．N，P，Lタンパク質はヌクレオカプシドを構成している．エンベロープにはGタンパク質が含まれ，Mタンパク質が裏打ちをしている．ウイルス感染培養細胞からの子孫ウイルスの放出はほとんど認められない．

a. Genus *Bornavirus*

（1） *Borna disease virus*（ボルナ病ウイルス）

ウマとヒツジが自然宿主で非化膿性脳脊髄炎を起こす．神経指向性のウイルスで，発症動物の神経細胞核内に好酸性核内封入体（Joest-Degen body）が観察される．世界中に分布し，宿主域は広く，ウシ，ネコ，ウサギ，ヒトでの自然感染も認められる．実験的には鳥類，齧歯類，サルも感受性を示す．

C.4 Family *Rhabdoviridae*

1） 学名の由来

ビリオンの形態が棒状（rhabdos＝rod）にみえることによる．

2） 性　　状

① マイナス鎖のssRNA 1分子（約11～15 kb）をゲノムとする．

② ビリオンは100～430 nm×45～100 nmで，銃弾形（動物由来）または桿菌状（植物由来）を呈する．

③ ヌクレオカプシドはらせん対称（直径30～70 nm）である．

④ エンベロープをもつ．

⑤ エーテル感受性である．

⑥ 細胞質内で複製し，主に細胞質膜から出芽する．

Mononegavirales 目に属する *Rhabdoviridae*（ラブドウイルス）科のゲノムには，5種の構造タンパク質の遺伝子が3′-N-P-M-G-L-5′の順に並んでコードされ，両末端に約20塩基の逆方向の相補的配列を有する．各遺伝子の前後には転写の開始と終止のシグナル配列があり，各遺伝子領域に相補的なRNAが転写され，単シストロン性mRNAとして機能する．ヌクレオカプシドはRNAと直接結合する核タンパク質のNに加えてRNA依存性RNAポリメラーゼのLとリン酸化タンパク質のPから構成され，感染性を有する．ビリオン表面のペプロマーは糖タンパク質のGの三量体で，宿主受容体との結合と膜融合活性を有しており，中和抗体の誘導や宿主域および病原性など重要な特性を担っている．Mタンパク質はヌクレオカプシドとGタンパク質の細胞内領域と結合して，出芽と粒子形成に関与する．ウイルス複製の際に産生される干渉欠損粒子（defective interfering particle：DI粒子）は短い不完全なゲノムRNAを有しており，粒子長も短くなってT（trancated）粒子と呼ばれる．本科は哺乳動物，鳥類，魚類，昆虫，植物のウイルスが含まれる多彩な科で，系統発生学的に区別される6つの属があるが，脊椎動物に感染するウイルスは，以下の4属に分類されている．

a. Genus *Vesiculovirus*

哺乳動物，魚類，昆虫など，さまざまな動物から分離される．本属のウイルス種間では CF 反応や FA 法で交差反応を有するが，中和試験では交差しないか，低い程度である．

（1） *Vesicular stomatitis Indiana virus*（水胞性口炎インディアナウイルス）

（2） *Vesicular stomatitis Alagaos virus*（水胞性口炎アラゴアスウイルス）

（3） *Vesicular stomatitis New Jersey virus*（水胞性口炎ニュージャージーウイルス）

上記 3 種のウイルスは水胞性口炎の原因で，ウシ，ブタ，ウマなどに水疱形成を伴う急性熱性疾患を起こす．

（4） その他

6 種が知られている．

b. Genus *Lyssavirus*

7 種が知られており，遺伝子型としても一致して区別される．主に N タンパク質に CF 反応や FA 法で検出される共通抗原性を有している．中和抗原性も遺伝的に近縁のウイルス間で交差が認められる．*Lyssavirus*（リッサウイルス）属ウイルスは神経指向性で，狂犬病ウイルス以外の本属のウイルスもヒトや動物に感染すると狂犬病類似の病気を起こす．狂犬病ウイルスは一部の島国（日本を含む）や地域を除いて世界中に分布するのに対して，本属の他のウイルスは限定された地域の，主にコウモリが媒介動物となっている．

（1） *Rabies virus*（狂犬病ウイルス）

温血動物のすべてが感受性をもち，主に唾液中に分泌されるウイルスが咬傷により伝播する．1 週間～1 年以上の潜伏期で発症し，致死率は 100% である．ヒトへの伝播は野犬が重要であるが，他の食肉目野生動物（アライグマ，キツネ，スカンクなど）やコウモリも，ヒトや家畜への感染源となる．罹患動物の神経細胞に好酸性の細胞質内封入体が観察されることが多く，Negri 小体（Negri body）と呼ばれる．日本ではイヌへのワクチン接種が義務づけられている．

（2） *Australian bat lyssavirus*（オーストラリアコウモリリッサウイルス）

（3） *Duvenhage virus*（デュベナージウイルス）

（4） *European bat lyssavirus 1, 2*（ヨーロッパコウモリリッサウイルス 1，2）

（5） *Lagos bat virus*（ラゴスコウモリウイルス）

（6） *Mokola virus*（モコラウイルス）

c. Genus *Ephemerovirus*

ゲノムの G-L 間に G_{NS} などの 5 種または 6 種の遺伝子が存在する．G_{NS} はビリオンには取り込まれない糖タンパク質で，G タンパク質と相同性を有するが同一ではない．本属のウイルス種間では CF 反応や FA 法で交差反応を有するが，中和試験では交差しないか，低い程度である．

（1） *Bovine ephemeral fever virus*（ウシ流行熱ウイルス）

ヌカカや蚊が媒介するウシのインフルエンザ様疾病の原因となる．

（2） *Adelaide River virus*（アデレードリバーウイルス）

（3） *Berrimah virus*（ベルリーマウイルス）

d. Genus *Novirhabdovirus*

魚類が宿主で，主に養殖魚に被害をもたらす．増殖至適温度は 15～28°C．ビリオンに含まれないタンパク質（non-virion protein：NV タンパク質）が感染細胞中に産生され，本属名の由来となっている．NV 遺伝子は G-L 間に位置する．

（1） *Infectious hematopoietic necrosis virus*（伝染性造血器壊死ウイルス） サケ科魚類の急性伝染病の原因となる．魚類の造血組織である頭腎に壊死を起こす．

（2） *Hirame rhabdovirus*（ヒラメラブドウイルス）

（3） *Snakehead rhabdovirus*（ライギョラブドウイルス）

（4） *Viral hemorrhagic septicemia virus*（ウイルス性出血性敗血症ウイルス）

C.5 Family *Filoviridae*

1） 学名の由来

ビリオンの形態が糸状であることから，糸状のものを意味するラテン語の filum に由来する．

2) 性　　状

①マイナス鎖の ssRNA 1 分子（約 19 kb）をゲノムとする．

②エンベロープを有するビリオンは桿状であるが，分岐したものや環状，U 字ないし 6 の字状，線維状を呈することもある．直径は約 80 nm で一定なのに対して，長さは 1,000 nm 以上に達するものもある．

③ヌクレオカプシドはらせん対称（直径 50 nm）である．

④細胞質内で増殖，細胞表面より出芽によりビリオンが放出される．

⑤細胞内に貯留したヌクレオカプシドが細胞質内封入体を形成する．

⑥感染性は 20°C 以下では安定だが，60°C では 30 分以内に急激に減ずる．

④脂質溶剤，次亜塩素酸，フェノール(石炭酸)系消毒薬，逆性石鹼などに感受性である．

Mononegavirales 目に属する *Filoviridae*（フィロウイルス）科のゲノムには 7 つの遺伝子が 3′-NP-VP 35-VP 40-GP-VP 30-VP 24-L-5′ の順に並んでコードされている．各遺伝子はゲノムと相補的な mRNA に各々転写・翻訳される．L は RNA 依存性 RNA ポリメラーゼであり，VP 35，VP 30 および核タンパク質の NP とともにリボヌクレオカプシド複合体を形成している．GP は糖タンパク質であり，ホモ三量体としてエンベロープ上のペプロマーを形成している．VP 40 はエンベロープに付随するウイルス粒子形成にかかわるマトリックスタンパク質であり，VP 24 も機能は不明であるがエンベロープに付随するものと考えられている．本属のウイルスはバイオハザード危険区分のレベル（バイオセーフティレベル：biosafety level, BSL）4 に指定されている，人獣共通感染症（ゾーノシス）の病原体であり，最高度の安全を確保した実験室内で取り扱う必要がある．

本科は 2 つの属で構成され，互いに抗原の交差性はほとんどない．高い病原性と広い宿主域を示す一方，自然宿主に関しては不明の点が多く残されている．

a. Genus *Marburgvirus*

（1） ***Lake Victoria marburgvirus***（ビクトリア湖マールブルクウイルス）

マールブルク出血熱の病原体である．ヒトに加え，サルに対しても致命的感染を引き起こす．1967 年にウガンダから輸入されたアフリカミドリザルが感染源となり，ドイツとユーゴスラビアの実験者間に急性の出血熱が発生し，マールブルク出血熱と呼ばれた．このとき二次感染も含めて患者は 31 名で，7 名が死亡した．その後，ジンバブエ，ケニヤなどの散発的な発生にとどまらず，コンゴ民主共和国とアンゴラでは 100 名を超える患者を出す流行も起きており，その致死率は 25～70% である．

b. Genus *Ebolavirus*

エボラ出血熱の原因として 4 種が知られており，血清学的に区別される．1976 年以降，旧ザイール，スーダンなどのアフリカで出血熱の大きな流行が起きている．レストンエボラウイルスはアジア産のマカカ（*Macaca*）属のサルに感染を起こし，フィリピン産のサルに由来する本ウイルスがアメリカ合衆国やイタリアでサルに流行を起こしたが，ヒトへのビルレンスは低いものと考えられている．

（1） ***Cote d'Ivoire ebolavirus***（象牙海岸エボラウイルス）

（2） ***Reston ebolavirus***（レストンエボラウイルス）

（3） ***Sudan ebolavirus***（スーダンエボラウイルス）

（4） ***Zaire ebolavirus***（ザイールエボラウイルス）

C.6 Family *Paramyxoviridae*

1) 学名の由来

para＝by side of（類似の），myxo＝mucus（粘液）．

2) 性　　状

①マイナス鎖の ssRNA 1 分子（約 13～18 kb）をゲノムとする．

②ビリオンは直径 150 nm 以上のほぼ球形であるが，多形性を呈する．

③ヌクレオカプシドはらせん対称で直径 13～

18 nm である．

④ エンベロープで包まれ，その上に糖タンパク質のペプロマーをもつ．

⑤ エーテルおよびクロロホルム感受性である．

⑥ 細胞質で増殖し，細胞表面から出芽により完成する．

⑦ 巨細胞や細胞内（時に核内）封入体を形成するものが多い．

ヌクレオカプシドは，ゲノムRNAと直接結合するNタンパク質ならびにRNA依存性RNAポリメラーゼのLタンパク質とリン酸化タンパク質のPタンパク質から構成され，ウイルスによりVタンパク質が含まれる．Mタンパク質で裏打ちされたエンベロープ上には2種類の糖タンパク質のペプロマーがあり，その長さは8 nmで，一つは細胞への吸着に関与するHNまたはHまたはGタンパク質であり，もう一つは細胞融合に関係するFタンパク質である．Fタンパク質は前駆体として産生され，宿主のプロテアーゼにより開裂を受けて活性型のS-S結合（ジスルフィド結合）したF1とF2になる．活性型Fタンパク質は中性域で膜融合活性を有しており，吸着したウイルスのエンベロープ膜と細胞膜を融合させてヌクレオカプシドを細胞質内に放出する際に機能する．また，感染細胞に認められる多角巨細胞もFタンパク質により形成される．*Mononegavirales* 目に属する *Paramyxoviridae*（パラミクソウイルス）科には2つのsubfamily（亜科）が設けられている．各亜科には5つまたは2つの属があり，所属ウイルス種の系統発生学的関係と一致している．

［1］ Subfamily *Paramyxovirinae*

Paramyxovirinae（パラミクソウイルス）亜科のヌクレオカプシドのらせんの直径は18 nm，ピッチは5 nmである．各ウイルス種のゲノムのサイズは一定で，塩基数は6の倍数である．6～7のORFをもち，その配列は3′-N-P(/C)/V-M-F(-SH)-HN（H or G)-L-5′の順である（括弧内の遺伝子の有無はウイルスにより異なる）．各ORFはP(/C)/Vを除き，1つずつのタンパク質をコードしており，各ORFの前後にある転写の開始と終止/ポリA付加のシグナル配列に従い，単シストロン性のmRNAが転写され，各タンパク質が翻訳される．P(/C)/VのORFの転写・翻訳機構は複雑で，Pタンパク質とVタンパク質はゲノムに忠実な転写によるmRNAとRNA editingと呼ばれる機構で転写の途中からフレームシフトして合成されるmRNAによりそれぞれつくられるが，*Rubulavirus* 属では逆で，RNA editingを受けたmRNAからPタンパク質がつくられる．両タンパク質はN末端側のアミノ酸配列は同一である．Cタンパク質は上記ORFの開始コドンとは別の開始コドンを用いて翻訳される．いくつかのウイルスのCタンパク質やVタンパク質には抗インターフェロン活性が認められている．

a．Genus *Rubulavirus*

ゲノムは約15.2～15.7 kbであり，付着タンパク質は赤血球凝集性とノイラミニダーゼ活性を有するHNタンパク質である．Cタンパク質はない．MuVとSV 5はエンベロープに小さな疎水性のSHタンパク質を有する．

（1） *Mumps virus* （MuV：流行性耳下炎（「おたふくかぜ」）ウイルス）

（2） *Human parainfluenza virus 2, 4* （ヒトパラインフルエンザウイルス2，4）

（3） *Mapuera virus* （マプエラウイルス）

（4） *Porcine rubulavirus* （ブタルブラウイルス）

（5） *Simian virus 5* （SV 5：サルウイルス5）

宿主域が広く，イヌのパラインフルエンザの原因ともなる．

（6） *Simian virus 41* （サルウイルス41）

b．Genus *Avulavirus*

NDVのゲノムの大きさは15,156 ntである．HNタンパク質を有する．他の属の中では比較的 *Rubulavirus* 属と近縁であり，Cタンパク質もない．

（1） *Newcastle disease virus* （NDV：ニューカッスル病ウイルス）

鳥類の代表的急性伝染病の原因で，強毒株が流行すると甚大な被害を養鶏業に与える．

（2） *Avian paramyxovirus 2～9* （トリパラミクソウイルス2～9）

c. Genus *Respilovirus*

ゲノムは約 15.4～15.6 kb であり，HN と C タンパク質を有する．

（1） ***Sendai virus***（センダイウイルス）

マウスの呼吸器症の原因となる．本ウイルスおよび本ウイルスによる細胞融合現象は日本で発見された．

（2） ***Bovine parainfluenza virus 3***（ウシパラインフルエンザウイルス 3）

呼吸器症状を主徴とするウシの輸送病症候群に関与する．

（3） ***Human parainfluenza virus 1, 3***（ヒトパラインフルエンザウイルス 1，3）

（4） ***Simian virus 10***（サルウイルス 10）

d. Genus *Henipavirus*

ゲノムは約 18 kb であり，本科で最大である．付着タンパク質の G タンパク質には赤血球凝集性もノイラミニダーゼ活性もない．C タンパク質を有する．食果コウモリを自然宿主とし，ヒトや家畜に致死率の高い流行を起こしたことがある．代表的新興感染症の原因である．

（1） ***Hendra virus***（ヘンドラウイルス）

1994～1999 年にオーストラリア東部のウマとヒトで限定的流行があった．

（2） ***Nipah virus***（ニパウイルス）

1996～2000 年にマレーシアとシンガポールのブタとヒトで大きな流行があり，100 名以上のヒトが死亡し，110 万頭のブタが殺処分された．

e. Genus *Morbillivirus*

ゲノムは約 15.7～15.9 kb であり，付着タンパク質の H タンパク質にはノイラミニダーゼ活性がなく，血球凝集性を欠くもの（イヌジステンパーウイルス，アザラシジステンパーウイルス，牛疫ウイルス）もある．C タンパク質を有する．ヌクレオカプシド様構造物を含む封入体を細胞質内と核内に形成する．互いに近縁のウイルス種があり，中和試験での交差も認められるが，宿主域や塩基配列で区別される．

（1） ***Measles virus***（麻疹ウイルス）

ヒトの「はしか」の原因となる．

（2） ***Canine distemper virus***（イヌジステンパーウイルス）

イヌ科動物の致死率の高い全身性疾患の原因となる．

（3） ***Cetacean morbillivirus virus***（クジラモルビリウイルス）

（4） ***Peste-des-petits-ruminants virus***（小反芻獣疫（「羊疫」）ウイルス）

ヤギやヒツジの急性熱性伝染病の原因となる．

（5） ***Phocine distemper virus***（アザラシジステンパーウイルス）

（6） ***Rinderpest virus***（牛疫ウイルス）

偶蹄類（特にウシ）の下痢を主徴とする，きわめて伝染性と致死率の高い伝染病の原因となる．

［2］ Subfamily *Pneumovirinae*

Pneumovirinae（ニューモウイルス）亜科は，ヌクレオカプシドのらせんの直径は 13～14 nm で，ピッチは 7 nm である．吸着タンパク質の G タンパク質は赤血球凝集性やノイラミニダーゼ活性がなく，その長さは 10～12 nm である．8～10 の ORF をもつ．本亜科の 2 属は，系統発生学的相違に加えて，ゲノムの大きさ，非構造タンパク質（NS 1 と NS 2）の有無，F と G を含むゲノム中央部の遺伝子の並び方などで区別される．10 または 8 の ORF をゲノムに有し，それぞれ単シストロン性の mRNA が転写されて，各ウイルスタンパク質が翻訳される．

a. Genus *Pneumovirus*

ゲノムは約 15 kb で，NS 1 と NS 2 を有し，ゲノム上の ORF は 3′-NS 1-NS 2-N-P-M-SH-G-F-M 2-L-5′ の順である．ヒト，ウシ，マウスに呼吸器症を起こす．

（1） ***Human respiratory syncytial virus***（ヒト RS ウイルス）

（2） ***Bovine respiratory syncytial virus***（ウシ RS ウイルス）

（3） ***Murine pneumonia virus***（マウス肺炎ウイルス）

例外的に赤血球凝集性がある．

b. Genus *Metapneumovirus*

ゲノムは約 13 kb で，NS 1 と NS 2 はなく，ゲノム上の ORF は 3′-N-P-M-F-M 2-SH-G-L-5′ の順である．ヒトや鳥類に呼吸器症を起こす．

(1) *Avian metapnemovirus*（トリメタニューモウイルス）

(2) *Human metapnemovirus*（ヒトメタニューモウイルス）

C.7 Family *Orthomyxoviridae*

1) 学名の由来

ortho＝straight（真正の），myxo＝mucus（粘液）．

2) 性　　状

① マイナス鎖の ssRNA 6～8 分子をゲノムとする（分節ゲノム）．

② 直径 80～120 nm のほぼ球形または多形性ビリオンである．

③ ヌクレオカプシドはらせん対称で，長さ 50～150 nm である．

④ エンベロープで包まれ，その上に糖タンパク質のペプロマーをもつ．

⑤ エーテル感受性で，熱や酸により容易に不活化される．

⑥ 核内で転写・複製し，細胞表面からの出芽により完成する．

Orthomyxoviridae（オルトミクソウイルス）科の A, B, C 型インフルエンザウイルスの分離株の表記には，型/由来動物種（ヒトの場合は省略）/分離場所/分離年で表す方法が用いられており，A 型の場合はさらに亜型を括弧に入れて追記する．たとえば，2004 年に日本で発生した高病原性トリインフルエンザの原因ウイルス株は，A/chicken/Yamaguchi/7/04（H 5 N 1）となる．

a. Genus *Influenzavirus A*

ゲノムは 8 分節で，ヒトを含むさまざまな動物や鳥類を宿主とするが，すべての *Influenza A virus* はカモに由来すると考えられている．エンベロープ上に 2 種類の糖タンパク質のペプロマーを有し，一つは赤血球凝集素（HA）でもう一つはノイラミニダーゼ（NA）である．M 1 タンパク質はエンベロープを裏打ちしており，M 2 タンパク質はエンベロープを貫通している．分節ゲノムはそれぞれヌクレオカプシドタンパク質（NP）と RNA 合成酵素（PB 1，PB 2，PA）と結合している．分節ゲノムのうち 6 本は 1 つずつのタンパク質をコードしているが，第 7 分節は M 1 と M 2 を第 8 分節は 2 つの非構造タンパク質（NS 1, NS 2）をコードしている．

(1) *Influenza A virus*（A 型インフルエンザウイルス）

本ウイルスは HA と NA の抗原性により亜型に分類され，HA には 15 亜型，NA には 9 亜型が公認されている．鳥類からはすべての亜型が分離されているが，高病原性トリインフルエンザの原因は H 5 または H 7 の亜型のものに限られている．また，ウマのインフルエンザウイルスは H 3 N 8 または H 7 N 7 であり，ブタでは H 1 N 1 または H 3 N 2 である．ヒトでは H 1 N 1，H 2 N 2，H 3 N 2 が大流行時のウイルスの亜型であったが，近年，鳥類由来の H 5 N 1 も感染することがわかり，大流行はしていないが高い病原性を有することもあり，警戒を要するウイルスとなっている．

A 型インフルエンザウイルスは，動物では，ウマ，ブタ，鳥類の呼吸器に感染して病気を起こすが，トリインフルエンザウイルスには呼吸器のみに感染する弱毒株に加えて，全身に感染する強毒株があり，高い伝播性と致死率を伴う高病原性トリインフルエンザ（家禽ペスト）の原因となる．

A 型インフルエンザウイルスには抗原性の変異が知られており，2 つのメカニズムが知られている．一つは連続変異（antigenic drift）で，遺伝子上に点突然変異が生じてアミノ酸配列が置換することに起因する．もう一つは不連続変異（antigenic shift）で，2 つの異なったウイルス株が同時に同じ細胞に感染した場合に，分節を交換した遺伝子再集合ができることによる．この場合，全く新しい HA 遺伝子をもったウイルスが出現して大きな流行になることもある．

b. Genus *Influenzavirus B*

ゲノムは 8 分節で，ヒトを自然宿主とするが，アザラシからも分離されている．

(1) *Influenza B virus*（B 型インフルエンザウイルス）

c. Genus *Influenzavirus C*

ゲノムは 7 分節で，ヒトを自然宿主とするが，中国のブタで類似のウイルスによる感染が報告されている．

（1） *Influenza C virus*（C型インフルエンザウイルス）

d. Genus *Thogotovirus*

ゲノムは6分節（トゴトウイルス）または7分節（ドーリウイルス）で，ダニ媒介性のウイルスで，ヒトを含むさまざまな動物に感染するが，その病原性については不明の点が多い．

（1） *Thogoto virus*（トゴトウイルス）

（2） *Dhori virus*（ドーリウイルス）

e. Genus *Isavirus*

ゲノムは8分節で，魚類の赤血球を凝集し，低温（10〜15℃）で増殖する．

（1） *Infectious salmon anemia virus*（伝染性サケ貧血ウイルス）

主に大西洋の養殖サケで病気が認められる．

C.8 Family *Bunyaviridae*

1） 学名の由来

基準ウイルスの分離されたウガンダの地名Bunyamweraにちなむ．

2） 性　　状

① マイナス鎖もしくはアンビセンスのssRNA 3分子（L，M，S）をゲノムとする（分節ゲノム）．3本合わせたゲノムの大きさは11〜19 kbである．

② エンベロープをもち，直径80〜120 nmのほぼ球形または多形性ビリオンである．

③ ヌクレオカプシドはらせん対称で直径2〜2.5 nmである．

④ エンベロープ上に糖タンパク質のペプロマーをもつ．

⑤ エーテルおよびクロロホルム感受性である．

⑥ 細胞質で増殖し，ゴルジ体への出芽により完成する．細胞表面での出芽もいくつかのウイルスで認められている．

⑦ 節足動物体内で増殖できる（*Hantavirus* 属を除く）．

ゲノムの各分節の両端の配列は相補的なため，水素結合によりビリオン内のヌクレオカプシドは環状となっていると考えられている．また，その配列は各ウイルス属内では共通だが，ウイルス属間では異なっている．ゲノム分節のうち，大きなL分節はRNA依存性RNAポリメラーゼを，また中間的大きさのM分節は2種のエンベロープ糖タンパク質（Gn，Gc）を，そして小さなS分節はカプシドタンパク質（N）をそれぞれコードしている．ウイルスのmRNAの3′端にはポリA配列はなく，5′端は宿主由来のキャップ構造と10〜18塩基のRNAを有している．

Bunyaviridae（ブニヤウイルス）科は，以下の5属により構成されている．異なる属のウイルス間での血清学的交差は認められていない．

a. Genus *Orthobunyavirus*

S分節のNタンパク質のORFに重なる小さなORFとM分節に2種類の非構造タンパク質（NSsとNSm）がコードされている．主に中和試験やHI反応における交差反応性をもとに48種のウイルスが含まれている．異なる種の間では遺伝子再集合は起こらないと考えられている．蚊，ヌカカ，ダニが媒介節足動物で，ヒトに脳炎を起こすものに加えて，*Akabane virus* と，*Shuni virus* のAino virusは，ウシに異常産の流行を起こす．主な種を以下にあげる．

（1） *Bunyamwera virus*（ブニヤンベラウイルス）

（2） *Akabane virus*（アカバネウイルス）

（3） *California encephalitis virus*（カリフォルニア脳炎ウイルス）

（4） *Shamonda virus*（シャモンダウイルス）

（5） *Shuni virus*（シュニウイルス）**の Aino virus**（アイノウイルス）

b. Genus *Hantavirus*

ゲノムには非構造タンパク質の遺伝子がコードされていない．ウイルス種間で中和抗原性に交差が認められるが，他の属との血清学的関連はない．節足動物による媒介は知られておらず，無症状でウイルスを齧歯類が保有しており，ウイルスを含む排泄物からヒトへ伝播して，出血熱または肺症候群を起こす．22種のウイルスが含まれており，主な種を以下にあげる.

（1） ***Hantaan virus***（ハンターンウイルス）

（2） ***Seoul virus***（ソウルウイルス）

（3） ***Sin Nombre virus***（シンノンブレウイルス）

c. Genus *Nairovirus*

ダニによって媒介され，中には経卵感染によりダニでウイルスが維持されるものもある．血清学的に区別される7種のウイルスが含まれており，主な種を以下にあげる．

（1） ***Dugbe virus***（デュグベウイルス）＝Nairobi sheep disease virus

（2） ***Crimian-Congo hemorrhagic fever virus***（クリミア・コンゴ出血熱ウイルス）

重篤な出血熱をヒトに起こす人獣共通感染症（ゾーノーシス）で，感染症法により一類感染症に指定され，その取り扱いにはBSL 4の施設が必要である．

d. Genus *Phlebovirus*

S分節がアンビセンスRNAで，非構造タンパク質（NSs）がプラスセンスにコードされている．スナバエ，蚊，ヌカカ，ダニなどが媒介節足動物となる．中和試験で区別される9種のウイルスが含まれており，主な種を以下にあげる．

（1） ***Rift Valley fever virus***（リフトバレー熱ウイルス）

（2） ***Sandfly fever Naples virus***（スナバエ熱ナポリウイルス）

（3） ***Uukuniemi virus***（ウークニエミウイルス）

e. Genus *Tospovirus*

植物の病原ウイルスで，SおよびM分節がアンビセンスRNAである．

C.9 Family *Arenaviridae*

1） 学名の由来

ビリオン内に含まれるリボソームが砂（arena＝sand）のようにみえることによる．

2） 性　　状

①マイナス鎖のssRNA 2分子（L，S）をゲノムとし（分節ゲノム），ともにアンビセンスである．

②エンベロープをもち，直径50～300 nmの球形～多形性ビリオンである．

③ヌクレオカプシドはらせん対称で，数珠状を呈する．

④エンベロープをもち，その表面に8～10 nmの糖タンパク質のペプロマーを有する．

⑤pH 5.5以下またはpH 8.5以上で速やかに不活化される．また，56℃および有機溶剤処理でも感染性を失う．

⑥細胞質で増殖し，細胞表面より出芽して完成する．

Arenaviridae（アレナウイルス）科のウイルスのゲノムのL分節（約7.5 kb）にはZタンパク質およびLタンパク質（RNAポリメラーゼ）が，S分節（約3.5 kb）には糖タンパク質の前駆体（GPC）および核（N）タンパク質がコードされ，かつアンビセンスである．すなわち，各分節3′側のLおよびNタンパク質は各ゲノムを鋳型として転写されるmRNAより翻訳されるのに対して，5′側のZタンパク質およびGPCは各分節ゲノムサイズの相補RNAを鋳型として転写されるmRNAより翻訳される．GPCは感染細胞内で開裂してGP 1およびGP 2となり，四量体としてエンベロープ上のペプロマーを形成する．GP 1に中和抗体のエピトープが存在する．ビリオン内にはゲノムおよびN，L，Zの各タンパク質に加え，リボソーム，ゲノム相補的RNAやサブゲノムサイズのメッセンジャーRNA（mRNA）や宿主由来RNAも取り込まれることがある．

本科のウイルスは，齧歯類などの自然宿主では不顕性の持続感染を起こしているものが多く，その中に霊長類に伝播されたときに致命的な出血熱（アルゼンチン出血熱などの南米出血熱やラッサ熱）を起こすものがあり，最高危険度のBSL 4に指定されている．

a. Genus *Arenavirus*

宿主動物，分布地域，抗原性の交差反応性，アミノ酸配列などをもとに17種のウイルスが含まれており，分布地域により，次の2つのグループに大別される．主な種を以下にあげる．

i） 旧世界アレナウイルス LCMV以外はアフリカに分布する．

（1） *Lymphocytic choriomeningitis virus* (LCMV：リンパ球性脈絡髄膜炎ウイルス)

世界中に分布．ヒトに感染した場合，インフルエンザ様の症状，まれに髄膜脳炎の原因となる．

（2） *Lassa virus* (LASV：ラッサ熱ウイルス)

西アフリカに分布し，マストミスという野ネズミが自然宿主となる．

ii） 新世界アレナウイルス 南北アメリカ大陸に分布する．

（1） *Guanarito virus* (ガナリトウイルス)

ベネズエラ出血熱の原因となる．

（2） *Junin virus* (フニンウイルス)

アルゼンチン出血熱の原因となる．

（3） *Machupo virus* (マチュポウイルス)

ボリビア出血熱の原因となる．

（4） *Sabia virus* (サビアウイルス)

ブラジル出血熱の原因となる．

C.10 Family *Picornaviridae*

1） 学名の由来

微小な (pico＝micro-micro) RNAウイルスを意味する．

2） 性 状

① プラス鎖のssRNA 1分子 (7～8.8 kb) をゲノムとする．

② 直径30 nmの正二十面体対称のビリオンで，ほぼ球状である．

③ 4種類の構造タンパク質 (5.5～41 kDa) で構成されるプロトマーが60個でカプシドが形成される．

④ エンベロープを欠く．

⑤ エーテルおよびクロロホルム耐性である．

⑥ 細胞質内で増殖する．

感染性のゲノムRNAは3′端にポリA配列を有し，5′端にはVPgと呼ばれる約2.4 kDaのタンパク質が共有結合している．ORFは1つしかコードされておらず，これから大きなポリプロテインが翻訳されて各ウイルスタンパク質の前駆体となる．5′側の非翻訳領域(non-translation region：NTR) にはinternal ribosome entry site (IRES) と呼ばれる翻訳開始に重要な特殊な配列が存在している．翻訳されたポリプロテインはその中に存在するプロテアーゼにより開裂し，最終産物となる．本ORFは5′側からP 1, P 2, P 3の3つの領域に大別され，P 1には構造タンパク質が，P 2とP 3にはプロテアーゼやRNA依存性RNAポリメラーゼなどの非構造タンパク質がコードされている．P 1はさらに開裂して，最終的には4つの構造タンパク質1 A～1 D(各々，VP 4, VP 2, VP 3, VP 1とも呼ばれる) となる．各構造タンパク質1つずつから形成されるプロトマーが5つ集合してビリオンの頂点を形成するペンタマーとなる．これがさらに12個集合してプロカプシドとなり，ゲノムRNAを取り込んでビリオンとなる．その際，プロカプシドの段階までは開裂せずにVP 0と呼ばれる中間産物の状態 (1 AB) にあるVP 2 (1 B) とVP 4 (1 A) が開裂する．ペンタマーの中心に位置するVP 1 (1 D) にはキャニオン (canyon) と呼ばれるくぼみがあり，宿主細胞の受容体と相互作用をすると考えられている．ウイルス粒子は受容体を介して細胞に吸着後，細胞膜上で脱殻し，ほとんどRNAのみが細胞内に侵入する．

Picornaviridae (ピコルナウイルス) 科は，系統発生学的関係や遺伝子構造，ウイルス粒子の性状などから，以下の9属に分けられている．

a. Genus *Enterovirus*

塩化セシウム (CsCl) 中での浮上密度は1.30～1.34 g/cm³. 低いpHでも安定で，胃を経て腸管で増殖するものが多いが，呼吸器粘膜や神経などで増殖するものもある．

（1） *Bovine enterovirus* (ウシエンテロウイルス)

（2） *Human enterovirus A* (ヒトエンテロウイルスA)

（3） *Human enterovirus B* (ヒトエンテロウイルスB)

Swine vesicular disease virus (ブタ水胞病ウイルス) は本種に含まれるHuman coxackievirus B 5の変異株として分類される．

（4） *Human enterovirus C, D* (ヒトエンテロウイルスC, D)

（5） *Poliovirus* (ポリオウイルス)

（6） *Porcin enterovirus A, B*（ブタエンテロウイルスA, B）

（7） *Simian enterovirus A*（サルエンテロウイルスA）

b. Genus *Rhinovirus*

系統発生学的には*Enterovirus*属と近縁であるが，pH 5～6以下で不安定であることとCsCl中での浮上密度が高い（1.38～1.42 g/cm^3）ことなどで区別される．ヒトライノウイルスは，ヒトの風邪の原因で多くの血清型がある．

（1） *Human rhinovirus A, B*（ヒトライノウイルスA, B）

（2） その他の未確定のもの

・Bovine rhinoviruses 1～3（ウシライノウイルス1～3）

c. Genus *Cardiovirus*

CsCl中での浮上密度は1.33～1.34 g/cm^3．P1領域の5′側にL（leader）タンパク質をコードしているが，プロテアーゼ活性はない．脳心筋炎ウイルスはポリC領域をゲノムの5′側NTRに有しているが，テイロウイルスにはない．

（1） *Encephalomyocarditis virus*（脳心筋炎ウイルス）

（2） *Theilovirus*（テイロウイルス）

d. Genus *Apthovirus*

CsCl中での浮上密度は1.43～1.45 g/cm^3．ビリオン表面は非常に滑らかで，5回対称軸に穴を有している．酸に弱く，口蹄疫ウイルスはpH 6.8以下，ウマ鼻炎Aウイルス pH 5.5以下で不安定．ゲノムの5′端にポリC領域を有し，その5′側NTRは非常に長い（1.1～1.5 kb）．プロテアーゼ活性のあるLタンパク質を有している．

（1） *Foot-and-mouth disease virus*（FMDV：口蹄疫ウイルス）

濾過性病原体として最初に発見された動物ウイルスである．口蹄疫はきわめて伝染力の強い急性熱性伝染病であり，現在でも国際的に重要な伝染病である．偶蹄類がよく感染し，ウマは抵抗性であるがほとんどすべての実験動物が感受性である．血清型として7種（O, A, C, SAT 1, SAT 2, SAT 3, Asia 1）に分けられ，さらに多数の亜型が知られていたが，現在は塩基配列に基づく系統樹解析により遺伝子サブタイプによる分類が行われている．3種類のVPgがゲノムにコードされている．

（2） *Equine rhinitis A virus*（ウマ鼻炎Aウイルス）

e. Genus *Hepatovirus*

CsCl中での浮上密度は1.32～1.34 g/cm^3．酸性や熱（60°C 30分）にも安定．VP 4（1 A）が非常に小さい．

（1） *Hepatitis A virus*（A型肝炎ウイルス）

（2） その他の未確定のもの

・Avian encephalomyelitis-like virus（トリ脳脊髄炎様ウイルス）

f. Genus *Parechovirus*

CsCl中での浮上密度は1.36 g/cm^3．酸性で安定．*Enterovirus*属と共通する性状も多いが，系統発生学的には近縁ではなく，VP 0（1 AB）は開裂しない．

（1） *Human parechovirus*（ヒトパーエコーウイルス）

（2） *Ljungan virus*（ルジュンガンウイルス）

g. Genus *Erbovirus*

CsCl中での浮上密度は1.41～1.45 g/cm^3．pH 5以下で不安定．ゲノムの5′端にポリC領域がおそらく存在する．プロテアーゼ活性を有すると考えられるLタンパク質をコードし，3′側NTRは長い（167 nt）．*Cardiovirus*属や*Apthovirus*属と比較的近縁である．

（1） *Equine rhinitis B virus*（ウマ鼻炎Bウイルス）

h. Genus *Kobuvirus*

ほぼ球状の他の本科ウイルスと異なり，正二十面体のビリオン表面構造が電子顕微鏡で観察される．その盛り上がった部分の形態を日本語の「こぶ」にちなみ，名前が付けられた．pH 3.5で安定．P1領域の5′側に機能不明のLタンパク質をコードし，3′側NTRが長い（240 nt）．VP 0（1 AB）は開裂しない．両種とも日本で発見された．

（1） *Aichi virus*（アイチウイルス）

ヒトの胃腸炎の原因となる.

（2） *Bovine kobuvirus*（ウシコブウイルス）

i. Genus *Teschovirus*

CsCl 中での浮上密度は 1.33 g/cm³. 酸性でも安定. IRES が短く，機能も若干異なる. L タンパク質をコードしている.

（1） *Porcine teschovirus*（ブタテッショウイルス）

ブタエンテロウイルス性脳脊髄炎（Tecschen 病）の原因となる. 本病の原因には *Porcine enterovirus A* および *B* もありうる.

j. 本科に属するその他の未分類のウイルス

・Duck hepatitis viruses 1，3（アヒル肝炎ウイルス 1，3）など

C.11 Family *Caliciviridae*

1） 学名の由来

calici は「杯」を意味するラテン語の calix に由来し，ビリオン表面に電子顕微鏡で観察されるカップ状のくぼみにちなんでいる.

2） 性　　状

① プラス鎖の ssRNA 1 分子（7.4～8.4 kb）をゲノムとする.

② 直径 27～40 nm の正二十面体対称のビリオンである.

③ 主要構造タンパク質（カプシドタンパク質, 58～60 kDa）の二量体 90 個でカプシドが構成される.

④ エンベロープを欠く.

⑤ エーテルおよびクロロホルム耐性である.

⑥ *Vesivirus* 属は pH 3～5 で不活化が起きるが，他の属のウイルスは安定と考えられている.

Caliciviridae（カリシウイルス）科はネガティブ染色での電顕観察でカプシドに 32 の陥没部がみられる. ウイルスゲノムは感染性のプラス鎖 RNA で，3′ 端にポリ A 配列をもち，感染性に必要な 10～15 kDa のタンパク質（VPg）が 5′ 端に共有結合している. ゲノムは 2 つまたは 3 つの ORF を有しており，5′ 側 2/3 に非構造タンパク質，3′ 側 1/3 に構造タンパク質がコードされている. 3′ 端の小さな ORF は 8.5～23 kDa のマイナーな構造タンパク質をコードしている. 感染細胞中にはサブゲノムサイズのプラス鎖の RNA も産生され，構造タンパク質の mRNA として機能する. ゲノムサイズのプラス鎖の RNA は非構造タンパク質の mRNA としても機能する. 非構造タンパク質はポリプロテインとして翻訳された後，ウイルスのプロテアーゼにより開裂して成熟する. *Vesivirus* 属を除き，細胞培養での増殖ができないか，困難である.

本科は，系統発生学的関係とゲノム構造から，以下の 4 属に分けられている.

a. Genus *Lagovirus*

非構造タンパク質と主要構造タンパク質が一緒の ORF にコードされており，3′ 端の小さな ORF と合わせて，ゲノムに 2 つの ORF を有している.

（1） *Rabbit hemorrhagic disease virus*（ウサギ出血病ウイルス）

3 か月齢以上のウサギに高い致死率の全身感染を起こす.

（2） *European brown hare syndrome virus*（ヨーロッパ野ウサギ症候群ウイルス）

野ウサギに上記感染症と類似の疾患を起こす.

b. Genus *Norovirus*

本属のウイルスは，本科の特徴であるビリオン上の陥没が認められない. 本属に分類されるが，種としては未確定のウイルスがウシ，ブタ，マウスから見つかっている. 非構造タンパク質と主要構造タンパク質が別の ORF にコードされており，ゲノムに 3 つの ORF を有している.

（1） *Norwalk virus*（ノーウォークウイルス）

ヒトのウイルス性胃腸炎の原因となる. 食品を介して感染することが多く，ウイルス性食中毒の主要な原因となる. 2 つの主要な遺伝子型が知られている.

c. Genus *Sapovirus*

Lagovirus 属と同様にゲノムに 2 つの ORF を有している. 本属に分類されるが，種としては未

確定のウイルスがブタとミンクから見つかっている．

（1） *Sapporo virus* （サッポロウイルス）

ヒト（主に小児）のウイルス性胃腸炎の原因となる．

d. Genus *Vesivirus*

Norovirus 属と同様にゲノムに 3 つの ORF を有しているが，ORF 2 の翻訳産物は主要構造タンパク質の前駆体で，開裂を経て成熟する．他の 3 属のウイルスと異なり，細胞培養での増殖が容易である．

（1） *Vesicular exanthema of swine virus* （ブタ水疱疹ウイルス）

ブタの水疱性疾患の原因であるが，現在，その流行はなくなっている．アシカやクジラなどの海生動物や魚類，は虫類，ウシ，チンパンジーなどからも分離されている．多数の血清型がある．

（2） *Feline calicivirus* （ネコカリシウイルス）

ネコの呼吸器症の原因となる．血清型は 1 つであるが，株間に中和抗原性の相違が認められている．近年，全身感染を起こす強毒株の出現が報告されている．

C.12 Genus *Hepevirius* （所属科未定）

1） 学名の由来

Hepatitis E virus の略記．

2） 性　　状

① プラス鎖の ssRNA 1 分子（約 7.2 kb）をゲノムとする．

② 直径 27～34 nm の正二十面体対称のビリオンである．

③ 1 種類の主要カプシドタンパク質（72 kDa）がおそらくプロセッシングされてビリオンを構成するが，ビリオンに含まれるカプシドタンパク質の大きさは不明である．

④ エンベロープを欠く．

⑤ おそらくエーテルおよびクロロホルム耐性である．

ゲノムは感染性で，その 5′ 端はキャップ構造を有し，3′ 端にはポリ A が付加されている．ゲノムには 3 つの ORF が含まれており，5′ 側の ORF 1 は非構造タンパク質を，3′ 側の ORF 2 は主要カプシドタンパク質を各々コードしている．ORF 3 は ORF 1 と ORF 2 と重なる中央領域にあり，機能不明のリン酸化タンパク質をコードしている．血清型は 1 つであるが 4 つの遺伝子型が知られている．細胞培養での増殖は困難である．

（1） *Hepatitis E virus* （E 型肝炎ウイルス）

ヒトの E 型肝炎の原因となる．ブタやシカなどの野生動物からの感染もありうる．

（2） その他の未確定のもの

・avian hepatitis E virus

C.13 Family *Astroviridae*

1） 学名の由来

ビリオン形態が星（astron＝star）形にみえることによる．

2） 性　　状

① プラス鎖の ssRNA 1 分子（6.4～7.4 kb）をゲノムとする．

② 直径 28～30 nm の正二十面体対称のビリオンである．

③ エンベロープを欠く．

④ クロロホルム，脂質溶剤，各種界面活性剤に耐性である．

⑤ pH 3 で安定である．

⑥ 50℃ 1 時間または 60℃ 5 分間で安定である．

ゲノムは 3′ 端にポリ A が付加されており，5′ 端には *Picornaviridae* 科ウイルスのものと類似の VPg が結合しているものと推定されている．ゲノム RNA は感染性で，3 つの ORF を含んでいる．5′ 側の ORF 1 a と ORF 1 b は非構造タンパク質をコードし，3′ 側の ORF 2 はカプシドタンパク質の前駆体をコードしている．サブゲノムサイズの mRNA から翻訳されるカプシドタンパク質の前駆体はタンパク分解酵素で開裂を受け，2～3 種類（24～39 kDa）の主要な構造タンパク質となる．

Astroviridae（アストロウイルス）科は，系統発生学的関係と宿主域から，以下の 2 属に分けられている．

a. Genus *Avastrovirus*

鳥類に感染する．ニワトリとシチメンチョウでは腎と胸腺を含むさまざまな器官に傷害を与え，アヒルではしばしば致命的な肝炎を起こす．

（1） ***Chicken astrovirus***（ニワトリアストロウイルス）＝avian nephritis virus（ニワトリ腎炎ウイルス）2つの血清型をもつ．

（2） ***Duck astrovirus***（アヒルアストロウイルス）

（3） ***Turkey astrovirus***（シチメンチョウアストロウイルス）

2つの血清型をもつ．

b. Genus *Mamastrovirus*

哺乳動物に感染し，胃腸炎の原因となる．

（1） ***Bovine astrovirus***（ウシアストロウイルス）

2つの血清型をもつ．

（2） ***Feline astrovirus***（ネコアストロウイルス）

（3） ***Human astrovirus***（ヒトアストロウイルス）

8つの血清型をもつ．

（4） ***Mink astrovirus***（ミンクアストロウイルス）

（5） ***Ovine astrovirus***（ヒツジアストロウイルス）

（6） ***Porcine astrovirus***（ブタアストロウイルス）

C.14 Family *Nodaviridae*

1） 学名の由来

Nodamura virus が最初に分離された場所（野田村，現在の静岡県島田市野田）にちなむ．

2） 性 状

主に *Betanodavirus*（ベータノダウイルス）属について述べる．

①プラス鎖のssRNA 2分子（3.1 kbと1.4 kb）をゲノムとする（分節ゲノム）．3′端にポリA配列はない．

②平均直径37 nmの正二十面体対称のビリオンである．

③1種類の主要構造タンパク質（42 kDa）180分子がカプシドに含まれる．

④エンベロープを欠く．

⑤クロロホルム耐性である．

⑥pH 2～9で安定である．

⑦56°C 30分に耐性である．

脊椎動物のプラス鎖ssRNAウイルスの中で，唯一の分節ゲノムのウイルスである．細胞質内で増殖し，感染細胞中にはゲノムであるRNA 1とRNA 2に加えてRNA 1由来のサブゲノムサイズのRNA 3が存在する．RNA 1はRNA依存性RNAポリメラーゼを，RNA 2はカプシドタンパク質を，各々コードしている．RNA 3のコードするタンパク質は不明である．

Nodaviridae（ノダウイルス）科は，以下の2属により構成されている．

a. Genus *Alphanodavirus*

（1） ***Nodamura virus***（ノダムラウイルス）

昆虫のウイルスで，ブタに抗体が見つかることから，自然感染すると考えられるが，獣医学上の重要性は認められていない．

b. Genus *Betanodavirus*

海水魚の稚魚から分離される．罹患魚は遊泳異常と高い致死率を伴う脳や網膜の障害が認められる．漁業，特に養殖業において重要なウイルスである．

（1） ***Barfin flounder nervous necrosis virus***（バーフィンヒラメ神経壊死ウイルス）

（2） ***Red spotted grouper nervous necrosis virus***（キジハタ神経壊死ウイルス）

（3） ***Stripped jack nervous necrosis virus***（シマアジ神経壊死ウイルス）

（4） ***Tiger puffer nervous necrosis virus***（トラフグ神経壊死ウイルス）

C.15 Family *Coronaviridae*

1） 学名の由来

「王冠」を意味するラテン語のcoronaに由来し，電子顕微鏡で観察されるビリオン表面の突起の形状にちなんでいる．

2) 性　　状

①プラス鎖のssRNA 1分子（27.6～31 kb）をゲノムとする．

②直径120～160 nmの球形のビリオンである．

③らせん状のヌクレオカプシドである．

④エンベロープを有する．

⑤エーテル感受性で，熱にも弱い．

⑥細胞質内で複製し，粗面小胞体内膜から出芽して成熟する．

ゲノムは5′端にキャップ構造を，3′端にポリA配列を有する感染性RNAである．ゲノムには6～14のORFが存在し，そのうち主要なものは5′-レプリカーゼ-(HE)-S-E-M-N-3′の順に並び，ウイルス種によりさまざまな非構造タンパク質のORFがレプリカーゼより下流に散在している．レプリカーゼをコードする2つのORFはゲノムの2/3に相当し，大きなポリプロテインからさまざまな複製に必要なタンパク質がつくられると考えられている．S糖タンパク質は粒子表面のペプロマーを形成し，細胞への吸着，赤血球凝集，膜融合，中和抗体の誘導などの性状を有している．Eタンパク質は小さなエンベロープタンパク質で，膜貫通マトリックスタンパク質であるMタンパク質とともに粒子形成に重要である．Nタンパク質はゲノムRNAと結合してヌクレオカプシドを形成する．一部の*Coronaviridae*（コロナウイルス）科ウイルスにのみ存在するHEタンパク質は赤血球凝集性とエステラーゼ活性を有する．本科ウイルス感染細胞中には各ORFを5′側に有し，3′側はゲノムと共通のサブゲノムサイズのmRNAが形成され，それぞれのタンパク質が翻訳される．

*Nidovirales*目に属する本科は，以下の2属に分けられている．

a．Genus *Coronavirus*

本属のspecies（種）は，非構造タンパク質遺伝子の種類やゲノムにおける位置，抗原性状，Sタンパク質のS1とS2への開裂の有無，宿主域から区別され，3つのグループに分けられている．

i）Group 1 species　Sタンパク質の開裂がない．

（1）***Canine coronavirus***（イヌコロナウイルス）

（2）***Feline coronavirus***（ネココロナウイルス）

（3）***Human coronavirus 229 E***（ヒトコロナウイルス229 E）

（4）***Porcine epidemic diarrhea virus***（ブタ流行性下痢ウイルス）

（5）***Transmissible gastroenteritis virus***（伝染性胃腸炎ウイルス）

ii）Group 2 species　Sタンパク質の開裂がある．ただし，後述のSARSコロナウイルスは除く．

（1）***Bovine coronavirus***（ウシコロナウイルス）

（2）***Human coronavirus OC 43***（ヒトコロナウイルスOC 43）

（3）***Human enteric coronavirus***（ヒト腸管コロナウイルス）

（4）***Murine hepatitis virus***（マウス肝炎ウイルス）

（5）***Porcine hemagglutinating encephalomyelitis virus***（ブタ赤血球凝集性脳脊髄炎ウイルス）

（6）***Puffinosis coronavirus***（マンクスミズナギドリコロナウイルス）

（7）***Rat coronavirus***（ラットコロナウイルス）

（8）***Severe acute respiratory syndrome coronavirus***（SARSコロナウイルス）

iii）Group 3 species　Sタンパク質の開裂があり，鳥類を宿主とする．

（1）***Infectious bronchitis virus***（伝染性気管支炎ウイルス）

（2）***Pheasant coronavirus***（キジコロナウイルス）

（3）***Turkey coronavirus***（シチメンチョウコロナウイルス）

b．Genus *Torovirus*

ヌクレオカプシドは管状で，ビリオンは多形性を示し，円盤状，腎臓状，棒状を呈する．*Coronavirus*属のEに相当するタンパク質の存在が不明で，遺伝子のゲノム上での並び方は5′-レプリカーゼ-S-M-HE-N-3′である．主に腸管に感染し，ウシトロウイルスは子ウシの胃腸炎の原因となる．

（1） ***Bovine torovirus***（ウシトロウイルス）
（2） ***Equine torovirus***（ウマトロウイルス）
（3） ***Human torovirus***（ヒトトロウイルス）
（4） ***Porcine torovirus***（ブタトロウイルス）

C.16 Family *Arteriviridae*

1） 学名の由来

ウマ動脈炎（equine arteritis）にちなむ．

2） 性　　状

①プラス鎖のssRNA 1分子（12.7〜15.7 kb）をゲノムとする．

②直径45〜60 nmの球形のビリオンである．

③ヌクレオカプシドは立方対称で，直径25〜35 nmである．

④エンベロープを有する．

⑤エーテル，クロロホルム，界面活性剤に感受性である．

⑥pH 6.0以下またはpH 7.5以上で不活化し，熱にも弱い．

Arteriviridae（アルテリウイルス）科のゲノム構造と増殖様式は同じ*Nidovirales*目に分類される*Coronaviridae*科に類似するが，ビリオンの突起は明瞭ではない．遺伝子は5′-レプリカーゼ-E/GP 2-GP 3-GP 4-GP 5-M-N-3′の順に並んでいる．Nはカプシドタンパク質で，エンベロープタンパク質は6種類ある．主要な糖タンパク質であるGP 5はMタンパク質とヘテロ二量体を形成している．GP 5には中和抗原が存在する．マイナーな糖タンパク質であるGP 2，GP 3，GP 4はヘテロ三量体を形成している．小さなEタンパク質はエンベロープに埋もれている．細胞質内で複製し，細胞質内膜で出芽したビリオンはゴルジ装置を通過して成熟する．

a. Genus *Arterivirus*

（1） ***Equine arteritis virus***（ウマ動脈炎ウイルス）

ウマ動脈炎はウマ特有の感染症で，全身の小動脈に炎症が認められる．欧米を含む世界中に分布するが，日本は清浄国である．

（2） ***Lactate dehydrogenase-elevating virus***（乳酸脱水素酵素上昇ウイルス）

マウスに不顕性の持続感染を起こし，血清中の乳酸脱水素酵素（乳酸デヒドロゲナーゼ）の値が5〜10倍となる．

（3） ***Porcine reproductive and respiratory syndrome virus***（ブタ繁殖・呼吸障害症候群ウイルス）

ブタに呼吸器症と異常産を引き起こす．日本を含む世界各国に分布する．

（4） ***Simian hemorrhagic fever virus***（サル出血熱ウイルス）

マカカ（*Macaca*）属のサルに致命的な出血熱を起こす．

C.17 Family *Flaviviridae*

1） 学名の由来

黄熱ウイルスにちなみ，「黄色」を意味するラテン語のflavusに由来する．

2） 性　　状

①プラス鎖のssRNA 1分子（9.6〜12.3 kb）をゲノムとする．

②3′端にポリA配列はない．

③エンベロープを有し，球形ビリオンの直径は40〜60 nmである．

④コアも球形で，1種類のカプシドタンパク質で形成されるが，その対称性は不明である．

⑤細胞質内で増殖し，細胞質内膜通過時にエンベロープを得る．

⑥ゲノムの3′端にポリA配列を欠くが，感染性RNAである．

⑦エーテルおよびクロロホルム感受性である．

Flaviviridae（フラビウイルス）科のゲノムは1つの大きなORFをコードしており，これから大きなポリプロテインが翻訳され，細胞とウイルスプロテアーゼにより開裂を受けて各種ウイルスタンパク質が産生される．ORFの5′側1/4に構造タンパク質（カプシドおよび2または3種類のエンベロープタンパク質）が，残りの3′側に非構造タンパク質（RNA依存性RNAポリメラーゼ，プロテアーゼ，RNAヘリカーゼなど）がコードされている．感染性のゲノムである．

本科は，以下の3属に分けられている．

a. Genus *Flavivirus*

ゲノムの大きさは約11 kb，5′端にキャップ構造を有している．ビリオンの直径は50 nmで，エンベロープタンパク質はMおよびEの2種類がある．粒子に取り込まれたM前駆体タンパク質が開裂することにより，未成熟型粒子は成熟する．

本属のウイルス種は，媒介節足動物の有無とその種類（ダニまたは蚊）により，以下の3つの大きなグループに分けられ，それぞれ近縁のウイルス種で構成されるグループがある．種名は重要なものをあげ，各グループでの種の数を記載する．

1） Tick-borne viruses（ダニ媒介性ウイルス）

i） Mammalian tick-borne virus group（8種）

（1） ***Tick-borne encephalitis virus***（ダニ媒介性脳炎ウイルス）

（2） ***Louping ill virus***（跳躍病ウイルス）

ii） Seabird tick-borne virus group（4種）

2） Mosquito-borne viruses（蚊媒介性ウイルス）

i） Aora virus group（1種）

ii） Dengue virus group（2種）

（1） ***Dengue virus***（デング熱ウイルス）

iii） Japanese encephalitis virus group（8種）

（1） ***Japanese encephalitis virus***（日本脳炎ウイルス）

日本を含む東南アジアで流行する人獣共通感染症（ゾーノーシス）の原因となる．ヒトとウマには脳炎を，妊娠豚には死流産を起こす．ブタが伝播サイクルの増幅動物である．

（2） ***West Nile virus***（西ナイルウイルス）

近年，アメリカ合衆国で流行が拡大している．蚊と鳥類で感染環が成立し，終末宿主のヒトやウマで脳脊髄炎の原因となる．

iv） Kokobera virus group（1種）

v） Ntaya virus group（5種）

（1） **Israel turkey meningoencephalomyelitis virus**（イスラエルシチメンチョウ髄膜脳炎ウイルス）

vi） Spondweni virus group（1種）

vii） Yellow fever virus group（9種）

（1） ***Wesselsbron virus***（ウェッセルスブロンウイルス）

（2） ***Yellow fever virus***（黄熱ウイルス）

3） Viruses with no known arthropod vector（ベクター不明ウイルス）

i） Entebbe bat virus group（2種）

ii） Modoc virus group（6種）

iii） Rio Bravo virus group（6種）

b. Genus *Pestivirus*

ゲノムは約12.3 kbで，5′側のNTRにIRESを有する．他の属にはないN^{pro}とE^{rns}というタンパク質がある．N^{pro}はORFの5′端に存在し，オートプロテアーゼ活性を有していてポリプロテインからの開裂の際に機能する．E^{rns}はエンベロープタンパク質の一つで，RNA分解活性を示す．節足動物での増殖は起こらない．

（1） ***Border disease virus***（ボーダー病ウイルス）

（2） ***Bovine viral diarrhea virus 1, 2***（BVDV-1, 2：ウシウイルス性下痢ウイルス1, 2）

（3） ***Classical swine fever virus***（CSFV）＝hog cholera virus（ブタコレラウイルス）

*Pestivirus*属ウイルスは互いに血清学的に近縁で，動物種の壁を越えた感染が相互に起こる．BVDV-1と2は遺伝子レベルの相違から別種とされ，病原性も異なると考えられている．両者には細胞培養で細胞変性効果（cytopathic effect：CPE）を示す株（cp株）と示さない株（ncp株）がある．胎子期にncp株に感染して免疫寛容となり持続感染状態になったウシは粘膜病を発症し，その際，cp株が分離される．CSFVは通常CPEを示さず，*Newcastle disease virus*（NDV，ニューカッスル病ウイルス：C.6節［1］b項参照）のCPEを増強する作用が知られ，END（exaltation of NDV）法として感染価の測定に応用されている．本現象はBVDVのncp株でも認められている．

c. Genus *Hepacivirus*

ゲノムサイズは約9.6 kb．5′端のNTRにIRESが存在する．細胞培養での増殖が非常に困難である．

（1） ***Hepatitis C virus***（C型肝炎ウイルス）

ヒトを固有の宿主とし，ウイルス性肝炎の原因となる．

C.18 Family *Togaviridae*

1) 学名の由来

エンベロープにちなむ「外套」を意味するラテン語のtogaに由来する.

2) 性　　状

① プラス鎖のssRNA 1分子（9.7～11.8 kb）をゲノムとする.

② 直径40 nmヌクレオカプシドは正二十面体対称で，240のカプシドタンパク質で形成される.

③ エンベロープを有し，球形ビリオン全体の直径は70 nmである.

④ 細胞質内で増殖し，細胞膜または細胞質内膜から出芽によって外部へ出る際にエンベロープを獲得する.

⑤ エーテルおよびクロロホルム感受性である.

Togaviridae(トガウイルス)科のゲノムは，5′端にキャップ構造を，3′端にポリAを有している．2つのORFがあり，5′側は非構造タンパク質を，3′側は構造タンパク質をコードしている．前者はゲノムサイズのメッセンジャーRNA（mRNA）から，後者は3′側1/3に相当するサブゲノムサイズのmRNAから翻訳され，それぞれ開裂して，非構造タンパク質と構造タンパク質となる．*Alphavirus*（アルファウイルス）属は4種の，*Rubivirus*（ルビウイルス）属は2種の非構造タンパク質を有しており，それらの機能としてはキャップ構造の付加，RNAポリメラーゼ，プロテアーゼやヘリカーゼなどの酵素活性が知られている．構造タンパク質はカプシドタンパク質とエンベロープ糖タンパク質のE1とE2であり，一部の*Alphavirus*属ウイルスではE3を有している．E1とE2はヘテロ二量体となり，エンベロープのペプロマーを構成する.

本科は，以下の2属により構成されている.

a. Genus *Alphavirus*

本属には29のウイルス種が分類され，その多くが蚊で増殖し，鳥類や哺乳動物へと媒介される．南北アメリカ大陸に分布する下記3種のウマ脳炎ウイルス（EEEV，WEEV，VEEV）は，人獣共通感染症（ゾーノシス）である．そのほかにもヒトに関節炎や脳炎を起こすものがある．以下にその主な種をあげる.

（1） ***Sindbis virus***（シンドビスウイルス）

（2） ***Eastern equine encephalitis virus***（EEEV：東部ウマ脳炎ウイルス）

（3） ***Western equine encephalitis virus***（WEEV：西部ウマ脳炎ウイルス）

（4） ***Venezuelan equine encephalitis virus***（VEEV：ベネズエラウマ脳炎ウイルス）

（5） ***Getah virus***（ゲタウイルス）

日本を含むアジアからオーストラリアに分布する．蚊によって媒介され，新生豚の急性死や，ウマの発疹や浮腫を伴う発熱性疾患の原因となる.

（6） ***Semliki Forest virus***（セムリキ森林ウイルス）

（7） ***Chikungunya virus***（チクングニアウイルス）

b. Genus *Rubivirus*

節足動物では増殖しない.

（1） ***Rubella virus***（ヒトの風疹ウイルス）

本属唯一のウイルス種である.

〔D〕 サブウイルス性因子

D.1 プ リ オ ン

1) 呼称の由来

proteinaceous infectious particleの前2文字による.

2) 性　　状

潜伏期が長いことからかつて遅発性ウイルス感染症と考えられていた神経変性疾患の中には，タンパク質性の感染性因子が原因として疑われているものがあり，その病原体は，実態が不明のまま「プリオン」(prion)と呼ばれている．これらの神経変性疾患は，病変部に宿主由来の特異なタンパク質が蓄積することにより発症するため，そのタンパク質を「プリオン」との関連で「プリオンタンパク質」と呼び，また，これらの疾患を「プリオン病」と呼ぶようになった.

プリオン病はフォールディング病（folding disease）あるいはコンフォメーション病（conformational disease）と総称される疾患の一つと考えられている．これらの疾患は，いずれも健康な生体に存在する正常なタンパク質分子（αヘリックス構造に富む立体配座）が，何らかの原因によりβシート構造を主体とする分子へ置き換わることで引き起こされる．この場合，タンパク質の一次構造におけるアミノ酸残基の置換を伴うものと伴わないものがある．タンパク質の立体構造はアミノ酸配列と溶媒条件からほぼ一義的に決まると考えられるが，一般には分子シャペロン（chaperone）の働きにより正常に保たれている．タンパク質の立体構造に異常が生じると，多くは分子シャペロンにより修復されるが，修復不可能な場合には，ユビキチン（ubiquitin）と結合してプロテアソームによって分解，除去される．したがって，分子シャペロンもしくはユビキチン・プロテアソーム系が正常に機能しなくなると，アミノ酸配列が同じでも立体構造の異なる異性体を生じ，プロテオパシー（proteopathy）に陥ることになる．また，フォールディング病の中でプリオン病にのみ，遺伝性のものや孤発性のものに加えて，感染性のものがあるとされる．

動物は，プリオンタンパク質遺伝子やそれに類似のドッペル（doppel）と呼ばれる遺伝子をもつが，これらの遺伝子産物の機能については十分に解明されていない．健康な生体にみられるプリオンタンパク質は，細胞膜の脂質ラフト上にGPIアンカー型の膜タンパク質の一つとして存在している．本書ではこれを「正常型プリオンタンパク質」と呼ぶ．一方，βシート構造に富む分子を「異常型プリオンタンパク質」と呼び，両者を区別する．βシート構造へ変化したタンパク質分子は，タンパク質分解酵素によって分解されがたく，自己凝集して水に不溶性のアミロイド線維となり，脳の神経細胞に徐々に蓄積し，やがて細胞死を引き起こす．その結果，脳に海綿状の空胞変性と星状グリア細胞の増殖が起こるものであって，本病はアミロイド症の一つと見なせる．しかも，発症した動物に特異的な免疫応答や炎症はみられない．プリオン病は，罹患動物の脳乳剤を別の動物へ実験的に接種すると病気を伝達できることから，伝達性海綿状脳症（transmissible spongiform encephalopathy：TSE）または伝播性海綿状脳症とも呼ばれ，その原因として次のようなものがあげられている．

（1） scrapie prion（ヒツジおよびヤギのスクレイピープリオン）

（2） transmissible mink encephalopathy（TME）**prion**（伝達性ミンク脳症プリオン）

（3） Kuru prion（ヒトのクーループリオン）

（4） Creutzfeldt-Jakob disease（CJD）**prion**（ヒトのクロイツフェルト・ヤコブ病プリオン）

遺伝性や孤発性のもののほか，硬膜や角膜の移植や下垂体の注入など，医原性のものも知られている．

（5） bovine spongiform encephalopathy（BSE）**prion**（ウシ海綿状脳症プリオン）

経口的に摂取されたBSEの病原体はウシの回腸遠位部のパイエル板リンパ濾胞を経由して体内に取り込まれ，自律神経系を伝わって脊髄や延髄へ達し，その後，中枢神経系へ入ると考えられている．本病の診断は，病理組織学的検査とともに被検牛の延髄閂部などの乳剤をタンパク質分解酵素で消化して得た試料と診断用の抗プリオンタンパク質抗体との反応性をELISA法やウエスタンブロットにより検査して，感染に伴って出現した異常型プリオンタンパク質を検出することで行う．BSEの病原体はヒトの変異型CJD（variant CJD）の原因としても疑われている．

（6） feline spongiform encephalopathy（FSE）**prion**（ネコ海綿状脳症プリオン）

（7） その他

このほか，シカの慢性消耗性疾患（chronic wasting disease）が感染性プリオン病と考えられている．

TSEの病原体に感染すると生体内に異常型プリオンタンパク質が出現する．「プリオン説」では，異常型プリオンタンパク質そのものがプリオンと呼ばれる病原体であり，これが健康な個体に感染すると，その個体がもつ正常型プリオンタンパク質を異常型へ構造変化させて，プリオン病を引き起こすと説明している．しかし，この仮説はまだ実証されていない．

プリオンには種特異性があるといわれるが，スクレイピーやCJDに罹患したヒツジやヒトの脳乳剤をマウスやハムスターへ接種すると，プリオン病を伝達できることがある．また，接種材料として用いる脳乳剤には，その由来により遺伝的背景が均一な実験動物が発症するまでの潜伏期に差があるものや，脳での病変の形成部位が異なるものが多数知られており，その違いは脳乳剤に含まれる病原体の株が異なるためであるとされている．

マウスで継代されているスクレイピーやCJDの病原体が異常型プリオンタンパク質であるとすると，その病原体はもはやヒツジやヒトのタンパク質ではなく，マウスのプリオンタンパク質ということになる．たとえば，同一のスクレイピー由来の病原体株であっても，マウスで継代されている株はマウスのタンパク質であり，ハムスターで継代されている株はハムスターのタンパク質ということになる．したがって，脳乳剤のマウスやハムスターへの接種実験では，接種材料中に不純物を含む点や，マウスやハムスターの脳に現れる異常型プリオンタンパク質が最初の接種材料中に含まれていた動物種のタンパク質とは別の動物種のものであること，また，精製した異常型プリオンタンパク質には感染性がみられないことなど，いわゆるKochの条件を満たしていない．さらに，精製した異常型プリオンタンパク質を単独で投与しても，異常型タンパク質を新たに生成させることが実験的に成功しないため，異常型プリオンタンパク質の出現には未知の因子（プロテインX）が関与する可能性も指摘されている．

D.2 ウイロイド

ウイロイド(viroid)は，約300ヌクレオチオドからなる裸の環状1本鎖RNA（ssRNA）をゲノムとする自己増殖性因子で，カプシドを欠く．ハンマーヘッド構造と呼ばれる二次構造に依存した触媒活性をもち，リボザイム（ribozyme）として注目されている．動物を宿主とするものは知られていない．

〔付〕 バイオハザード防止対策

a．バイオハザード

バイオハザード（biohazard または biological hazard）は，微生物そのものや，核酸やタンパク質などの微生物構成成分および微生物の産生する物質によって，ヒトの健康が損なわれることをいう．実験室内感染や病原体の漏出によって起こる二次感染は，大きな社会的問題を引き起こすため，世界中で一定の基準を定める方向にあり，国内でもいくつかの研究機関や学会が，微生物の危険度を，ヒト，社会，動物に対する影響の程度によって分類し，バイオハザード防止のための微生物取り扱い規程を定めている．

影響度の高い微生物ほど厳密な取り扱いが必要であるのは当然であるが，汚染を防ぐ施設・器具も安全度の高いものが要求される．中でも，国立感染症研究所の微生物取り扱いに関する規程（国立感染症研究所病原体等安全管理規程）はアメリカ合衆国の基準に準拠し，他機関が定める規程のもととなっている．最近世界各国で，生物テロによる感染症の発生およびその蔓延を防止する対策の必要性が高まってきたことを受け，2006（平成18）年12月に「感染症の予防及び感染症の患者に対する医療に関する法律」（いわゆる感染症法）の一部改正が行われた（2007年6月施行）．改正感染症法では，生物テロに使用されると重篤な被害を受ける可能性がある病原体を「特定病原体等」と規定し，「一種病原体等」～「四種病原体等」に区分し，厳密な保管・輸送体制および所持の届出を定めている．これを受けて，病原体等の紛失，盗難，不正流用，意図的放出を防ぐため，国立感染症研究所病原体等安全管理規程が2007年6月に改正された．

一方，動物の病原体が実験室から漏出し，飼育動物や野生動物に被害が及ぶ場合，厳密な意味でのバイオハザードには含まれないが，動物やその飼育者に被害が出るという面では同様である．したがって，取り扱い微生物に対する安全対策は，動物の病原体取り扱い者にとっても大きな問題であり，対動物用バイオハザードの基準が動物衛生研究所によって定められている（動物衛生研究所微生物等管理要領）．ヒトに対するバイオハザードのレベルと動物に対するバイオハザードのレベルは，必ずしも一致しないため，いくつかの病原体は両基準においてレベルに相違がみられる．

以下に，国立感染症研究所病原体等安全管理規程における，病原体のリスク群による危険度分類とバイオハザード対策の詳細について述べる．

b．病原体のリスク群による分類

危険度の高い病原体を取り扱う際は，より慎重に，また，より高度に安全性に配慮した施設の中で取り扱うことが必要となる．このため，病原体をヒトに対する危険性に従って分類し，バイオハザードを防止するための基準を，バイオハザードに対する安全対策という意味でバイオセーフティ（biosafety）と呼ぶ．また，病原体の管理を厳重にし，病原体が意図的に放出されない管理体制をバイオセキュリティ（biosecurity）と呼び，国立感染症研究所ではバイオセーフティとバイオセキュリティの両面を加味して，病原体を4つのリスク群に分類した．

リスク群1（「病原体等取扱者」及び「関連者」に対するリスクがないか低リスク）　ヒトあるいは動物に疾病を起こす見込みのないもの．

リスク群2（「病原体等取扱者」に対する中程度リスク，「関連者」に対する低リスク）　ヒトあるいは動物に感染すると疾病を起こし得るが，病原体等取扱者や関連者に対し，重大な健康被害を起こす見込みのないもの．また，実験室内の曝露が重篤な感染を時に起こすこともあるが，有効な治療法，予防法があり，関連者への伝播のリスクが低いもの．

リスク群3（「病原体等取扱者」に対する高リスク，「関連者」に対する低リスク）　ヒトあるいは動物に感染すると重篤な疾病を起こすが，通常，感染者から関連者への伝播の可能性が低いもの．有効な治療法，予防法があるもの．

リスク群4（「病原体等取扱者」及び「関連者」に対する高リスク）　ヒトあるいは動物に感染すると重篤な疾病を起こし，感染者から関連者への伝播が直接または間接に起こり得るもの．通常，有効な治療法，予防法がないもの．

c．バイオセーフティ

前記のような各種病原体を扱う場合，バイオハザードを起こさないための病原体の慎重な取り扱いはもちろんであるが，病原体のヒトに対する感染や漏出を防ぐために実験室の安全基準および運営要領が必要である．安全基準を満たす実験室をバイオセーフティレベル (biosafety level：BSL) で表し，その基準は以下のとおり定められている．また，病原体等のリスク群を加味して，それぞれの病原体について取り扱うべきBSLも定められている．これらの病原体を実験室で扱う場合と，動物に接種する場合では，そのリスクおよびリスクを回避するための取り扱い基準や施設条件は同一ではない．このため，動物実験の際のBSLを別途，animal BSL（ABSL）として定めている（付表1：国立感染症研究所病原体等取扱実験室の安全設備及び運営基準を一部改変）．

BSL 1

① 通常の微生物学実験室を用い，特別の隔離の必要はない．

② 一般外来者は管理者の許可及び管理者が指定した立ち会いのもと立ち入ることができる．

BSL 2

① 通常の微生物学実験室を限定した上で用いる．

② エアロゾル発生のおそれのある病原体等の実験は必ず生物学用安全キャビネットの中で行う．

③ オートクレーブは実験室内，ないし前室（実験室につながる隣室）あるいはさらにその周囲の部屋に設置し使用する．できるだけ実験室内に置くことが望ましい．

④ 実験室の入り口には国際バイオハザード標識を表示する．

⑤ 実験室の入り口は施錠できるようにする．

⑥ 実験室のドアは常時閉め，一般外来者の立入りを禁止する．

BSL 3

① BSL 3区域は，他の区域から実質的，機能的に隔離し，二重ドアにより外部と隔離された実験室を用いる．

② 実験室の壁，床，天井，作業台等の表面は洗浄及び消毒可能なようにする．

③ ガス滅菌が行える程度の気密性を有すること．

④ 給排気系を調節することにより，常に外部から実験室内に空気の流入が行われるようにする．

⑤ 実験室からの排気はヘパフィルターで濾過してから大気中に放出する．

⑥ 実験室からの排水は消毒薬またはオートクレーブで処理してから排出し，さらに専用の排水消毒処理装置で処理してから一般下水に放出する．

⑦ 病原体を用いる実験は，生物学用安全キャビネットの中で行う．

⑧ オートクレーブは実験室内に置く．

⑨ BSL 3区域の入り口は施錠できるようにする．

⑩ 入室を許可された職員名簿に記載された者及び管理に関わる者以外の立入りは禁止する．

BSL 4

① BSL 4区域は他の区域から実質的，機能的隔離を行い独立した区域とし，BSL 4実験室とそれを取り囲むサポート域を設ける．また，独立した機器室，排水処理施設，管理室を設ける．

② 実験室の壁，床，天井はすべて耐水性かつ気密性のものとし，これらを貫通する部分（吸排気管，電気配線，ガス，水道管等）も気密構造とする．

③ 実験室の出入口には，エアロックとシャワー室を設ける．

④ 実験室内の気圧は隔離の程度に応じて，気圧差を設け，高度の隔離域から，低度の隔離域へ，又，低度の隔離域からサポート域へ空気が流出しないようにする．

⑤ 実験室への給気は，1層のヘパフィルターを通す．実験室からの排気は2層のヘパフィルターを通して，外部に出す．この排気濾過装置は予備も含めて2組設ける．

⑥ 実験室内の滅菌を必要とする廃棄物等の滅菌のために，実験室とサポート域の間には両面オートクレーブを設ける．

⑦ 実験室からの排水は，専用オートクレーブにより121℃以上に加熱滅菌し，冷却した後，専用排水消毒処理装置でさらに処理してから，一般下水へ放出する．

⑧ 実験は完全密閉式のグローブボックス型安全キャビネット（クラスIII安全キャビネット）の

中で行う．

⑨ BSL 4 区域の入り口は施錠できるようにする．

⑩ 入室を許可された職員名簿に記載された者及び管理に関わる者以外の立入りは禁止する．

日本では BSL 4 実験室が存在するが，実際には稼働していない．

遺伝子組換え生物などの生物の多様性に対する悪影響を防止する目的で,「バイオセーフティに関するカルタヘナ議定書」が定められたことを受けて，わが国でも「遺伝子組換え生物等の使用等の規制による生物の多様性の確保に関する法律」が制定された．また，改正感染症法でも，バイオセーフティにバイオセキュリティの考え方が加味されたのは先に述べたとおりである．法律の遵守はもちろんであるが，基本的な理念は微生物そのものや微生物に由来する遺伝子および産物によって，ヒト，動物，環境に悪影響を及ぼさないことである．そのため，微生物を扱う者は，その特性をよく理解した上で，細心の注意を払って取り扱わねばならない．

付表 1　病原体のバイオセーフティレベル（BSL）（国立感染症研究所病原体等安全管理規程を一部改変）

レベル	細菌，リケッチア，クラミジア	ウイルス，プリオン	真菌
BSL1	健常者への病原性がないか低いもの，及び BCG ワクチン株	Vaccinia を除く弱毒生ワクチン及び *Adeno-associated virus*	レベル 2 及び 3 に属さない真菌
BSL2	ヒトに病原性が知られている微生物で，レベル 1，3，4 に含まれないものすべて（多数につき省略．詳細は当該規程を参照のこと）		*Aspergillus fumigatus* *Candida albicans* *Cladosporium carrionii* *C. trichoides*（*C. bantianum*） *Cryptococcus neoformans* *Exophiala dermatitidis* *Fonsecaea pedrosoi* *Sporothrix schenckii* *Trichophyton* *T. mentagrophytes* *T. verrucosum*
BSL3	*Bacillus* *B. anthracis* *Brucella* 全菌種 *Burkholderia* *B. mallei* *B. pseudomallei* *Francisella* *F. tularensis* *Mycobacterium* *M. africanum* *M. bovis*（BCG を除く） *M. tuberculosis* *Pasteurella* *P. multocida*（B:6，E:6，A:5，A:8，A:9） *Salmonella* *S. enterica* serovar Paratyphi A *S. enterica* serovar Typhi *Yersinia* *Y. pestis* *Coxiella* *C. burnetii* *Orientia* *O. tsutsugamushi* *Rickettsia* *R. japonica* *R. rickettsii* *R. prowazekii*	*Hantaan virus* *Seoul virus* *Dobrava-Belgrade virus* *Puumala virus* *Andes virus* *Sin Nombre virus* *New York virus* *Bayou virus* *Black Creek Canal virus* *Laguna Negra virus* *Rift Valley fever virus* *SARS coronavirus* *Kyasanur Forest disease virus* *Omsk hemorrhagic fever virus* *Louping ill virus* *Murray Valley encephalitis virus* *Powassan virus* *St. Louis encephalitis virus* *Tick-borne encephalitis virus* *West Nile virus* *Yellow fever virus*（17D vaccine strain を除く） *Cercopithecine herpesvirus* *Influenza A virus*（H5 または H7 の強毒株に限る） *Nipahvirus* *Hendra Virus* *Colorado tick fever virus* *Human immunodeficiency virus 1, 2* *Rabies virus*（street strain） *Lagos bat virus, Mokola virus* 他 *Chikungunya virus* *Eastern, Western, Venezuelan encephalitis virus* *Getah virus* *Mayaro virus* *Semliki Forest virus*	*Blastomyces dermatitidis* *Coccidioides immitis* *Histoplasma capsulatum* *H. farciminosum* *Paracoccidioides brasiliensis* *Penicillium marneffei*
BSL4		*Guanarito virus* *Sabia virus* *Junin virus* *Lassa virus* *Machupo virus* *Crimean-Congo hemorrhagic fever virus* *Ivory Coast, Reston, Sudan, Zaire ebolavirus* *Lake Victoria marburgvirus* *Variola virus*（major, minor）	

注記 病原体等の取り扱い動物実験バイオセーフティレベル（ABSL）分類について

動物実験における病原体の危険度分類は，ABSL分類として規定されている．これは基本的に上記BSL分類に沿ったものであるが，実験動物特有のリスクファクターを考慮してBSL分類とは異なるレベルとされる場合がある．以下にそのBSLと異なるものの一覧を示す（国立感染症研究所病原体等安全管理規定を一部改変）．

レベル		病原体等
細菌	ABSL2	*Salmonella*（BSL3を除く全血清型）
	ABSL3	*Mycoplasma* *M. pulmonis* （サル類での動物実験はABSL2） *Streptococcus* *S. zooepidemicus* （サル類での動物実験はABSL2）
ウイルス・プリオン	ABSL2	Bovine spongiform encephalopathy（BSE） （ウシ型，ヒト型のプリオン遺伝子を導入・発現させた遺伝子改変マウス及びサル類にBSE prionを感染させる場合はABSL3．その他の動物プリオンについてはリスク評価に基づき別途考慮する）
	ABSL3	*Lymphocytic choriomeningitis virus* *Murine hepatitis virus* （サル類での動物実験はABSL2） *Newcastle desease virus* （サル類での動物実験はABSL2） *Sendai virus* （サル類での動物実験はABSL2） *Ectromelia virus*（*Muosepox virus*） （サル類での動物実験はABSL2） *Monkeypox virus* Creutzfeldt-Jacob disease（CDJ）
	ABSL4	*Cercopithecine herpesvirus*（Bウイルス） （自然感染個体の扱いはABSL2）

参　考　文　献

・鹿江雅光，新城敏晴，高橋英司，田淵　清，原澤　亮編（1998）：最新 家畜微生物学，朝倉書店
・杉山純多編（2005）：菌類・細菌・ウイルスの多様性と系統（バイオディバーシティ・シリーズ 4），裳華房
・田淵　清（2000）：獣医真菌学，啓明出版
・日本細菌学会用語委員会編（2007）：微生物学用語集，南山堂
・畑中正一編（1997）：ウイルス学，朝倉書店
・見上　彪監修（2004）：獣医微生物学，第 2 版，文永堂出版
・見上　彪監修（2006）：獣医感染症カラーアトラス，第 2 版，文永堂出版
・宮治　誠，西村和子，宇野　潤（1992）：病原真菌―同定法と感受性試験―，広川書店
・梁川　良，笹原二郎，坂崎利一，浪岡茂郎，清水悠紀臣，伊沢久夫，大林正士，長谷川篤彦編（1989）：新編 獣医微生物学，養賢堂
・山口英世（2005）：病原真菌と真菌症，南山堂
・Black, J. G. 著，林　英生，岩本愛吉，神谷　茂，高橋秀実監訳（2007）：ブラック微生物学，第 2 版，丸善
・Madigan, M. T., *et al.* 著，室伏きみ子，関　啓子監訳（2003）：Brock 微生物学，オーム社

・Boone, D., *et al.* (eds.)（2005）: Bergey's Manual of Systematic Bacteriology, 2nd ed., Springer-Verlag
・Fauquet, C. M., *et al.* (eds.)（2005）: Virus Taxonomy, Elsevier
・Hirsh, D. C., *et al.* (eds.)（2004）: Veterinary Microbiology, 2nd ed., Iowa State University Press
・Kirk, P. M., *et al.*(eds.)（2001）: Ainsworth and Bisby's Dictionary of the Fungi, 9th ed., CAB International
・Murphy, F. A., *et al.*（2005）: Veterinary Virology, 3rd ed., Academic Press
・Murray, P. R., *et al.* (eds.)（2005）: Medical Microbiology, 5th ed., Mosby
・Quinn, P. J., *et al.*（2002）: Veterinary Microbiology and Microbial Diseases, Iowa State University Press

索　　　　引

和文索引

ア

イ

ウ

エ

オ

コ

サ

シ

ツ

テ

ト

ナ

ニ

ヌ

ネ

ノ

ハ

ヒ

フ

欧文索引

B

C

D

E

F

Q

R

S

T

U

V

W

X

Y

Z

動物微生物学　　定価はカバーに表示

2008年4月15日　初版第1刷
2012年12月20日　　第3刷

編　者　明石博臣（あかし ひろおみ）
　　　　木内明男（きうち あきお）
　　　　原澤　亮（はらざわ りょう）
　　　　本多英一（ほんだ えいいち）
発行者　朝倉邦造
発行所　株式会社　朝倉書店
東京都新宿区新小川町6-29
郵便番号　162-8707
電話　03(3260)0141
FAX　03(3260)0180
http://www.asakura.co.jp

〈検印省略〉

中央印刷・渡辺製本

ISBN 978-4-254-46028-5　C 3061　　Printed in Japan